KB015697

NX(UG) CAD/CAM
5축 가공기술

2축부터 5축까지

윤일우, 황종대 공저

光文閣
www.kwangmoonkag.co.kr

머리말

기계 관련 산업은 4차 산업혁명 시대에 발 빠르게 대응하기 위하여 IT와 자동화 기술을 접목한 스마트공장 기술로 역량을 집중하고 있으며 스마트공장에서 무엇보다 중요한 것은 단위 생산 시스템의 원활한 운용이라 할 수 있다. 단위 생산 시스템인 CNC 공작기계의 구동이 원활하지 않으면 스마트공장은 모래위에 쌓은 성과 같이 빈약한 시스템이 될 것이다. 따라서 필자는 스마트공장을 원활하게 제어하기 위하여 단위 생산 시스템의 효과적 운용을 위한 4CM 통합 기술을 제안한 바 있다. 즉 CAD(설계, 모델링), CAM(공구경로생성), CNC(공작기계조작), CAT(측정검사, 품질관리) 및 Maintenance(공작기계 유지보수, 생산관리)의 4CM 기술을 통합적으로 활용할 수 있는 기계 기술자가 단위 생산 시스템을 효과적으로 운용할 때 스마트공장의 효율성이 보장되며, 그중에서도 스마트공장의 효율성과 생산성을 극대화할 수 있는 5축가공, 복합 가공 등 첨단 가공 CAM 기술의 중요성을 강조하여 왔다. 수많은 직업이 사라지고 단순 숙련 기술 또한 4차 산업혁명의 물결속에 사라져갈 때 4CM 기계 기술자는 기계 관련 산업의 핵심 인재로 스마트공장의 KEY MAN으로 성장해 갈 것이다.

본 교재는 저자의 금형 및 5축가공 실무 경험을 살려 4CM 기계 기술자를 비롯한 첨단 가공 CAD/CAM 기술자를 위한 실무역량 강화용으로 제작되었으며, 3D CAD에 대한 내용은 실무 예제 중심으로 최소화 하여 다양한 학습자들의 CAM 수업 교재나, 국가기술자격 실기용으로도 활용할 수 있다. 기계설계기사, 건설기계기사, 컴퓨터응용가공산업기사, 기계가공기능장 등 CAD/CAM 관련 국가기술자격 취득 경험과 대학에서의 학생지도 경험을 살려 실수 없이 합격할 수 있는 노하우를 공유함으로써 자격증 취득을 준비하는 수험생들에게 조금이나마 도움이 되고자 하였다.

Catia, AutoCAD, Inventor, SOLIDWORKS 등 타 S/W 사용자를 위해 관련 모델링은 파일로 제공하며 CAM 부분에 집중하여 책을 구성하였다. 또한 공저자이신 황종대 박사가 개발한 5축가공용 포스트프로세서(H-POST)를 제공함으로써 전용 CAM S/W나 상업용 포스트프로세서를 보유하지 않은 업체 기술자나 공학도들이 NX 와 Catia H-POST를 사용하여 좀 더 편하고 친숙하게 5축가공 기술을 접하기 바란다. 이전에 출판된 NX 관련 교재들의 CAM 가공 기술에 대해 본 교재만큼 자세하게 다룬 교재는 없으리라 생각되며 포스트프로세싱에 대한 해결책이 없어 중대한 한계가 있었다는 측면에서 본 교재와 H-POST의 많은 활용을 기대해 본다.

1장 및 2장에서는 NX CAM을 활용하기 위한 기초 스케치 및 3D 모델링에 대한 내용을 예제 중심으로 구성하였다. 3장에서는 2축 CNC 선삭과 2.5축 평면 밀링을 다루며 4장에서는 3축 곡면 밀링 기술을 다룬다. 5장에서는 5축 가공 기술의 이해와 제공한 포스트프로세서에 대하여 설명하고 6장에서는 실제 5축 가공 예제 부분으로 헬릭스 가공, 5축 가공, 임펠러 가공 등의 내용을 담고 있다.

4차 산업혁명 시대, 스마트공장 분야에서 핵심 인재로 성장하기 위한 4CM 기계 기술자는 다양한 기술 분야를 폭넓게 다루어야 하는 부담이 커지고 있으나 각 기술 분야의 내부를 관통하는 CAD/CAM 기술의 명확한 이해와 다양한 실무 학습을 통하여 기본 역량과 응용력을 키워간다면 4CM 기술 활용 능력과 기계기술 전반에 대한 통찰력이 점차 커져갈 것으로 믿는다. 더불어 범용 절삭가공을 통하여 금속재료의 강하면서도 연하고, 단단하면서도 취약한 성질을, 배출되는 칩의 색깔과 형태, 손으로 전달되는 절삭저항과 진동을 통하여 직접 체험함으로써 절삭조건 선정 능력을 강화하고, CNC 조작 경험을 쌓아간다면 CAD/CAM 활용 능력이 한층 커지고 풍요로워질 것으로 확신한다.

부족함이 많은 교재이지만 끊임없이 변화, 발전하는 과정의 산물로 이해해 주시고 향후 더욱 질적으로 충실한 저서를 만들기 위해 기계공학 현장에서 최선을 다할 것을 약속드리며, 도서출판 광문각의 편집위원들께도 고마움을 전한다. 현업과 학업에서 늘 정진하고 계시는 독자 분들께 기계공학 동료로서 아낌없는 응원을 보내며, 평생기술과 평생직업, 나아가 본인의 기술을 건 창업으로 일취월장하시고, 늘 기계기술을 펼침에 있어 즐거움과 행복이 함께하시길 기원한다.

2020년 8월 저자 올림

목차

01

NX(UG) Sketch 하기

1.1 Sketch 시작하기

1.2 Sketch 작업평면 설정하기

1.3 Sketch 종료하기

1.4 Sketch Tool 1

1.5 Sketch Tool 2 (Dimensions, Constraints)

1.6 Sketch 따라하기

CHAPTER 01

NX(UG) Sketch 하기

1.1 Sketch 시작하기

스케치(Sketch)는 지정한 2D 평면상에 직선과 곡선, 점의 조합으로 이루어진 객체(Object)로 구속조건을 기반으로 한 3D 모델링의 기본 구성요소이다. 구속조건은 스케치상에서 생성한 직선과 곡선, 점 등을 각각 Geometry로 연결함을 말하며 이 연결된 스케치는 필요 시 신속하고 쉽게 변경할 수 있다.

1.1.1 스케치 실행

- NX 8.5 : Modeling Application → Menu → Insert → Sketch or Sketch in Task Environment 방식으로 Sketch 작업을 수행할 수 있다.

- NX 10 : Home → Shetch

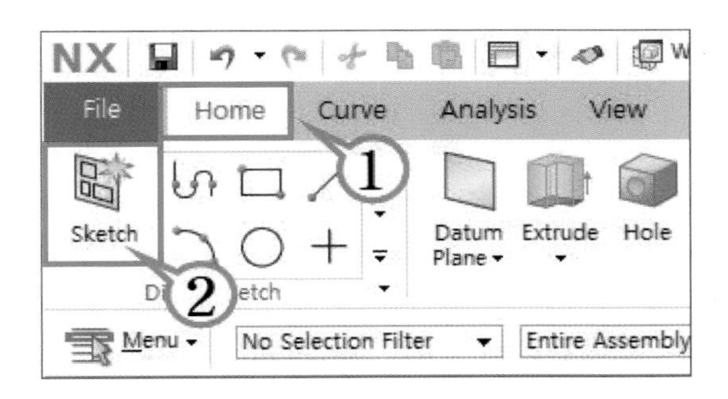

별도의 Sketch 전용 화면으로 전환되어 Sketch가 가능하다.

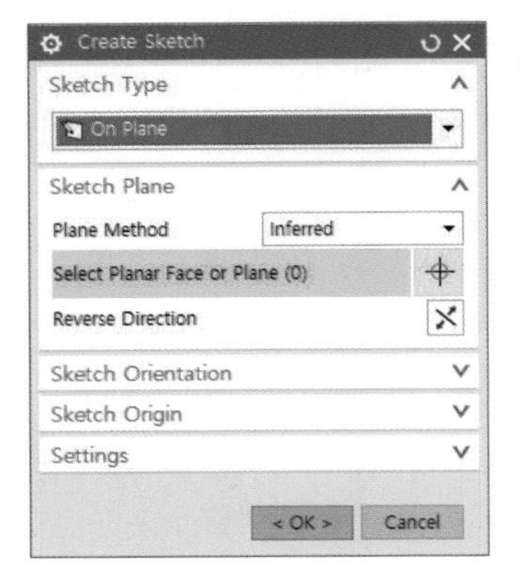

- **Type** : 스케치 평면 생성 방법 (How)

  On Plane : 평면상에 정의(Datum, Face)

  On Path : 공간상의 Path에 정의

- **Sketch Plane** : 스케치할 평면 선택 (Where)

  On Plane : 기존 Datum Plane, 새로운 Plane,

  Face를 지정 Sketch면 지정.

  On Path : Path 선택

1.2 Sketch 작업평면 설정하기

Sketch 작업평면을 선택하기 위해서는 Datum에서 작업하고자 하는 평면을 선택하여 주면 그 평면에 수직한 스케치 화면으로 변경된다.

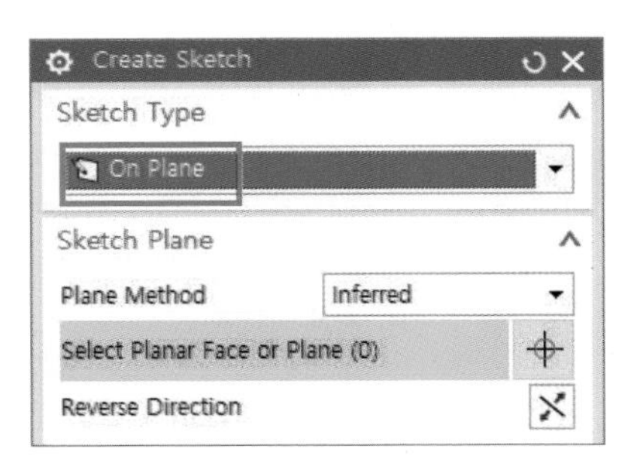

Type → On Plane

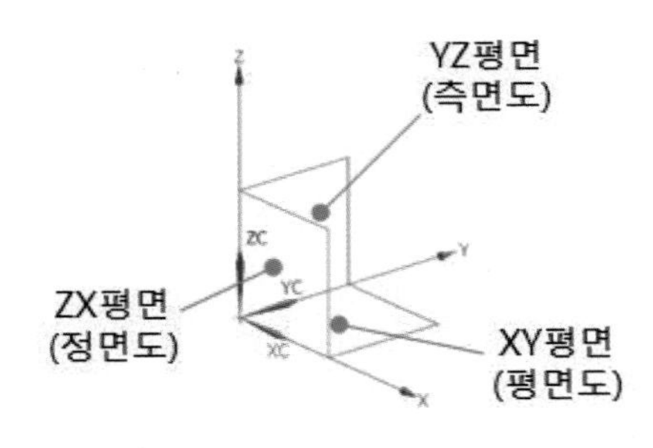

작업평면 선택

1.3 Sketch 종료하기

Finish Sketch 아이콘 을 클릭하면 3D 영역으로 빠져 나온다.

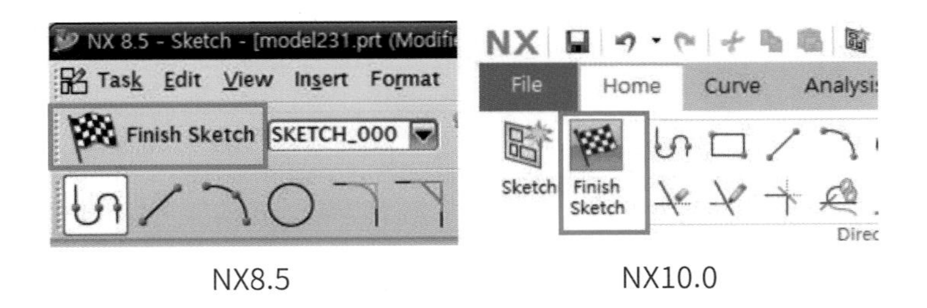

NX8.5 NX10.0

1.4 Sketch Tool 1

Sketch 영역에서 기본적인 2D 형상을 그리기 위한 툴은 아래와 같다.

	Profile (Z) Line 과 Arc의 연결된 Curve를 생성한다. 마지막 곡선의 끝이 다음 곡선의 시작이 된다.
	Line (L) 구속조건을 가진 Line을 생성한다.
	Arc (A) 세 점을 통과하거나 중심점과 끝점을 지정하여 Arc를 생성한다.
	Circle (O) 세 점을 통과하거나 중심과 직경을 지정하여 Circle을 생성한다.
	Fillet (F) 두세 개의 스케치 선 사이에 Radius 값을 가진 Fillet을 생성한다.
	Chamfer 두 스케치 선 사이에 Chamfer를 생성한다.
	Rectangle (R) 사각형을 생성하는 기능으로 3가지 그리는 방식을 지원한다.

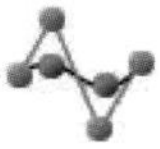	**Studio Spline** (S) 정의된 지점에 경사 혹은 곡률 등을 수정 가능한 Spline을 생성한다.
	**Point** (P) Point를 생성한다.
	**Offset Curve** Sketch Curve에 대한 Offset(간격 띄우기) Curve를 생성한다.
	**Pattern Curve** Sketch Curve에 대하여 일정한 Pattern으로 Curve를 복사한다.
	**Mirror Curve** Sketch Curve에 대하여 중심선을 기준으로 Curve를 Mirror 복사한다.
	**Intersection Point** 한 평면과 그 평면을 지나는 곡선 사이에 교차점을 생성한다.
	**Add Existing Point** 외부에서 생성한 Curve를 Sketch Curve로 변환한다.
	**Project Curve** Sketch 평면 위에 Curve를 투영시키는 기능이다.
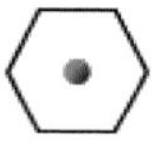	**Polygon** (P) 다각형을 생성한다.
	**Ellipse** 타원을 생성한다.
	**Quick Trim** (T) 선택한 Curve에 대하여 가장 가까운 경계까지 Trim한다.
	**Quick Extend** (E) 선택한 Curve에 대하여 가장 가까운 경계까지 Extend한다.
	**Make Corner** 교차되는 Curve의 Curve 부분의 두 개 Curve를 동시에 Trim 혹은 Extend 하는 기능이다.

1.5 Sketch Tool 2 (Dimensions, Constraints)

치수 값을 입력하고 생성한 Curve들에 대한 구속조건을 정의할 수 있다.

	Rapid Dimension (D) 객체를 선택하여 치수의 종류를 선택하고 자동 치수를 기입한다. 우측 풀다운 메뉴를 선택하여 아래 치수를 직접 선택 가능하다.		
	Horizontal 수평 치수를 기입한다.		Angular 각도의 크기를 기입한다
	Vertical 수직 치수를 기입한다.		Diameter 원의 지름 치수를 기입한다
	Parallel 평행 치수를 기입한다.		Radius 호의 반지름 치수를 기입한다.
	perpendicular 선택한 섬과 점 등으로부터 수직거리의 치수를 기입한다.		Perimeter 곡선의 원주 길이를 기입한다.
	Continuous Auto Dimensioning 스케치를 그리게 되면 자동으로 치수를 부여, 스케치를 완전 구속한다. → 해제하고 작업할 것을 권장함.		

- Continuous Auto Dimensioning 아이콘 활성화 해제하는 방법

메뉴 File→ Utilities→ Customer Defaults→ Sketch_Inferred Constraints and Dimensions창에서→ Dimensions창 이동→ Continuous Auto Dimensioning 해제

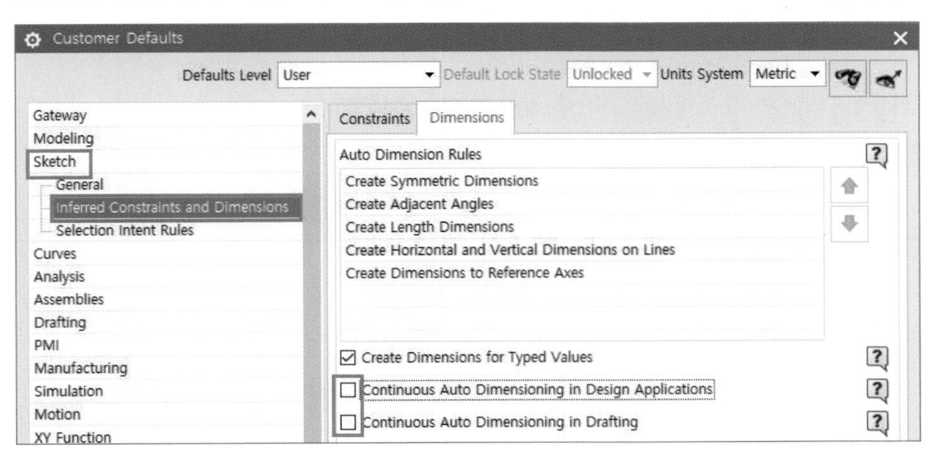

	Geometric Constraints (C) 스케치상에 생성한 곡선에 대하여 구속조건을 정의한다.		
	Coincident 두 개 이상의 점을 일치로 구속		Vertical 한 개 이상의 선을 수직 구속
	Point On Curve 점을 곡선위에 점으로 구속		Midpoint 선의 중간점에 정렬 구속
	Tangent 곡선과 접하도록 구속		Collinear 동일선상으로 구속
	Parallel 두 개 이상의 선을 평행 구속		Concentric 동심으로 구속
	Perpendicular 두 개의 선을 수직 구속		Equal length 동일 길이로 구속
	Horizontal 한 개 이상의 선을 수평 구속		Equal Radius 동일 반지름으로 구속
	Make symmetric 스케치에서 중심선을 기준으로 두 객체에 대하여 대칭 구속한다.		
	Display Sketch Constraints 생선된 스케치의 구속조건을 표시한다.		
	Auto Constrain 스케치에 자동으로 적용되는 구속조건의 유형을 설정한다.		
	Show/Remove Constraints 선택한 스케치 형상과 관련된 구속조건을 표시하고 조건을 제거한다.		
	Convert to/From Reference 스케치 곡선 또는 치수를 활성 ↔ 참조로 변환한다.		
	Alternate Solution 치수 또는 스케치 형상을 다른 형상으로 대체한다.		
	Inferred Constraints and Dimensions 곡선 생성 중 에 추정되는 구속조건을 자동으로 보여준다.		
	Create Inferred Constraints 선택한 추정 구속조건이 자동으로 구속조건도 등록된다.		

1.6 Sketch 따라하기

1) 06-1 예제1

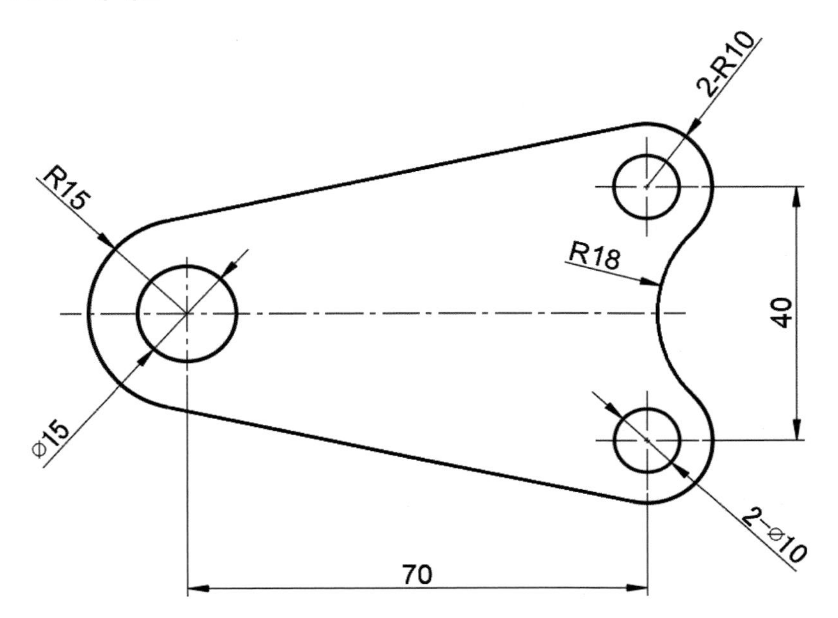

(1) "New(New)"를 클릭하여 New 대화상자에서 스케치 작업할 폴더(Folder) 및 파일이름(예: EX1)을 입력하고 "OK" 버튼을 클릭한다.

(2) Menu → Insert → Sketch in Task Environment 선택하여 스케치할 평면을 On Plane타입으로 XY 평면을 지정한다.

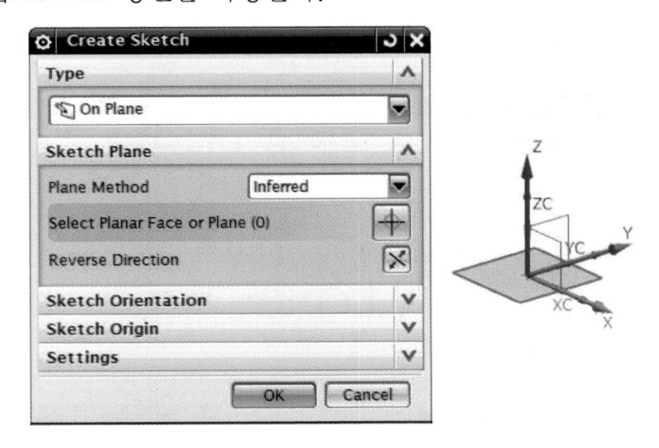

(3) XY스케치 평면에 아래 ①과 같이 원(Circle)을 임의로 그리고 ②와 같이 치수 구속 조건을 부여한다. (15 지름원은 원점을 기준으로 그리도록 한다.)

→ 객체에 대한 모든 구속조건이 부여되면 녹색을 띈다.

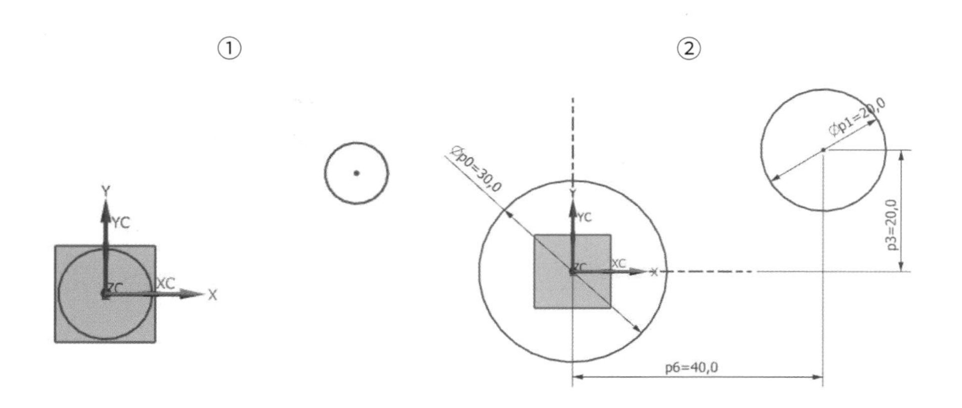

(4) 두 원을 연결할 임의의 선(Line)을 긋는다.

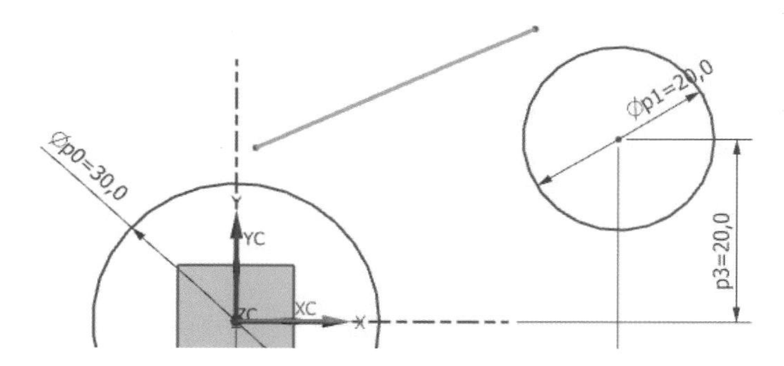

(6) 원(Circle)와 선(Line)에 접선(Tangent) 구속조건을 부여한다.

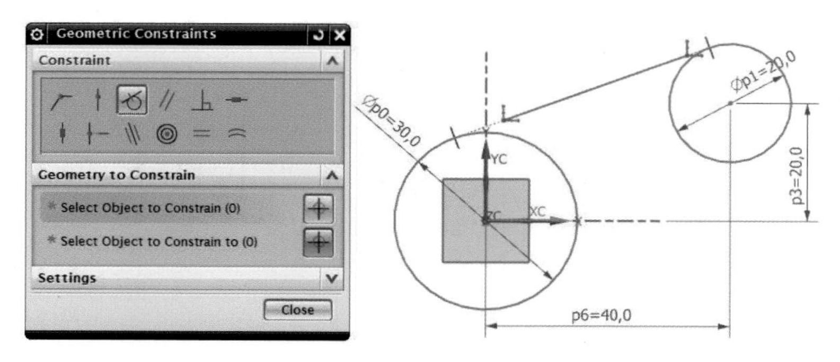

(6) 선의 길이가 짧거나 길 경우에 Quick Trim 혹은 Quick Extend 기능을 이용하여 선을 연장하거나 자른다.

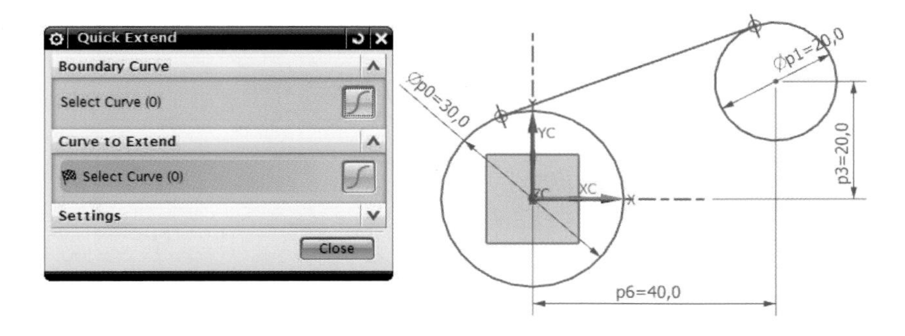

(7) X축을 중심선(Centerline)으로 대칭되는 형상을 미러시킨다.

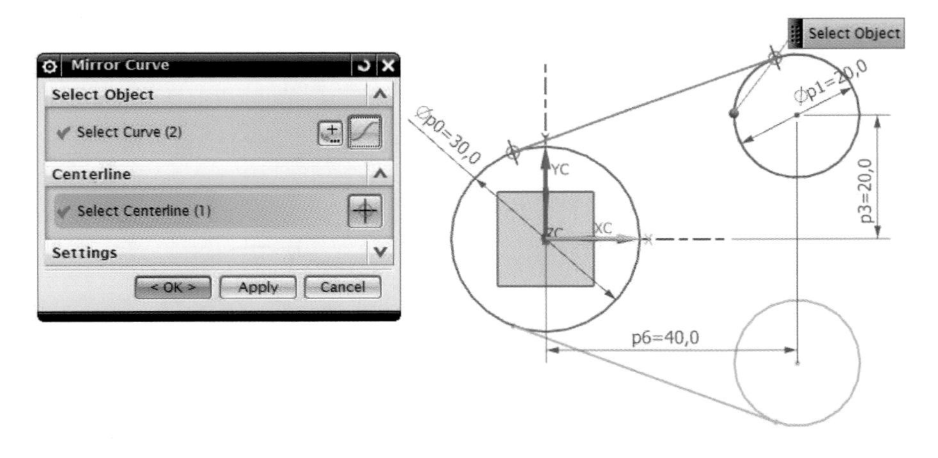

(8) 우측을 연결할 R18 호(Arc: A)를 임의로 그린다.

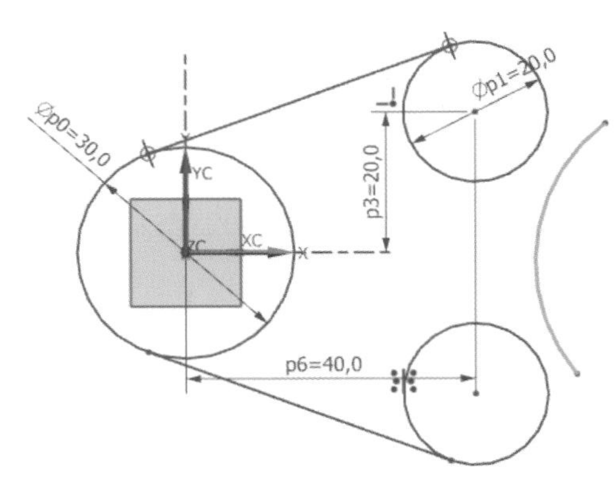

(9) R18 호(Arc)에 접선(Tangent) 구속조건 및 치수(R18) 구속조건을 부여한다.

끝단에 부족하거나 남는 구간은 Quick Trim/Extend 기능을 이용하여 정리한다.

(10) Quick Trim 기능을 이용하여 불필요한 부분을 삭제한다.

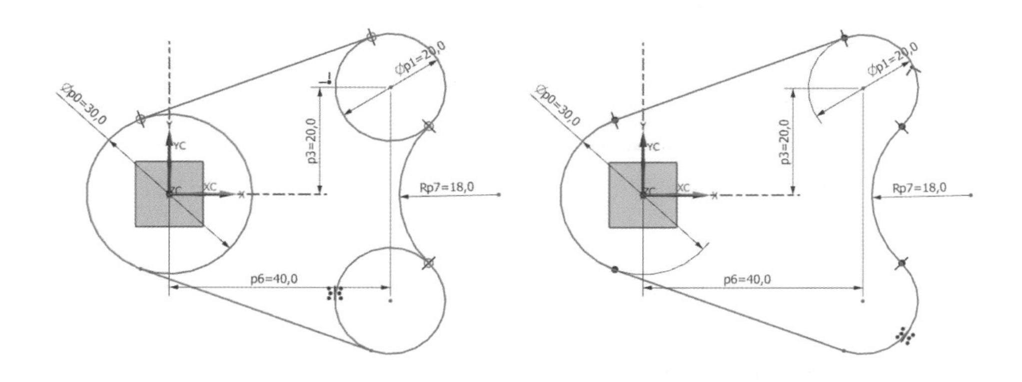

(11) D15, D10 원(Circle: O)을 스케치하고 치수 구속조건을 부여하며 스케치를 마무리 한다. (원 스케치 시 기존 원에 중심이 일치 되도록 스케치한다.)

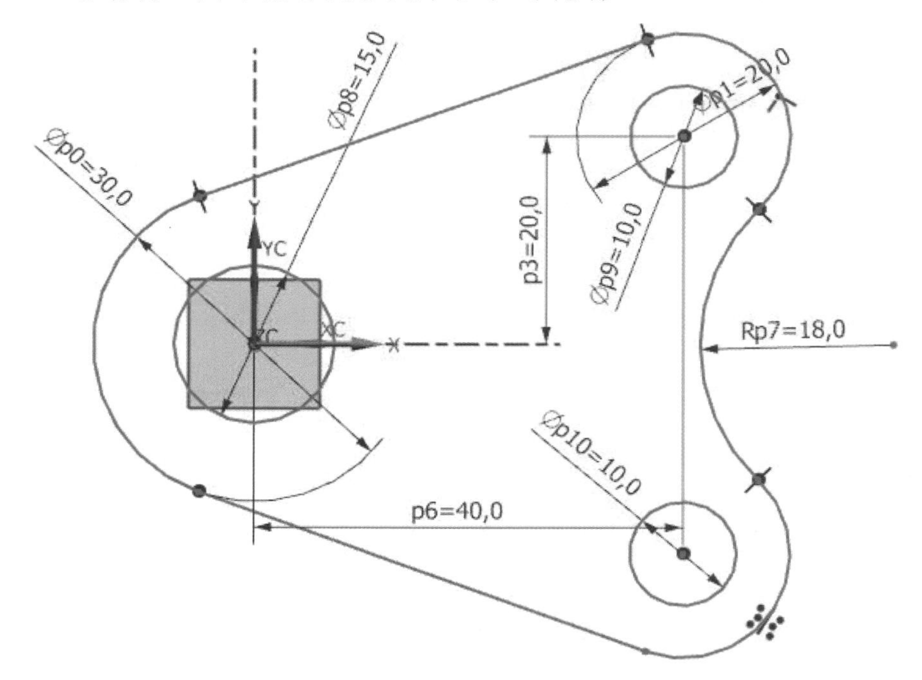

2) 06-2 예제2

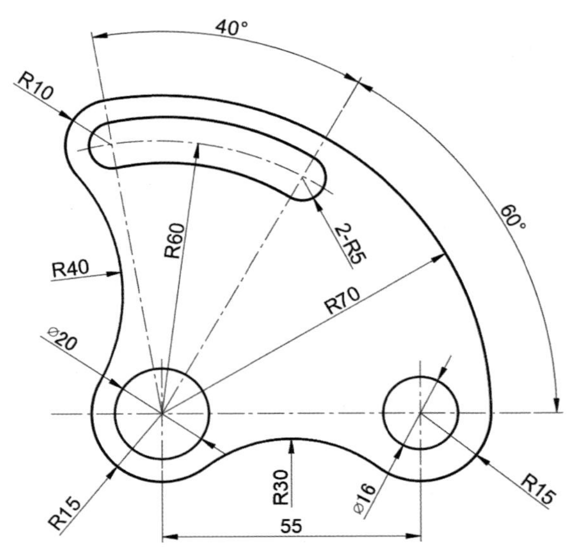

(1) "New(New)"를 클릭하여 New 대화상자에서 스케치 작업할 폴더(Folder) 및 파일이름(예: EX2)을 입력하고 "OK" 버튼을 클릭한다.

(2) Menu → Insert → Sketch in Task Environment 선택하여 스케치할 평면을 On Plane 타입으로 XY 평면을 지정한다.

(3) XY 스케치 평면에 아래 그림 ①과 같이 임의의 선(Line: L)을 긋고 ② 치수 구속( )을 부여한다. (단 ① 선은 자동 수평 구속이 부여되도록 스케치한다.)

①

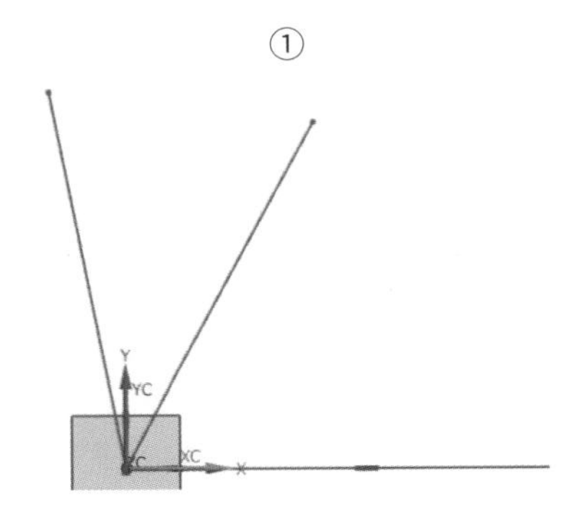

②

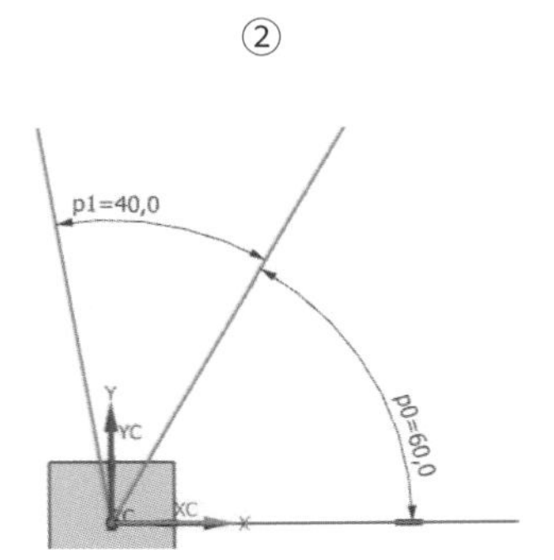

(4) 그림과 같이 임의의 호(Arc: A)를 그리고 호에 구속조건을 부여하고 참조선으로 변환한다. (호의 구속조건: 호의 중심점은 원점에 일치, 치수 R60)

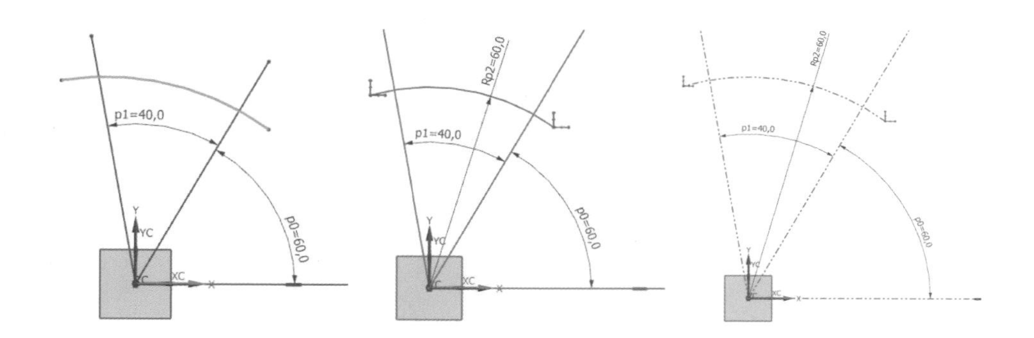

(5) 그림과 같이 원(Circle: O)를 스케치 하고 치수 구속조건을 부여한다.

선에 교점에 원을 스케치 하고자 할 경우 Select Filter의 Intersection( )을 활성화 하면 쉽게 교점 선택이 가능하다.

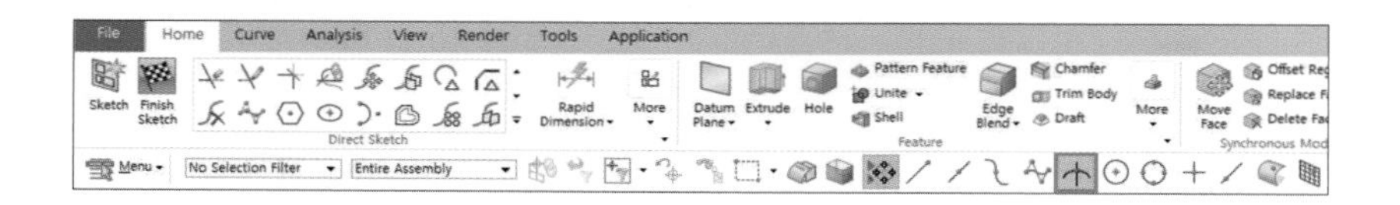

(6) 그림과 같이 임의의 호(Arc: A) 3개를 그린다.

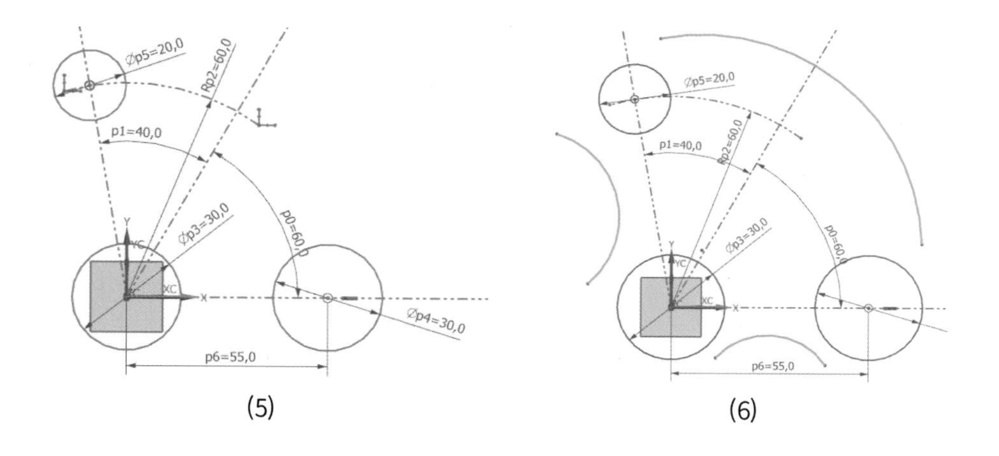

(5) (6)

(7) 임의의 호(Arc) 3개에 대하여 원(Circle)과 접선( ) 및 치수 구속을 부여하고 Quick Trim/Extend 기능을 이용하여 스케치를 정리한다.

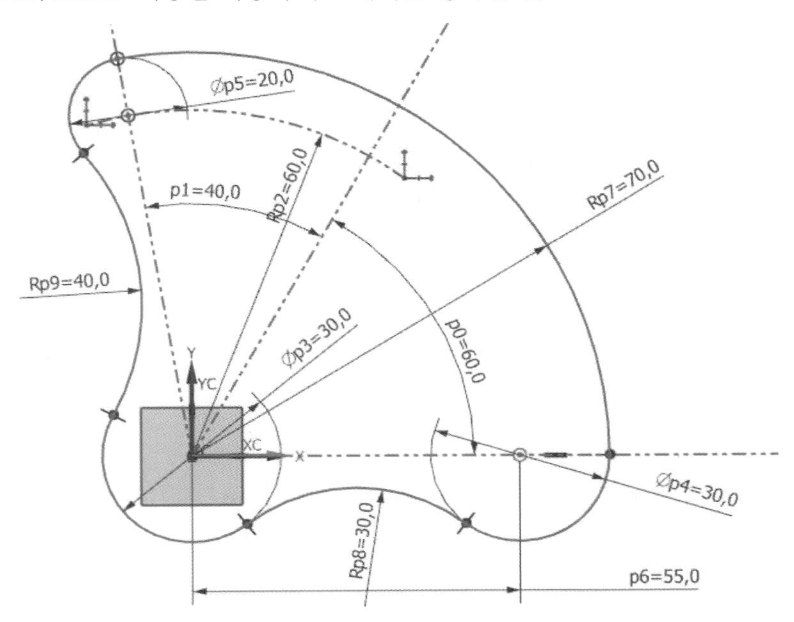

(8) 참조선의 교점에 원(Circle: O)을 스케치 하여 치수 D10를 부여한다.

R65/55 두 호(Arc: A)를 스케치하여 D10원과 접선 구속을 부여한다.

(교점의 선택은 Select Filter의 Intersection( )을 활용한다.)

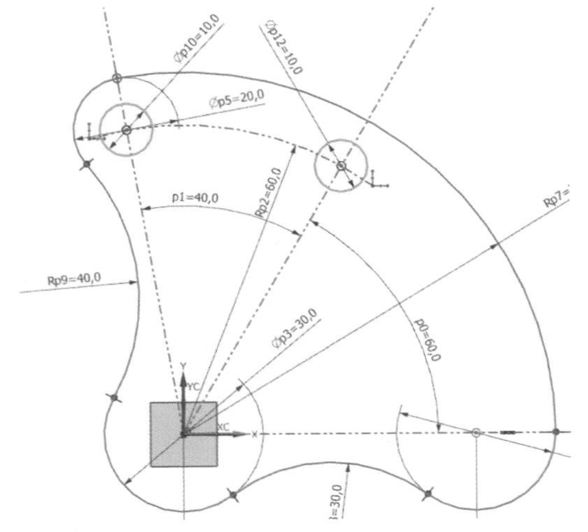

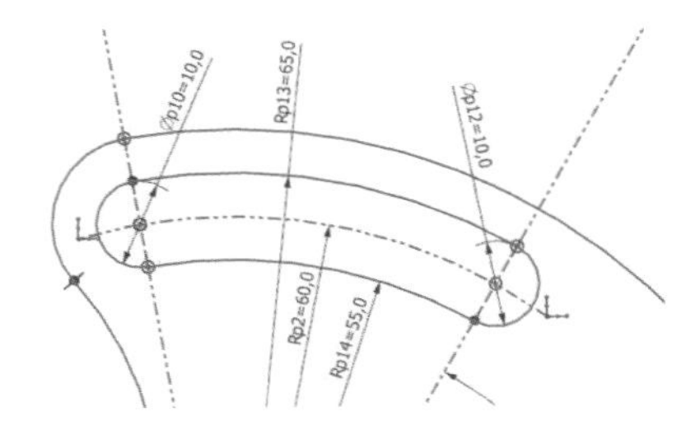

- R60 참조선을 기준으로 5mm씩 옵셋된 호를 스케치한다.

(9) D20, D16 원(Circle: O)을 그려서 스케치를 마무리한다.

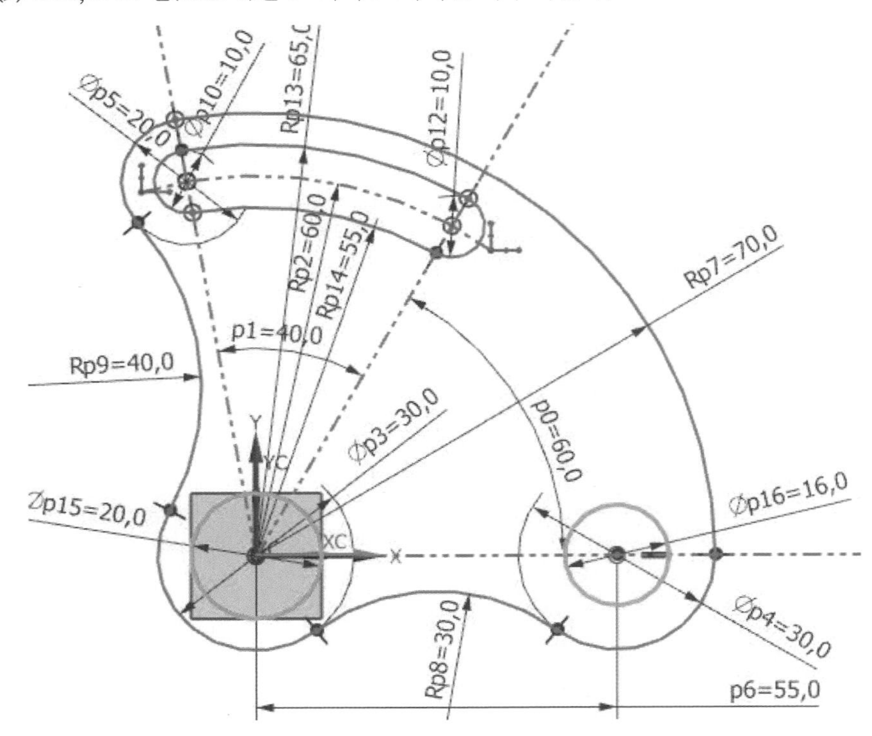

3) 06-3 예제3

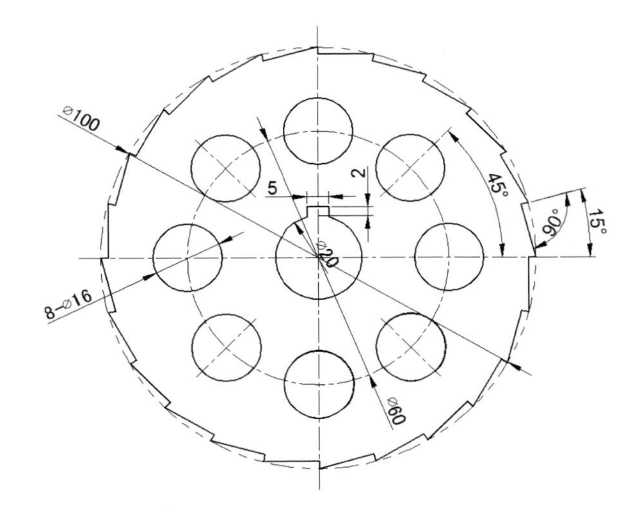

(1) "New(New)"를 클릭하여 New 대화상자에서 스케치 작업할 폴더(Folder) 및 파일이름(예: EX2)을 입력하고 "OK" 버튼을 클릭한다.

(2) Menu → Insert → Sketch in Task Environment 선택하여 스케치할 평면을 On Plane타입으로 XY 평면을 지정한다.

(3) XY 스케치 평면에 아래 그림과 같이 원(Circle: O)을 그리고 D100 치수 구속( )을 부여한다.

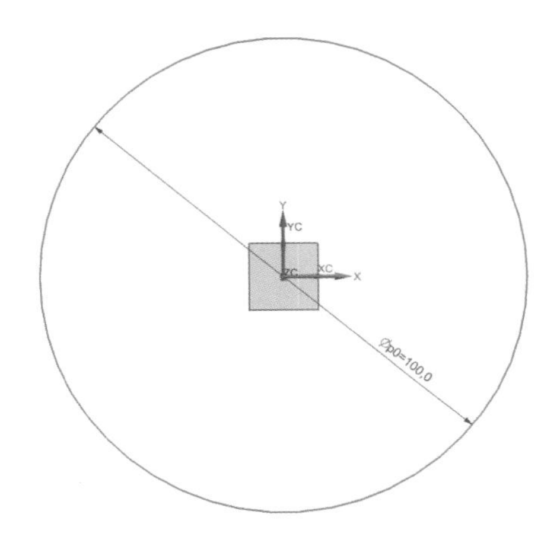

(4) 두 개의 선(Line: L)을 그리고 15° 각도 구속( )을 부여한다.

Quick Trim을 이용하여 돌출된 Line 부위를 정리한다.

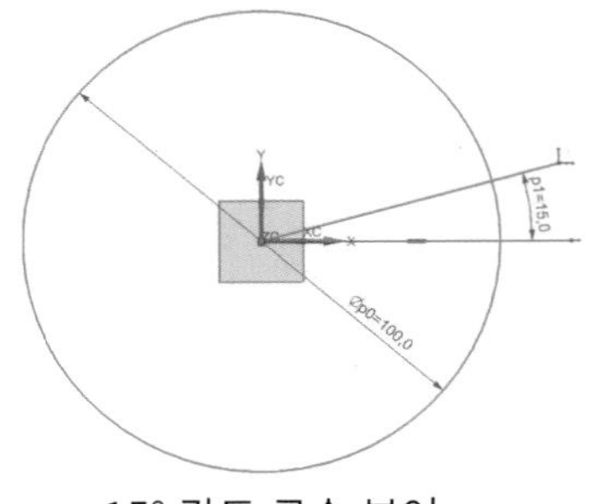

15° 각도 구속 부여

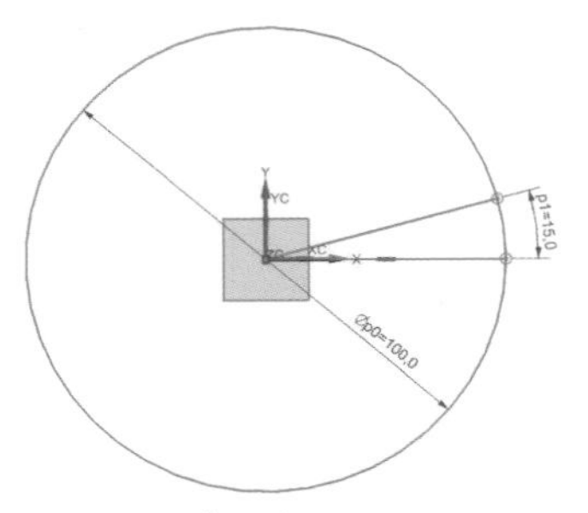

Quick Trim(자르기)

(5) 그림과 같은 임의의 선(Line: L)을 그리고 각도 및 일치( ) 구속조건을 부여한다.

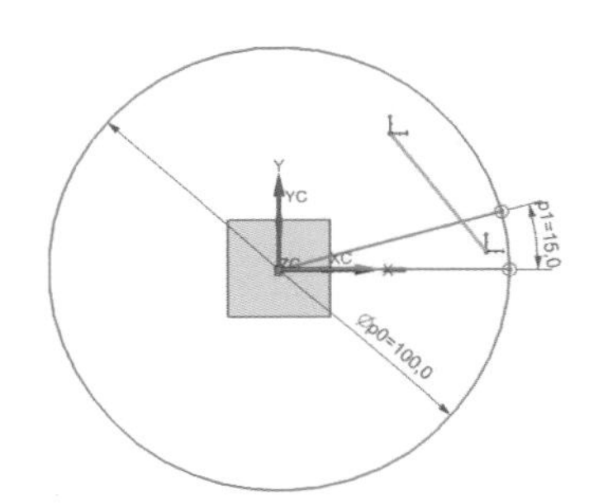

임의의 선 작도

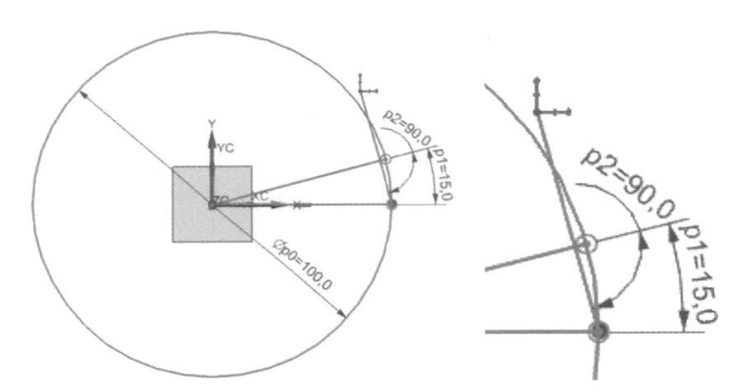

15° Line과 90° 각도 부여, 끝점 일치 구속 부여

(6) Quick Trim 기능을 이용하여 스케치를 정리한다. D100 원과 수평선은 참조선으로 변환한다.

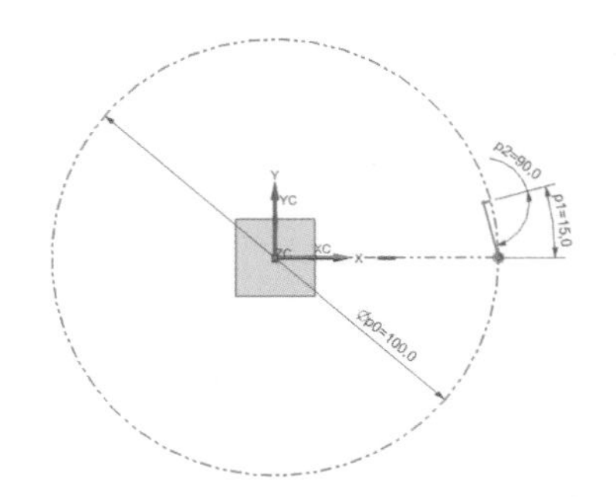

Quick Trim 정리 및 참조선 변환

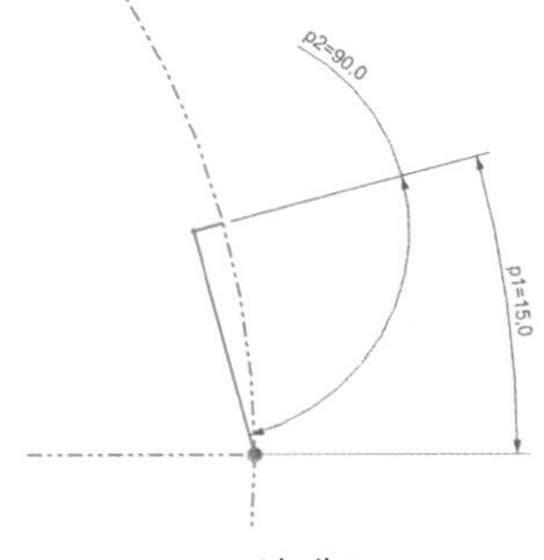

상세도

(7) Pattern Curve 기능을 이용하여 Curve를 패턴 복사한다.

Rotation Point는 원의 중심, 각도 분할은 Pitch and Span 기능을 이용하여 360° 구간에 대하여 15° 각도로 Pitch를 부여한다.

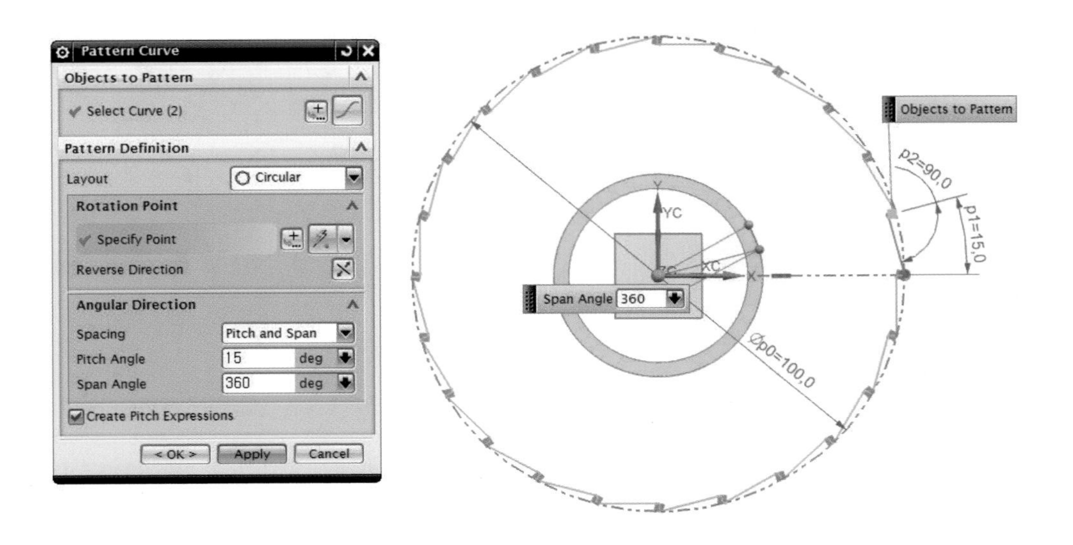

(8) 중심에 D60 원을 그리고 참조선으로 변환한다.

D60원과 수평선과의 교점에 D16 원을 그린다.

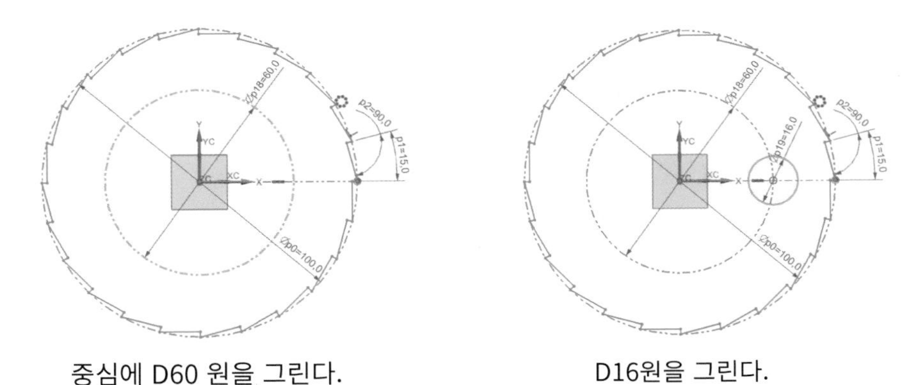

중심에 D60 원을 그린다.　　　D16원을 그린다.

(9) Pattern Curve 기능을 이용하여 원(Circle)을 패턴 복사한다.

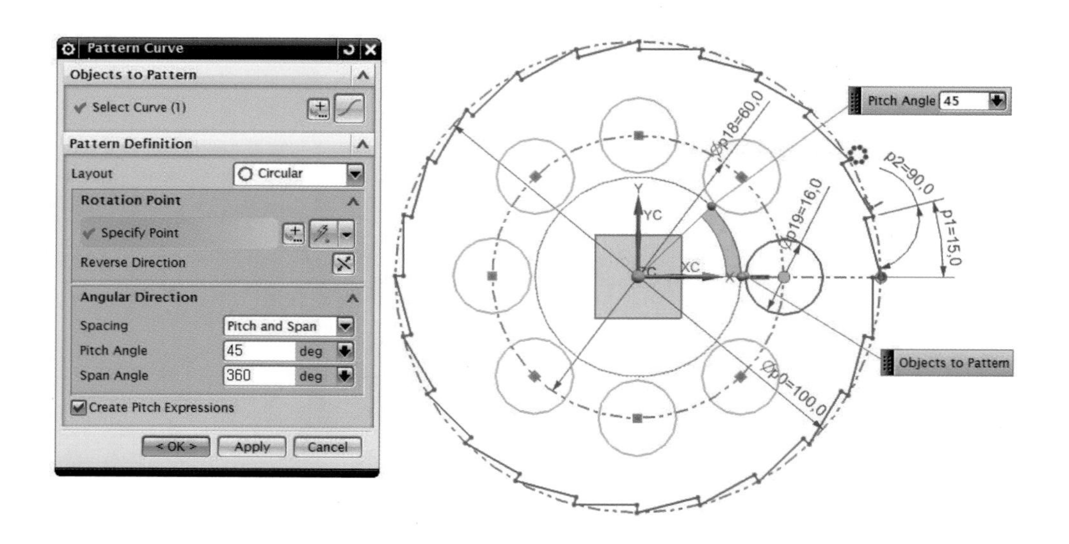

(9) 중심에 D20 원(Circle: O)을 그리고 키 홈을 그린 후 스케치를 마무리한다.

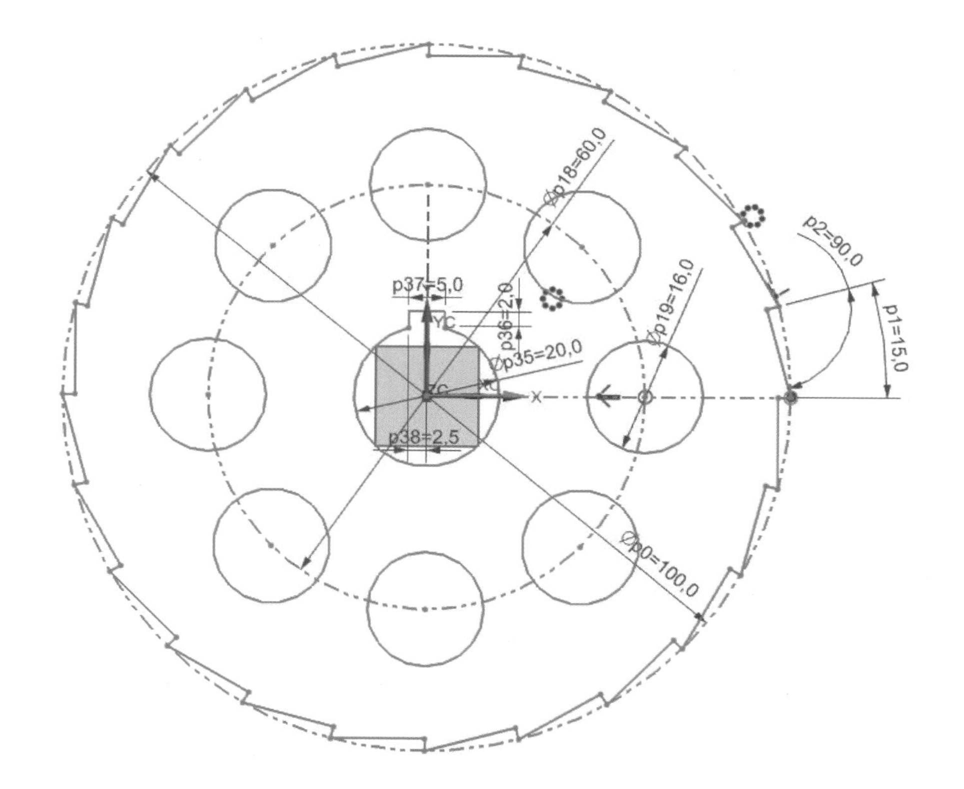

4) 06-4 예제 4

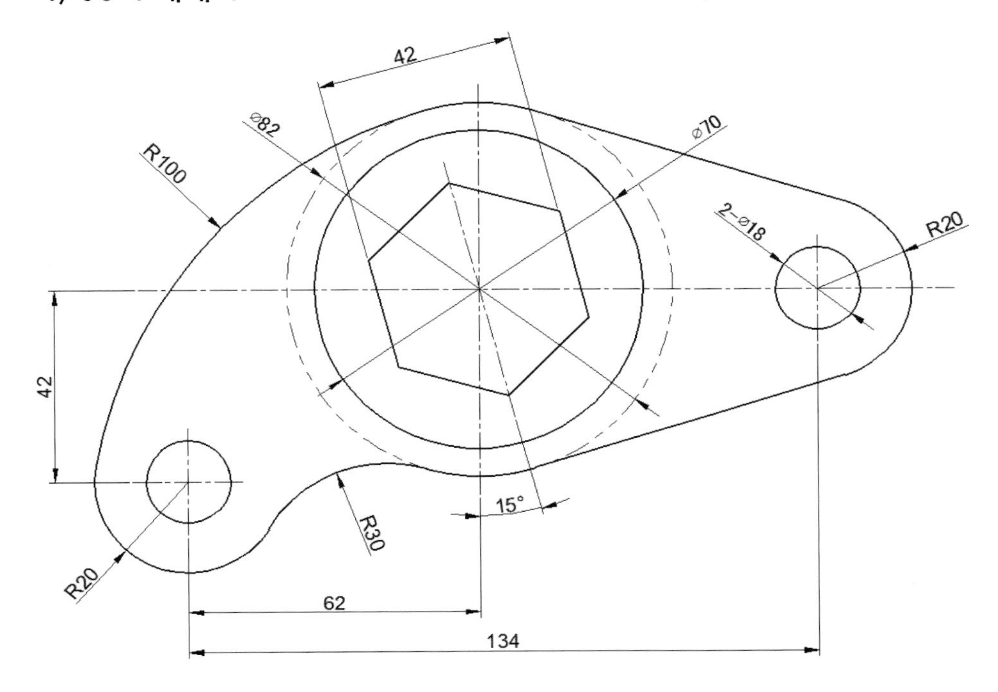

5) 06-5 예제 5

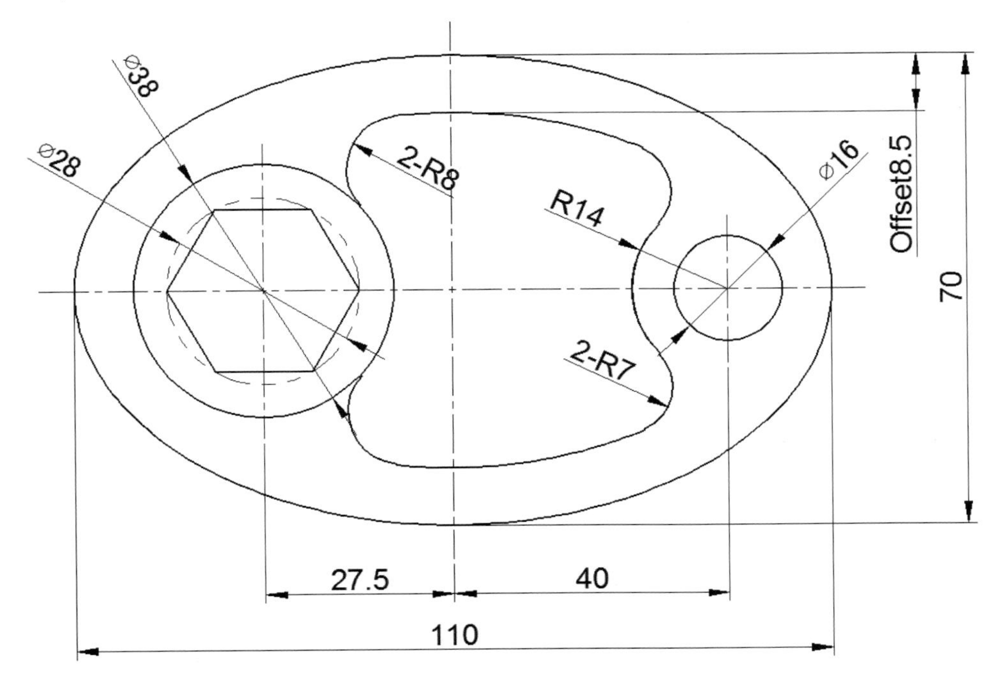

02

NX(UG) 3D 모델링 따라하기

2.1 예제1 (Extrude, Edge Blend, Sweep along Guide)

다음 도면을 보고 Modeling을 생성하시오.

Extrude(돌출), Edge Blend(모서리 블렌드), Sweep along Guide

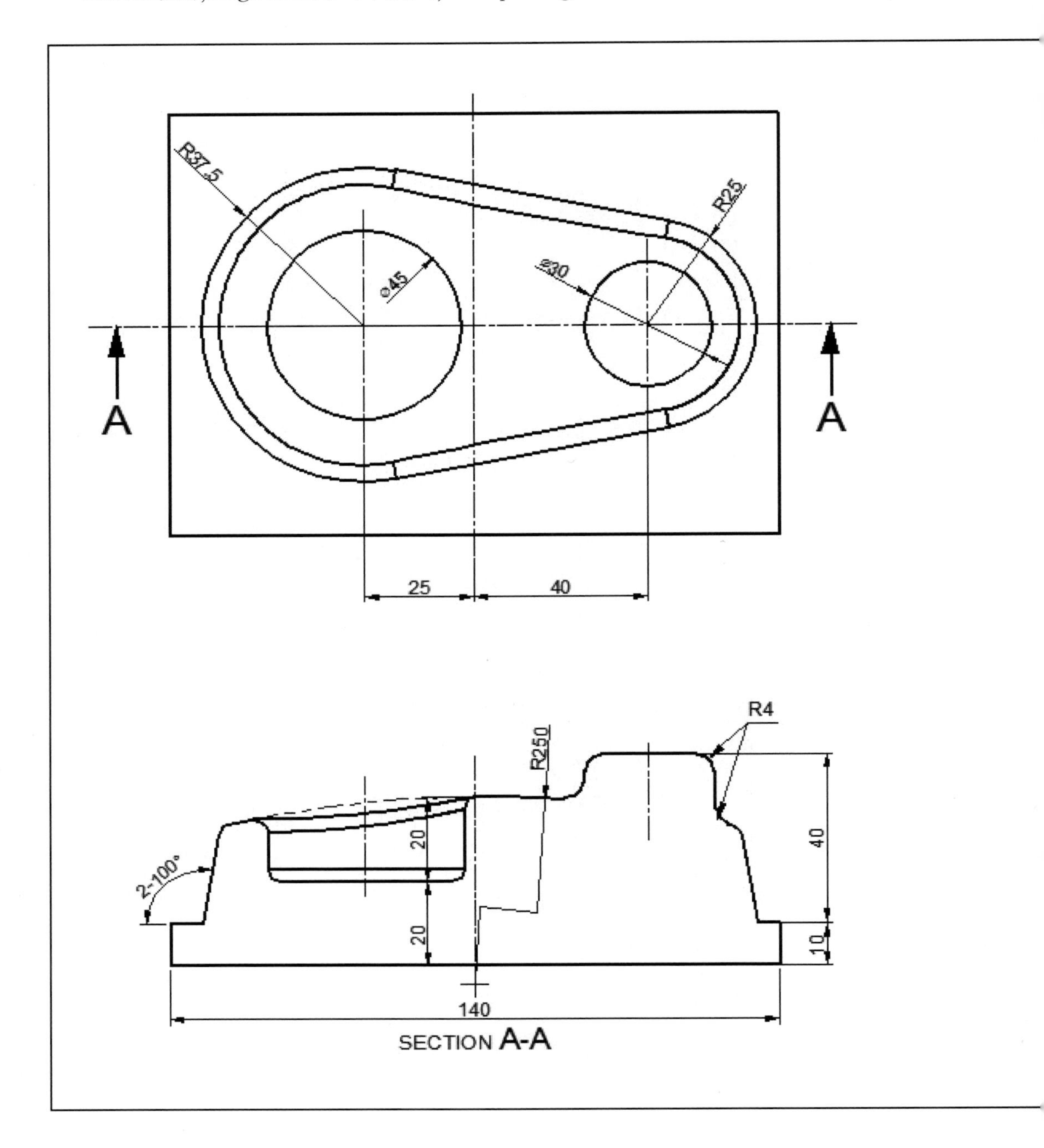

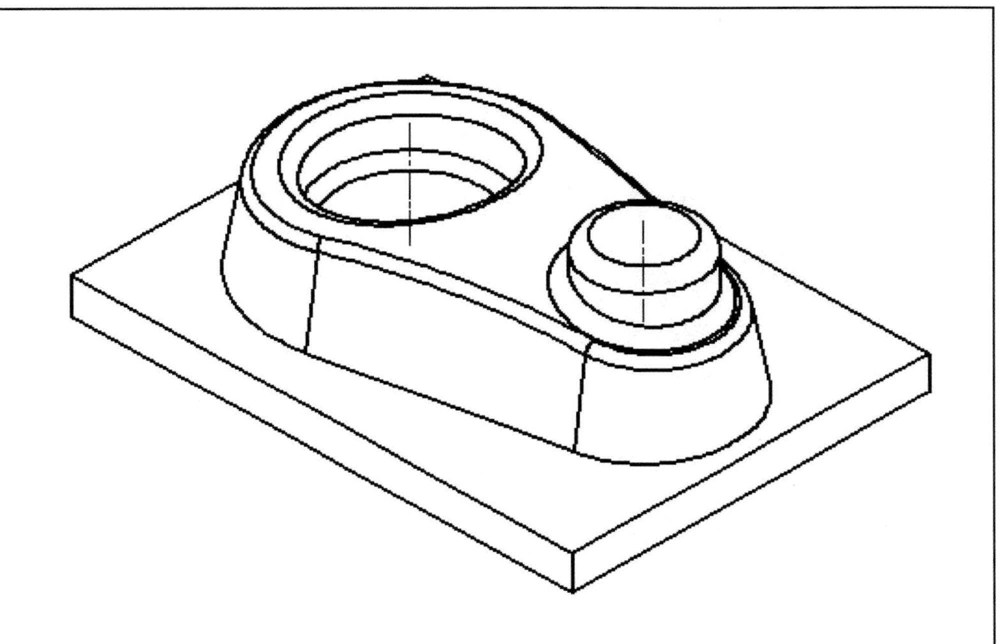

도시되고 지시 없는 ROUND는 R3

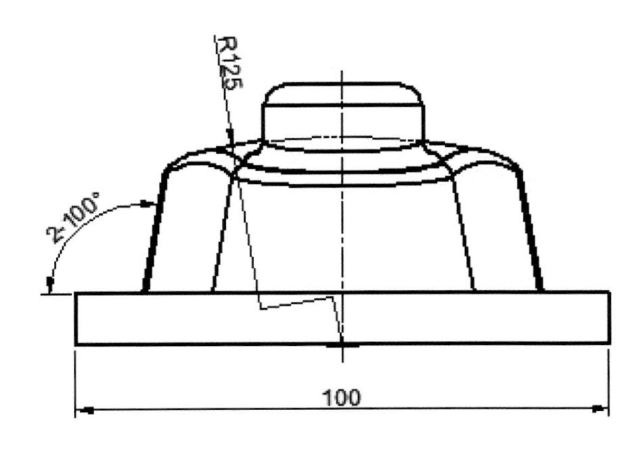

(1) "New(New)"를 클릭하여 New 대화상자에서 스케치 작업할 폴더(Folder) 및 파일이름(예: 3D_1)을 입력하고 "OK" 버튼을 클릭한다.

(2) Menu→ Insert→ Sketch in Task Environment(NX8.5), Home→ Sketch(NX10)를 선택하여 스케치할 평면을 On Plane 타입으로 XY 평면을 지정한다.

(3) "Rectangle(사각형 그리기)"에서 "From center"를 사용 3점을 선택하여 원점을 기준으로 사각형을 그린다. (점의 선택은 마우스 MB1 클릭, 점 선택 순서는 중심점 → 가로 → 세로 순으로 지정한다.)

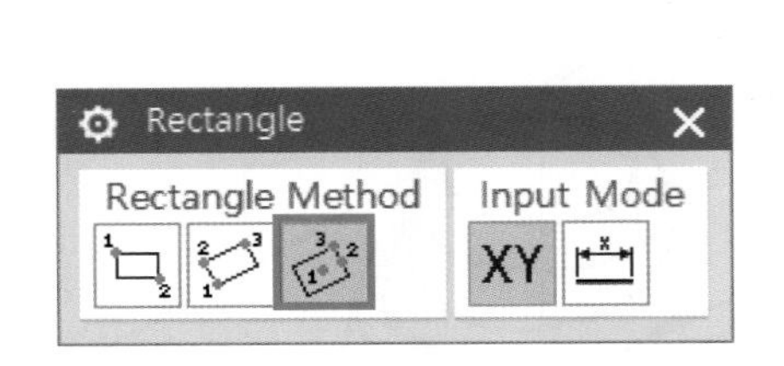

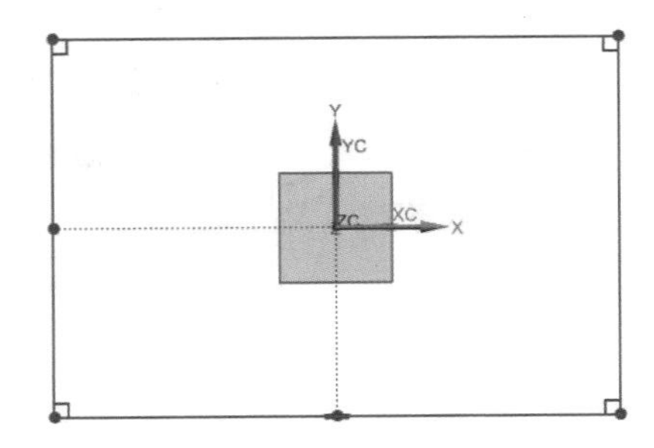

(4) 사각형에 대하여 치수 구속조건을 부여한다. (140×100)

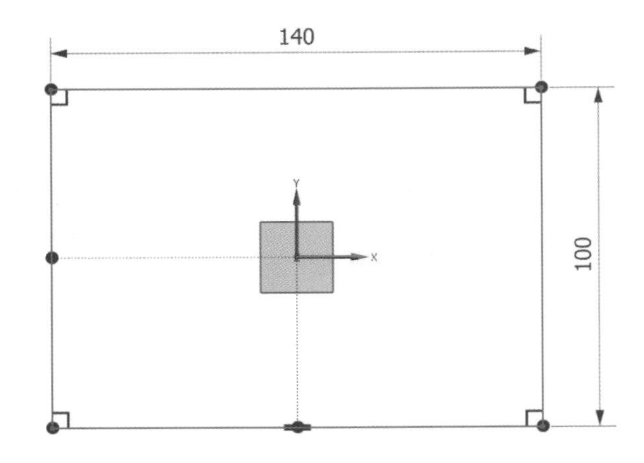

(5) " Finish Sketch"로 스케치를 빠져나가 키보드의 End 버튼을 클릭하여 등각보기 방향으로 스케치를 위치시키고 " Extrude(돌출): X"을 실행하여 －Z방향으로 10mm 돌출시킨다. (스케치 커브 선택 시 "Select Filter"를 사용하면 쉽게 원하는 성분을 선택할수 있다. ex)single curve, connected Curves 등)

“Select Filter”의 Connected Curves(연결된 커브) 선택

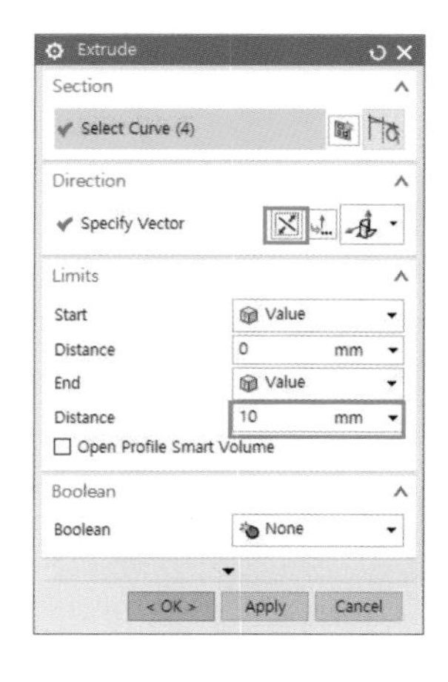

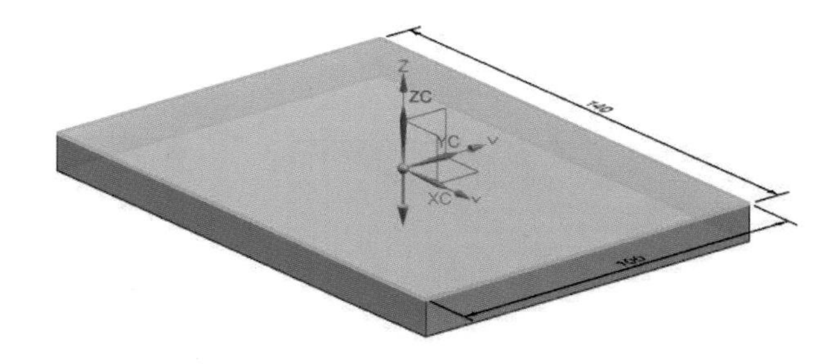

※ 돌출 방향이 위를 향할 경우 Direction을 반대 방향으로 전환시키거나 값을-10mm로 입력해준다.

(6) Sketch 선택하여 스케치할 평면을 On Plane 타입으로 XY 평면을 지정한다.

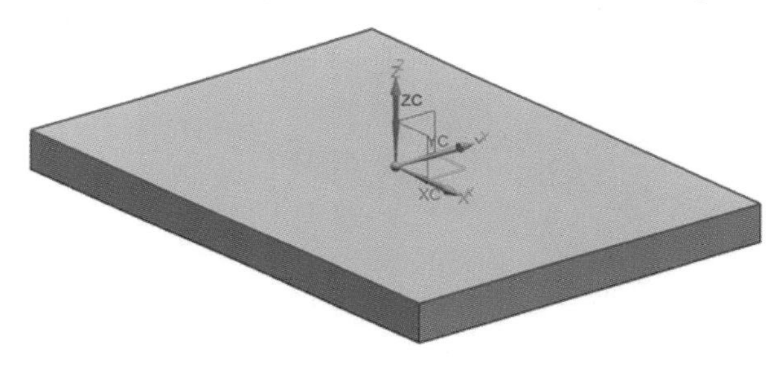

(7) 스케치 평면상에 임의의 두 개의 수직선을 그리고 참조선으로 변경 후 치수 구속을 부여한다.

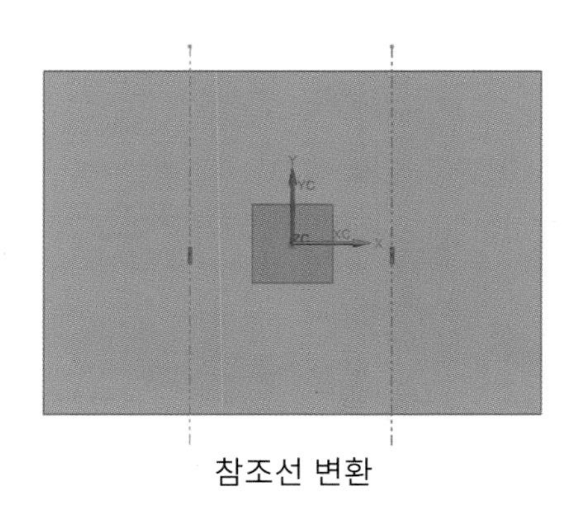

참조선 변환

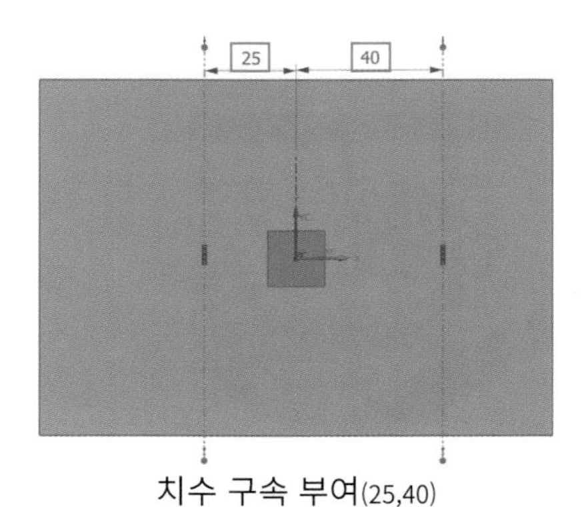

치수 구속 부여(25,40)

(8) 스케치 평면상에 임의의 두 개의 원 (Circle: O)을 그린다.

(9) 두 개의 원(Circle)의 중심점에 대하여 " Point on Curve(커브상의 점)" 구속을 X축 선상 위에 있도록 하고 치수 구속 D75, D50을 부여한다.

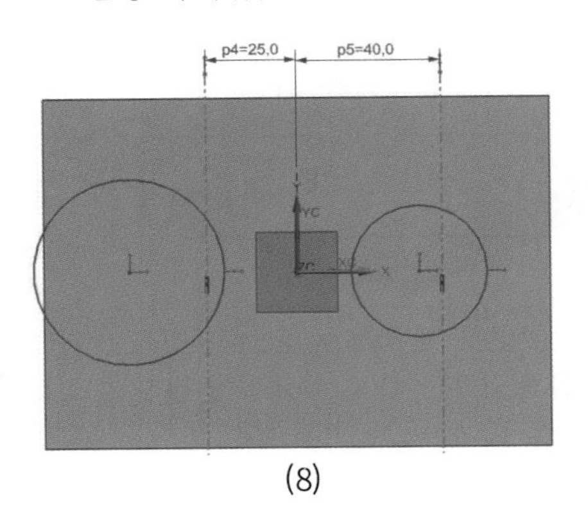

(8)

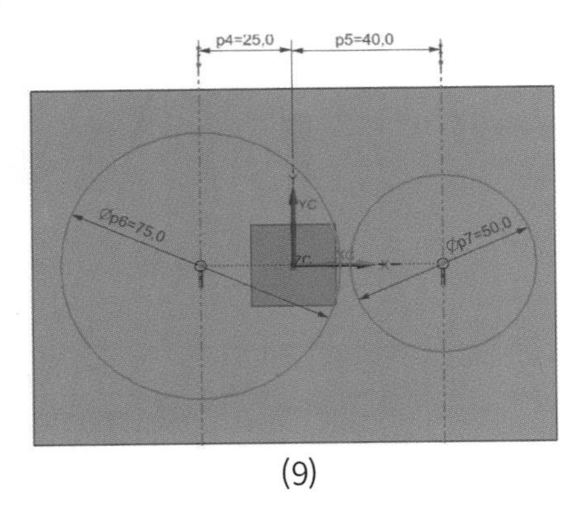

(9)

(10) 두 개의 원(Circle)을 이어줄 2개의 선(Line: L)을 그려준다.

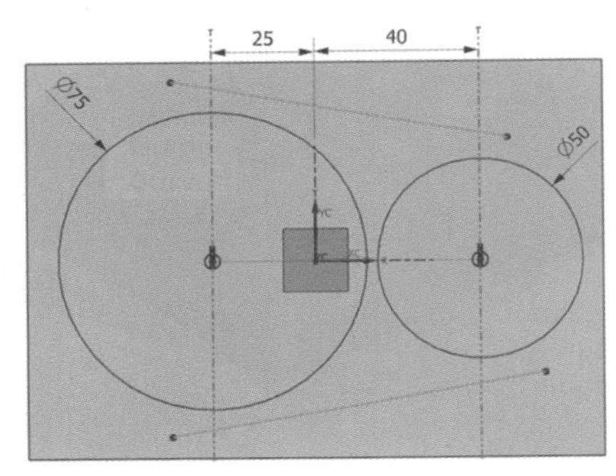

(11) 두 원과 두 선에 각각 접선(Tangent) 구속조건을 부여하고 Quick Trim을 이용하여 스케치를 정리한다.

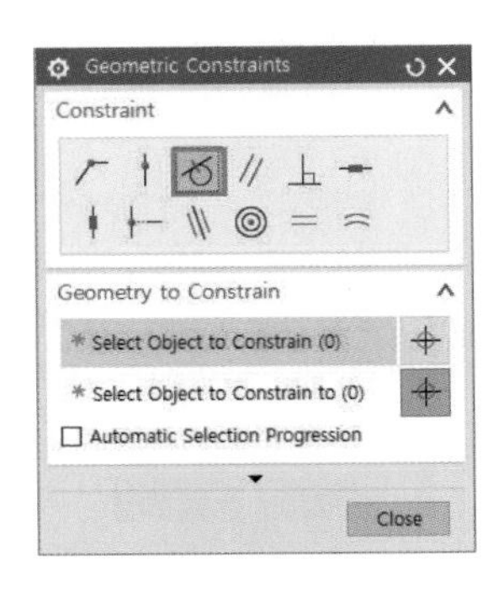

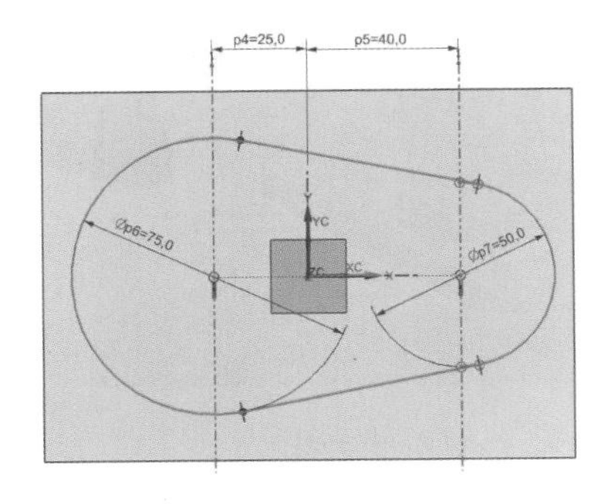

(12) 두 원의 중심에 각각 추가로 원(Circle: O)을 그리고 D45, D30 치수 구속을 부여한다. 스케치 완료 후 “Finish Sketch”로 스케치를 빠져나간다.

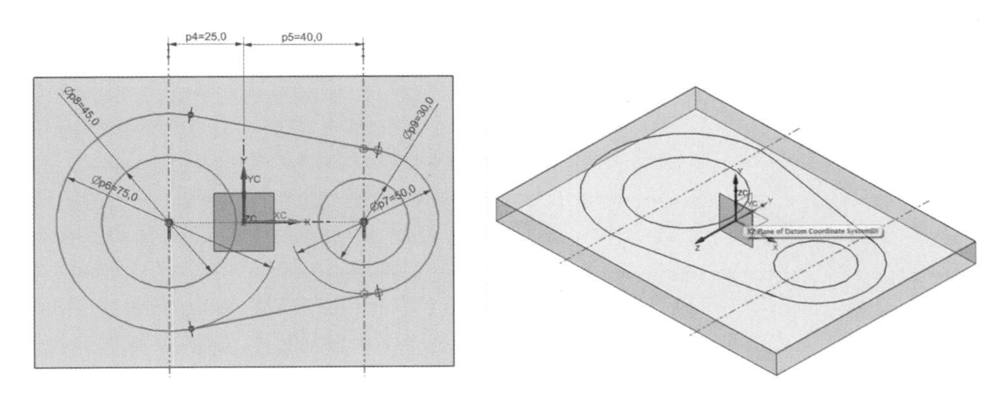

(13) Sketch 선택하여 스케치할 평면을 On Plane 타입으로 XZ 평면(정면도)을 지정한다.

• 선택한 스케치 평면에 임의의 호(Arc: A)를 그려준다.

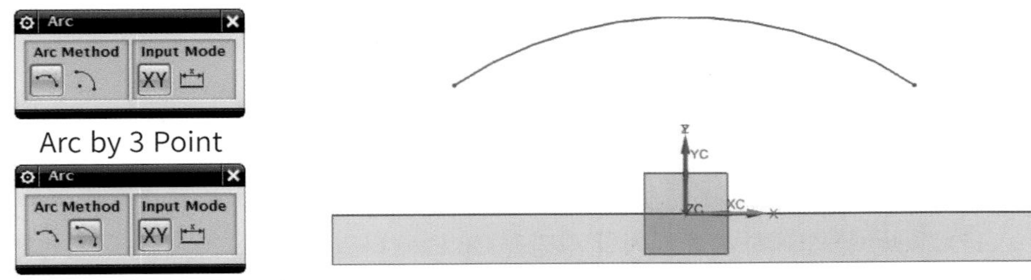

Arc by 3 Point

Arc by Center and Endpoint

(14) 호(Arc)에 치수 구속을 부여한다. 호에 구속조건 부여 순서는

(a) “ Point on Curve(커브상의 점)”이용하여 중심점을 축(Z) 선상에 구속

(b) 호의 높이 치수 부여 (“30”)

(c) 호의 “R”(R250) 값 부여 순으로 구속조건을 부여하는 게 좋다.

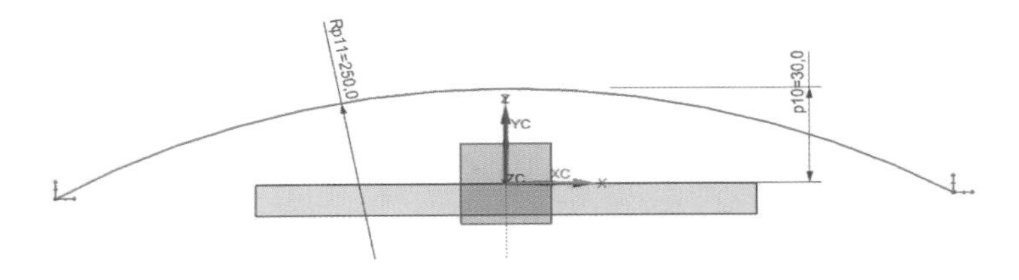

(15) 호(Arc)의 양 끝단의 길이를 적절하게 조절한다. (너무 길거나 혹은 짧을시 모델링에 간섭이 되거나 부족하게 되는 경우가 발생될 수 있다.)

조절은 "Esc"로 현재 명령 상태에서 빠져나간 후 호(Arc) 끝점을 클릭, 원하는 만큼 드래그하여 조절한다.

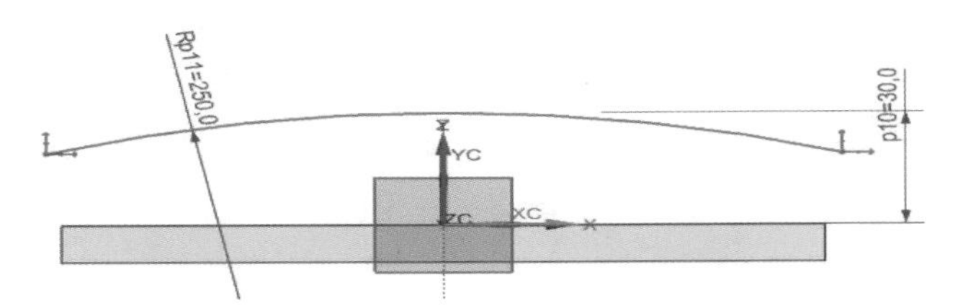

(16) " Finish Sketch"를 이용하여 스케치를 빠져 나간다.

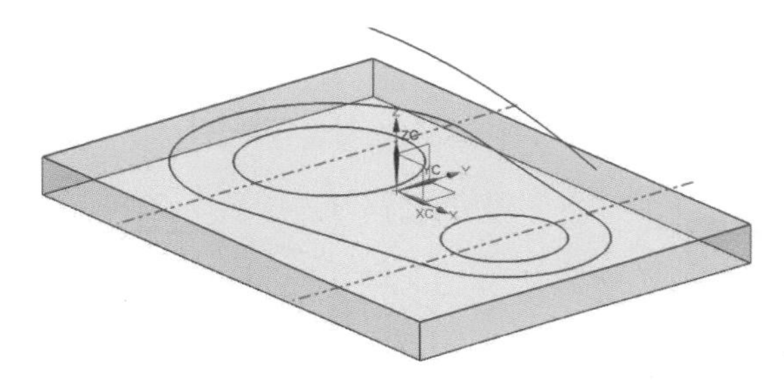

(17) Sketch를 선택하여 스케치할 평면을 On Path 타입으로 "R125 호(Arc)"를 선택한다.

- 호 선택 시 생성된 데이텀의 중심볼을 클릭하여 Path 끝으로 드래그시켜 이동한다.
- "OK" 선택하여 Path에 수직인 스케치 평면을 생성한다.

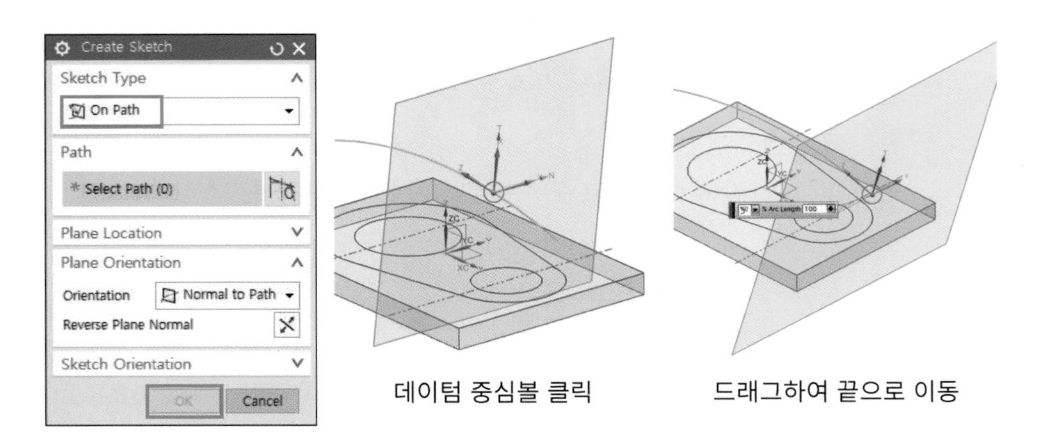

데이텀 중심볼 클릭

드래그하여 끝으로 이동

(18) 선택한 스케치 평면에 임의의 호(Arc: A)를 그려준다.

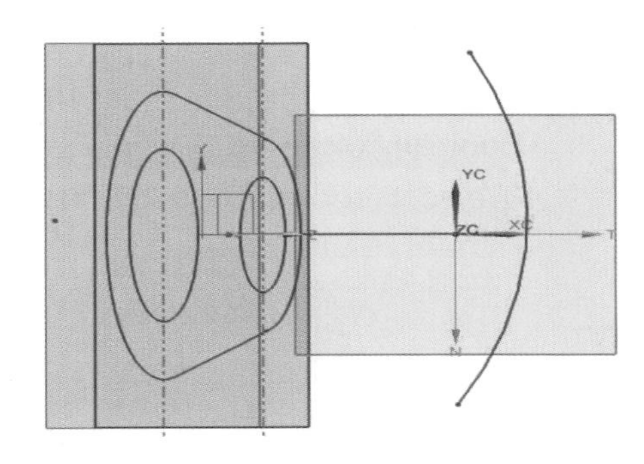

(19) 호(Arc)에 치수 구속을 부여한다. 호에 구속조건 부여 순서는

(a) " Point on Curve(커브상의 점)"를 이용하여 중심점을 수직축 선상에 구속

(b) "Point on Curve"를 이용하여 호를 스케치 평면의 데이텀 원점에 구속

(c) 호의 "R"(R125) 값 부여 순으로 구속조건을 부여하는 게 좋다.

(d) 호의 끝점을 클릭하여 길이를 적절하게 조절한다.

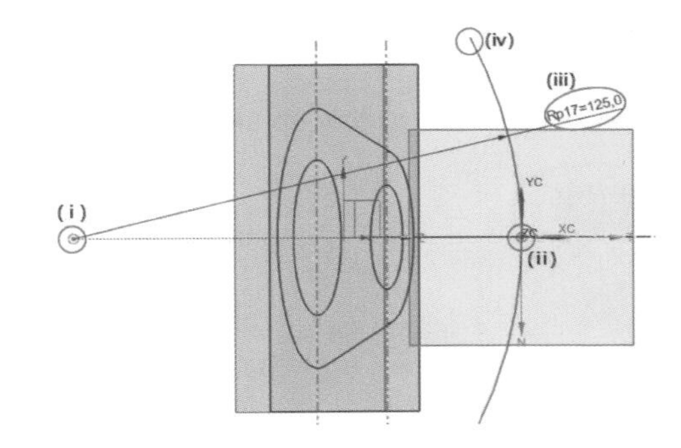

(20) " Finish Sketch"를 이용하여 스케치를 빠져나간다.

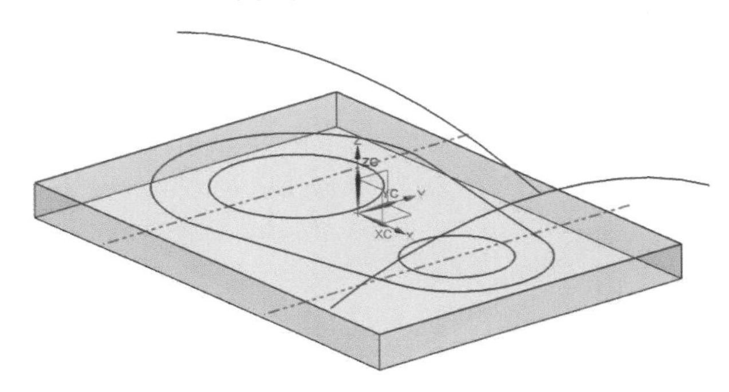

(21) "Extrude(돌출)"을 실행하여 +Z방향으로 40mm 돌출시킨다.

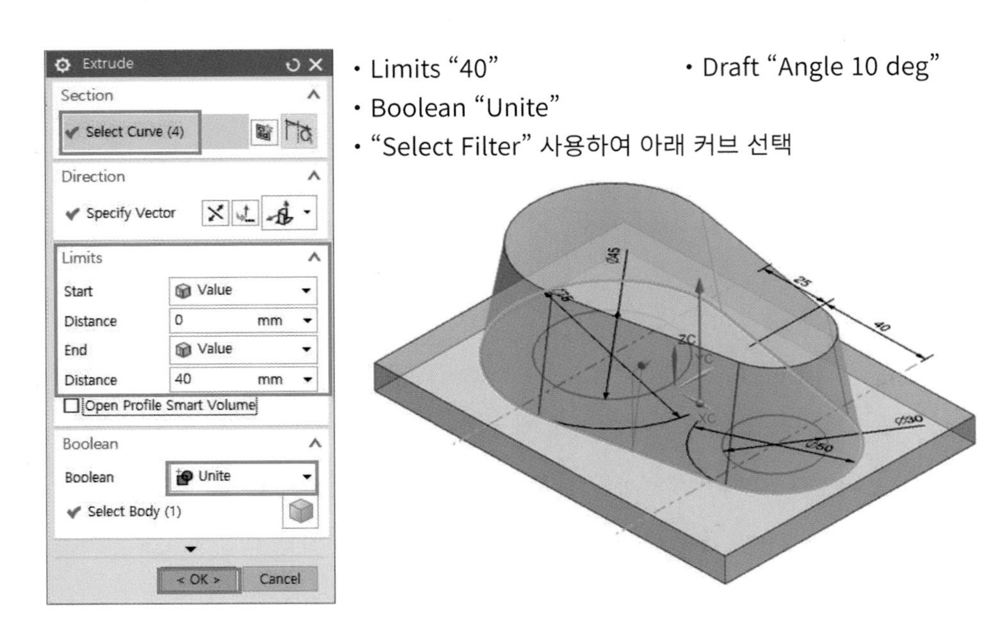

(22) 정면, 측면의 "R250", "R125" 호를 이용한 곡면을 생성한다.

Menu → Insert → Sweep → "Sweep along Guide" 선택

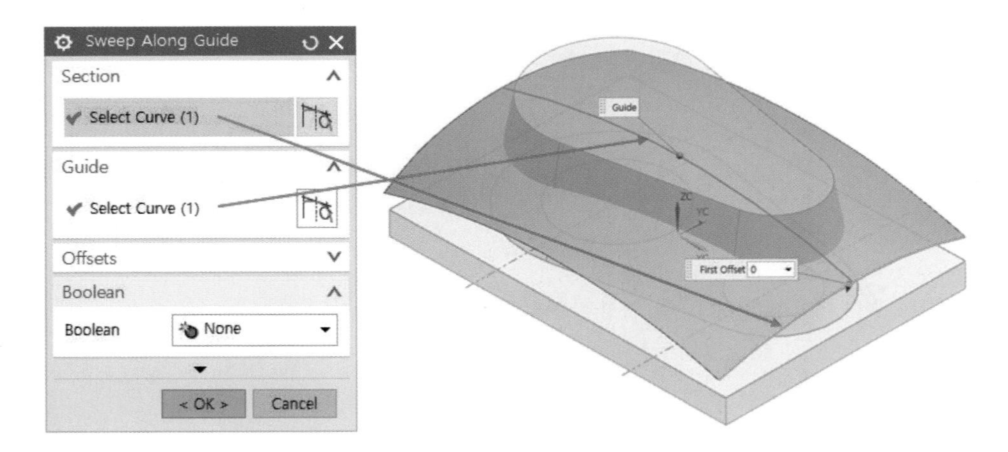

(23) "Trim Body"를 사용하여 돌출된 바디 상단을 잘라낸다.

Menu → Insert → Trim → " Trim Body" 선택

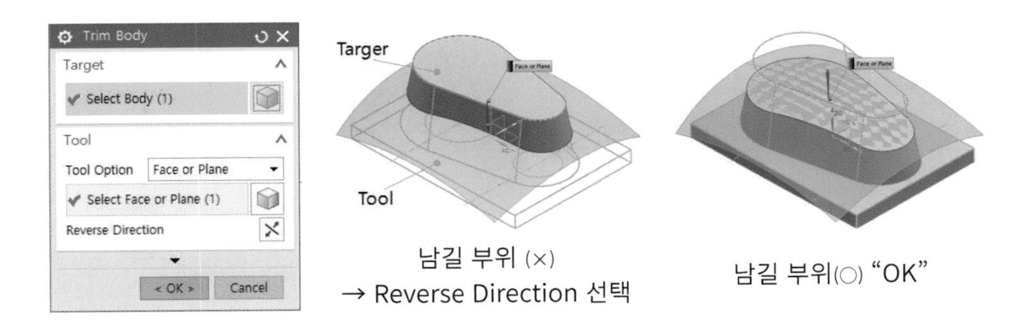

(24) Trim에 사용된 곡면을 숨기기(hide) 한다. 곡면 선택→ Ctrl+B : 레이어 뒷면으로 객체 보내기 (* 레이어 뒷면 보기 "Shift + Ctrl + B")

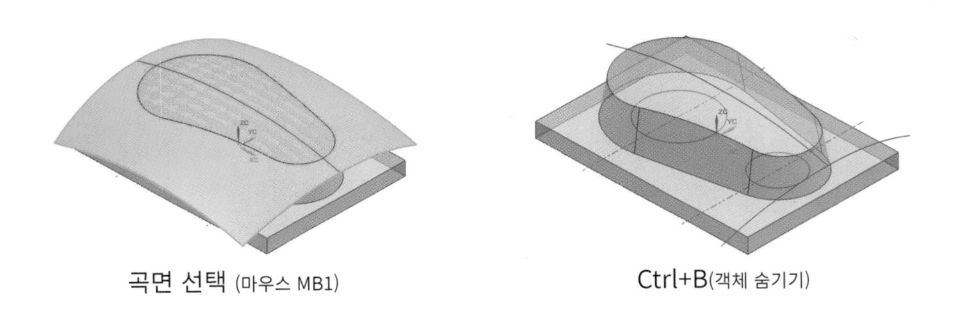

25. " Extrude(돌출)"을 실행하여 D90 원을 돌출시켜 Subtract(빼기)해준다.

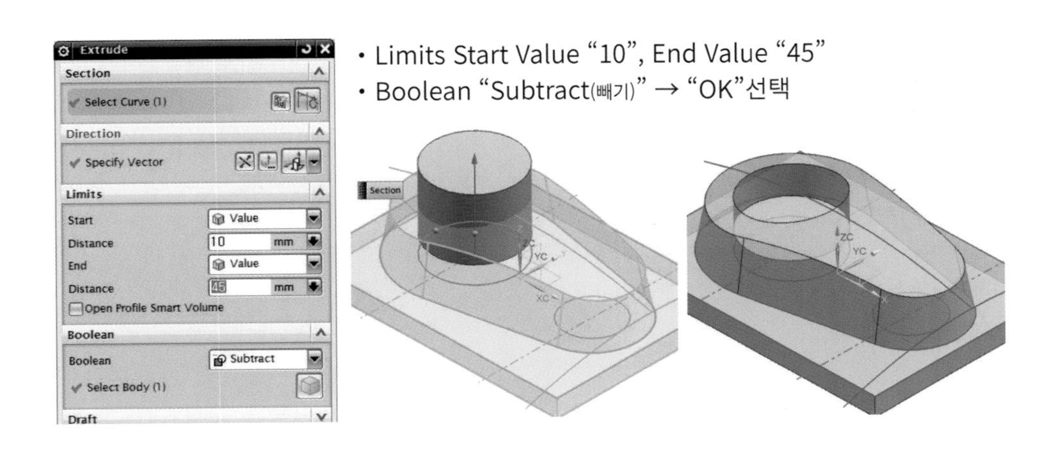

26. " Extrude(돌출)"을 실행하여 D30 원을 돌출시켜 Unite(더하기)해준다.

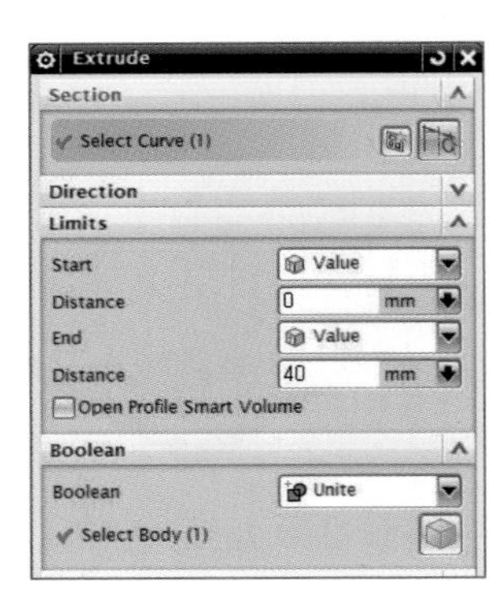

- Limits Start Value "0", End Value "40"
- Boolean "Unite(더하기)" → "OK"선택

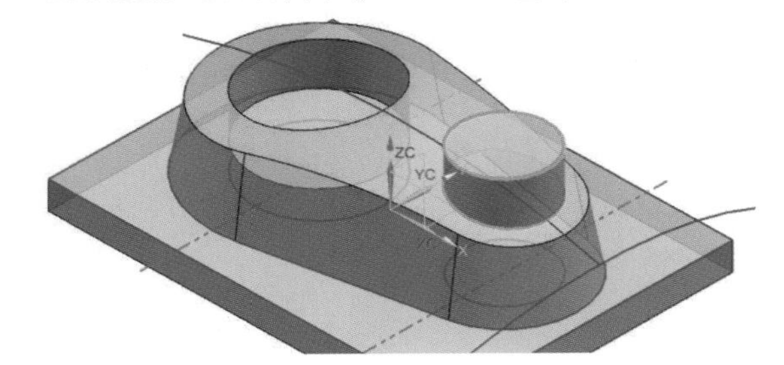

(27) "Edge Blend: B"를 사용하여 R4에 대한 Fillet 처리한다.

Menu → Insert → Detail Feature → " Edge Blend" 선택

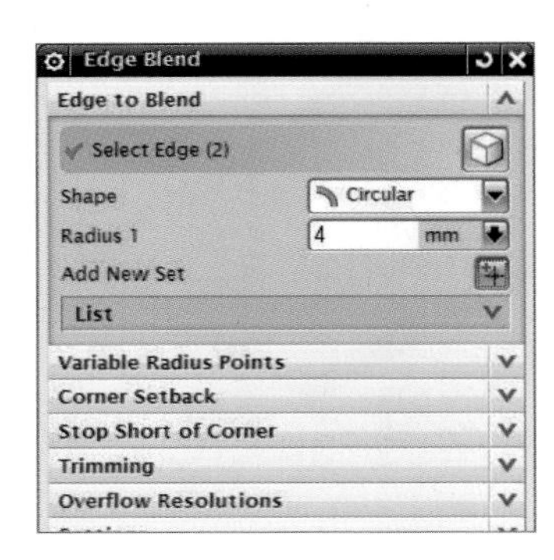

- Select Edge (2)선택
- Radius 1 "4 mm" → "OK"선택

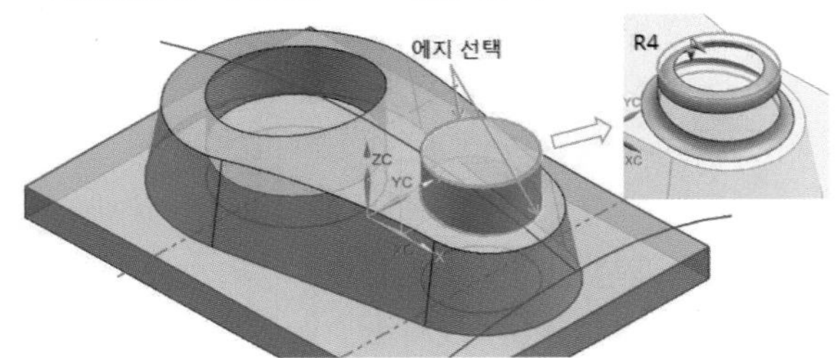

(28) "Edge Blend: B"를 사용하여 R3에 대한 Fillet 처리한다.

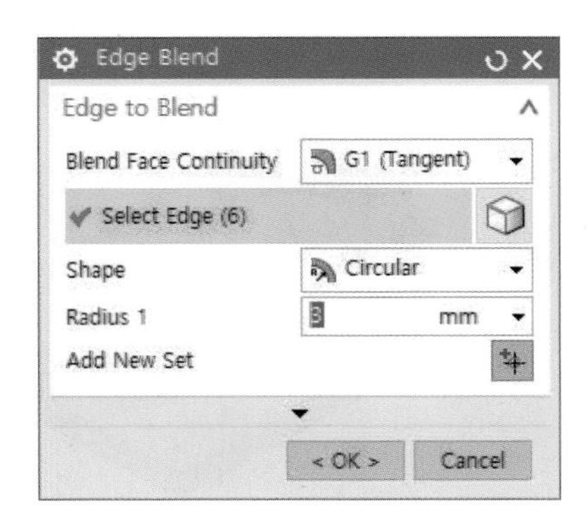

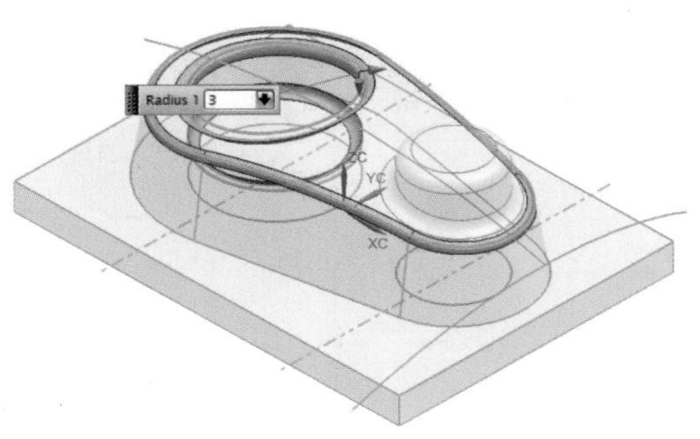

(29) "Show and Hide: Ctrl+W"를 사용하여 바디만 보이도록 선택한다.

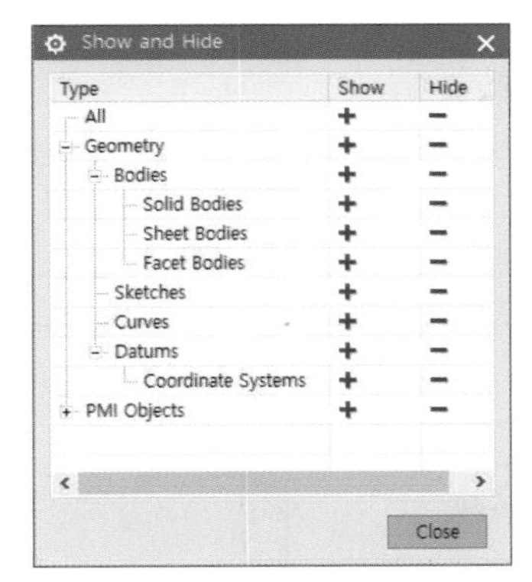

• 보여줄 객체는 Show "+", 숨길 객체는 Hide "-"

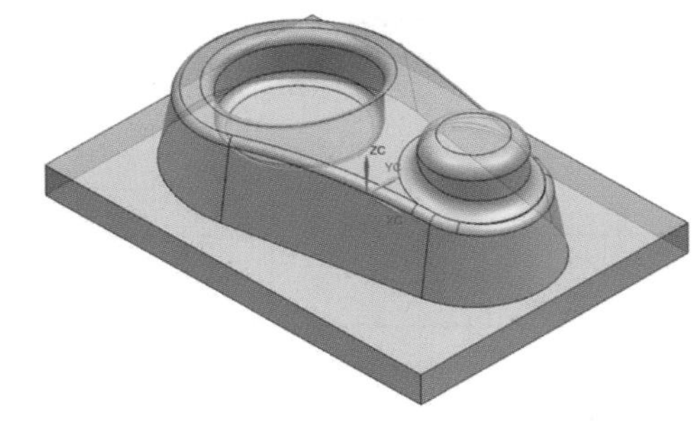

• Solid Bodies "+", 나머지 All "-"

(30) "Class Selection" 사용하여 객체 투명도 조절한다.

Menu → Edit → Object Display(Ctrl+J)

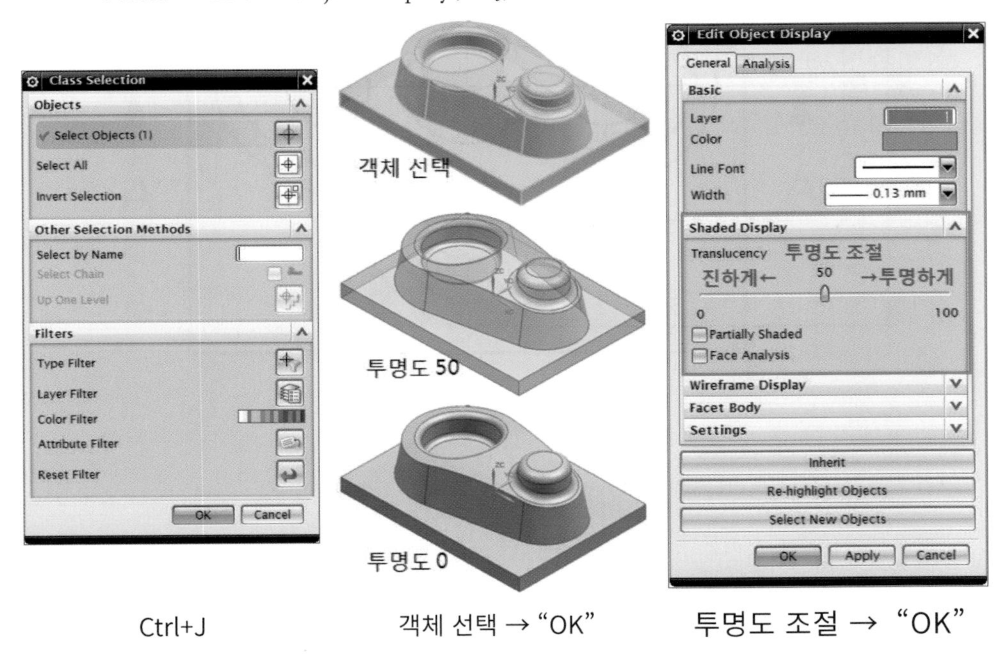

(31) 3D 모델링 과제1을 마무리한다.

2.2 예제2 (Draft, Offset Face, Sphere)

다음 도면에 명시된 원점을 기준으로 Modeling을 생성하시오.

Draft(구배), Offset Face, Sphere(구)

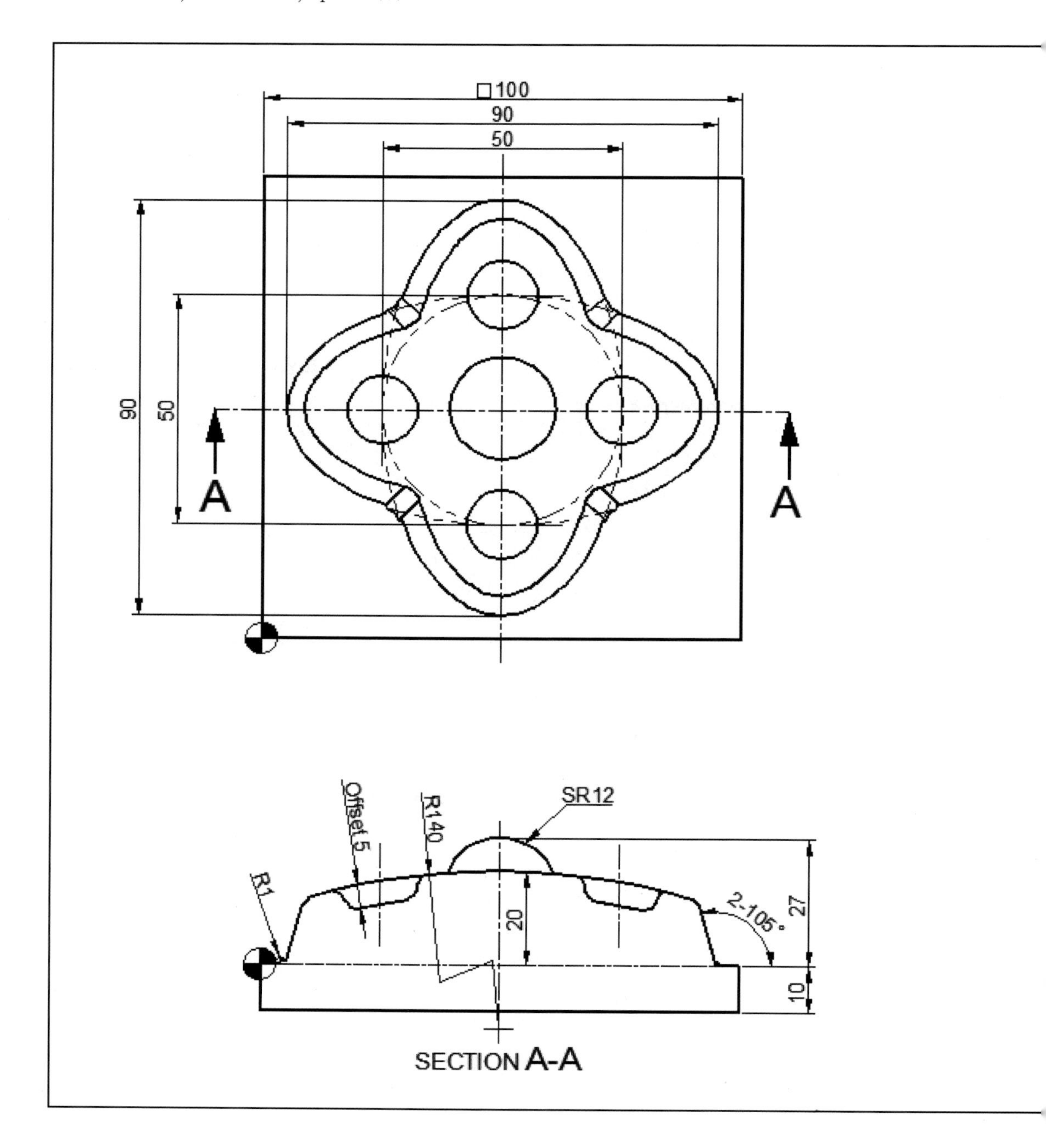

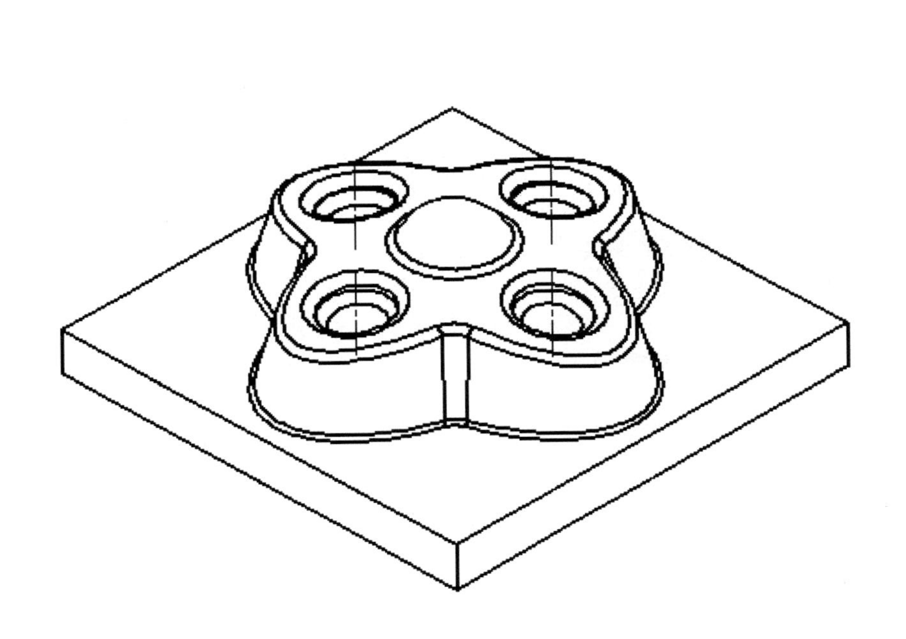

도시되고 지시 없는 ROUND는 R2

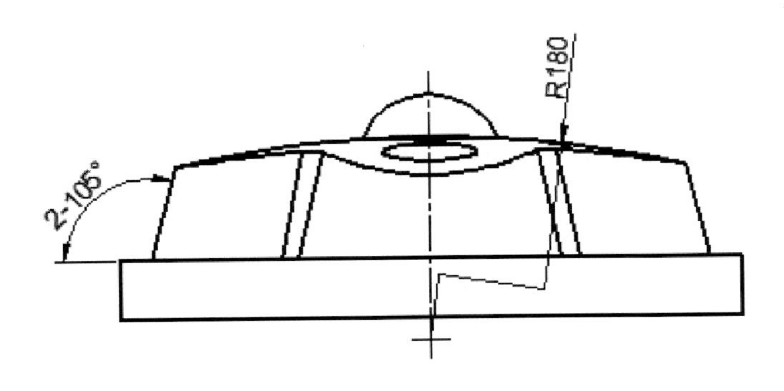

(1) "New(New)"를 클릭하여 New 대화상자에서 스케치 작업할 폴더(Folder) 및 파일이름(예: 3D_2)을 입력하고 "OK" 버튼을 클릭한다.

(2) Sketch 선택하여 스케치할 평면을 On Plane 타입으로 XY 평면을 지정한다.

(3) "Rectangle(사각형 그리기)"에서 "By 2 Points"를 사용 2점을 선택하여 원점을 기준으로 사각형을 그린다. (점의 선택은 마우스 MB1 클릭, 점 선택 순서는 데이텀 원점 → 대각선 순으로 지정한다.)

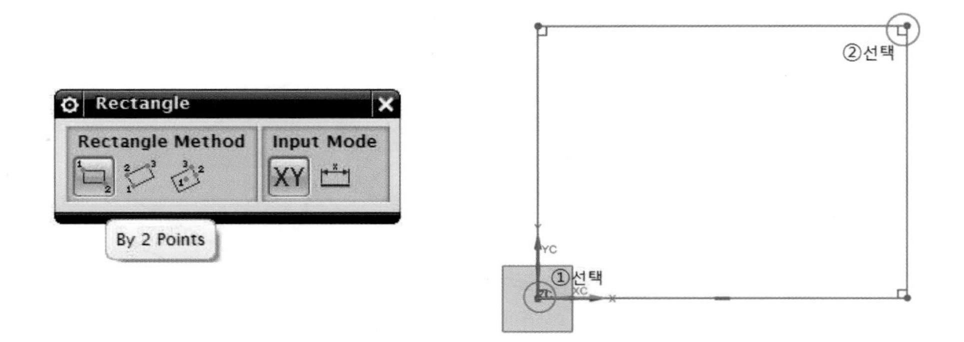

(4) 사각형에 대하여 치수 구속조건을 부여한다. (100×100)

(5) □100에 대한 X, Y축 중심선을 그리고 참조선으로 변환한다.

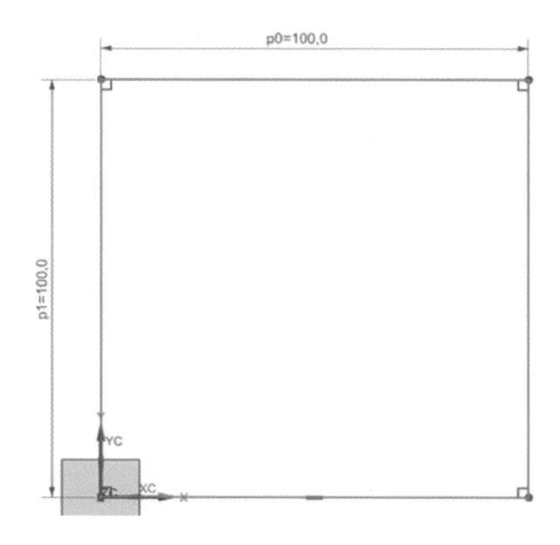

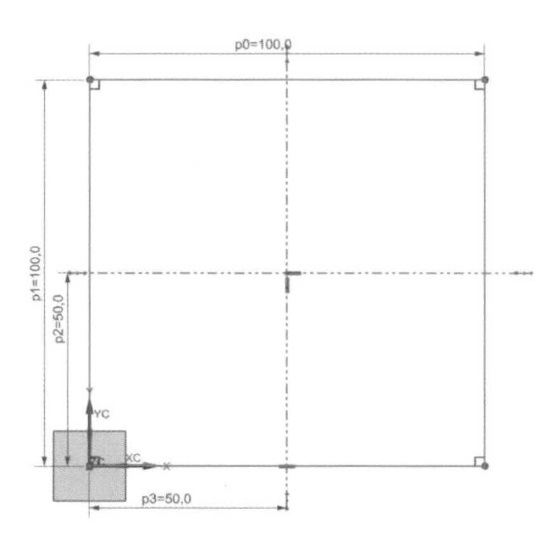

(6) 중심을 기점으로 Major/Minor Radius가 90/50, 50/90인 타원(Ellipse)을 그려준다.

타원에 구속조건을 부여하는 순서는

(a) 중심을 구속한다. (b) 방향을 구속한다. (c) 반경(Radius)값을 이용한 치수 구속한다.

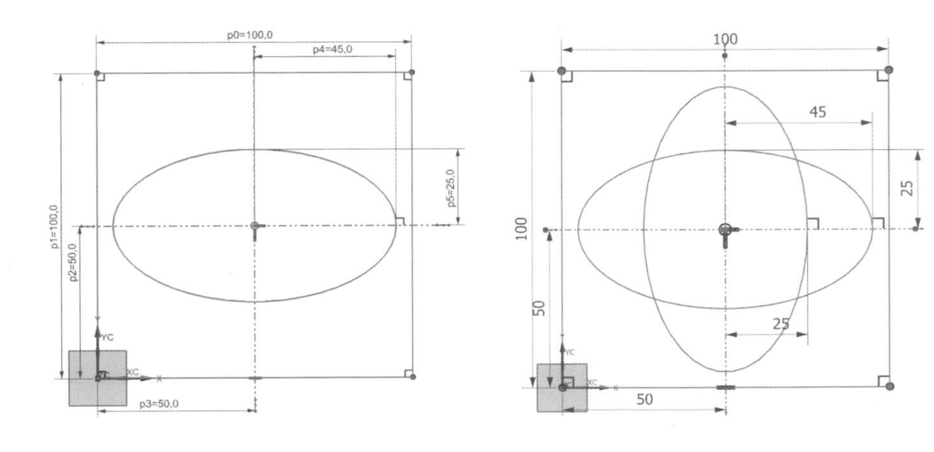

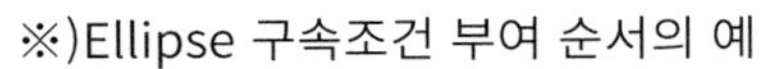
※)Ellipse 구속조건 부여 순서의 예

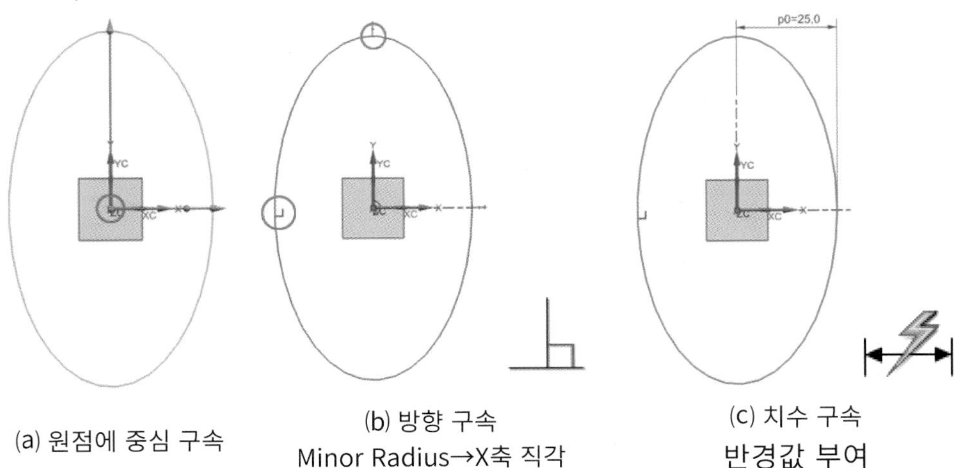

(a) 원점에 중심 구속

(b) 방향 구속
Minor Radius→X축 직각

(c) 치수 구속
반경값 부여

(7-1) 중심을 기점으로 D50 원(Circle)을 그리고 참조선으로 변환한다.

(7-2) D50 원 과 중심선과의 교점에 D15 원(Circle)을 그려준다.

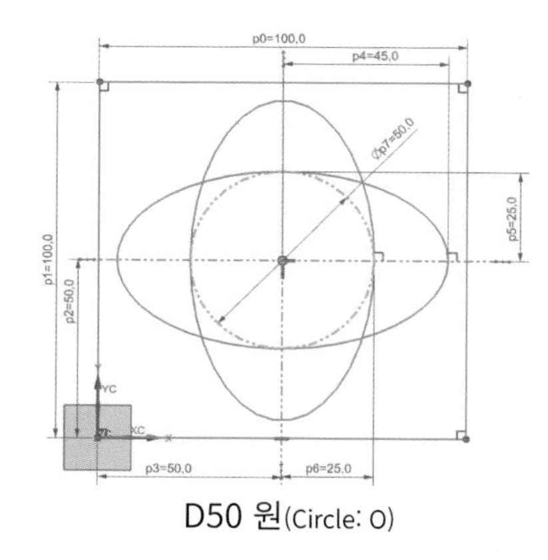

D50 원(Circle: O)

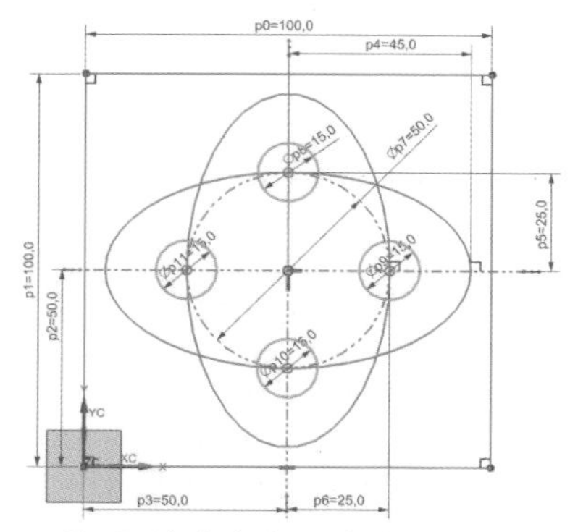

D50원, 중심선과의 교점에 D15 원(Circle)

(8) " Finish Sketch"를 선택하여 스케치를 빠져 나가고 중심에 새로운 Datum을 생성한다. Menu → Insert → Datum/Point → "Datum CSYS" 선택

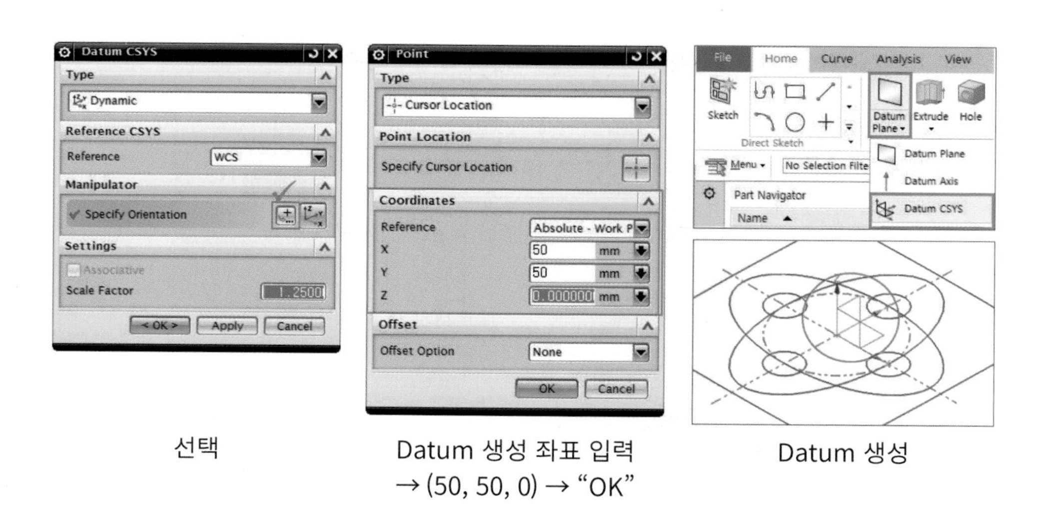

선택

Datum 생성 좌표 입력 → (50, 50, 0) → "OK"

Datum 생성

※) Datum 생성으로 원점이 이동하는 것은 아님. 원점은 변함없음.

(9-1) Sketch 선택하여 스케치할 평면을 On Plane 타입으로 XZ 평면(정면도)을 지정한다.

(9-2) 선택한 스케치 평면에 R140 호(Arc: A)를 그리고 구속조건을 부여한다.

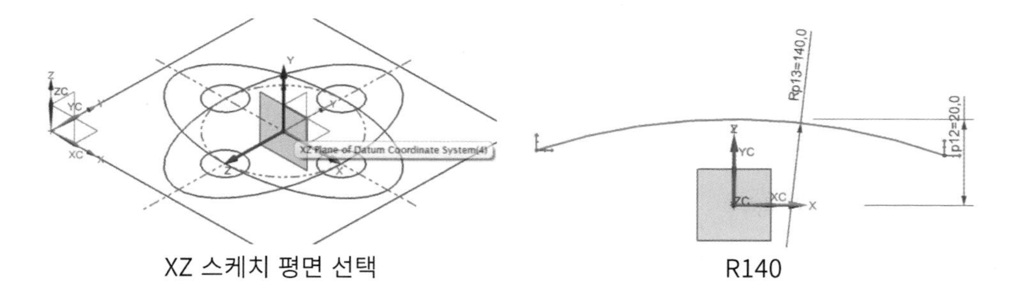

XZ 스케치 평면 선택　　　　R140

호(Arc)에 치수 구속을 부여한다. 호에 구속조건 부여 순서는

(a) " Point on Curve(커브상의 점)"을 이용하여 중심점을 축(Z) 선상에 구속

(b) 호의 높이 치수 부여 (20)

(c) 호의 R값 부여 (R140)

(d) 호(Arc)의 양 끝단의 길이를 적절하게 조절한다.

(9-3) " Finish Sketch"를 선택하여 스케치를 빠져나간다.

(10) Sketch 선택하여 스케치할 평면을 On Path 타입으로 "R140 호(Arc)"를 선택한다.

- 호 선택 시 생성된 데이텀의 중심볼을 클릭하여 Path 끝으로 드래그시켜 이동한다.
- "OK" 선택하여 Path에 수직인 스케치 평면을 생성한다.

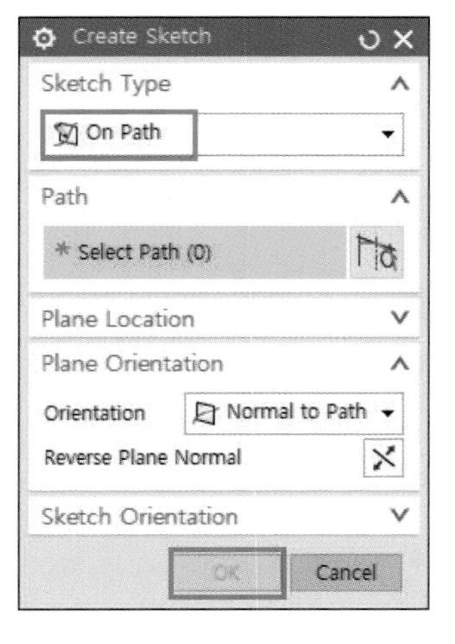

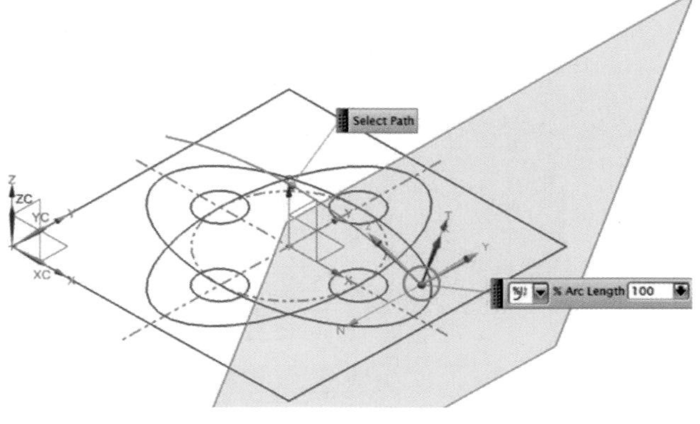

데이텀 중심볼 클릭 → 드래그 → Path 끝 이동

(11) 선택한 스케치 평면에 임의의 호(Arc: A)를 그려준다.

(12) 호(Arc)에 구속조건을 부여한다. (R180)

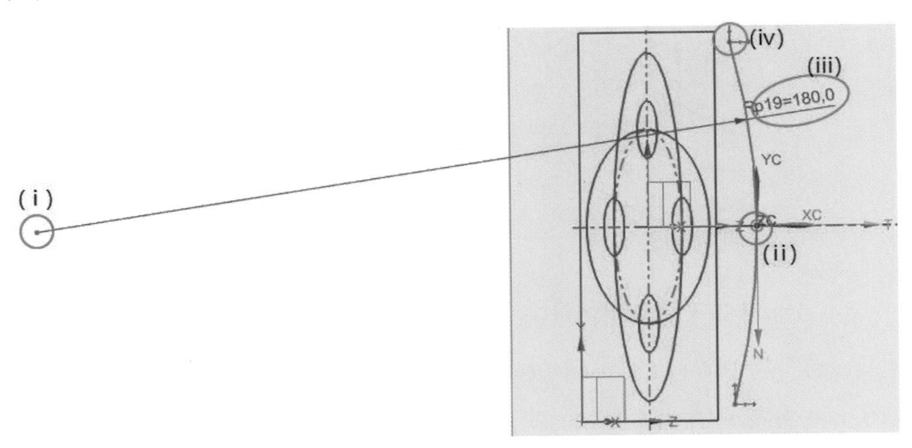

호(Arc)에 치수 구속을 부여한다. 호에 구속조건 부여 순서는

(a) " Point on Curve(커브상의 점)"을 이용하여 중심점을 수직축 선상에 구속

(b) "Point on Curve"를 이용하여 호를 스케치 평면의 데이텀 원점에 구속

(c) 호의 "R"(R180) 값 부여

(d) 호의 끝점을 클릭하여 길이를 적절하게 조절한다.

(13) " Finish Sketch"를 선택하여 스케치를 빠져나간다.

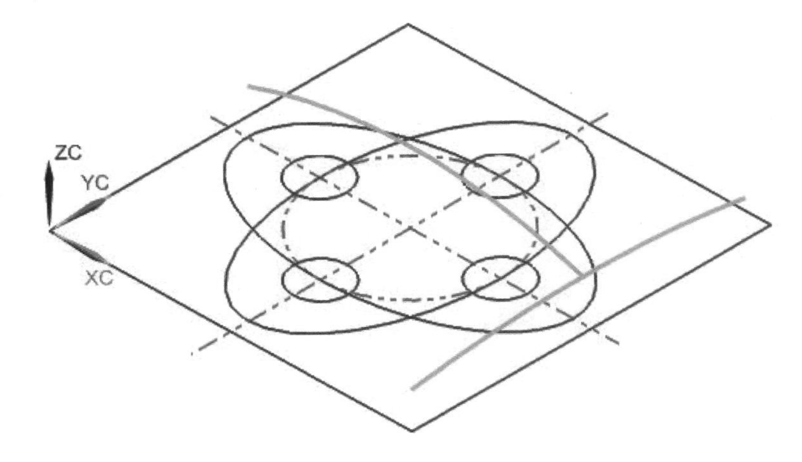

(14) " Extrude(돌출)"을 실행하여 베이스부를 －Z방향으로 10mm 돌출시킨다.

(15) " Extrude(돌출)"을 실행하여 Ellipse Curve를 +Z방향으로 25mm 돌출시킨다.

(Ellipse Curve선택 시 Select Filter의 " Stop at Intersection"을 활성화하여 그림과 같이 선택한다.)

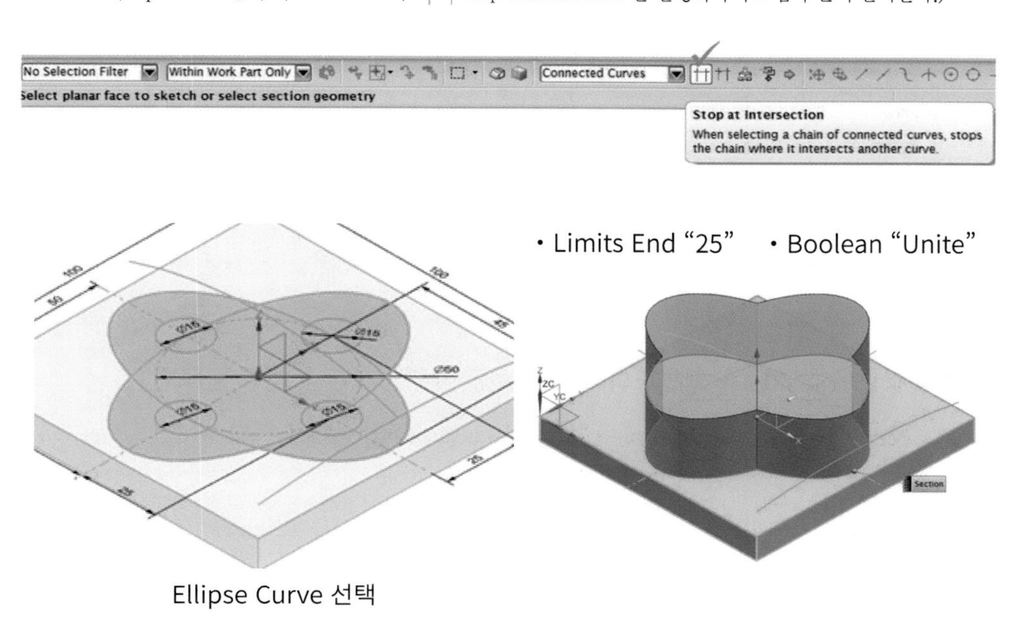

Ellipse Curve 선택

(16) " Draft(구배)"를 실행하여 15° 각도 구배를 부여한다.

Menu → Insert → Detail Feature → "Draft: D"

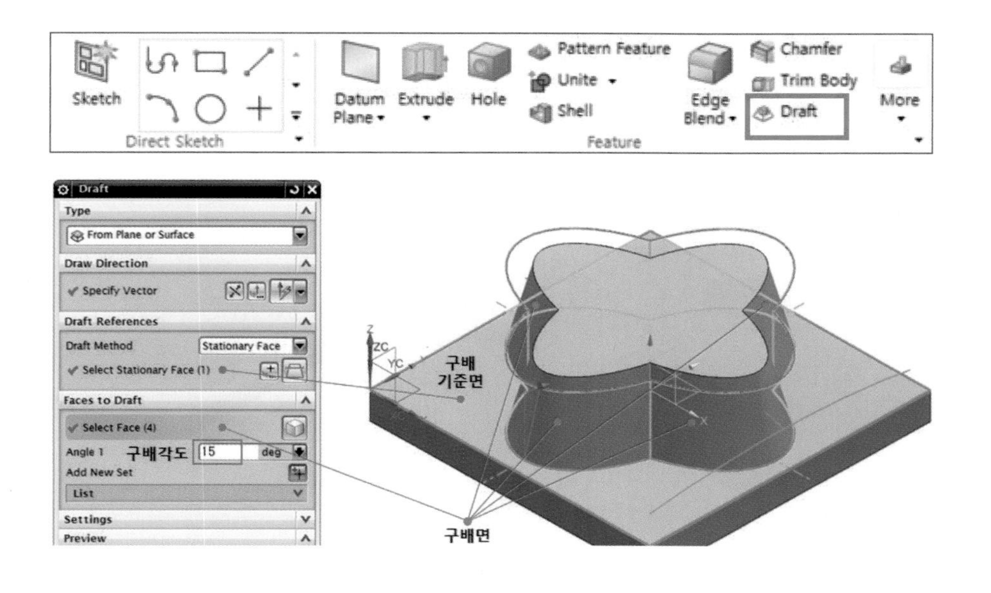

(17) " Edge Blend"를 실행하여 구배면 코너 에지에 R5를 부여한다.

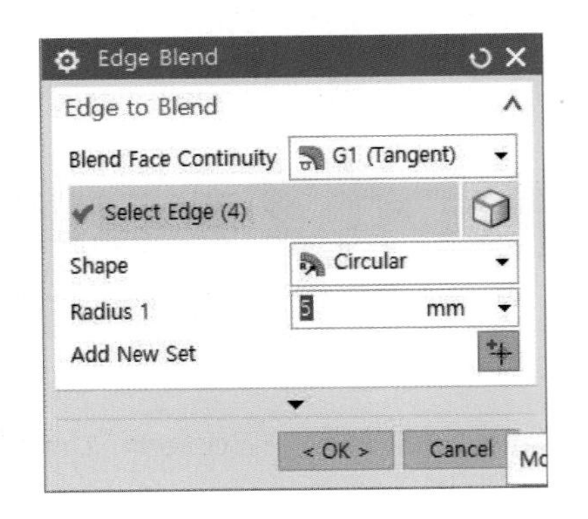

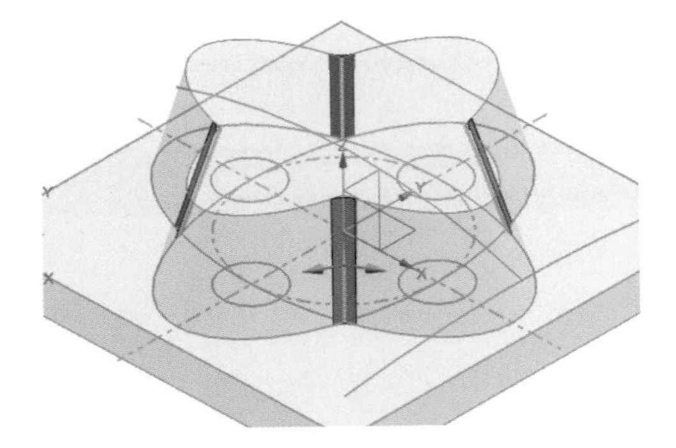

(18) 정면도의 "R140", 평면도의 "R180" 호를 이용한 상단 곡면을 생성한다.

Menu → Insert → Sweep → " Sweep along Guide" 선택

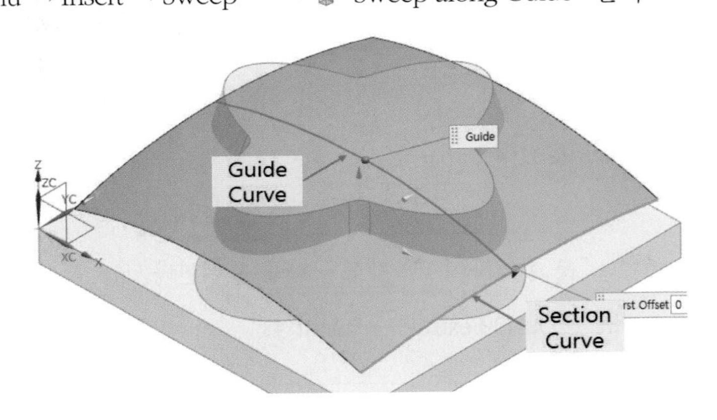

19. " Trim Body"를 사용하여 돌출된 바디 상단을 잘라낸다.

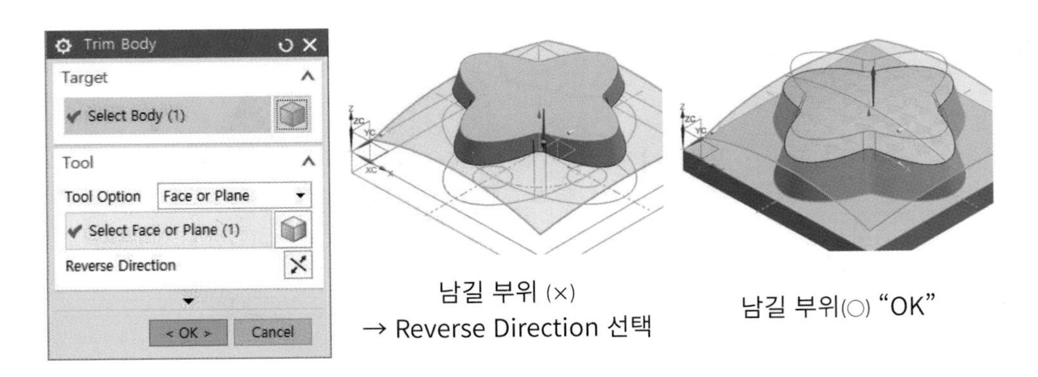

남길 부위 (×)
→ Reverse Direction 선택

남길 부위(○) "OK"

(20) " Offset Surface"를 사용하여 곡면을 －Z방향으로 5mm 옵셋시킨다.

Menu → Insert → Offset/Scale → "Offset Surface"

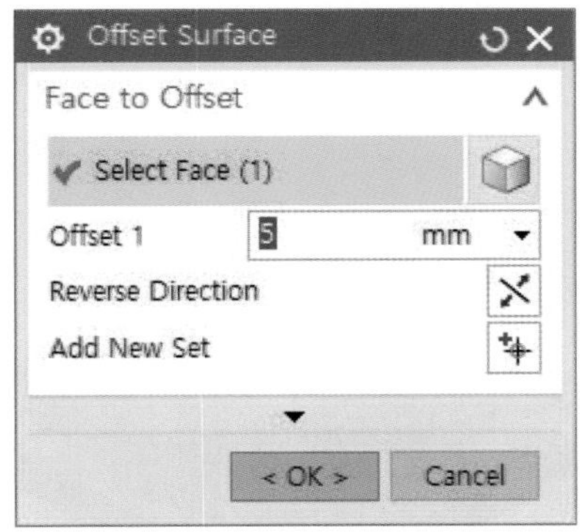

Offset Surface

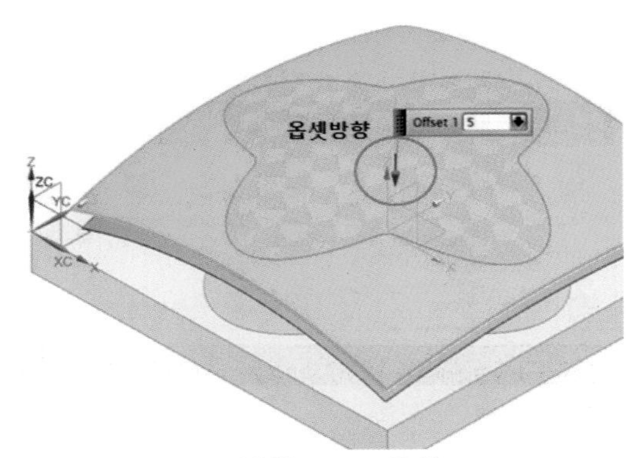

-Z방향 5mm 옵셋

(21) 기존 곡면은 역할을 다했기 때문에 객체 레이어 뒷면으로 보낸다.

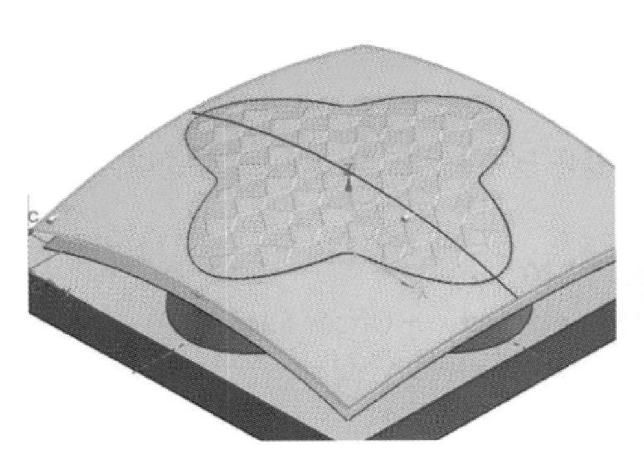

곡면 선택 (마우스 MB1)

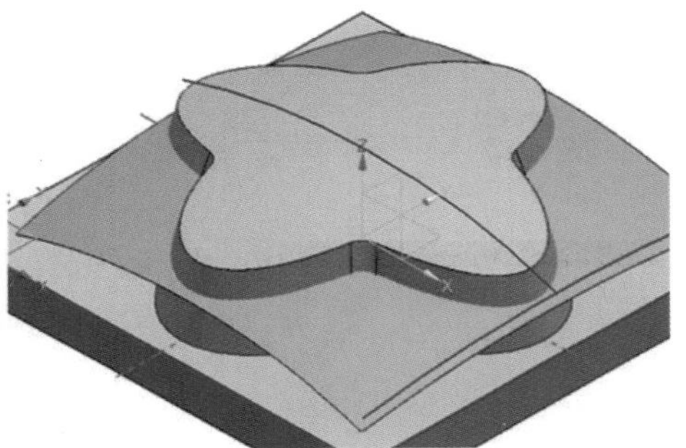

Ctrl+B (객체 숨기기),
Offset 실행한 Face는 남겨둔다.

(22) "Class Selection"을 사용하여 객체 색상을 변경한다. 변경하는 이유는 기존 곡면과 같은 색일 경우 선택 오류를 줄여주기 위함이다. Class Selection : Ctrl+J

(솔리드상에서 특정면에 대하여 색상을 바꾸고자 할 경우 타입을 Face로 바꾸고 선택)

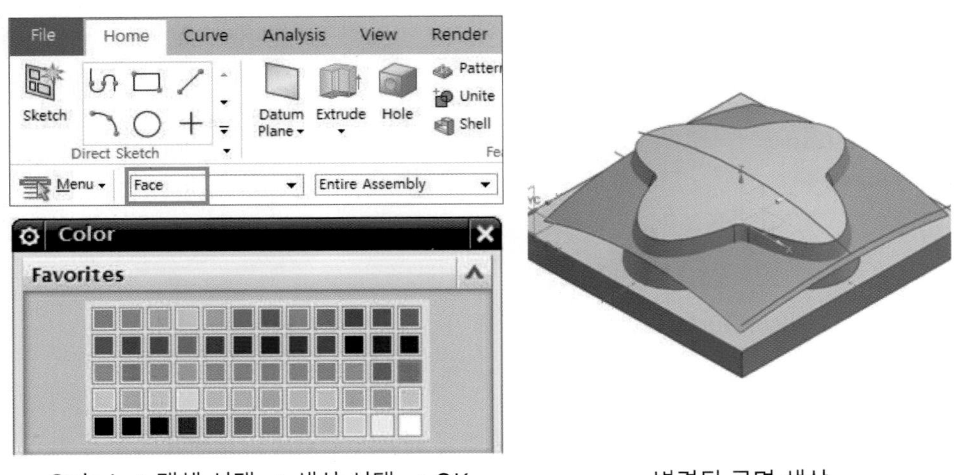

Ctrl+J → 객체 선택 → 색상 선택 → OK　　　변경된 곡면 색상

(23) "Extrude(돌출)"을 실행하여 D15 원을 돌출시켜 Subtract(빼기)해준다.

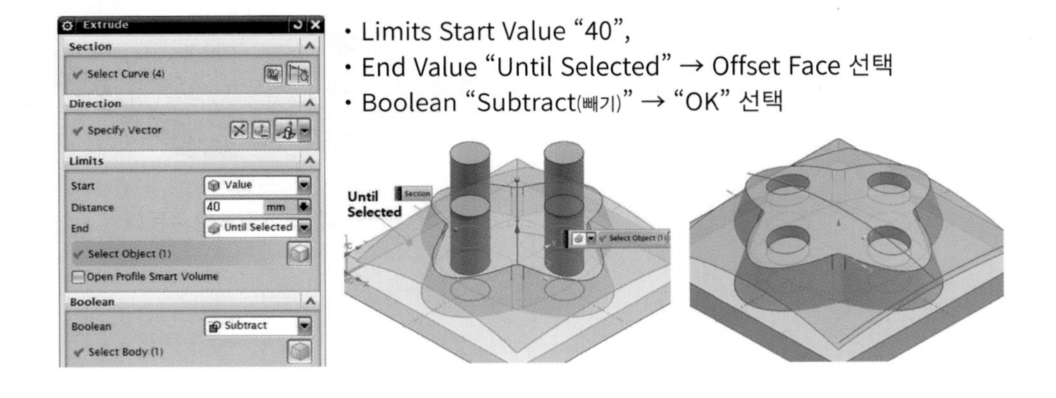

(24) Offset 곡면은 역할을 다했기 때문에 객체를 숨긴다. (곡면 선택 → Ctrl+B)

(25) "Sphere(구)"를 실행, 반지름 SR12인 구를 생성하여 "Unite(더하기)"한다.

Menu → Insert → Design Feature → "Sphere"

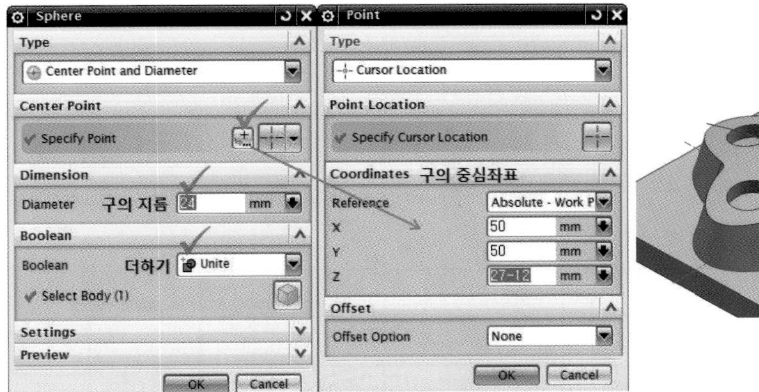

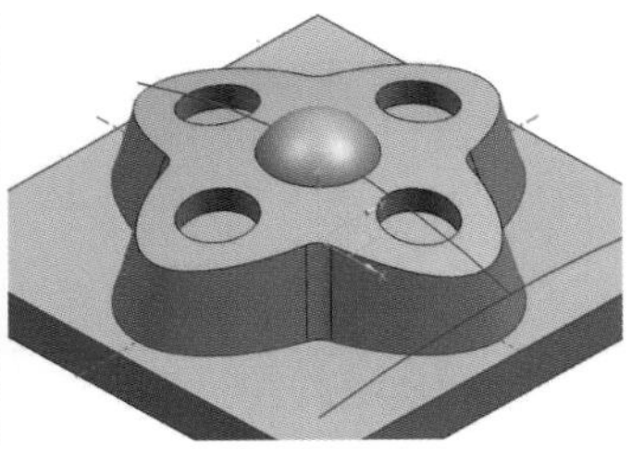

(26) "Edge Blend: B"를 사용하여 R2에 대한 Fillet 처리한다.

(27) "Edge Blend: B"를 사용하여 R1에 대한 Fillet 처리한다.

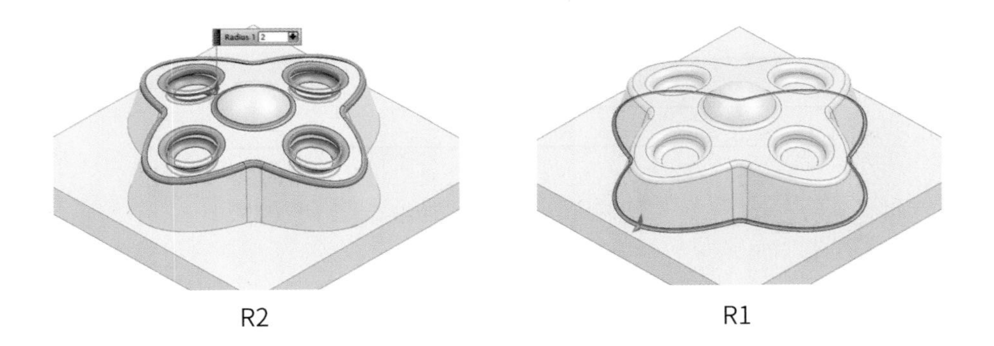

R2 R1

(28) 3D 모델링 예제2를 마무리한다.

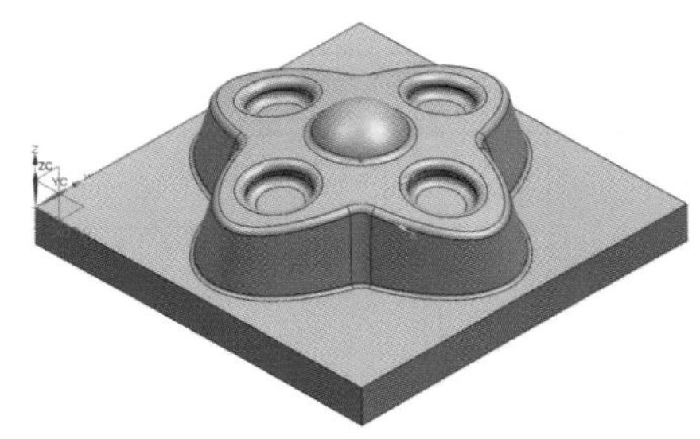

2.3 예제3 (Intersection Point, Tube)

다음 도면에 명시된 원점을 기준으로 Modeling을 생성하시오.

Intersection Point(교차점), Tube(관)

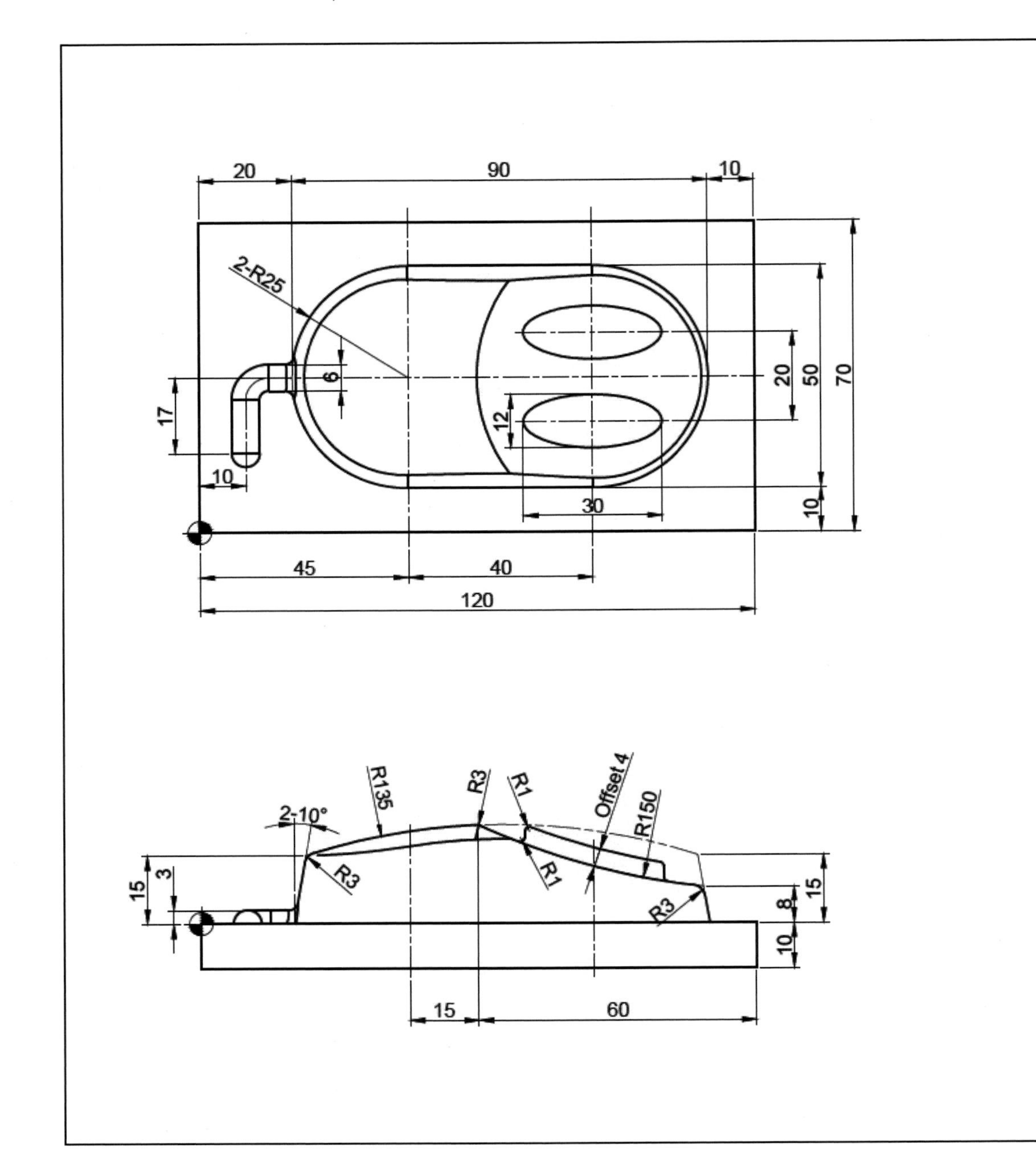

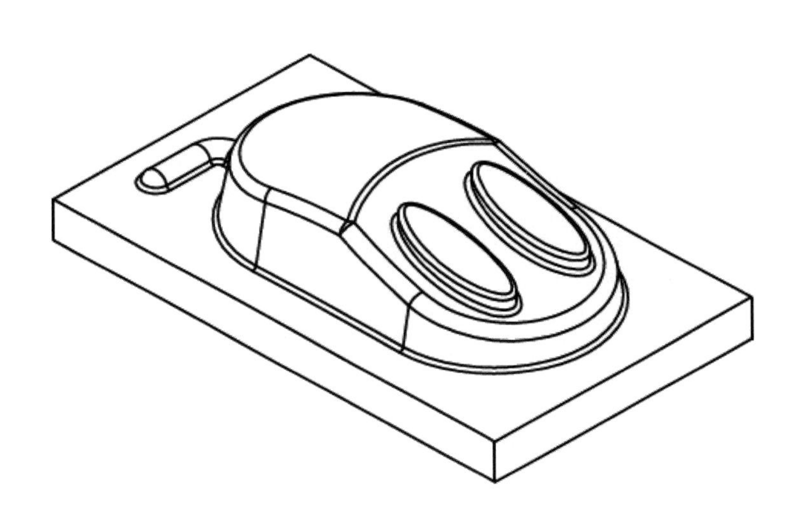

도시되고 지시 없는 ROUND는 R2

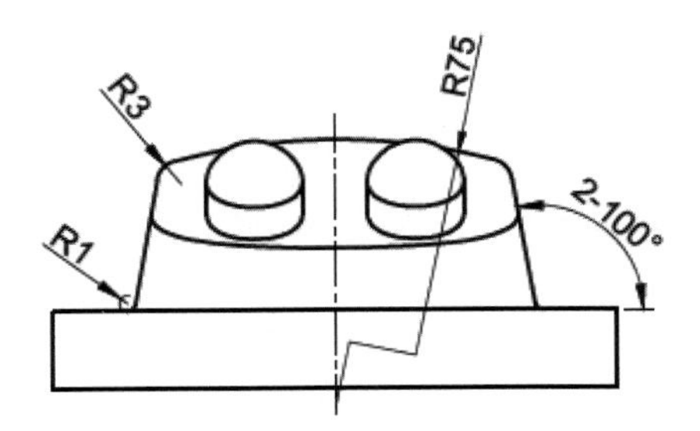

(1) "New(New)"를 클릭하여 New 대화상자에서 스케치 작업할 폴더(Folder) 및 파일이름(예: 3D_3)을 입력하고 "OK" 버튼을 클릭한다.

(2) Sketch 선택하여 스케치할 평면을 On Plane 타입으로 XY 평면을 지정한다.

(3-1) "Rectangle(사각형 그리기)"에서 "By 2 Points"를 사용 2점을 선택하여 원점을 기준으로 사각형을 그리고 치수 구속조건을 부여한다. (120×70)

(3-2) 도면을 보고 참조선을 그린다.

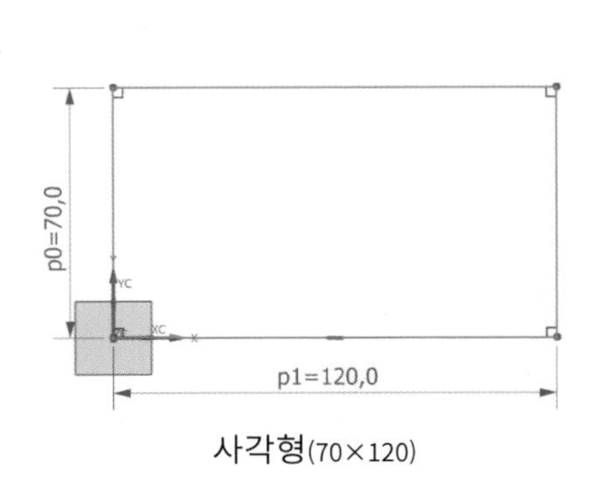

사각형(70×120)

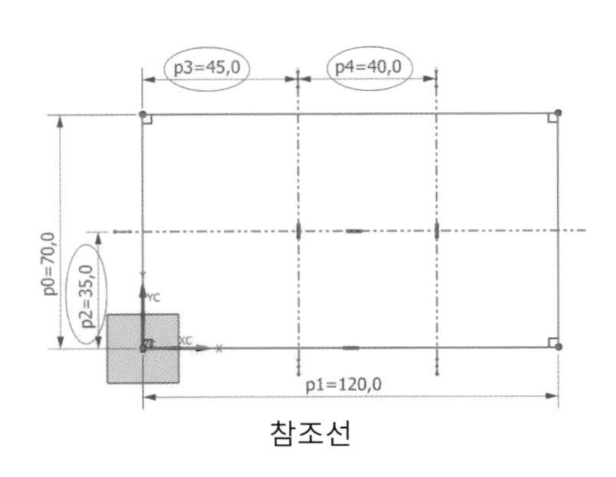

참조선

(4) 참조선의 교점에 두 개의 D50 원과 그에 접하는 두 직선을 그리고 Quick Trim 기능을 이용하여 불필요한 부분을 정리한다.

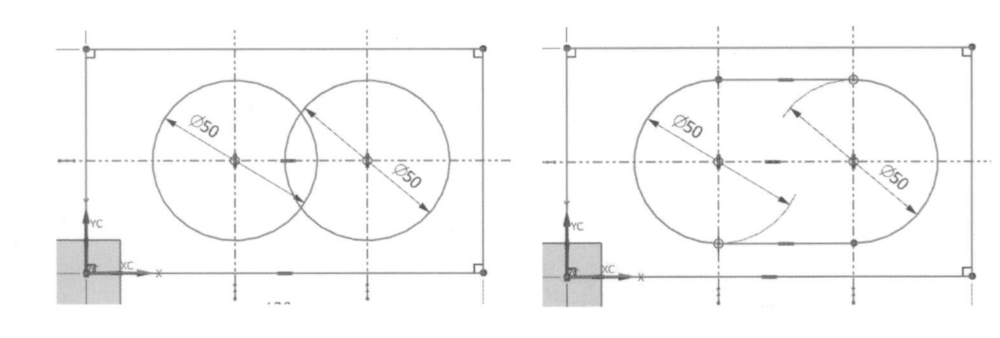

(5) 중심에서 10mm 옵셋된 참조선을 그리고 X85. 지점의 참조선과의 교점에 Major R "15", Minor R "6"인 Ellipse(타원)을 그려 구속조건 부여 후 중심선을 기준으로 미러한다. (Menu → Insert → Curve → Ellipse)

(교점은 Select Filter의 " Intersection"을 활성화하여 선택한다.)

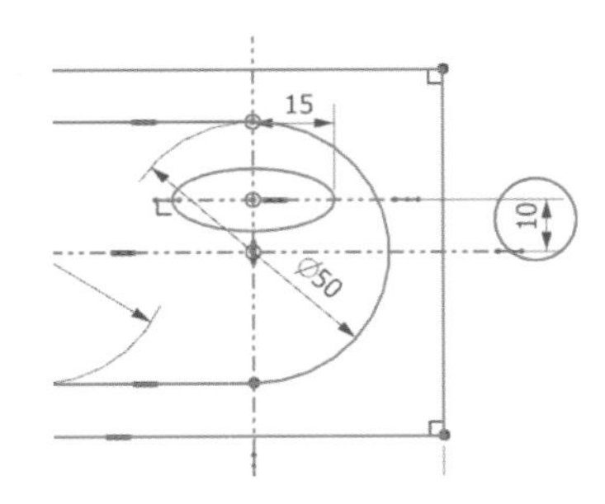

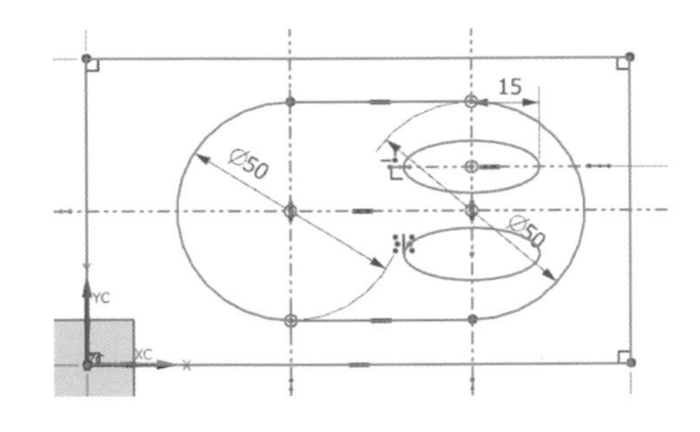

(6) 도면을 체크된 부분을 스케치하고 치수 구속조건을 부여한다.

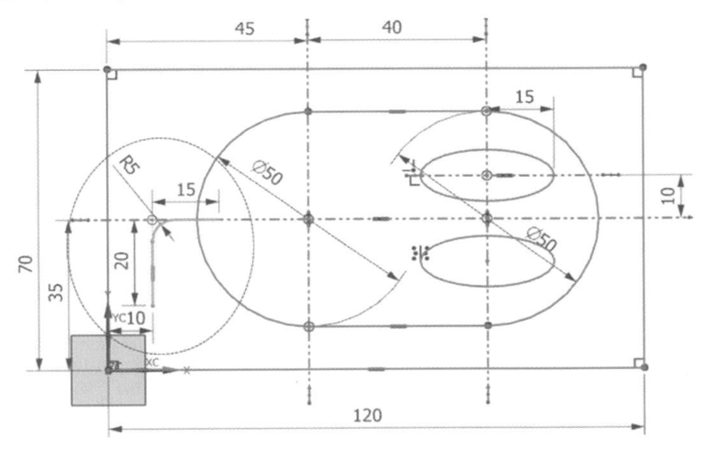

(7) " Finish Sketch"를 선택하여 스케치를 빠져나간다.

(8) 정면도와 측면도를 스케치 할 새로운 Datum을 생성한다.

(Menu → Insert → Datum/Point → "Datum CSYS"선택)

선택

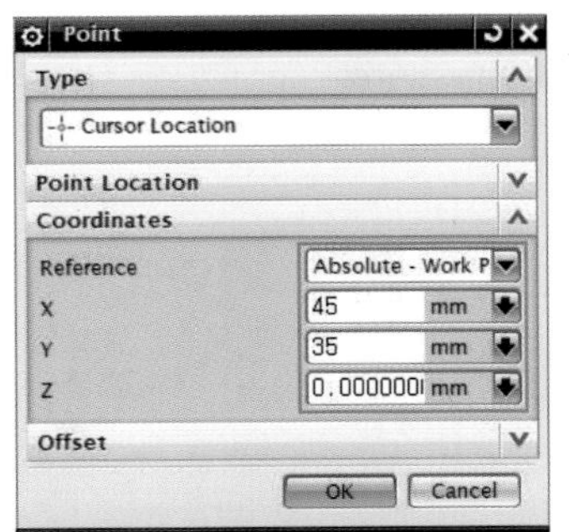

Datum 생성 좌표 입력
X45, Y35 → "OK"

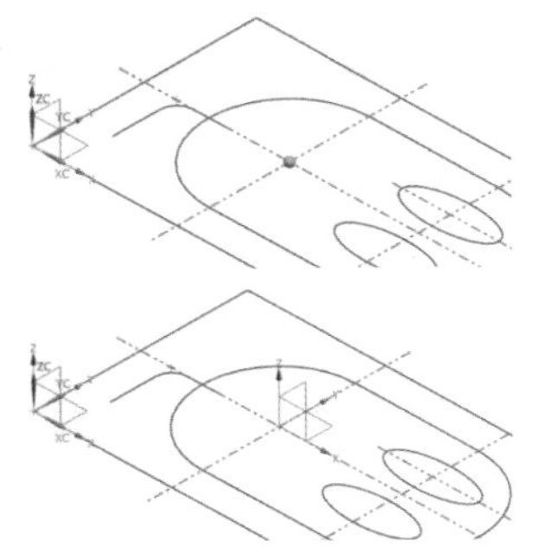

Datum 생성

(9) Sketch 선택하여 스케치할 평면을 On Plane 타입으로 XZ 평면(정면도)을 지정한다.

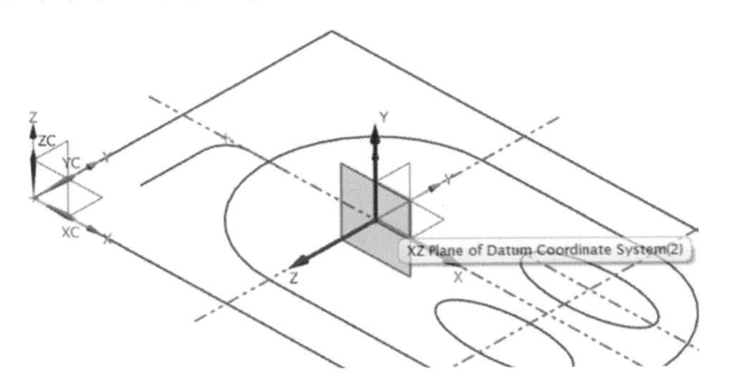

(10) Menu → Insert → Curve from Curves → "Intersection Point"로 스케치 평면인 XZ평면과 두 개의 R25 곡선 간의 교점을 구한다.

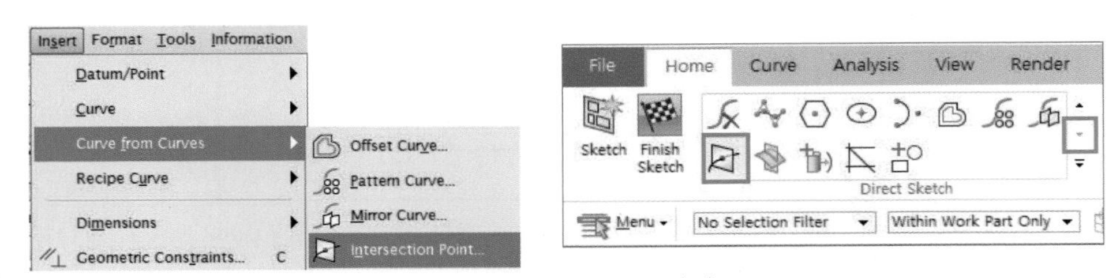

1. Itersection Point 선택

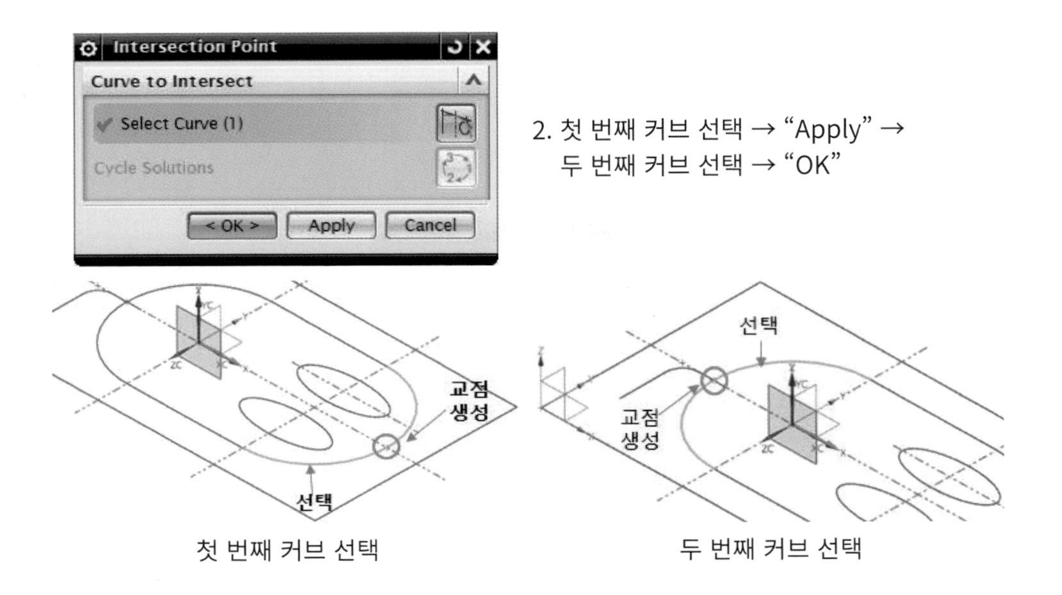

2. 첫 번째 커브 선택 → "Apply" →
두 번째 커브 선택 → "OK"

첫 번째 커브 선택 두 번째 커브 선택

(11) "Ctrl+Alt+F : 정면도" 상태에서 두고 임의의 직선을 그림과 같이 그린다.

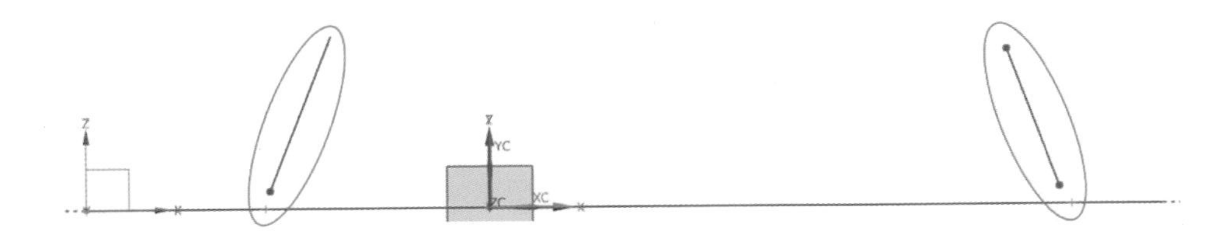

(12) "Coincident(일치)" 구속조건으로 교점과 직선의 끝점을 일치 구속하고 길이 및 각도 치수 구속을 부여한다.

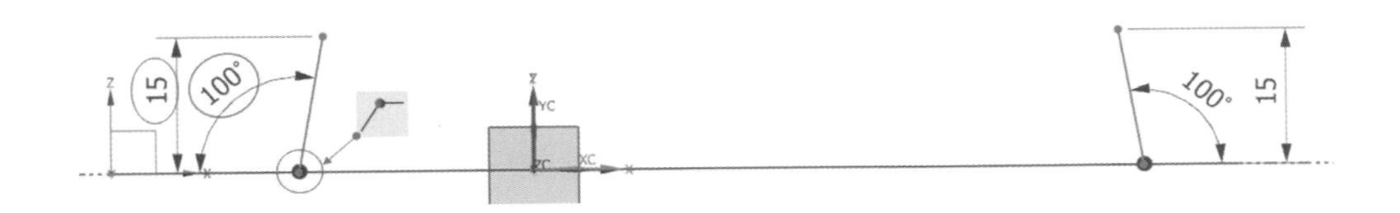

(13) "Arc(A)"의 3점 호 그리기를 이용하여 임의의 호를 그린다.

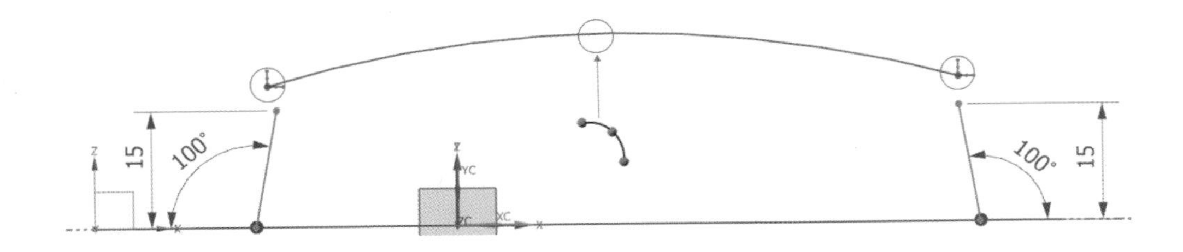

(14) "Coincident(일치)" 구속조건으로 직선과 호의 끝점을 일치 구속하고 반지름 치수 구속을 부여한다.

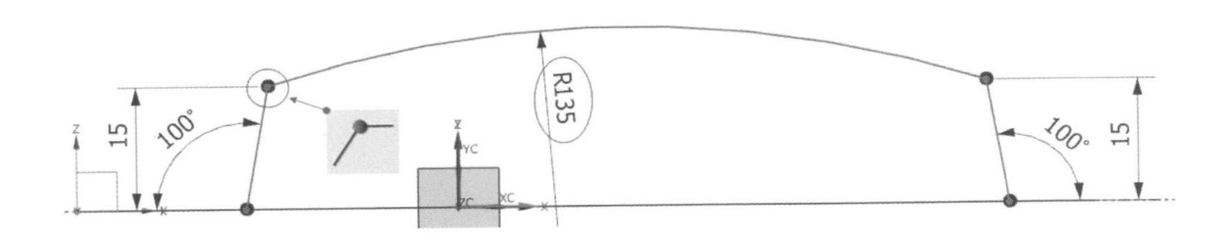

(15) "Arc(A)"의 3점 호 그리기를 이용하여 임의의 호를 그린다.

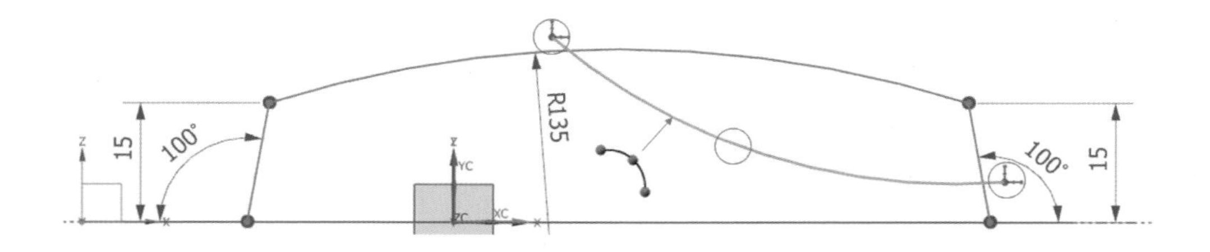

(16) "Quick Trim" 기능을 이용하여 호의 끝을 트림하여 커브상에 일치시킨다.

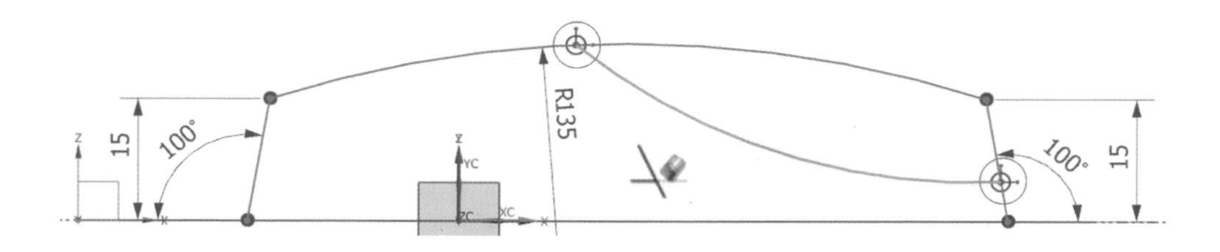

(17) 호에 "R150" 치수 구속을 부여하고 "Quick Trim" 기능을 이용하여 불필요한 부분을 정리한다.

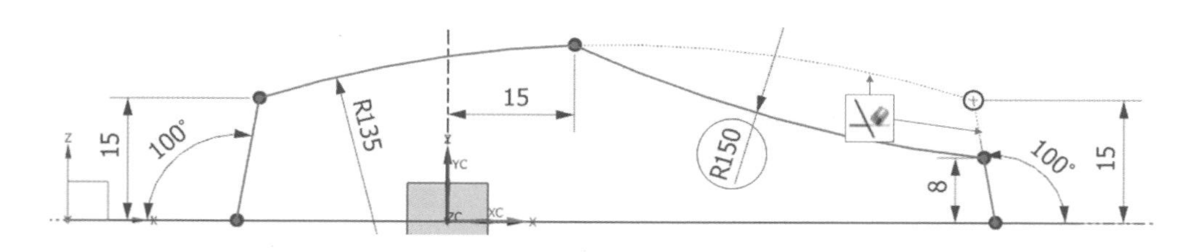

(18) " Finish Sketch"를 선택하여 정면도 스케치를 빠져나간다.

(19) Sketch 선택하여 스케치할 평면을 On Path 타입으로 "R140 호(Arc)"를 선택한다.

• Path 끝단에 Path에 수직인 스케치 평면을 생성한다.

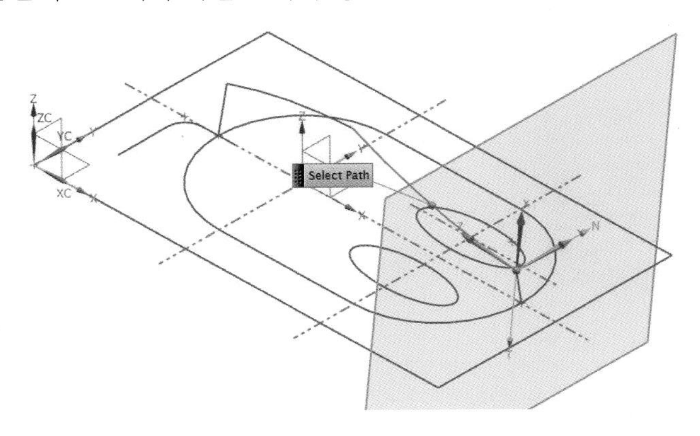

(20) 선택한 스케치 평면에 임의의 호(Arc: A)를 그려준다.

(21) 호(Arc)에 구속조건을 부여한다. (R75)

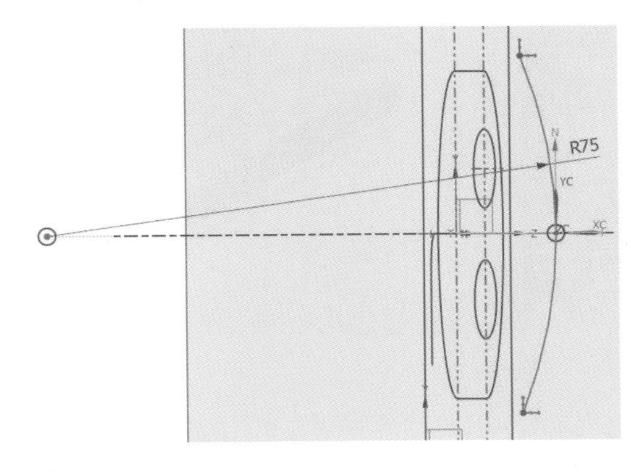

(22) " Finish Sketch"를 선택하여 측면도 스케치를 빠져나간다.

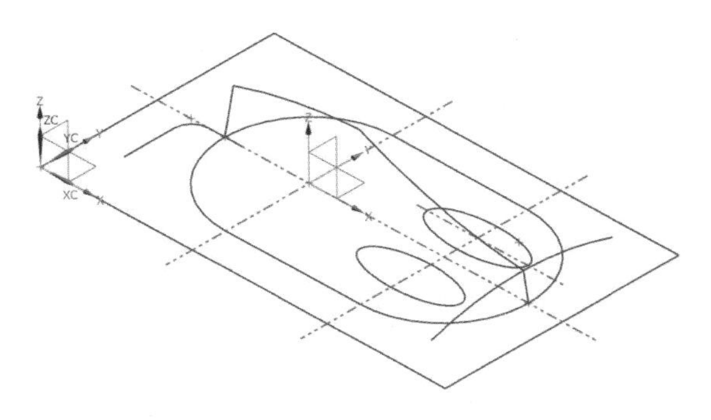

(23) "Extrude(돌출)"을 실행하여 베이스를 －Z 방향으로 10mm 돌출시킨다.

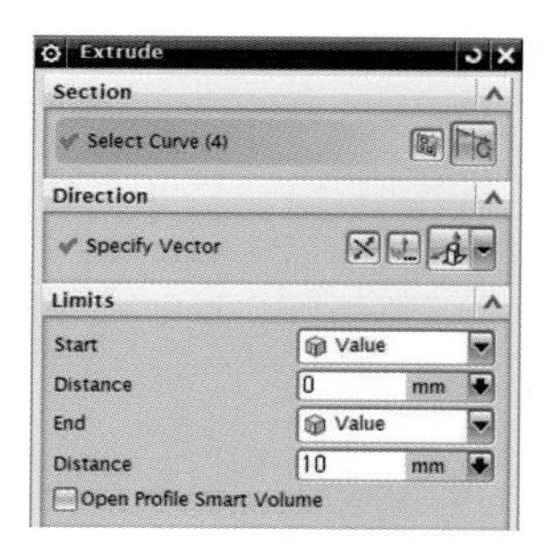

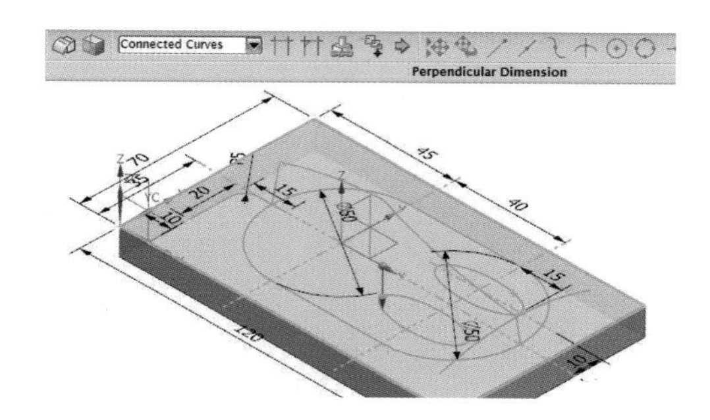

(24) "Extrude(돌출)"을 실행하여 +Z 방향으로 25mm 돌출, 10° 구배를 부여한다.

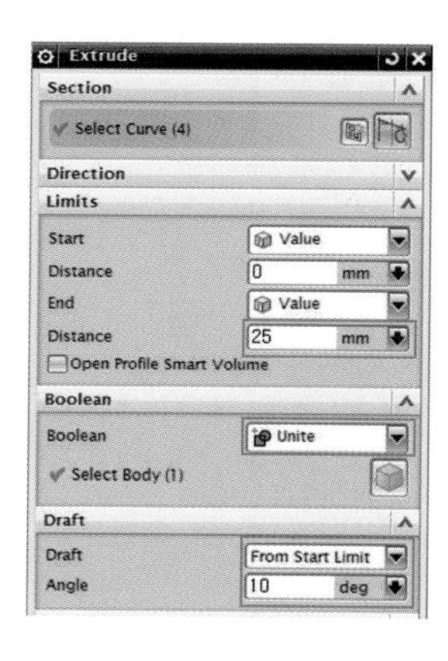

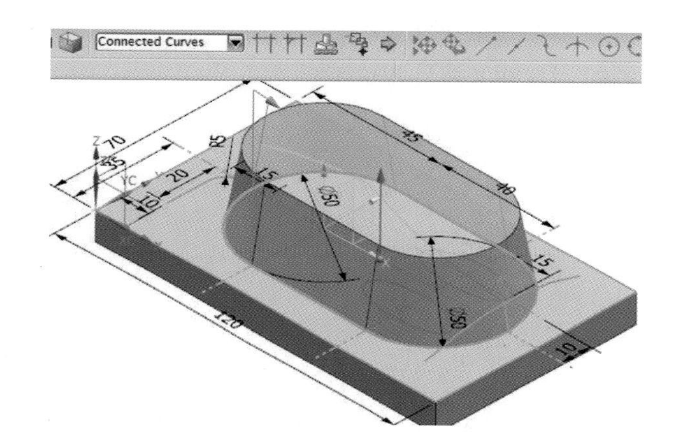

(25) "Extrude(돌출)"을 실행하여 정면도의 "R150"호를 이용한 곡면을 생성한다.

(호 선택은 Select Filter의 "Single Curve" 모드로 선택한다.)

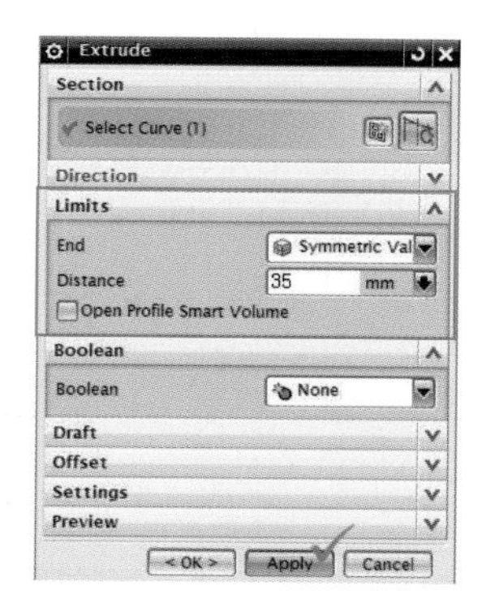

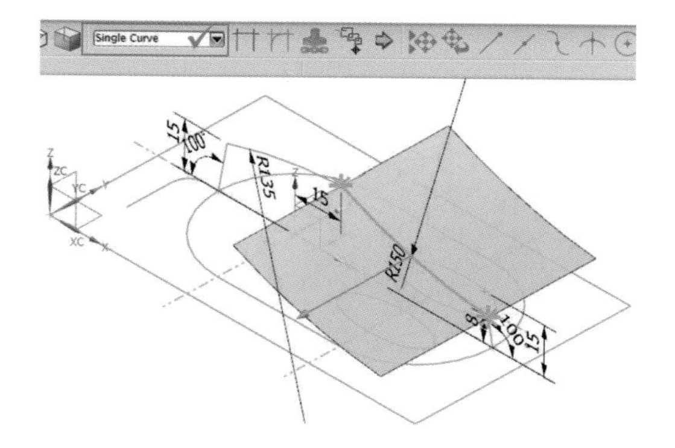

(26) " Trim and Extend"을 실행하여 곡면의 끝단을 10mm씩 연장한다.

(곡면(Tool)이 Trim 할 대상(Target)보다 짧을 경우 트림이 되지 않기에 연장한다.)

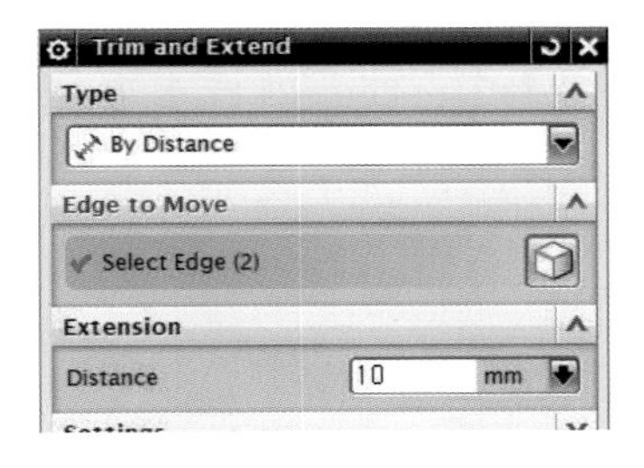

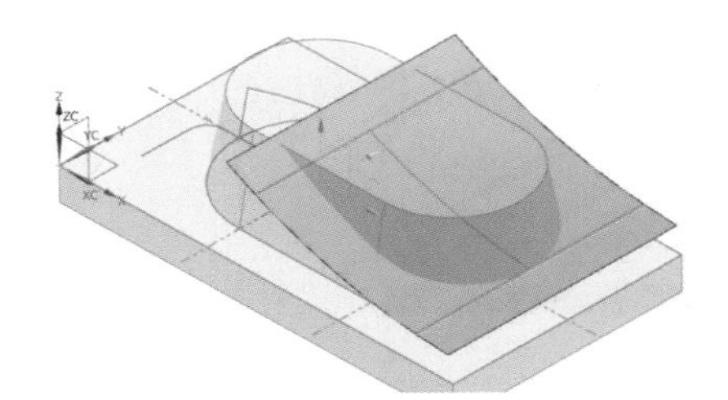

늘리고자 하는 면의 Edge 선택

(27) "Trim Body"를 사용하여 돌출된 바디 상단을 잘라낸다.

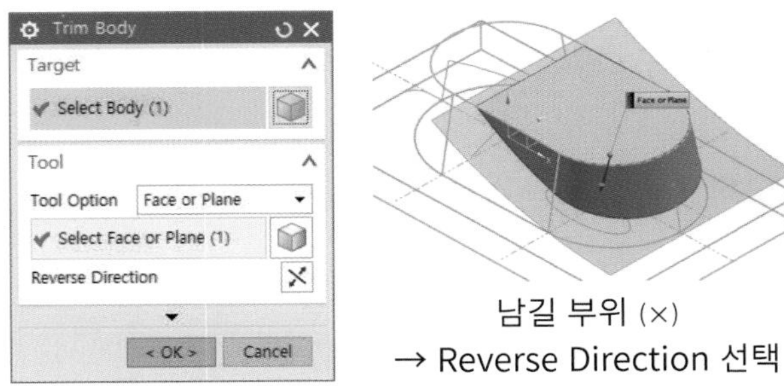

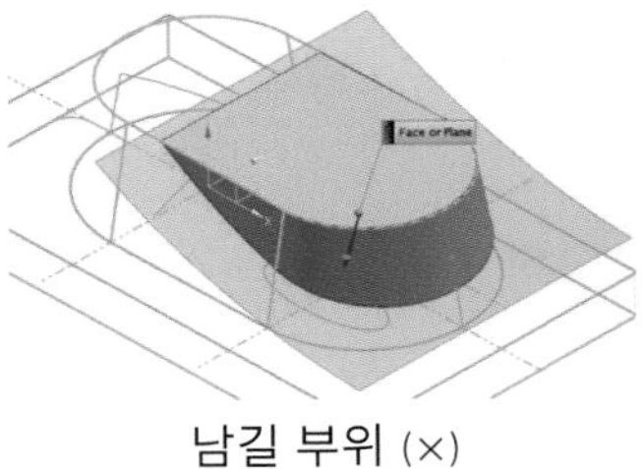

남길 부위 (×)
→ Reverse Direction 선택

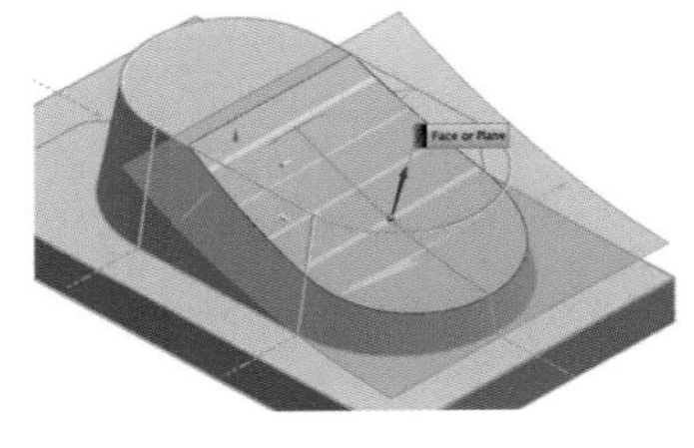

남길 부위(○) "OK"

(28) " Offset Surface"를 사용하여 선택 곡면을 +Z 방향으로 4mm 옵셋시킨다.

Menu → Insert → Offset/Scale → "Offset Surface"

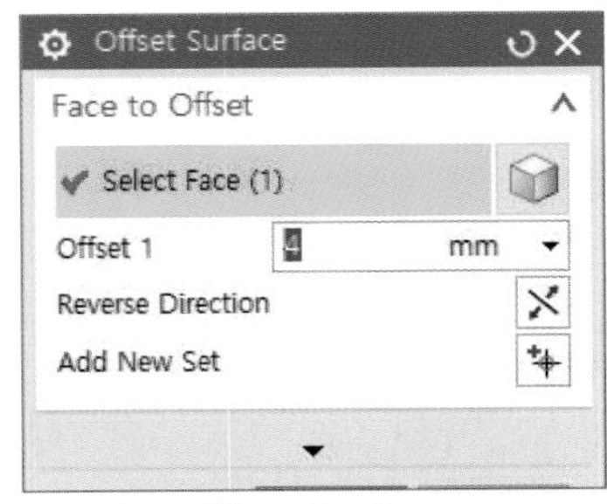

Offset Surface

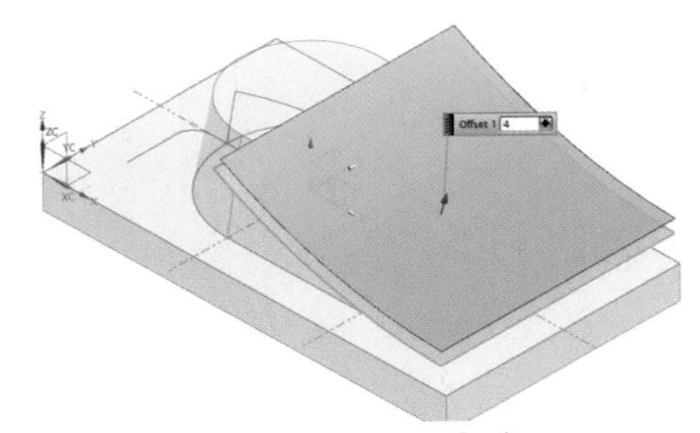

+Z 방향 4mm 옵셋

(29) 기존 곡면은 역할을 다했기 때문에 객체를 숨긴다. (곡면 선택 → Ctrl+B)

(레이어 뒷면 보기 "Shift+Ctrl+B")

(30) " Extrude(돌출)"을 실행하여 Ellipse Curve를 Offset Face까지 돌출시켜 Unite(더하기)해준다.

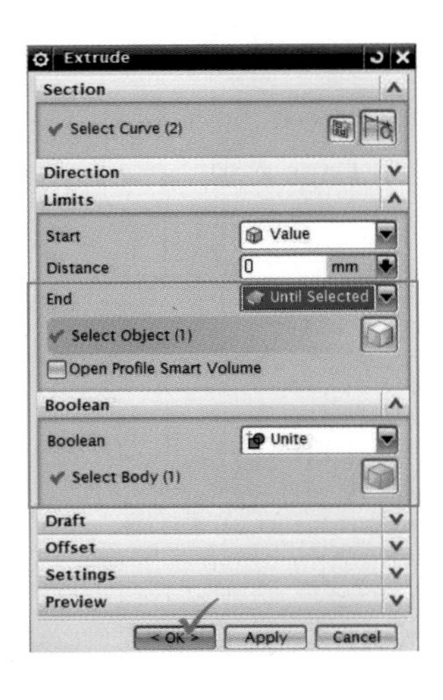

- End Value "Until Selected" → Offset Face 선택
- Boolean "Unite(더하기)" → "OK" 선택

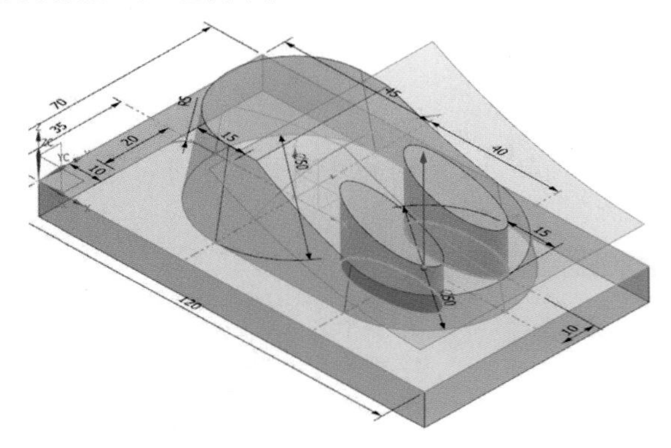

(31) Offset 면은 역할을 다했기 때문에 객체를 숨긴다. (곡면 선택 → Ctrl+B)

(32) 정면도의 "R135", 평면도의 "R75" 호를 이용한 상단 곡면을 생성한다.

Menu → Insert → Sweep → " Sweep along Guide" 선택 (커브 선택 시 Selet Filter의 "Single Curve" 모드를 선택하여 체크된 커브만을 선택한다.)

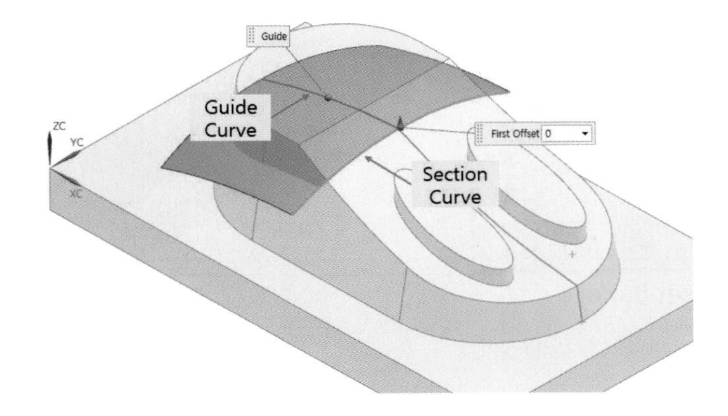

(33) " Trim and Extend"을 실행하여 곡면의 끝단을 8mm씩 연장한다.

(34) "Trim Body"를 사용하여 돌출된 바디 상단을 잘라낸다.

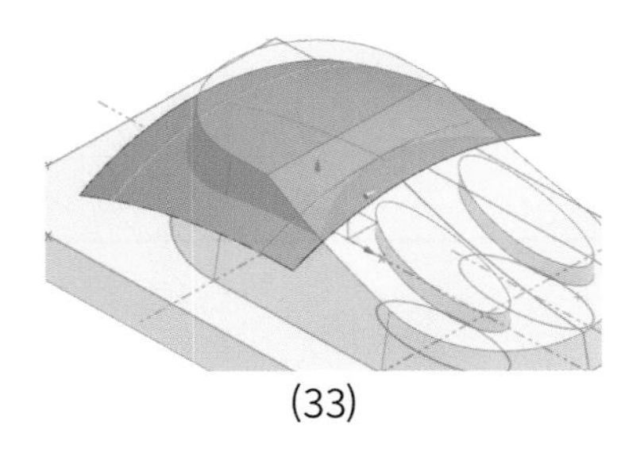

(33)

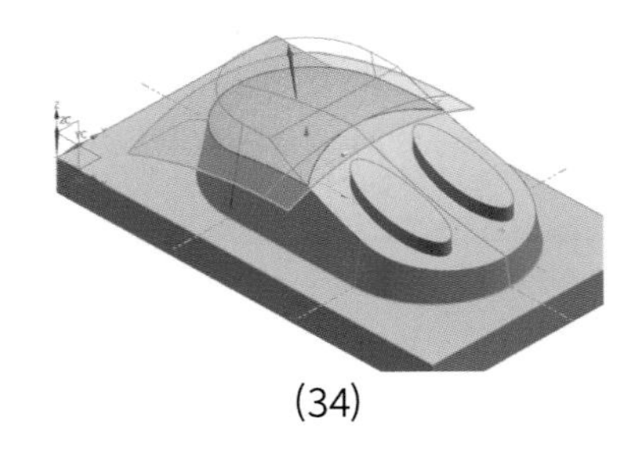

(34)

(35) " Tube"를 실행하여 D6 관을 생성한다. Menu → Insert → Sweep → "Tube"

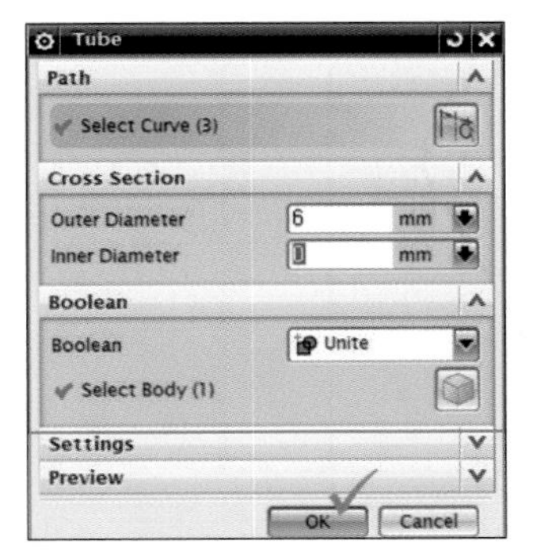

- Outer Diameter "6" , Inner Diameter "0"
- Boolean "Unite(더하기)" → "OK" 선택

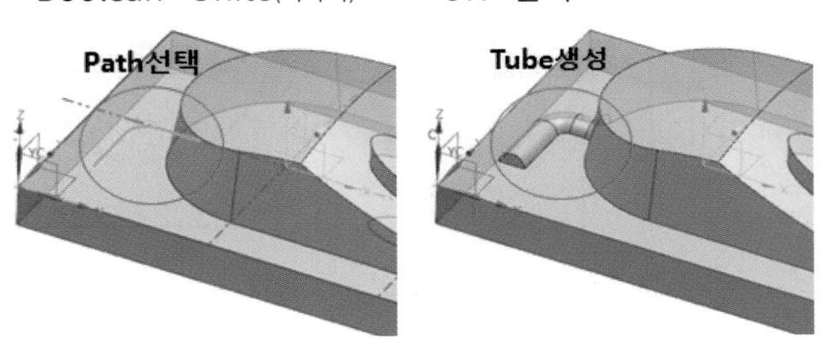

(36) "Edge Blend: B"를 사용하여 Tube 끝 단에 "R3" Fillet 처리한다.

(37) "Edge Blend를 사용하여 R1~3에 대한 Fillet 처리하고 3D 모델링 예제3을 마무리 한다.

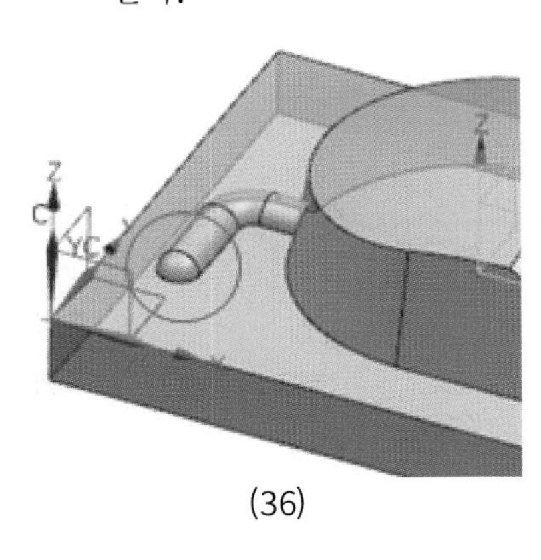

(36)

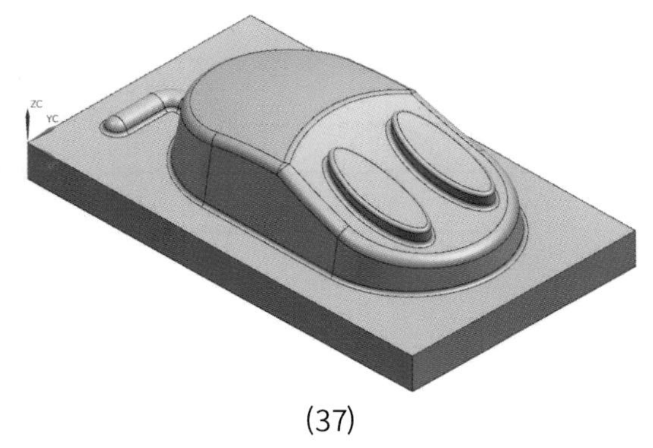

(37)

2.4 예제4 (Through Curve Mesh, Revolve)

다음 도면에 명시된 원점을 기준으로 Modeling을 생성하시오.

Through Curve Mesh, Revolve

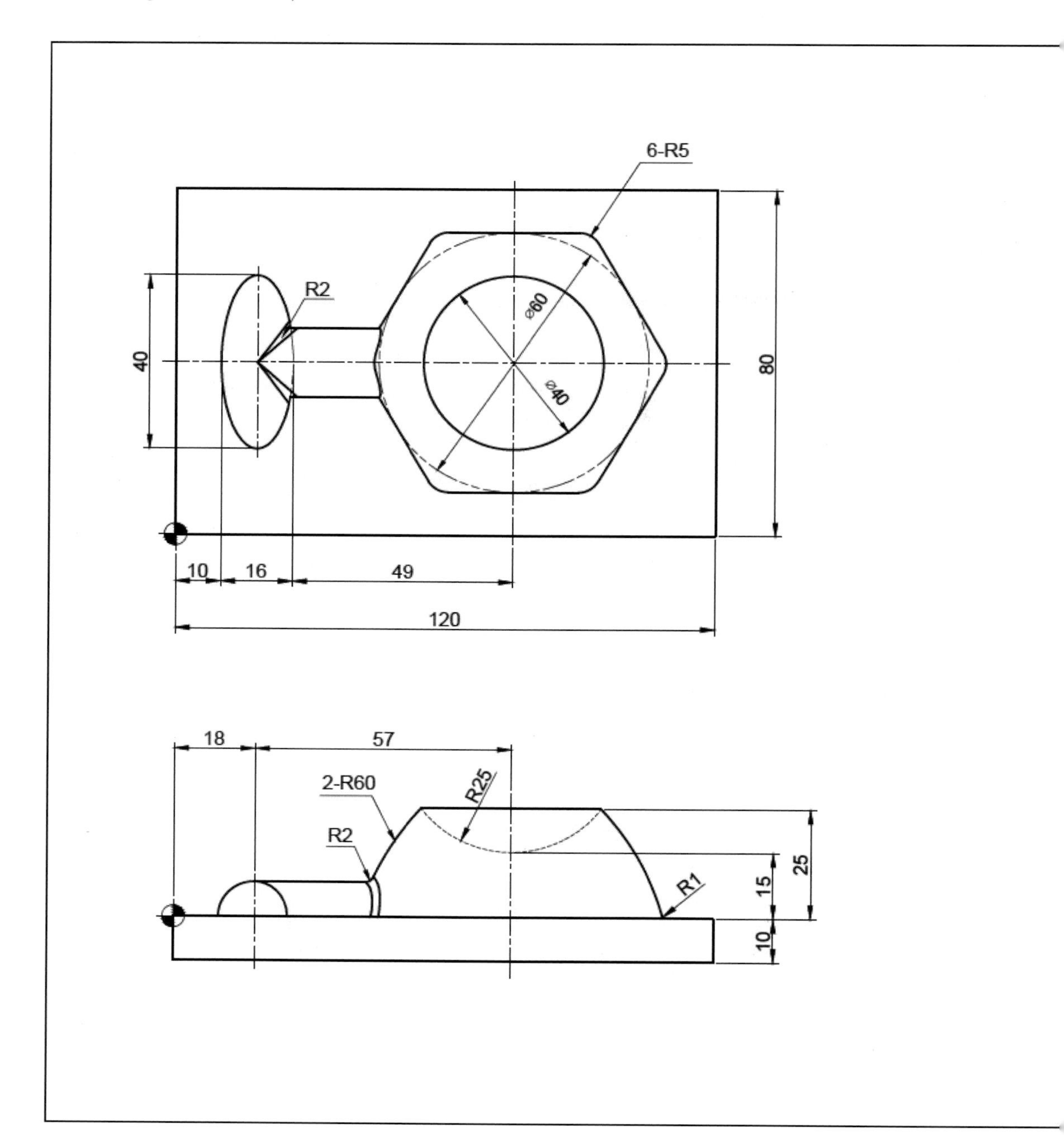

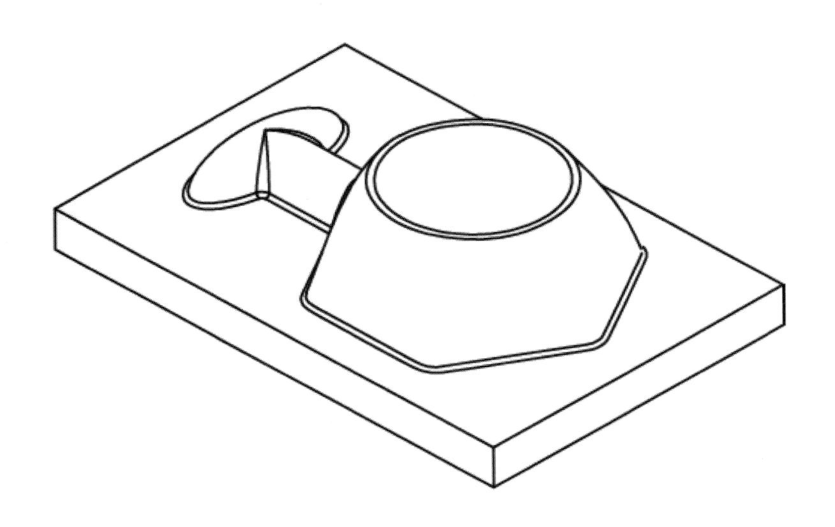

도시되고 지시 없는 ROUND는 R1

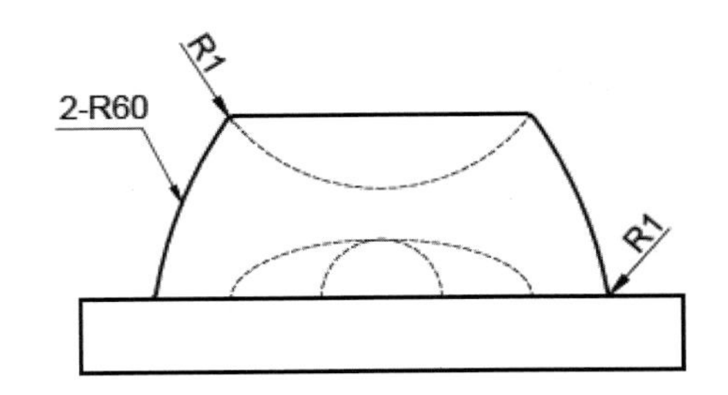

(1) "New(New)"를 클릭하여 New 대화상자에서 스케치 작업할 폴더(Folder) 및 파일이름(예: 3D_4)을 입력하고 "OK" 버튼을 클릭한다.

(2) Sketch 선택하여 스케치할 평면을 On Plane 타입으로 XY 평면을 지정한다.

(3-1) "Rectangle(사각형 그리기)"에서 "By 2 Points"를 사용 2점을 선택하여 원점을 기준으로 사각형을 그리고 치수 구속조건을 부여한다. (120×80)

(3-2) 도면을 보고 참조선을 그린다. (X75. Y40.)

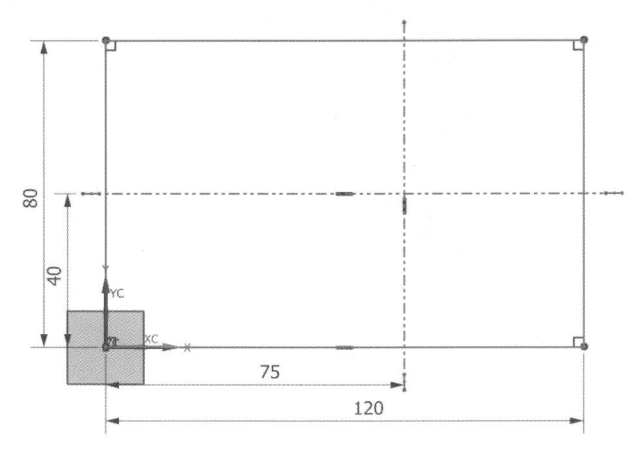

(4) 참조선의 교점에 반지름 R30에 내접하는 정육각형을 그리고 체크된 직선에 수평 구속조건을 부여한다. (교점의 선택은 Select Filter의 Intersection 을 활용)

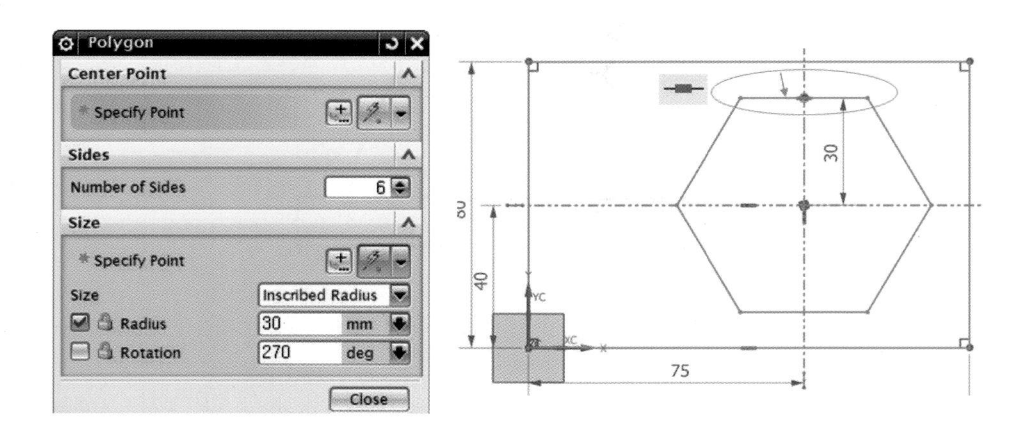

(5) 육각형의 모서리에 R5 필렛을 부여한다. (Trim Fillet 실행하여 필렛 처리 시 구속조건이 풀리게 된다.)

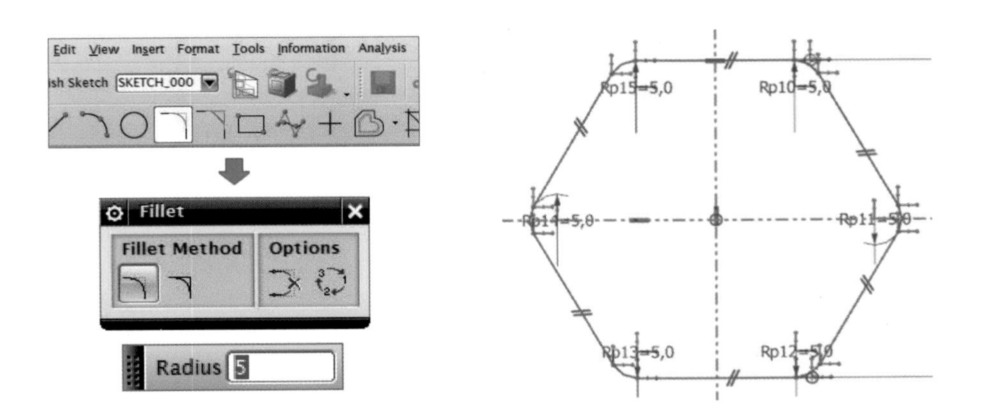

(6) 육각형에 대한 구속조건을 부여한다.

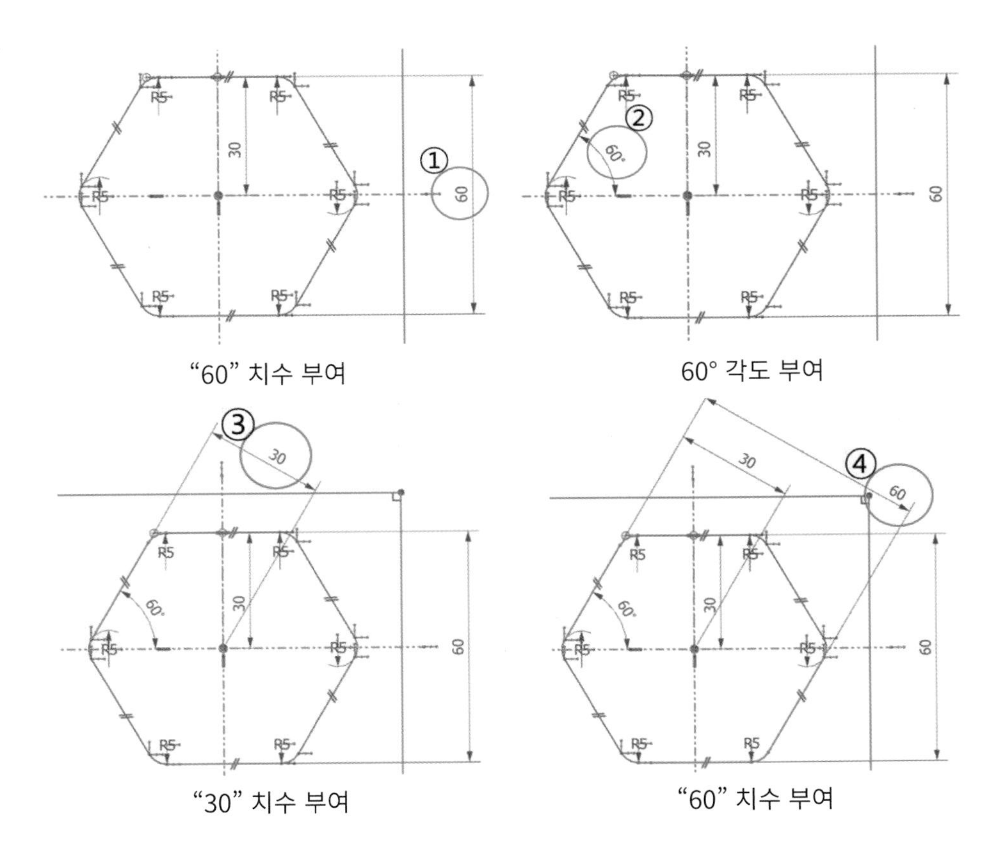

"60" 치수 부여

60° 각도 부여

"30" 치수 부여

"60" 치수 부여

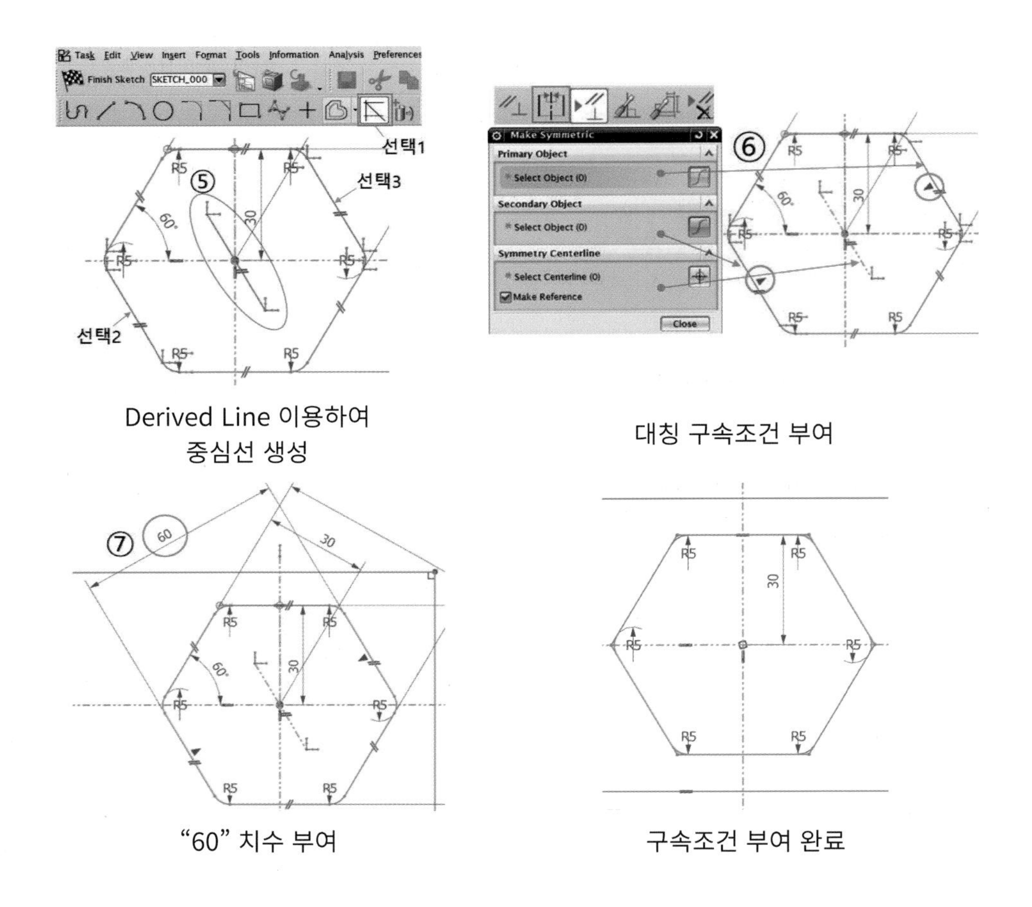

Derived Line 이용하여
중심선 생성

대칭 구속조건 부여

“60” 치수 부여

구속조건 부여 완료

(7) “ Finish Sketch”를 선택하여 스케치를 빠져나간다.

(8) 정면도와 측면도를 스케치 할 새로운 Datum을 생성한다.

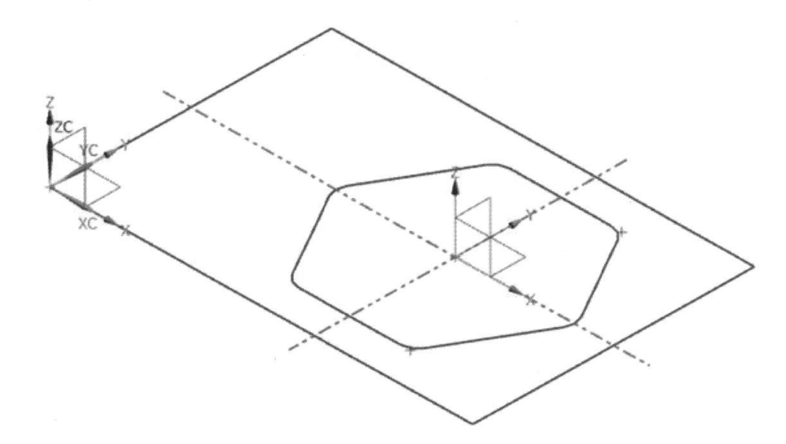

(9) Z25 높이에 D50 원을 스케치 할 새로운 Datum Plane을 생성한다.

(Menu → Insert → Datum/Point → "Datum Plane"선택)

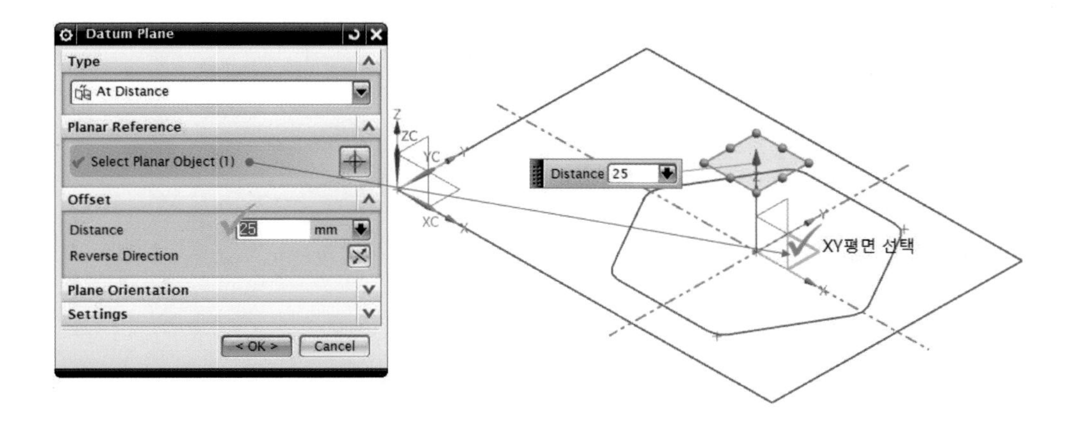

(10) Sketch 선택하여 스케치할 평면을 On Plane 타입으로 Z25 높이에 생성한 Datum Plane을 지정한다.

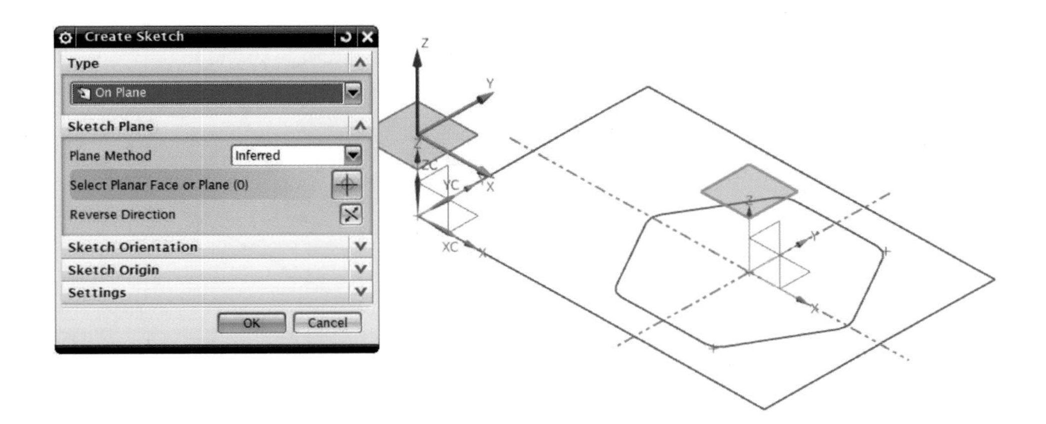

(11) 중심을 기점으로 D40 원(Circle)을 그리고 스케치를 빠져나온다.

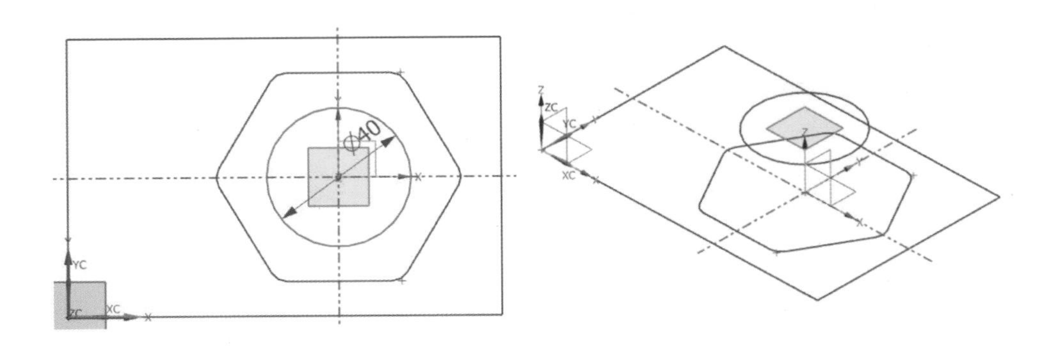

(12) Sketch 선택하여 스케치할 평면을 On Plane 타입으로 XZ 평면(정면도)을 지정한다.

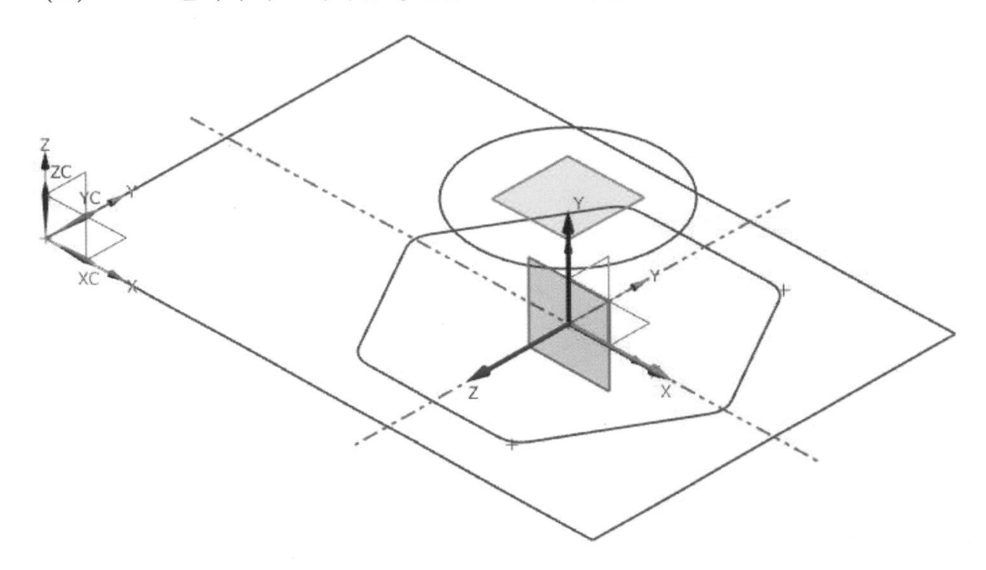

(13) Menu → Insert → Curve from Curves → "Intersection Point"로 스케치 평면인 XZ 평면과 육각형과 D40 원 간의 교점을 구한다.

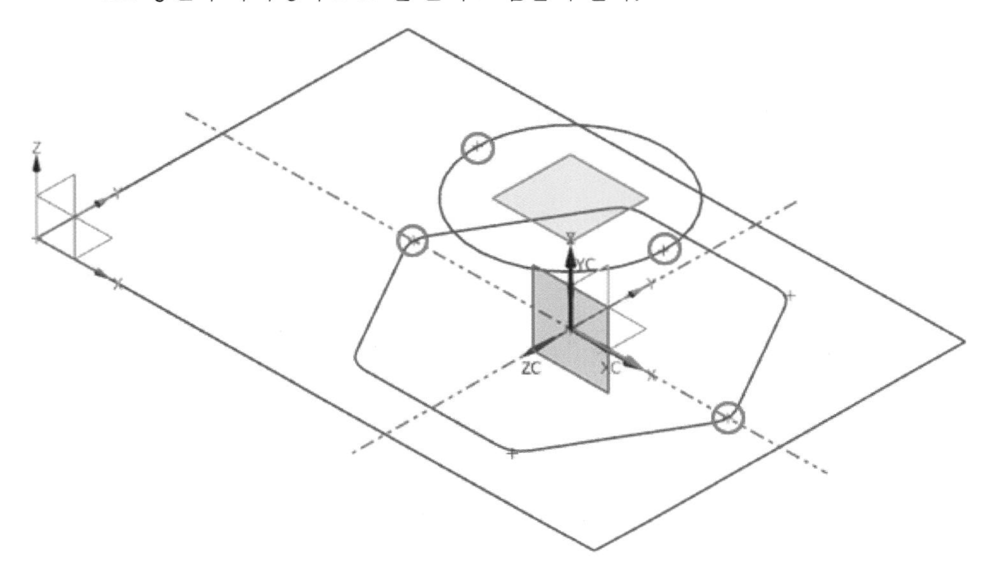

(14) "Ctrl+Alt+F 정면도" 상태에서 두고 임의의 호(Arc)를 그리고 끝점 일치 구속 및 R60 치수 구속을 부여한다.

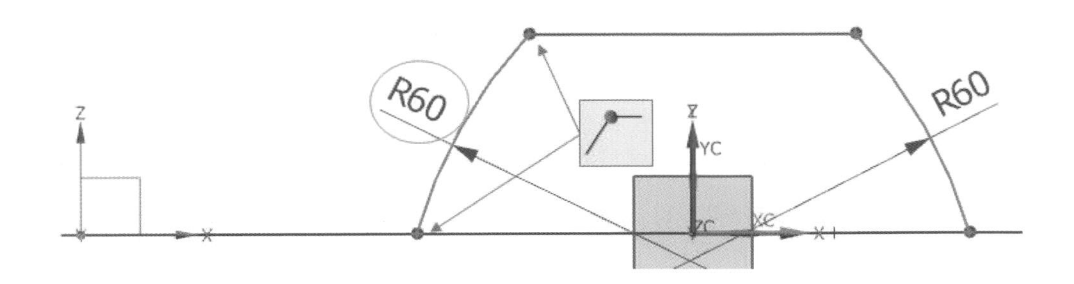

(15) " Finish Sketch"를 선택하여 스케치를 빠져나간다.

(16) Menu → Insert → Sketch in Task Environment 선택하여 스케치할 평면을 On Plane 타입으로 YZ 평면(측면도)을 지정한다.

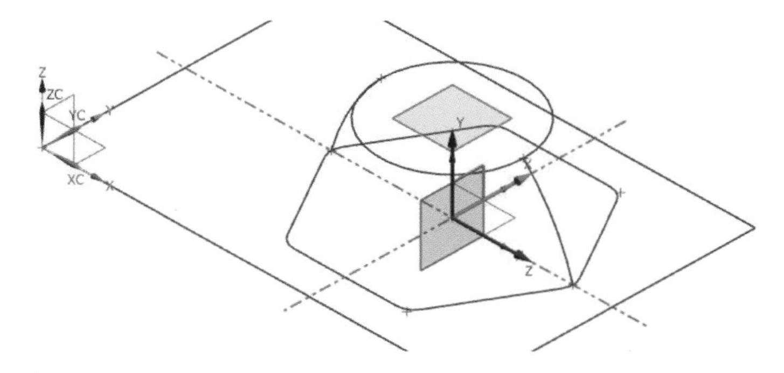

(17) Intersection Point로 스케치 평면인 YZ 평면과 육각형과 D40 원 간의 교점을 구한다.

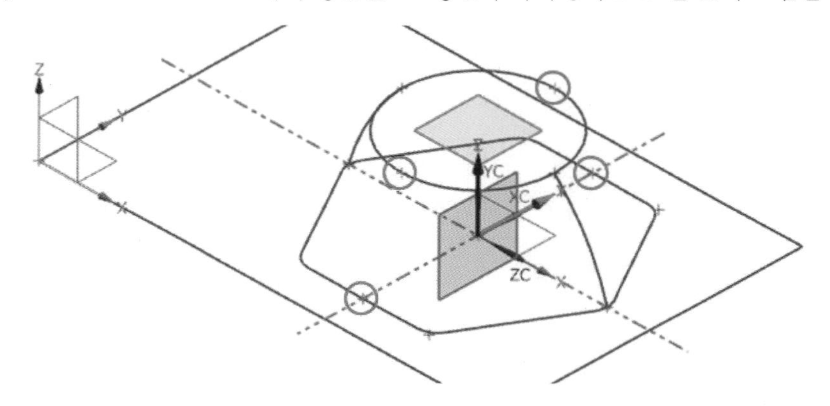

(18) "Ctrl+Alt+R 측면도" 상태에서 두고 임의의 호(Arc)를 그리고 끝점 일치 구속 및 R60 치수 구속을 부여한다.

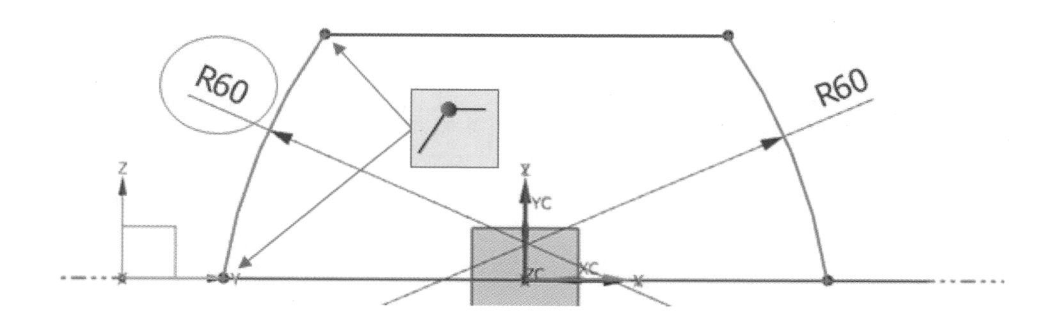

(19) " Finish Sketch"를 선택하여 스케치를 빠져나간다.

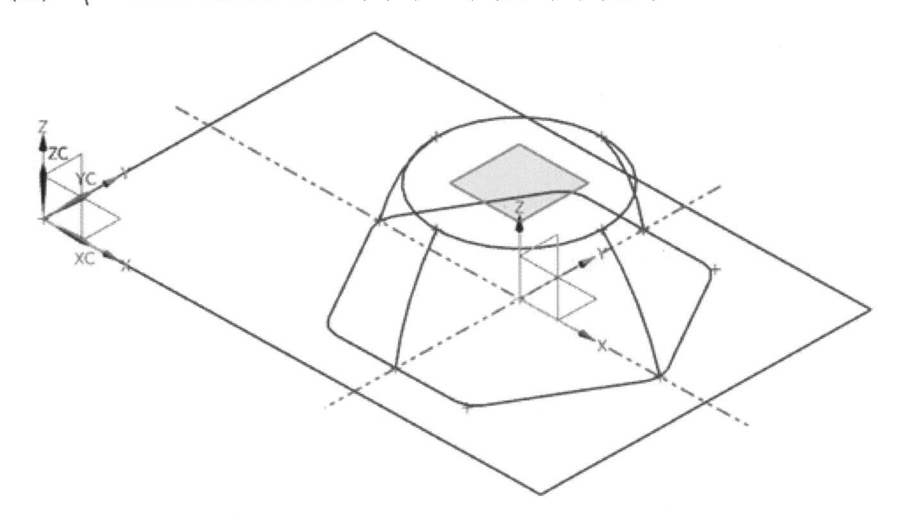

(20) " Extrude(돌출)"을 실행하여 베이스를 －Z 방향으로 10mm 돌출시킨다.

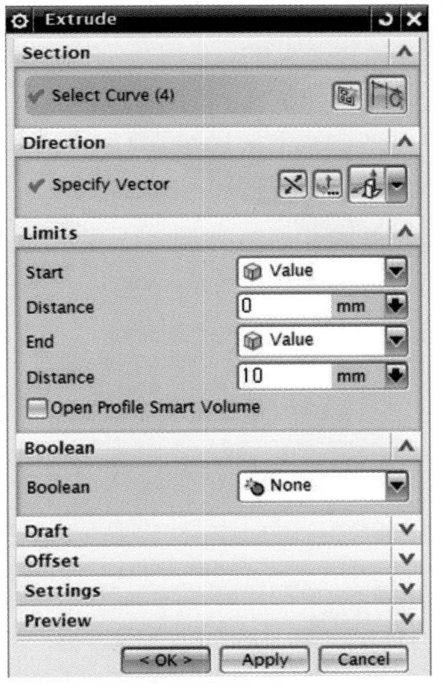

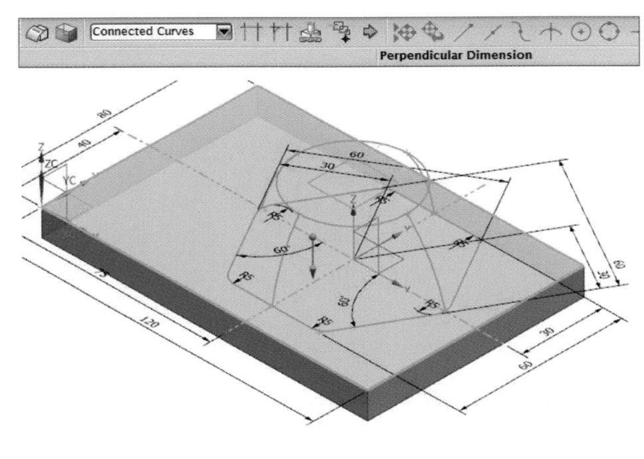

(21) "Through Curve Mesh"을 실행하여 육각형, D40 원, R60 커브를 이용한 솔리드를 생성한다. (Primary Curves, Cross Curves 선택 시 방향을 일치시킨다.)

Menu → Insert → Mesh Surface → Through Curve Mesh

① Primary Curves 선택

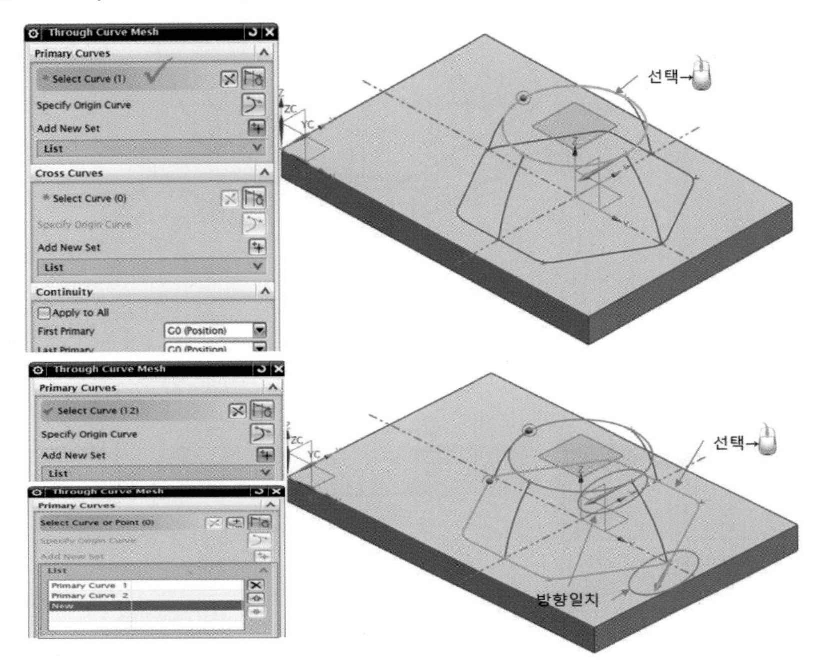

② Cross Curves 선택 (각 R60 커브 선택 후 MB2) "OK"

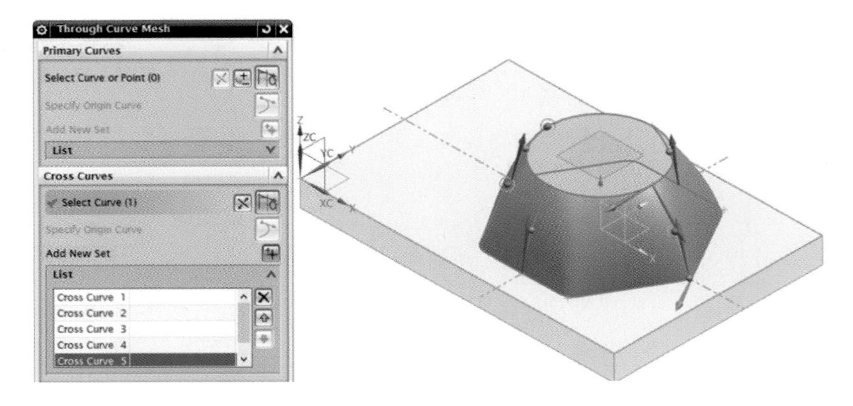

(22) Base부와 Through Curve Mesh를 실행하여 생성한 솔리드를 Unite(더하기)시킨다.

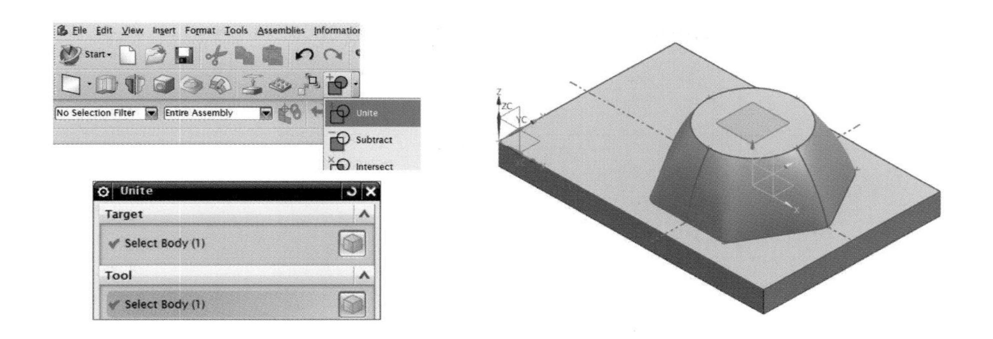

(23) "Sphere(구)"를 실행하여 D50 구를 만들고 Subtract(빼기)해준다.

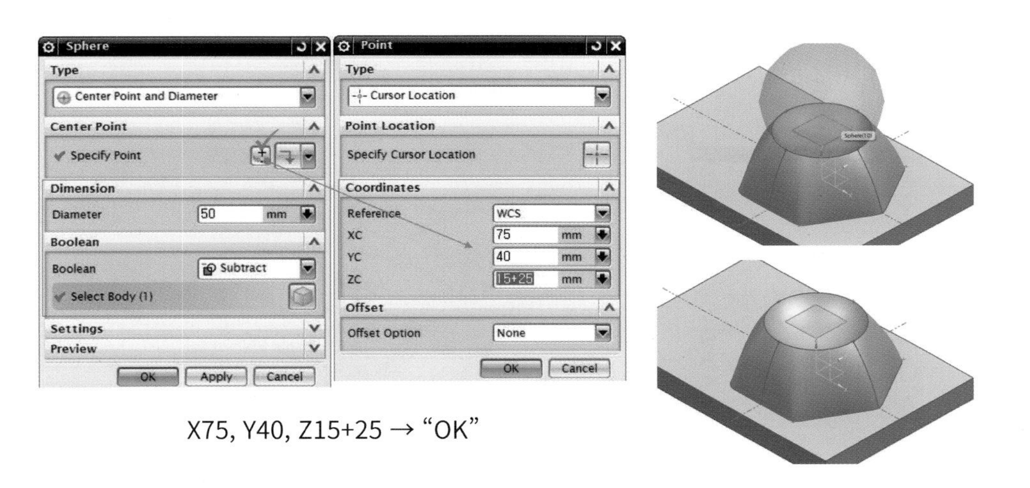

X75, Y40, Z15+25 → "OK"

(24) Menu → Insert → Sketch in Task Environment 선택하여 스케치할 평면을 On Plane 타입으로 XY 평면(평면도)을 지정한다.

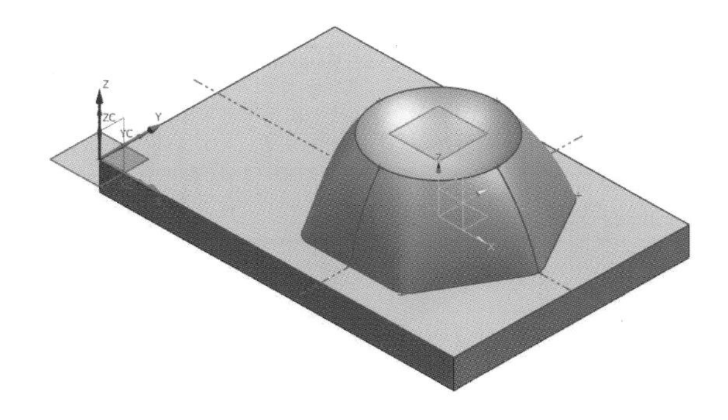

(25) 도면을 참조하여 다음과 같이 스케치한 후 스케치를 빠져나간다.

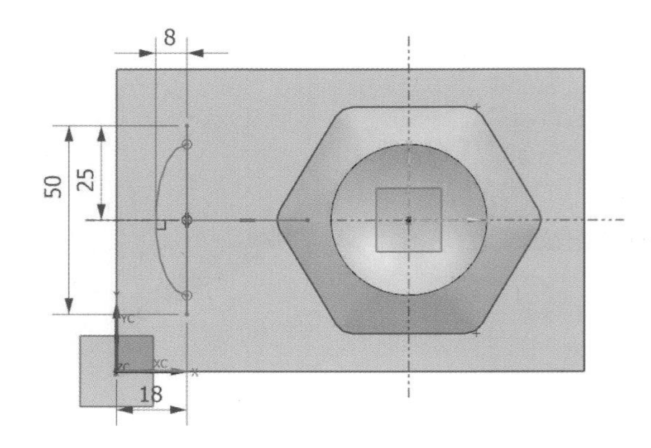

(26) "Revolve"을 실행하여 (25)의 Ellipse커브를 이용한 회전 형상을 만들고 Unite (더하기)한다.

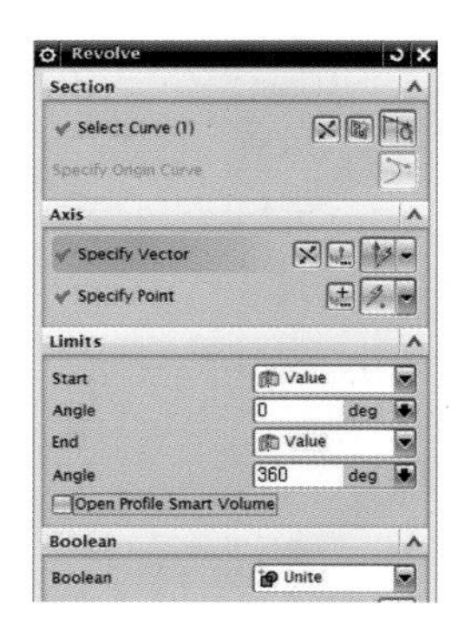

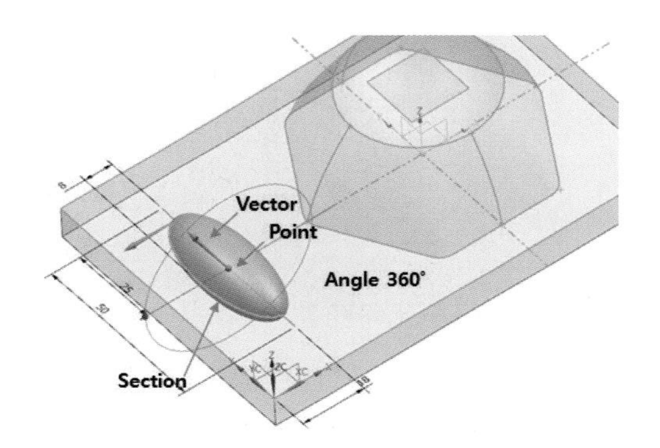

(27) "Tube"를 실행하여 D16 관을 생성한다.

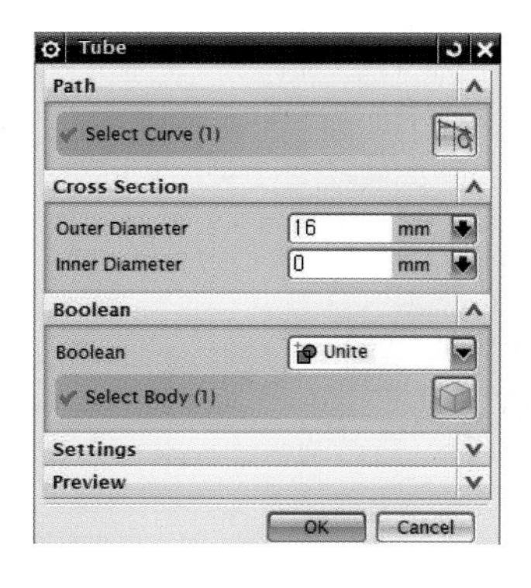

- Outer Diameter "16", Inner Diameter "0"
- Boolean "Unite(더하기)" → "OK" 선택

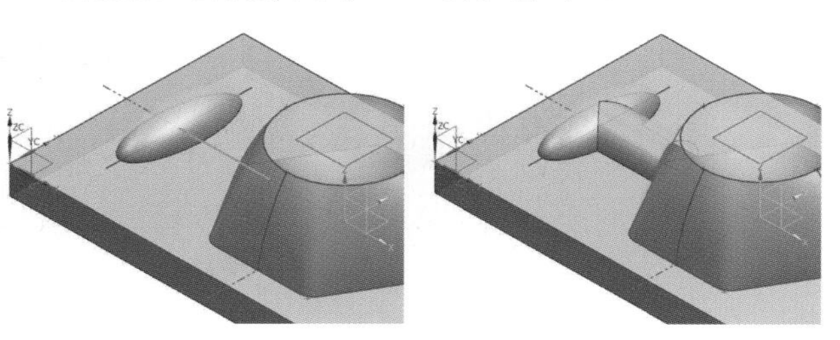

(28) "Edge Blend: B"를 사용하여 "R2", "R1"을 순서대로 Fillet 처리한다.

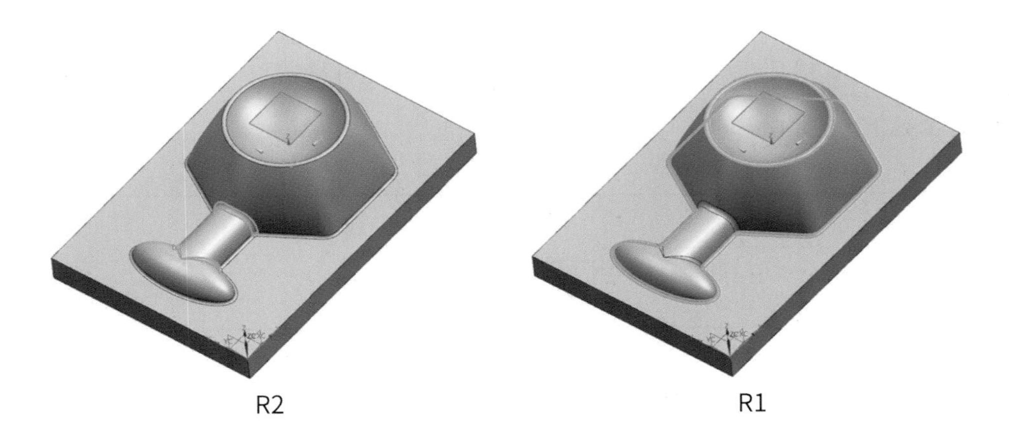

(29) 3D 모델링 과제4를 마무리한다.

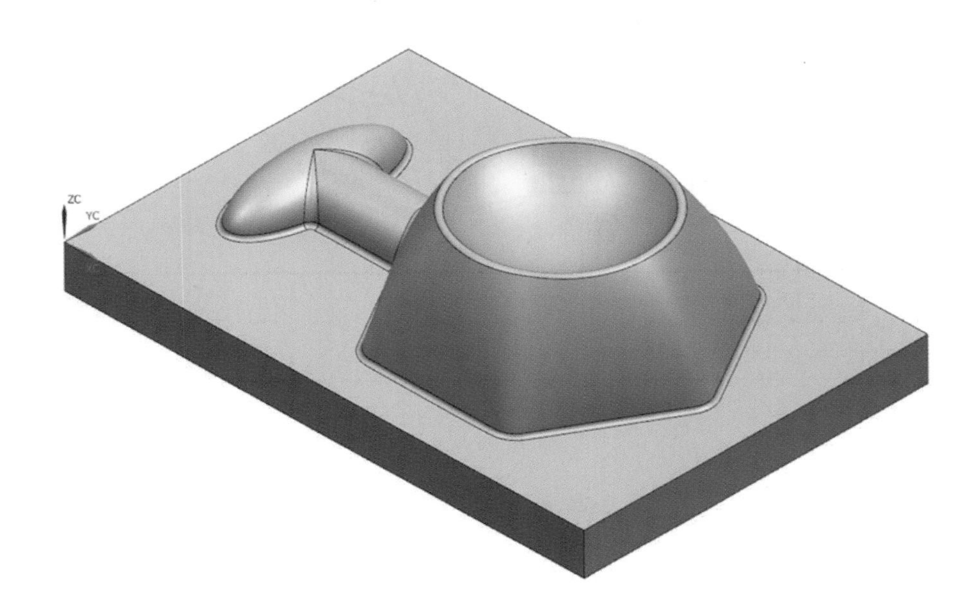

2.5 예제5 (Ruled, Replace Face)

다음 도면에 명시된 원점을 기준으로 Modeling을 생성하시오.

Ruled, Replace Face

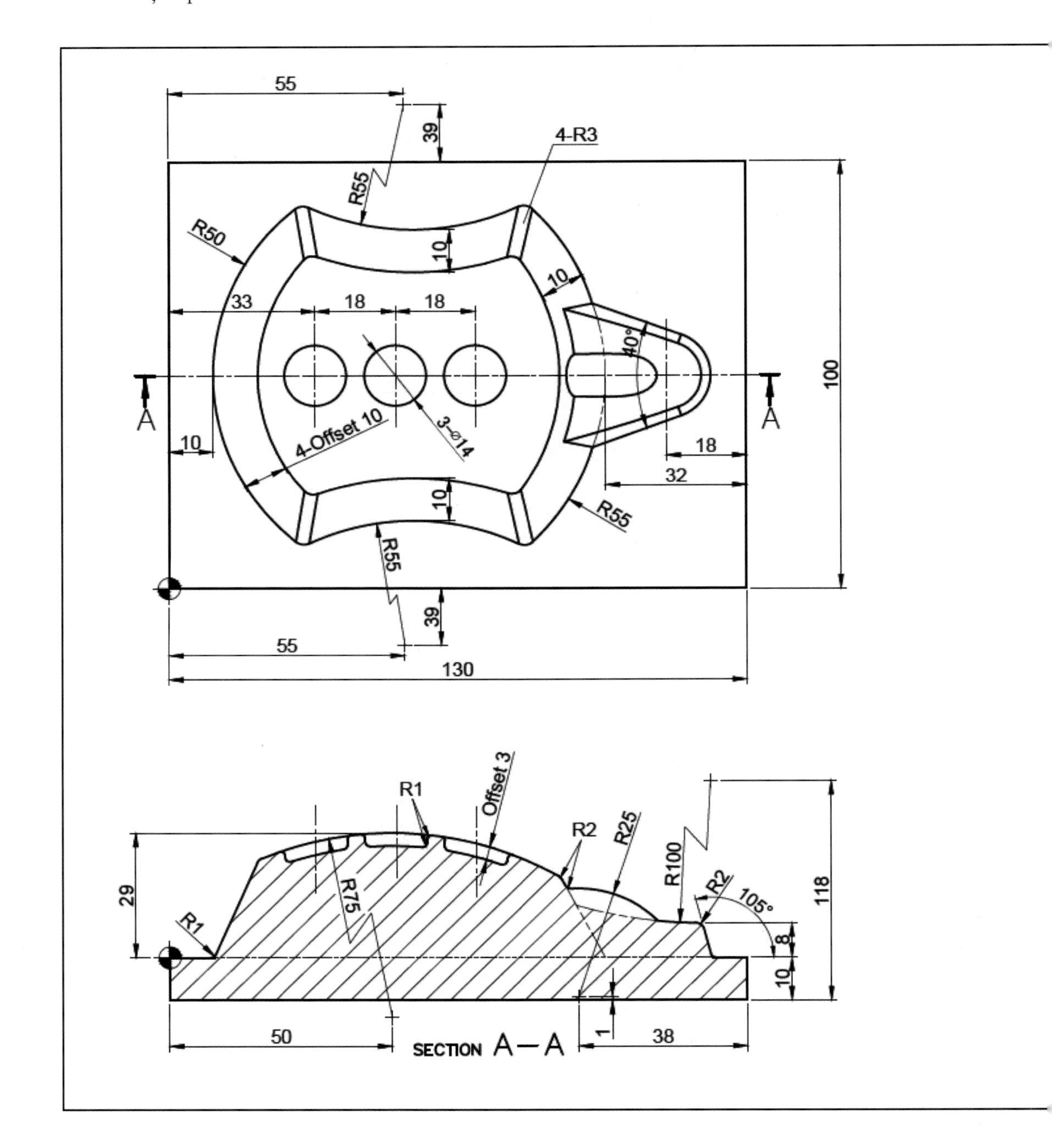

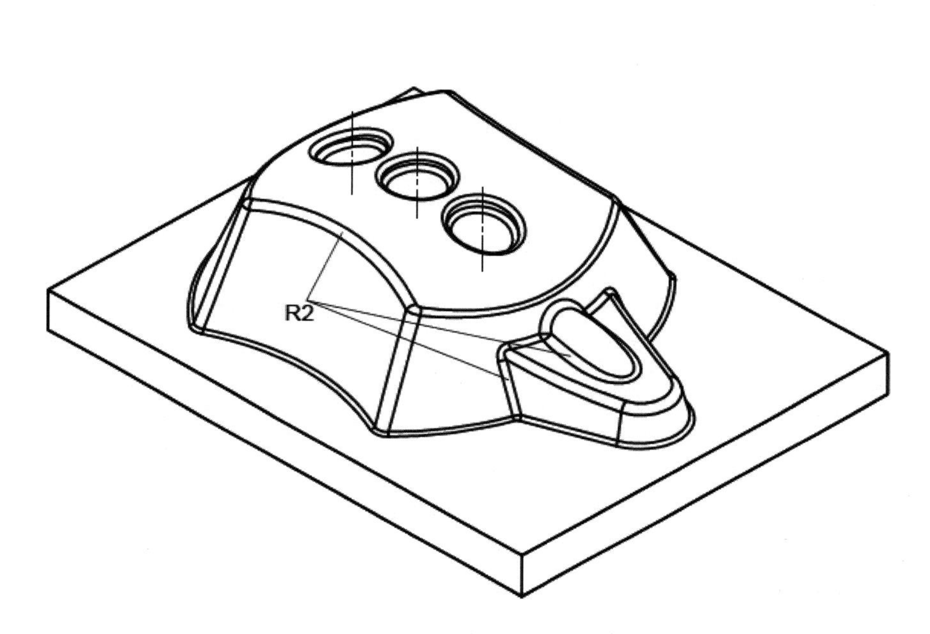

도시되고 지시 없는 ROUND는 R2

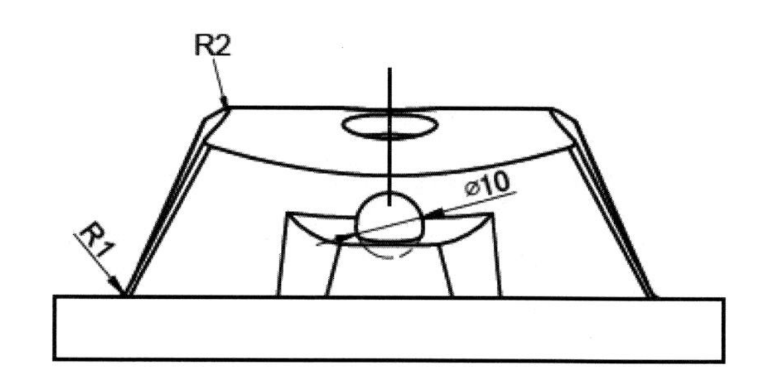

(1) "New(New)"를 클릭하여 New 대화상자에서 스케치 작업할 폴더(Folder) 및 파일이름(예: 3D_5)을 입력하고 "OK" 버튼을 클릭한다.

(2) Sketch 선택하여 스케치할 평면을 On Plane 타입으로 XY 평면을 지정한다.

(3-1) "Rectangle(사각형 그리기)"에서 "By 2 Points"를 사용 2점을 선택하여 원점을 기준으로 사각형을 그리고 치수 구속조건을 부여한다. (130×100)

(3-2) 도면을 보고 참조선을 그린다. (Y50.)

(3-3) 참조선 상에 호의 중심이 일치한 R50, R55 두 개의 호를 그리고 치수 구속조건을 부여한다.

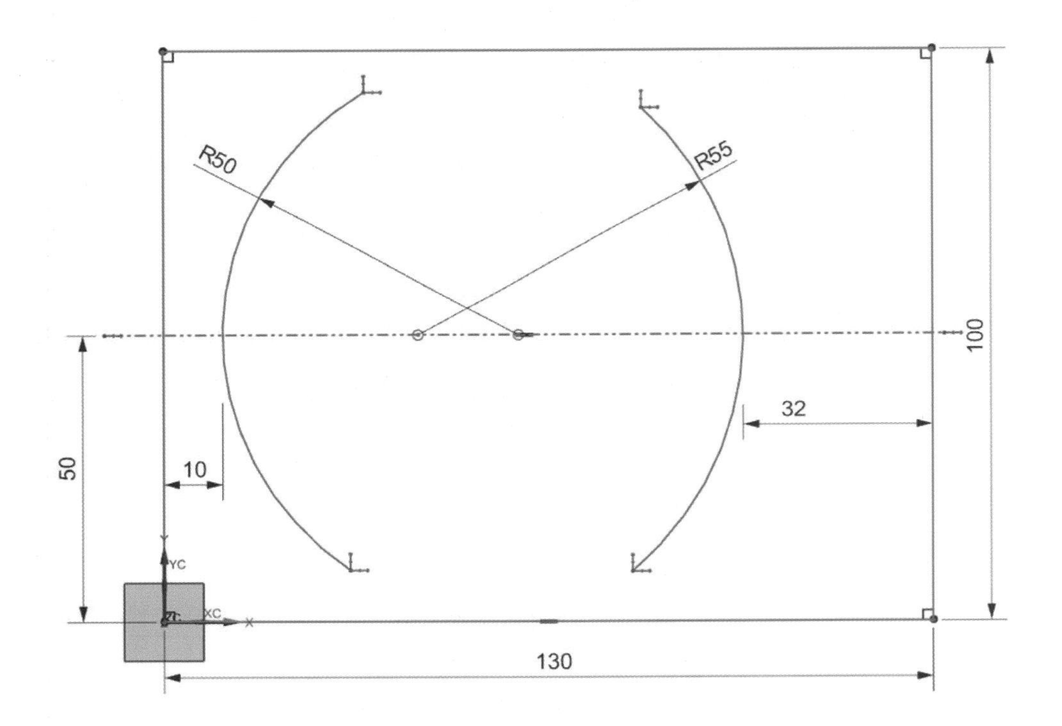

(4-1) 도면을 참조하여 R55 호를 그리고 치수 구속조건을 부여한다.

(4-2) " Mirror Curve"를 선택하여 R55호를 Y50. 참조선을 기준으로 미러 복사한다.

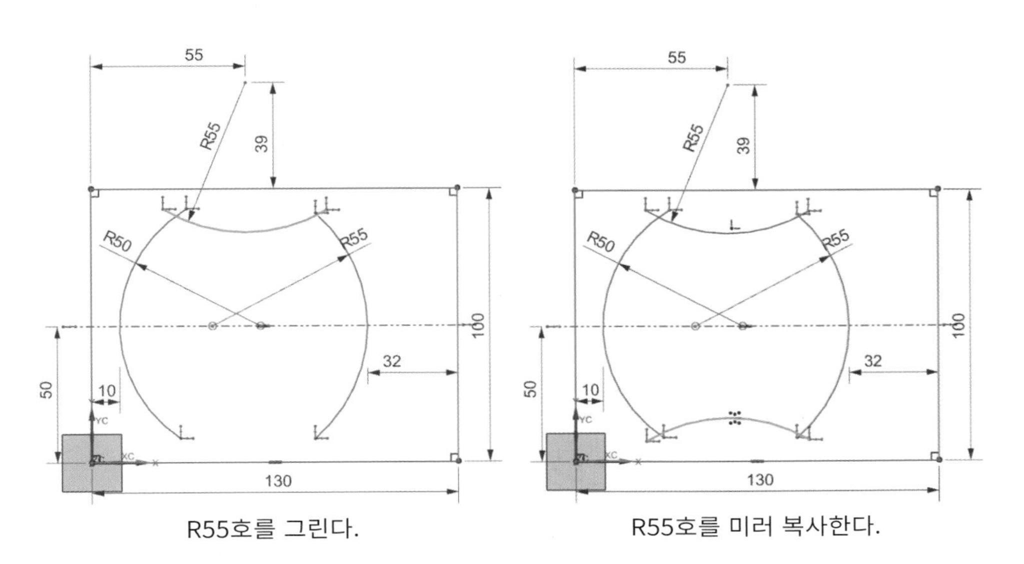

R55호를 그린다. R55호를 미러 복사한다.

(5-1) " Make Corner"를 선택하여 Curve의 끝 단을 정리한다.

(5-2) " Offset Curve"를 선택하여 안쪽으로 10mm 옵셋한다.

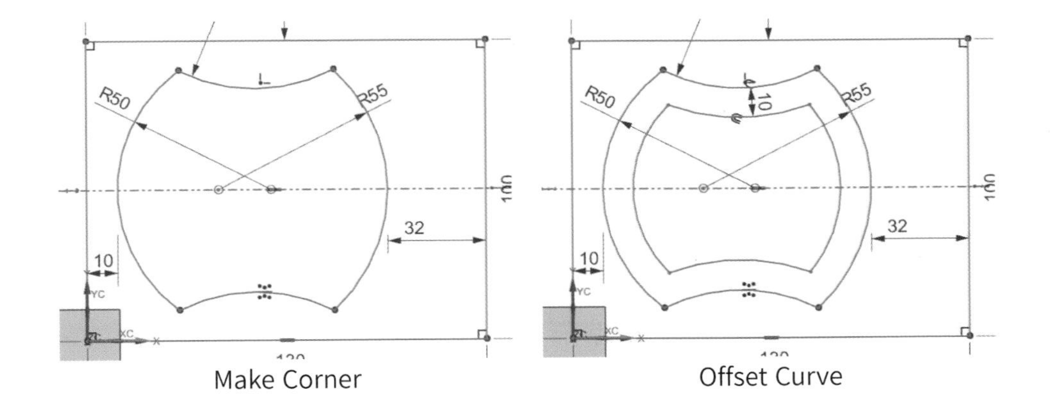

Make Corner Offset Curve

(6-1) 도면을 참조하여 D14 원 3개를 그리고 치수 구속조건을 부여한다.

(6-2) 도면을 참조하여 체크된 부분을 스케치하고 구속조건을 부여한다.

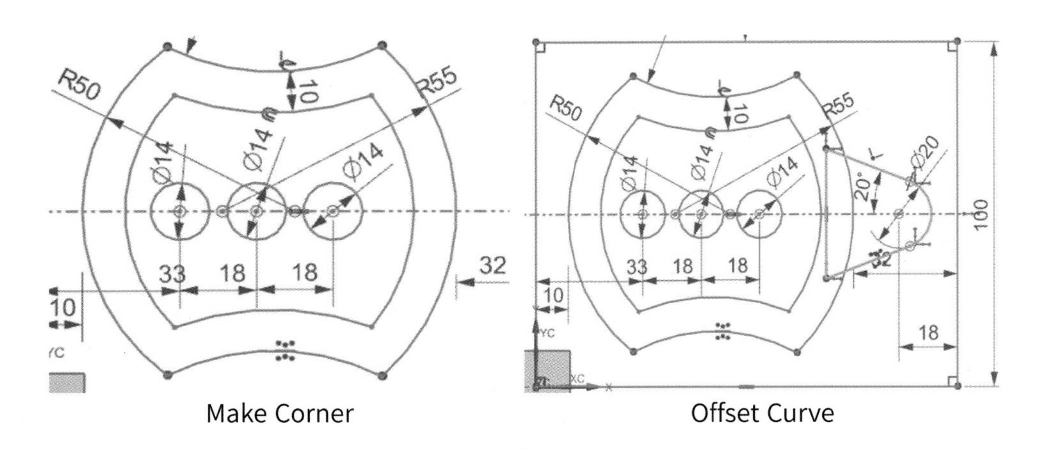

Make Corner　　　　Offset Curve

(7) " Finish Sketch"를 선택하여 스케치를 빠져나가고 X0. Y50. 지점에 Datum을 생성한다.

(8) 생성된 Datum의 XZ 평면(정면도)을 Sketch 스케치 평면으로 선택한다.

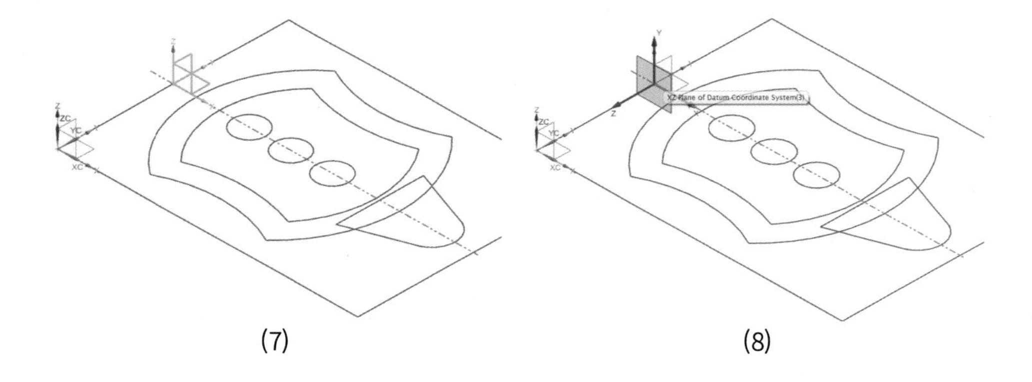

(7)　　　　(8)

(9) 도면을 참조하여 R75호를 그리고 치수 구속조건을 부여한다.

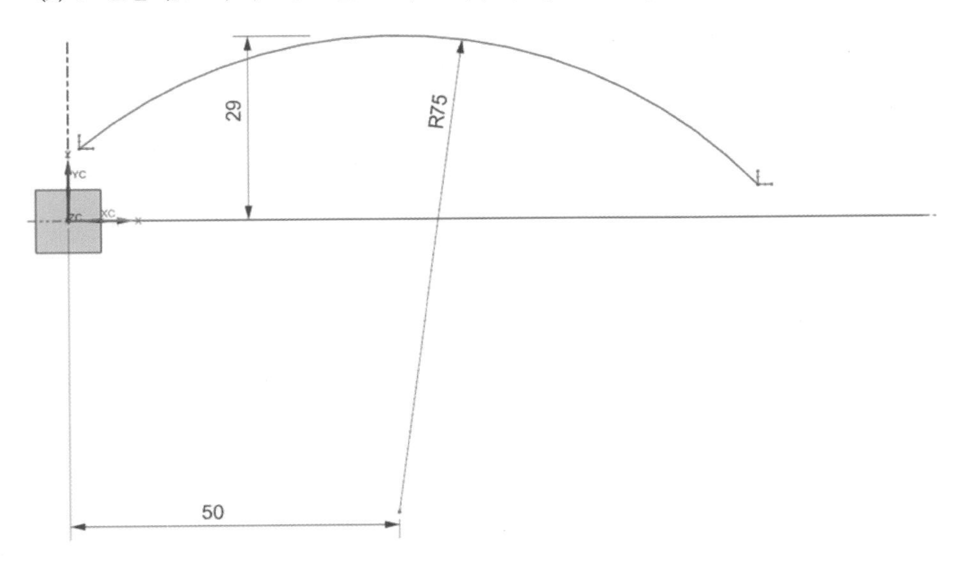

(10) " Finish Sketch"를 선택하여 스케치를 빠져나간다.

(11-1) " Extrude(돌출)"을 실행하여 베이스를 – Z 방향으로 10mm 돌출시킨다.

(11-2) " Extrude(돌출)"을 실행하여 베이스를 +Z 방향으로 30mm 돌출시키고 베이스와 Unite(더하기)한다.

(11-3) "Class Selection: Ctrl+J" 선택하여 투명도를 조절한다.

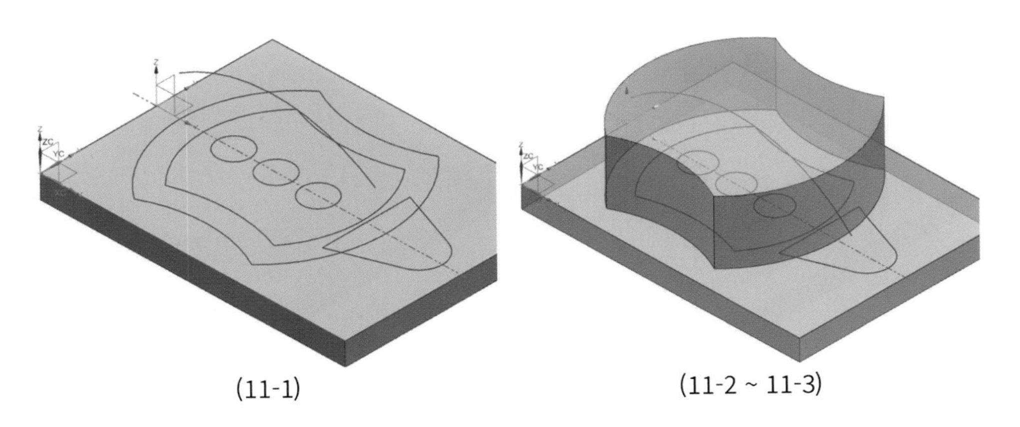

(11-1) (11-2 ~ 11-3)

(12) "Extrude(돌출)"을 실행하여 정면도에 스케치한 R75호를 Symmetric 조건으로 45mm 돌출시켜 면을 생성한다.

(13) "Trim Body"를 사용하여 돌출된 바디 상단을 곡면으로 자르기한다.

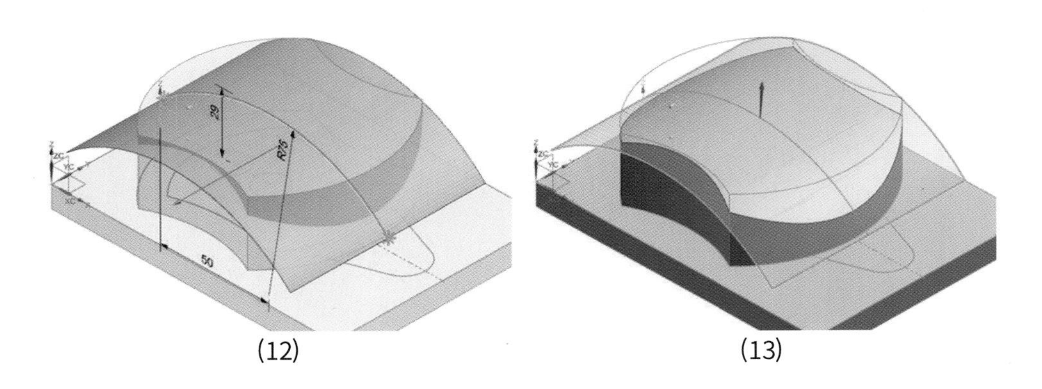

(12) (13)

(14) "Offset face"를 이용하여 Trim Body에 사용한 곡면을 -Z 방향으로 3mm 돌출시키고 기존 곡면은 숨기기(곡면선택→ Crrl+B) 한다.

(15) "Extrude(돌출)"을 실행하여 Z45.위치에서 시작하여 옵셋면까지 돌출시키고 Subtract(빼기) 해준다.

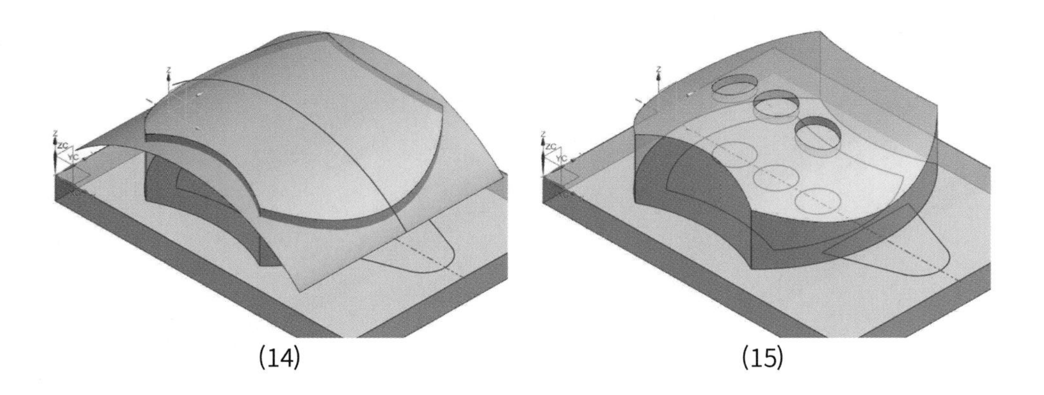

(14) (15)

(16) "Project(투영)"을 실행하여 10mm 옵셋된 커브를 선택하여 바디 상단 곡면에 수직한 방향으로 투영시킨다. Projection Direction은 Along Vector로 +Z 축을 선택한다.

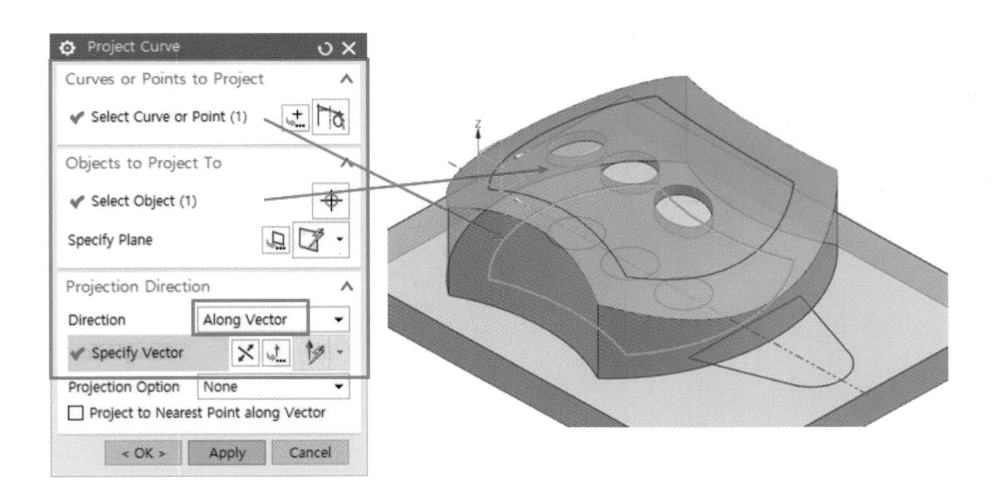

(17) Menu → Insert → Mesh Surface → "Ruled"를 실행하여 그림에 표시된 2개의 에지를 섹션으로 한 면을 생성한다.

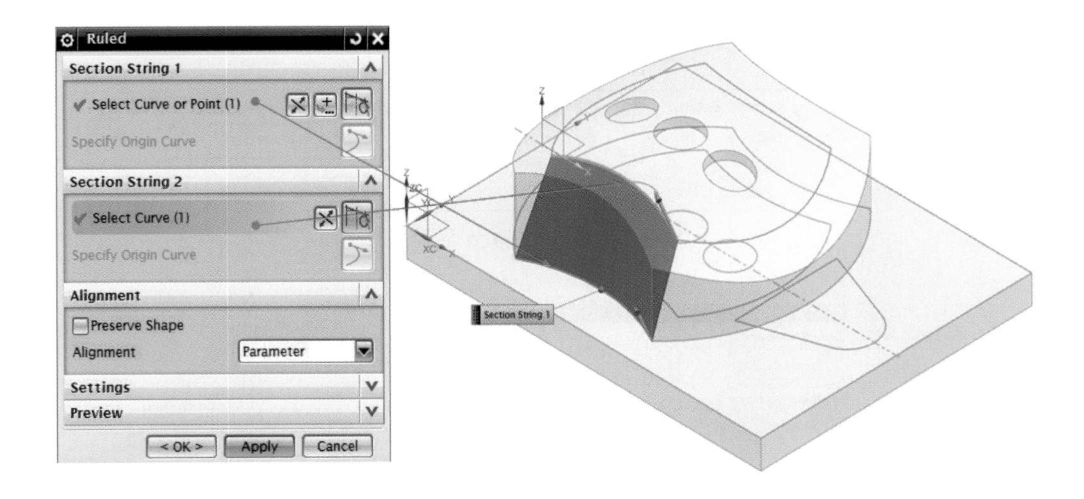

(18) 동일한 방법으로 " Ruled"를 실행하여 그림과 같이 나머지 3개 면을 추가로 생성한다.

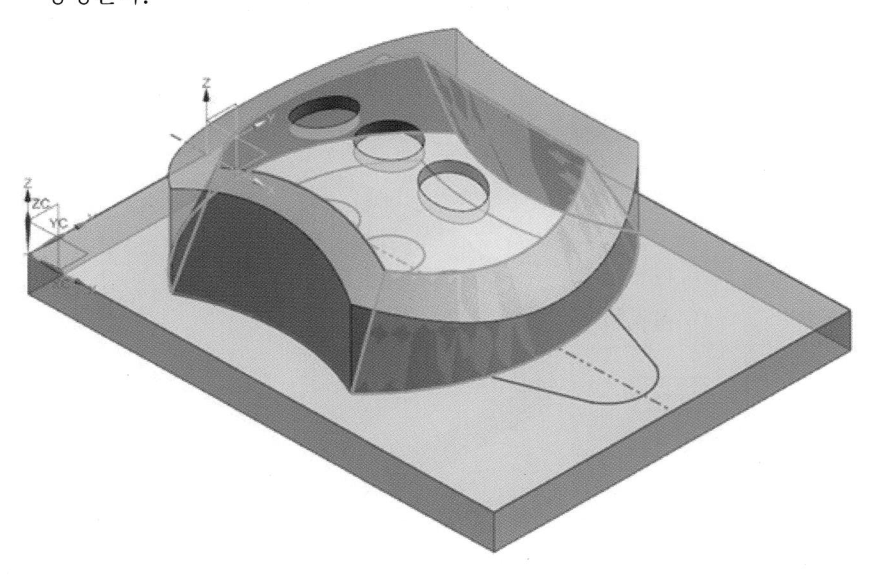

(19) 아이콘 영역에서 " Replace Face"를 실행하여 그림과 같은 순서로 면을 선택하여 수직으로 돌출한 면을 "Ruled"로 생성한 면으로 대체시킨다.

Menu → Insert → Synchronous Modeling → "Replace Face"

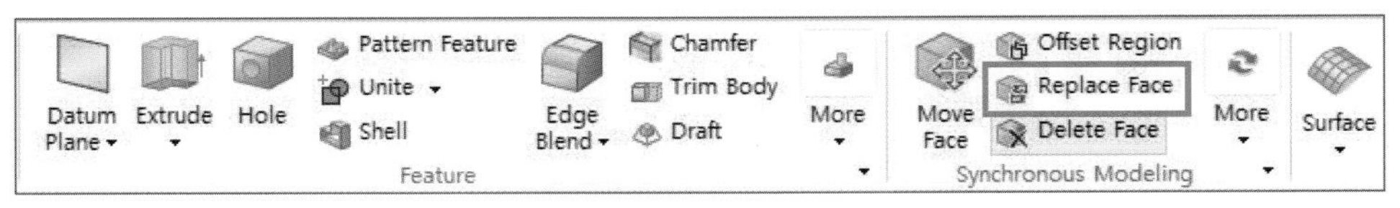

NX10 Replace Face 위치

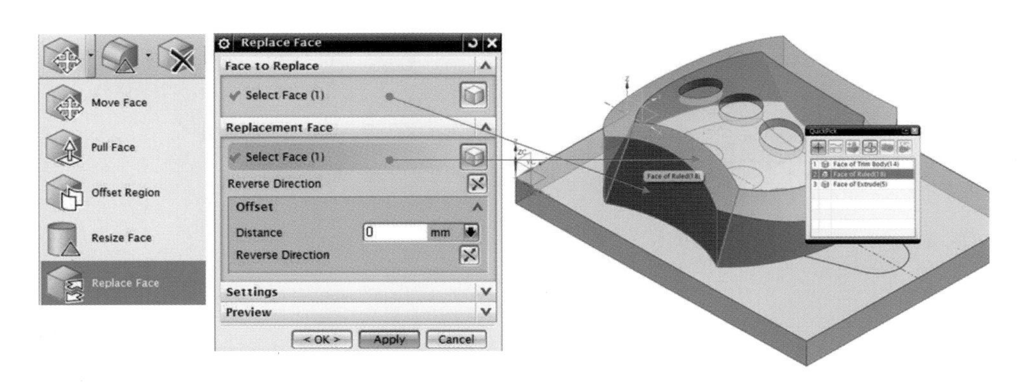

(20) " Replace Face"를 실행하여 다른 3개의 면에 대해서도 추가로 실행한다.

(21) 나머지 부분은 학습자 스스로 도면을 참조하여 모델을 완성시킨다.

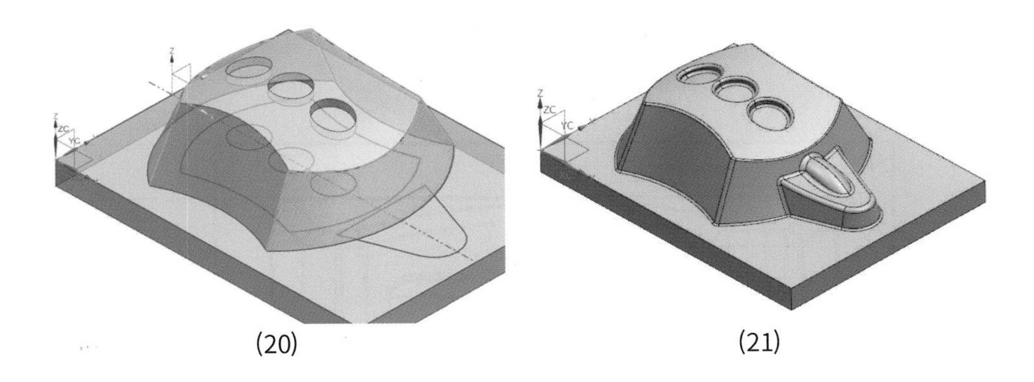

(20) (21)

2.6 예제6

다음 도면에 명시된 원점을 기준으로 Modeling을 생성하시오.

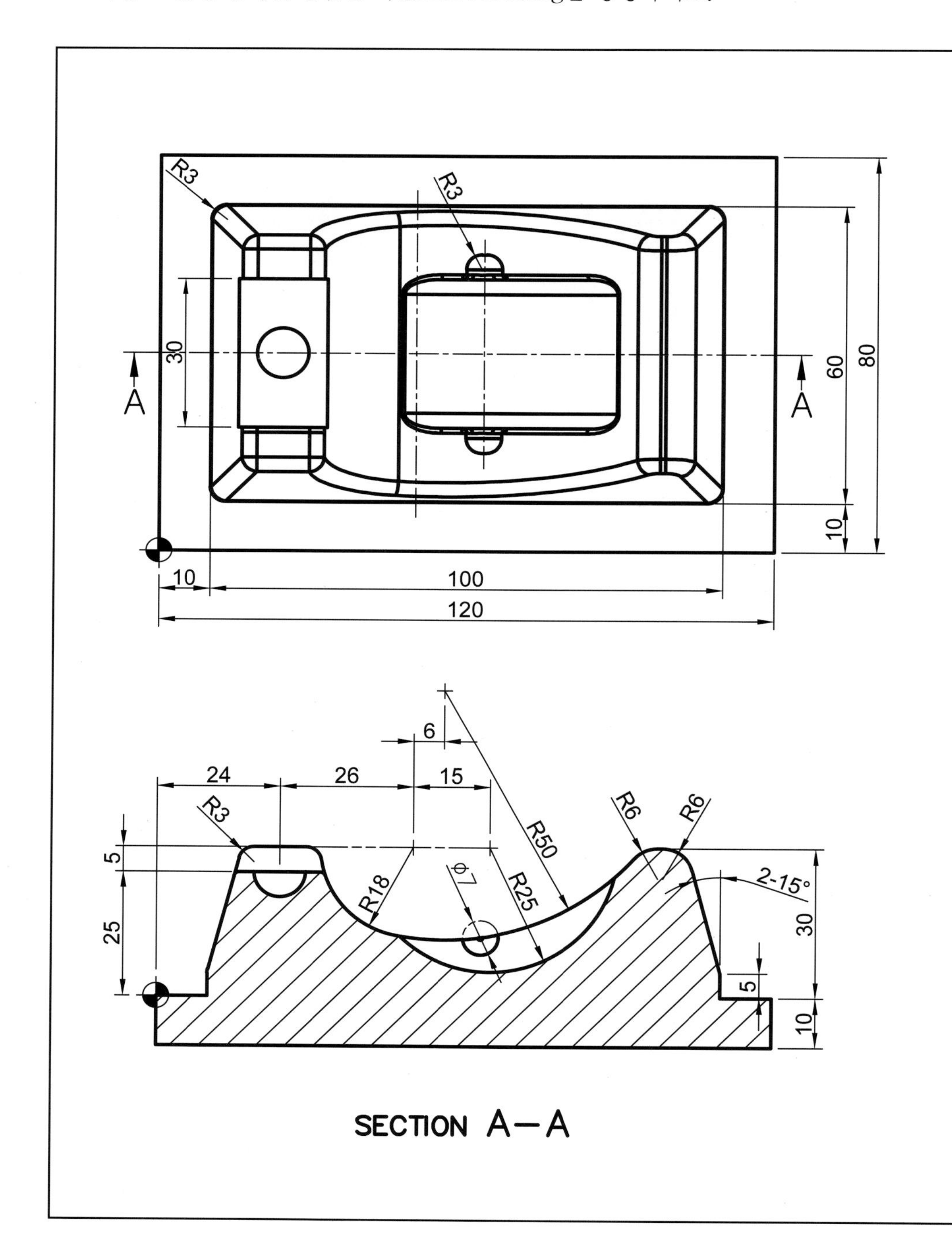

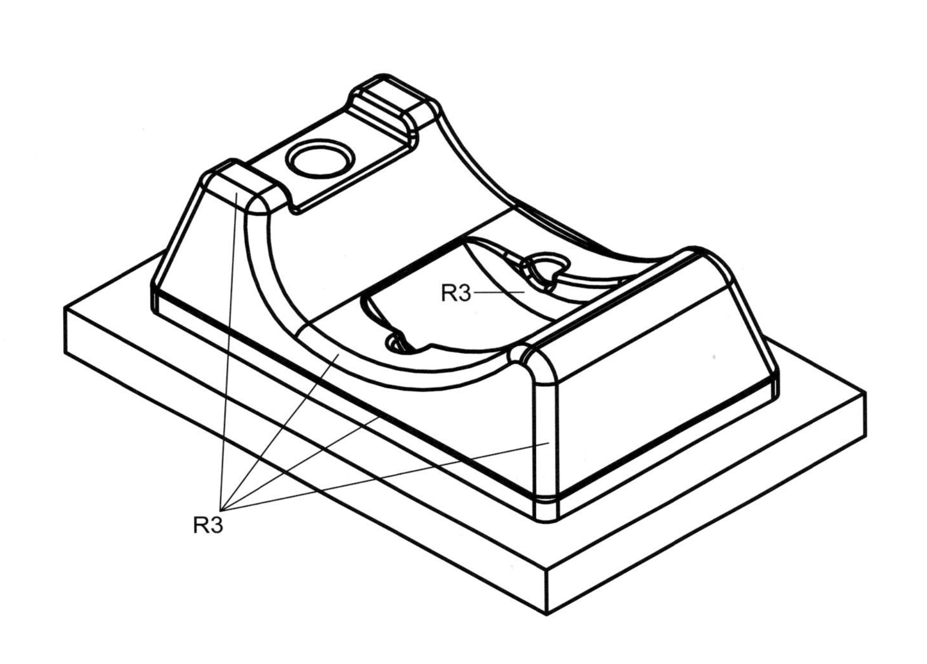

도시되고 지시없는 ROUND는 R1

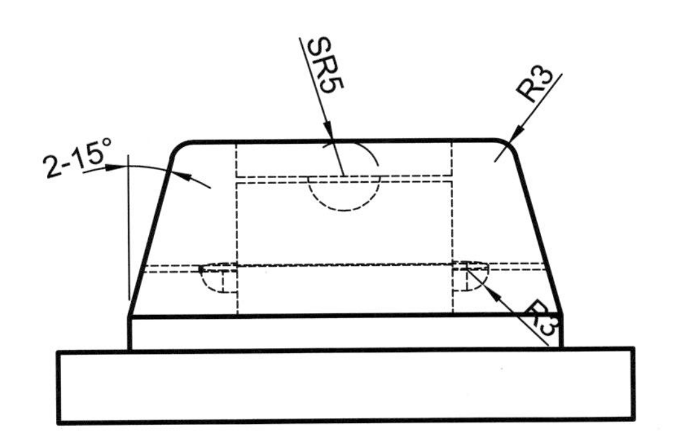

2.7 예제7

다음 도면에 명시된 원점을 기준으로 Modeling을 생성하시오.

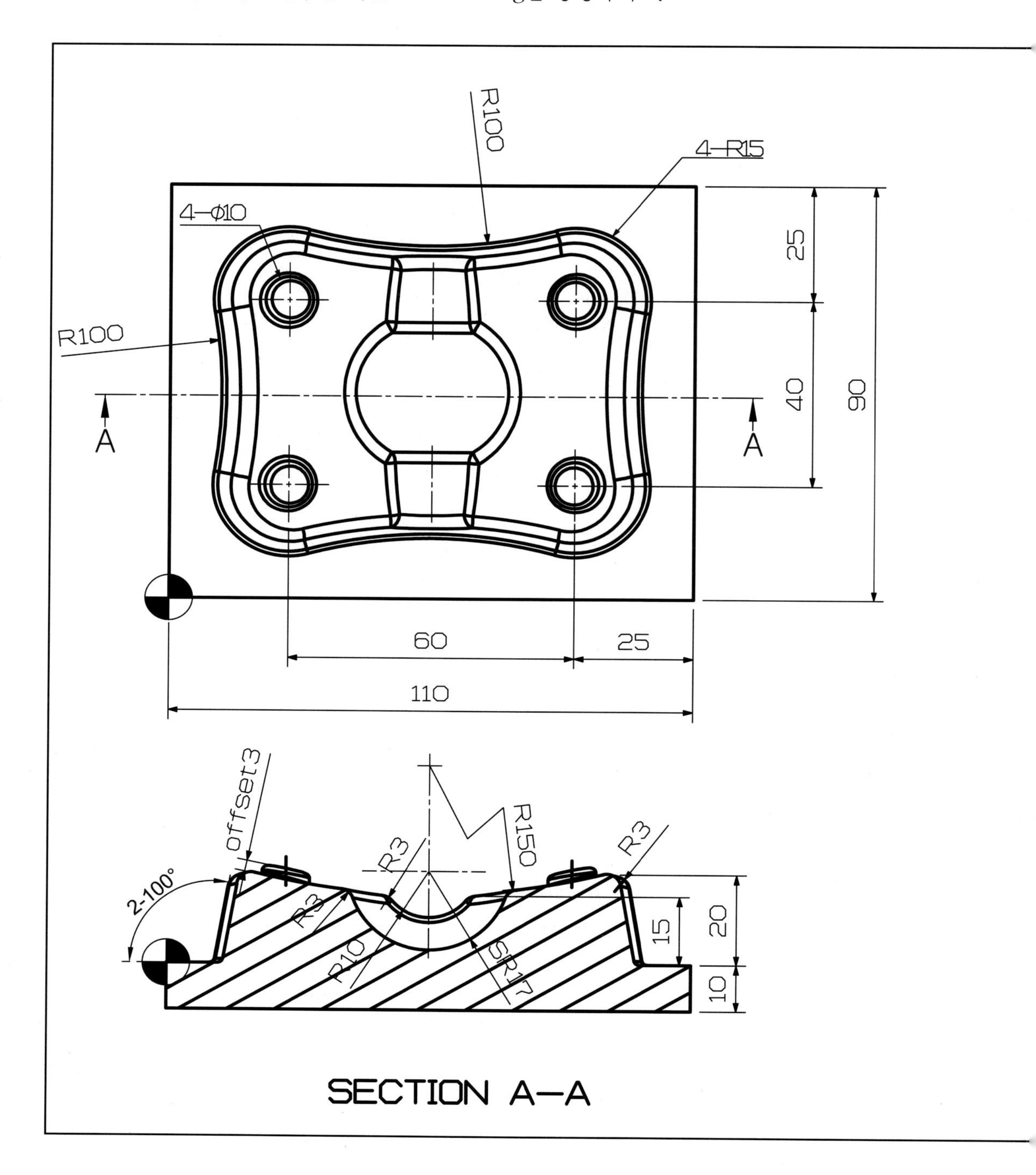

1. 도시되고 지시없는 모든 라운드는 R1

2. 2D 플렛(가)과 3D 필렛(나)의 구분예

(가) R (나) R

R200
2-100°

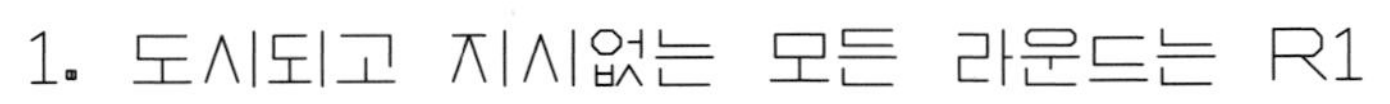

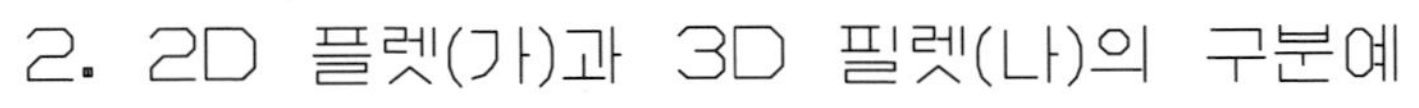

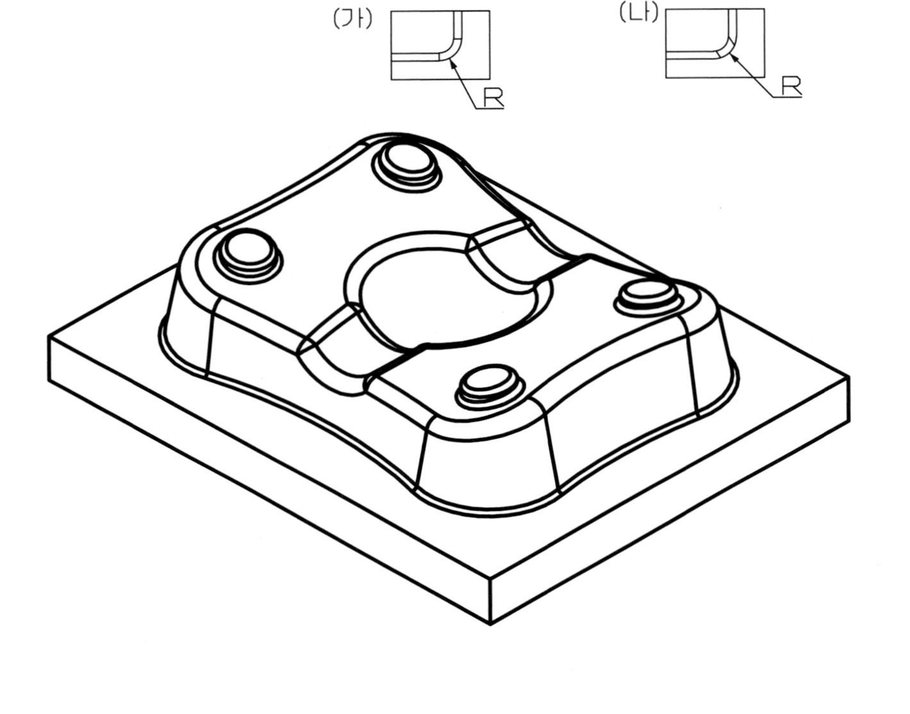

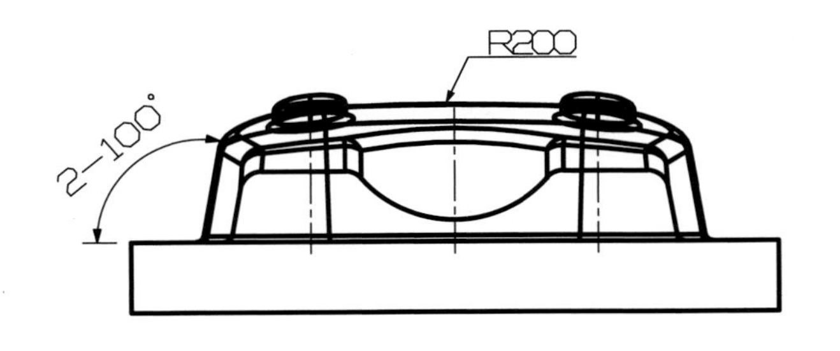

2.8 예제8

다음 도면에 명시된 원점을 기준으로 Modeling을 생성하시오.

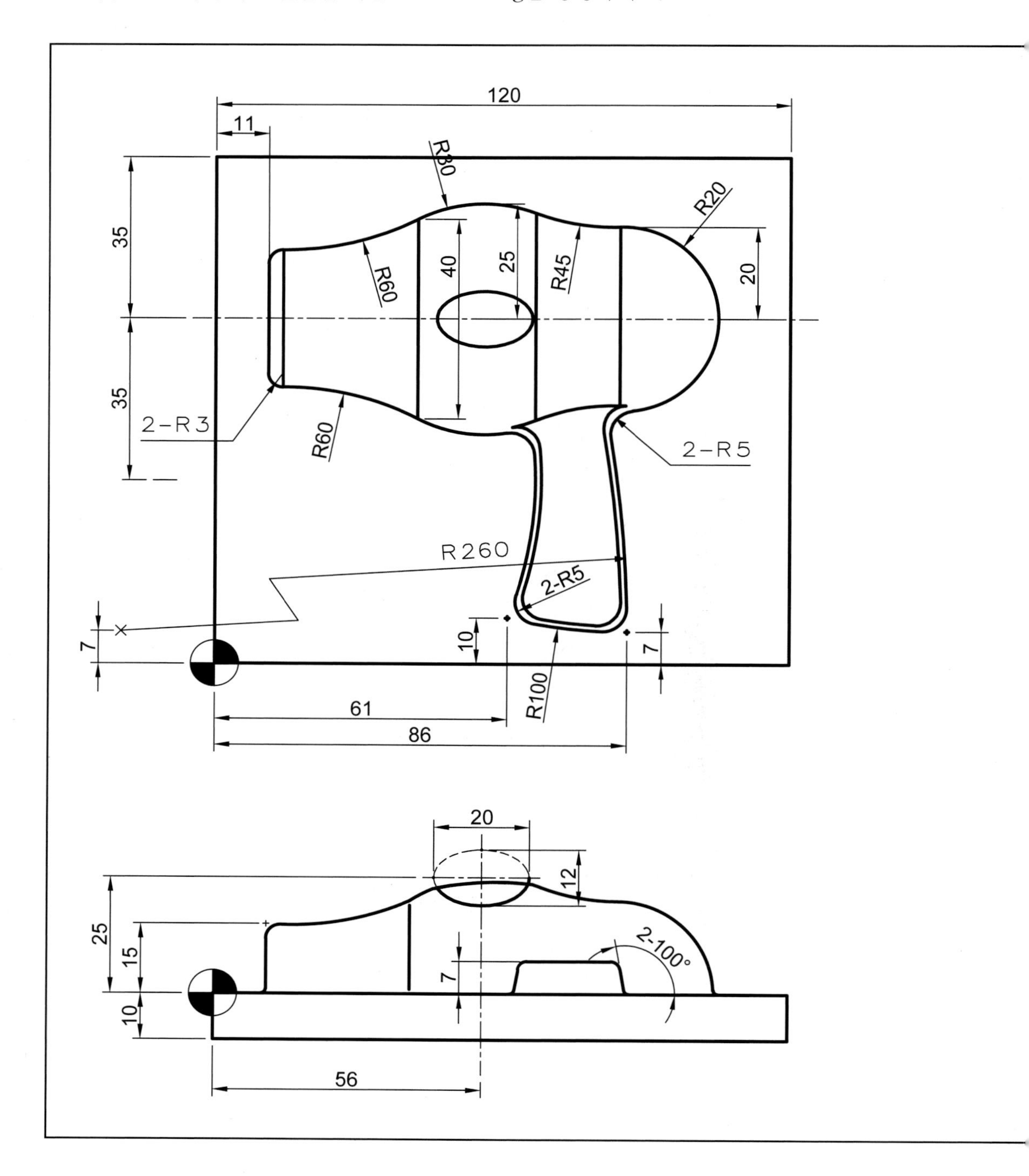

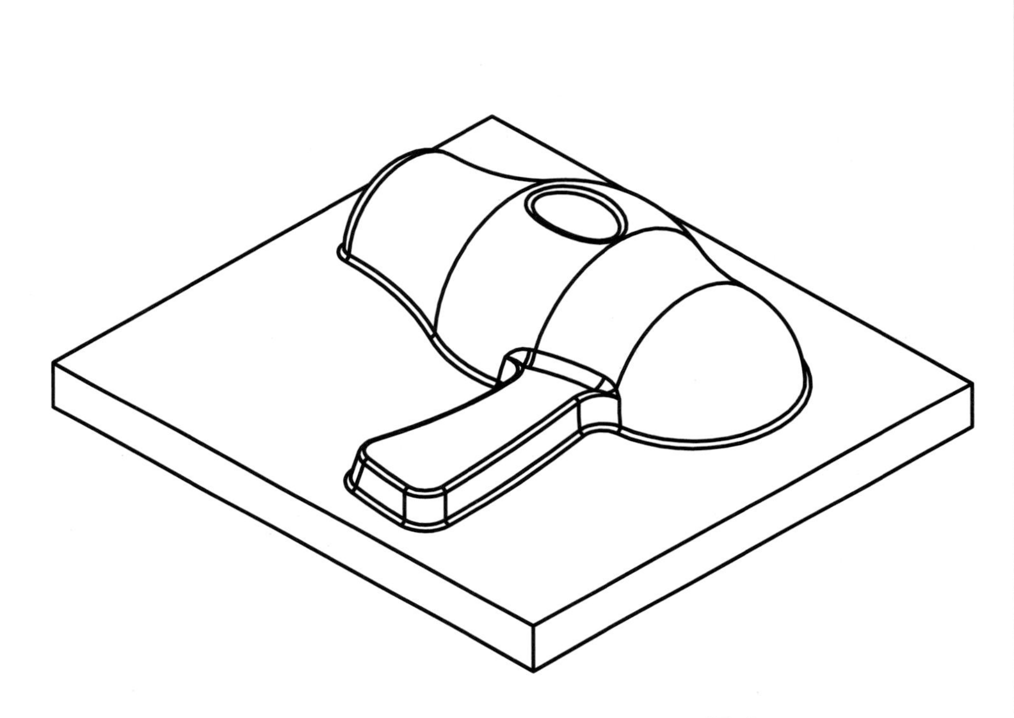

도시되고 지시없는 모든 라운드 R1

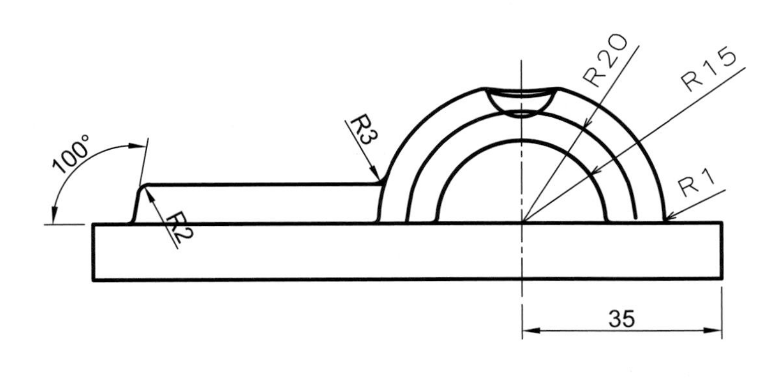

2.9 예제9

다음 도면에 명시된 원점을 기준으로 Modeling을 생성하시오.

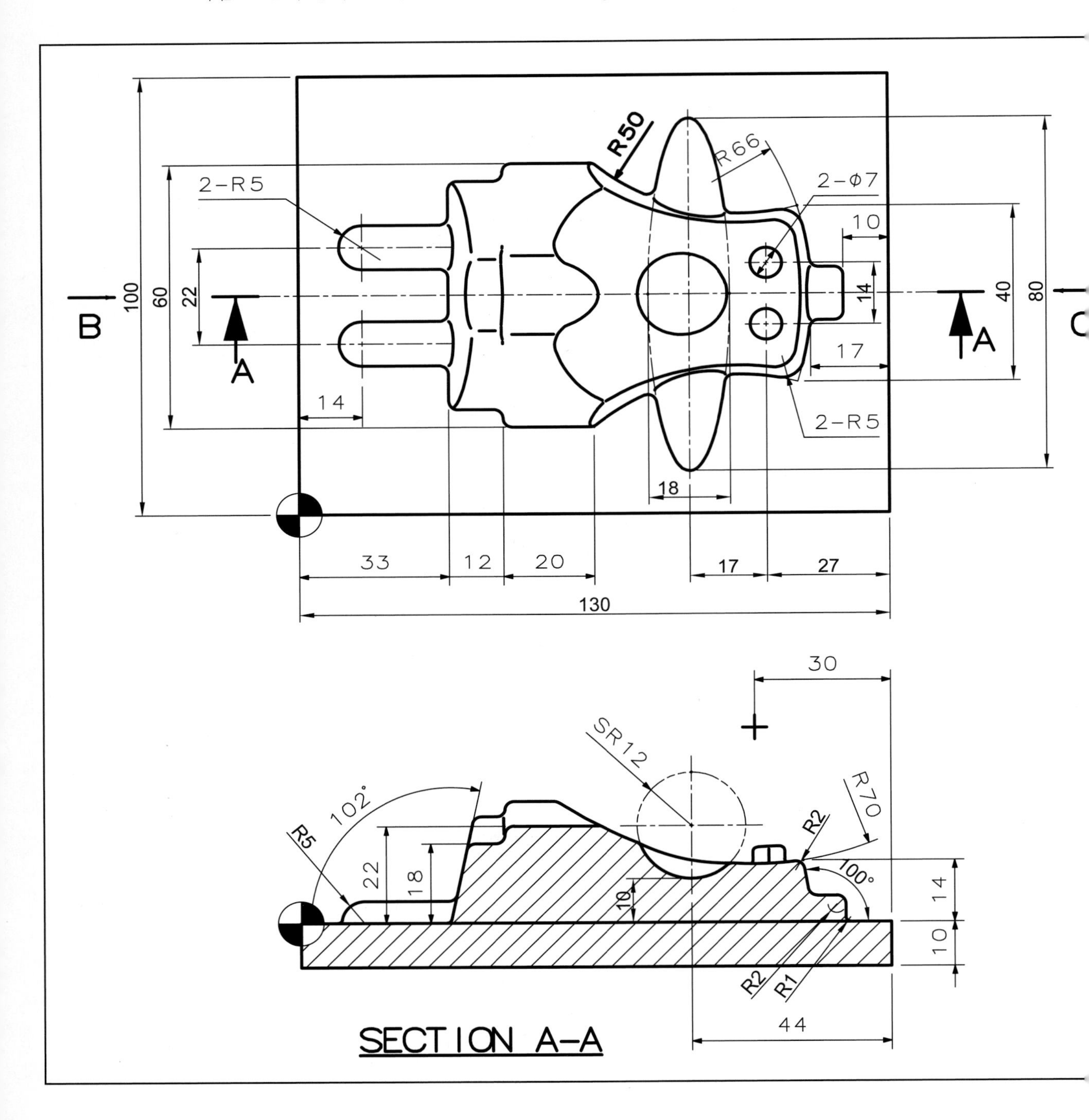

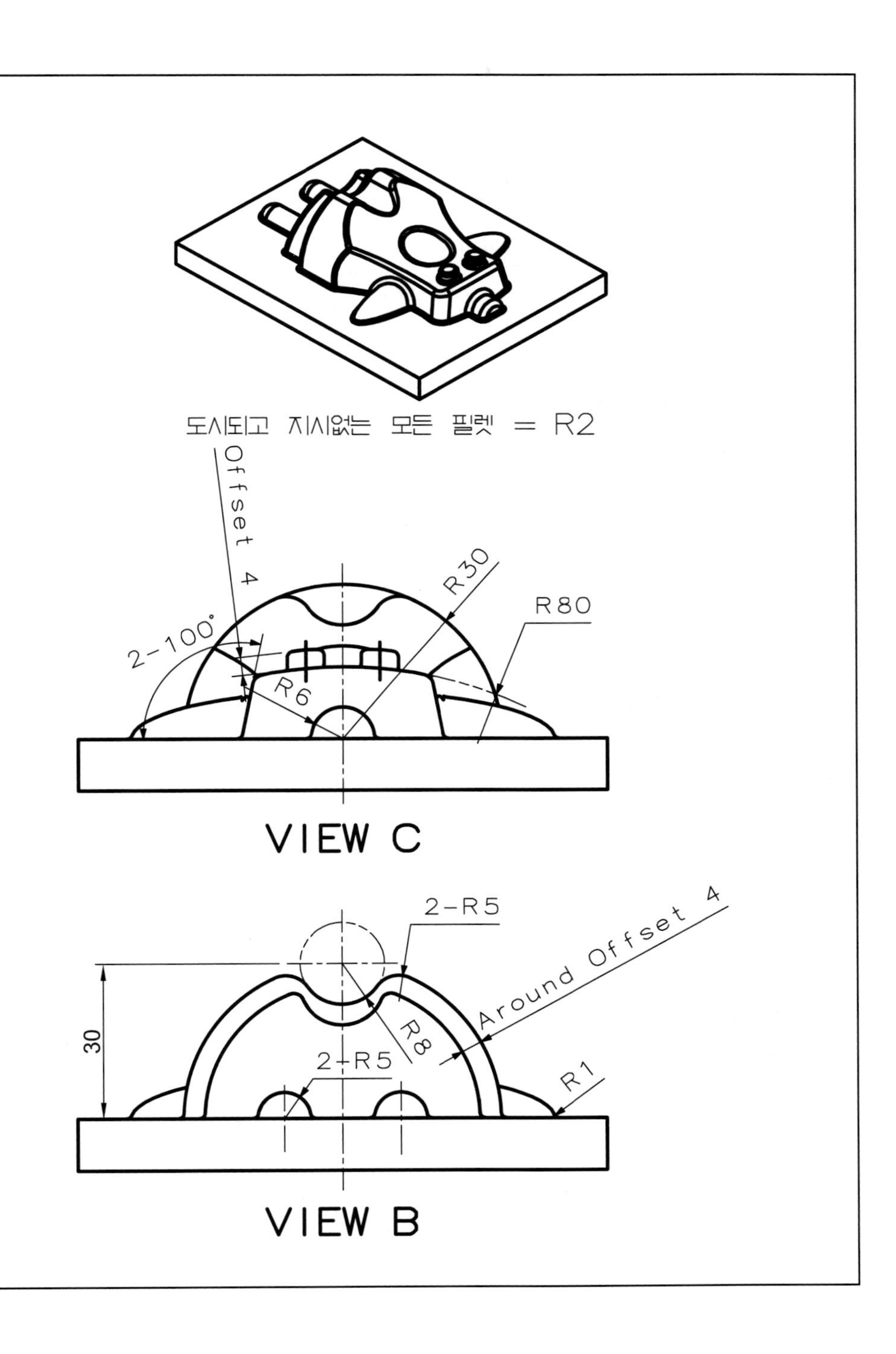
도시되고 지시없는 모든 필렛 = R2
Offset 4
R30
R80
2-100°
R6
VIEW C
2-R5
Around Offset 4
30
R8
2-R5
R1
VIEW B

2.10 예제10

다음 도면에 명시된 원점을 기준으로 Modeling을 생성하시오.

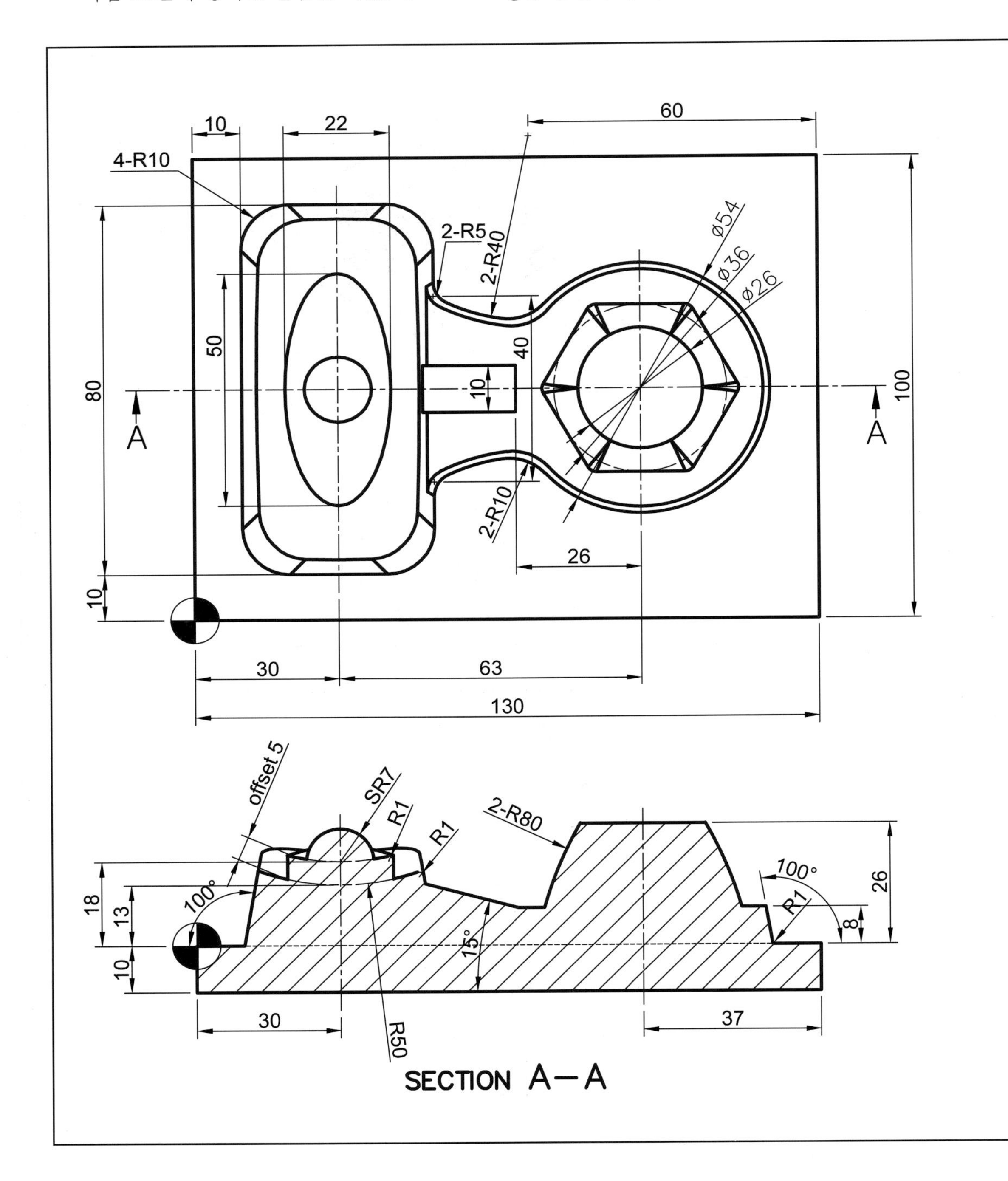

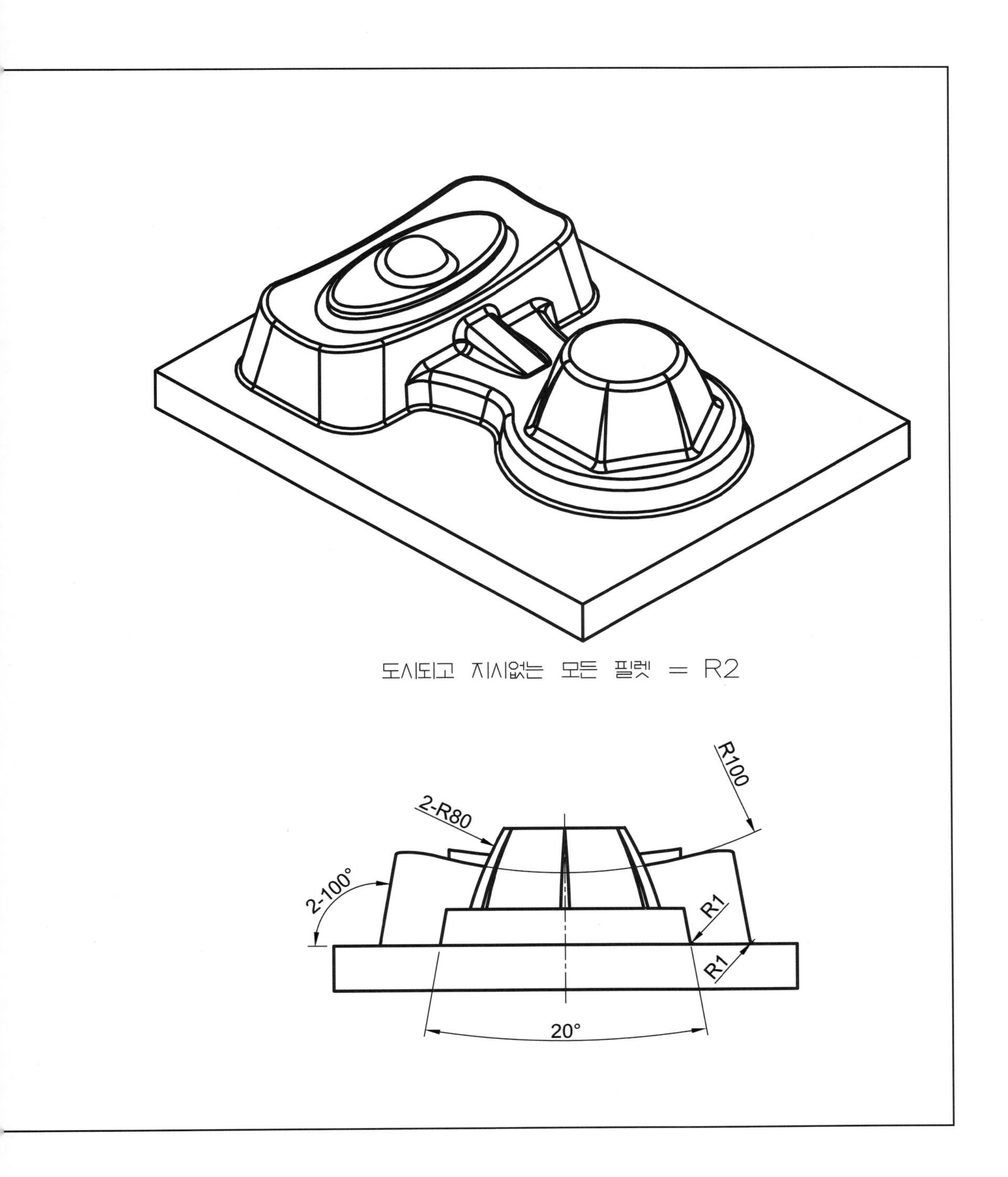
도시되고 지시없는 모든 필렛 = R2
R100
2-R80
2-100°
R1
R1
20°

03

2축 가공과 2.5축 가공

CHAPTER 03

2축 가공과 2.5축 가공

3.1 2축 가공 (CNC 선삭)

3.1.1 매뉴얼 프로그래밍 (컴퓨터응용선반 기능사, 기계가공 기능장 실기)

1) 컴퓨터응용선반 기능사, 기계가공 기능장 실기 예제

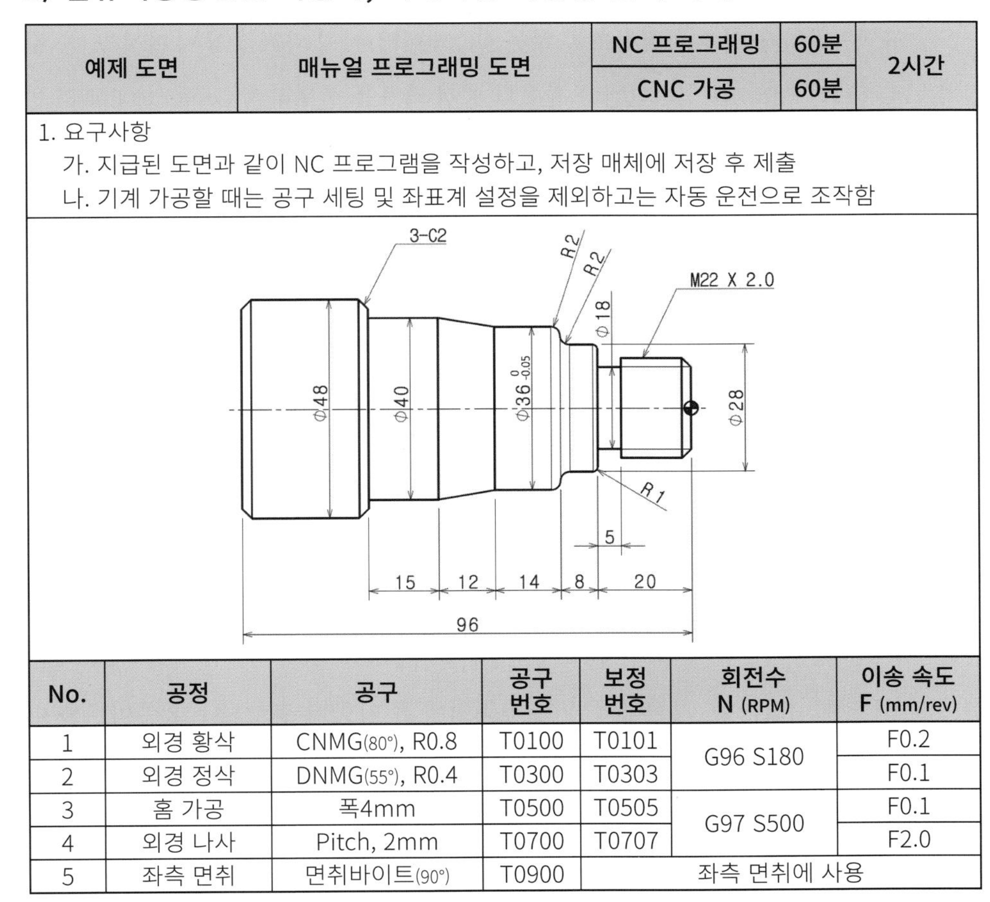

예제 도면	매뉴얼 프로그래밍 도면	NC 프로그래밍	60분	2시간
		CNC 가공	60분	

1. 요구사항
   가. 지급된 도면과 같이 NC 프로그램을 작성하고, 저장 매체에 저장 후 제출
   나. 기계 가공할 때는 공구 세팅 및 좌표계 설정을 제외하고는 자동 운전으로 조작함

No.	공정	공구	공구 번호	보정 번호	회전수 N (RPM)	이송 속도 F (mm/rev)
1	외경 황삭	CNMG(80°), R0.8	T0100	T0101	G96 S180	F0.2
2	외경 정삭	DNMG(55°), R0.4	T0300	T0303		F0.1
3	홈 가공	폭4mm	T0500	T0505	G97 S500	F0.1
4	외경 나사	Pitch, 2mm	T0700	T0707		F2.0
5	좌측 면취	면취바이트(90°)	T0900	좌측 면취에 사용		

(1) 메뉴얼 프로그램(이하 P/G) 작성

• 자동 면취, 코너 R 기능

[그림 3-1]은 예제 도면의 NC P/G을 작성하기 위한 공구 경로 궤적(Tool path)을 보여 주는 것으로 외경 황삭 사이클(G71)과 외경 정삭 사이클(G70)의 시작 블럭인 N1(①) 동작과 마지막 블럭인 N2(⑦) 동작을 보여 준다. [그림 3-2]는 자동 면취, 코너 R 기능을 사용하는 P/G의 종점 위치를 도시한 것으로 원호 보간이 필요 없고 위치 계산 시간이 절감되므로 짧은 시간 내에 NC P/G을 작성해야 하는 국가기술자격 실기시험에 매우 효과적이다. [그림 3-3]은 자동 면취, 코너 R 기능을 사용할 때 필요한 챔퍼값(C)과, 반경값(R)의 부호를 결정하는 방법을 도시한 것으로 Center to End 방향 벡터의 규칙만 숙지하면 쉽게 결정할 수 있다. 면취나 원호의 "Center 좌표"는 면취나 원호 가공하고자 하는 NC 데이터 지령 좌표값의 나머지 한 축 값으로 하고 "End 좌표"는 면취나 원호의 종점 좌표를 선택하여 Center to End의 방향 벡터가 "+"인지 "-"인지를 결정한다. 예를 들어 [그림 3-3] ②의 경우 X축 값은 22이고 나머지 한 축 값인 Z0를 "Center 좌표"로 하고, 면취 종점인 ②의 좌표 Z-2를 "End 좌표"로 하면, Center to End의 방향 벡터는 "0-2"로서 "-"가 되므로 G1 X22. C-2.과 같이 프로그램한다.

• 좌측 면취 가공

기능장 시험에서 좌측 면취(⑧)는 핸들(수동), 반자동, 자동 모드 다 가능하므로 불필요한 프로그램 작성 및 공구 길이 세팅 시간의 절약을 위해 면취바이트(T09, ⑨)나 나사바이트를 사용하여, 핸들 모드로 가공하는 것이 유리하다. 나사바이트를 사용할 경우 챔퍼량이 작을 수 있으나 참고 치수이므로 챔퍼 유무만 체크하고 치수 검사는 하지 않는다. 기능사의 경우 좌측면에 홈 가공이 추가되나 홈바이트를 이용한 핸들 모드 가공이 프로그램 시간과 공구 길이 세팅 시간 절약의 측면에서 유리하다.

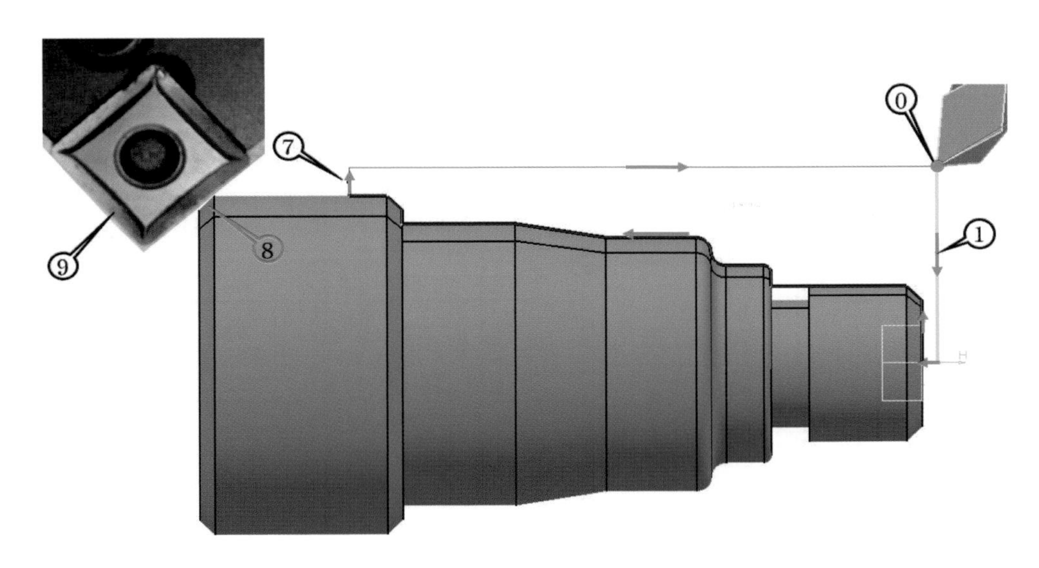

[그림 3-1] 외경 황삭, 정삭 사이클 경로

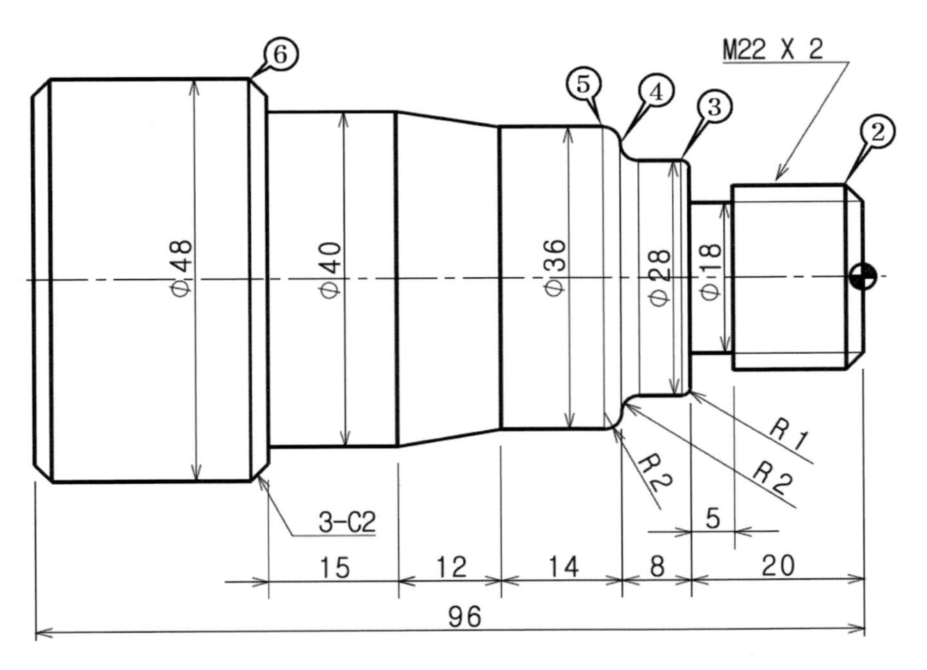

[그림 3-2] 자동 면취, 코너 R 기능 P/G 종점 위치

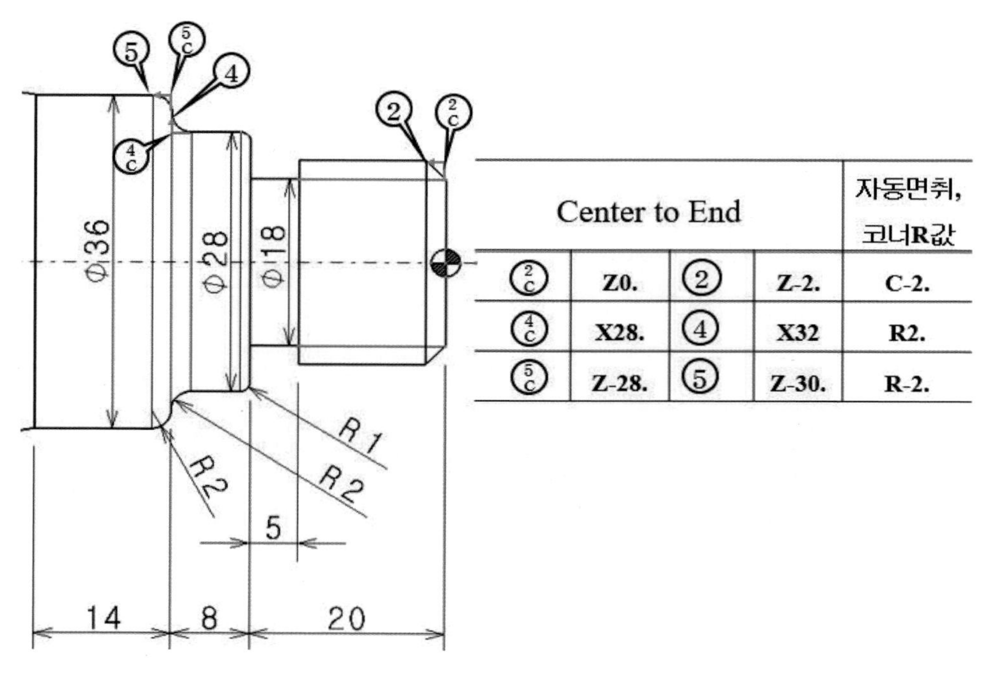

Center to End				자동면취, 코너R값
②c	Z0.	②	Z-2.	C-2.
④c	X28.	④	X32	R2.
⑤c	Z-28.	⑤	Z-30.	R-2.

[그림 3-3] 자동 면취, 코너 R 기능 C, R 값

- 공구인선반경 보정

[그림 2-4]와 같이 테이퍼 부의 가공 시 ①에서 ②로 공구가 이동할 때 공구인선반경(R)에 의한 오차(ⓔ)가 발생하는데 이를 보정해 주기 위하여 공구인선반경 보정(G42) 기능을 사용한다. 그러나 국가기술자격 실기시험에서는 인선반경 보정의 영향을 받는 테이퍼부나 원호부에 대한 채점 요소가 없고, 수험 장소의 기계에 따라 인선반경 보정(G42) 삽입 위치가 상이하여 에러가 발생할 수 있으므로 보정 기능을 사용하지 않는 것이 유리하다. 수많은 수험자가 인선반경 보정을 정확하게 사용하지 못하거나 프로그램상에 삽입하는 위치(예를 들면 외경 사이클, G71의 이전에 삽입할 것인지 사이클 내부에 삽입할 것인지에 따라서 에러를 발생시키는 장비도 있음)가 해당 기계마다 상이하여 안타깝게 탈락하고 있다. 인선반경 보정은 수평 방향(Z축) 가공이나 반경 방향(X축) 가공 시에는 영향이 없고 단지 테이퍼부나 원호부 가공에서 필요한 기능이다. 따라서 실무에서는 사용하고 자격시험에서는 사용하지 않는 것이 유리하다.

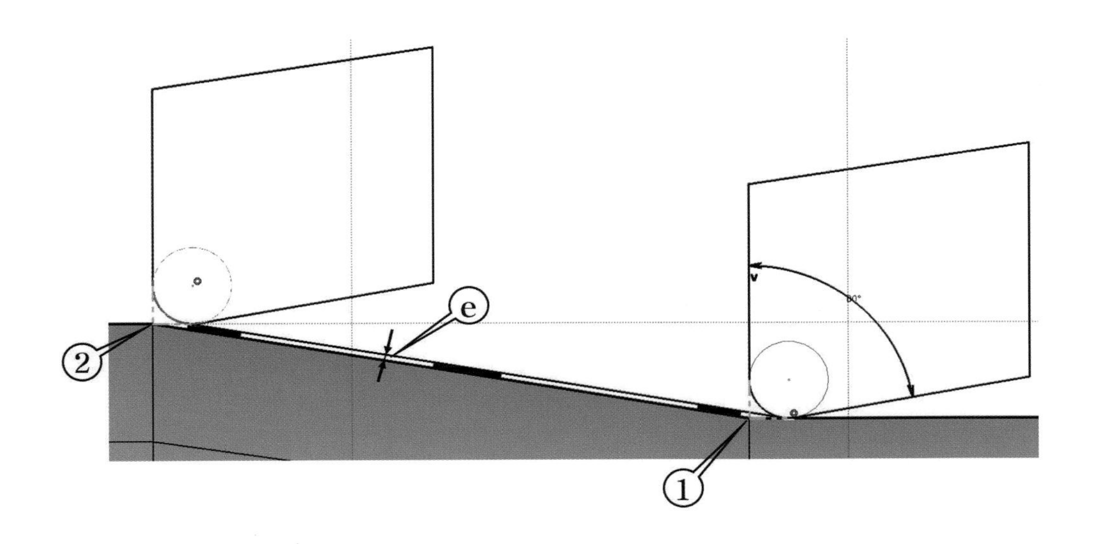

[그림 3-4] 공구인선반경 보정(G42)의 필요성

■ 예제 도면의 매뉴얼 NC P/G

* 빨간색으로 표시된 부분은 핵심 체크포인트

일반 P/G	자동 면취, 코너R P/G	해석
%	%	DNC 시 P/G 보호 기능
O2110	O2111	프로그램명
G30 U0 W0		공구교환 위치(제2원점)로 이동
T100	공구마다 동일한 반복 패턴이므로 이 부분을 복사 붙여넣기 한 후 공구번호(T100)와 보정번호(T100), 회전수(G96 S180) 수정	1번(외경 황삭바이트) 공구 교환
G50 S1800		공작물 좌표계 설정, 최고 회전수 지정
G96 S180 M03		회전수지정(속도일정) 및 정회전
G0 X150. Z150. T101		공구길이보정, 안전위치로 이동
X52.		안전을 위하여 스텝을 나누어 싱글 블럭 ON 상태로 시작위치(◎)로 이동, 절삭유 ON
Z50.		
Z10.		
Z2. M8		
G71 U2. R2. F0.2		외경 황삭 사이클(G71) 1회 절입 및 후퇴량 2mm, 잔량 0.2mm
G71 P1 Q2 U0.2 W0.4		
N1 G1 X-1.6	N1 G1 X-1.6	외경 사이클 시작 블럭(①), 황삭 바이트 인선반경 0.8의 직경치
(G42) G01 Z0	(G42) G01 Z0	인선 R보정하면서 Z0으로 이동 기능사, 기능장 시험에서는 G42를 사용하지 않음,
X22.	X22. C-2.	②로 자동 면취 가공
X22. W-2.	W-20.	증분지령
Z-18.	X28. R-1.	③ 위치로 자동 코너R 가공
X26.	W-8. R2.	④ 위치로 자동 코너R 가공
G3 X28. W-1. R1.	X36. R-2.	⑤ 위치로 자동 코너R 가공
G1 Z-26.	W-14.	
G2 U4. W-2. R2.	X40. W-12.	
G3 U4. W-2. R2.	W-15.	
G1 Z-42.	X48. C-2.	⑥ 위치로 자동 면취 가공
X40. W-12.	W-5.	증분지령으로 5mm 연장 가공
W-15.	N2 X52.	외경 사이클 마지막 블럭(⑦) 동작
X44.		
X48. W-2.		
W-5.		
N2 X52.		
G0 X150. Z150. M9		안전 위치로 후퇴, 절삭유 OFF
T100	공구 보정 취소 (일부 장비의 경우 윗 블럭에 함께 넣으면 에러 발생)	
T300		3번(외경정삭바이트) 공구 교환
G50 S1800		삭제해도 됨
G96 S180 M03		회전수 지정(속도일정) 및 정회전

일반 P/G		해석
G00 X150. Z150. T303		공구 길이 보정, 안전 위치로 이동
G00 X52.		안전을 위하여 스텝을 나누어 싱글 블럭 ON 상태로 시작 위치(◎)로 이동, 절삭유 ON
Z50.		
Z10.		
Z2. M8		
G70 P1 Q2 F0.1		외경 황삭 사이클(G70)
G00 X150. Z150. M9		안전 위치로 후퇴, 절삭유 OFF
T300		공구 길이 보정 취소
T500		5번(홈바이트) 공구 교환
G97 S500 M03		회전수 지정(회전수일정) 및 정회전
G0 X150. Z150. T505		공구 길이 보정, 안전 위치로 이동
X52.		안전을 위하여 스텝을 나누어 싱글 블럭 ON 상태로 시작 위치(◎)로 이동, 절삭유 ON
Z50.		
Z10.		
Z2. M8		
G1 X32. Z-20. F2.		홈가공 시작 위치로 진입
X18. F0.1		홈가공
G1 X32. F2.		홈가공 시작 위치로 후퇴
Z-19. F2.	홈바이트폭(4mm) 고려	홈가공 시작 위치(Z-19)로 이동
X18. F0.1		홈가공
G1 X32. F2.		홈가공 시작 위치로 후퇴
G0 X150. Z150. M9		안전 위치로 후퇴, 절삭유 OFF
T500		공구 길이 보정 취소
T700		7번(피치2.0나사바이트) 공구 교환
G97 S500 M03		회전수 지정(회전수일정) 및 정회전
G0 X150. Z150. T707		공구 길이 보정, 안전 위치로 이동
X52.		안전을 위하여 스텝을 나누어 싱글 블럭 ON 상태로 시작 위치(◎)로 이동, 절삭유 ON
Z50.		
Z10.		
Z2. M8		
G1 X22. Z2. F2.		나사가공 시작 위치로 진입
G76 P011060 Q30 R20	피치2.0 나사가공 사이클, 빨간색 부분(나사종점)만 수정	
G76 X19.62 Z-17. P1190 Q350 F2.		피치2=절입 깊이 1.19, 피치1.5=0.89 22-1.19*2=X19.62
G0 X150. Z150. M9	안전 위치로 후퇴	
T700		공구 길이 보정 취소
G30 U0 W0		공구 교환 위치(제2원점)로 이동
M02		프로그램 종료
%		DNC 시 P/G 보호 기능

(2) V-CNC를 이용한 모의가공

- 아래의 순서대로 공작물 생성과 공구 설정을 수행한다.

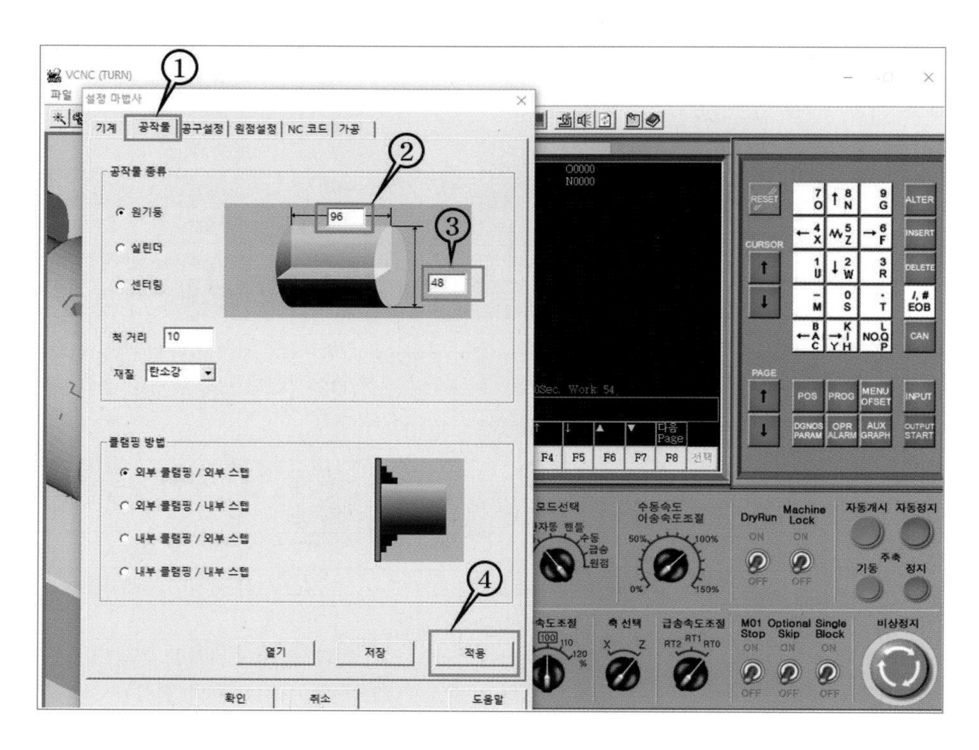

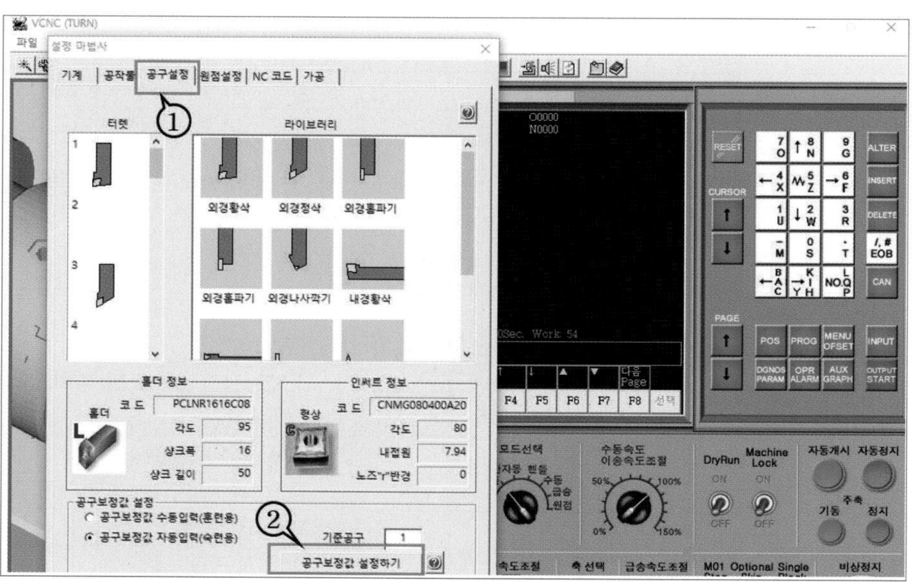

• 아래와 같이 원점 설정을 수행한다.

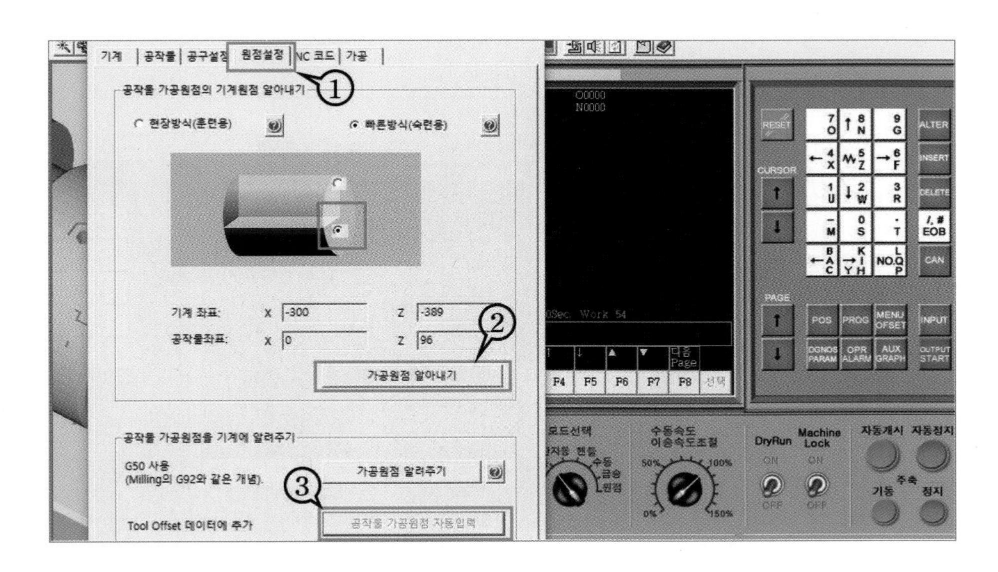

• 아래와 같이 작성한 NC 파일을 선택한 후 설정 완료와 확인 버튼을 클릭한다.

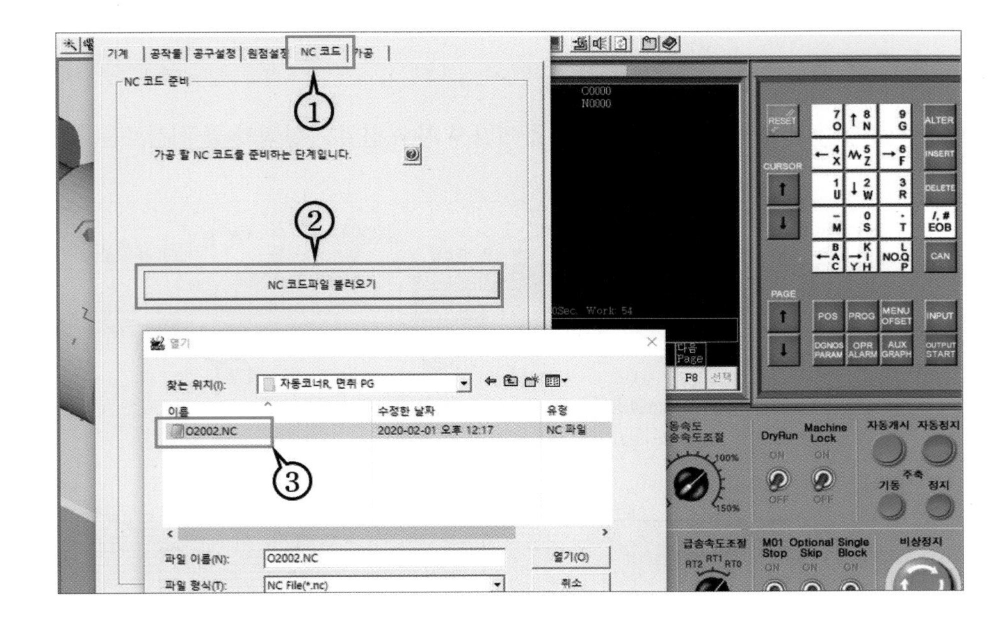

- 아래와 같이 자동 모드에서 Single block ON 한 상태로 자동 개시 버튼을 1회 클릭하고 이후부터는 Space bar를 클릭하여 모의 가공을 수행한다.

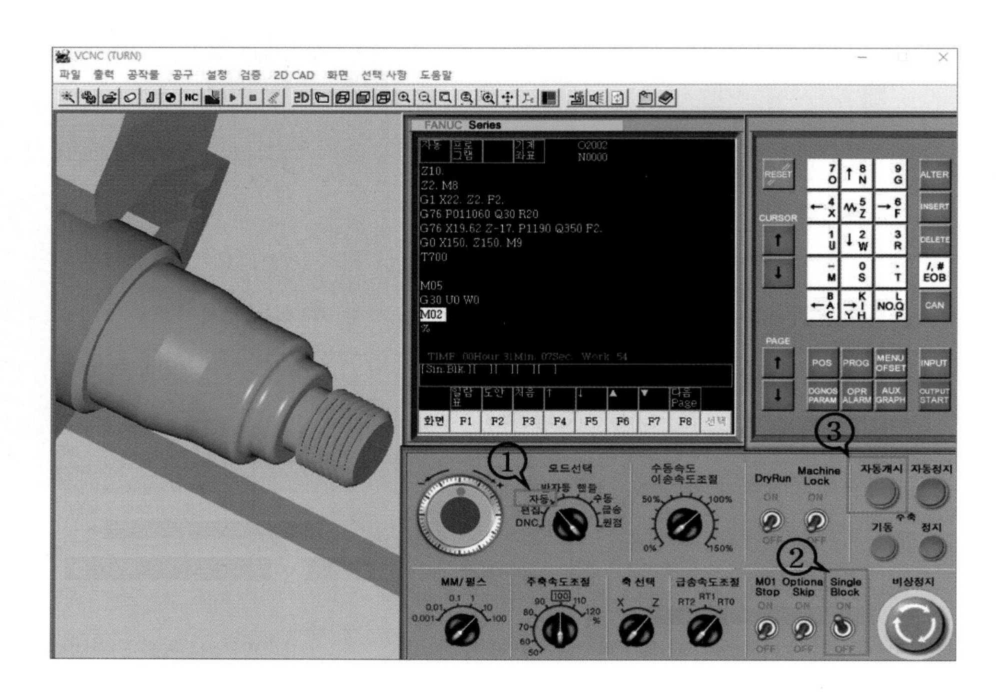

- 아래와 같이 공작물 검사창으로 들어가서 치수 정밀도 설정과 공구 경로를 확인한다.

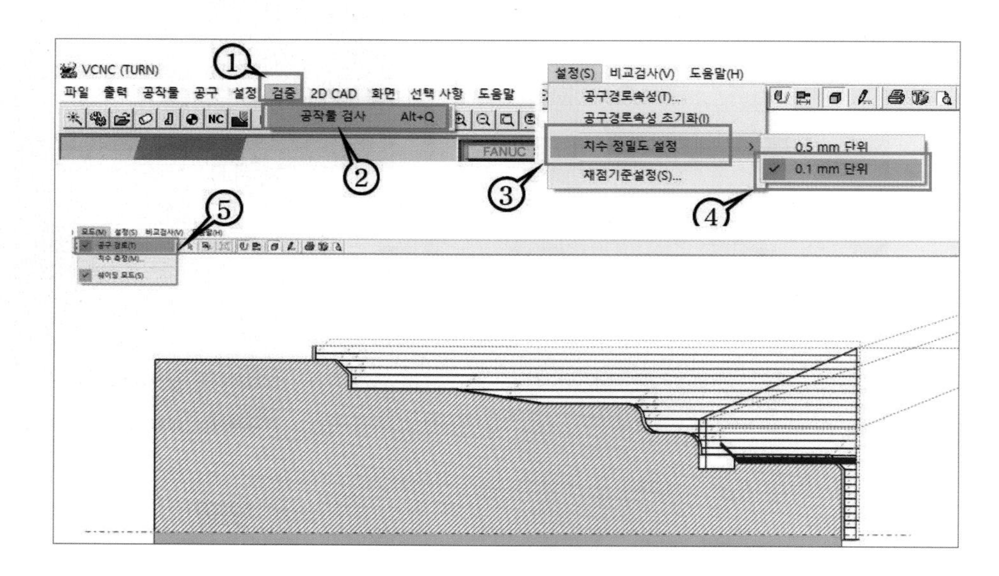

• 공구 경로 확인 후 치수 측정 모드로 변경하여 치수를 확인한다. 치수 확인 결과 ϕ28부의 R1이 R2로 잘못 가공되었다.

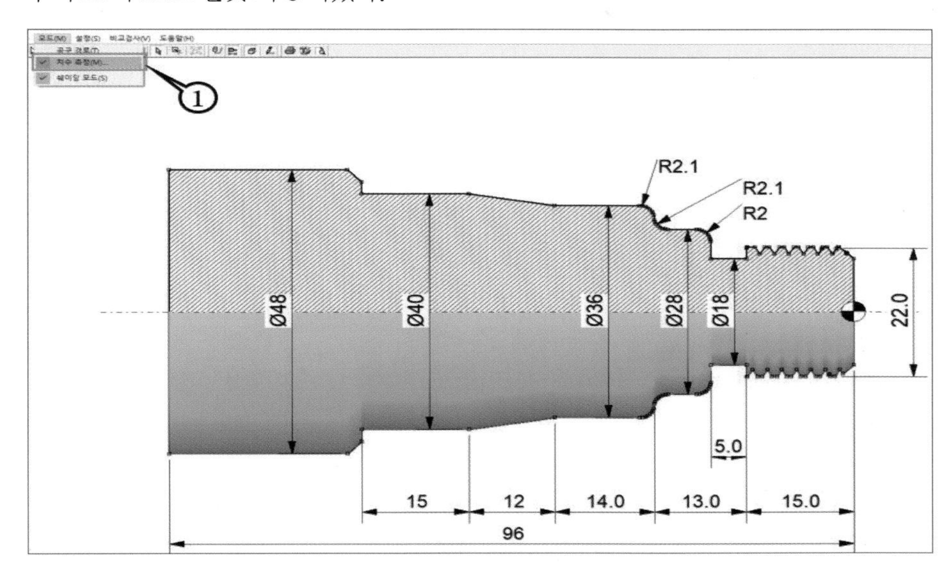

• 따라서 편집 모드(①)에서 X28. R-2.를 X28. R-1.(②)로 수정한 후 저장(③)을 클릭하면 원본 파일의 데이터가 연동하여 수정 및 저장된다.

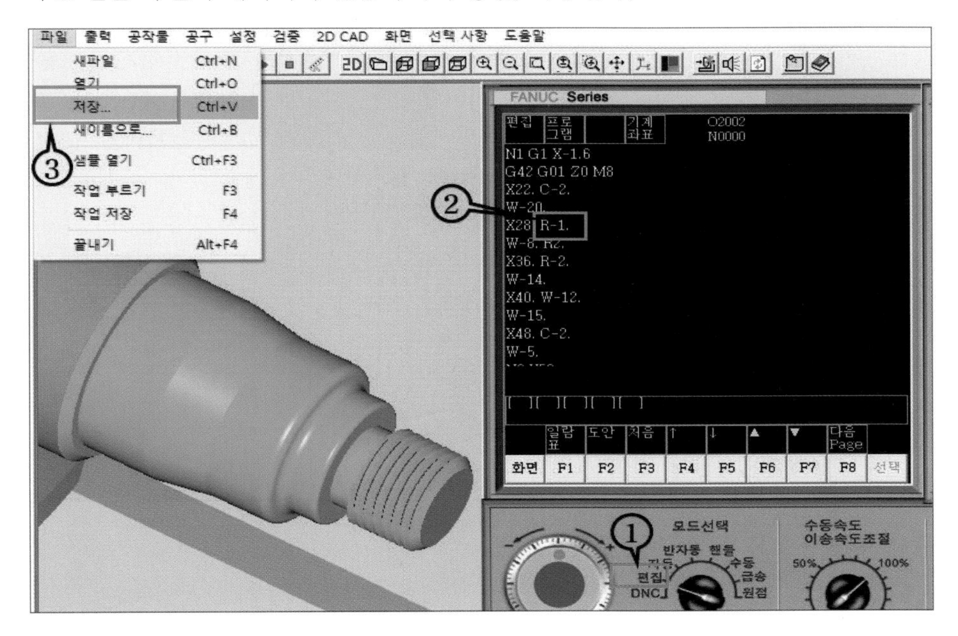

■ CNC 조작 순서 (FANUC 컨트롤러) * 빨간색으로 표시된 부분은 핵심 체크포인트

① P/G 입력	② 공구 보정	③ 세팅 검증
- WIA 장비 ⇒ CNC FILE MANAGER 전원 ON ⇒ USB 메모리 삽입 ⇒ ENT ⇒ 방향키로 입력할 P/G 위치로 커서 이동 ⇒ ENT ⇒ EDIT 모드 선택 ⇒ BG 편집 클릭(필요시) ⇒ 조작, +(필요시) 클릭 ⇒ READ ⇒ 실행 - 두산 장비 ⇒ USB 삽입 ⇒ EDIT 모드 ⇒ PROG 누름 ⇒ 일람 누름 ⇒ 조작 누름 ⇒ 장치 변경 누름 ⇒ USB MEM 누름 ⇒ 파일 입력 누름 ⇒ F NAME 입력 확인 ⇒ 6677 입력 후 O 설정 ⇒ O NO. 입력 확인 ⇒ 실행 누름 ⇒ 장치 변경 누름 ⇒ CNC MEM ⇒ 파일 입력 확인	⇒ MDI 클릭 ⇒ T0100; 입력 ⇒ INSERT 클릭 ⇒ CYCLE START ⇒ G97 S500 M03; 입력 ⇒ CYCLE START ⇒ Z축 이송 버튼 클릭 ⇒ 공작물 Z축 터치 ⇒ OFS/SET 클릭 ⇒ 보정 ⇒형상 클릭 ⇒ 1번 공구 자리 ⇒ Z0. 입력 후 측정 클릭 ⇒ X축 이송 버튼 클릭 ⇒ 공작물 X축 터치 ⇒ OFS/SET 클릭 ⇒ 보정 ⇒형상 클릭 ⇒ 1번 공구 자리 ⇒ X(X값). 입력 후 측정 클릭 (나머지 공구 원점 설정 방법 동일) ⇒ JOG 클릭 ⇒ ZERO RETURN 클릭하여 기계 원점 이동	⇒ 원점 복귀 후 반자동에서 G97 S500 M03 자동 개시 ⇒ G01 X150. Z150. T0101 F3. 자동 개시 ⇒ X50. Z50. 자동 개시 ⇒ Z10. 자동 개시 ⇒ Z0.5 자동 개시하여 확인 ⇒ 3번은 T0303, 5번은 T0505, 7번은 T0707로 공구 보정 확인 ※ 세팅 검증은 자동 운전 시 발생할 수 있는 공구 충돌을 사전에 방지하는 것으로써 반드시 수행해야 함 **④ 자동운전** ⇒ MEMORY 클릭 ⇒ SINGLE BLOCK 설정 ⇒ CYCLE START 누름 ※ 자동운전 중 공구가 움직일 때 FEED HOLD를 누르며 P/G, 공구, 보정번호 및 남은거리 확인 모든 공구가 가공물에 도달하기 전에 한 번씩 FEED HOLD 실행하여 남은 거리 확인하며 안전하게 가공

▣ CNC 조작 순서 (SENTROL 컨트롤러)

* 빨간색으로 표시된 부분은 핵심 체크포인트

① P/G 입력

⇒ USB(외장 메모리) 삽입
⇒ EDIT 모드
⇒ 손가락 모양(F8)
⇒ 일람표(F1)
⇒ USB 복사
⇒ 선택 후 선택 결정

② 가공 원점 세팅

- 스맥장비
  ⇒ Z축 단면 절삭 후 상대좌표 W0 - 보정 – 워크 - MEASUREMENT의 Z 커서 – 0. 엔터
  ⇒ X축 절삭 후 U0 – 측정값 기록 - 보정 – 워크 MEASUREMENT의 X 커서–측정값 엔터

- 통일장비
  ⇒ Z축 단면 절삭 후 상대좌표 W0
  ⇒ X축 절삭 후 U0
  ⇒ X축 직경 측정값 기록해 둘 것.

③ 공구 보정

⇒ 기준 공구 – 반자동 - 화면 – 보정 – X0 엔터, Z0 엔터
⇒ 나머지 공구는 터치만 함.
⇒ 단면 터치(Z축) - 화면 – 보정 – 상대 – w-엔터
⇒ X축 터치 – 화면 – 보정 – 상대 – u-엔터

④ 스맥장비 세팅 검증 및 자동운전

⇒ 원점 복귀 후 반자동 G97 S500 M03 자동 개시
⇒ G01 X150. Z150. T0101 F3. 자동 개시
⇒ X50. Z50. 자동 개시
⇒ Z10. 자동 개시
⇒ Z0.5 자동 개시하여 확인
⇒ 3번은 T0303, 5번은 T0505, 7번은 T0707로 공구 보정 확인

⇒ MEMORY 클릭
⇒ SINGLE BLOCK 설정
⇒ CYCLE START

⑤ 통일장비 세팅 검증 및 자동운전

⇒ 공구와 공작물 충돌을 방지하기 위하여 X축과 Z축을 공작물에서 이격시켜준 뒤
⇒ ZRN을 클릭하여 원점 복귀
⇒ 원점 복귀 후 반자동에서 G50 X(+) 기록값+직경 측정값, Z(+) 기록값 S2000 입력 후 자동 개시
⇒ G97 S500 M03 자동 개시
⇒ G01 X150. Z150. T0101 F3. 자동 개시
⇒ X50. Z50. 자동 개시
⇒ Z10. 자동 개시
⇒ Z0.5 자동 개시하여 확인,
⇒ 3번은 T0303, 5번은 T0505, 7번은 T0707로 공구 보정 확인

<자동 운전>
⇒ EDIT 선택 후 기계 좌표 메모한 값을 G50 뒤에 X+, Z+ 로 좌표값 삽입. (G50 X(+)기록값+직경, Z(+) 기록값 S2000)
⇒ MEMORY 클릭
⇒ SINGLE BLOCK 설정
⇒ CYCLE START

▣ 매뉴얼 프로그래밍 과제 (실기시험 시간은 변경 가능하므로 당해년도 확인 필요)

과제 도면	컴퓨터응용선반기능사	범용 가공	1시간15분	3시간 30분
		NC 프로그래밍	1시간	
		CNC 가공	1시간15분	

1. 요구사항

가. 지급된 재료를 이용하여 부품 ①(축)은 CNC 선반에서, 부품 ②(캡)는 범용 선반에서 가공하여 조립한 후 제출

나. 지급된 도면과 같이 수동으로 NC 프로그램을 작성하고, 저장 매체에 저장 후 제출

다. 기계 가공할 때는 공구 세팅 및 좌표계 설정을 제외하고는 자동 운전으로 조작

라. 척에 고정되는 부분은 핸들 운전(MPG), 반자동, 자동 운전 중에서 선택 가능

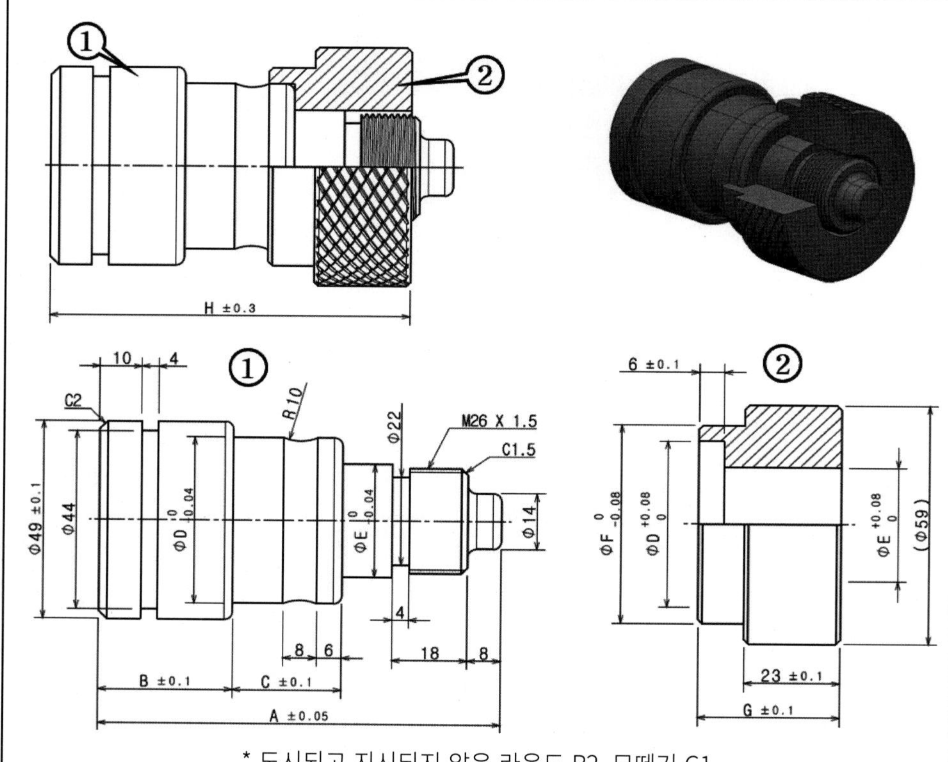

* 도시되고 지시되지 않은 라운드 R2, 모떼기 C1

가공 치수 변화표

비번호	구분	A	B	C	D	E	F	G	H
1, 4, 7	A	96	32	26	41	28	49	34	86
2, 5, 8	B	98	30	30	40	27	50	36	90
3, 6	C	97	31	28	40	26	48	35	88

과제 도면	기계가공기능장	NC 프로그래밍	50분	1시간 50분
		CNC 가공	60분	

1. 요구사항
   가. 지급된 도면과 같이 수동으로 NC 프로그램을 작성하고, 저장 매체에 저장, 제출
   나. 기계 가공할 때는 공구 세팅 및 좌표계 설정을 제외하고는 자동 운전으로 조작
   다. 척에 고정되는 부분은 핸들 운전(MPG), 반자동, 자동 운전 중에서 선택 가능

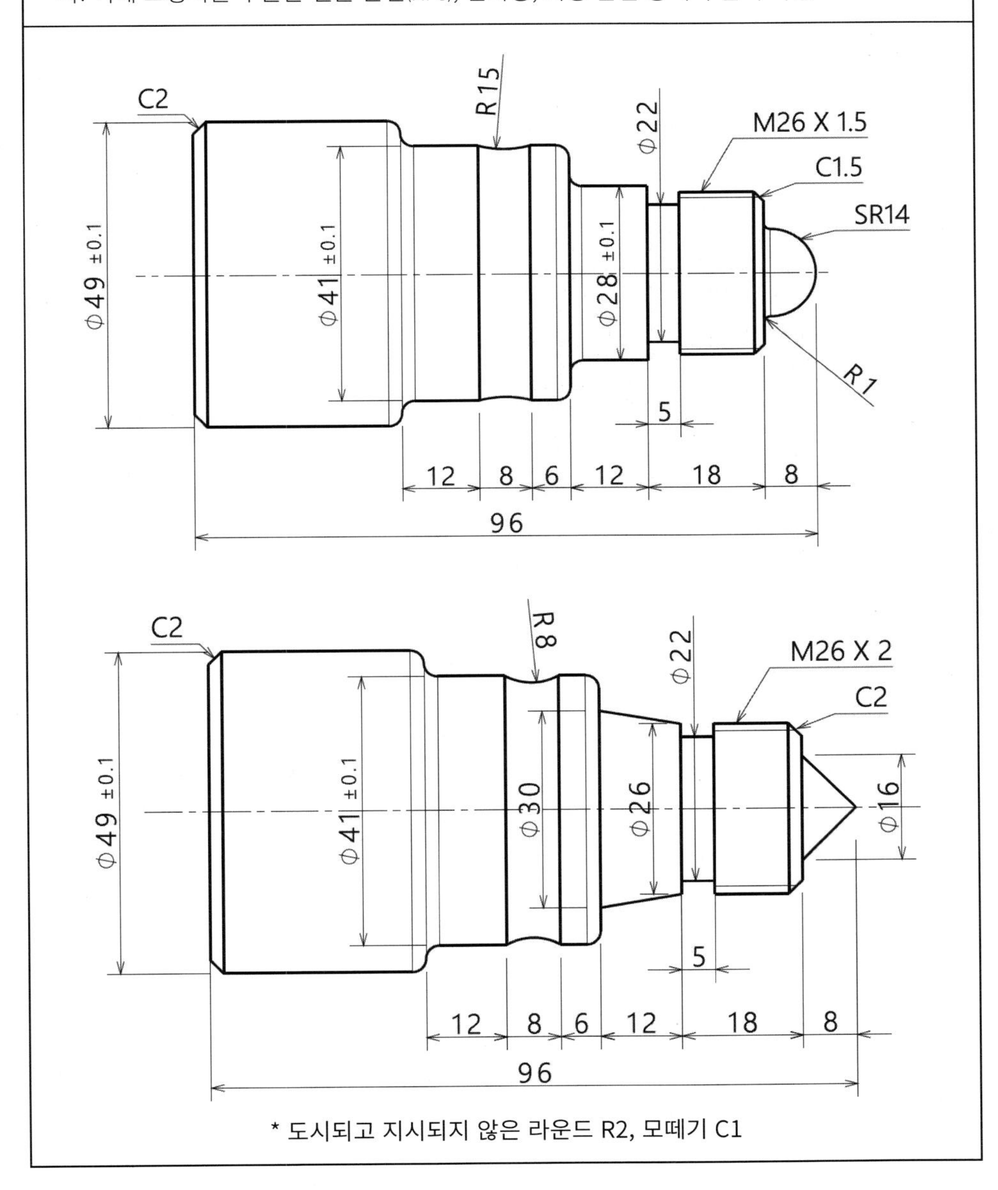

* 도시되고 지시되지 않은 라운드 R2, 모떼기 C1

2) 임펠러 선삭 소재의 CNC 터닝

(1) 임펠러 선삭 소재의 CNC 터닝

과제 도면	임펠러 터닝	범용가공	①	비고
		CNC 가공	②	

1. 요구사항
   가. 지급된 재료를 이용하여 좌측 ①(축)은 범용 선반에서, 우측 ②(임펠러 선삭 형상)는 CNC 선반에서 가공

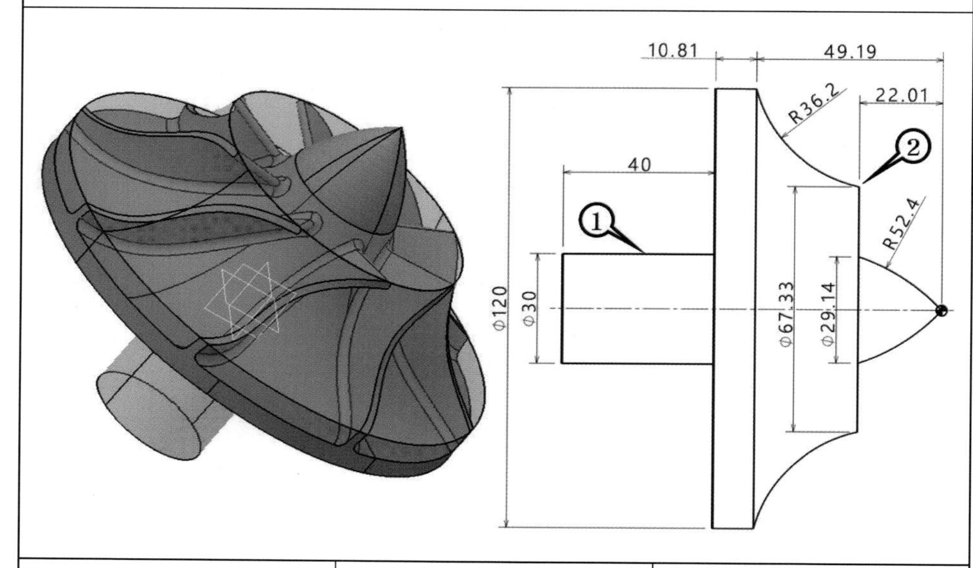

%	G71 U1.5 R1.5 F0.2	T0100
O2120	G71 P1 Q2 U0.4 W0.2	T0300
G50 S2000	N1 G01 X-1.6 M8	G96 S150 M03
T0100	Z0	G00 X150. Z150. T0303
G96 S160 M03	X0	X124.
G00 X150. Z150. T0101	G03 X29.14 Z-22.01 R52.4	Z50.
X124.	G01 X67.33	Z2.
Z50.	G02 X120. Z-49.19 R36.2	G70 P1 Q2 F0.1
Z2.	G01 W-13.	G00 X150. Z150. M09
	N2 X124. M9	M02
	G00 X150. Z150.	%

(2) V-CNC를 이용한 모의 가공

- 아래의 순서대로 ϕ120~100L 공작물을 생성하고 모의 가공한 후 공구 경로와 치수검사를 수행한다.

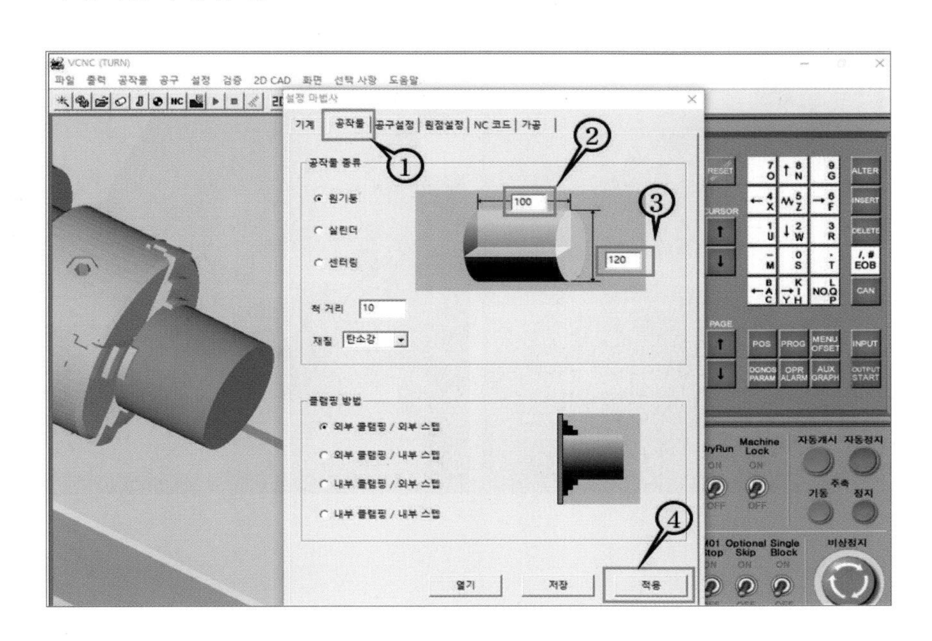

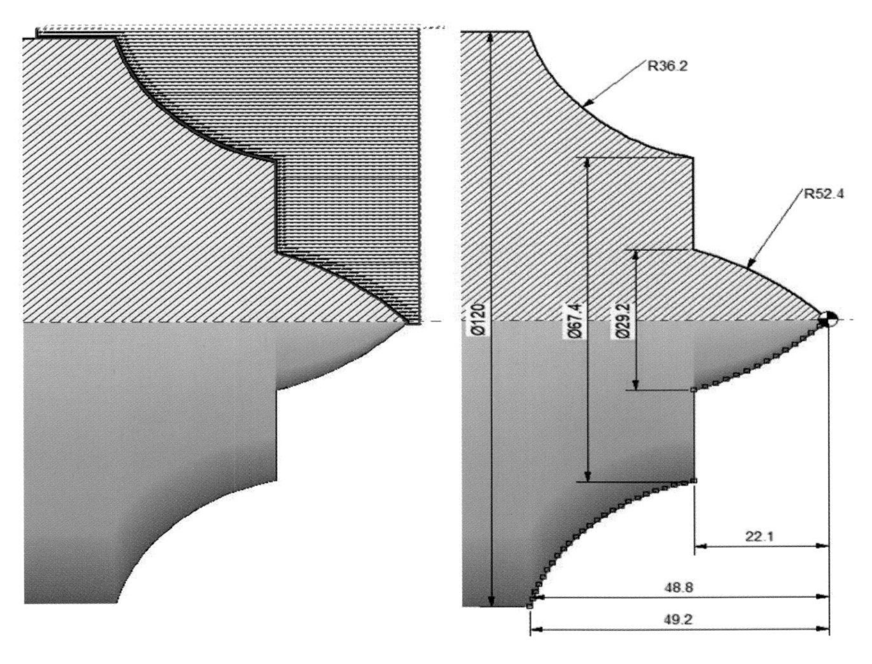

(3) CNC 절삭 가공

- 아래 사진과 같이 좌측은 범용 선반으로 작업하고 우측은 매뉴얼 프로그램을 사용하여 임펠러 선삭 소재를 위한 CNC 가공을 수행한다.

- 아래와 같이 다양한 과제를 수행함으로써 CNC P/G의 오류를 줄이고 가공 실무 능력을 향상한다. V-CNC에서 검증하지 못하는 다양한 에러를 CNC 가공으로 직접 경험해야 실기 시험이나 산업 현장 실무에서 당황하지 않고 문제 해결 능력을 키울 수 있을 것이다.

3.1.2 CAM 프로그래밍 (CNC 선삭 CAM 실무)

1) 매뉴얼 P/G 도면의 CNC 선삭 CAM

(1) 매뉴얼 P/G 도면의 CNC 선삭을 위한 CAM P/G 작성

- 아래의 매뉴얼 P/G 도면에 대한 공정, 공구, 절삭 조건과 동일하게 CAM P/G을 작성하여 상호 비교한다.

예제 도면	매뉴얼 P/G 도면	NC 프로그래밍	60분	2시간
		CNC 가공	60분	

1. 요구사항
   가. 매뉴얼 P/G 도면의 모든 조건과 동일하게 CAM P/G을 수행하여 NC 데이터 생성

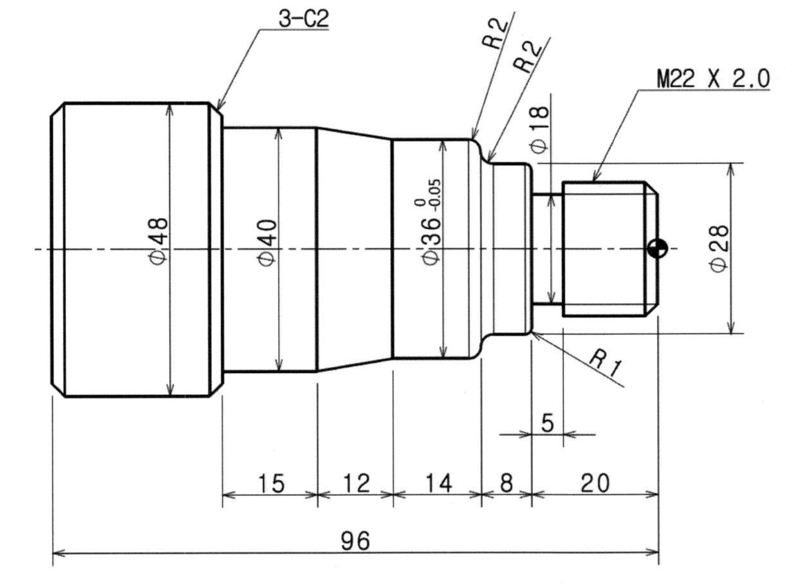

No.	공정	공구	공구 번호	보정 번호	회전수 N (RPM)	이송속도 F (mm/rev)
1	외경 황삭	CNMG(80°), R0.8	T0100	T0101	G96 S180	F0.2
2	외경 정삭	DNMG(55°), R0.4	T0300	T0303		F0.1
3	홈 가공	폭4mm	T0500	T0505	G97 S500	F0.1
4	외경 나사	Pitch, 2mm	T0700	T0707		F2.0
5	좌측 면취	면취바이트(90°)	T0900	좌측면취에 사용		

(a) 기본 환경 세팅

- 예제 도면과 같이 간단한 예제의 경우 자동 CAM 프로그램 보다 매뉴얼로 작성하는 것이 유리하다. 그러나 임펠러, 프로펠러 등 단면 형상이 직선과 원호로만 구성되지 않고 스플라인을 비롯한 자유곡선 형상이거나 매뉴얼로 작성하기 불편하고 복잡한 경우나, 자동화 등의 필요성 때문에 CAM 프로그램 기술의 중요성이 커지고 있다. 본 절에서는 매뉴얼 프로그램 수행을 통하여 익히 파악하고 있는 예제를 사용하여 CAM 프로그램을 작성함으로써 상호 장단점과 기술적 이해를 높이고자 한다.

  ※ NX CAM에 대한 교재 내용은 영어 버전을 기본으로 하며 부분적으로 이해를 돕기 위해 한글 버전을 사용하였음.

- 직접 도면을 모델링하거나 완성된 모델링(EX01_2X)를 import(가져오기) 한다.

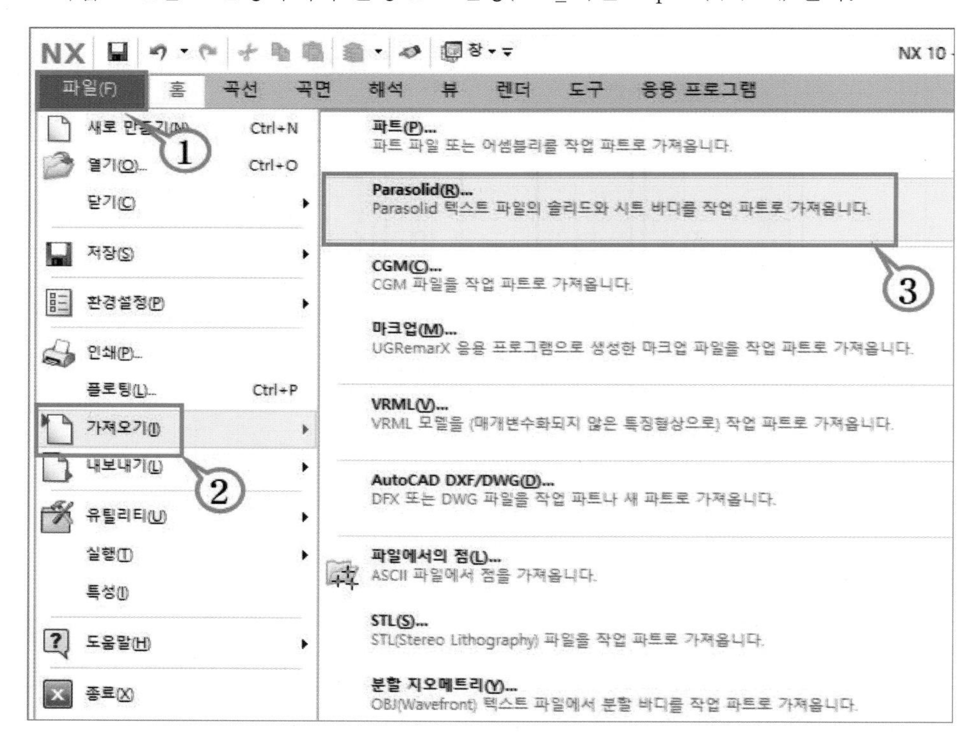

- 공작물 형상 및 초기 소재를 확인하고 Manufacturing 모드로 전환한다.

(※ 가급적 모델링 원점은 가공 원점과 일치하도록 모델링해주는 것이 좋다. CAM 모드에서 별도의 공작물 좌표계 원점을 지정할 수 있지만 모델링 원점과 가공 원점이 다르게 되면 본인도 모르는 사이에 불량을 발생시킬 수 있음을 주의하자)

– NX8.5 : Menu → Start → Manufacturing (Ctrl + Alt + M)

– NX10.0 : Menu → Application → Manufacturing (Ctrl + Alt + M)

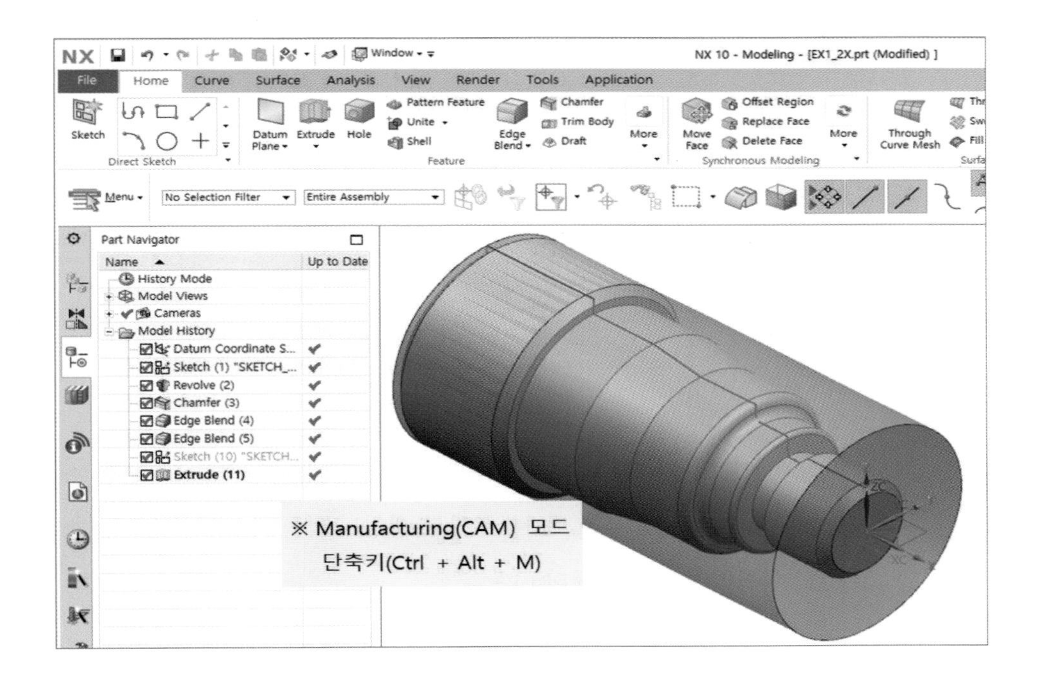

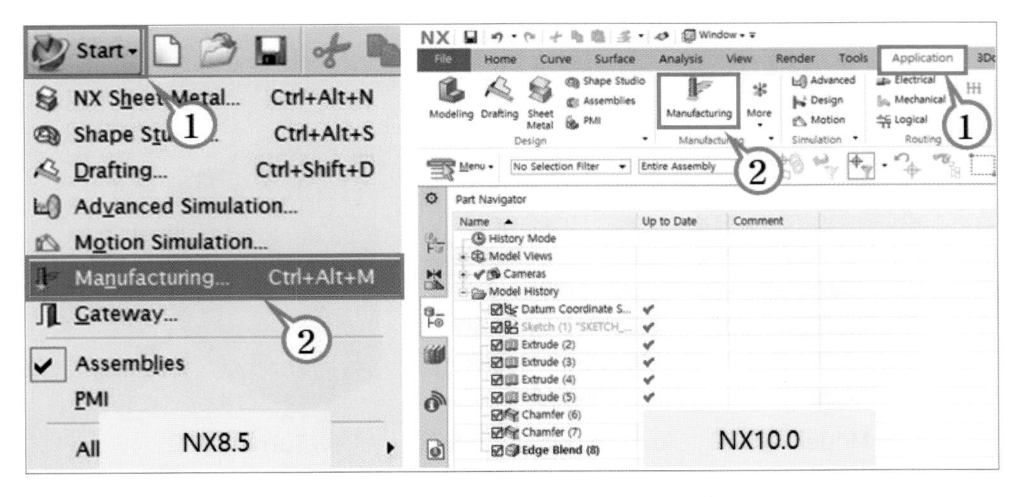

– Manufacturing 모드에서 선삭 가공을 위한 본 환경 설정 진행 ③ Cam general → ④ turning ⑤ OK (아래의 설정은 필요에 따라 언제든지 수정 가능함)

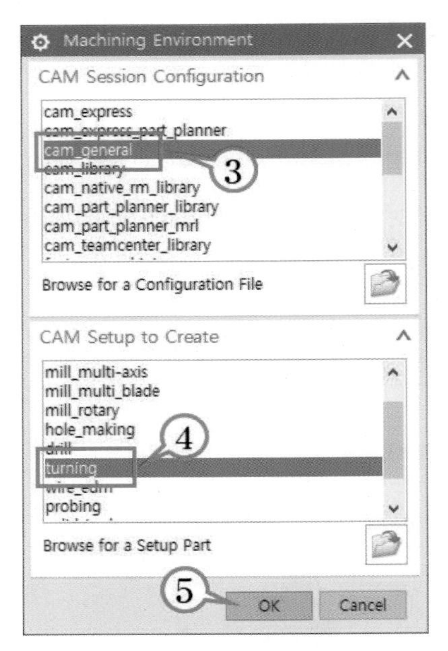

- Manufacturing 모드를 실행하면 모델링 데이텀 원점에 XM, YM, ZM의 공작물 좌표계 원점(MCS, Machine Coordinat System)이 추가로 생성된 것을 확인할 수 있다. 선삭 가공 시는 Z0. 지점이 되도록 모델링한다.

(참고 (b) Manufacturing 모드를 실행하면 (a) Modeling 축 방향에 맞춰 공작물 좌표계가 생성되지만 터닝 툴패스를 작성하면 (c) 선반 가공 축에 맞추어 좌표계 변함.)

(별도에 지정이 없다면 모델링 원점에 자동으로 MCS 생성)

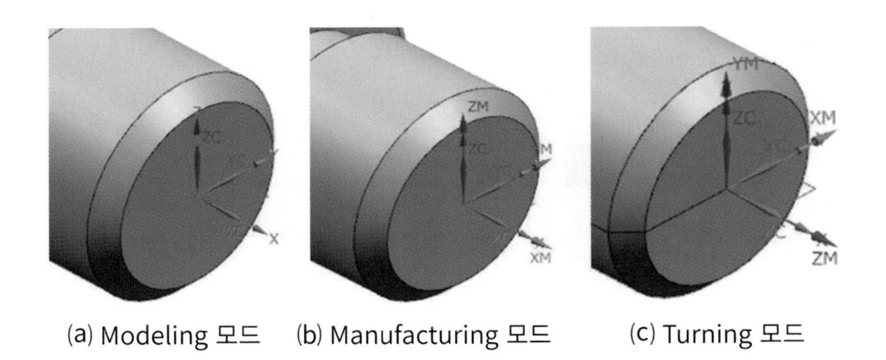

(a) Modeling 모드 (b) Manufacturing 모드 (c) Turning 모드

• Manufacturing 모드에서 주로 사용하게 될 툴바 "Insert", "Navigator" 툴바 위치를 확인한다. NX 8.5 버전인 경우 작업 영역 편한 위치에 배치한다.

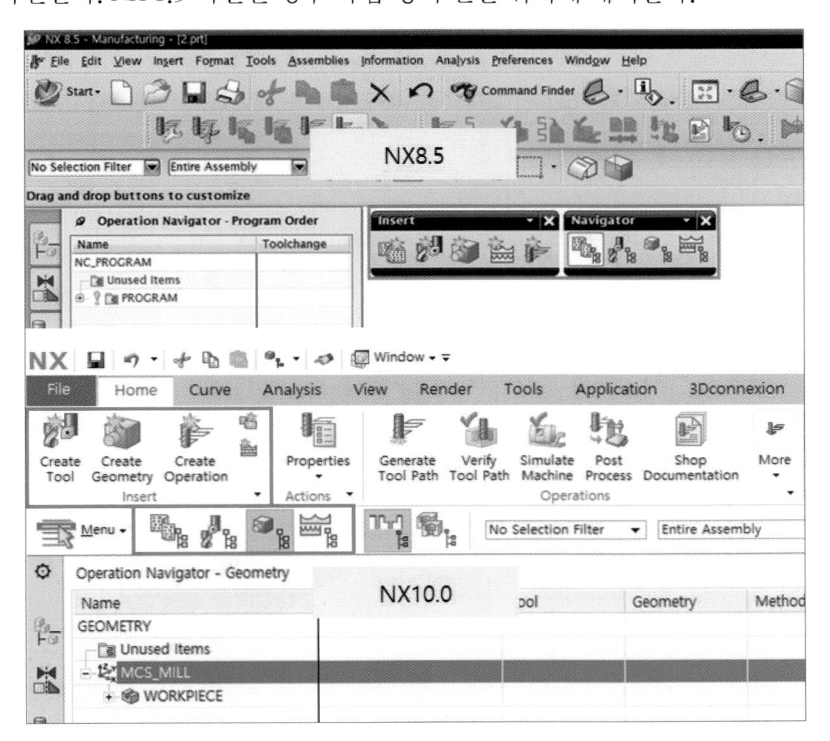

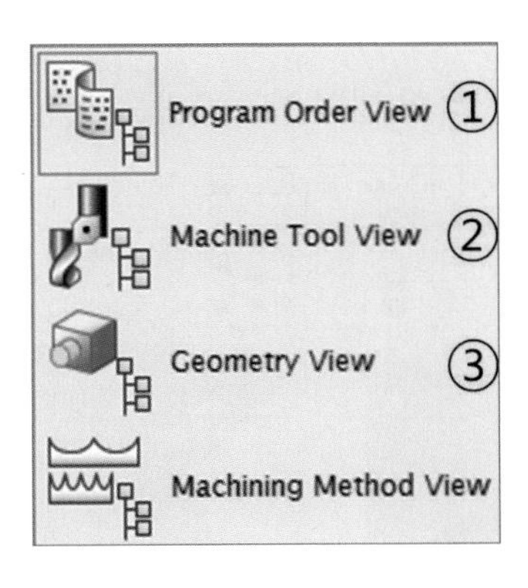

① Program Order View (*주 작업뷰로 활용)
오퍼레이션을 가공 순서대로 보여준다.

② Machine Tool View
사용하는 공구 목록 기준으로 보여준다.
(오퍼레이션 순서는 가공 순서와 무관)

③ Geometry View
Stock(소재) 및 가공 형상, 원점 등을 설정한다.
(오퍼레이션 순서는 가공 순서와 무관)

• Manufacturing 애플리케이션으로 들어가면 가장 먼저 공작물 좌표계(MCS) 설정 및 소재, 가공 형상 등을 정의하기 위하여 내비게이터의 뷰 상태를 지오메트리 뷰 상태로 변경한다. 지오메트리 뷰 변경 방법은 ① 내비게이터 툴바의 지오메트리 뷰를 클릭 or ② 내비게이터 빈 화면에 마우스 우측 버튼(MB3)을 클릭하여 지오메트리 뷰를 클릭하는 방법이 있다.

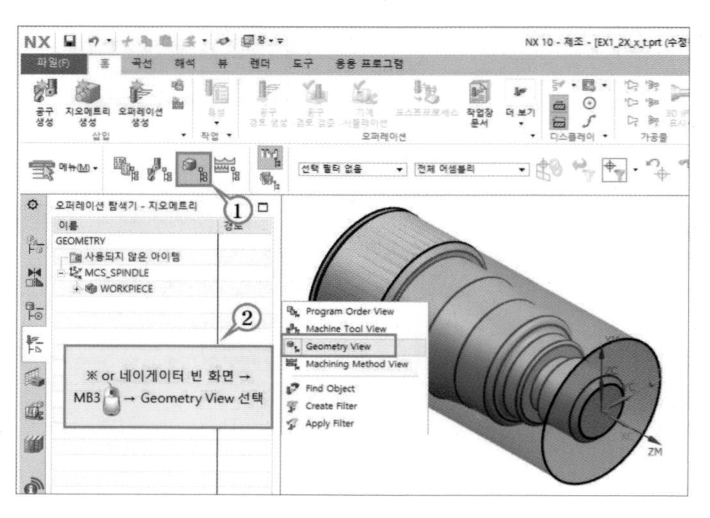

• WORKPIECE를 더블 클릭하여 가공할 형상인 파트와 초기 소재인 블랭크를 구별하기 위하여 ① 블랭크를 선택하여 ② Ctrl+B를 클릭하여 뒷면으로 보내준다.

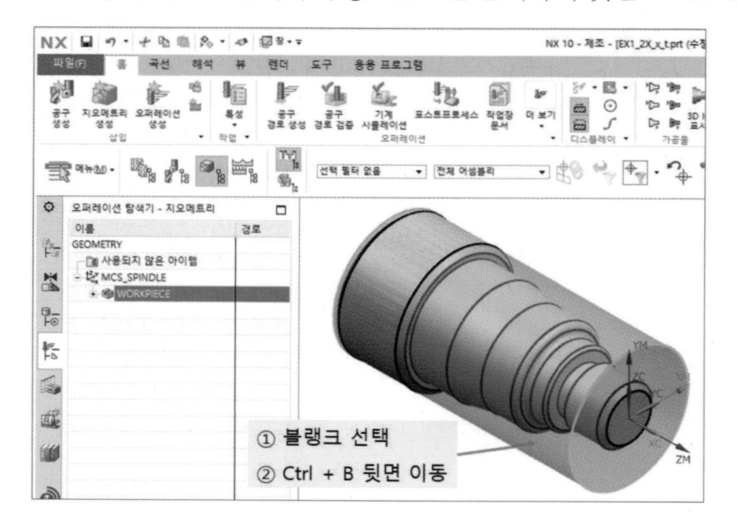

- 블랭크는 뒷면으로 이동하여 앞면에는 가공 파트 형상만이 남음을 확인한다.

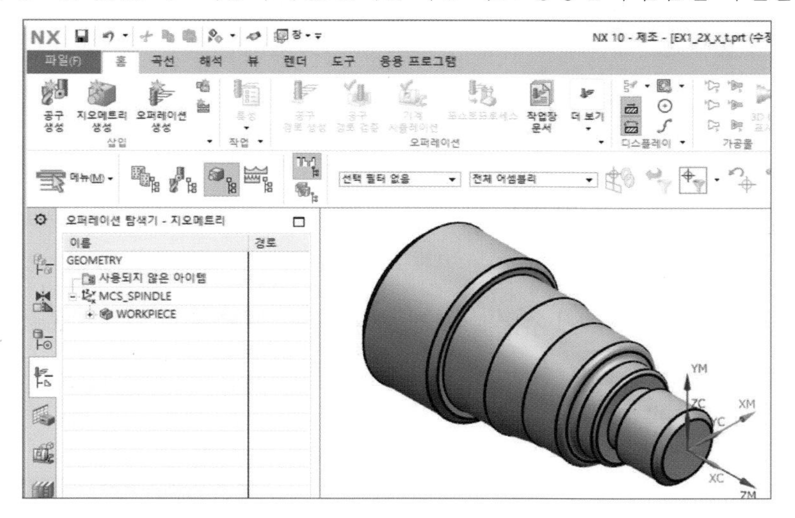

- 블랭크를 확인하고자 할 경우 Shift + Ctrl + B를 클릭하여 뒷면을 확인한다. 확인을 완료하였으면 다시 Shift + Ctrl + B를 클릭하여 앞면을 보도록 한다.

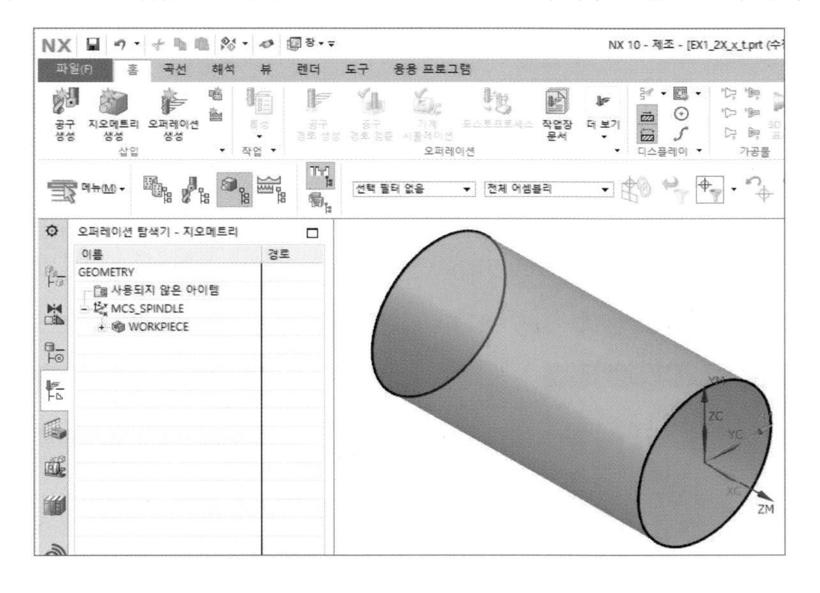

※ NX에는 총 256개의 Layer가 존재하며 각각의 Layer는 또다시 앞면과 뒷면이 존재하여 Layer 관리를 통하여 모델링 및 커브, 스케치 등을 구분하여 관리할 수 있다.

- 지오메트리 뷰에서는 가장 먼저 공작물 좌표계 원점을 지정한다. 본 예제에서는 WCS와 MCS가 같기 때문에 WCS 위치에 자동으로 생성된 MCS를 그대로 사용한다.
  3축 이하의 가공에서는 모델링에서 사용한 WCS와 Manufacturing에서 사용할 MCS를 일치시키는 것을 권장한다. 물론, 5면/5축 가공 시에는 Set up을 변경하는 작업 방식으로 다양한 MCS도 사용하기도 한다. MCS 설정 방법은 2.5X, 5X 예제를 참고하기 바란다.

- 지오메트리 뷰상태에서 가공 Data 작성에 활용할 모델링 및 블랭크(소재)에 대한 정의를 진행하기 위하여 ① WORKPIECE를 더블 클릭 → ② Specify Part(파트지정) → ③ 파트 모델 선택 ④ OK

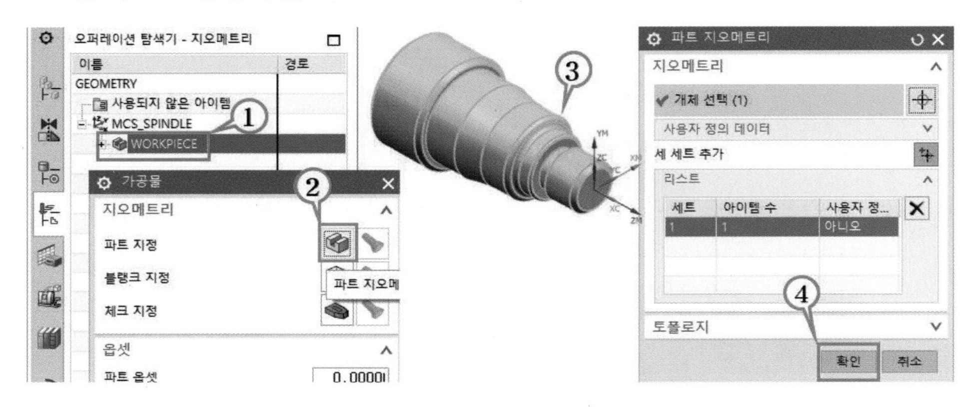

- 가공 소재 정의 : ① Specify Blank 클릭 → ② "Shift" + "Ctrl" + "B" 클릭하여 뒷면에 있는 블랭크 선택 → ③ OK(확인) → ④ "Shift" + "Ctrl" + "B" 앞면 보기

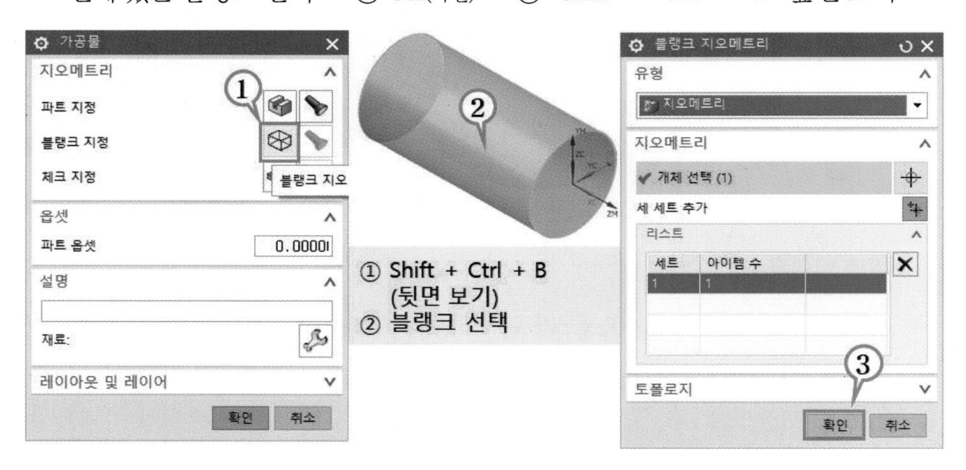

• 파트 및 블랭크 설정을 완료하면 비활성화되어 있던 디스플레이가 활성화됨을 확인할 수 있다.

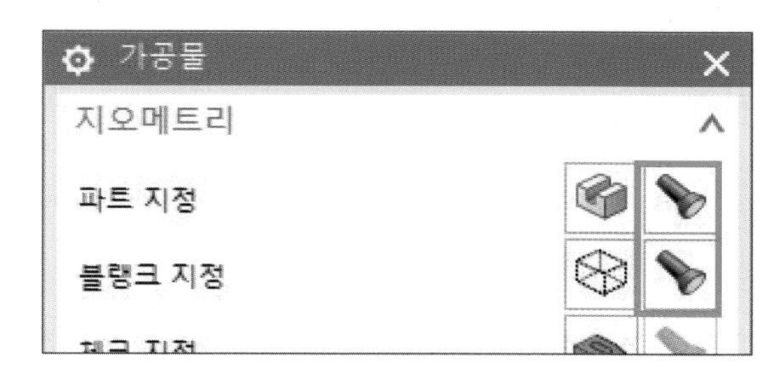

• Avoidance 생성을 위해 ① WORKPIECE를 클릭하고 → ② Insert(삽입) → ③ Geometry(지오메트리) → ④ AVOIDANCE → ⑤ OK(확인)을 클릭한다.

※ Avoidance를 지정해두면 모든 오퍼레이션에 대하여 동일한 진입/후퇴 지점을 이용하여 공구가 동작하게 된다.

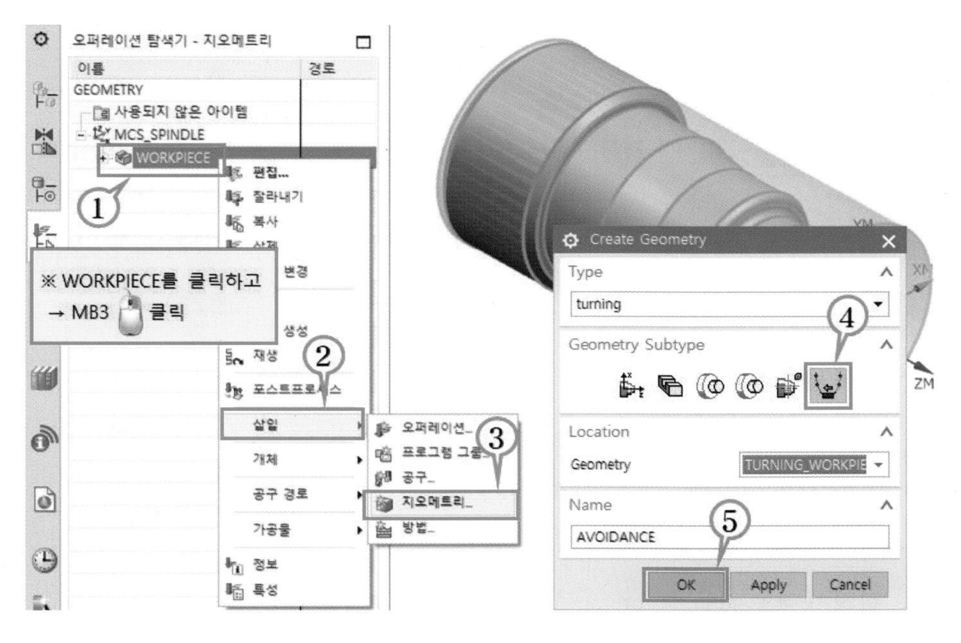

• Avoidance를 통해 다음과 같은 내용의 정의가 가능하다.

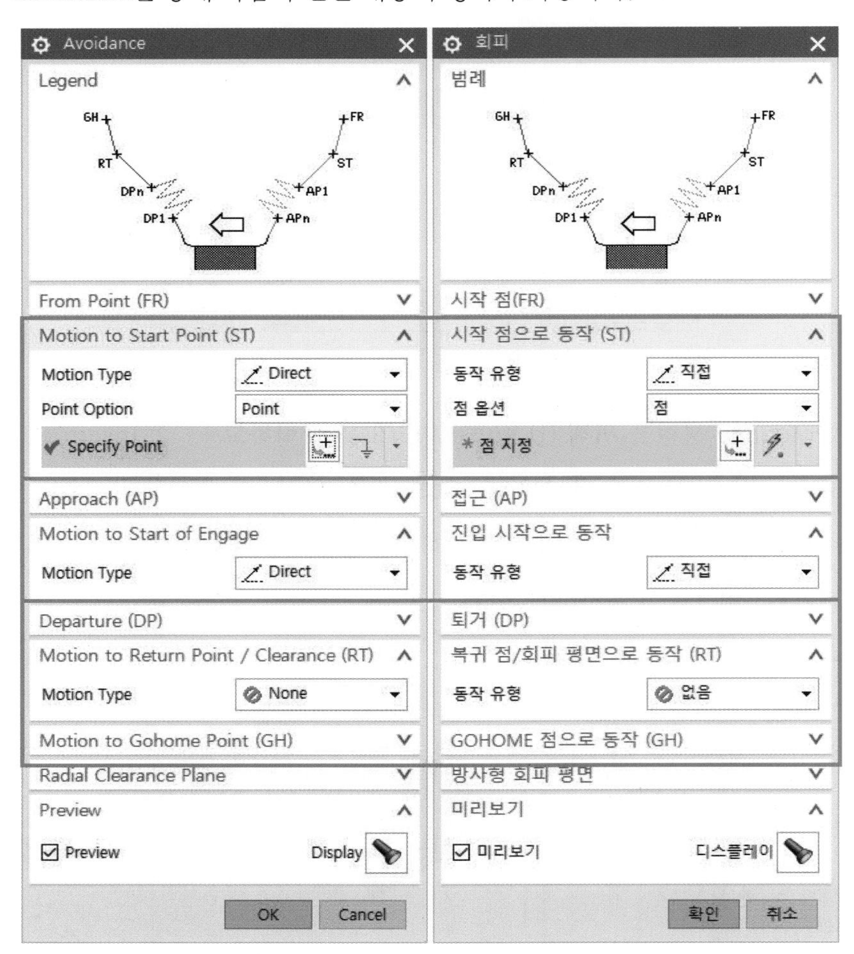

– Motion to Start Point (ST)

시작점 위치 및 시작점으로의 공구 이동 모션 설정

– Approach(AP) , Motion to Start of Engage

가공 진입 모션 정의 및 시작점에서 진입까지 급속으로 접근하는 위치 지정

설정이 따로 없을 시 Engage는 이송 Feed , Approach 는 급속 이속 적용

– Departure(DP) , Motion to Return Point/ Clearance (RT)

가공 진출 모션 정의 및 공구 후퇴 위치 지정

설정이 따로 없을 시 Retract는 이송 Feed , Departure 는 급속 이속 적용

※ Engage(Lead in) : 공구 진입 / Retract (Lead Out): 공구 진출

• Avoidance의 Motion to Start Point (ST)를 설정한다.

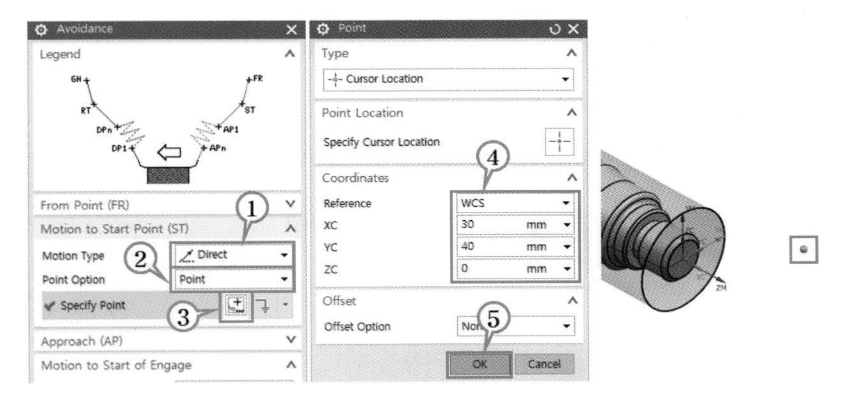

• Avoidance의 Motion to Return Point/ Clearance (RT)를 설정한다.

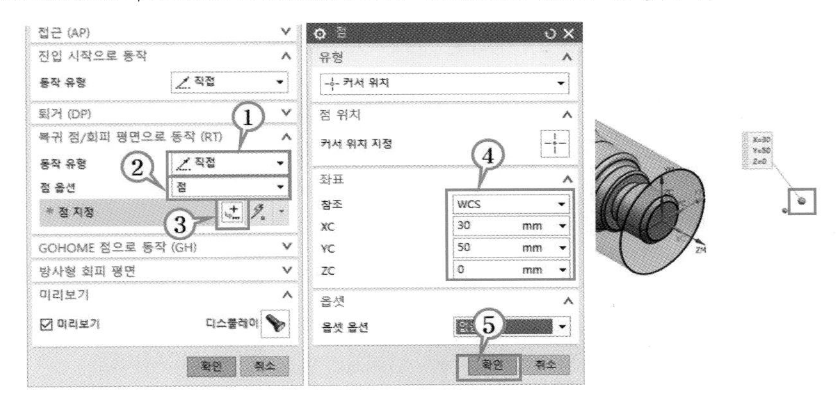

• Avoidance의 Motion to Gohome Point (GH)를 설정한다.

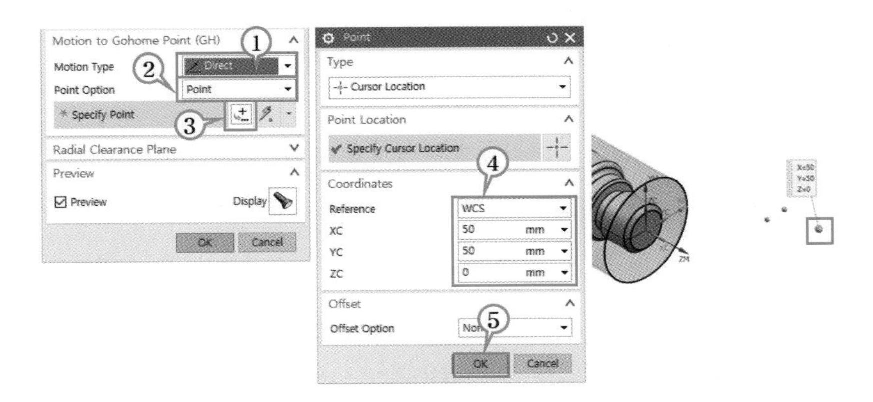

- Avoidance의 Motion to Gohome Point (GH)를 설정한다.
- Avoidance에 대한 기본적인 설정을 완료 하고 ③ OK(확인)을 클릭한다.

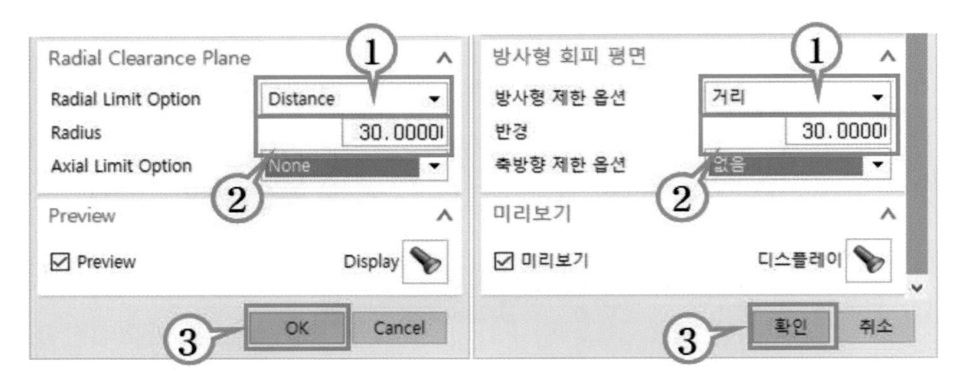

- 지오메트리 뷰의 WORKPIECE 하단에 AVOIDANCE가 생성됨을 확인한다.

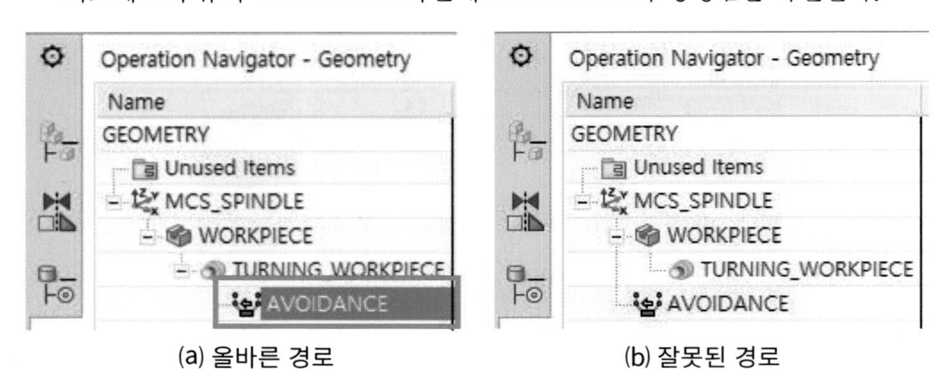

(a) 올바른 경로 (b) 잘못된 경로

※ (b)와 같은 경로로 AVOIDANCE 경로 생성 시 AVOIDANCE를 클릭하고 TURNING WORKPIECE 하단에 드래그하여 위치시킨다.

- 지오메트리 뷰에 대한 설정을 완료하고 공구를 생성하도록 한다.

  내비게이터의 뷰를 ① Machine Tool View(기계 공구 뷰) 상태로 전환 → ② Create Tool(공구 생성)을 클릭 → ③ Turing(선삭) ④ 외경 황삭 공구 선택 → 공구 이름을 ⑤ T0100_CNMG_80_L_0.8R 입력 → ⑥ OK(확인) → 생성된 공구의 ⑦ Tool 탭에서 ⑧ Tool의 세부 사양을 입력 후 ⑨ Holder(홀더) 탭으로 이동하여 ⑩ Use Turn Holder(회전 홀더 사용)을 체크 → ⑪ OK(확인) → ⑫ 공구 생성 확인

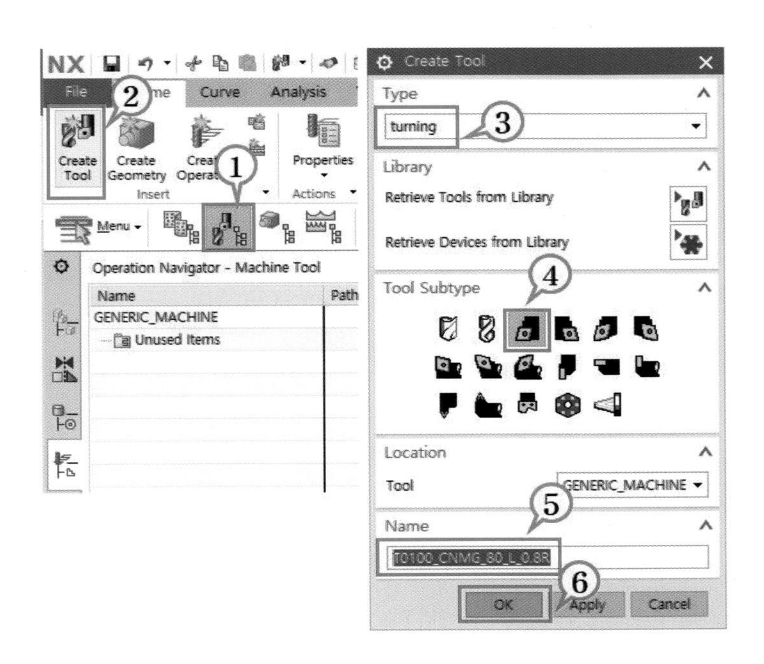
NX
File
Curve
Analysis
Create Tool
Create Geometry
Properties
Insert
Actions
Menu
Operation Navigator - Machine Tool
Name
Path
GENERIC_MACHINE
Unused Items
Create Tool
Type
turning
Library
Retrieve Tools from Library
Retrieve Devices from Library
Tool Subtype
Location
Tool
GENERIC_MACHINE
Name
T0100_CNMG_80_L_0.8R
OK
Apply
Cancel
1
2
3
4
5
6

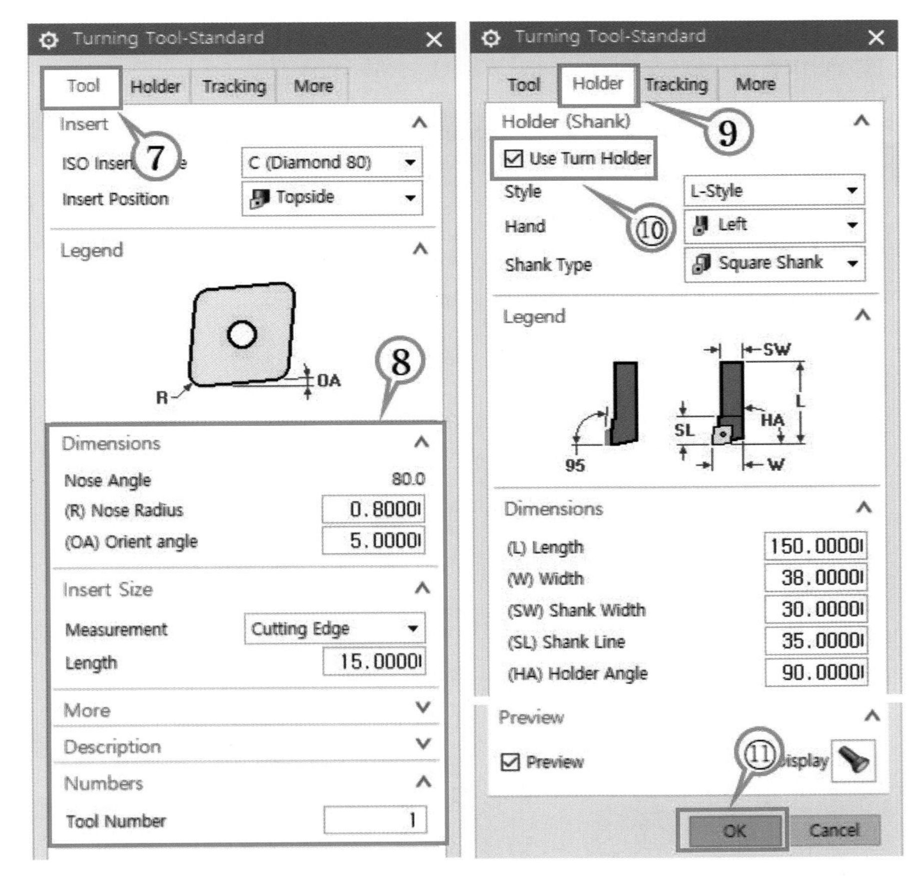
Turning Tool-Standard
Tool
Holder
Tracking
More
Insert
ISO Insert Shape
C (Diamond 80)
Insert Position
Topside
Legend
R
OA
Dimensions
Nose Angle 80.0
(R) Nose Radius 0.8000
(OA) Orient angle 5.0000
Insert Size
Measurement
Cutting Edge
Length 15.0000
More
Description
Numbers
Tool Number 1
7
8
Holder (Shank)
Use Turn Holder
Style
L-Style
Hand
Left
Shank Type
Square Shank
SW
L
HA
SL
W
95
(L) Length 150.0000
(W) Width 38.0000
(SW) Shank Width 30.0000
(SL) Shank Line 35.0000
(HA) Holder Angle 90.0000
Preview
Display
OK
Cancel
9
10
11

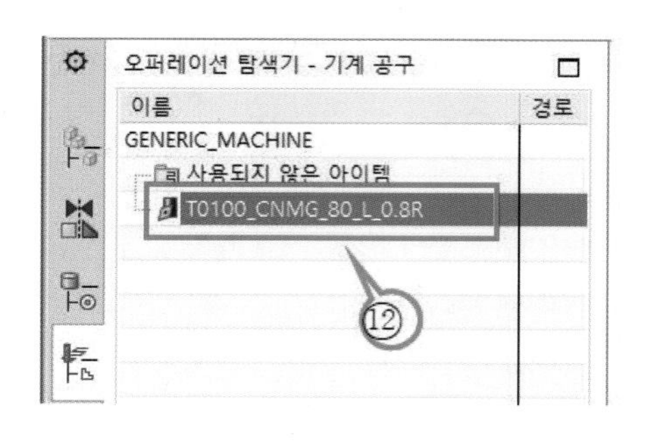

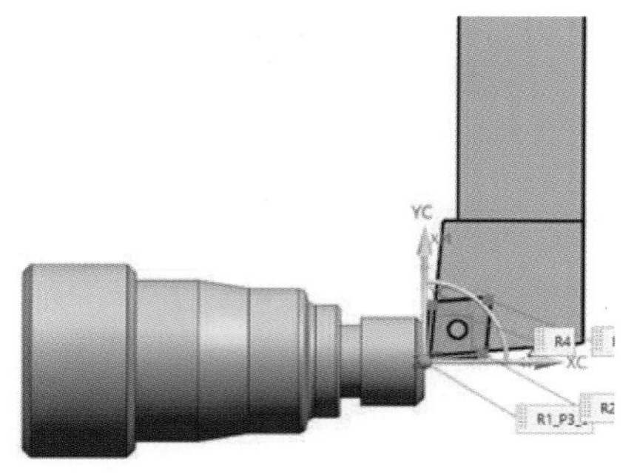

- 같은 방법으로 외경 정삭용 공구를 생성한다.

  내비게이터의 뷰를 Machine Tool View(기계 공구 뷰) 상태에서 → ① Create Tool(공구 생성)을 클릭 → ② Turing(선삭) ③ 외경 정삭 공구 선택 → 공구 이름을 ④ T0300_DMMG_55_L_0.4R 입력 후 → ⑤ OK(확인) → 생성된 공구의 ⑥ Tool 탭에서 ⑦ Tool의 세부 사양을 입력 후 ⑧ Holder(홀더) 탭으로 이동하여 ⑨ Use Turn Holder(회전 홀더 사용)을 체크 → ⑩ OK(확인) → ⑪ 공구 생성 확인

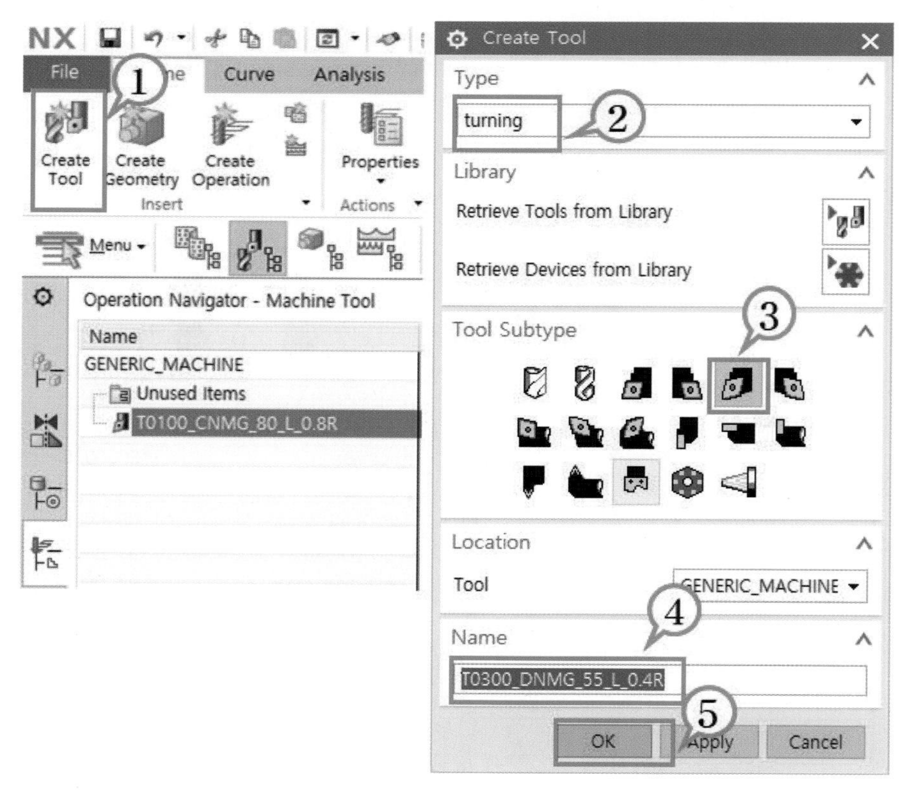

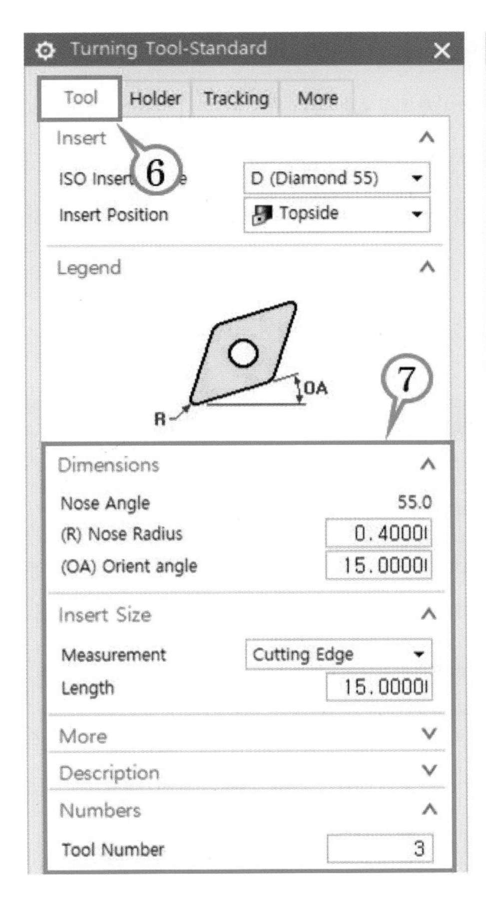
Turning Tool-Standard
Tool
Holder
Tracking
More
Insert
ISO Insert
6
Insert Position
D (Diamond 55)
Topside
Legend
OA
R
7
Dimensions
Nose Angle
55.0
(R) Nose Radius
0.4000
(OA) Orient angle
15.0000
Insert Size
Measurement
Cutting Edge
Length
15.0000
More
Description
Numbers
Tool Number
3

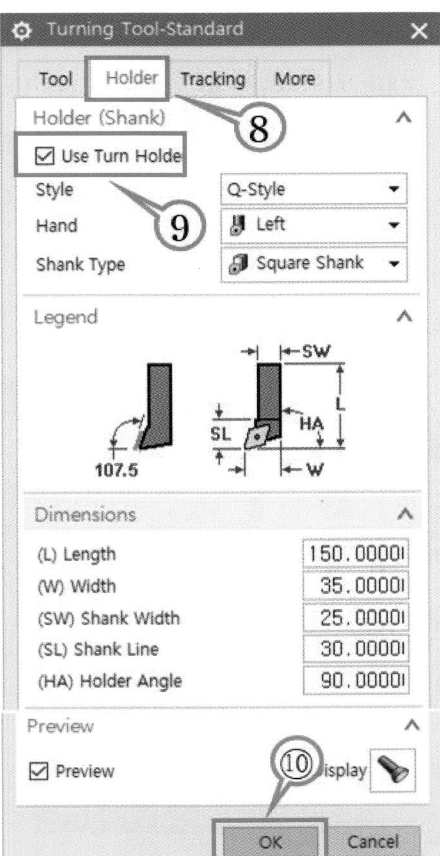
Turning Tool-Standard
Tool
Holder
Tracking
More
Holder (Shank)
8
Use Turn Holde
Style
Q-Style
Hand
9
Left
Shank Type
Square Shank
Legend
SW
L
SL
HA
107.5
W
Dimensions
(L) Length
150.0000
(W) Width
35.0000
(SW) Shank Width
25.0000
(SL) Shank Line
30.0000
(HA) Holder Angle
90.0000
Preview
Preview
10
isplay
OK
Cancel

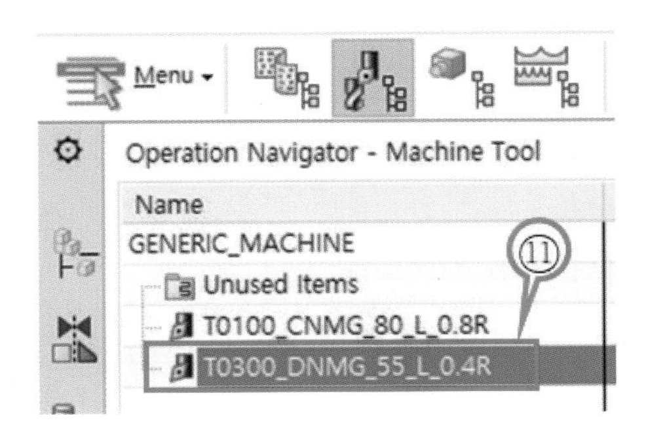
Menu
Operation Navigator - Machine Tool
Name
GENERIC_MACHINE
11
Unused Items
T0100_CNMG_80_L_0.8R
T0300_DNMG_55_L_0.4R

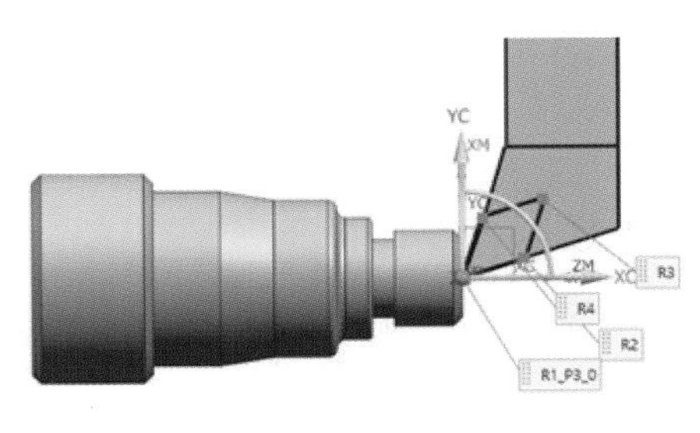

• 같은 방법으로 홈 가공 공구를 생성한다.

내비게이터의 뷰를 Machine Tool View(기계 공구 뷰) 상태에서 → ① Create Tool(공구 생성)을 클릭 → ② Turing(선삭) ③ 홈 가공 공구 선택 → 공구 이름을 ④ T0500_GROOVE__L_4mm 입력 후 → ⑤ OK(확인) → 생성된 공구의 ⑥ Tool 탭에서 ⑦ Tool의 세부 사양을 입력 후 ⑧ Holder(홀더) 탭으로 이동하여 ⑨ Use Turn Holder(회전 홀더 사용)을 체크 → ⑩ OK(확인) → ⑪ 공구 생성 확인

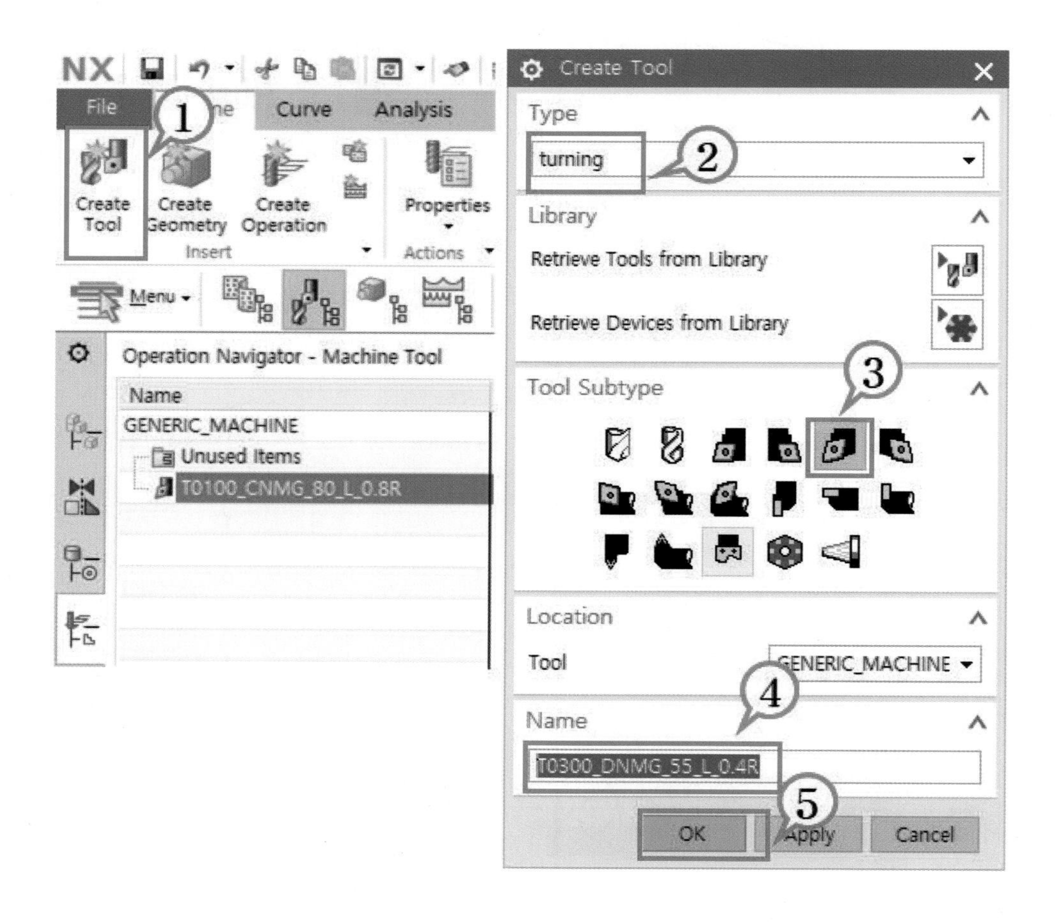

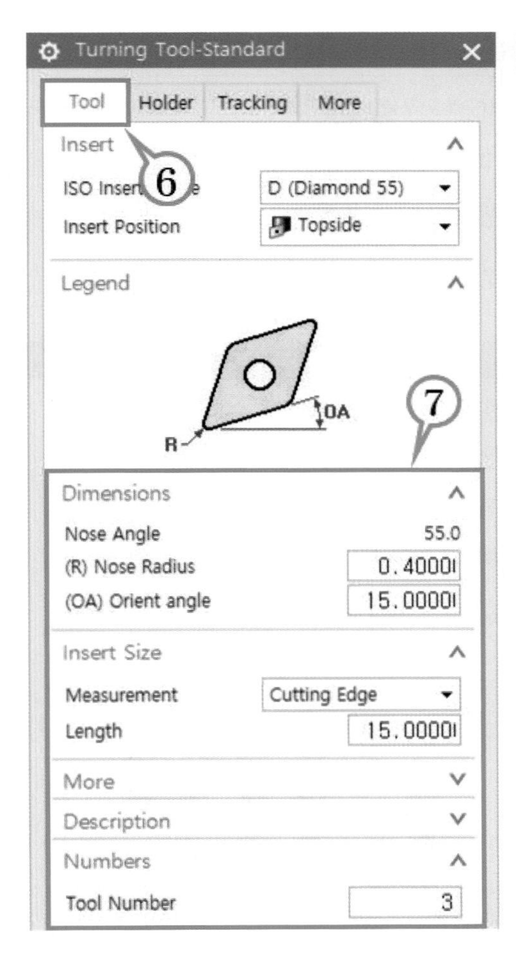
Turning Tool-Standard
Tool
Holder
Tracking
More
Insert
ISO Insert
D (Diamond 55)
Insert Position
Topside
Legend
OA
R
Dimensions
Nose Angle
55.0
(R) Nose Radius
0.4000
(OA) Orient angle
15.0000
Insert Size
Measurement
Cutting Edge
Length
15.0000
More
Description
Numbers
Tool Number
3

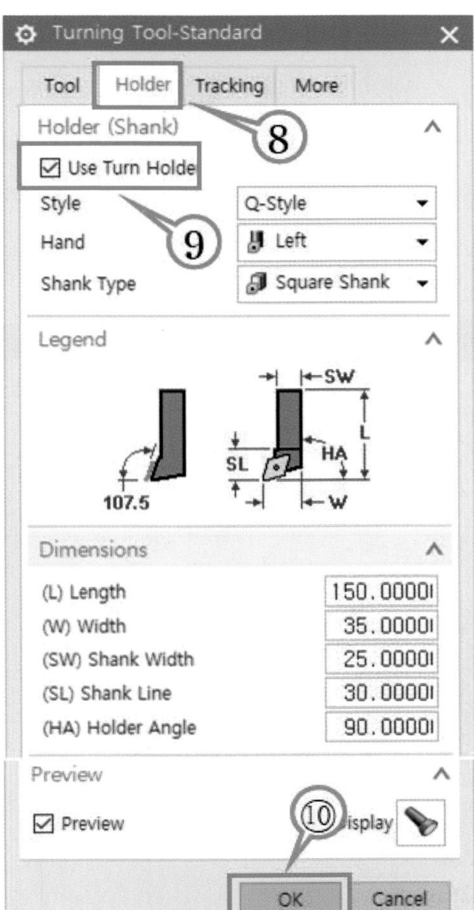
Turning Tool-Standard
Tool
Holder
Tracking
More
Holder (Shank)
Use Turn Holde
Style
Q-Style
Hand
Left
Shank Type
Square Shank
Legend
SW
L
HA
SL
W
107.5
Dimensions
(L) Length
150.0000
(W) Width
35.0000
(SW) Shank Width
25.0000
(SL) Shank Line
30.0000
(HA) Holder Angle
90.0000
Preview
Preview
isplay
OK
Cancel

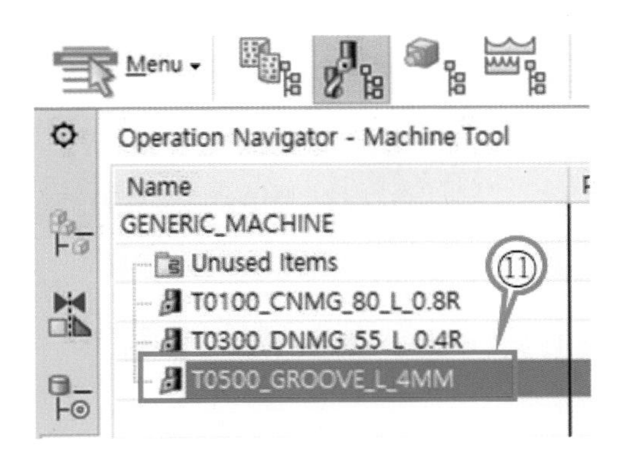
Menu
Operation Navigator - Machine Tool
Name
GENERIC_MACHINE
Unused Items
T0100_CNMG_80_L_0.8R
T0300_DNMG_55_L_0.4R
T0500_GROOVE_L_4MM

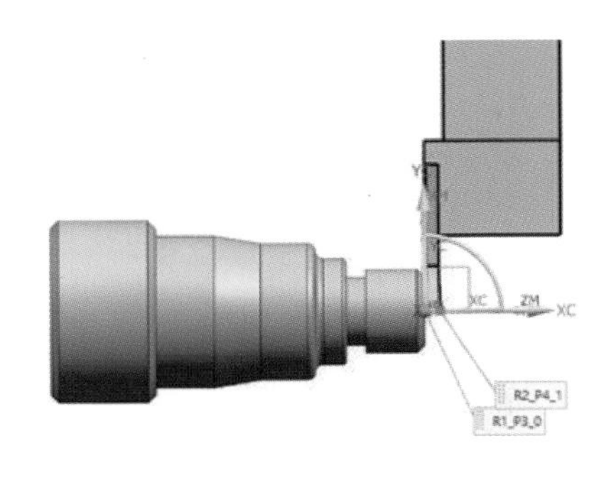

- 같은 방법으로 나사 가공 공구를 생성한다.

  내비게이터의 뷰를 Machine Tool View(기계 공구 뷰) 상태에서 → ① Create Tool(공구 생성)을 클릭 → ② Turing(선삭) ③ 나사 가공 공구 선택 → 공구 이름을 ④ T0700_THREAD_L 입력 후 → ⑤ OK(확인) → 생성된 공구의 ⑥ Tool 탭에서 ⑦ Tool의 세부 사양을 입력 후 ⑧ OK(확인) → ⑨ 공구 생성 확인

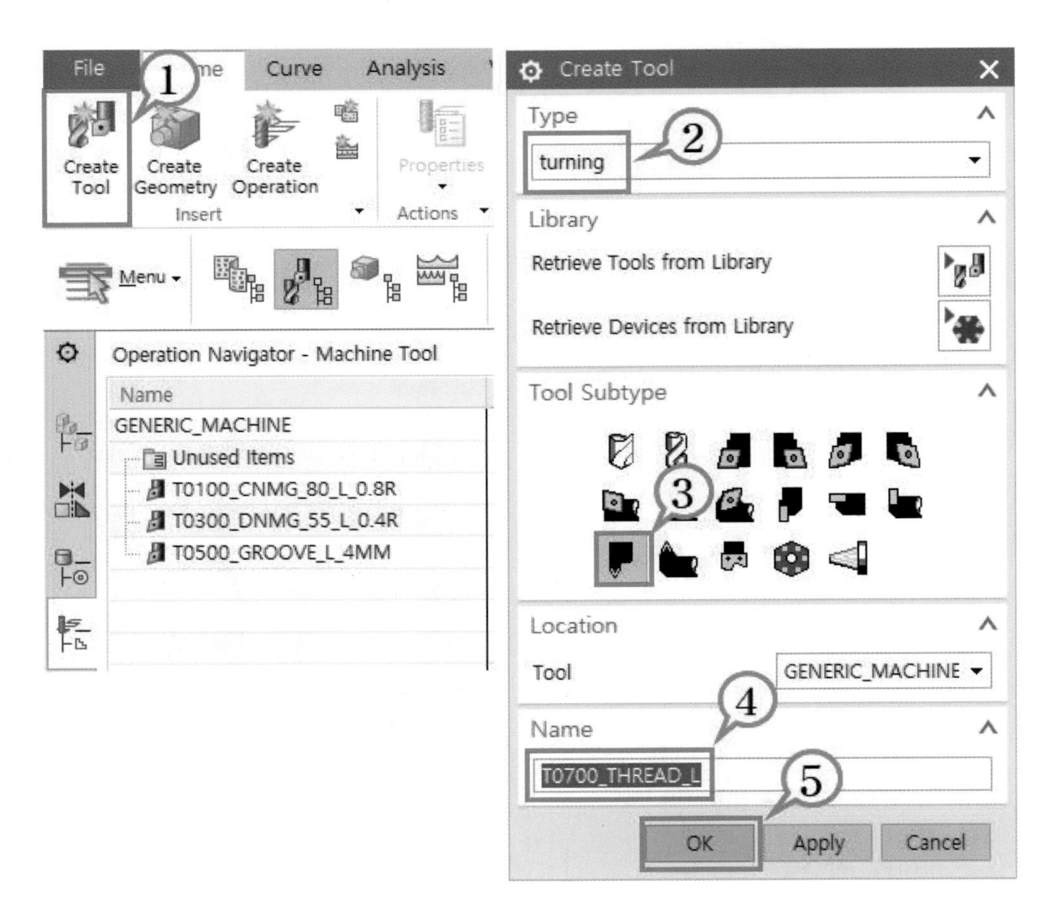

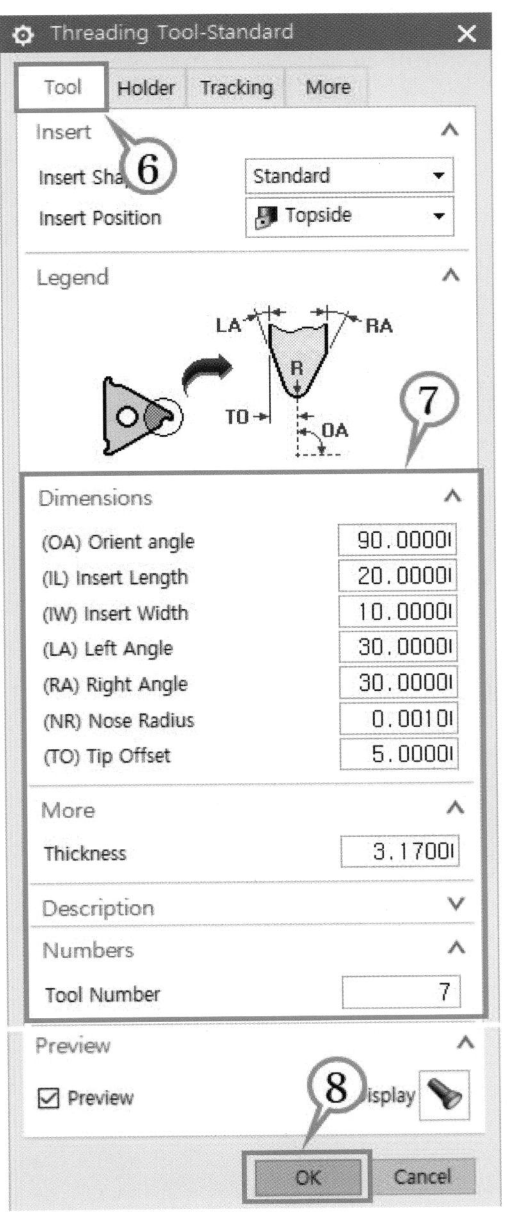
Threading Tool-Standard
Tool
Holder
Tracking
More
Insert
Insert Sha
6
Standard
Insert Position
Topside
Legend
LA
RA
R
TO
OA
7
Dimensions
(OA) Orient angle
90.0000
(IL) Insert Length
20.0000
(IW) Insert Width
10.0000
(LA) Left Angle
30.0000
(RA) Right Angle
30.0000
(NR) Nose Radius
0.0010
(TO) Tip Offset
5.0000
More
Thickness
3.1700
Description
Numbers
Tool Number
7
Preview
Preview
8
isplay
OK
Cancel

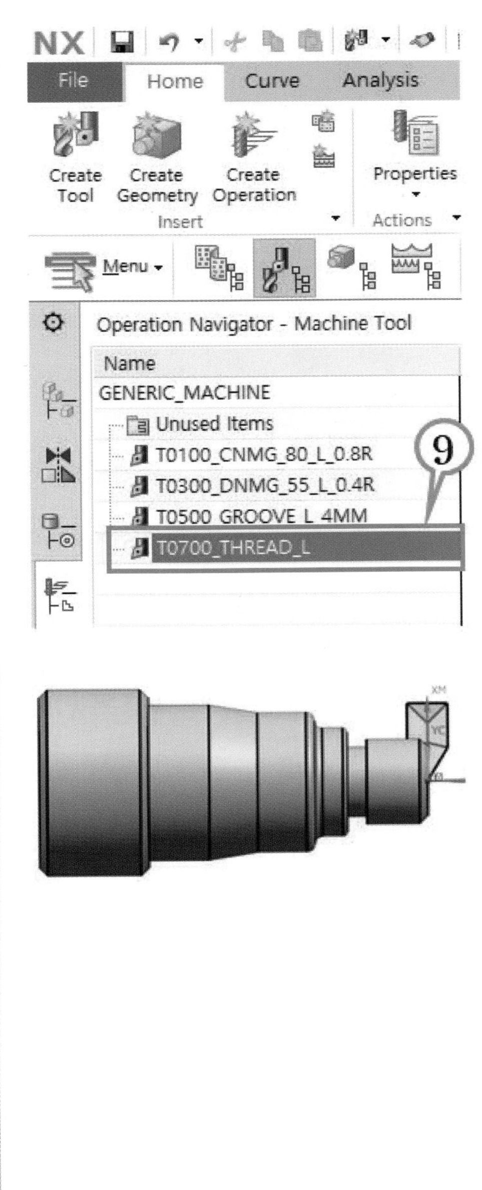
NX
File
Home
Curve
Analysis
Create Tool
Create Geometry
Create Operation
Properties
Insert
Actions
Menu
Operation Navigator - Machine Tool
Name
GENERIC_MACHINE
Unused Items
T0100_CNMG_80_L_0.8R
T0300_DNMG_55_L_0.4R
T0500_GROOVE_L_4MM
T0700_THREAD_L
9

(b) Rough Turning

- 외곽 황삭 가공 오퍼레이션 생성을 위해 프로그램 오더 뷰 상태에서 Create Operation을 클릭한다.

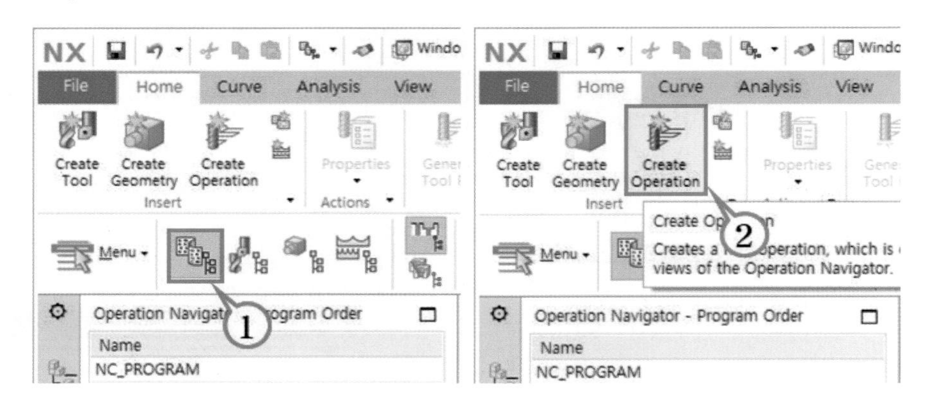

- ① Turning에서 외경 황삭 가공 오퍼레이션을 선택하여 조건을 설정한다.

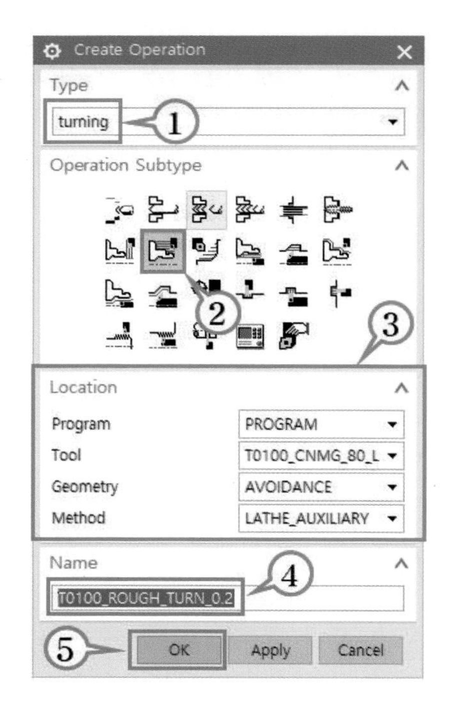

- ① Type: "turning"
- ② Operation Subtype: "Rough Turn"
- ③ Program: "PROGRAM"
- ③ Tool: "T0100_CNMG_80_L_0.8R"
- ③ Geometry: AVOIDANCE
- ③ Method: LATHE_AUXILIARY
- ④ Name: T0100_ROUGH_OD_0.2

• Rough Turn OD (외경 황삭) 오퍼레이션을 생성한다.

①, ② 에 대한 절삭 전략 및 스텝오버 설정 → ③~⑦에 대한 절삭 매개변수 설정 → ⑧~⑪의 이송 및 속도 설정 → ⑫ 툴패스 생성 → ⑬ 툴패스 검증

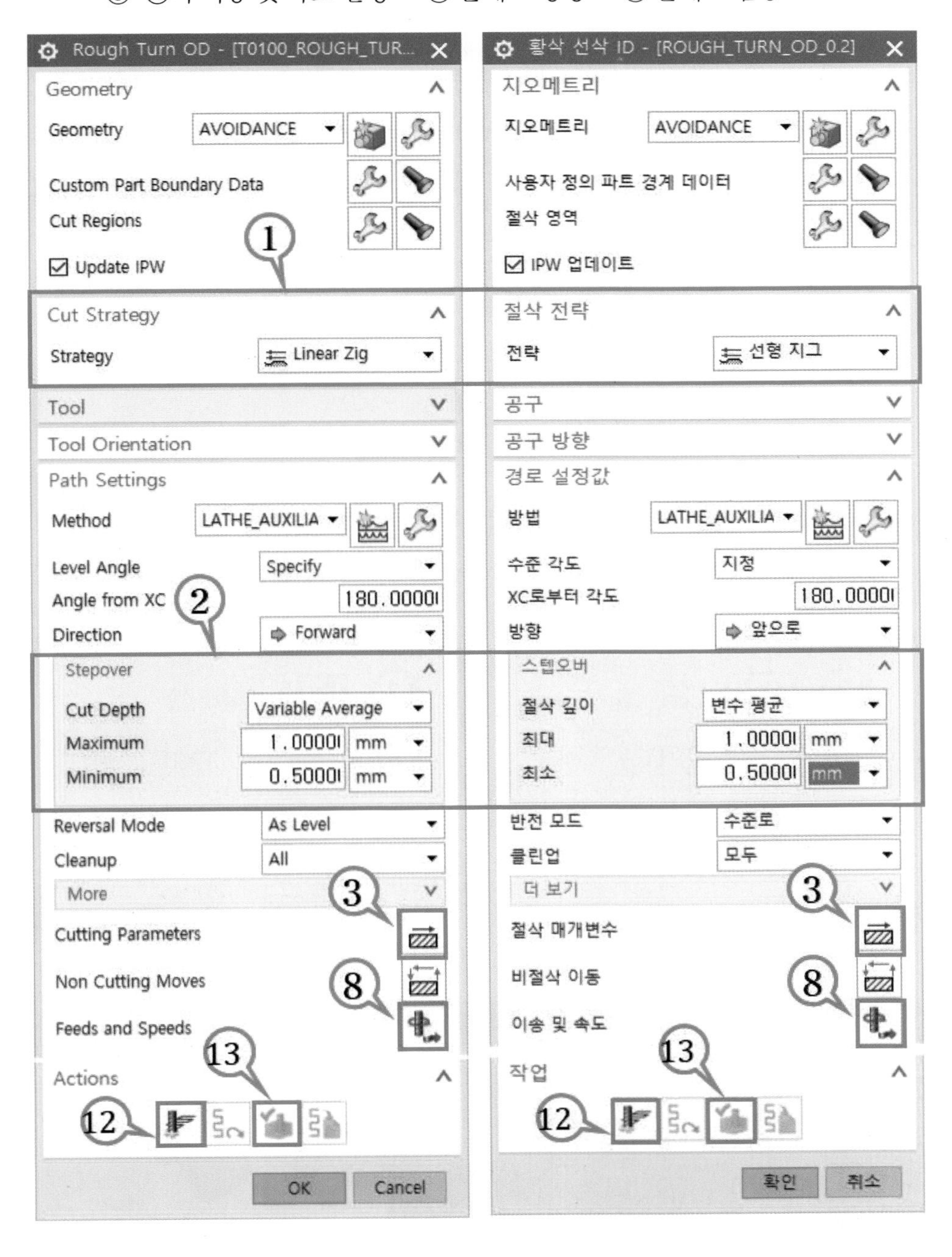

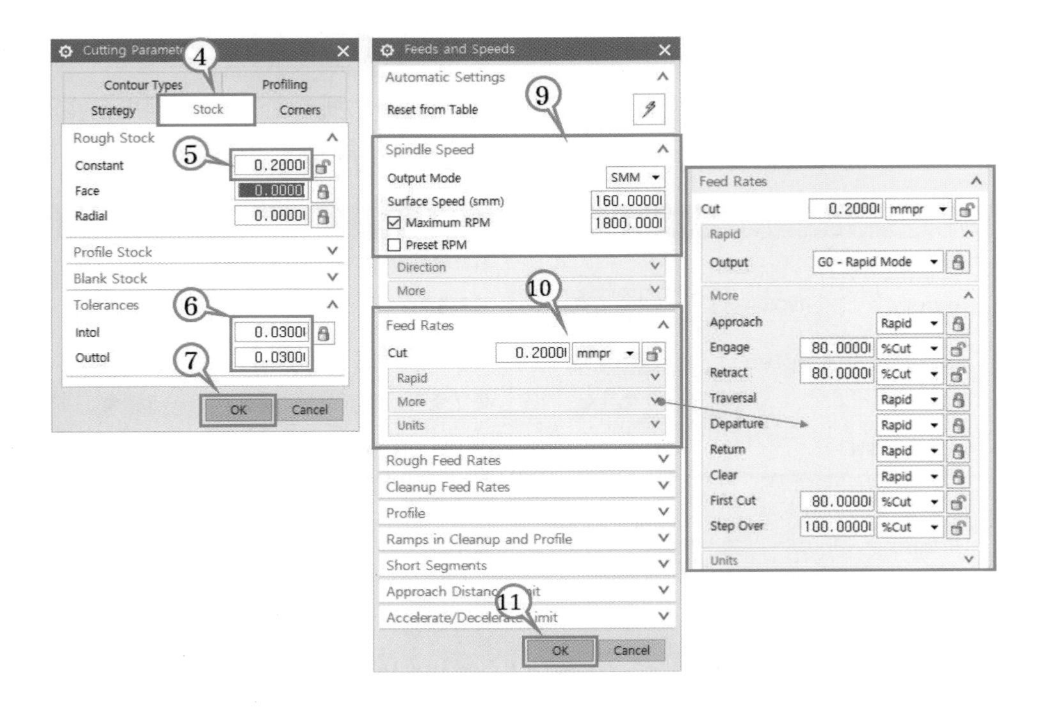

• Rough Turn OD 오퍼레이션에 대한 조건 설정 후 ⑫ 툴패스를 생성한다.

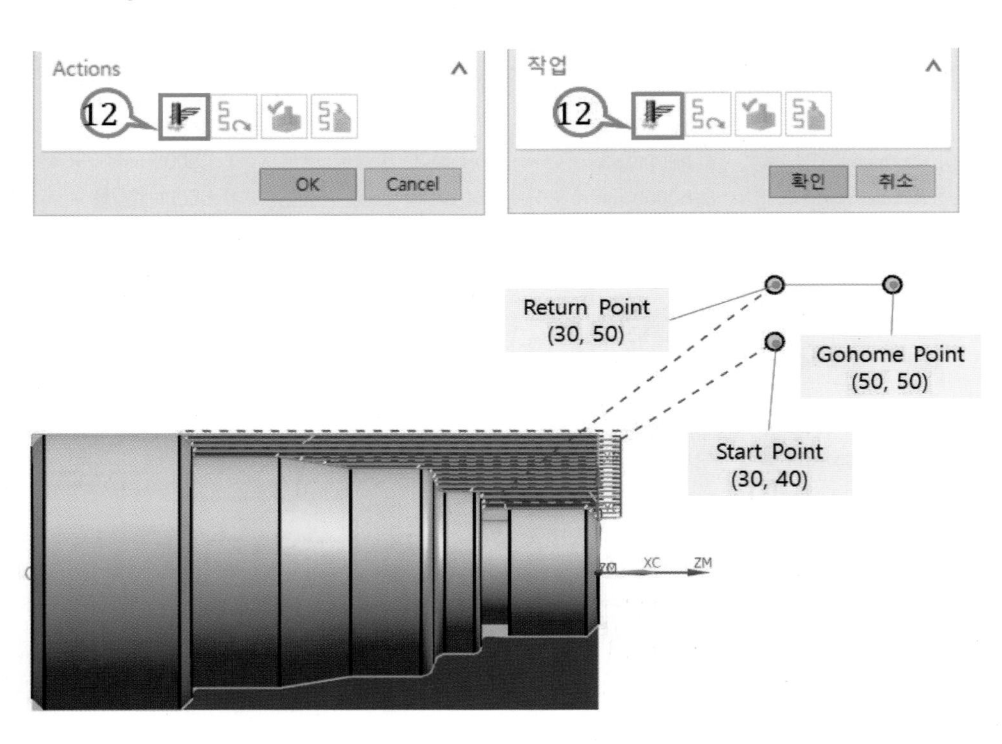

• 생성된 Rough Turn OD 오퍼레이션에 대하여 진입/진출을 대한 조건을 수정하려면 내비게이터 지오메트리 뷰의 → AVOIDANCE를 더블 클릭하여 수정할 수 있다.

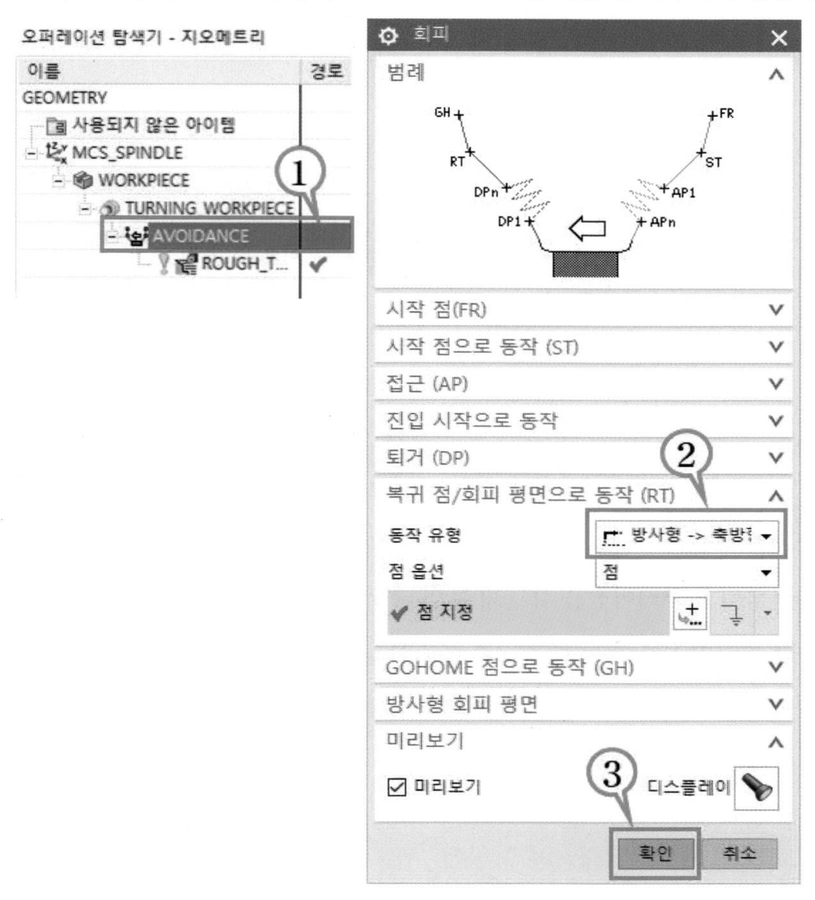

• 생성된 툴패스의 조건을 수정하게 되면 오퍼레이션에 대한 재생성이 필요하다. 아래그림의 왼쪽은 계산된 오퍼레이션, 오른쪽은 계산 전의 오퍼레이션을 나타낸다.

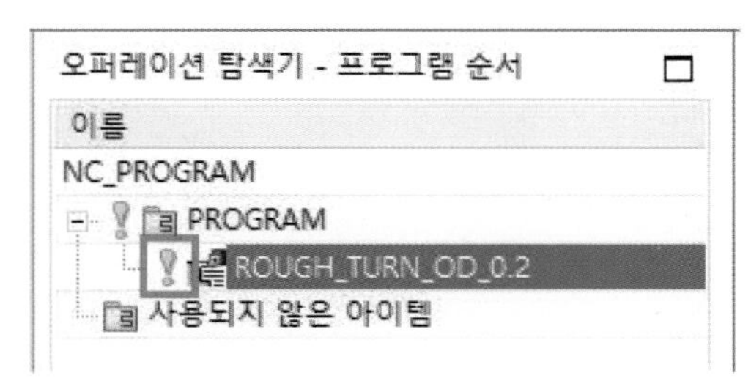

오퍼레이션을 재생성하는 방법은 재생성하려는 오퍼레이션을 더블 클릭하여 하단의 Generate(생성)을 클릭해주는 방법과 재생성하려는 오퍼레이션을 클릭하고 "Shift" + "Ctrl" + 마우스 왼쪽 버튼(MB1)을 클릭하게 되면 그림과 같이 레이디얼 팝업 메뉴가 생성되어 마우스를 실행하고자 하는 기능쪽으로 이동시켜주면 된다. 현업에서 많이 사용하는 기능이니 연습하여 익히도록 한다.

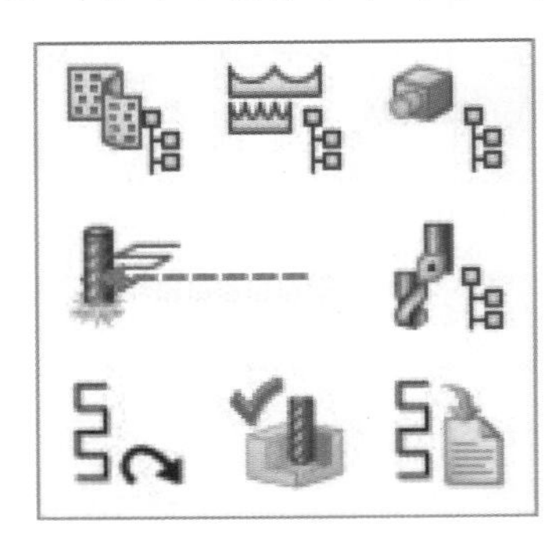

- 재생성된 오퍼레이션을 확인해 보면 공구 Return이 X축, Z축 동시에 Direct로 후퇴하던 공구가 X축 후퇴 이후 Z축 후퇴함을 확인할 수 있다. 이렇듯 공구/진입과 진출 모션은 AVOIDANCE에서 수정하게 되면 한 번 수정으로 모든 오퍼레이션에 대하여 수정할 수 있어 편리하다.

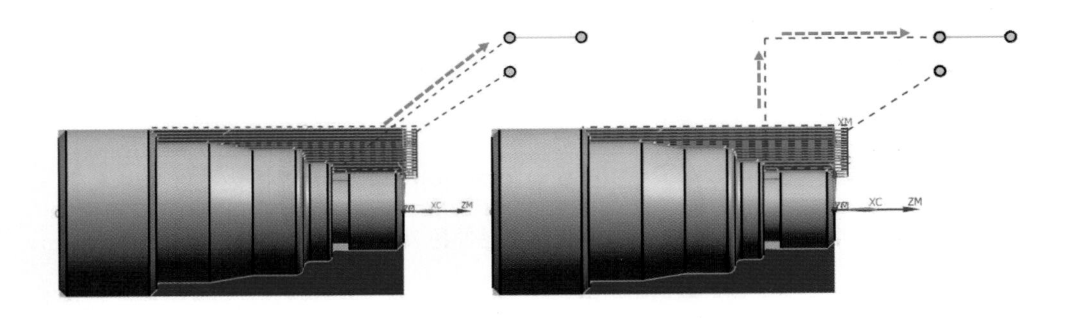

• 생성된 Rough Turn OD 오퍼레이션에 대하여 Veryfy(검증)을 실시한다.

내비게이터 → ① Program Order View(프로그램 순서 뷰) → ② 생성된 외경 황삭 오퍼레이션 더블 클릭 → ③ Verify(검증) → ④ 3D Dynamic(3D 동적) → ⑤Animation Speed 조절 → ⑥ 재생 → ⑦ 검증 확인 후 OK(확인)

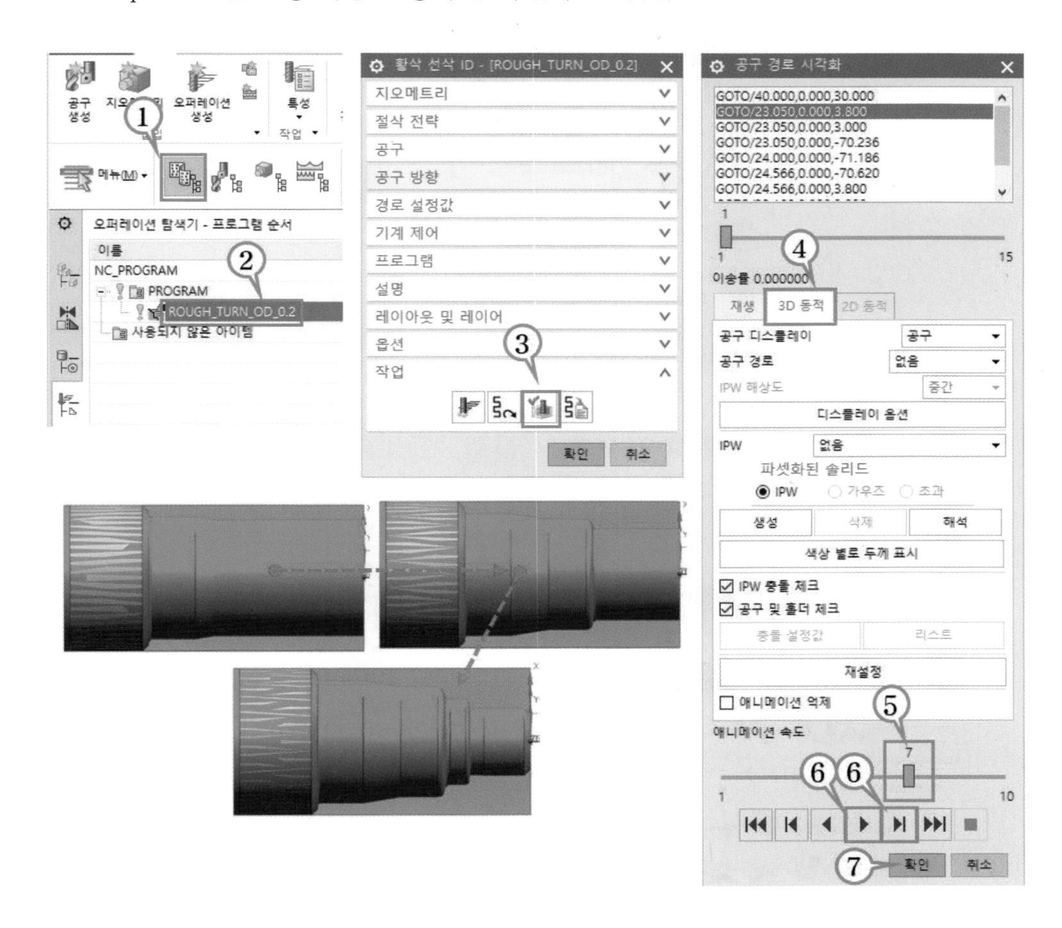

(c) Finish Turning

- 외곽 정삭 가공 오퍼레이션 생성을 위해 프로그램 오더 뷰 상태에서 Create Operation을 클릭한다.

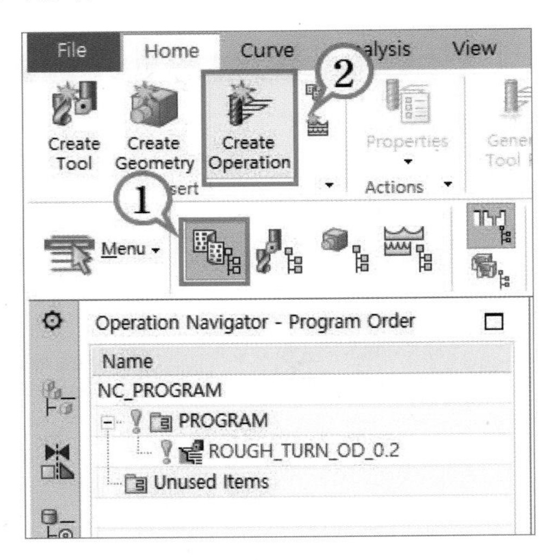

- ① Turning에서 외경 정삭 가공 오퍼레이션을 선택하여 조건을 설정한다.

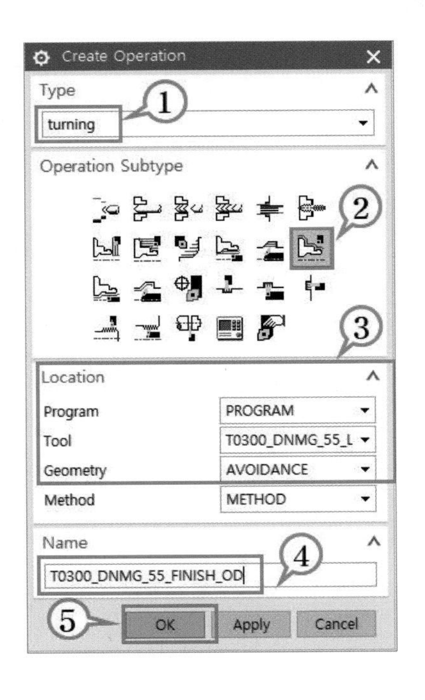

- ① Type: “turning”
- ② Operation Subtype: “Finish Turn”
- ③ Program: “PROGRAM”
- ③ Tool: “T0300_DNMG_55_L_0.4R”
- ③ Geometry: AVOIDANCE
- ③ Method: METHOD
- ④ Name: T0300_FINISH_OD

• Finish Turn OD (외경 정삭) 오퍼레이션을 생성한다.

①, ②에 대한 절삭 전략 및 스텝오버 설정 → ③~⑦에 대한 절삭 매개변수 설정 → ⑧~⑪의 이송 및 속도 설정 → ⑫ 툴패스 생성 → ⑬ 툴패스 검증 → ⑭ OK(확인)

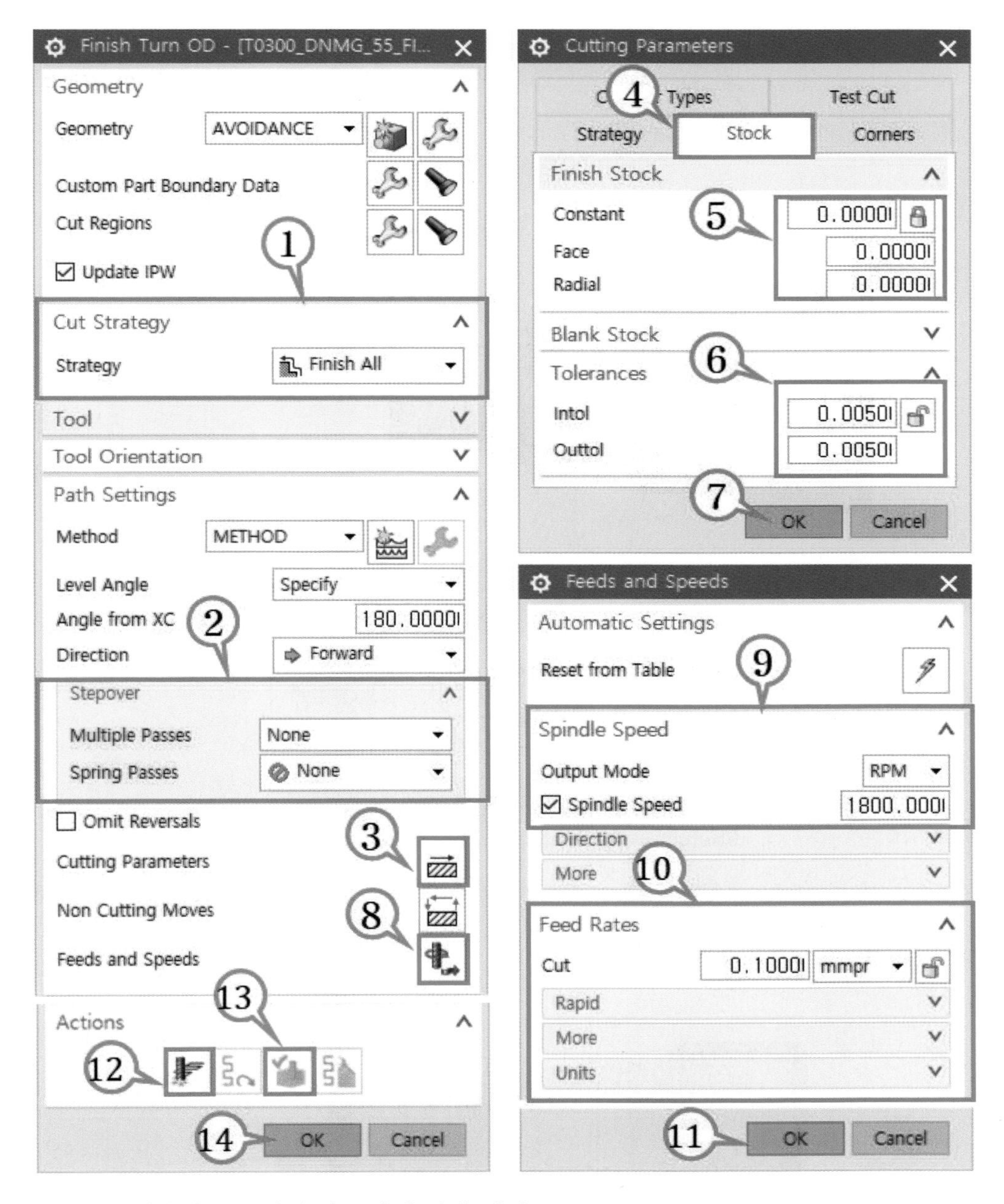

※ 일반적으로 선삭 가공에서 외경 정삭은 Profile Finishing(윤곽 정삭)으로 Stepover 설정은 None으로 하고 다중 Pass를 생성 시 Stepover를 지정한다.

• Finish Turn OD 오퍼레이션에 대한 조건 설정 후 ⑫ 툴패스를 생성한다.

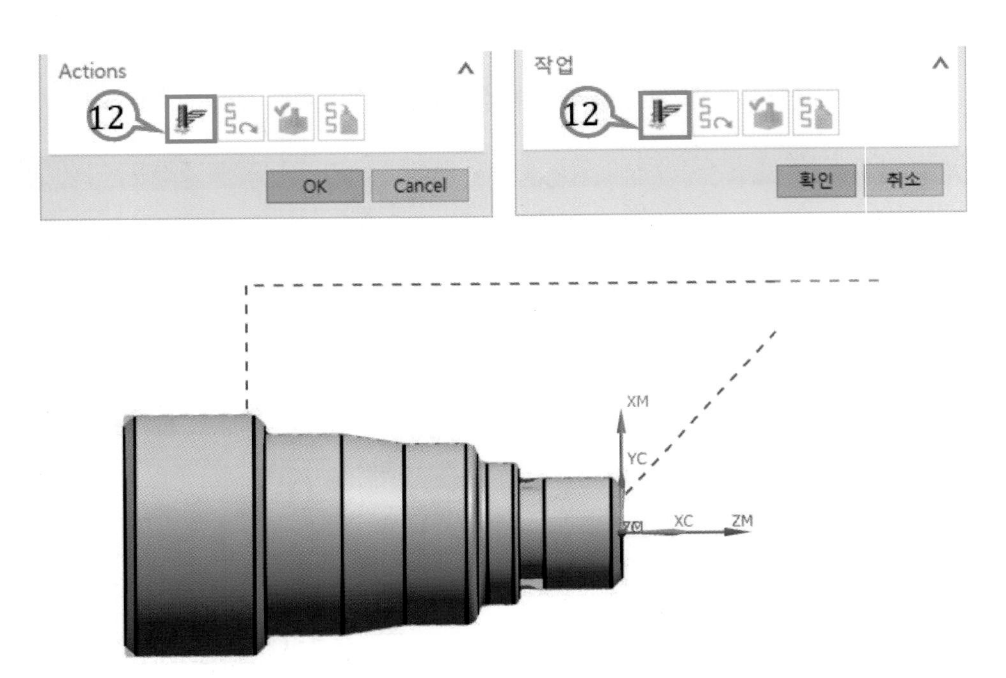

• 생성된 Rough Turn OD 오퍼레이션에 대하여 Veryfy(검증)을 실시한다.

① Verify(검증) → ② 3D Dynamic(3D 동적) → ③Animation Speed 조절 → ④ 재생 → ⑤ 검증 확인 후 OK(확인)

(d) Groove Turning

- Groove 가공 오퍼레이션 생성을 위해 프로그램 오더 뷰 상태에서 Create Operation을 클릭한다.

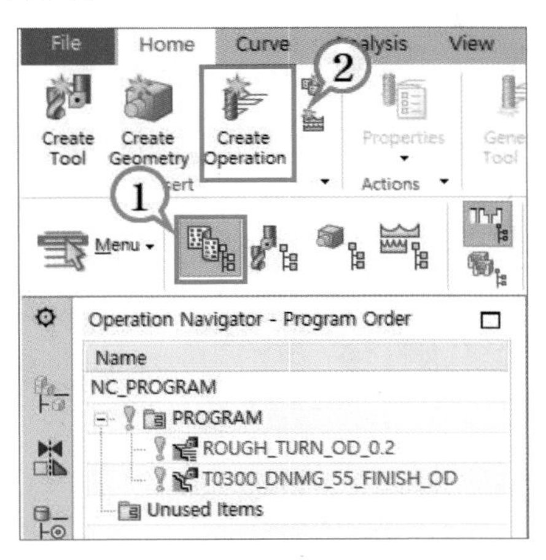

- ① Turning에서 Groove 가공 오퍼레이션을 선택하여 조건을 설정한다.

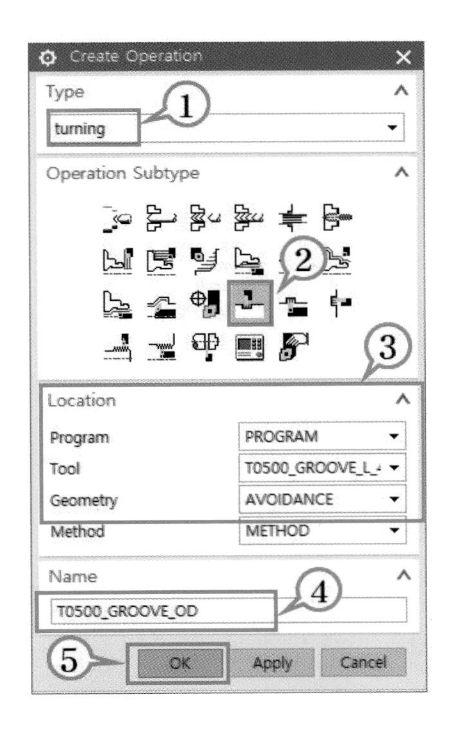

- ① Type: "turning"
- ② Operation Subtype: "Groove OD"
- ③ Program: "PROGRAM"
- ③ Tool: "T0500_GROOVE_L_4MM"
- ③ Geometry: AVOIDANCE
- ③ Method: METHOD
- ④ Name: T0500_GROOVE_OD

- Groove OD (외경 홈가공) 오퍼레이션을 생성한다.

①, ② 에 대한 절삭 전략 및 스텝오버 설정 → ③~⑧ 절삭 매개변수 설정한다.

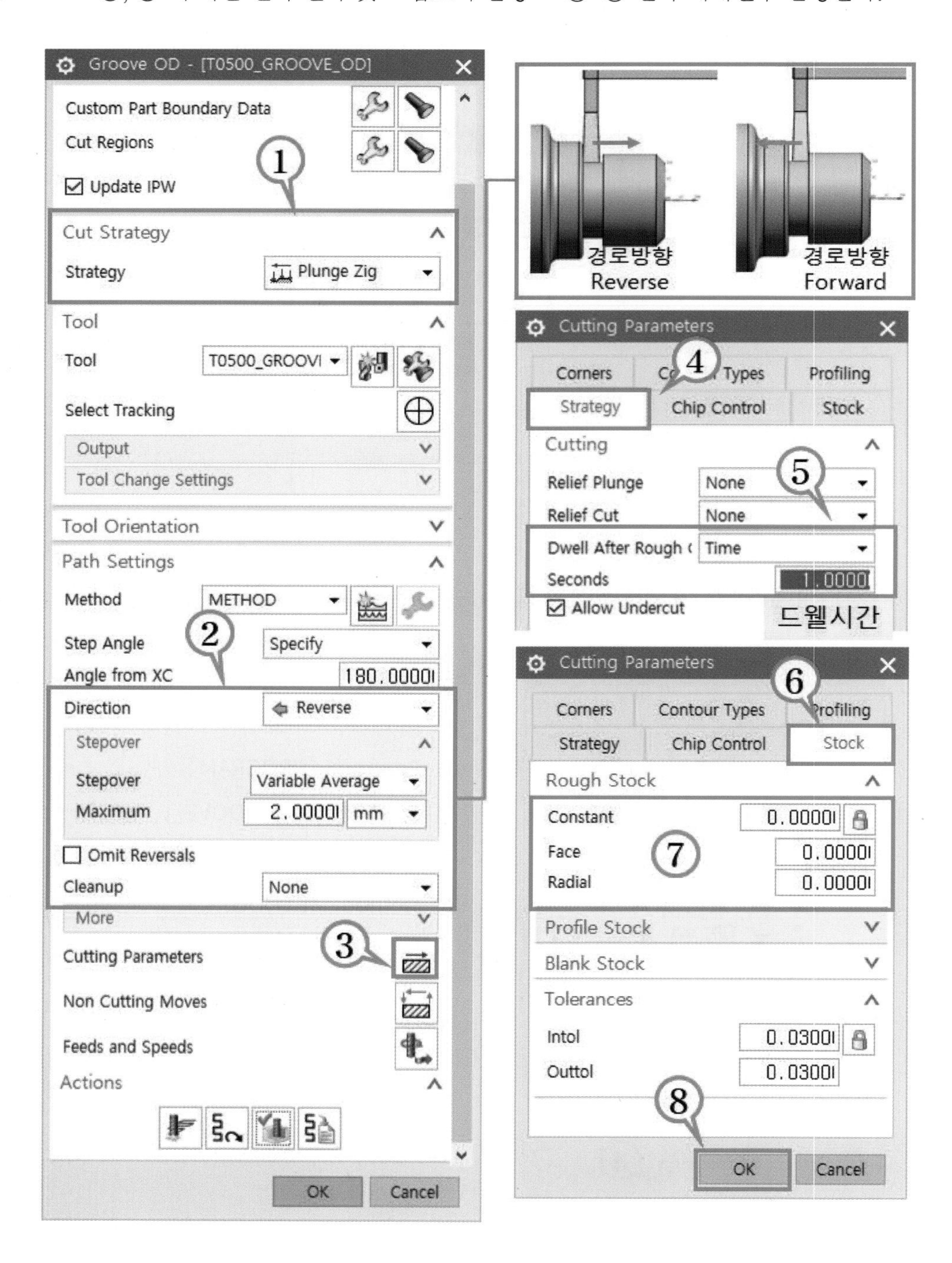

- Groove OD (외경 홈가공) 오퍼레이션의 비절삭 이동에 대하여 설정한다.

  ① 비절삭 이동 선택 → ② Approach(접근) 설정 → ③~⑤ 가공 초기점 설정 → ⑥~⑩ 가공 시작점 이동 및 위치 지정

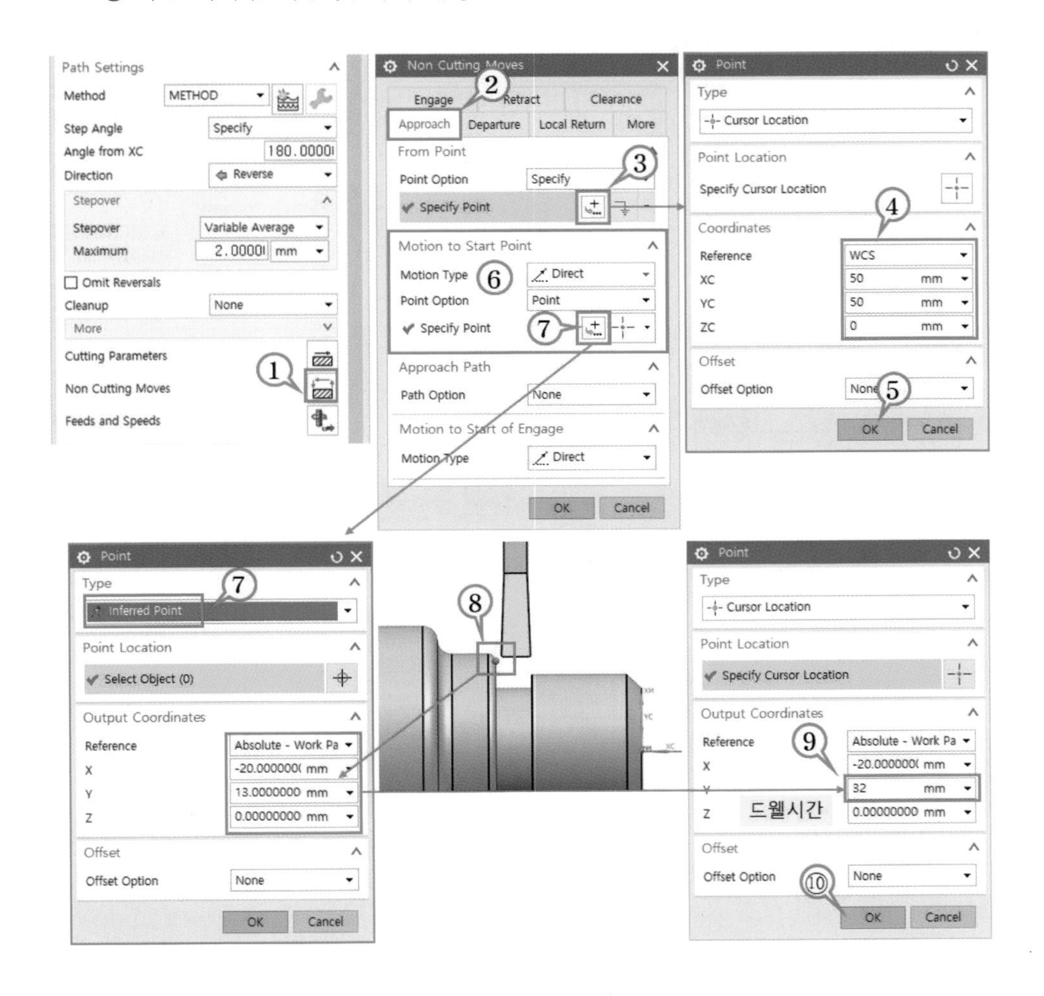

⑦ inferred Point를 선택하여 모델링에서 ⑧ 원하는 좌표의 수치를 확인하여 X-20의 좌표는 Groove 가공 시작점으로 활용하고, Y13.의 좌표는 안전상의 이유로 Approach의 좌표로 사용할 수 없으므로 ⑨ Y13. → Y32. 으로 안전을 고려하여 수정해준다.

X, Y 수치는 모델링 상의 좌표이며, 실제 선삭 가공의 공작물 좌표에서는 X→Z, Y→X 값에 해당한다.

- Groove OD (외경 홈가공) 오퍼레이션의 비절삭 이동에 대하여 설정한다.

  ①~③ Engage(진입) 설정→ ④~⑦ Departure(후퇴) 설정 → ⑧ OK(확인) 하여 비절삭 이동에 대한 설정을 완료한다.

- Groove OD (외경 홈가공) 오퍼레이션의 이송 및 속도에 대하여 설정한다.
  ①Feed and Speed 선택 → ②와 같이 회전수 일정 제어(G97)로 회전수(S500)를 설정하고, ③에서 가공 피드 0.1 mm/rev, 접근 및 후퇴 관련 피드 2 mm/rev 등 세부 조건을 설정한다. → 모든 설정이 완료되며 ⑤Generate(생성) → ⑥ Verify(검증) 한다.

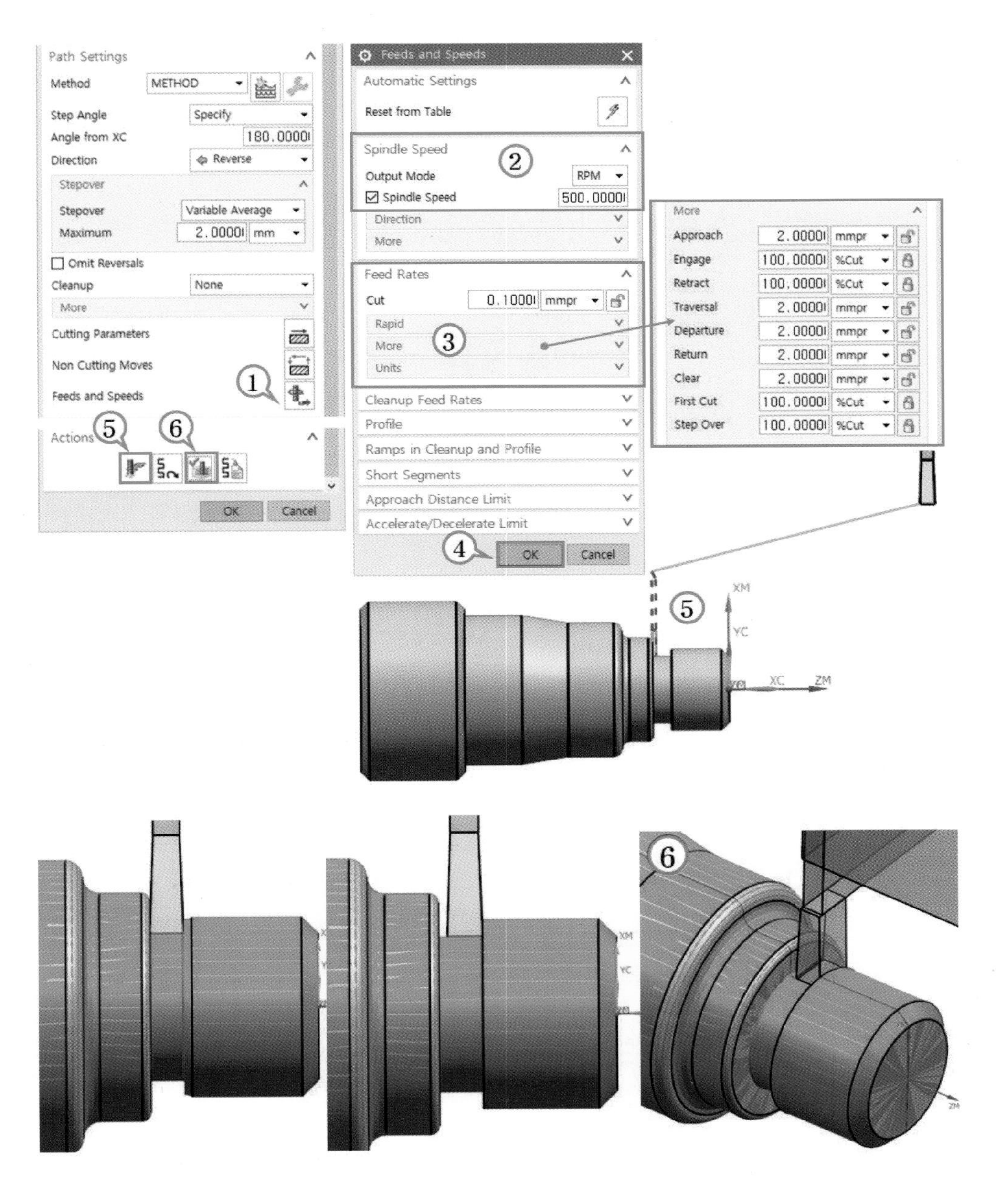

(e) Thread Turning

- Thread(나사) 가공 오퍼레이션 생성을 위해 프로그램 오더 뷰 상태에서 Create Operation을 클릭한다.

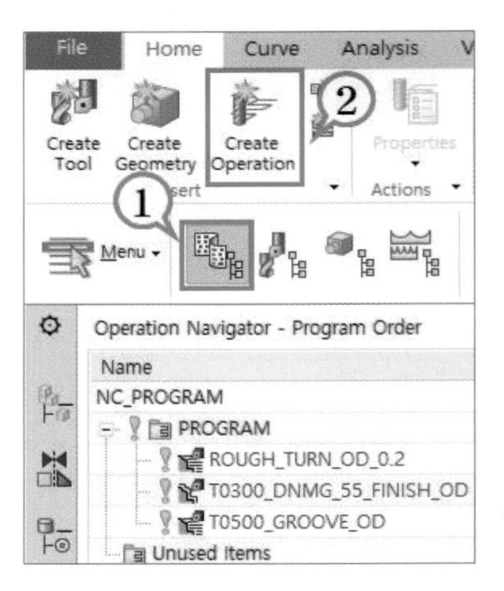

- ① Turning에서 Thread 가공 오퍼레이션을 선택하여 조건을 설정한다.

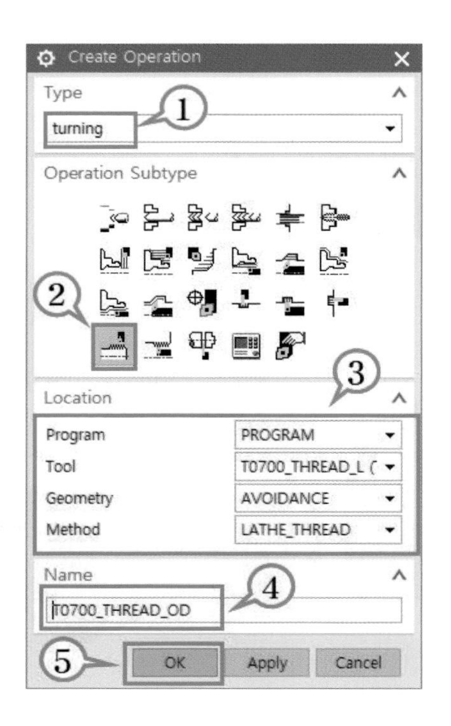

- ① Type: “turning”
- ② Operation Subtype: “Thread OD”
- ③ Program: “PROGRAM”
- ③ Tool: “T0700_THREAD_L”
- ③ Geometry: AVOIDANCE
- ③ Method: METHOD/LATHE_THREAD
- ④ Name: T0700_THREAD_OD

- Thread OD (외경 나사 가공) 오퍼레이션을 생성한다.

  ①, ②에서 나사 가공 위치 선정 → ③~④ 경로 및 옵션 설정 → ⑤ 절삭 매개변수 설정 → ⑥ 이송 및 속도 설정 → ⑦ 툴 패스 생성(Generate)

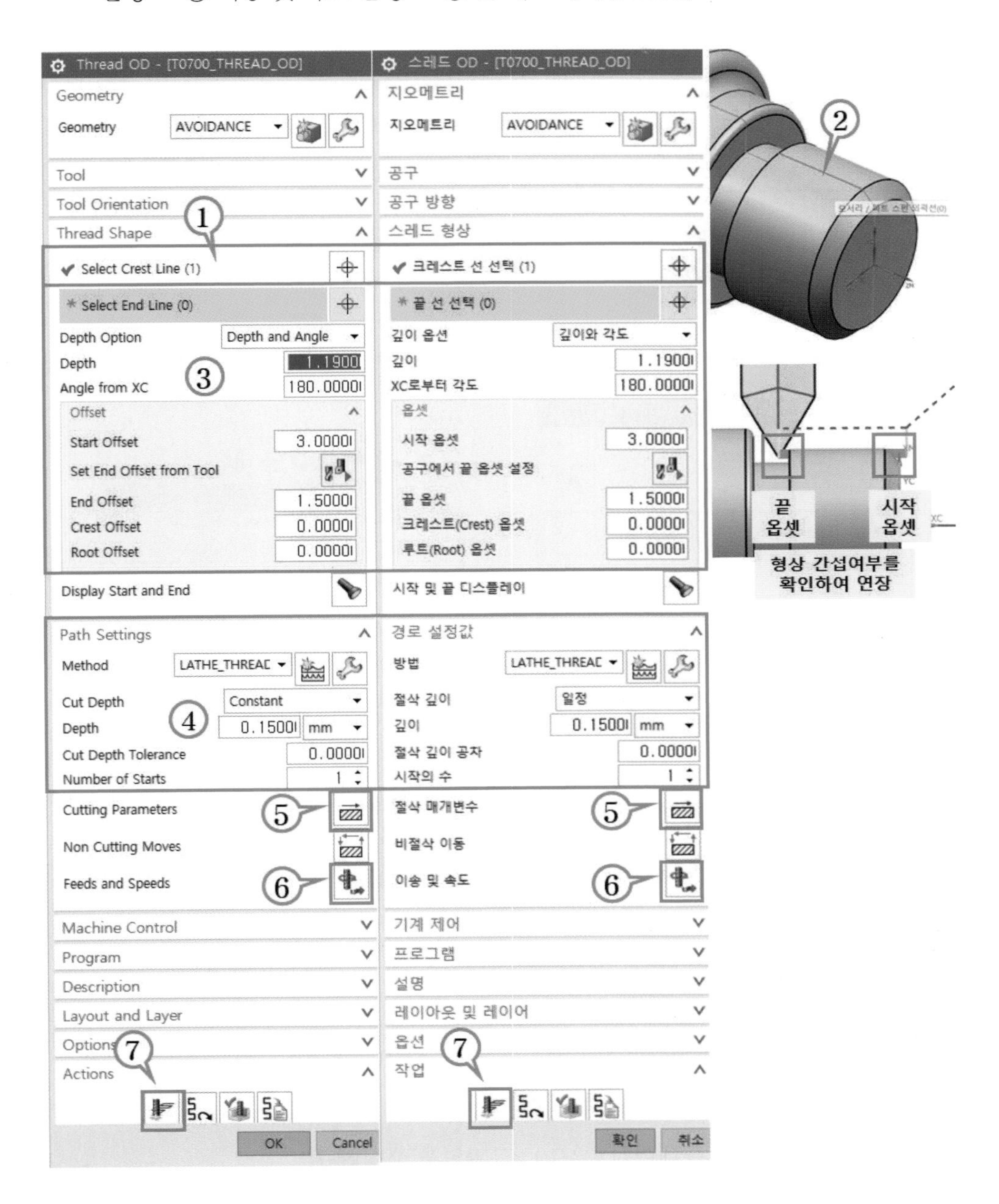

※ ⑤ 절삭 매개변수 및 ⑥ 이송 및 속도에 대한 세부 설정은 다음 페이지를 참고한다.

- Thread OD 오퍼레이션의 ⑤ 절삭 매개변수에 대하여 설정한다.

  ※ 나사 가공의 절입 조건은 나시 피치별/소재별 조건을 달리해 주도록 한다.

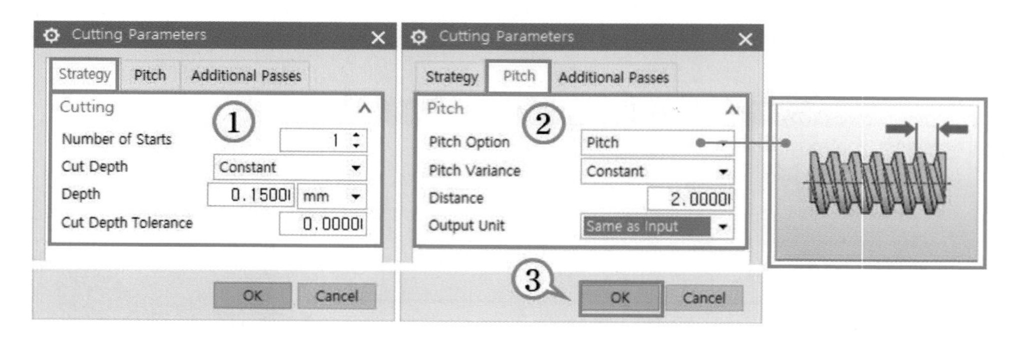

- Thread OD 오퍼레이션의 ⑥ 이송 및 속도에 대하여 설정 후 ⑦ 툴 패스를 생성 한다.

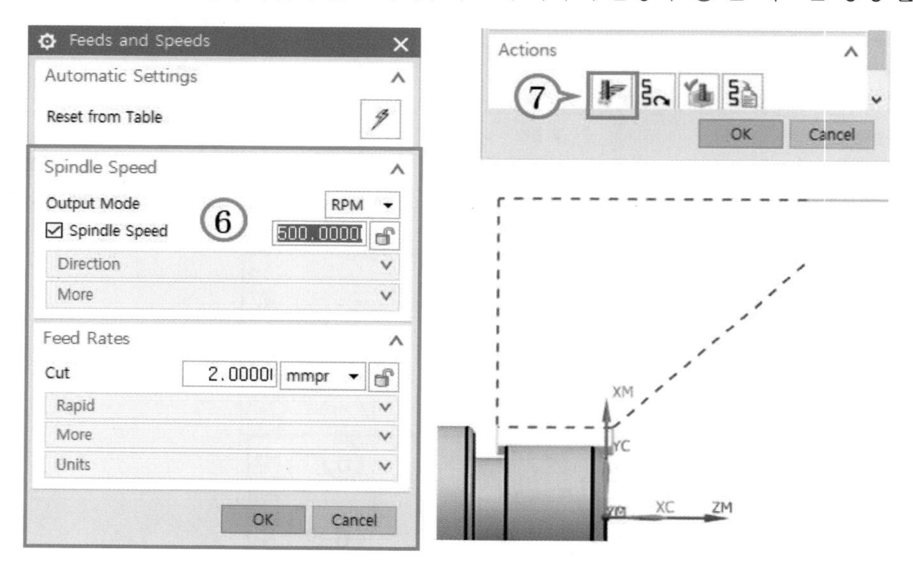

(f) NC 데이터 출력

- 아래의 순서대로 NC 데이터 O2210.NC 파일을 생성한다.

  ① 프로그램 선택, MB3 → Post Process 선택 → Turning Post 선택 → ④ 파일 확장자 입력 "NC" → ⑤~⑦ 파일 생성 위치 및 파일명 지정 → ⑧ 단위 지정 → ⑨ 데이터 생성

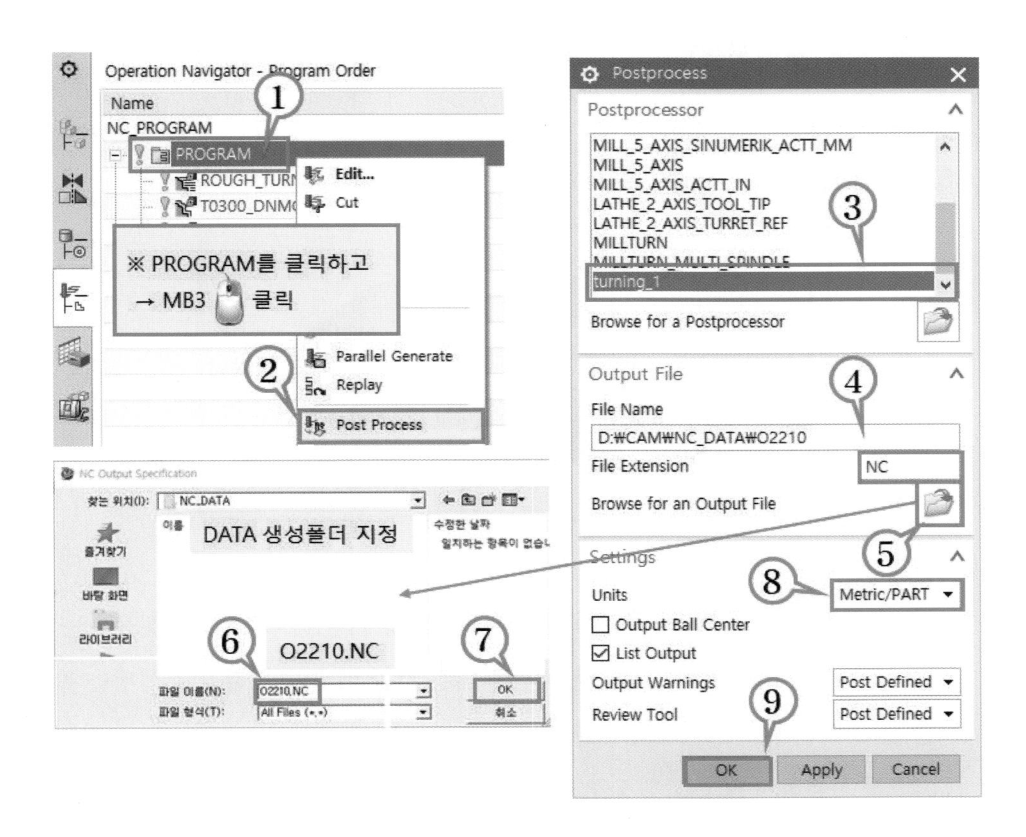

(g) V-CNC를 이용한 모의 가공

- O2210.NC 파일을 입력하여 모의 가공한 후 치수 검사를 수행한다.

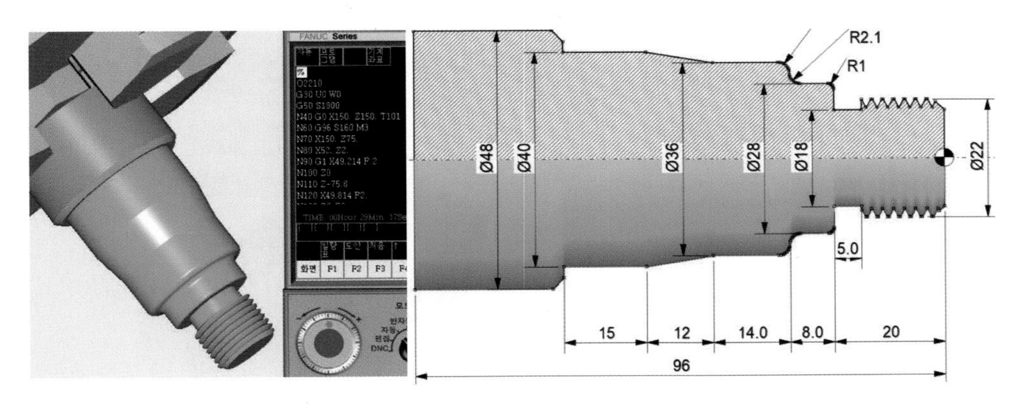

(2) 4축, 5축, 복합 5축 가공용 선삭 소재의 CNC 선삭 CAM

(a) 4축 가공용 테스트피스

① 4축 가공 테스트피스의 선삭을 위한 CAM P/G 작성

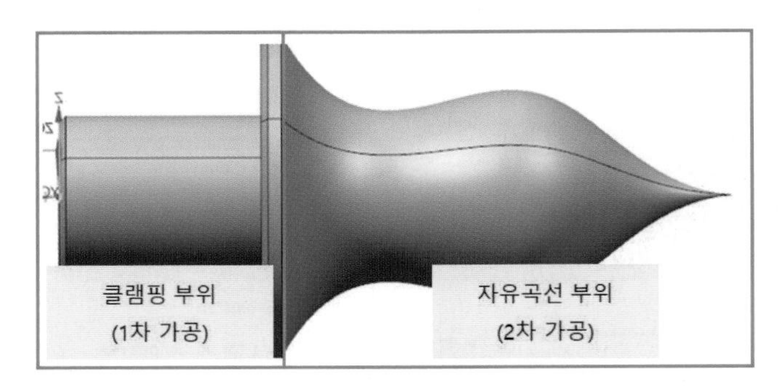

- 본 예제의 경우 위 그림의 자유곡선 부위를 가공하기 위하여 CNC 척에 물이는 곳에 대한 1차 가공과 2차 자유곡선 부위에 대한 가공 예제이다. 좌표계 설정을 위해 한 개의 모델링에서 1차 가공과 2차 가공에 대한 반대 방향의 2개의 공작물 좌표계(MCS)를 사용하지 않고 모델링을 회전시켜 기존 모델링 원점으로 사용한 WCS에 공작물 좌표계를 일치시켜 주는 방식을 사용하였다. CAM 작업에 익숙하지 않은 사용자는 가급적 여러 좌표계를 사용하지 않고 모델 데이터를 분리하여 관리하는 방식이 불량을 줄이는 안전한 방법이다.

- NX를 OPEN한 뒤 단축키(Ctl+O)를 눌러 예제 폴더에서 4X_HELIX_BACK 파일을 연다.

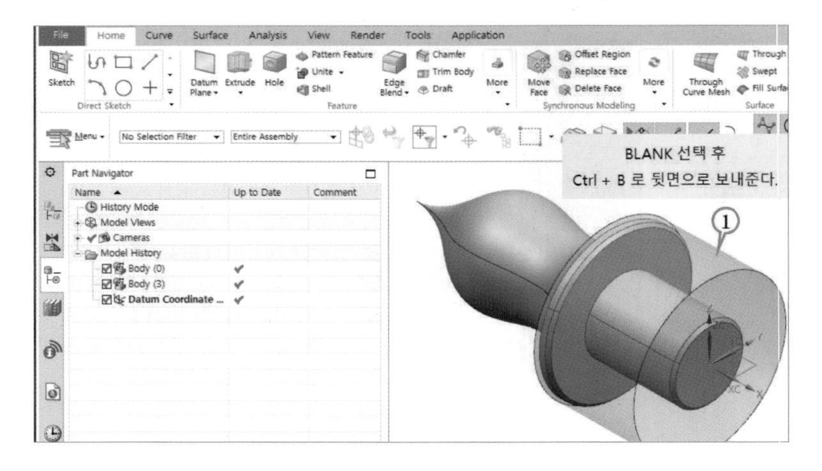

- 공작물 형상 및 초기 소재를 확인하고 Manufacturing 모드로 전환한다.

  – NX8.5 : Menu → Start → Manufacturing (Ctrl + Alt + M)

  – NX10.0 : Menu → Application → Manufacturing (Ctrl + Alt + M)

- Manufacturing 애플리케이션으로 들어가면 가장 먼저 공작물 좌표계(MCS) 설정 및 소재, 가공 형상 등을 정의하기 위하여 내이게이터의 뷰 상태를 지오메트리 뷰상태로 변경한다.

- WORKPIECE를 더블 클릭하여 가공할 형상인 파트와 초기 소재인 블랭크를 설정한다.

  ※ 블랭크를 선택을 위해 Shift + Ctrl + B를 클릭하여 뒷면을 확인한다.

  → 확인을 완료하였으면 다시 Shift + Ctrl + B를 클릭하여 앞면을 보도록 한다.

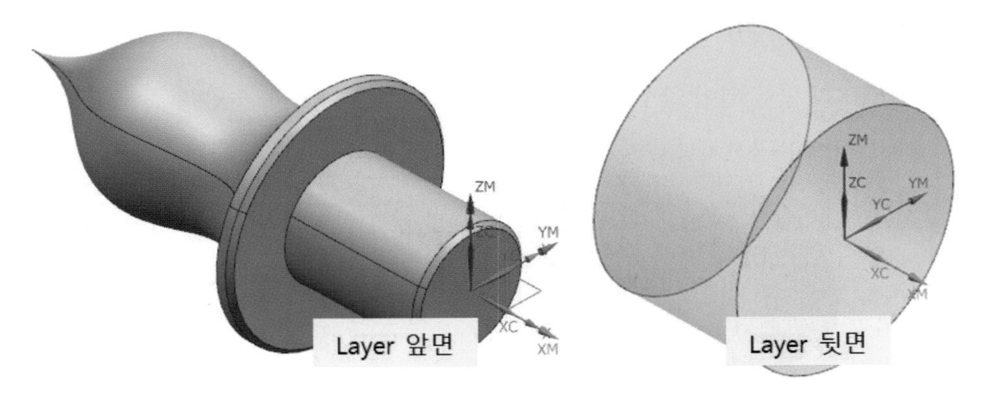

- Avoidance 생성을 위해 ① WORKPIECE를 클릭하고, MB3 → ② Insert(삽입) → ③ Geometry(지오메트리) → ④ AVOIDANCE → ⑤ OK(확인)을 클릭하고 생성된 Avoidance의 진입/후퇴 지점 및 모션을 정의한다.

- 지오메트리 뷰에 대한 설정을 완료하고 외경 황삭 및 정삭 공구를 생성한다.

  – 외경 황삭 공구: T0100_CNMG_80_L_0.8R

  – 외경 정삭 공구: T0300_DMMG_55_L_0.4R

- Create Operation을 클릭하여 외곽 황삭 및 정삭 가공 오퍼레이션을 생성한다.

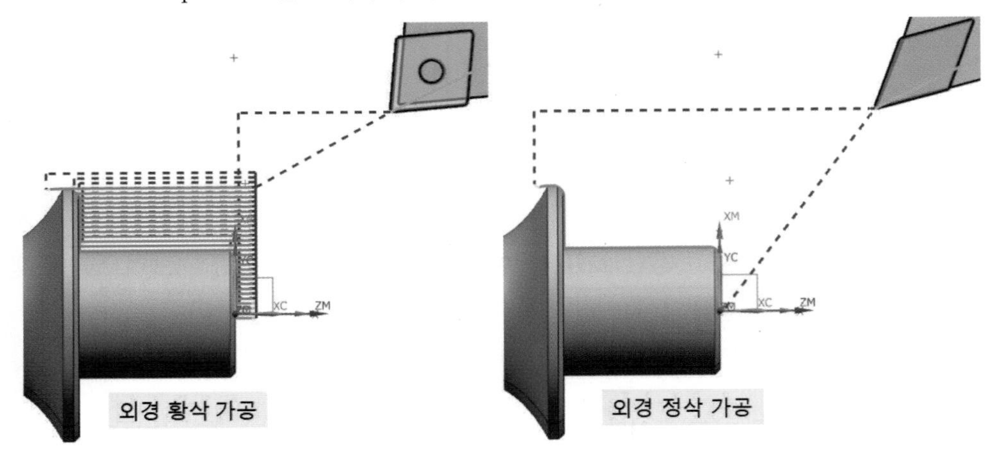

- 생성된 오퍼레이션에 대하여 Verify (검증)을 실시하고 1차 가공을 완료한다.

- 2차 자유곡선부 가공을 위하여 단축키(Ctl+O)를 눌러 예제 경로 폴더에서 4X_HELIX 파일을 열어 블랭크를 뒷면 Layer로 이동시킨다. 본 예제의 경우 단면 프로파일이 자유곡선이므로 자동 CAM 프로그래밍이 반드시 필요하다.

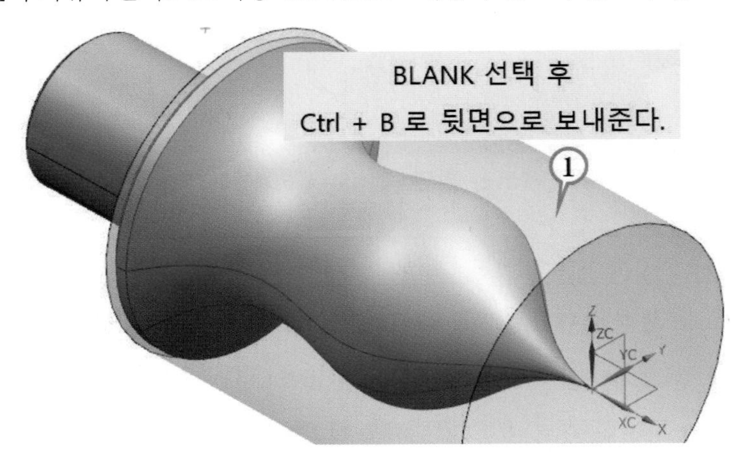

- 공작물 형상 및 초기 소재를 확인하고 Manufacturing 모드로 전환한다.
  - NX8.5 : Menu → Start → Manufacturing (Ctrl + Alt + M)
  - NX10.0 : Menu → Application → Manufacturing (Ctrl + Alt + M)

- Manufacturing 내이게이터의 뷰 상태를 지오메트리 뷰 상태로 변경하여 공작물 좌표계(MCS) 설정 및 소재, 가공 형상 등을 설정한다.

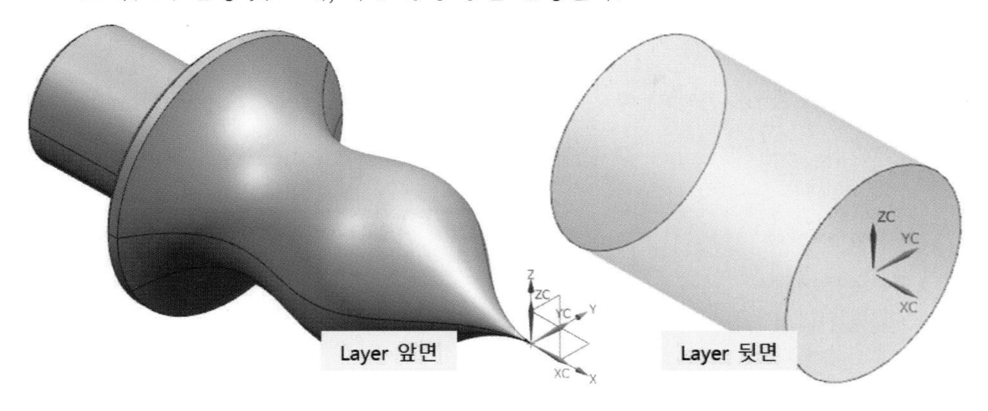

- 지오메트리 뷰에서 Avoidance 설정 및 외경 황삭 및 정삭 공구를 생성한다.
  - 외경 황삭 공구: T0100_CNMG_80_L_0.8R
  - 외경 정삭 공구: T0300_DMMG_55_L_0.4R

- Create Operation을 클릭하여 외곽 황삭 가공 오퍼레이션을 생성한다.

  기존 설정과 동일하게 황삭 오퍼레이션 생성 시 공구의 형상 문제로 인하여 지정한 가공 여유(0.2mm)보다 많은 양의 재료가 남게 되는 미삭 구간이 발생한다. 따라서 정삭 가공 시 본 구간에 대한 보완책이 필요하다.

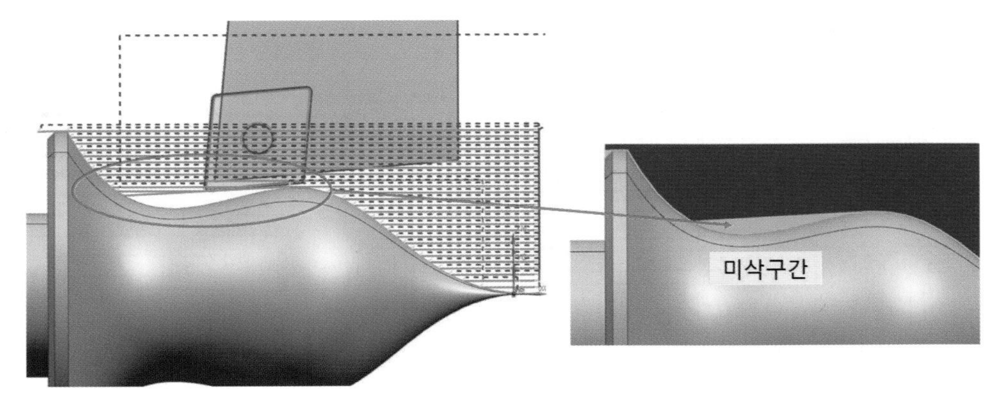

※ 외곽 황삭 가공 오퍼레이션의 후퇴 거리를 수정한다.

황삭 가공 시 기본 설정된 후퇴 거리(1mm)가 너무 작을 경우 비절삭 이동(Non Cutting Moves)를 통해 수정 가능하다.

Rough Turn OD(외경 황삭) → ① Non Cutting Moves → ② Clearance → ③ Workpiece Clearance 값 수정 → ④ OK → ⑤ Generate → ⑥ OK

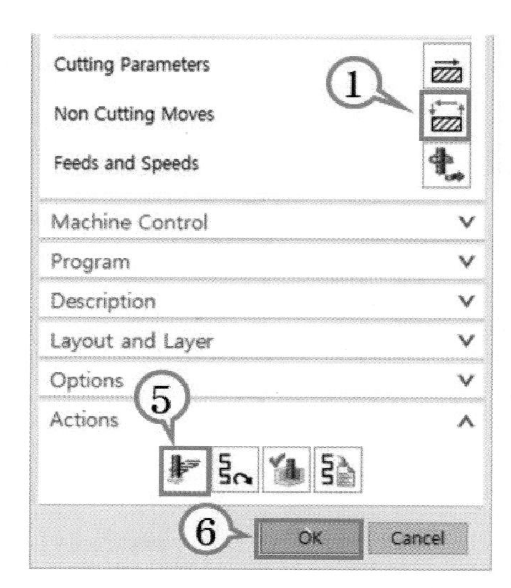

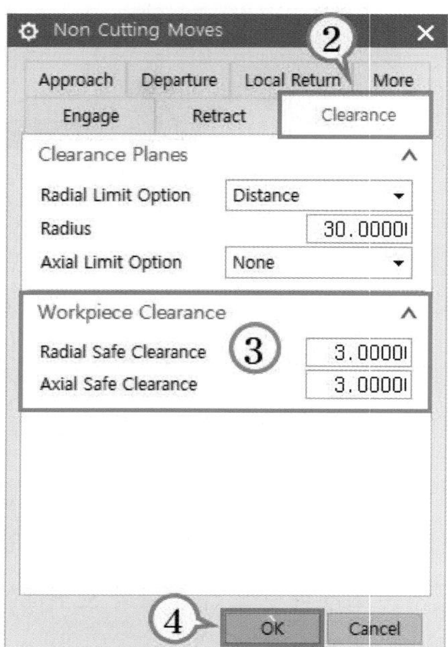

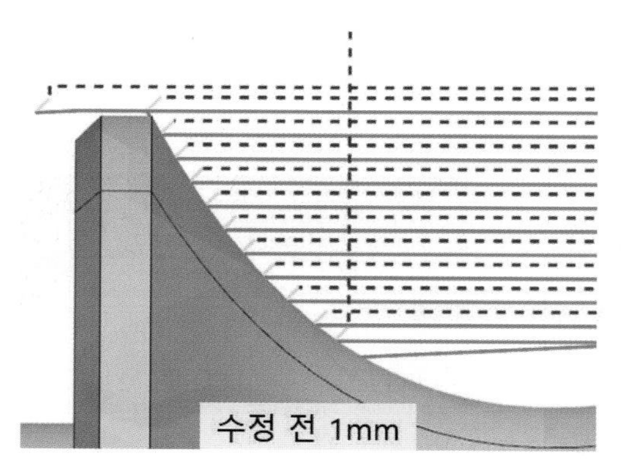

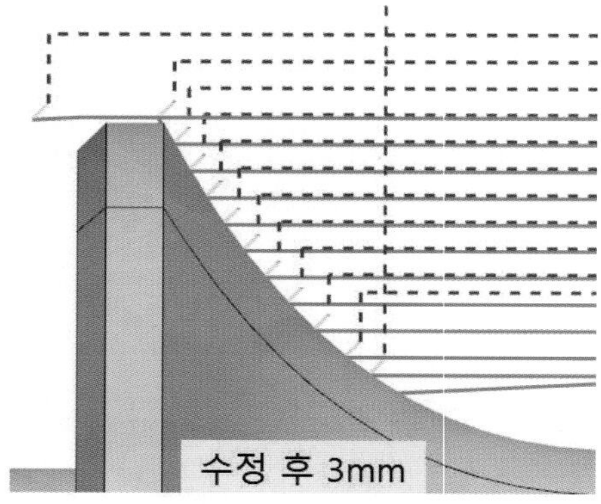

- Create Operation을 클릭하여 외곽 정삭 가공 오퍼레이션을 생성한다.

  기존 설정과 동일하게 단일 패스로 정삭 오퍼레이션 생성 시 미삭 구간 가공에서 많은 가공 부하를 받게 된다. 따라서 해당 구간에 대하여 분할 가공이 필요하다.

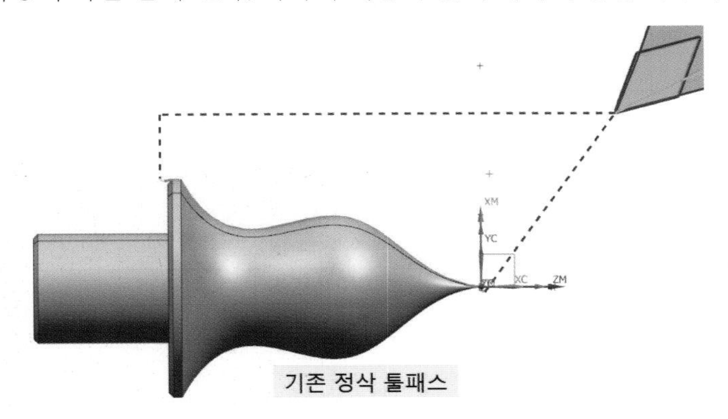

- Create Operation을 클릭하여 외곽 정삭 가공 오퍼레이션 조건을 수정한다.

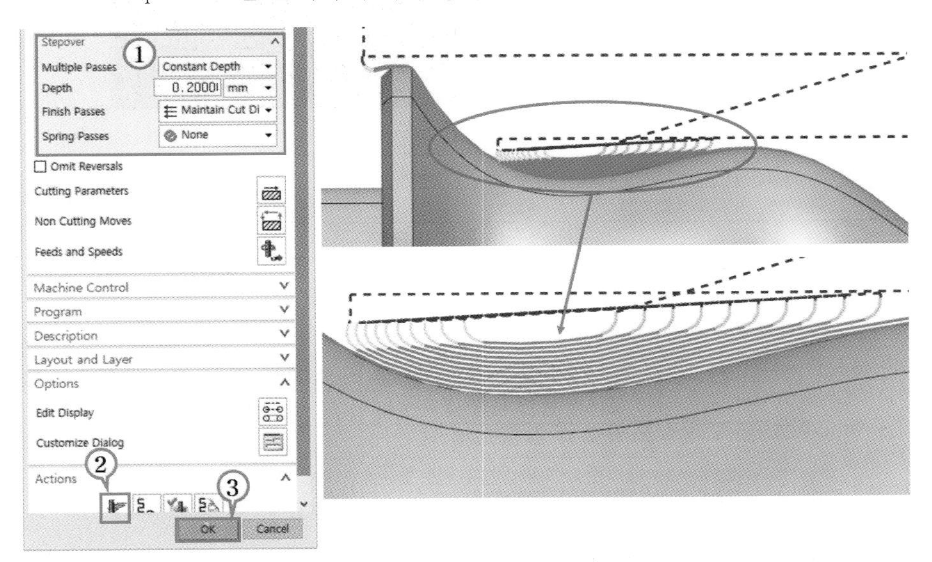

※ 미삭 구간에 대하여 일정 깊이(0.2mm)로 한 방향, 분할 가공을 통해 가공 부하 문제를 해결하였다.

- 생성된 오퍼레이션에 대하여 Veryfy(검증)을 실시하고 2차 가공을 완료한다.
- O2220.NC 이름으로 가공 데이터를 생성한다.

(b) V-CNC를 이용한 모의 가공

- 아래의 순서대로 ϕ50-100L 공작물을 생성하고 O2220.NC 파일을 입력하여 1차선삭을 모의 가공한 후 작업창에서 우클릭하여 ①과 같이 공작물 돌리기를 선택한 후 O2221.nc 파일을 입력하여 2차 선삭 가공을 수행한다.

(c) CNC 절삭 가공

- 아래와 같이 작성한 CAM P/G 및 CNC 선반을 이용하여 단면 프로파일이 자유곡선인 4축 가공용 테스트피스의 선삭을 수행한다.

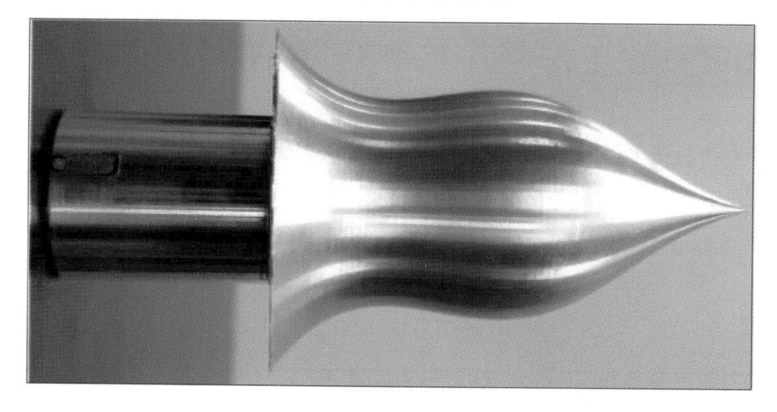

(3) 프로펠러 5축 가공용 선삭 소재

(a) 프로펠러 5축 가공용 축(Shaft)을 위한 매뉴얼 P/G 작성

<table>
<tr><th rowspan="2">과제 도면</th><th rowspan="2">프로펠러 터닝</th><th>범용 가공</th><th>①</th><th rowspan="2">비고</th></tr>
<tr><th>CNC 가공</th><th>②, ③</th></tr>
<tr><td colspan="5">1. 요구사항
가. 지급된 재료를 이용하여 좌측의 축과 우측의 프로펠러 선삭을 수행하시오.
나. ①은 범용 선반에서, ②는 CNC 선반에서 매뉴얼 프로그램으로 가공하고 ③은 CNC 선반에서 CAM 프로그램으로 가공하시오.</td></tr>
</table>

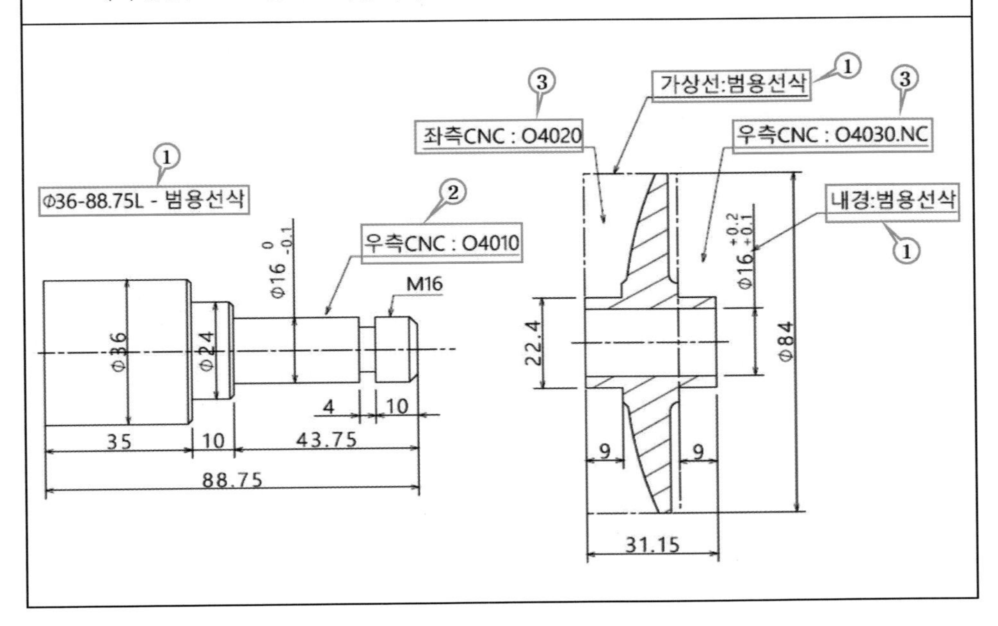

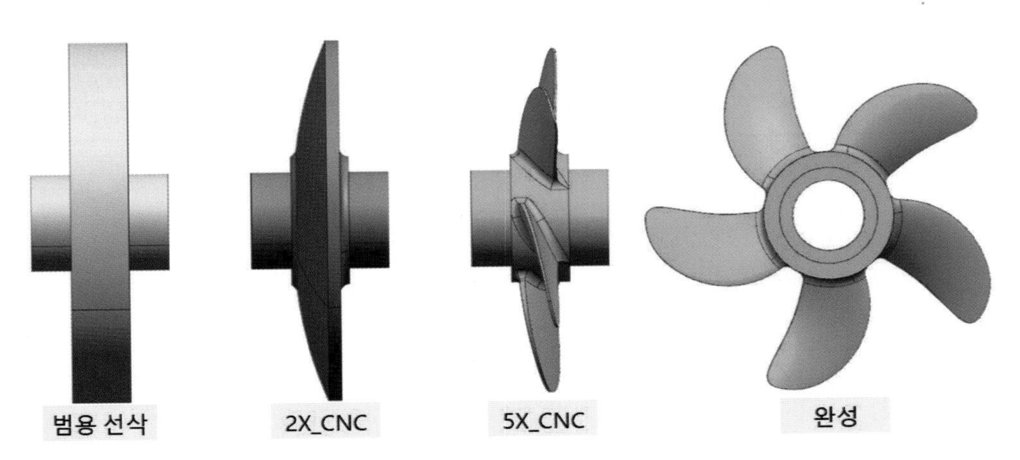

프로펠러 축(Shaft)의 매뉴얼 NC P/G		
%	T300	T700
O4010	G96 S160 M03	G97 S500 M03
G30 U0 W0	G00 X150. Z150. T303	G0 X150. Z150. T707
T100	X38.	X38.
G50 S1800	Z50.	Z50.
G96 S160 M03	G1 Z10. F2.	G1 Z10. F2.
G0 X150. Z150. T101	Z2.	Z2.
X38.	G70 P1 Q2 F0.1	G1 X18. F2.
Z50.	G00 X150. Z150.	G76 P011060 Q50 R20
G1 Z10. F2.	T300	G76 X13.62 Z-13. P1190 Q350 F2.
Z2.		G01 X100. Z100. F2.
G71 U1.5 R1.5 F0.2	T500	T700
G71 P1 Q2 U0.4 W0.2	G97 S500 M03	G30 U0 W0
N1 G1 X8.	G00 X150. Z150. T505	M30
X16. Z-2.	X38.	%
Z-43.75	Z50.	
X22.	G1 Z10. F2.	
X24. W-1.	Z2.	
W-9.	Z-14.	
X34.	X18. F1.	
X36. W-1.	X13.3 F0.1	
W-2.	X38. F2.	
N2 U2.	G0 X150. Z150. M9	
G0 X150. Z150.	T500	
T100		

(b) 프로펠러의 CNC선삭을 위한 CAM P/G 작성

- NX를 OPEN한 뒤 단축키(Ctl+O)를 눌러 예제 폴더에서 2X_Pre_Propeller_Right 파일을 연다.

- 공작물 형상 및 초기 소재를 확인하고 Manufacturing 모드로 전환한다.
  - NX8.5 : Menu → Start → Manufacturing (Ctrl + Alt + M)
  - NX10.0 : Menu → Application → Manufacturing (Ctrl + Alt + M)

- Manufacturing 애플리케이션의 지오메트리 뷰에서 공작물 좌표계(MCS) 설정 및 소재(Blank), 가공 형상(Part)을 정의한다.
  ※ 블랭크를 선택을 완료하면 블랭크를 Layer 뒷면으로 이동시킨다.

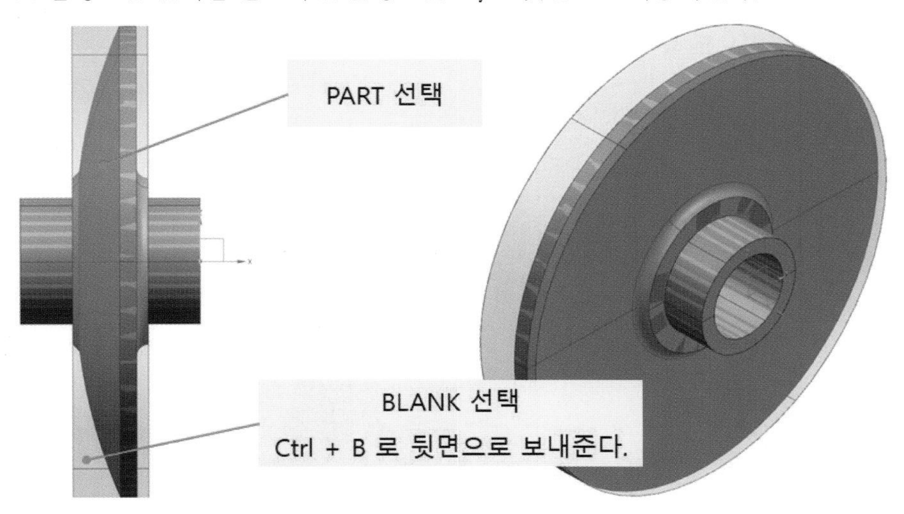

- Avoidance 생성을 위해 ① WORKPIECE를 클릭하고, MB3 → ② Insert(삽입) → ③ Geometry(지오메트리) → ④ AVOIDANCE → ⑤ OK(확인)을 클릭하고 생성된 Avoidance의 진입/후퇴 지점 및 모션을 정의한다.

- 지오메트리 뷰에 대한 설정을 완료하고 외경 황삭 및 정삭 공구를 생성한다.

- Create Operation을 클릭하여 우측 황삭 및 정삭 가공 오퍼레이션을 생성한다.

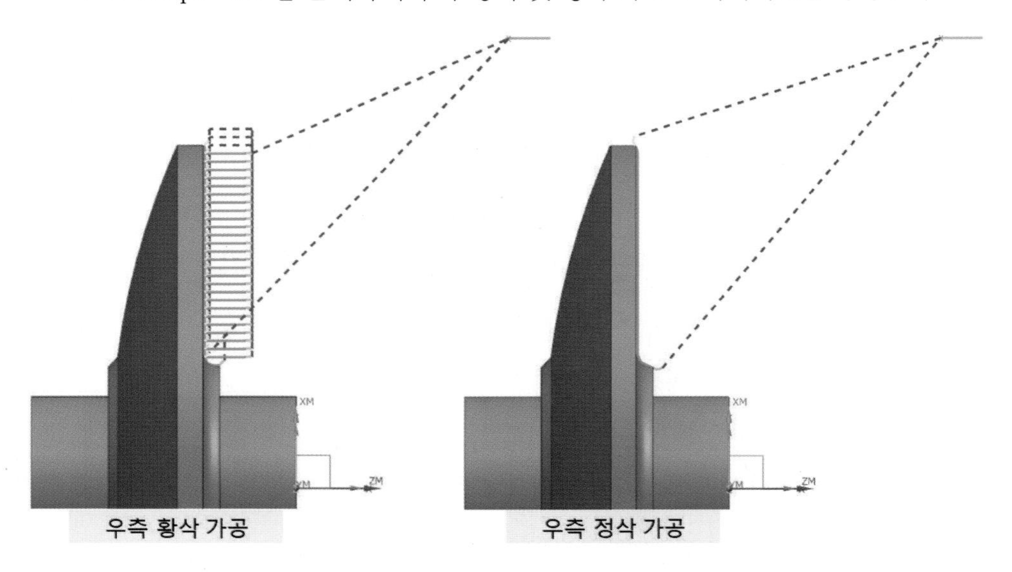

- 같은 방식으로 좌측 황삭 및 정삭 가공 오퍼레이션을 생성한다.

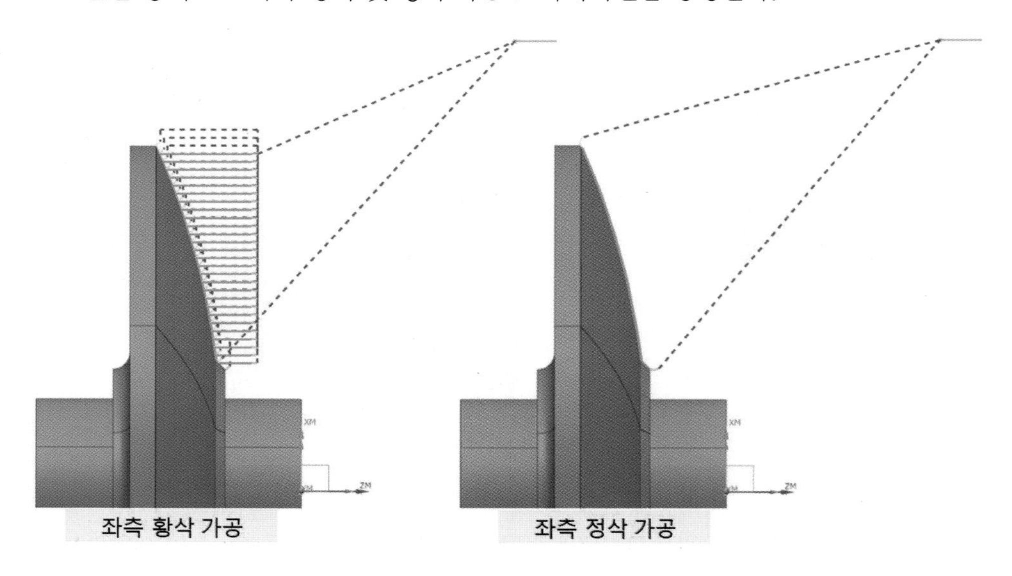

- 생성된 오퍼레이션에 대하여 Verify (검증)을 실시하고 가공을 완료한다.

- O4020.NC , O4030.NC이름으로 좌/우측 가공 데이터를 생성한다.

(c) V-CNC를 이용한 모의 가공

- 앞선 예제와 같은 방법으로 프로펠러 축에 대하여 O4010.NC 파일을 사용하고, 프로펠러 선삭 소재에 대하여 O4020.NC와 O4030.NC 파일을 사용하여 모의 가공을 수행한다.

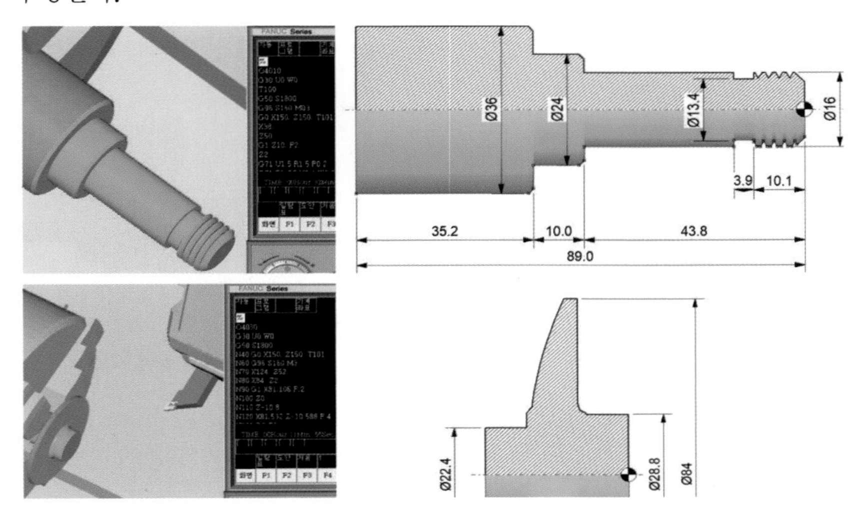

(d) CNC 절삭 가공

- 아래와 같이 작성한 매뉴얼 및 CAM P/G에 의해 작성한 NC 데이터와 CNC 선반을 이용하여 프로펠러 선삭 가공을 수행한다.

(e) 복합 5축 가공용 테스트피스

① 복합 5축 가공용 테스트피스의 선삭을 위한 CAM P/G 작성

- NX를 OPEN한 뒤 예제 경로 폴더에서 5X_PRE_TM_Turn 파일을 OPEN한다.
- 본 예제는 아래 그림의 복합 5축 가공을 위한 사전 테스트피스 선삭 예제로 앞선 예제들과 같은 방법으로 1차 선삭 가공 데이터 O2400.NC 파일을 출력한다.

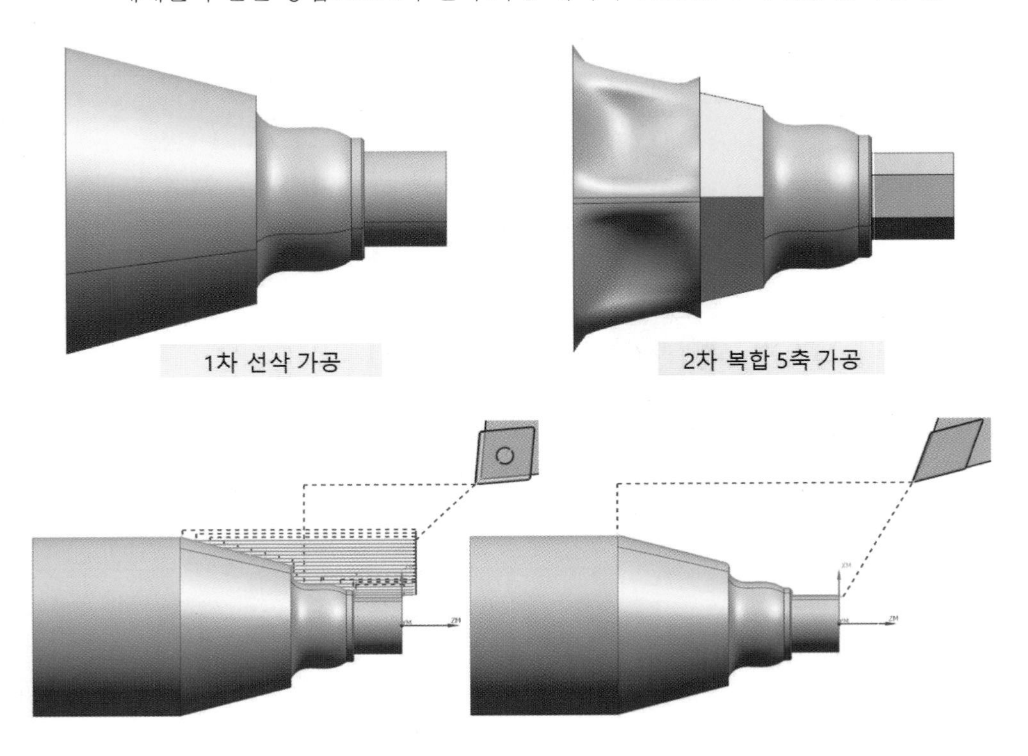

②V-CNC를 이용한 모의 가공

- V-CNC를 사용하여 복합 5축 가공 테스트피스 선삭 모의 가공을 수행한다.

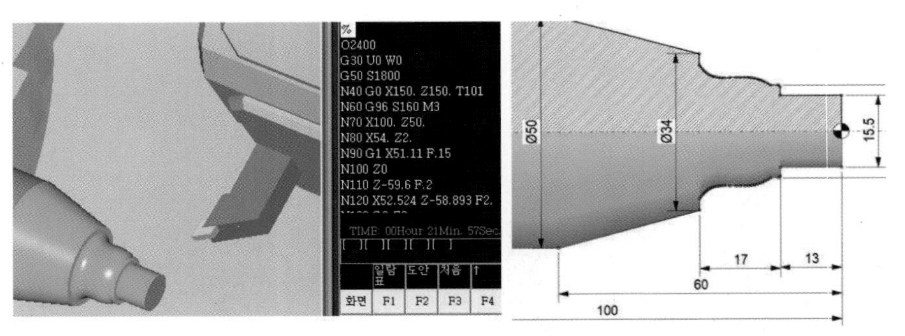

3.2 2.5축 가공 (평면 밀링)

3.2.1 매뉴얼 프로그래밍(컴퓨터응용가공 산업기사, 기계가공 기능장 실기)

1) 컴퓨터응용가공 산업기사, 기계가공 기능장 실기 예제

과제 모델링	매뉴얼 프로그래밍 과제	NC 프로그래밍	1시간	2시간
		MCT 가공	1시간	

1. 요구사항
   가. ①번 파일은 컴퓨터응용가공 산업기사, 기계가공 기능장 실기 예제임
   나. ②, ③번 파일은 예제 학습 후 복습용 과제임

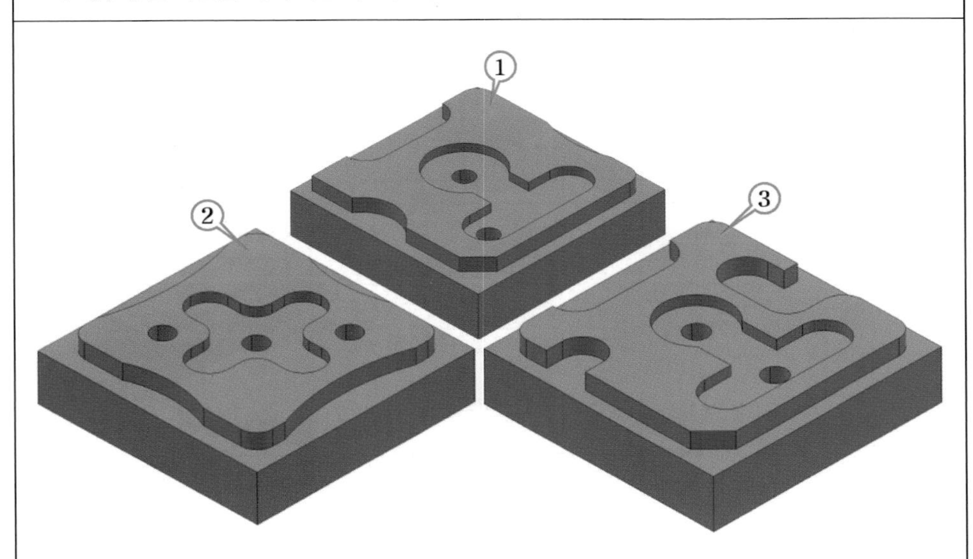

No.	파일 경로
①	D:\NX-CAM-Examples\2_5X_EX01
②	D:\NX-CAM-Examples\2_5X_EX02
③	D:\NX-CAM-Examples\2_5X_EX03

예제 도면	2_5X_EX01	NC 프로그래밍	1시간	2시간
		MCT 가공	1시간	

1. 요구사항
   가. 지급된 도면의 매뉴얼 NC 프로그램을 작성하고 MCT에서 자동 운전 가공한다.

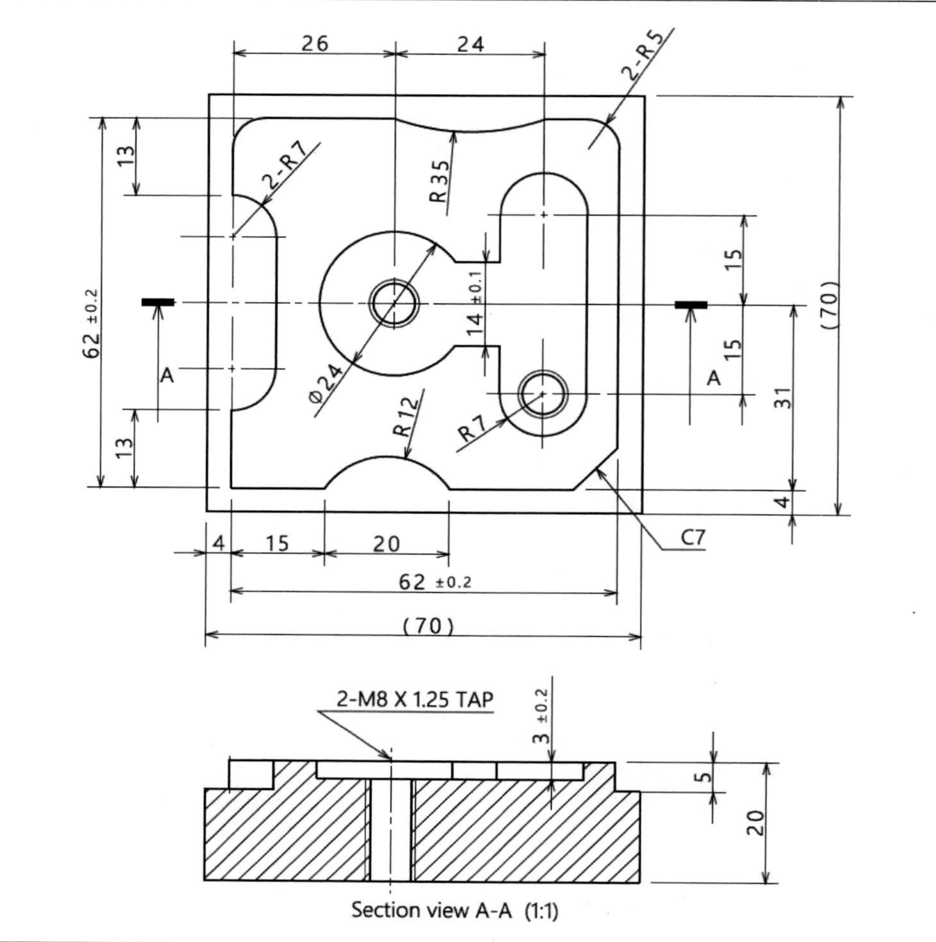

Section view A-A (1:1)

No.	공정 및 공구	공구 번호	보정번호 H	보정번호 D	회전수 N (RPM)	이송 속도 F (mm/min)
1	센터 드릴	T02	H02		S1000	F100
2	ϕ 6-8 드릴	T03	H03			
3	ϕ 10 엔드밀	T01	H01	D01		
4	M8 탭	T04	H04		S100	F125

2) 메뉴얼 프로그램 작성

- 좌표 계산 및 소수점 입력　　　　　* 빨간색으로 표시된 부분은 핵심 체크포인트임

[그림 3-5]는 계산기를 이용한 좌표 기록 사례로, 수많은 수험생이 좌표 착오로 탈락하는 현실을 고려한다면 실기 시험 도면을 받고나서 최초로 해야 할 작업이자 가장 중요한 일이라 하겠다. 자신의 암산을 믿지 말고 정확한 계산기를 믿고 프로그램 작성 이전에 각 위치에서의 좌표를 사전에 계산하고 기록해야 할 것이다.

또한 수험생의 가장 흔한 실수 중 하나가 좌표 뒤에 소수점을 입력하지 않는 경우이다. 예를 들어 G1 X62. Y66.; 으로 입력할 블럭을 실수로 G1 X62 Y66.; 으로 입력했다면 컨트롤러는 G1 X(62/1000) Y66.; 으로 인식하여 결국 G1 X0.062 Y66.; 의 위치로 이동하게 된다. 따라서 V-CNC 검증 시 오류가 생겼다면 가장 먼저 체크해야 할 것이 바로 좌표 기록값의 오류 여부이고, 두 번째 체크포인트는 소수점의 올바른 입력이라 하겠다.

① 좌표 기록의 방식으로는 각 포인트 별 좌표를 기록하는 방식 ② 도면 주요 치수를 기록 하는 방식이 있을 수 있다.

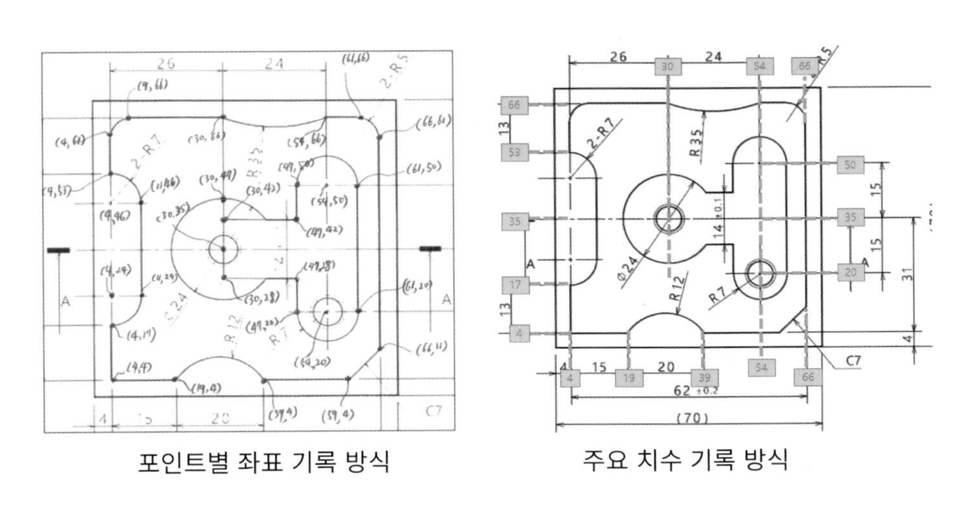

포인트별 좌표 기록 방식　　　　　주요 치수 기록 방식

[그림 3-5] 계산기를 이용한 좌표 기록 사례

- 엔드밀 가공 (윤곽 황삭)

[그림 3-6]의 빨간색 화살표는 윤곽 황삭 경로 궤적(Tool path)을 보여 준다. 윤곽 황삭 가

공은 공구 경보정을 사용하지 않고 공구 중심점의 이동 경로를 정의하는 것으로, 정삭 시 가공 부하를 줄여주거나 사각 윤곽의 잔삭을 사전에 제거하기 위한 목적으로 수행한다. 따라서 그림과 같이 정삭 여유량 1mm를 고려하여 공구 반경 5mm+1mm=6mm를 종점 좌표에서 더하거나 빼주면서 경로상의 좌표를 구하면 된다.

황삭 경로 중 공구 중심 이상 진입하는 경우(④, ⑤)만 안쪽으로 진입하고 나머지는 사각 윤곽의 잔삭 개념으로 가공하여 그림의 흰색 화살표 바깥쪽이 제거되도록 한다. ⑪~⑭의 포켓 황삭 경로는 포켓 가공에서 다시 언급한다.

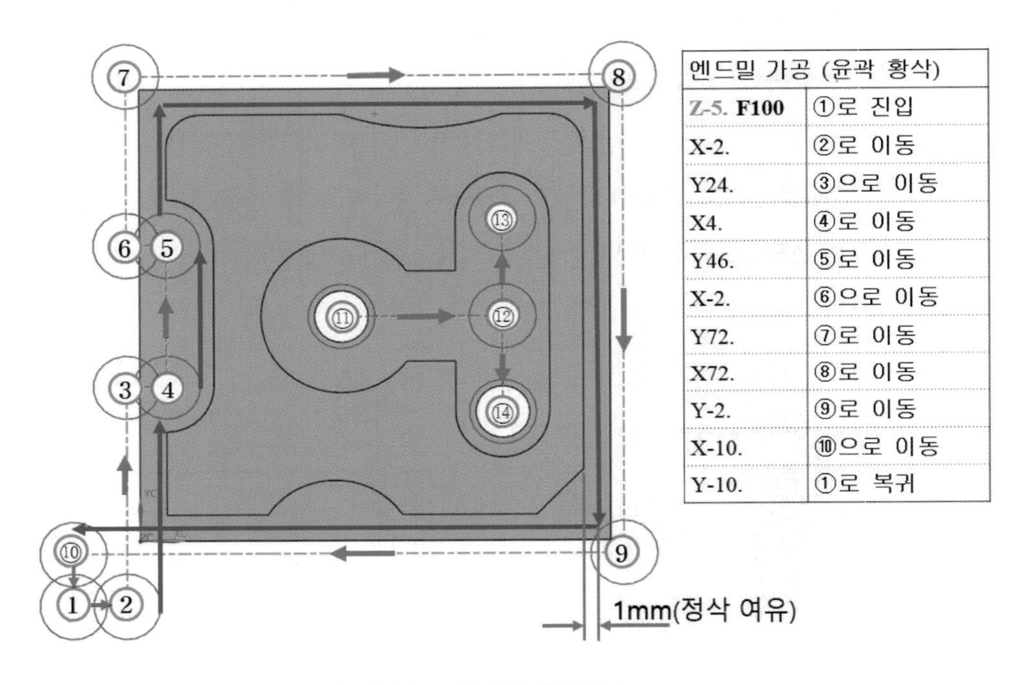

엔드밀 가공 (윤곽 황삭)	
Z-5. **F100**	①로 진입
X-2.	②로 이동
Y24.	③으로 이동
X4.	④로 이동
Y46.	⑤로 이동
X-2.	⑥으로 이동
Y72.	⑦로 이동
X72.	⑧로 이동
Y-2.	⑨로 이동
X-10.	⑩으로 이동
Y-10.	①로 복귀

[그림 3-6] 윤곽 황삭 경로

- 엔드밀 가공 (윤곽 정삭)

[그림 3-7]의 빨간 1점 쇄선(이하 중심선)과 빨간 화살표는 윤곽 정삭 경로의 공구 중심 궤적을 보여 주는 것으로 공구 반경(R)만큼 옵셋한 흰색 화살표까지 정삭이 이루어질 것이다. 그런데 공구 중심점 경로로 정삭 프로그램을 작성하려면 [그림 3-7]의 중심선 궤적상의 모든 좌표를 재차 구해야 한다. ①번 위치에서 시작하여 ⓒ 위치를 정의한 후 중심선을 따라가면서 제품 윤곽선에서 공구 반경만큼 옵셋된

위치를 일일이 구해야 하는 것이다. 만약 공구 반경값만큼 옵셋된 좌표를 일일이 구하지 않고 제품 윤곽상의 좌표만 정의하여도 반경값만큼 자동으로 옵셋(보정)되어 이동한다면 프로그램 작성이 매우 간편할 것이다. 즉, ①번 위치에서 시작하여 공구 중심점인 ⓒ가 아니라 도면상의 연관 좌표인 ②번을 지정하고 이어서 도면상의 좌표점들인 ③, ④, ⑤, ⑥ ~ ⑦번 점들을 경유하여 최종적으로 ①번 위치를 정의해 준다면 매뉴얼 프로그램 작성이 매우 편리할 것이다.

이와 같이 반경값만큼 자동으로 옵셋(보정)하기 위한 명령으로 공구(반)경 보정(G41, G42) 기능을 사용한다. 공구경 보정 기능은 프로그램의 편리성 외에도 치수 공차나 공구 마모량을 고려하여 옵셋량을 임의로 수정함으로써 품질 향상과 공구 수명 연장을 꽤할 수 있다. 일반적으로 과절삭이 아닌 미절삭 경향이 있는 하향 절삭을 위하여 공구의 이동 경로 방향 좌측에 공구 보정값만큼 옵셋하는 좌측 보정(G41)을 주로 사용한다.

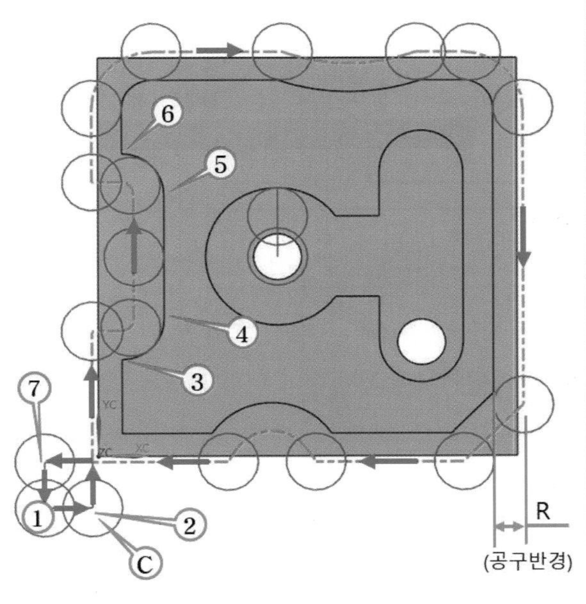

엔드밀 가공 (윤곽 정삭)	
G41 X4. D1	②로 좌측 보정하며 이동
Y17.	③으로 직선보간 이동
G3 X11. Y24. R7.	④로 원호보간 이동
G1 Y46.	⑤로 직선보간 이동
G3 X4. Y53. R7.	⑥으로 원호보간 이동
G1 Y61.	
G2 X9. Y66. R5.	
G1 X30.	
G3 X54. R35.	
G1 X61.	
G2 X66. Y61. R5.	
G1 Y11.	
X59. Y4.	
X39.	
G3 X19. R12.	
G1 X-10.	⑦로 직선보간 이동
G40 Y-10.	①로 복귀하며 보정 취소

[그림 3-7] 윤곽 정삭 경로

• 엔드밀 가공 (포켓 가공)

[그림 3-8]은 포켓 가공 경로를 보여 주는 것이다. 먼저 드릴 가공 위치인 ①로 진입한 후 공구경 좌측 보정을 하면서 ②번 좌표를 지정하면 컨트롤러는 지정한 옵셋량만큼 자동으로 옵셋되어 ⓒ 위치로 공구 중심을 이동할 것이다. 이후부터 황삭은 실제 공구 중심 좌표, 정삭은 도면상의 좌표를 지정해 준다고 생각하면서 프로그램을 작성하는 것이 용이하다. ②번 좌표로 이동한 공구는 360도 원호보간 명령으로 원호를 가공하고 다시 ①번 위치로 공구 경보정을 취소하면서 복귀한다. 이와 같이 경보정을 주면서 이동한 초기점인 ①번 위치로 복귀하면서 보정 취소를 해야 에러를 줄일 수 있다.

다음, 공구 경보정 없이 황삭 개념으로 ③ ⇒ ④ ⇒ ⑤로 이동한 후 이동 경로의 직각 방향인 ⑥번으로 이동하면서 공구 경보정을 한다. 이후부터는 도면상의 좌표인 ⑦~⑬까지 이동하고, 다시 ⑥번으로 이동한 후 경보정을 준 초기점 ⑤번 좌표로 이동하면서 경보정을 취소한다. 수많은 수험자나 학생들이 공구 경보정 에러 때문에 아쉽게 실기 시험에서 탈락하고 있다. 공구 경보정에서는 아래의 세 가지 개념만 정확하게 이해한다면 에러 없이 매뉴얼 프로그램을 작성할 수 있다.

1. Z 방향으로 진입한 후 바로 보정을 주는 경우([그림 2-8]의 ①번에서 ②번으로 이동하는 경우)는 X, Y 평면의 어느 방향으로 가면서 경보정을 하여도 무관하다. 그러나 이미 Z 방향으로 진입하여 이동하는 경로상에서 경보정을 주어야 할 때는 반드시 진행 경로의 직각 방향으로 이동하면서 보정을 주며([그림 3-8]의 ⑤번에서 ⑥번으로 이동하는 경우), 직각으로 이동할 수 없다면 예각을 피하고 둔각을 택한다.
2. 특수한 경우가 아니라면 경보정을 주기 시작한 초기점으로 복귀하면서 경보정을 취소한다. ([그림 3-7], [그림 3-8] 모두 해당)
3. 공구 경보정은 반경 반향 보정이므로 경보정을 수행하고 있는 평면을 벗어나면서(예를 들어 Z 방향으로 이동하면서, 혹은 이동한 이후에) 경보정을 취소하지 않고, 반드시 Z 위치가 고정된 임의 X, Y 평면상에서 보정을 주고 그 평면에서 보정을 취소한다.

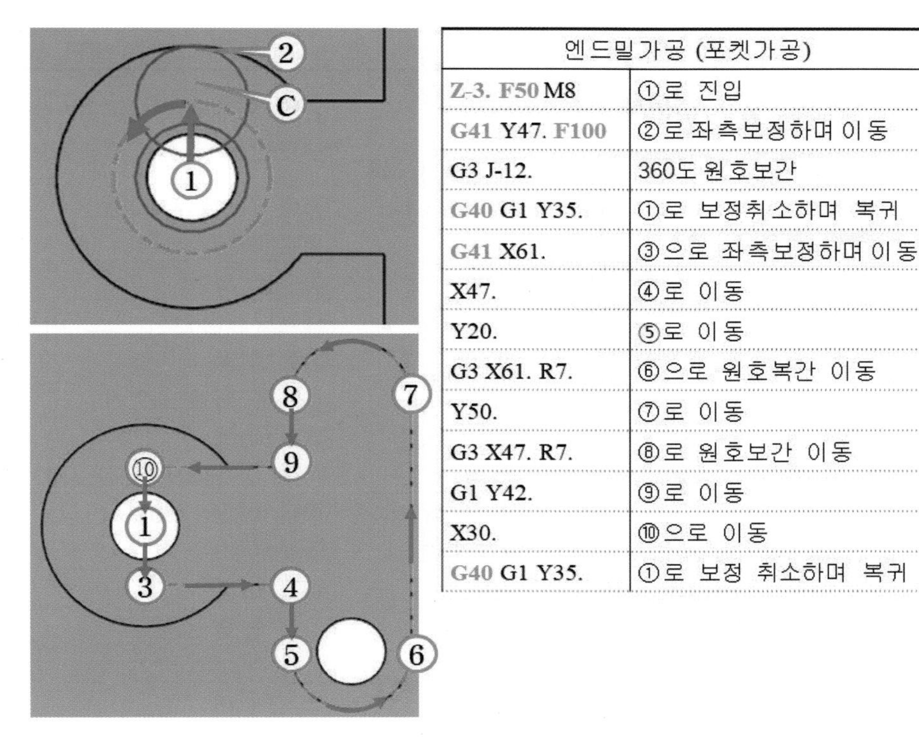

엔드밀가공 (포켓가공)	
Z-3. F50 M8	①로 진입
G41 Y47. F100	②로 좌측보정하며 이동
G3 J-12.	360도 원호보간
G40 G1 Y35.	①로 보정취소하며 복귀
G41 X61.	③으로 좌측보정하며 이동
X47.	④로 이동
Y20.	⑤로 이동
G3 X61. R7.	⑥으로 원호복간 이동
Y50.	⑦로 이동
G3 X47. R7.	⑧로 원호보간 이동
G1 Y42.	⑨로 이동
X30.	⑩으로 이동
G40 G1 Y35.	①로 보정 취소하며 복귀

[그림 3-8] 포켓 가공

- 피타고라스 정리를 이용한 프로그램

[그림 3-9]는 피타고라스 정리를 이용하여 좌표를 구하고, 포켓 프로그램을 단순화시킨 것으로 360도 원을 따로 가공하기 위하여 공구 경보정을 넣었다 뺐다 재차 넣어야 하는 불편이 해소되고 NC 데이터가 간결해지는 장점이 있다. 특히 최근 출제된 몇몇 실기 시험에서는 연관 치수가 부족하여 반드시 피타고라스 정리를 사용해야 하는 경우가 발생하였다.

[그림 3-9]는 ⑧번과 ⑨번의 X 좌표를 구한 경우로서 식 (1)과 같은 피타고라스 정리를 이용하여 간단히 구할 수 있다. 빨간색 동그라미 및 화살표로 표시된 ◎ ⇒ ① ⇒ ② ⇒ ③의 괘적은 포켓 황삭을 위한 공구 중심점 경로이고 파란색 동그라미 및 화살표로 표시된 ④ ~ ⑪ ⇒ ④의 괘적은 포켓 정삭을 위한 공구 경보정 지령 좌표 경로이다.

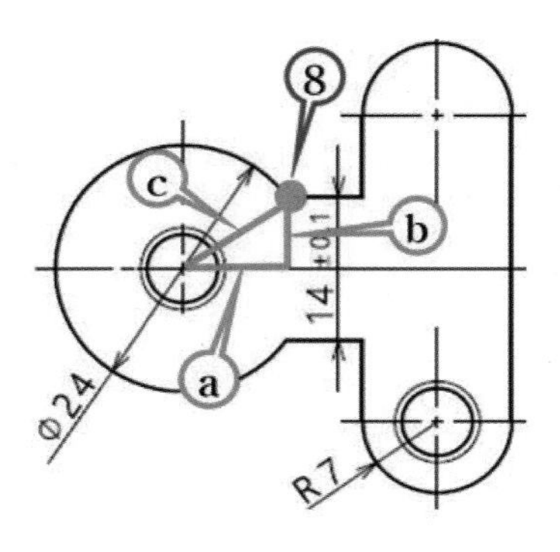

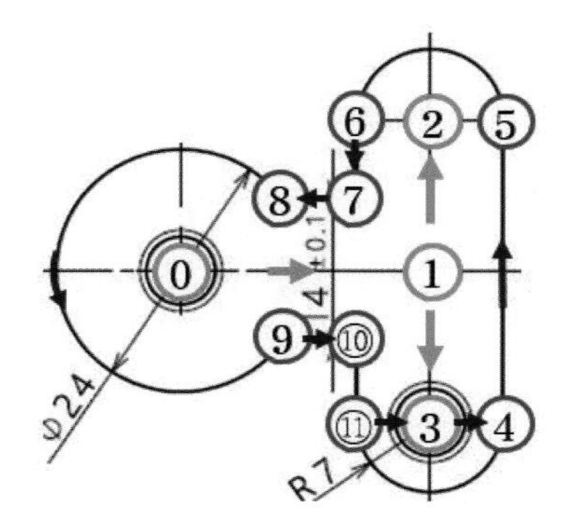

엔드밀 포켓 가공 - 피타고라스 정리 사용	
X30. Y35.	포켓초기위치(◎)로 이동 및 Z방향 진입
Z5.	
Z-3. F50 M8	
X54. F100	①로 직선보간 이동
Y50.	②로 이동
Y20.	③으로 이동
G41 X61.	좌측보정하면서 ④로 이동
Y50.	⑤로 이동
G3 X47. R7.	⑥으로 원호보간
G1 Y42.	⑦로 이동
X39.747	⑧로 이동(피타고라스값)
G3 Y28. R-12.	⑨로 이동(180도 이상)
G1 X47.	⑩으로 이동
Y20.	⑪로 이동
G3 X61. R7.	④로 원호보간
G40 G1 X54.	보정 취소하면서 ③으로 이동

$$a = \sqrt{(c^2 - b^2)} = \sqrt{(12^2 - 7^2)} = 9.747$$
$$X_{◎} = 30, \quad \therefore X_{⑧} = 30 + 9.747 = 39.747 \qquad (1)$$

[그림 3-9] 피타고라스 정리를 이용한 포켓 가공

▣ 예제 도면의 매뉴얼 NC P/G

* 빨간색으로 표시된 부분은 핵심 체크포인트

P/G	해석	
%	DNC시 PG 보호 기능	
O3110	프로그램명	
	센터드릴 가공	
G40 G49 G80	경보정, 길이 보정, 사이클 취소	공구마다 동일한 반복 패턴이므로 이 부분을 복사 붙여넣기 한 후 공구번호(T02)와 보정번호(H02), 회전수(S1000) 및 좌표 수정
(G30 G91 Z0 M19)	구식 장비인 경우 삽입	
T02 M06	센터드릴 공구 교환	
S1000 M03	회전수 지정 및 정회전	
G54 G90 G01 X30. Y35. F1000	공작물 좌표계 및 공구 길이 보정하면서 센터 가공 안전 위치로 이동	
G43 Z150. H02		
Z10. M08	초기점으로 이동	
G98 G81 Z-3. R3. F100	스폿드릴 사이클	
X54. Y20.	두 번째 점 사이클	
G00 Z150. M09	안전 위치로 이동	
	드릴 가공	
G40 G49 G80		
T03 M06		
S1000 M03		
G54 G90 G01 X30. Y35. F1000	공작물 좌표계 및 공구 길이 보정하면서 드릴 가공 안전 위치로 이동	
G43 Z150. H03		
Z10. M08		
G98 G83 Z-24. Q3. R3. F100	팩드릴 사이클	
X54. Y20.		
G00 Z150. M09		
	엔드밀 가공 (윤곽 황삭)	
G40 G49 G80		황삭 경로는 여유량 1mm를 고려하여 공구반경 5mm + 1mm = 6mm를 종점 좌표에서 더하거나 빼주면서 구하면 됨. 윤곽 경로 중 공구 중심 이상 진입하는 경우(④, ⑤)에만 안쪽으로 진입함. 포켓 가공 시 드릴 가공 위치로 진입함.
T01 M06		
S1000 M03		
G54 G90 G01 X-10. Y-10. F1000	공작물 좌표계 및 공구 길이 보정하면서 엔드밀 가공 안전 위치로 이동	
G43 Z150. H01		
Z10. M08		
Z-5. F100	①로 진입, 절입량(Z-5.) 주의	
X-2.	②로 이동	
Y24.	③으로 이동	
X4.	④로 이동	
Y46.	⑤로 이동	
X-2.	⑥으로 이동	
Y72.	⑦로 이동	
X72.	⑧로 이동	
Y-2.	⑨로 이동	
X-10.	⑩으로 이동	
Y-10.	①로 복귀	

P/G		해석
엔드밀 가공 (윤곽 정삭)		
G41 X4. D1		
Y17.		
G3 X11. Y24. R7.		
G1 Y46.		
G3 X4. Y53. R7.		
G1 Y61.		
G2 X9. Y66. R5.		
G1 X30.		
G3 X54. R35.		* 빨간색으로 표시된 핵심 체크포인트를 확실하게 체크하는 것이 실수 없는 합격의 비밀이다.
G1 X61.		
G2 X66. Y61. R5.		
G1 Y11.		
X59. Y4.		
X39.		
G3 X19. R12.		
G1 X-10.		
G40 Y-10.		
Z10. F1000 M9	진출 피드(F1000) 주의	
엔드밀 가공 (포켓가공)	**피타고라스 정리 사용**	
X30. Y35.	X30. Y35.	포켓 초기점으로 이동
Z5.	Z5.	
Z-3. F50 M8	Z-3. F50 M8	절입량(Z-3.), 피드(F50) 주의
G41 Y47. F100	X54. F100	포켓 가공 피드(F100) 주의
G3 J-12.	Y50.	
G40 G1 Y35.	Y20.	
X54.	G41 X61.	**탭 가공**
Y50.	Y50.	G40 G49 G80
Y20.	G3 X47. R7.	T04 M06
G41 X61.	G1 Y42.	S100 M03
Y50.	X39.747 (피타고라스값)	G54 G90 G01 X30. Y35. F1000
G3 X47. R7.	G3 Y28. R-12.	G43 Z150. H04
G1 Y42.	G1 X47.	Z10. M08
X30.	Y20.	G98 G84 Z-24. F125
Y28.	G3 X61. R7.	X54. Y20.
X47.	G40 G1 X54.	G00 Z150. M09
Y20.	G00 Z150. M09	**프로그램 종료**
G3 X61. R7.		G40 G49 G80
G40 G1 X54.		M30
G00 Z150. M09		%

3) V-CNC를 이용한 모의 가공

- 아래의 순서대로 공작물 생성과 공구 설정을 수행한다.

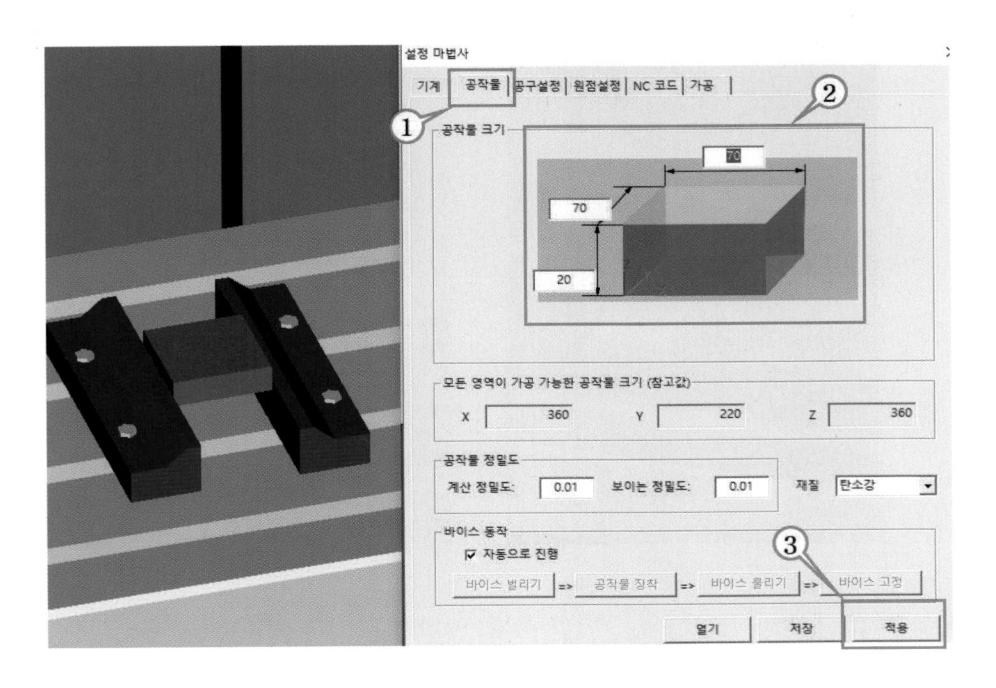

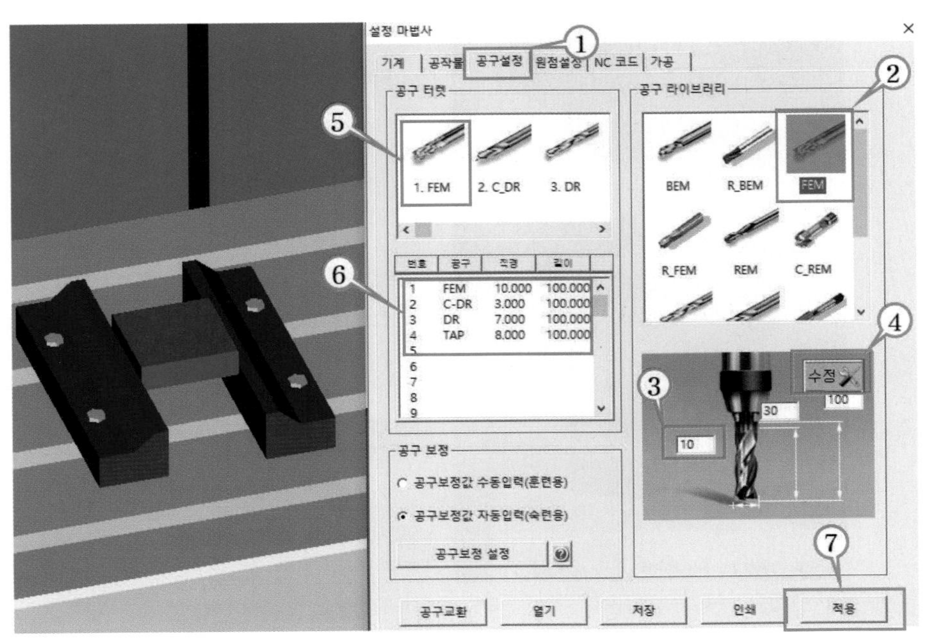

• 아래와 같이 원점 설정을 수행한다.

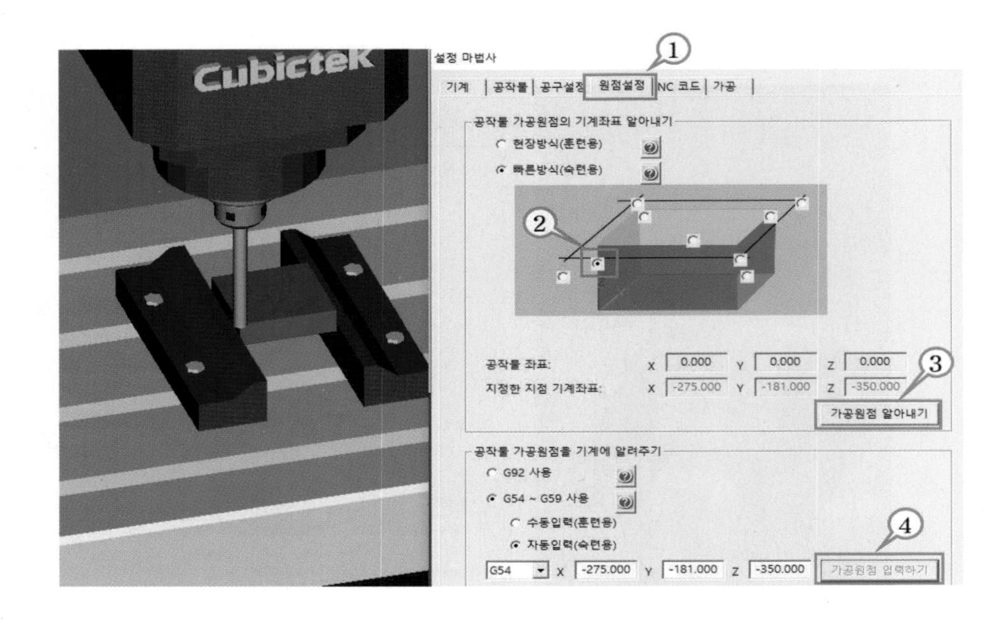

• 아래와 같이 작성한 ③ NC 파일을 선택하여 오픈시킨다

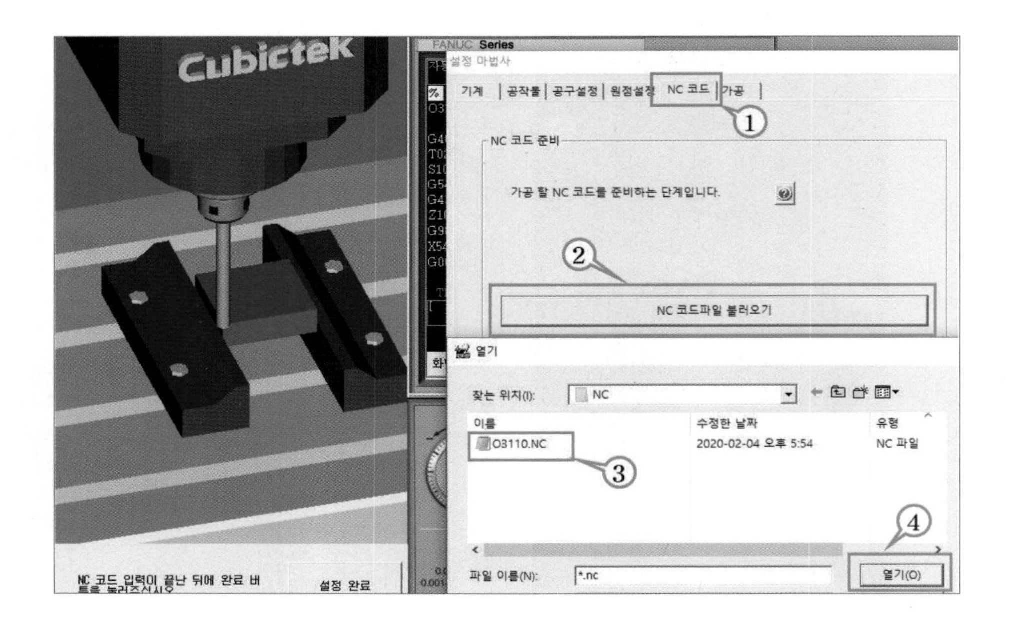

- 아래와 같이 자동 모드에서 Single block 토글스위치를 ON 한 상태로 자동 개시 버튼을 1회 클릭하고 이후부터는 Space bar를 클릭하여 모의 가공을 수행한다.

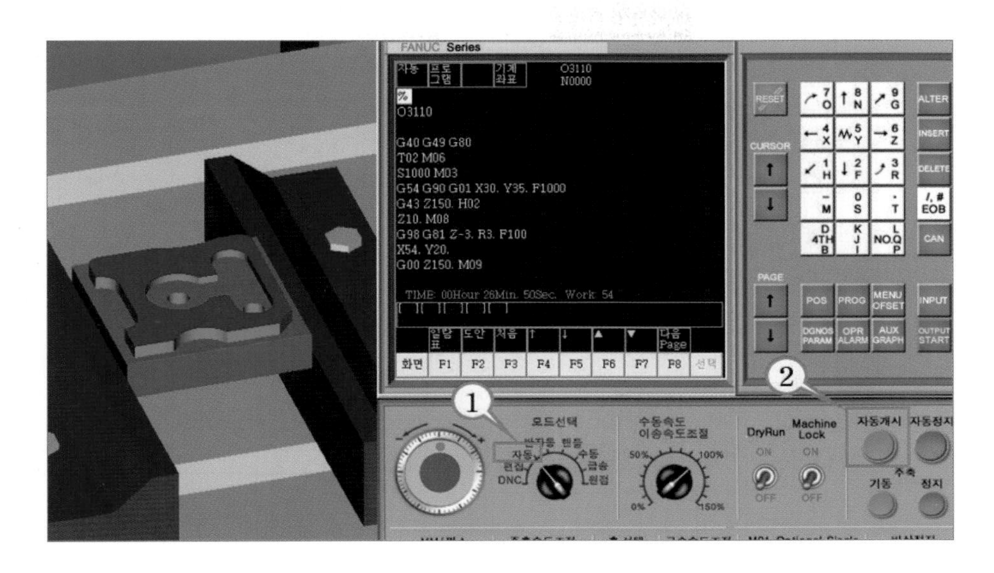

- 메인 메뉴의 검증.〉도면 작성을 선택하여 치수 측정을 수행한다.

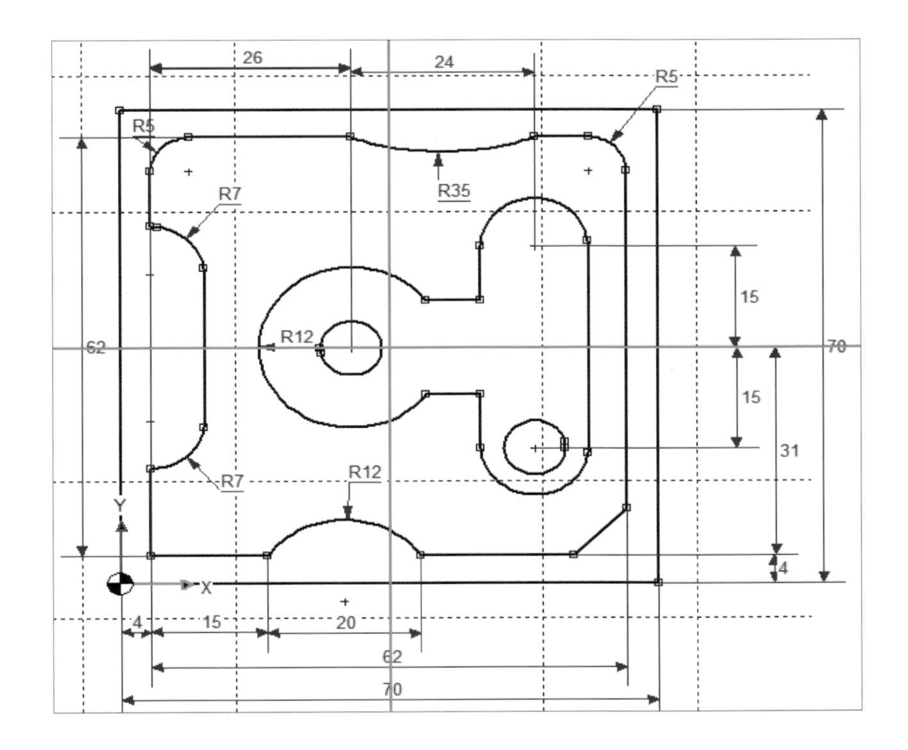

- 피타고라스 정리를 이용한 프로그램(O3111) 또한 모의 가공을 수행하고 치수 측정을 수행한 결과 피타고라스 정리에 의한 ①번 위치의 좌표(9.74)가 정확히 측정되었는지 확인한다.

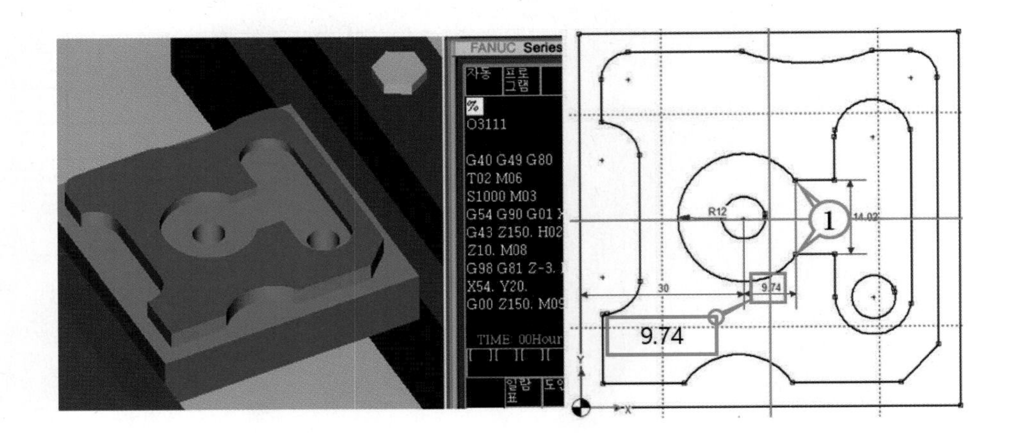

▣ MCT 조작 순서 (FANUC 컨트롤러)

* 빨간색으로 표시된 부분은 핵심 체크포인트

① P/G 입력

- FANUC Oi
  - ⇒ CNC FILE MANAGER 전원 ON
  - ⇒ USB 메모리 삽입, 엔터
  - ⇒ 방향키로 입력할 P/G 위치로 커서 이동, ↲ (엔터)
  - ⇒ EDIT 모드 선택
  - ⇒ (+) ▶(더보기) 누름
  - ⇒ (조작) 누름
  - ⇒ READ
  - ⇒ 실행

- DOOSAN–FANUC i
  - ⇒ USB 삽입
  - ⇒ EDIT 모드
  - ⇒ P/G 누름
  - ⇒ 일람 누름
  - ⇒ 조작 누름
  - ⇒ 장치 변경 누름
  - ⇒ USB MEM 누름
  - ⇒ 파일 입력 누름
  - ⇒ 방향키로 입력할 P/G로 커서 이동
  - ⇒ F GET 누름
  - ⇒ 파일명칭 누름
  - ⇒ F NAME 입력 확인
  - ⇒ 6677 입력 후 O 설정
  - ⇒ O NO. 입력 확인
  - ⇒ 실행 누름
  - ⇒ 장치 변경 누름
  - ⇒ CNC MEM
  - ⇒ O6677 확인

② 가공 원점 세팅

- X, Y 원점 세팅
  - ⇒ MDI 모드, T5(아큐센터) M6, EOB, INSERT, CYCLE START (C/S)
  - ⇒ S500 M3, ;(EOB), INSERT, C/S
  - ⇒ HANDLE 모드
  - ⇒ 아큐센터 X 터치 (우측에서 보면서 아큐센터가 틀어지면 정지, Y 세팅은 정면에서 관찰)
  - ⇒ POS 누름
  - ⇒ 상대 누름
  - ⇒ X 누름
  - ⇒ ORIGIN 누름
  - ⇒ 상대 좌표 X0 확인
  - ⇒ HANDLE 모드에서 안전 위치로 Z+이동 후 X5.로 이동
  - ⇒ X 누르고 ORIGIN 누름
  - ⇒ 상대 좌표 X0 확인
  - ⇒ Y도 동일하게 실행
  - ⇒ HANDLE로 상대 좌표 X0. Y0. 이동
  - ⇒ OFS/SET 누름
  - ⇒ 좌표계 누름
  - ⇒ X0 입력 > 측정 누름
  - ⇒ Y0 입력 > 측정 누름
  - ⇒ G54에 상대 좌표 X0, Y0에서의 기계 좌표가 입력된 것을 확인

- Z원점 세팅
  - ⇒ MDI 모드, T1(엔드밀) M6, EOB, INSERT, C/S
  - ⇒ 핸들로 블록상면에 딱 맞게 Z 이동
  - ⇒ Z, ORIGIN
  - ⇒ POS, 기계 좌표 Z값 확인 (Z-441.210)
  - ⇒ OFS/SET 누름
  - ⇒ G54의 Z에 블록 높이 10mm를 더하여 Z-451.210 입력
  - ⇒ Fanuc 0 는 공작물 좌표계 입력하면 상대 좌표 Z0가 자동으로 변하므로, 공작물 좌표계 입력 후 반드시 Z, ORIGIN 한 번 더 실행

③ 공구 길이, 직경 보정

- 엔드밀 길이 직경 보정값 확인
  - ⇒ OFS/SET 누름
  - ⇒ 보정 누름
  - ⇒ T1 형상(H)값은 “0”, 형상(D)값은 “5”인지 확인

- 센터드릴 길이 보정
  - ⇒ 안전거리로 이동 후 공구교환 T2 M6 ; C/S
  - ⇒ 블록 접촉, 방향키로 T2 형상(H) 위치로 커서 이동, Z, C 입력

- Z, C 입력
  - ⇒ 센터드릴과 동일

④ 세팅검증 (반드시 확인)		⑤ 자동운전
⇒ 안전 위치로 Z+이동 후 공구 교환, T1 M6; INSERT, C/S ⇒ S20 M3; C/S ⇒ G54 G90 G01 X0 Y0 F2000; INSERT, C/S ⇒ G43 G01 Z150. H1; INSERT, C/S ⇒ Z50.; INSERT, C/S ⇒ Z10.; INSERT, C/S ⇒ RESET 누름(스핀들 정지) ⇒ 블록 삽입하여 확인	⇒ 나머지 공구도 동일한 방법으로 T1, H1만 해당 공구로 바꾸어가면서 검증 ※ 세팅 검증은 자동 운전 시 발생할 수 있는 공구 충돌을 사전에 방지하는 것으로서 반드시 수행해야 함	⇒ 원점 복귀 ⇒ EDIT 모드 선택 ⇒ 프로그램 확인 ⇒ MEM 모드 선택 ⇒ SINGLE BLOCK 설정 ⇒ C/S 누름 ※ 자동 운전 중 공구가 움직일 때 FEED HOLD를 누르며 PRM, 공구, 보정번호 및 남은 거리 확인 모든 공구가 가공물에 도달하기 전에 한 번씩 FEED HOLD 후 확인하며 안전하게 가공

■ MCT 조작 순서 (SENTROL 컨트롤러)　　* 빨간색으로 표시된 부분은 핵심 체크포인트

① P/G 입력

- USB 입출력
  ⇒ CTR 우측 USB 삽입
  ⇒ EDIT 모드
  ⇒ 손가락(F8)
  ⇒ USB 입출력(F5)
  ⇒ 입력(F1)
  ⇒ 화살표를 눌러 입력할 P/G으로 이동
  ⇒ 입력할 P/G이 맞는지 확인 후, 선택/취소(F3)
  ⇒ 선택 결정(F1)
  ⇒ 실행(F1)
  ⇒ EDIT 모드에서 선택(F3)
  ⇒ 번호(F1)
  ⇒ 선택한 P/G 번호 입력후 ↲

- 가공 경로 확인
  ⇒ EDIT 모드에서 도안(F2)
  ⇒ 스케일링(F6)
  ⇒ 신속 확인(F7)
  ⇒ 가공 경로 확인
  ⇒ 신속 확인 후, 확대 설정(F3)
  ⇒ 상자를 확대 설정할 가공 경로로 이동 방향키(F5~F8)
  ⇒ 확대(F2)
  ⇒ 신속 확인(F7)
  ⇒ 경로 확인후 [1. 장비 켜기의 ② 원점 복귀] 반복 1회

② 가공 원점 세팅

⇒ T5 M6 ;
S500 M3;
↲ 후 C/S

- X0 설정
  ⇒ MPG 모드
  ⇒ 우측에서 보면서 아큐센터가 틀어지면 정지 (Y세팅은 정면에서 관찰)
  ⇒ 위치 선택(F1) 좌표계 (상대 좌표)
  ⇒ 아큐센터가 틀어진 위치에서 X0(F4)
  ⇒ MPG 모드에서 Z를 안전 위치로 Z+이동
  ⇒ 상대 좌표의 X5.로 이동
  ⇒ X5. 이동 확인후 X0(F4)
  ⇒ X0 확인
  ⇒ Y 원점도 동일하게 실행

- Z0 설정
  ⇒ 안전 위치 Z+로 이동
  ⇒ 스핀들 STOP
  ⇒ MDI 모드에서 T1 M6 ; ↲ (ϕ10 평엔드밀 호출)
  ⇒ 소재 위에 10mm 블록 올리고 Z- 접근
  ⇒ 블록이 정확하게 삽입되었는지 확인
  ⇒ 위치 확인
  ⇒ Z 기계 좌표 취득
  ⇒ 취득한 좌표 확인
  ⇒ 좌표 입력 ↲
  ⇒ 좌표 확인
  ⇒ 입력한 좌표에서 블록 높이 값 –10 더함
  -381.990 + -10 = -391.990
  ⇒ -391.990 입력 ↲
  ⇒ 입력 확인(기계 좌표와 비교)

③ 공구 보정

- 기준 공구 보정
  ⇒ 보정(F4)
  ⇒ H1 위치 확인
  ⇒ 0 입력 ↲ ⇒ D1 위치로 방향키 이동
  ⇒ 5. 입력 ↲
  ⇒ 입력되었는지 확인

- 센터드릴 공구 보정
  ⇒ MDI 모드 T2 M6 마침 ↲ , C/S
  ⇒ MPG 모드에서 기준 공구를 블록으로 세팅할 때와 같은 방법으로 Z 세팅
  ⇒ 보정(F5)
  ⇒ 화살표로 H2로 커서 이동 후 상대(F1)
  ⇒ 설정 입력(F2)
  ⇒ 입력되었는지 확인(상대 좌표 Z와 비교)
  ⇒ 기타 공구도 동일하게 실행

④ 세팅검증 (반드시 확인)		⑤ 자동운전
⇒ MDI에서 T1 M6; (ϕ10 평엔드밀 호출 확인) ⇒ G54 G90 G1 X0 Y0 F2000; C/S ⇒ G43 G1 Z150. H1; C/S ⇒ Z50.; C/S ⇒ 확인 ⇒ Z10. C/S 이동 시 FEED HOLD를 눌러 일시 정지 및 잔여 거리 확인 ⇒ 블록 삽입하여 확인 ⇒ 안전거리로 Z+올려줌	⇒ 나머지 공구도 동일한 방법으로 T1, H1만 해당 공구로 바꾸어가면서 검증 ※ 세팅 검증은 자동 운전 시 발생할 수 있는 공구 충돌을 사전에 방지하는 것으로서 반드시 수행해야 함	⇒ 원점 복귀 실행 X, Y, Z 확인 후 EDIT 모드에서 사용할 P/G 확인. ⇒ AUTO 모드 누름 ⇒ SINGLE BLOCK 누름 ⇒ 장비 문 닫음 ⇒ C/S ※ 자동 운전 중 공구가 움직일 때 FEED HOLD를 누르며 PRM, 공구, 보정번호 및 남은 거리 확인, 모든 공구가 가공물에 도달하기 전에 한 번씩 FEED HOLD 후 확인하며 안전하게 가공

체크포인트 SUMMARY

아래의 체크포인트를 반드시 지켜서 실수 없이 합격하고 실무에서도 오류를 방지한다.

1. 좌표 계산 및 소수점 입력
   자신의 암산 실력을 믿지 말고 계산기를 사용하여 주어진 도면에 정확한 좌푯값을 기록하고 코딩 시 좌푯값의 소수점을 확인한다.

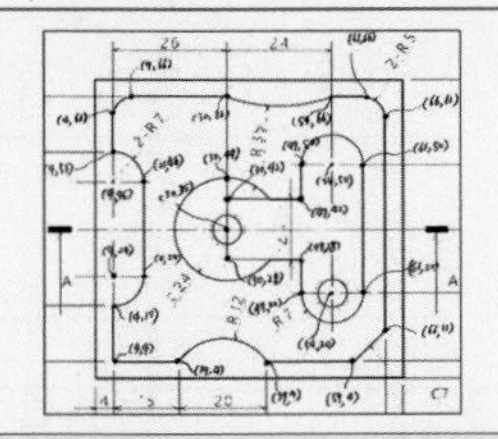

2. 공구 경보정 주의	1. 이동하는 경로상에서 경보정을 주어야 할 때는 반드시 진행 경로의 직각 방향으로 이동하면서 보정을 주고, 직각으로 이동할 수 없다면 예각을 피하고 둔각을 택한다. (G41, D01, G40 체크) 2. 특수한 경우가 아니라면 경보정을 주기 시작한 초기점으로 복귀하면서 경보정을 취소한다. 3. 공구 경보정은 반경 반향 보정이므로 반드시 Z 위치가 고정된 임의 X, Y 평면상에서 보정을 주고 그 평면에서 보정을 취소한다.

3. 촉각, 시각, 청각 활용(3각법)
   ①~⑤ 까지 순서대로 하나씩 마우스로 클릭하고(촉각), 눈으로 보고(시각), 말로 하면서(T1 ①, H1②, 1000③, 1000④, 100⑤) 귀로 듣는(청각) 습관을 가진다면 실수 없이 가공할 수 있을 것이다. 즉 컨디션에 따라 오류를 범할 수 있는 사고 체계를 촉각, 시각, 청각 체크 시스템을 작동하여 교정한다. 포켓가공과 같이 드릴 포인트로 진입하고 이어서 내면 윤곽가공을 할 때는 피드값을 체크(⑥)한다.

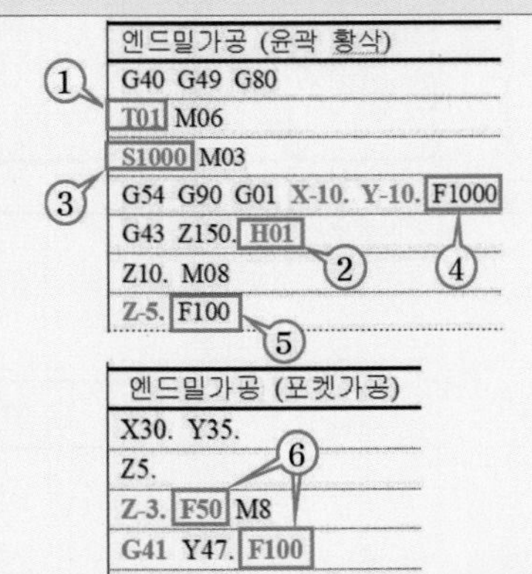

4. 모의 가공	V-CNC 등 검증 프로그램을 활용하여 좌푯값이 정확한지 검증한다.
5. 공작물 좌표계, 공구 길이 보정 세팅	먼저 컨트롤러의 경보정값(D01 ⇒ 4.98)부터 체크하고 공작물 좌표계 및 길이 보정을 세팅한다.
6. 세팅 검증	반자동으로 공작물 좌표계 및 공구 길이 보정 세팅 검증
7. 자동 운전	가공 시작점까지 이동하는 동안에는 Single block으로 놓고 이동 중에 FEED HOLD를 눌러서 잔여 이동거리 확인

▣ 매뉴얼 프로그래밍 과제

과제 도면	2_5X_EX02	NC 프로그래밍	1시간	2시간
		MCT 가공	1시간	

1. 요구사항
   가. 지급된 도면과 같이 수동으로 NC 프로그램을 작성하고, 저장 매체에 저장 후 제출
   나. 기계 가공할 때는 공구 세팅 및 좌표계 설정을 제외하고는 자동 운전으로 조작

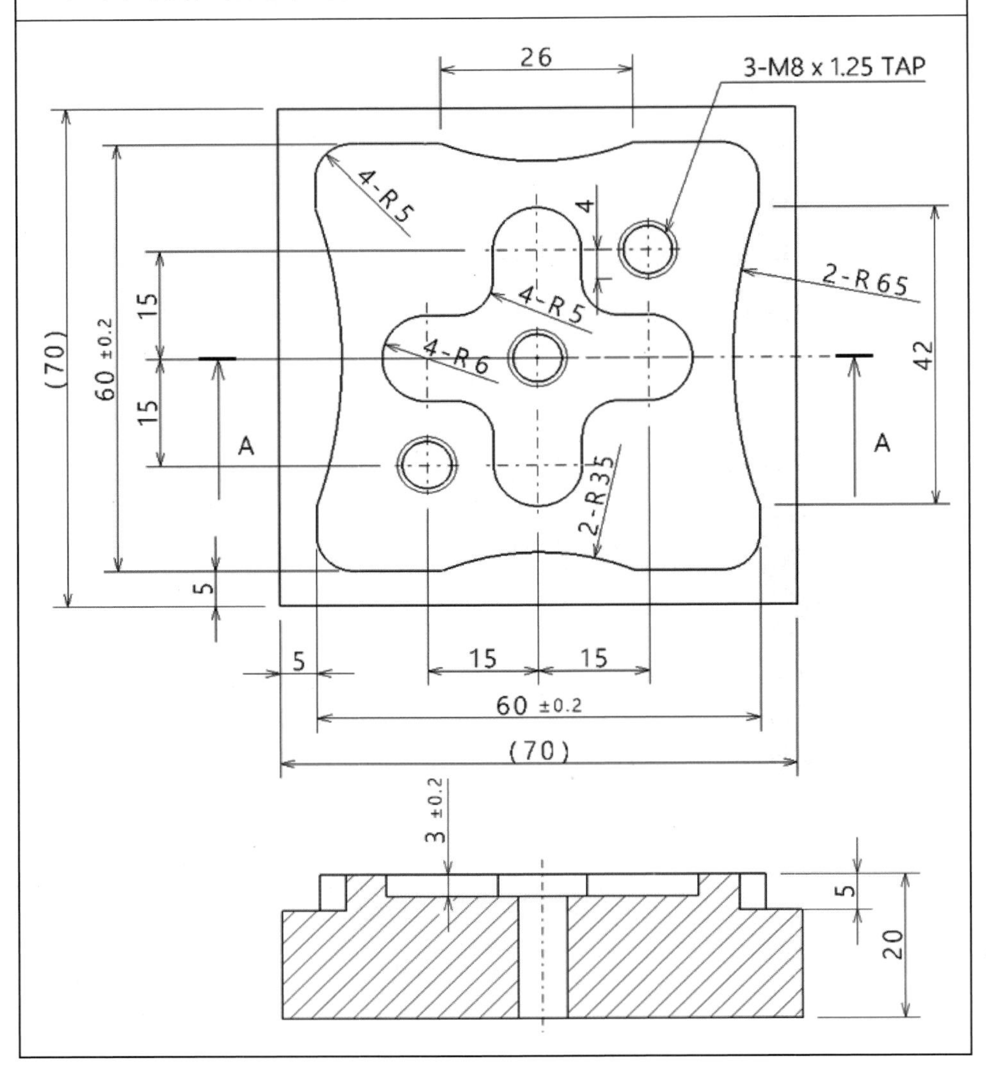

과제 도면	2_5X_EX03	NC 프로그래밍	1시간	2시간
		MCT 가공	1시간	

1. 요구사항
   가. 지급된 도면과 같이 수동으로 NC 프로그램을 작성하고, 저장 매체에 저장 후 제출
   나. 기계 가공할 때는 공구 세팅 및 좌표계 설정을 제외하고는 자동 운전으로 조작

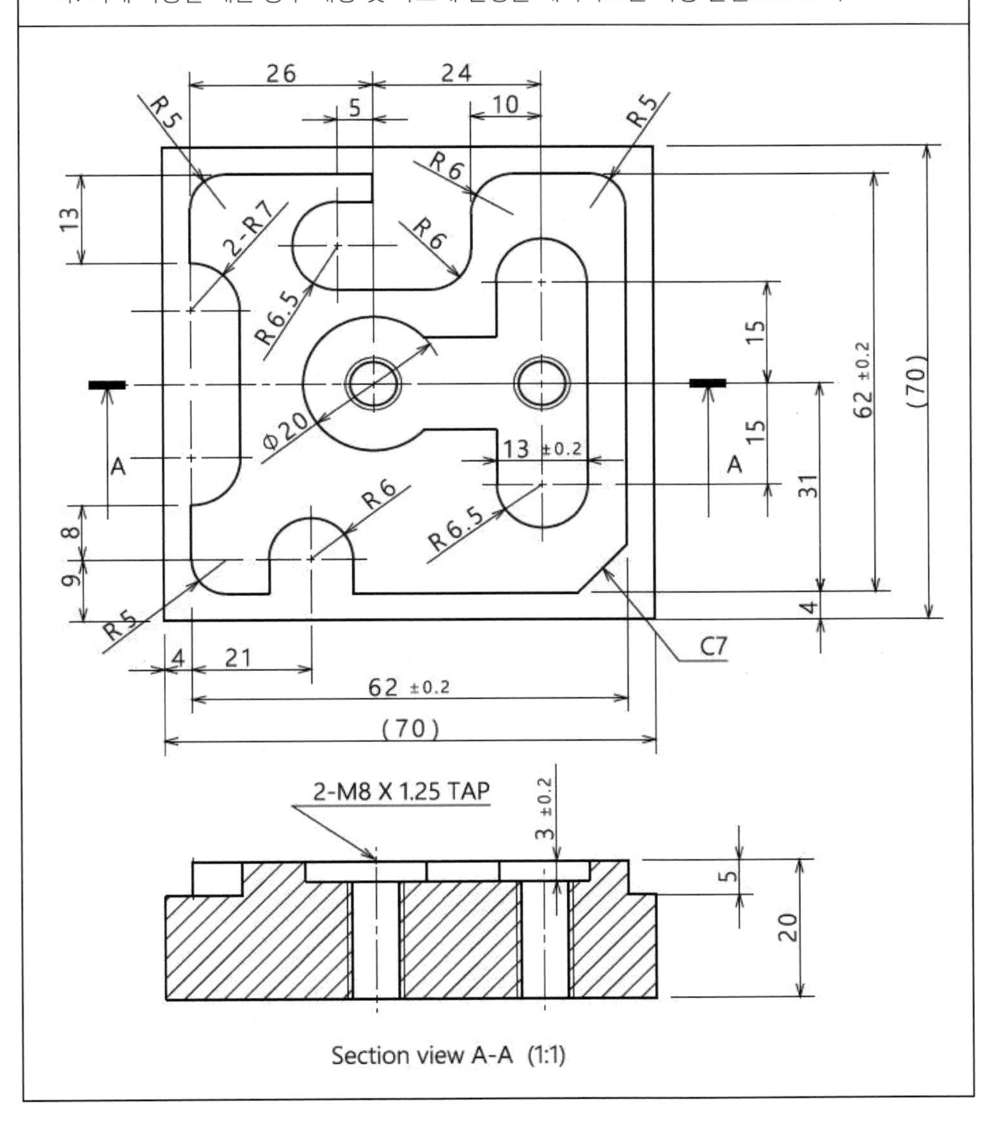

Section view A-A (1:1)

3.2.2 CAM 프로그래밍 (컴퓨터응용밀링 기능사 실기, 평면 밀링 CAM 실무)

1) 컴퓨터응용밀링 기능사 실기 예제

(1) 컴퓨터응용밀링 기능사 실기 예제 및 평면 밀링 CAM 실무 예제

<table>
<tr><th rowspan="2">과제 모델링</th><th rowspan="2">CAM 프로그래밍 과제</th><th>NC 프로그래밍</th><th>1시간</th><th rowspan="2">2 시간</th></tr>
<tr><th>MCT 가공</th><th>1시간</th></tr>
<tr><td colspan="5">1. 요구사항
가. ①번 파일은 컴퓨터응용밀링 기능사 예제임
나. ②, ③번 파일은 예제 학습 후 복습용 과제로 활용함</td></tr>
</table>

No.	파일 경로
①	D:\NX-CAM-Examples\2_5X_EX04
②	D:\NX-CAM-Examples\2_5X_EX05
③	D:\NX-CAM-Examples\2_5X_EX06

예제 도면	2_5X_EX04	범용가공	1시간	3 시간
		NC 프로그래밍	1시간	
		MCT 가공	1시간	

1. 요구사항
   가. 프로그램 입력 장치에서 수동 및 자동 프로그램 하여 저장 매체에 제출한다.
   나. 기계 가공할 때는 공구 세팅 및 좌표계 설정을 제외하고는 자동 운전으로 조작

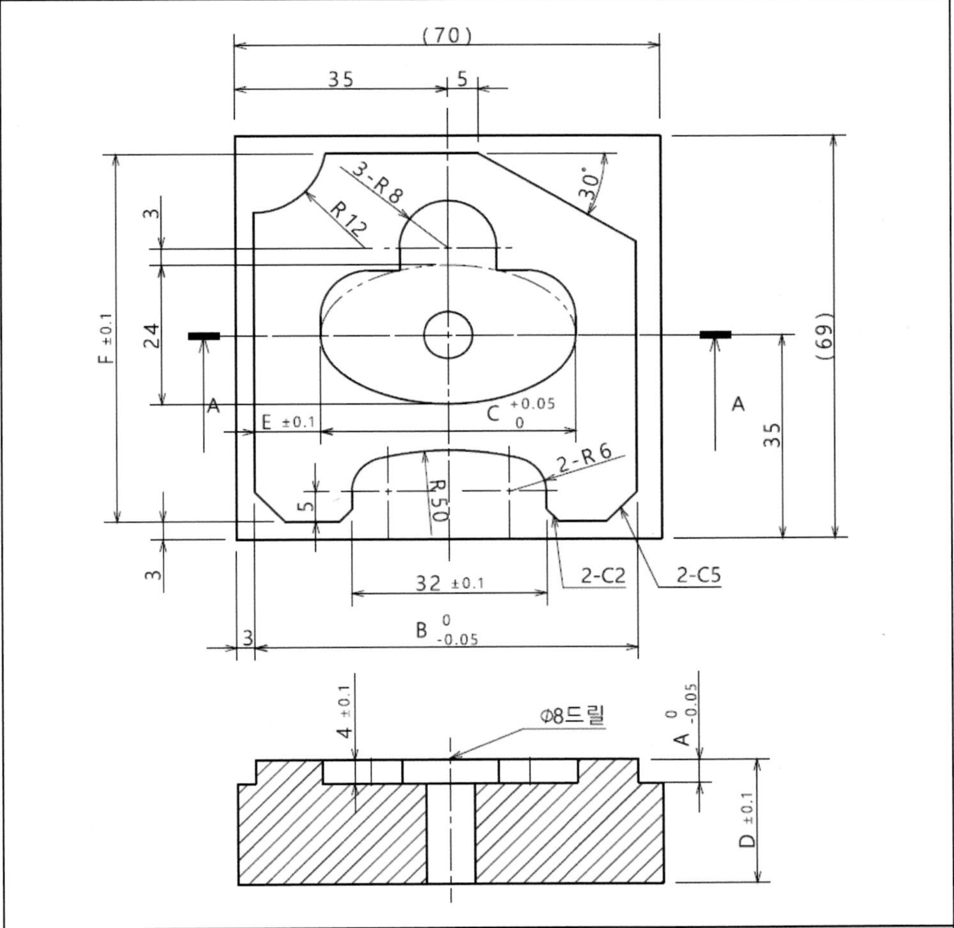

가공 치수 변화표								
비번호	구분	A	B	C	D	E	F	비고
1, 4, 7	A	4	63	42	21	11	63	
2, 5, 8, 0	B	6	64	40	22	12	62	
3, 6, 9	C	5	62	40	23	12	61	

(2) 컴퓨터응용밀링 기능사 실기 예제의 CAM P/G 작성

(a) 기본 환경 세팅

- 직접 모델링하거나 완성된 모델링(EX01.x_t)를 Manufacturing 모드로 전환한다.

  (※ 가급적 모델링 원점은 가공 원점과 일치하도록 모델링해주는 것이 좋다. CAM 모드에서 별도의 공작물 좌표계 원점을 지정할 수 있지만 모델링 원점과 가공 원점이 다르게 되면 본인도 모르는 사이에 불량을 발생시킬 수 있음을 주의하자)

  – NX 8.5 : Menu → Start → Manufacturing (Ctrl + Alt + M)

  – NX 10.0 : Menu → Application → Manufacturing (Ctrl + Alt + M)

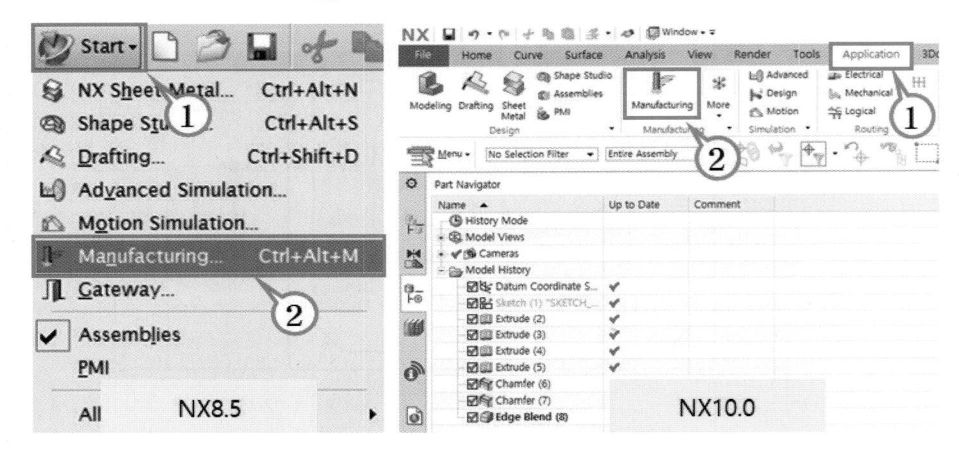

- Manufacturing 모드를 실행하면 데이텀 원점에 XM, YM, ZM의 공작물 좌표계 원점이 추가로 생성된 것을 확인할 수 있다.

  (별도에 지정이 없다면 모델링 원점에 자동으로 MCS 생성)

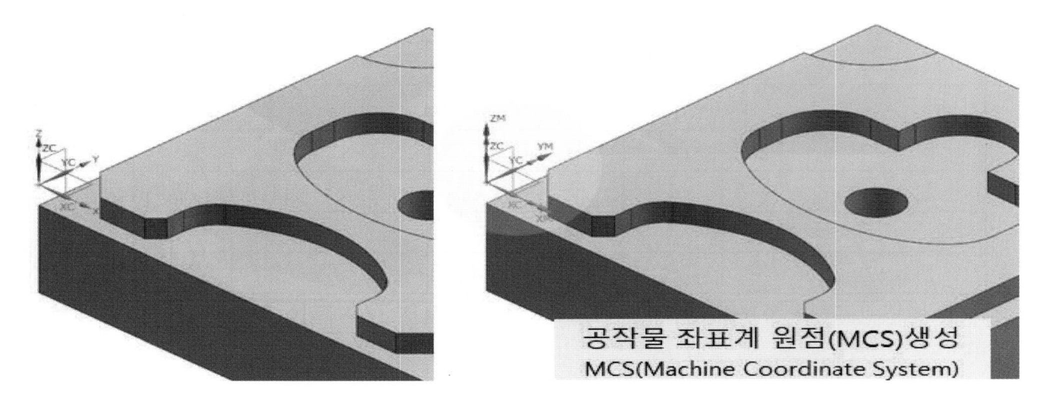

- Manufacturing 모드에서 주로 사용하게 될 툴바 "Insert", "Navigator" 툴바 위치를 확인한다. NX 8.5 버전인 경우 작업 영역 편한 위치에 배치한다.

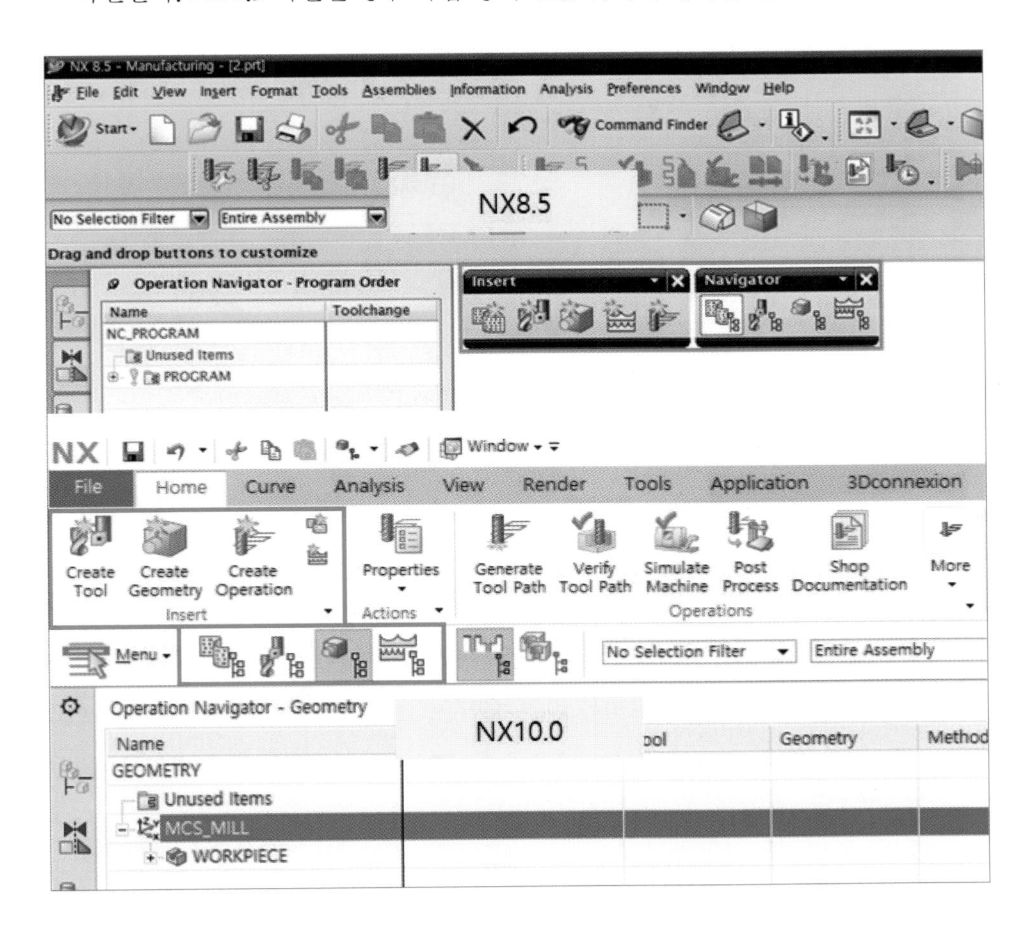

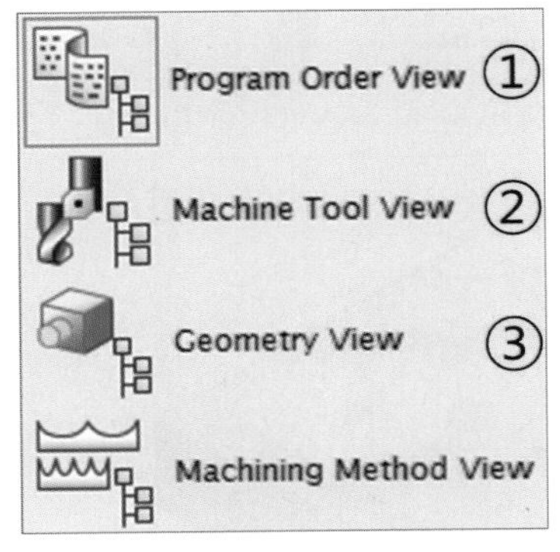

① Program Order View (*주 작업 뷰로 활용)
오퍼레이션을 가공 순서대로 보여준다.

② Machine Tool View
사용하는 공구 목록 기준으로 보여준다.
(오퍼레이션 순서는 가공 순서와 무관)

③ Geometry View
Stock(소재) 및 가공 형상, 원점 등을 설정한다.
(오퍼레이션 순서는 가공 순서와 무관)

• 처음부터, Modeling → Manufacturing 애플리케이션으로 들어간다.

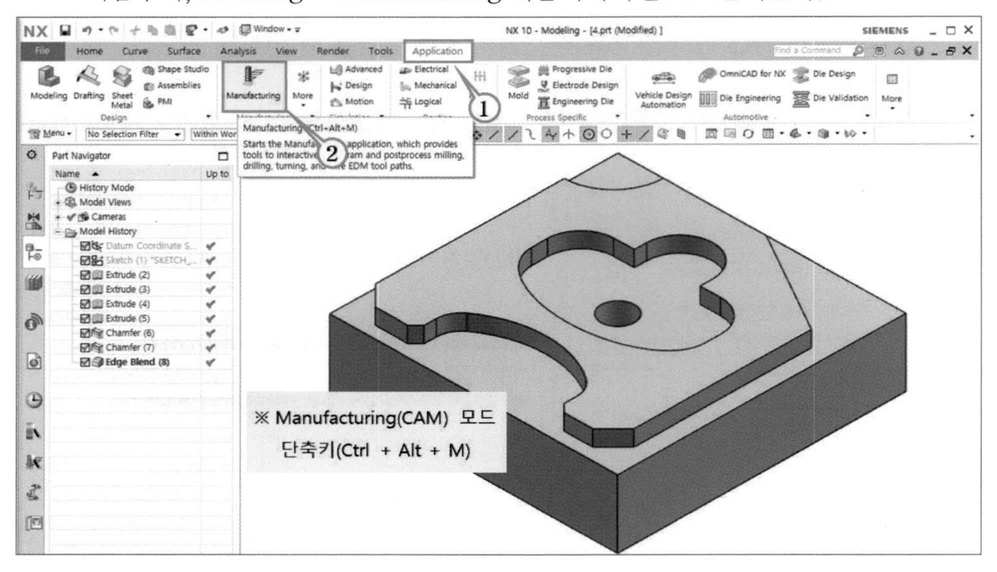

• Manufacturing 애플리케이션으로 들어가면 가장 먼저 공작물 좌표계(MCS) 설정 및 소재, 가공 형상 등을 정의하기 위하여 내비게이터의 뷰 상태를 지오메트리 뷰 상태로 변경한다. 지오메트리뷰 변경 방법은 ① 내비게이터 툴바의 지오메트리 뷰를 클릭하거나 ② 내비게이터 빈화면에 마우스 우측 버튼(MB3)을 클릭하여 지오메트리 뷰를 클릭하는 방법이 있다.

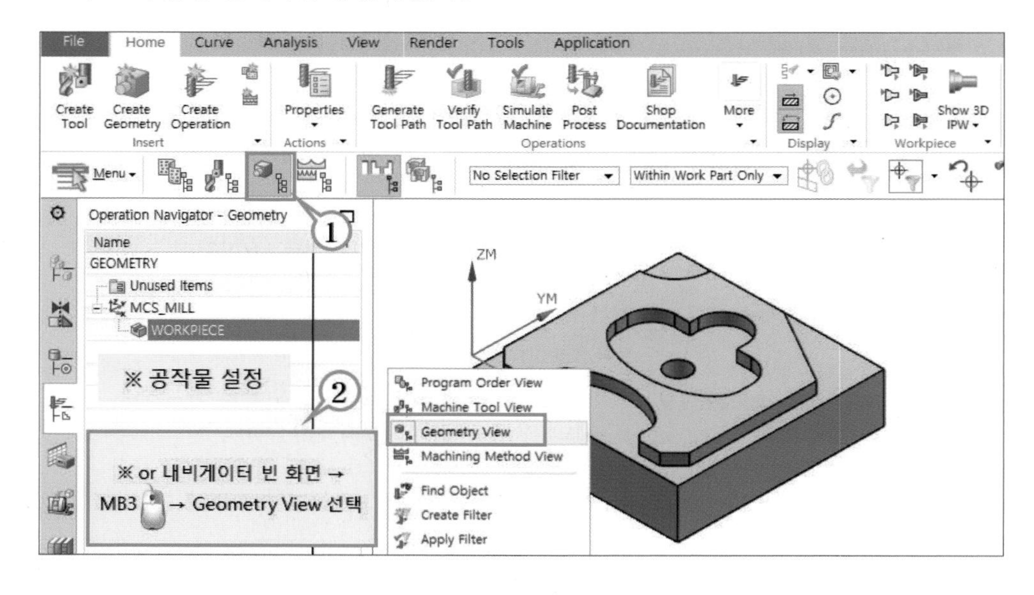

• 지오메트리 뷰에서는 가장 먼저 공작물 좌표계 원점을 지정한다. 본 예제에서는 WCS와 MCS가 같기 때문에 WCS 위치에 자동으로 생성된 MCS를 그대로 사용한다. 3축 이하의 가공에서는 모델링에서 사용한 WCS와 Manufacturing에서 사용할 MCS를 일치시키는 것을 권장한다. 물론, 5면/5축 가공 시에는 Set up을 변경하는 작업 방식으로 다양한 MCS도 사용하기도 한다. 아래의 MCS 설정 방법은 참고로 활용하기 바란다.

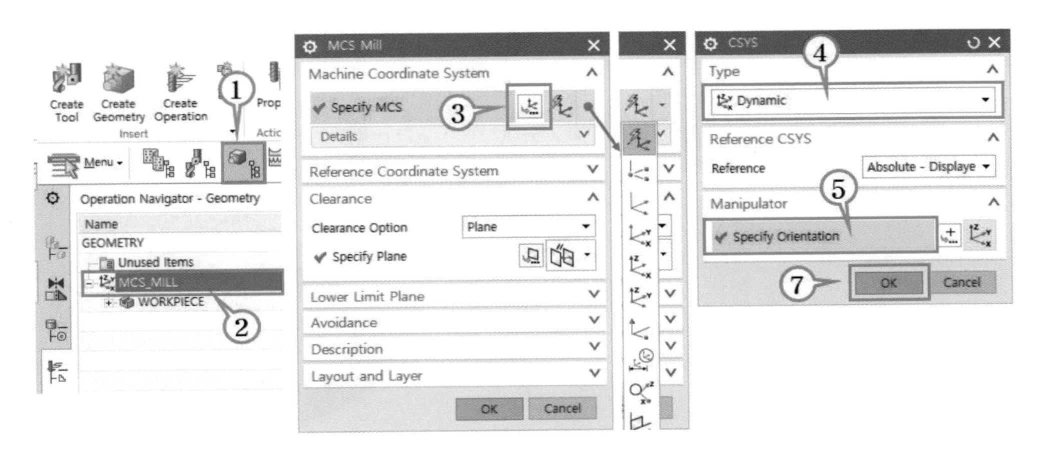

지오메트리 뷰에서 내비게이터상의 ② MCS_MILL을 더블 클릭 → ③ CSYS Dialog 클릭 → ④, ⑤의 Type 및 Manipulator을 설정을 확인한 후 → ⑥ 원하는 공작물 원점을 지정해 줄 수 있다. 공작물 원점 선택할 수 있는 방식은 다양하게 있지만 대표적으로 아래의 원하는 좌표값을 입력하는 방식과 원하는 좌표값을 클릭하는 방식이 있다.

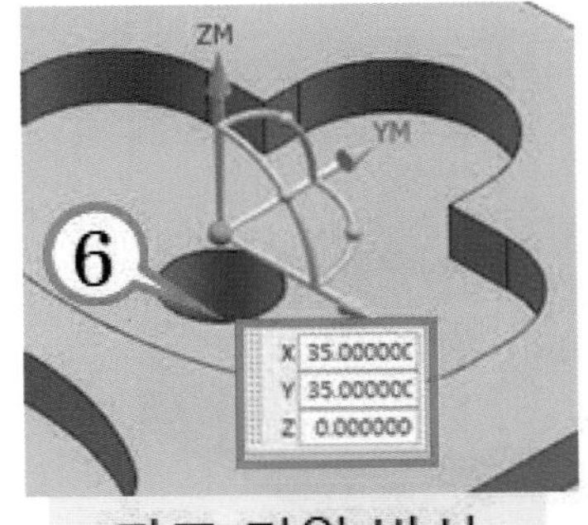

좌표 기입 방식

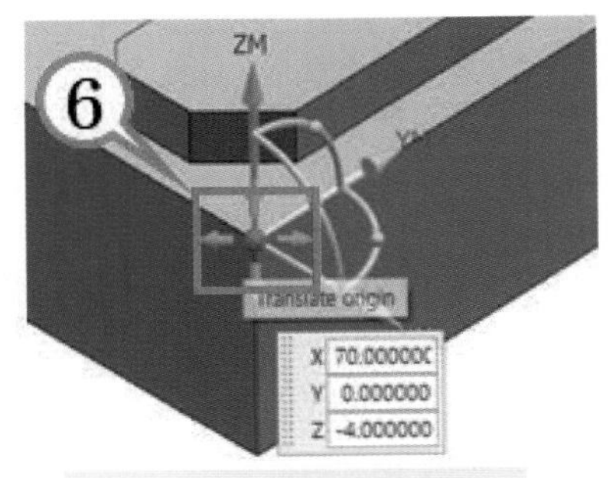

좌표 클릭 방식

- 공구 안전 높이를 설정하기 위하여 ① MCS MILL 더블 클릭 → ② Clearance Option을 Plane으로 선택 → ③ 모델링 Datum의 XY 평면, (혹은 모델링의 최 상단면) 선택 → ④ 선택 평면 기준으로 원하는 안전높이 거리값을 기입

(※ MCS_MILL에서 클리어런스를 지정해둘 경우 모든 오퍼레이션에 대하여 자동으로 같은 안전높이로 툴 패스가 생성)

(※ 자격 시험의 경우 검정에 주어진 조건 기입 ea. 모델링 원점기준 100mm 상단 → 100 기입)

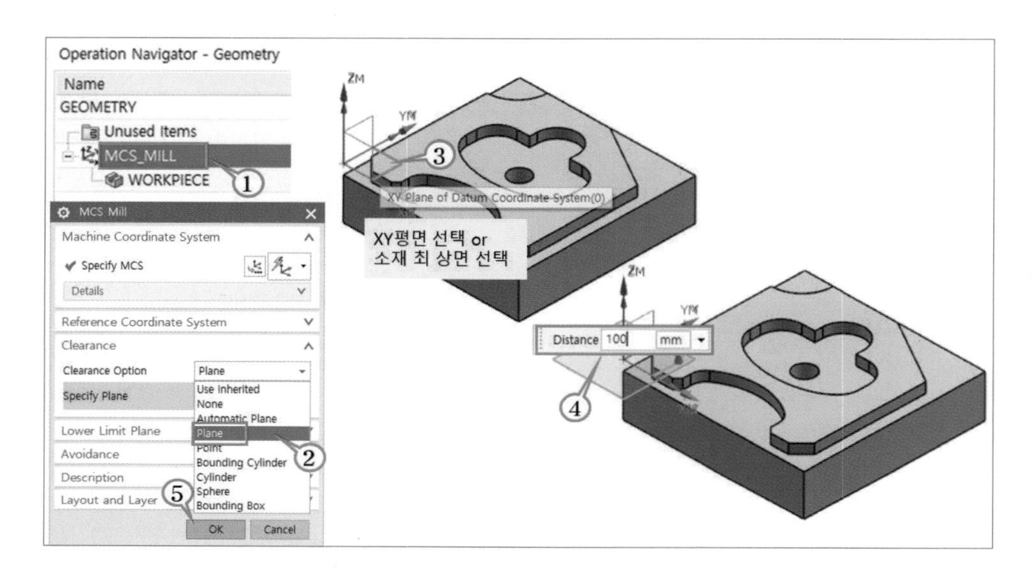

- 지오메트리 뷰상태에서 가공 Data 작성에 활용할 모델링 및 공작물(소재)에 대한 정의를 진행하기 위하여 WORKPIECE를 더블 클릭한다.

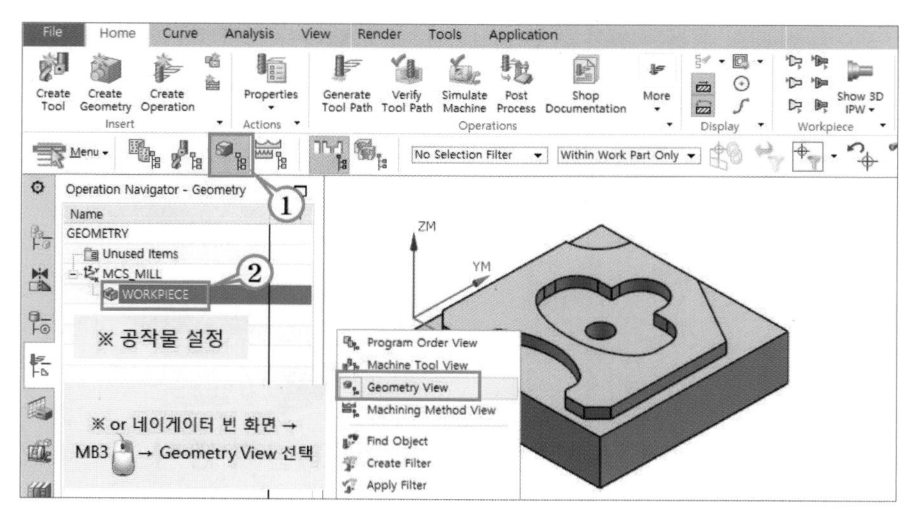

• 모델 Part 정의 : WORKPIECE를 더블 클릭 → ① Specify Part → ② 최종 모델링 클릭 → OK → ④ 정의된 모델 확인(디스플레이 활성화)

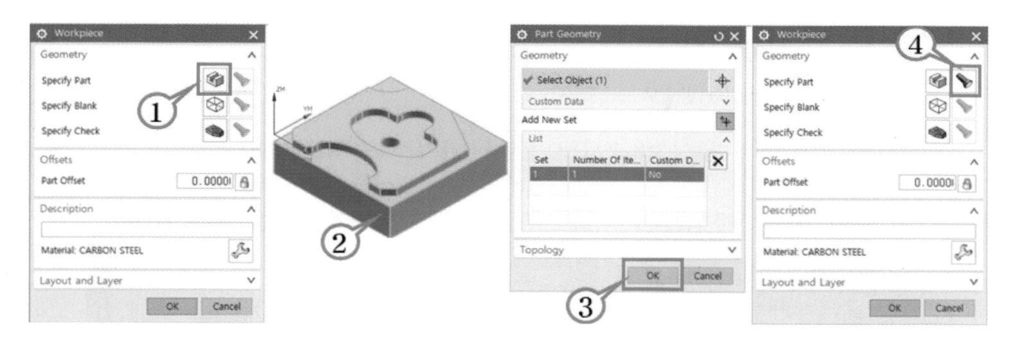

• 가공 소재 정의 : ① Specify Blank 클릭 → ② Type에 Bounding Block 선택 → ③ 소재 사이즈를 결정한 후 OK 클릭한다.

(※ 모델 최외곽 기준으로 확장 소재는 각 축 방향의 M+ 부분에 확장량을 기입한다.)

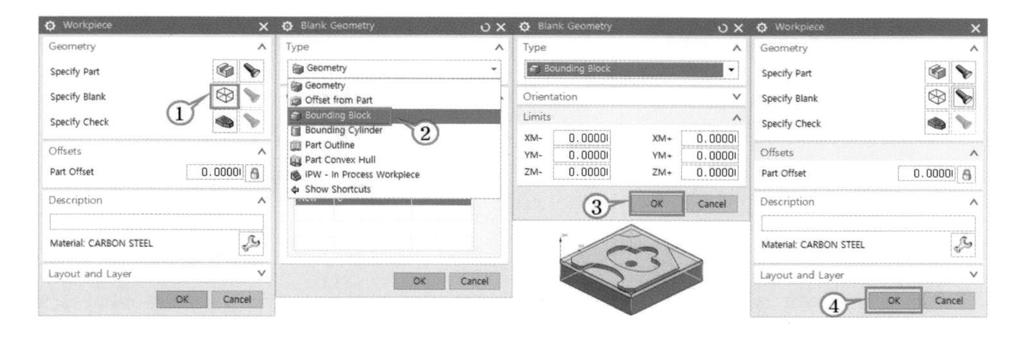

- 공구를 선정(공구 생성): ① 내비게이터의 뷰 상태를 머신 툴 뷰(Machine Tool View) 상태로 변경 → ② Icon 영역의 Create Tool을 클릭하여 공구를 생성한다.

⑤. 공구의 이름은 T01_10F 로 ⑥. Diameter 값은 10 ⑦. Number는 1로 기입한다.

(※ ⑦ Number에 해당하는 번호로 포스트 생성 시 길이 보정값 "H○○" 생성)

(※ 사용할 공구를 미리 만들어 놓을 수 있지만 필요에 따라 언제든 추가가 가능하다.)

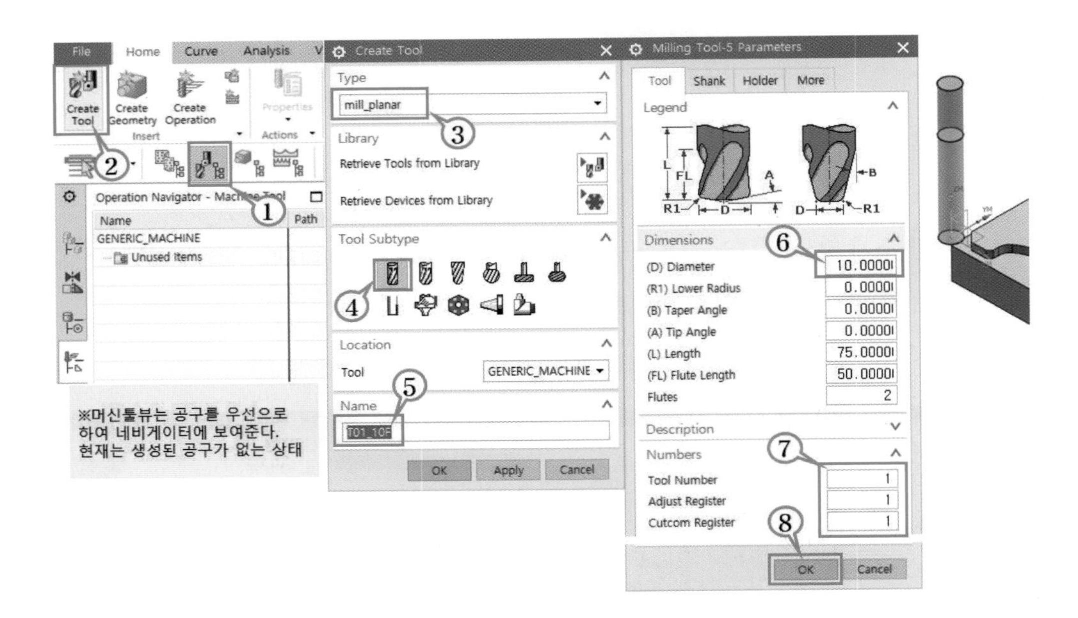

- 센터드릴 공구를 생성한다. ⑤. 공구의 이름은 T02_D3_CENTER_DR 로 기입한다.

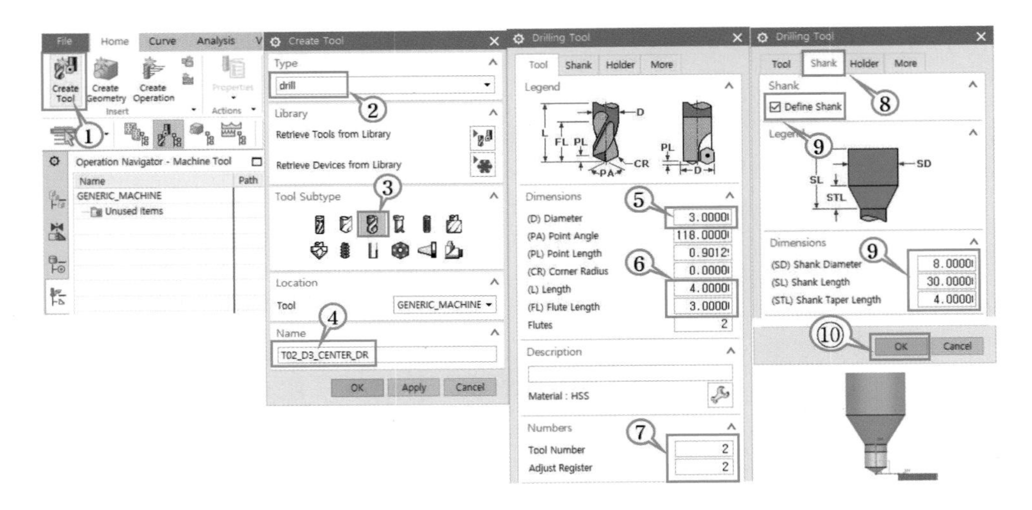

• 드릴 공구를 생성한다. ⑤. 공구의 이름은 T03_8DR 로 기입한다.

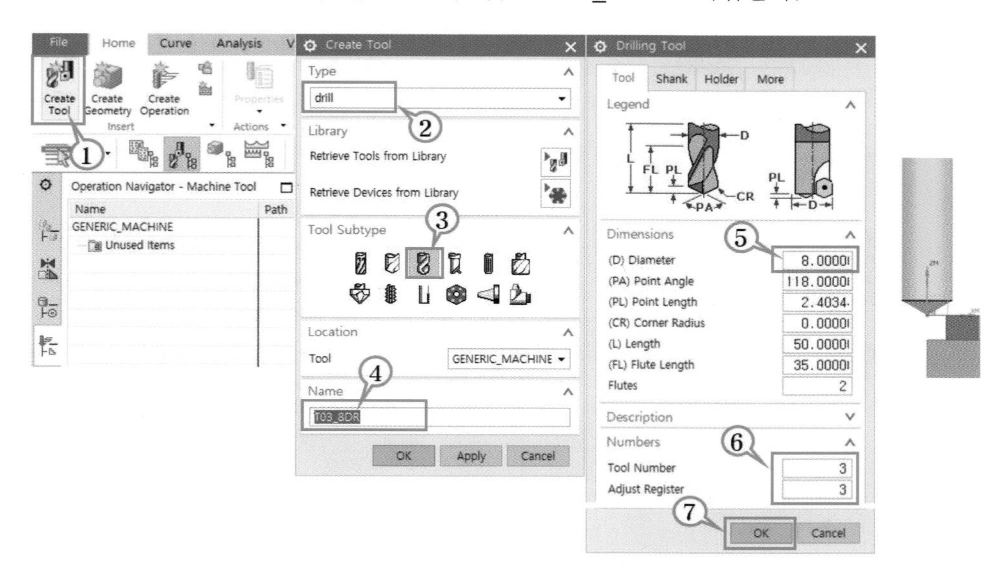

• 내비게이터의 머신 툴 뷰(Machine Tool View)상태에서 공구 T01, T02, T03 공구가 생성되었음을 확인한다.

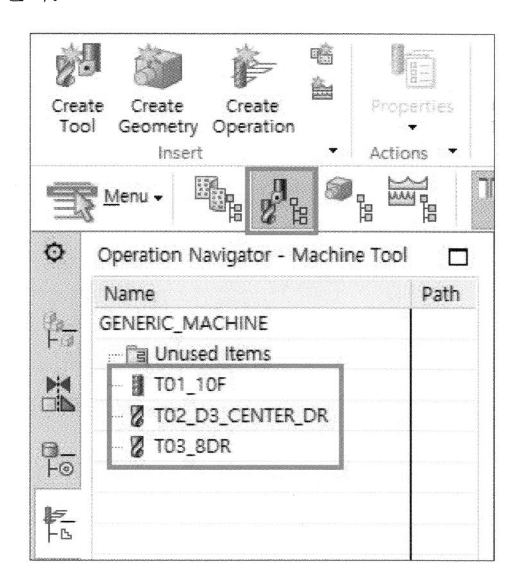

• 본격적인 오퍼레이션 생성에 앞서 내비게이터는 프로그램 오더 뷰(Program Order View) 상태로 변경하고, 오퍼레이션 생성을 위해 Create Operation을 클릭한다.

(※ 주의. 프로그램 오더 뷰의 오퍼레이션의 순서에 따라 가공 순서가 결정되므로, 캠 기본 설정이 완료되면 주 작업 뷰는 프로그램 오더 뷰로 습관화할 것)

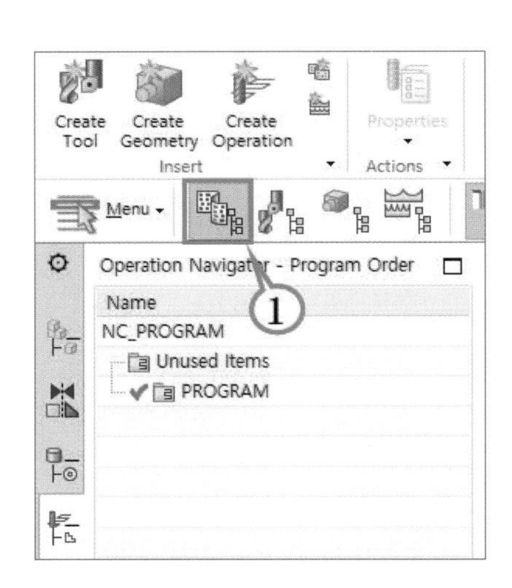

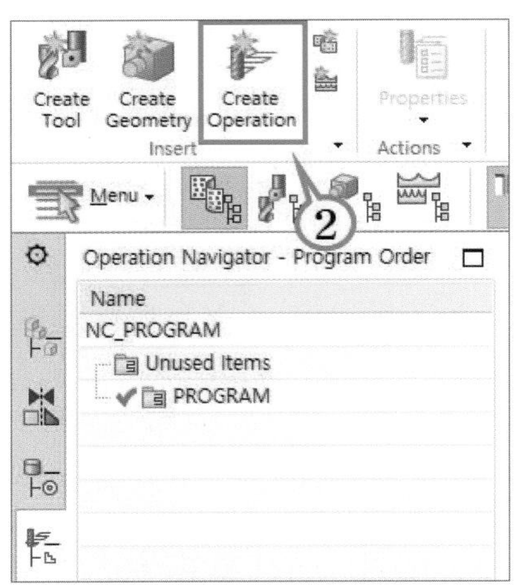

(b) 센터드릴 가공 오퍼레이션 생성

• 센터드릴 가공 오퍼레이션을 생성하기 위하여 타입을 drill로 선택하고 세부 조건을 설정한다. (※ 가공은 T02 센터드릴 → T03 ϕ8 드릴 → T01 ϕ10 엔드밀 순서로 가공)

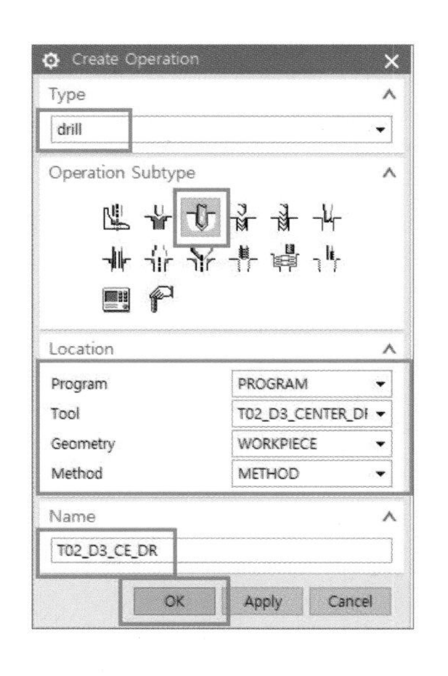

• Type: 가공 타입 선정
 - 2축/2.5축/3축/다축 가공, 홀 가공 등 선택

• Program: 오퍼레이션 생성 위치 선택
 - Program 폴더 내에 오퍼레이션 생성

• Tool: 오퍼레이션에 사용할 공구 선택

• Geometry: 오퍼레이션에 사용할 모델 정의

• Method: 가공 방식 선정 (황삭/ 중삭/ 정삭)

• Name: 생성될 오퍼레이션 이름 선정

- 드릴링 오퍼레이션의 세부 가공 조건을 설정한다.

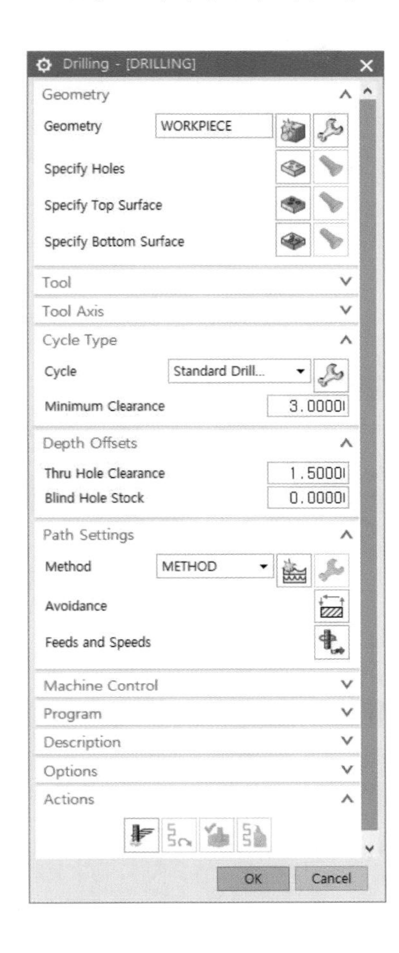

- Drilling: 일반적인 드릴 작업에 사용
- Specify Holes: 가공할 홀 선택
- Specify Top Surface: 드릴 가공 시작 면
- Specify Bottom Surface: 소재 바닥 면
- Cycle Type
  - Standard Drill: 일반 드릴링 사이클(G81)
  - Standard Drill, Deep: 심공 드릴링 사이클(G83)
  - Standard Drill, Break: 고속 펙 드릴링 사이클(G73)
- Minimum Clearance: R 포인트 " 3 "
- Edit: 세부 조건 설정
- Feed and Speeds: 이송 및 회전수 설정

- Specify Hole (가공 홀 선택)

Specify Hole 선택

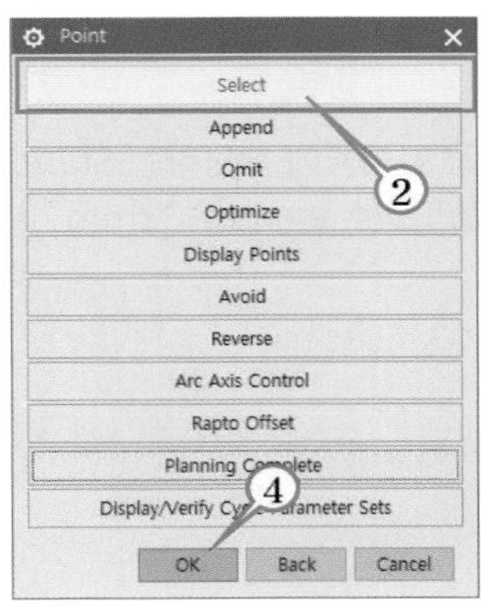

Select 선택

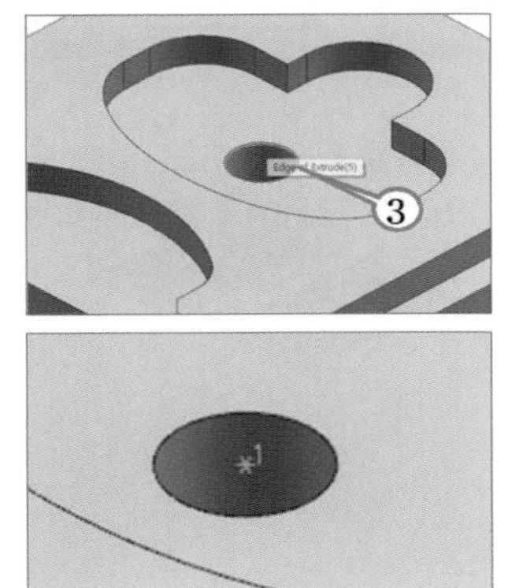

Hole의 Edge 선택

- Specify Top Surface

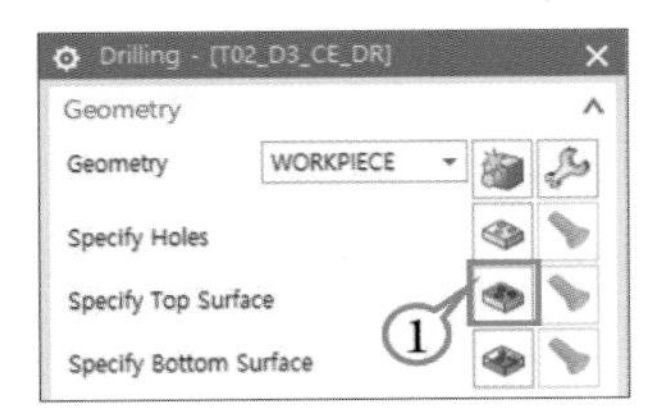

Specify Top Surface 선택

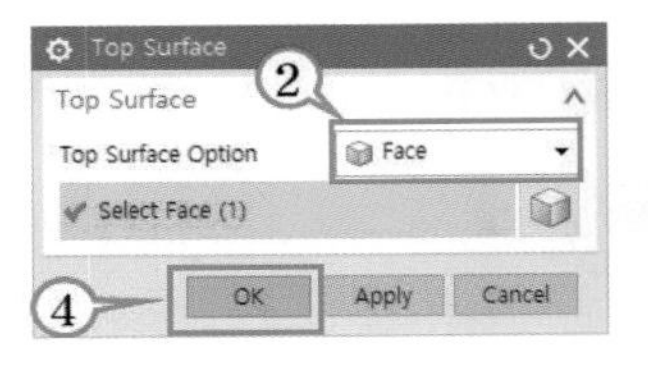

Face 선택

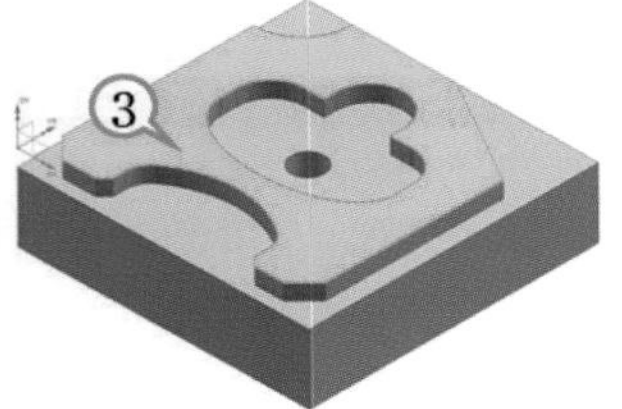

모델링 윗면 선택

- Specify Bottom Surface

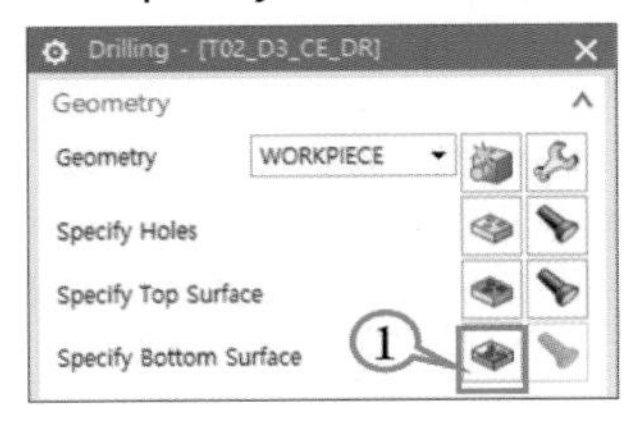

Specify Bottom Surface 선택

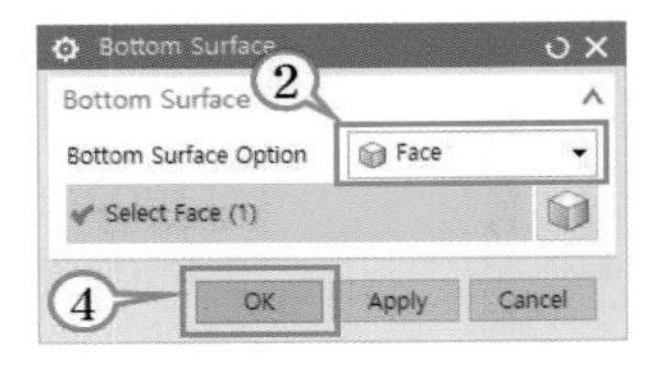

Face 선택

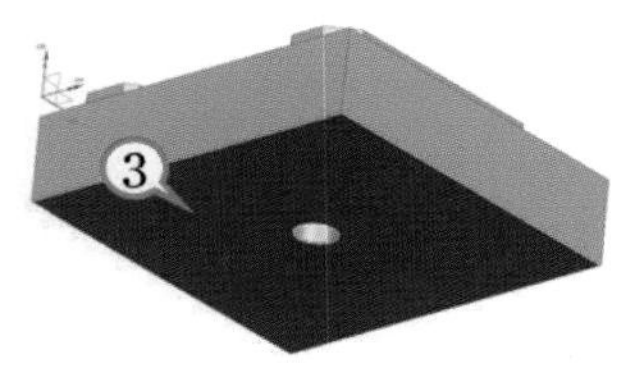

모델링 바닥면 선택

- Cycle Type: Standard Drill, (G81 일반 드릴링 사이클)

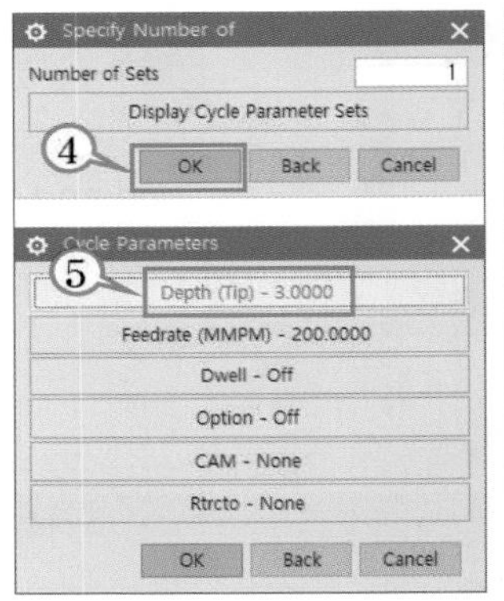

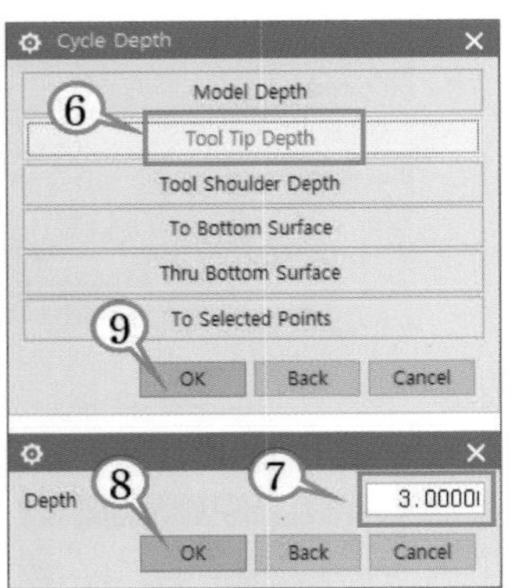

사이클 타입은 G81 일반 드릴링 사이클에 해당하는 Standard Drill을 선택하고,
R값은 “5mm”, 가공 깊이는 툴 팁(공구 끝단) 기준 “3mm” 선택

• Path Setting

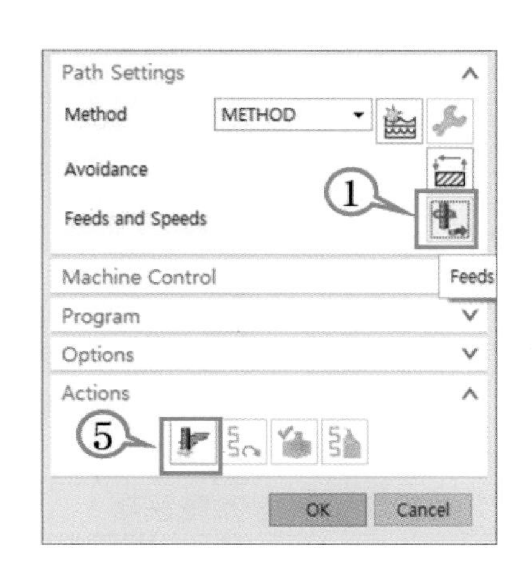

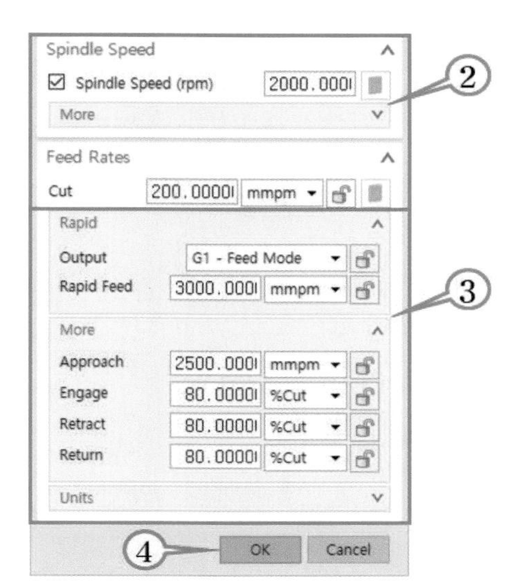

②항에서 기본적인 절삭 속도로 Spindle Speed(rpm) “2000”, Feed “200” 선택
③항에서 비절삭 구간에 대한 공구 모션별 조건을 위와같이 설정할 수 있다.
(가공에 익숙하지 않을 경우 급속 이송(G00)은 가급적 자제할 것.)
②,③항의 조건 설정 후 ⑤ Generate 클릭하여 경로를 계산한다.

• 툴 패스 생성

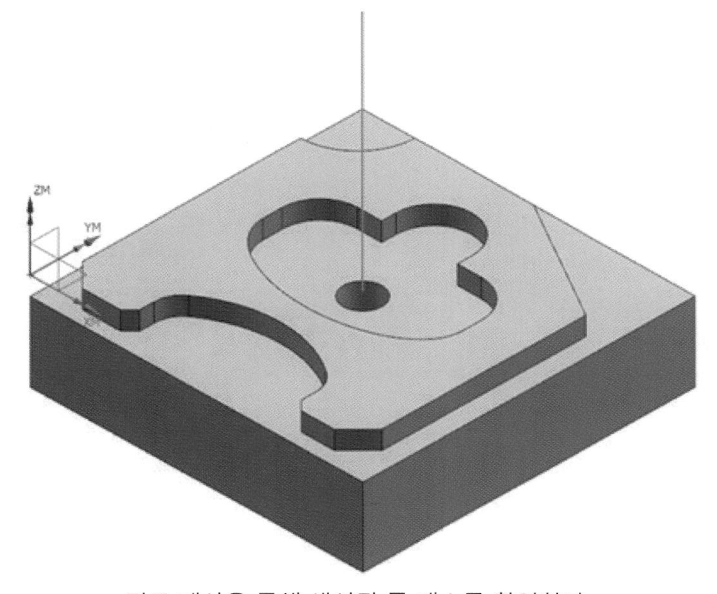

경로 계산을 통해 생성된 툴 패스를 확인한다.

• 툴 패스 검증

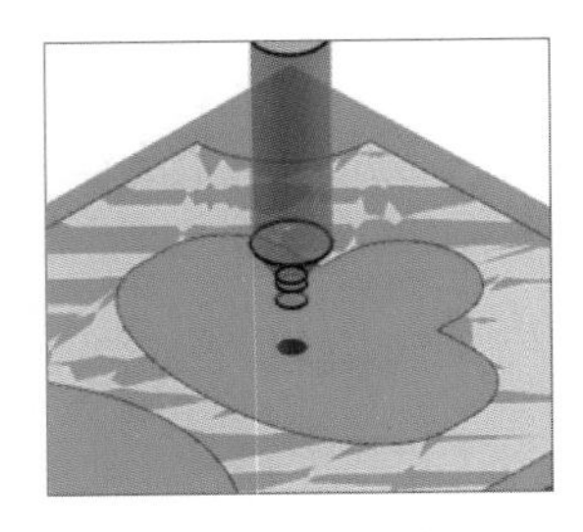

• 한 스텝씩 동작

• 전 스텝 동작

① Veryfy를 클릭하여 가공 상태를 3차원 입체적으로 확인할 수 있는 “3D Dynamic” 탭으로 이동, 애니메이션 속도를 조절하여 검증한다.

• 드릴링 오퍼레이션을 통해 센터드릴 가공 패스 생성을 완료하였으며, 내비게이터의 프로그램 폴더 안에 오퍼레이션이 생성되었음을 확인한다.

(생성된 오퍼레이션 앞 기호에 따라 각각의 상태가 다름을 확인한다.)

• 툴 패스 생성

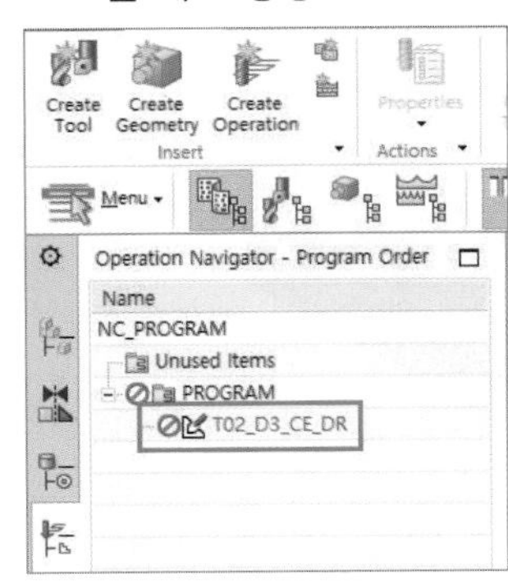

Generate : ×

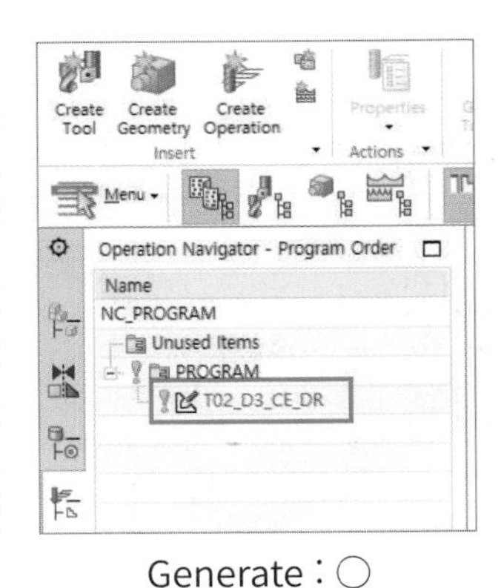

Generate : ○
Post Process : ×

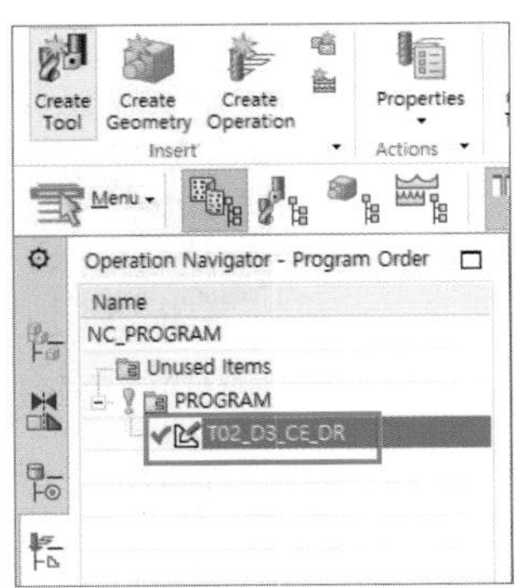

Generate : ○
Post Process : ○

(c) 드릴 가공 오퍼레이션 생성

- ϕ8 드릴 가공 오퍼레이션 생성을 위해 프로그램 오더 뷰 상태에서 Create Operation 을 클릭한다.

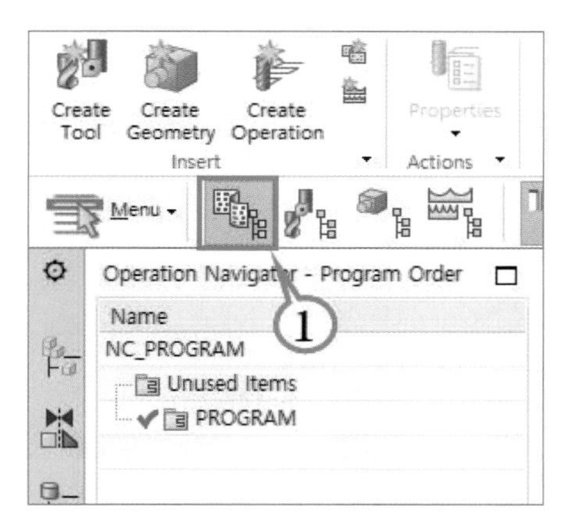

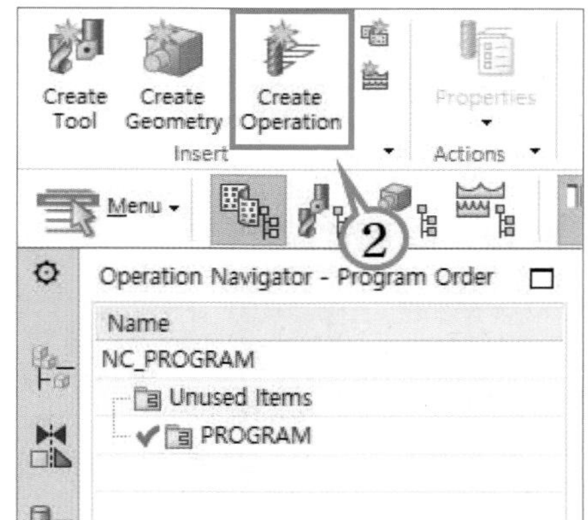

- Type(타입)을 drill로 선택하고 세부 조건을 설정한다.

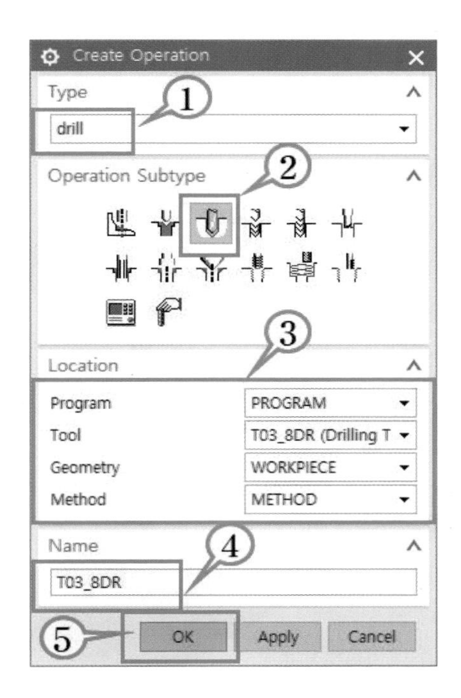

- Type: “drill”
- Operation Subtype: “drilling”
- Program: “PROGRAM”
- Tool: “T03_8DR”
- Geometry: WORKPIECE
- Method: METHOD
- Name: T03_8DR

- 드릴링 오퍼레이션의 세부 가공 조건을 설정한다.

가공 홀, 상면, 바닥면 선택은 센터 드릴과 동일한 방법으로 진행한다.

(※. 금형 가공과 같이 많은 수의 홀을 가공해야 할 경우 크기 조건을 부여하여 자동으로 홀을 선택할 수 있지만 본 예제에서는 Select 기능을 이용하여 개별 선택하도록 한다. 기본적인 홀 가공 순서는 선택 순서에 따라 가공되므로 가공 순서를 고려하여 홀을 선택하도록 한다.)

- Specify Hole (가공 홀 선택)

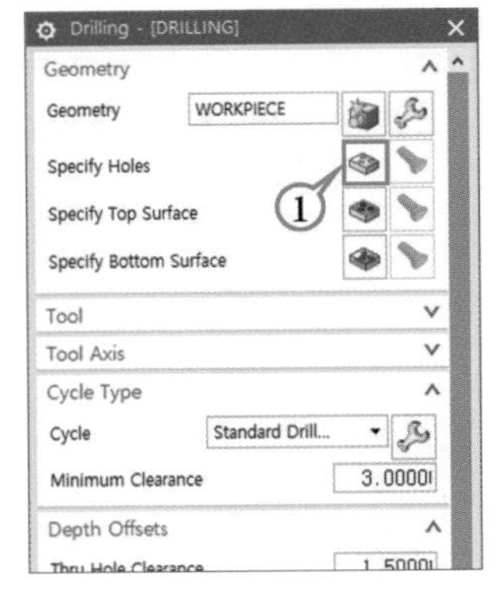

Specify Hole 선택

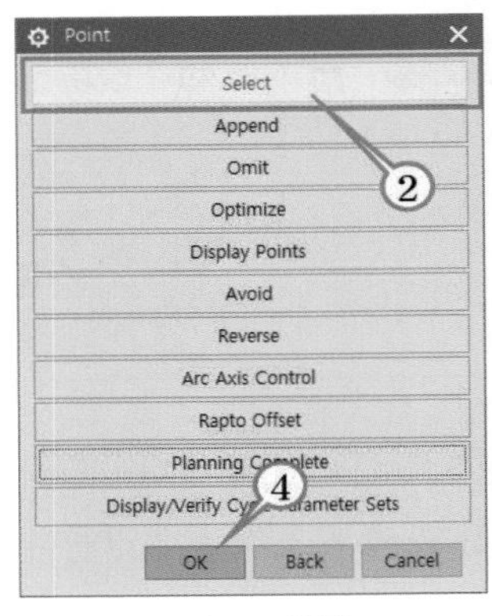

Select 선택

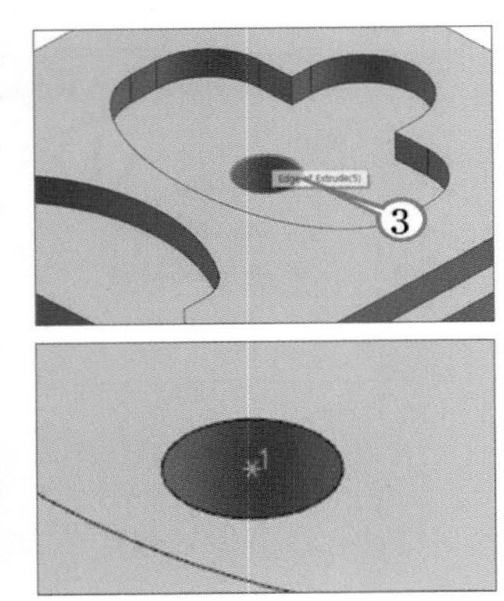

Hole의 Edge 선택

- Specify Top Surface

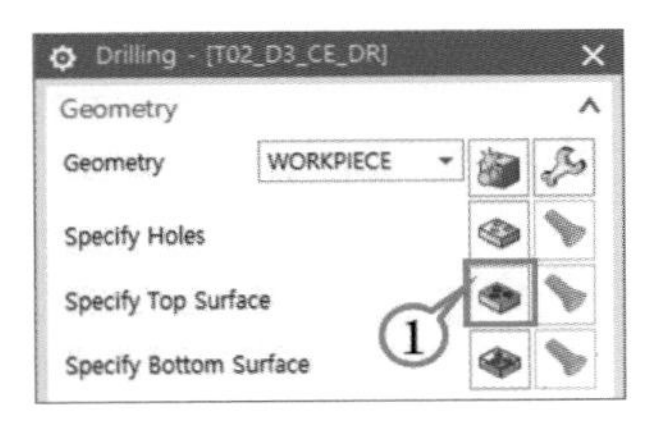

Specify Top Surface 선택

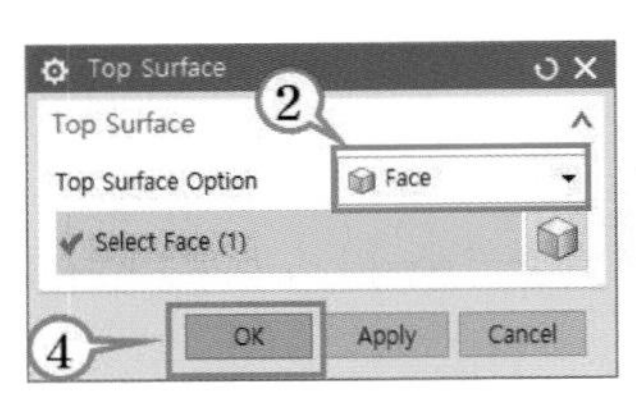

Face 선택

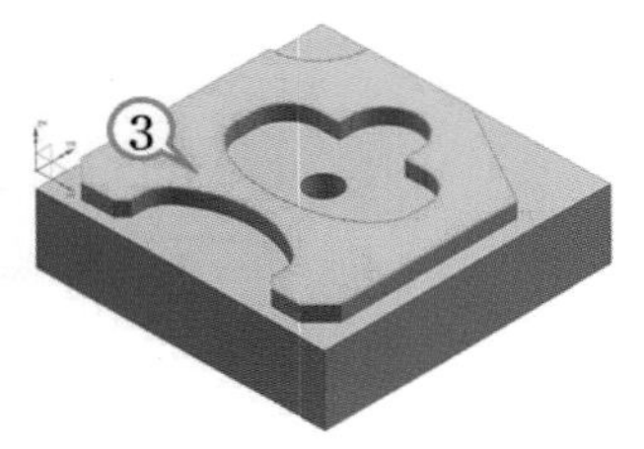

모델링 윗면 선택

- Specify Bottom Surface

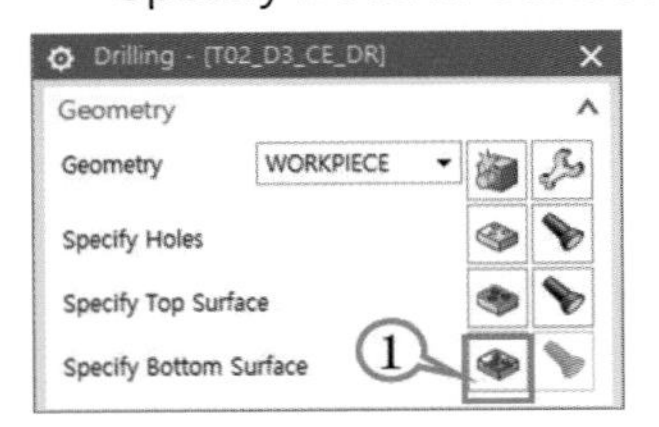

Specify Bottom Surface 선택

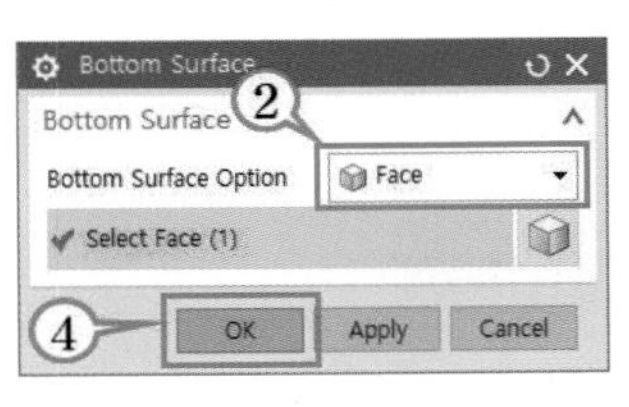

Face 선택

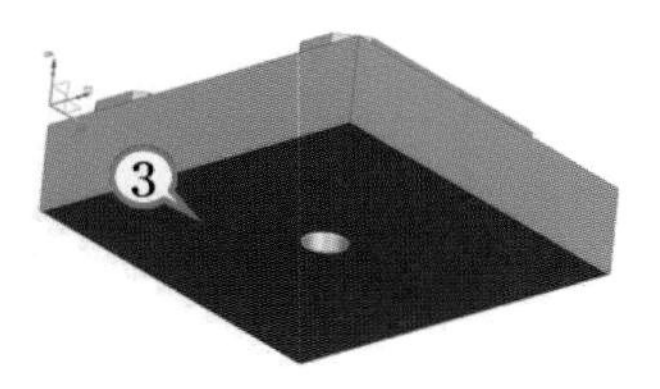

모델링 바닥면 선택

- 드릴링 오퍼레이션의 세부 가공 조건을 설정한다.

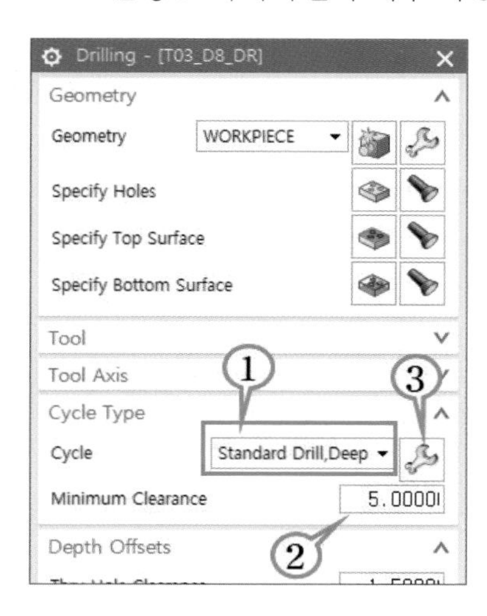

- ① Cycle Type: Standard Drill, Deep선택
  - 심공 드릴링 사이클(G83)
    공구가 절입량(Q) 값만큼 절입하고 R 값까지 복귀하여 최종 가공 깊이만큼 가공하는 드릴가공
- ② Minimum Clearance : R 포인트 " 5 "

- ③ Edit : 세부 조건 설정

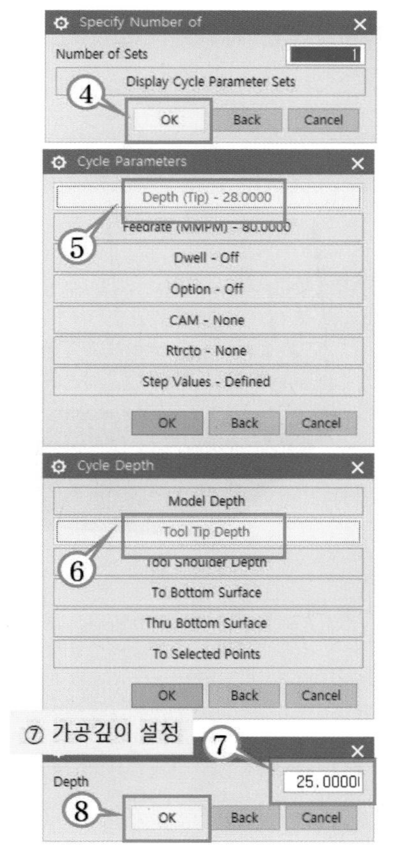

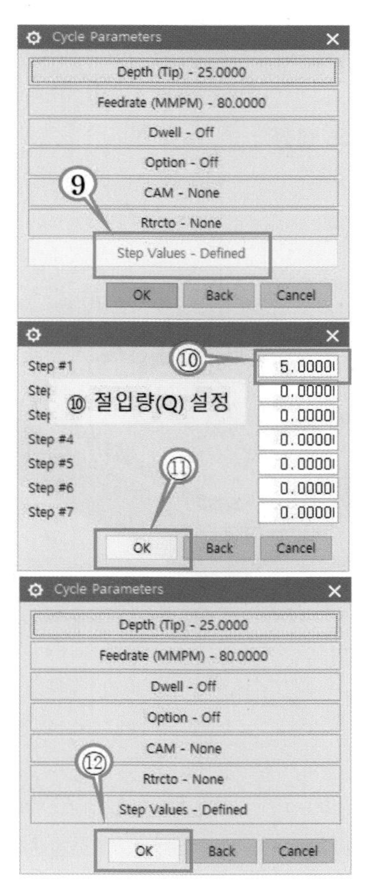

• Path Setting

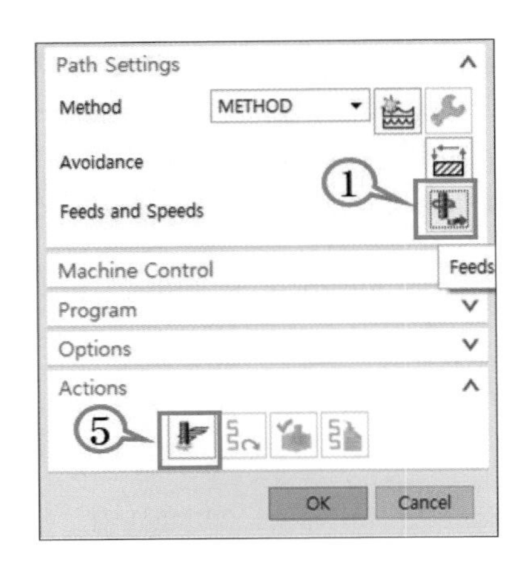

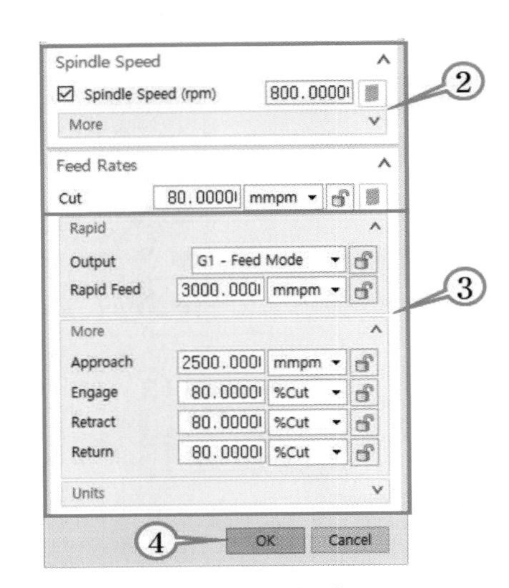

- ②항에서 기본적인 절삭 속도로 Spindle Speed(rpm) "800", Feed "80" 선택
- ③항에서 비절삭 구간에 대한 공구 모션별 조건을 위와 같이 설정할 수 있다.
  (가공에 익숙하지 않을 경우 급속 이송(G00)은 가급적 자제할 것.)
- ②,③항의 조건 설정 후 ⑤ Generate 클릭하여 경로를 계산한다.

• 툴 패스 생성

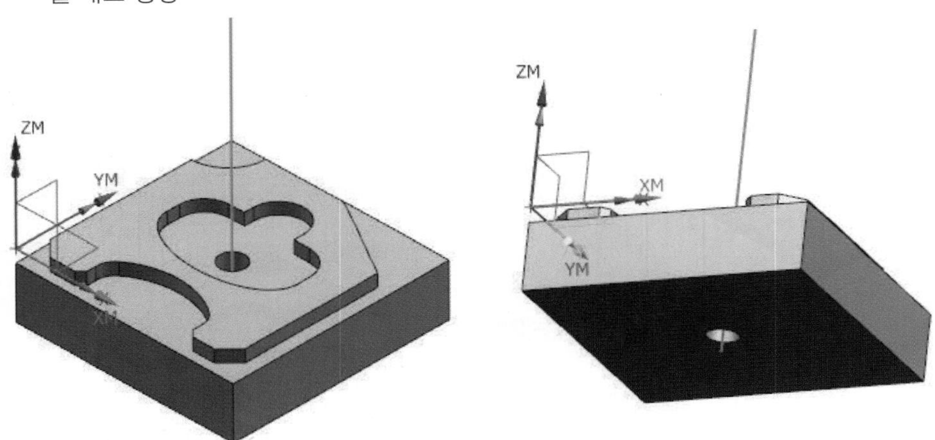

경로 계산을 통해 생선된 툴 패스를 확인한다.

• 툴 패스 검증

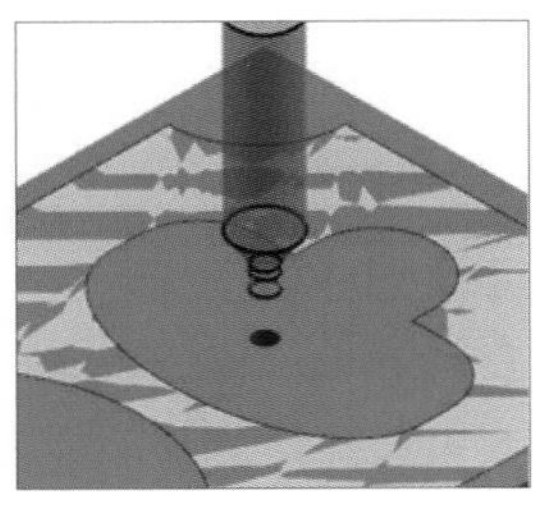

센터드릴 가공

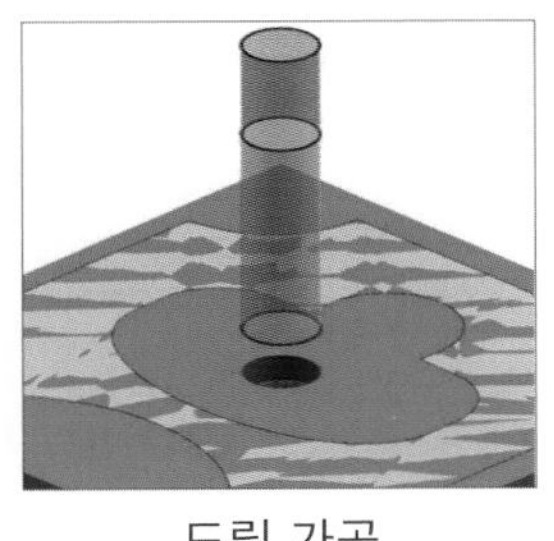

드릴 가공

① Veryfy를 클릭하여 가공 상태를 3차원 입체적으로 확인할 수 있는 “3D Dynamic” 탭으로 이동, 애니메이션 속도를 조절하여 검증한다.

• 드릴링 오퍼레이션을 통해 ϕ8 드릴 가공 패스 생성을 완료하였으며, 내비게이터의 프로그램 폴더 안에 오퍼레이션이 생성되었음을 확인한다.

• 오퍼레이션 패스 생성

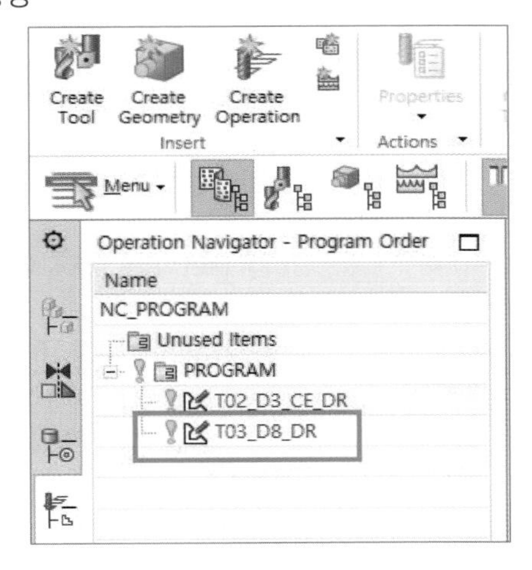

(d) 외측 윤곽 형상의 Pocketing

- 외곽 가공 오퍼레이션 생성을 위해 프로그램 오더 뷰 상태에서 Create Operation을 클릭한다.

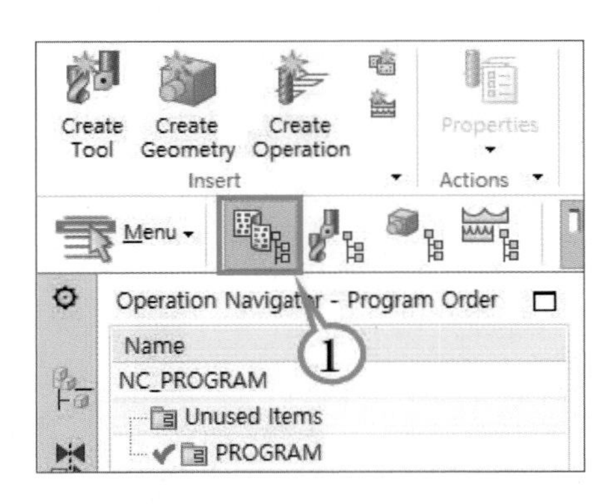

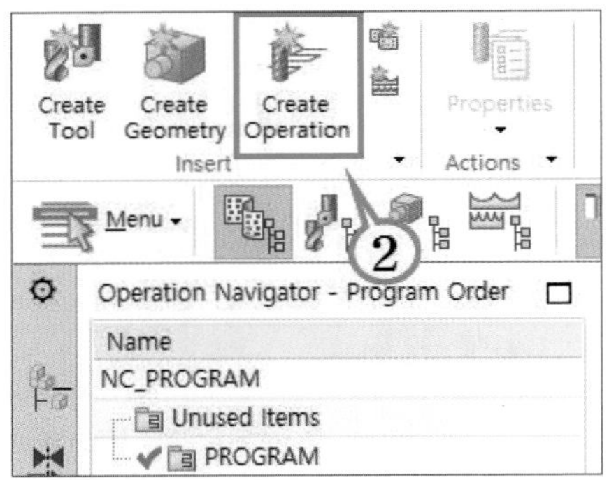

- 2.5D 외곽 포켓 형상 가공을 위하여 타입을 Mill planar를 선택하여 조건을 설정한다.

(※ 3D 곡면 가공 오퍼레이션인 Mill contour를 통해서도 2.5D 가공을 할 수 있지만 본 예제에서는 2.5D 가공 오퍼레이션인 Mill Planar를 사용하도록 한다.)

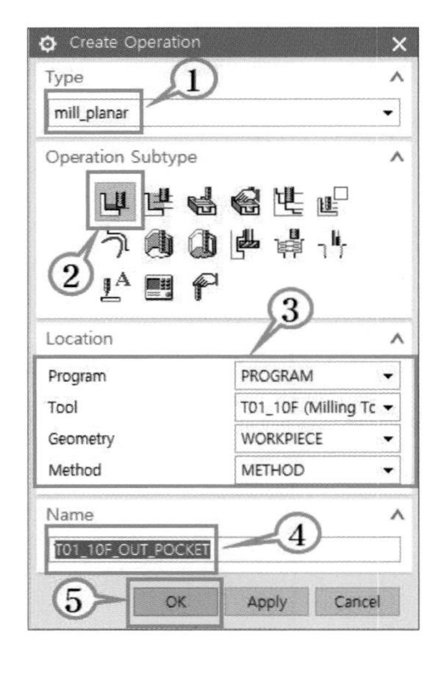

- ① Type: “mill_planar”
- ② Operation Subtype: “Floor and Walls”
- ③ Program: “PROGRAM”
- ③ Tool: “T01_10F”
- ③ Geometry: WORKPIECE
- ③ Method: METHOD
- ④ Name: T01_10F_OUT_POCKET

Floor and Wall

- Floor and Wall 오퍼레이션의 Geometry 가공 조건을 설정한다.

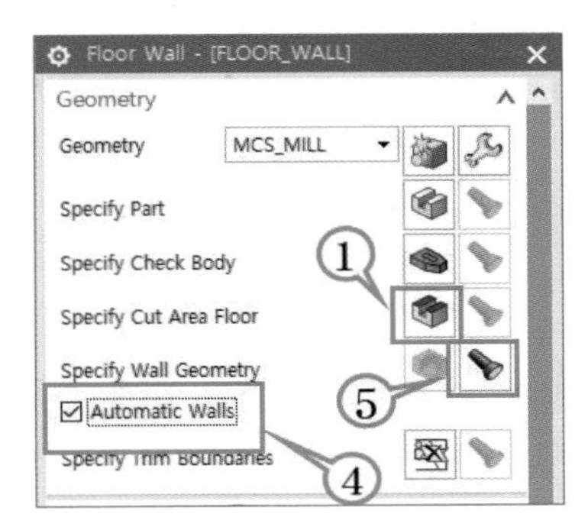

- ① Specify Cut Area Floor:
  가공 바닥면 설정

- ⑤ Specify Wall Geometry:
  가공 측벽 설정 (④Automatic Walls 체크)

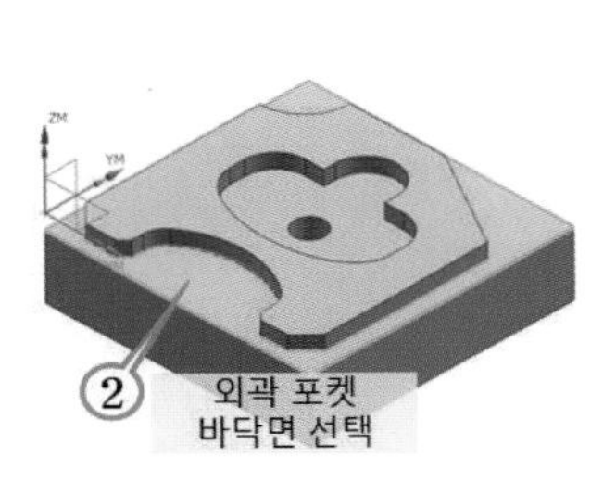

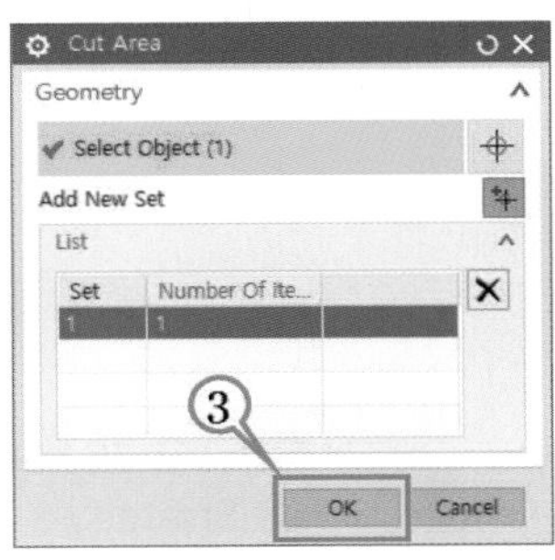

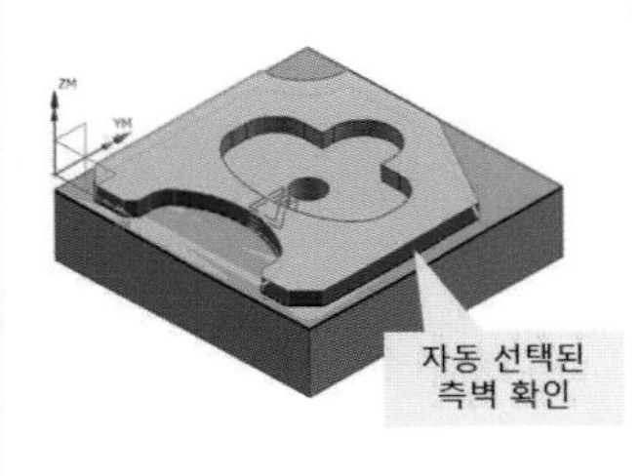

- Floor and Wall 오퍼레이션의 Path Setting 가공 조건을 설정한다.

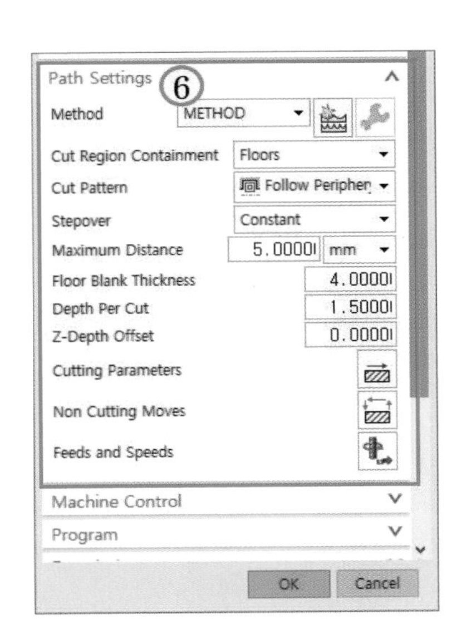

- ⑥ Path Settings
  - Cut Pattern : Follow Periphery(형상 따르기)
  - Stepover : Constant (일정하게)
  - Maximum Distance(최대거리) : “ 5 mm ”
  - Floor Blank Distance(가공깊이) : “ 4 mm ”
  - Depth Per Cut(절삭당 깊이) : “ 1.5 mm ”

• Floor and Wall 오퍼레이션의 Path Setting 가공 조건을 설정한다.

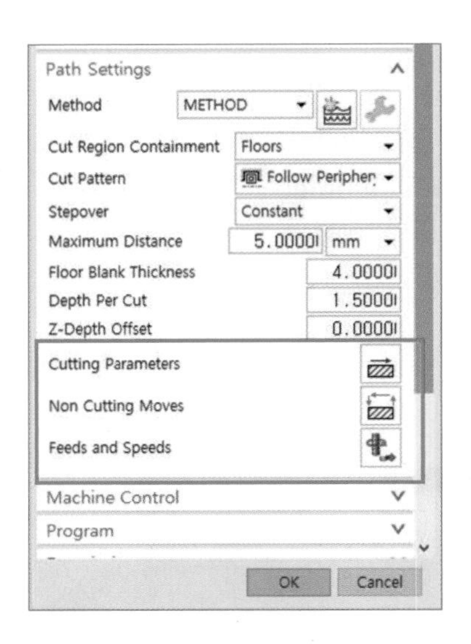

• ⑥ Path Settings

- Cutting Parameters: 절삭 변수 설정
  절삭이 이뤄지는 구간에 대한 공구의 모션 및 변수 등을 설정

- Non Cutting Moves : 비절삭 이동 설정
  절삭이 이뤄지지 않는 비절삭 구간에 대한 공구의 모션 정의

- Feed and Speeds: 이송 및 회전수 설정

• Cutting Parameters 설정 1

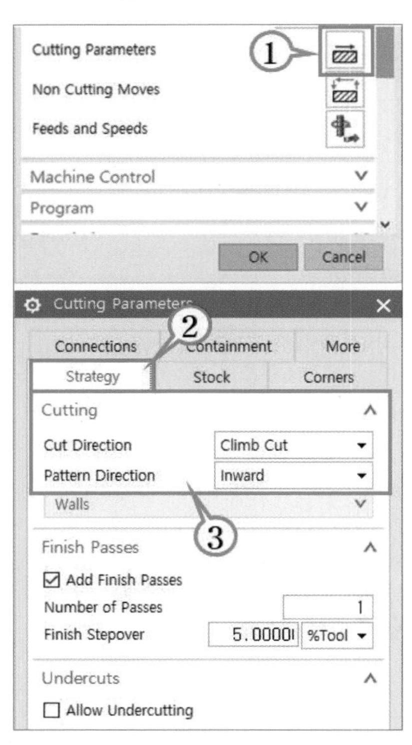

• ① Cutting Parameters
  ② Strategy / ③ Cutting
  - Cut Direction (절삭방향) :
    Climb Cut(하향절삭)

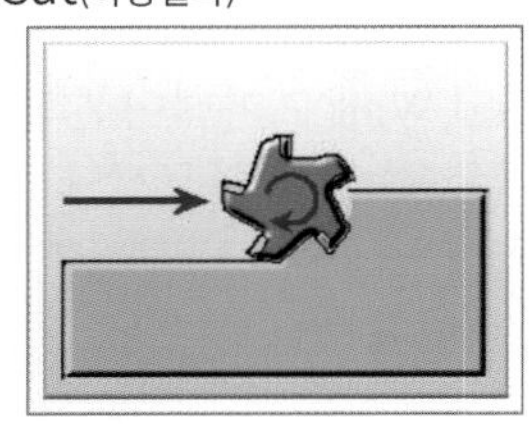

  - Pattern Direction :
    Inward (바깥 → 안쪽으로 향하게)

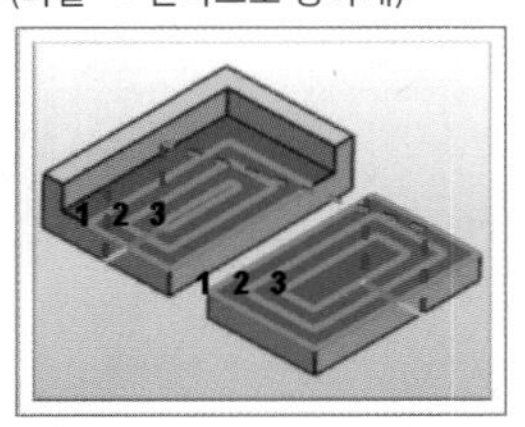

(※. Open Pocket 가공 시 공구의 부하를 줄여주기 위하여 Inward 가공을 선택하고 Closed Pocket 가공 시는 부품의 형상 및 기능을 고려한 선택 필요)

• Non Cutting Moves 설정1

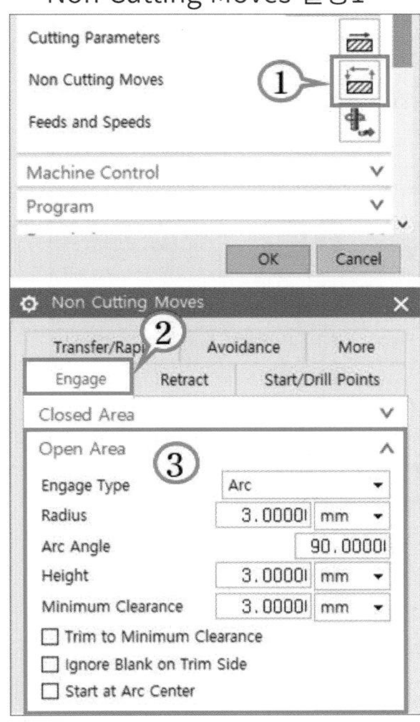

• ① Non Cutting Moves

② Engage : 공구의 진입 모션 설정

③ Open Area (열린영역)
- Engage Type : " Arc "
- Radius : " 3 mm "
- Arc Angle : " 90 "
- Height : " 3 mm "
- Minimum Clearance : " 3 mm "

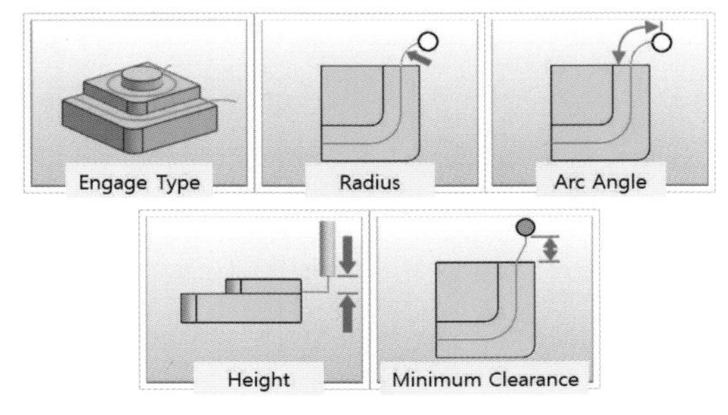

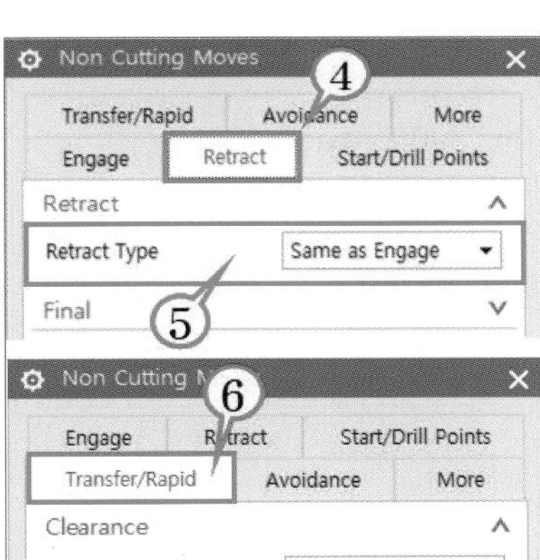

④ Retract : 공구의 후퇴 모션 설정

⑤ Retract Type : Same as Engage
- 별도의 후퇴 공구 모션을 지정할 필요가 없을 시 "Same as Engage" 선택하여 진입과 동일한 모션으로 후퇴 가능

⑥ Transfer/Rapid : 공구의 이동 및 급속 제어

⑦ Between Regions :
- 영역과 영역 사이의 공구 이동 설정
Transfer Type: " Previous Plane "
Safe Clearance Distance: " 10 mm "

⑧ Within Regions
- 영역 내에서의 공구 이동 설정
Transfer Using: " Engage/Retract "
Transfer Type: " Previous Plane "
Safe Clearance Distance: " 10 mm "

※ Engage/Retract/Transfer/Rapid 선정은 공작물의 형상 및 가공 조건 등에 따라 달라지므로 다양한 가공의 경험이 필요하다.

• Path Setting (Feed and Speeds)

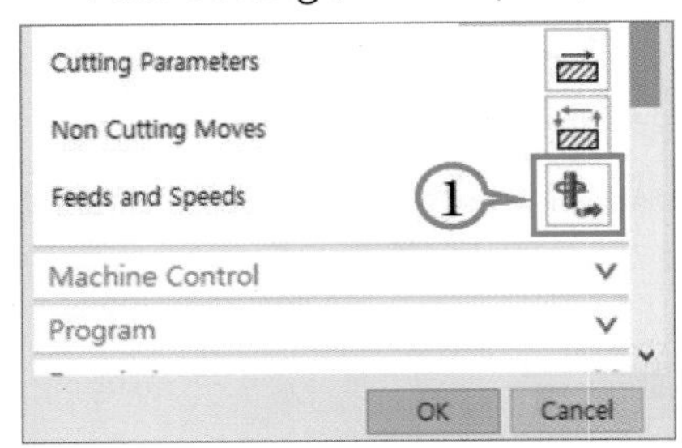

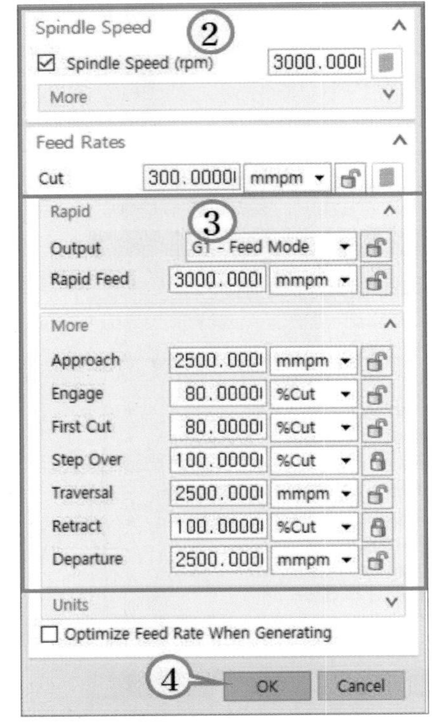

- ②항에서 기본적인 절삭 속도로 Spindle Speed(rpm) "3000", Feed "300" 선택
- ③항에서 비절삭 구간에 대한 공구 모션별 조건을 위와 같이 설정할 수 있다.
  (가공에 익숙하지 않을 경우 급속 이송(G00)은 가급적 자제할 것.)
- ②,③항의 조건 설정 후 ⑤ Generate 클릭하여 경로를 계산한다.

• 툴 패스 생성

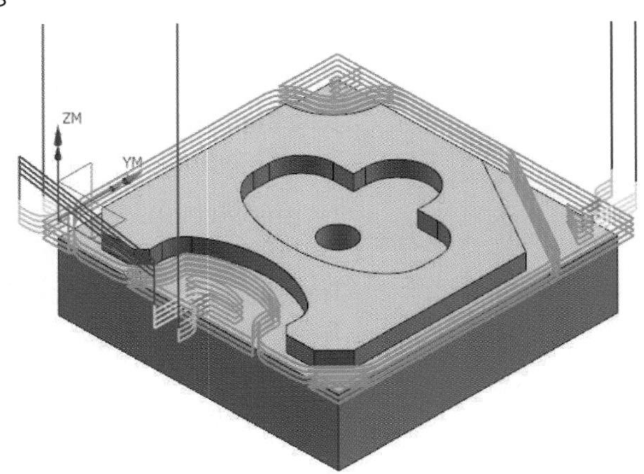

- 경로 계산을 통해 생선된 툴 패스를 확인한다.

• 툴 패스 검증

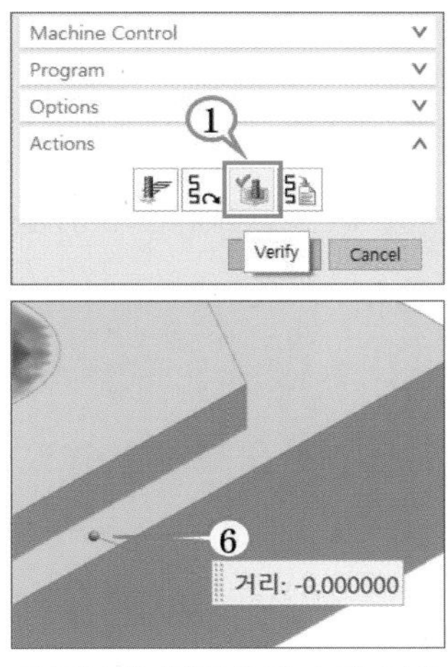

가공부를 클릭하여 소재 여유량 확인 가능

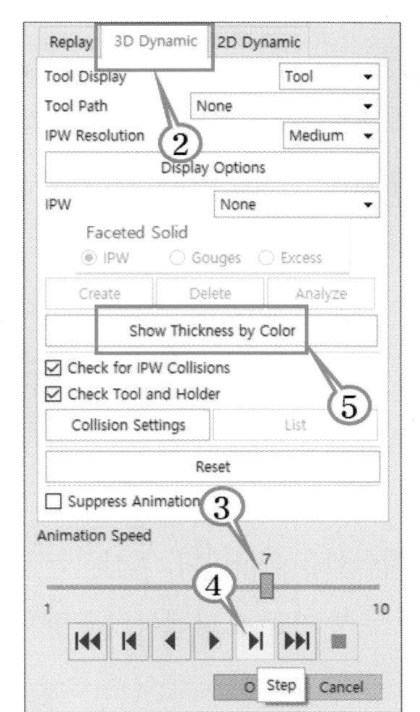

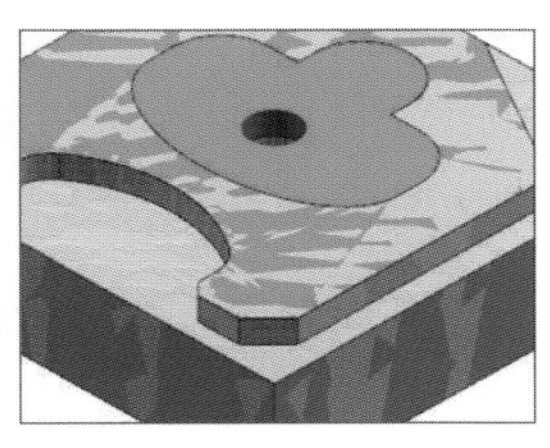

외측 Pocketing

- ① Veryfy를 클릭하여 가공 상태를 3차원 입체적으로 확인할 수 있는 “3D Dynamic” 탭으로 이동, 애니메이션 속도를 조절하여 검증한다.

• Mill Planar 오퍼레이션을 통해 ϕ10 플랫 엔드밀 외측 포켓 가공 패스 생성을 완료하였으며, 내비게이터의 프로그램 폴더 안에 오퍼레이션이 생성되었음을 확인한다.

• 오퍼레이션 패스 생성

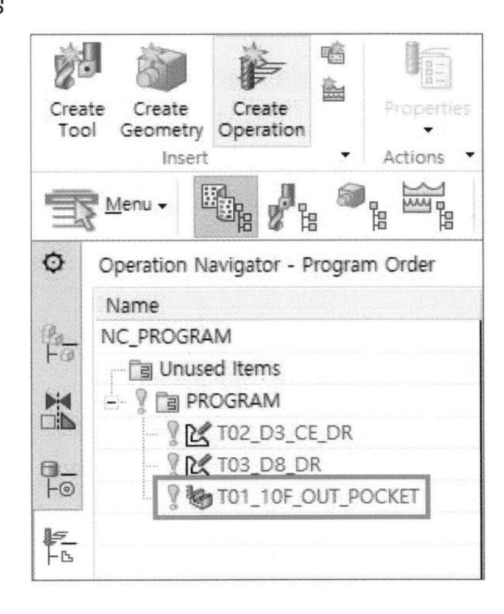

(e) 내측 포켓 형상의 Pocketing

- 내측 포켓 가공 오퍼레이션 생성을 위해 프로그램 오더 뷰 상태에서 Create Operation을 클릭하여 새로운 오퍼레이션을 생성할 수 있지만 이번에는 기존에 만들어 놓은 외측 포켓 형상 오퍼레이션을 복사하여 사용해보도록 한다.
복사하여 사용할 경우 기존에 셋팅해 놓은 가공 조건들을 그대로 사용하면서 필요한 부분만 수정하여 사용하는 방법으로 현업에서는 많은 시간을 절약할 수 있기 때문에 널리 사용하는 방법이 되겠다.

- 외측 포켓 가공 오퍼레이션을 복사한다. 복사하는 방법은 다음과 같다.
내비게이터에서 외측 포켓 가공 오퍼레이션을 클릭 → 오퍼레이션이 파란색으로 하이라이트 → 마우스 우측 버튼(MB3) 클릭 → Copy(복사) → 마우스 우측 버튼(MB3) → Paste(붙여넣기) → 복사된 오퍼레이션 이름 변경(오퍼레이션 두 번 클릭 변경 가능)

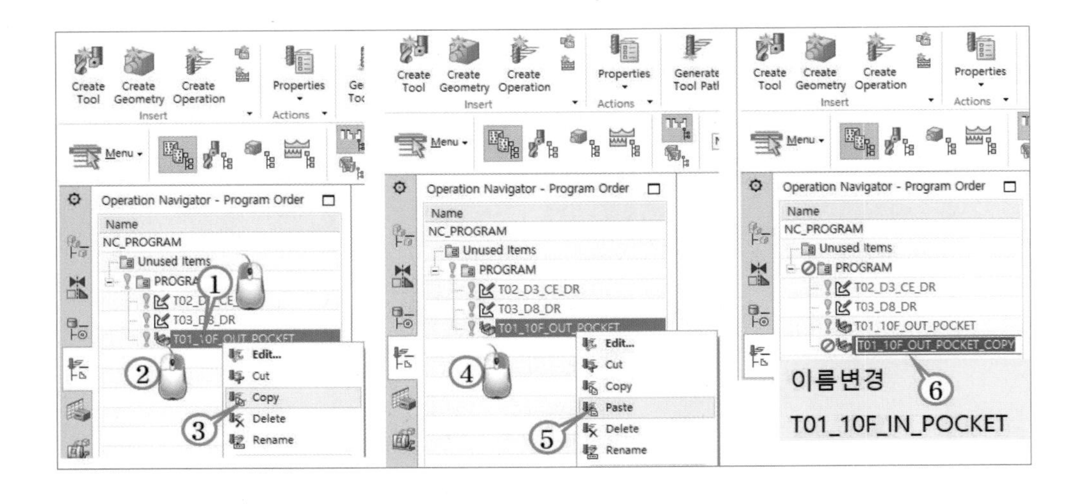

• 복사된 Floor and Wall 오퍼레이션의 Geometry 가공 조건을 수정한다.

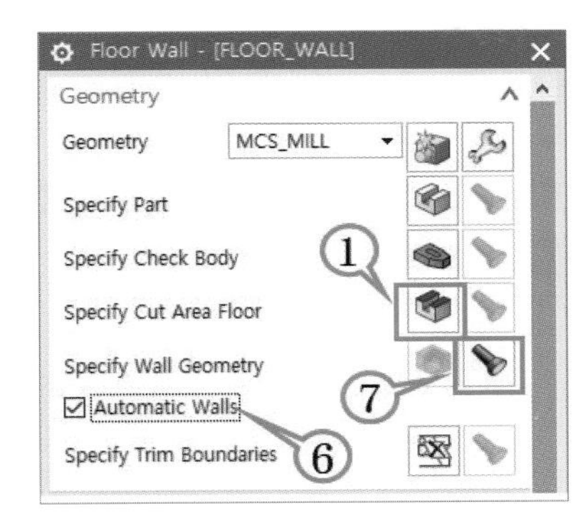

• ① Specify Cut Area Floor:
기존 선택되어 있던 면을 해제하고 새로운 가공 바닥면 설정

• ⑥⑦ Specify Wall Geometry:
체크 상태를 유지해 두면 ①의 면 교체 시 자동 변경됨.

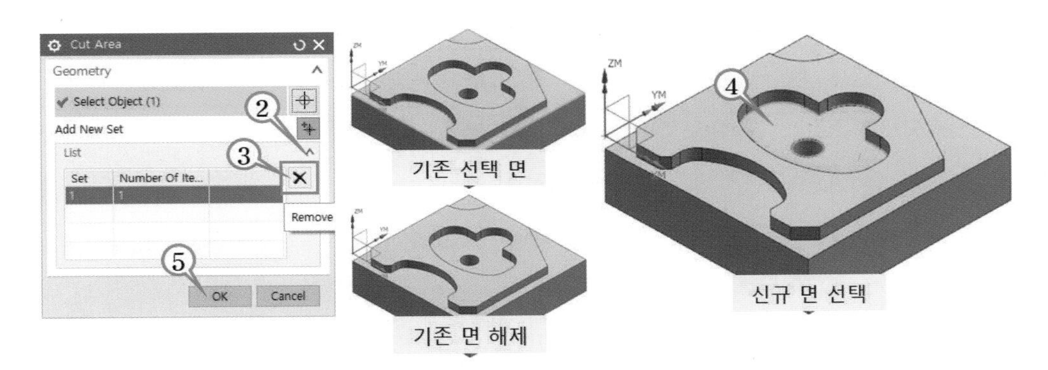

• 복사된 Floor and Wall 오퍼레이션의 Path Setting 가공 조건을 변경한다.

기존 외곽 포켓팅에 대한 가공 조건을 유지하고 있으므로 필요한 부분만 변경한다.

• Cutting Parameters 설정

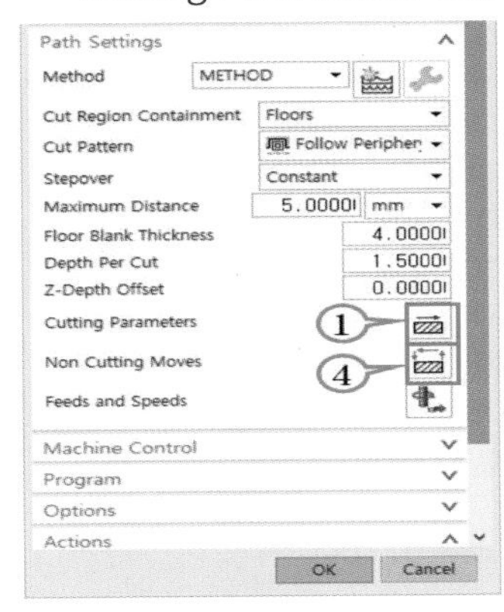

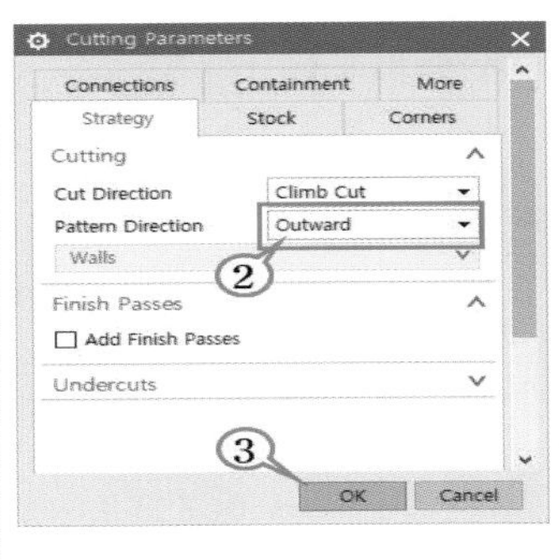

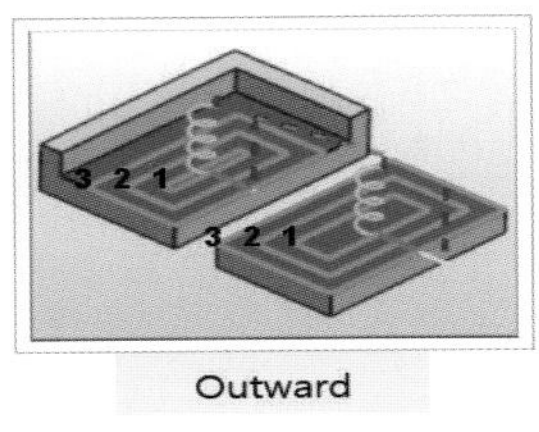

Outward

- ② Pattern Direction : Outward 선택 (안쪽 → 바깥쪽으로 향하게)
  Closed Pocket 가공 시 공구의 부하를 줄여주기 위하여 가공되어 있는 중앙 홀 위치로 공구 진입을 하여 가공 부하를 줄여줌)

· Non Cutting Moves 설정

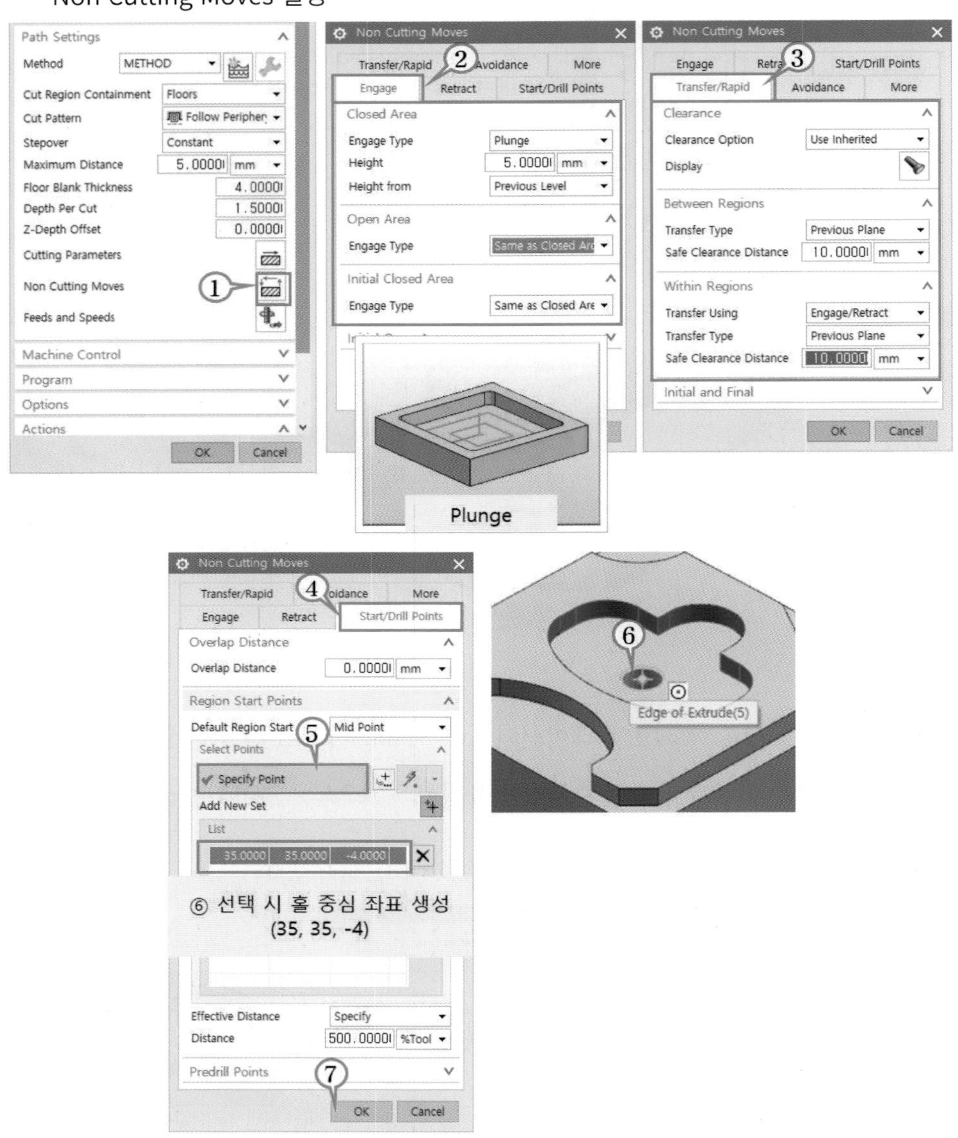

• Feed and Speeds 설정

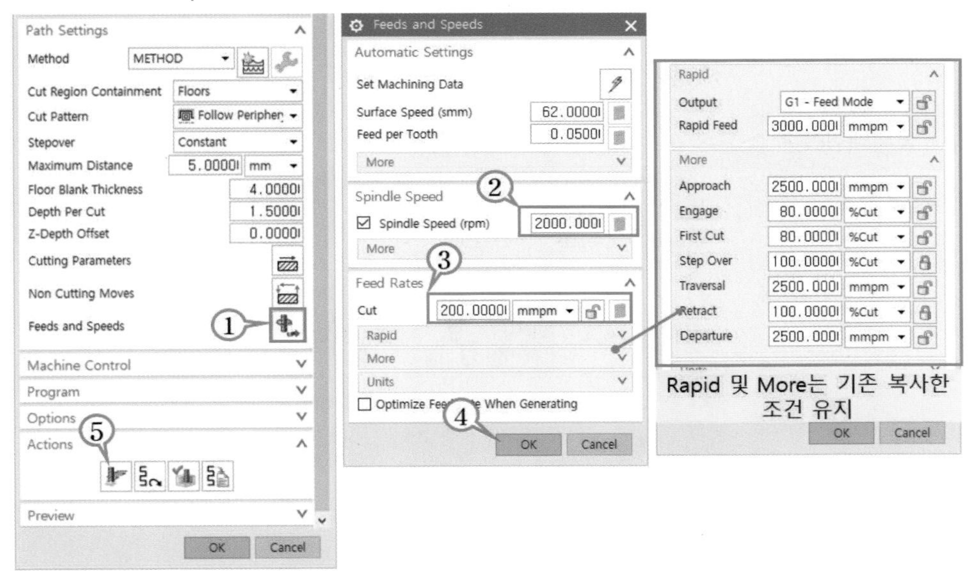

복사한 오퍼레이션에서 필요한 부분만 수정하였기 때문에 간단하게 Path Settings을 완료할 수 있었다. 가공에 대한 노하우가 쌓이면 공구별 형상별 가공 표준을 만들어 놓고 복사하여 사용하게 되면 편리하다.

• Generate/Verify를 순서대로 클릭하여 툴 패스를 확인 및 검증한다.

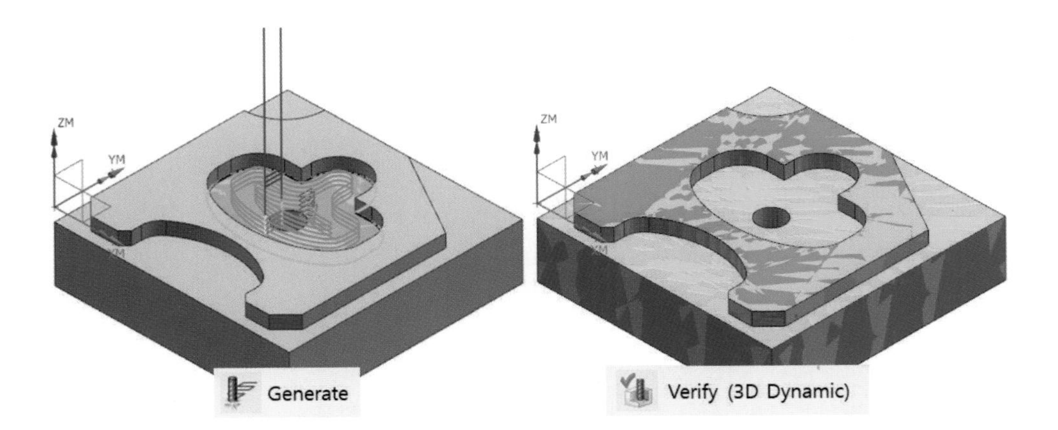

- Mill Planar 오퍼레이션을 통해 ϕ10 플랫 엔드밀 내측 포켓 가공 패스 생성을 완료하였으며, 내비게이터의 프로그램 폴더 안에 오퍼레이션이 생성되었음을 확인한다.

• 오퍼레이션 패스 생성

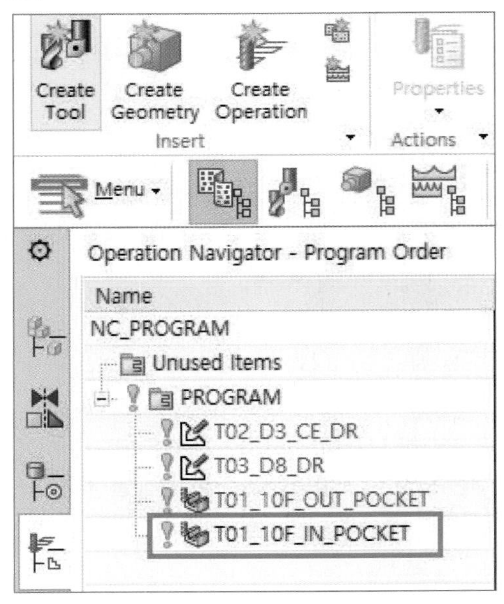

(f) NC 데이터 출력

- 아래와 같은 순서로 O3210.NC 파일을 출력한다. 공구별/ 오퍼레이션별 각각의 데이터를 출력할 수 있지만 여기에서는 통합 데이터로 출력하며, 각각의 출력 방법은 3축 형상 가공 NC 데이터 출력 부분을 참조한다.

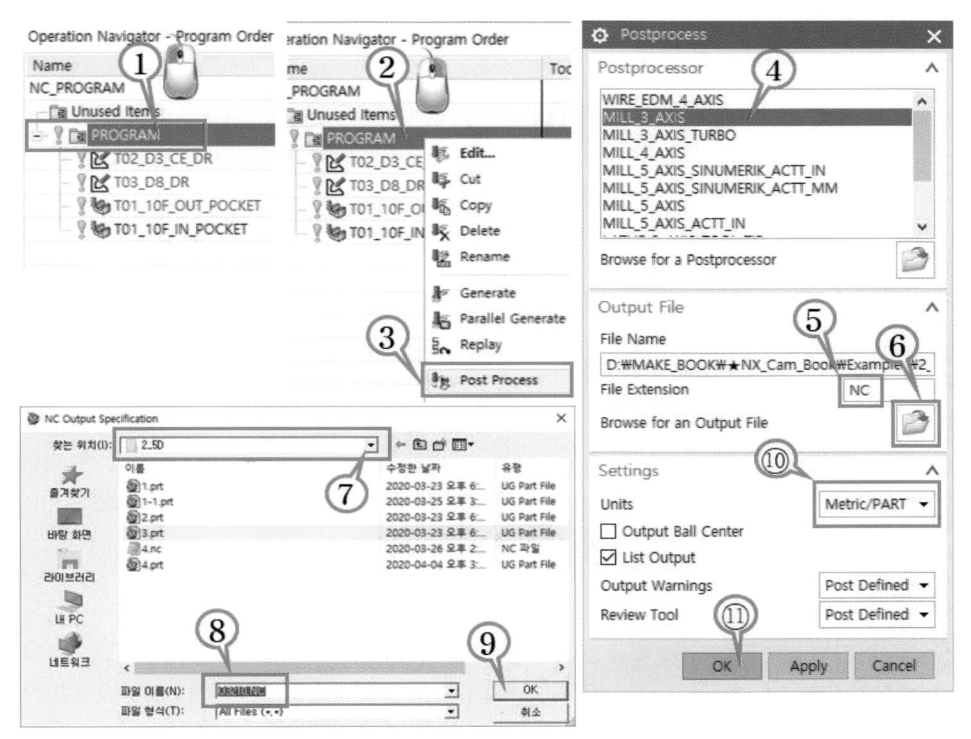

- ④ Postprocessor : MILL_3_AXIS
  (※별도의 Postprocessor 파일이 없을 경우 NX에서 기본적으로 주어진 포스트 사용)
- ⑤ File Extension(파일확장자) : NC
- ⑥ Browse for an Output File : NC Data 저장 경로 및 파일명 지정
  ⑦ 저장 폴더 위치 지정 ⑧ O3210.NC ⑨ OK
- ⑩ Unit : Metric/PART → 설정 완료 후 ⑪ OK
  → 교재에서는 NX에서 주어진 포스트를 사용하지만 실제 가공을 위해선 검증된 Post파일을 사용할 것을 권장함

- Post Process작업 후 생성된 데이터에 대한 검증을 실시한다.

  데이터 검증은 설정한 경로에 생성된 O3210.NC 파일을 메모장에서 열어 확인한다. 공구별 확인을 하기 위해 메모장의 찾기(Ctrl+F) 기능을 확인하여 T02/T03/T01 가공 순서별로 주요 Data 값이 지령한 값으로 출력되었는지 확인한다.

  (※ 설정한 Post에 따라 출력되는 형식이 조금씩 다를 수 있으니 꼭 가공 검증을 완료한 Post를 사용할 것)

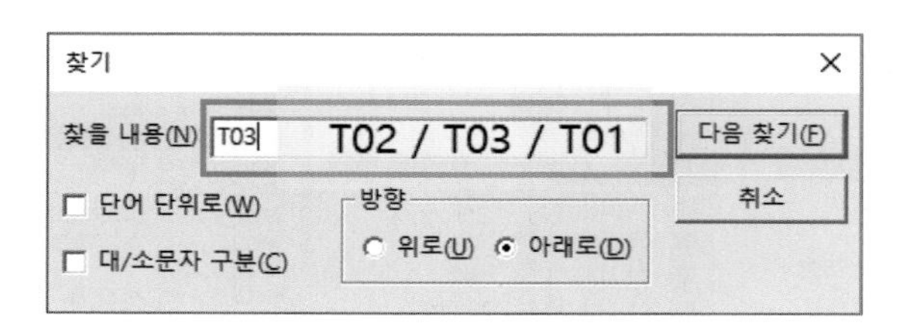

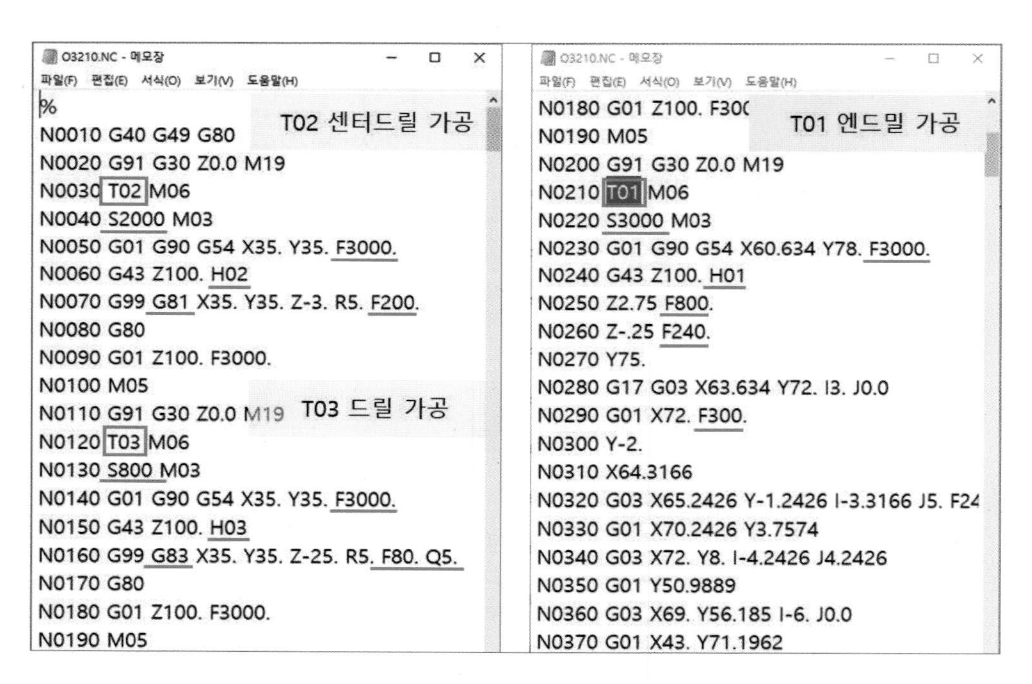

- 실무에서는 프로그래머의 작은 실수로 내지 않아도 되는 불량을 내고 나면 본인의 좌절감도 크지만 납기, 소재비 등 많은 불이익이 생기고 무엇보다 다시 세팅하고 재가공하는 불편을 감수해야 하므로 프로그래머는 프로그래밍의 매 순간마다 실제 가공하고 있다는 상상으로 공구의 Path를 떠올리고, 상기한 체크포인트들을 잘 지키기만 한다면 불필요한 실수 없이 즐거운 CAM 작업을 할 수 있을 것이다.

2) 평면 밀링 CAM 실무

(1) 평면 밀링 CAM P/G 작성

- 상기한 예제는 컴퓨터응용밀링기능사 실기 과제를 수행하기 위한 일반적인 CAM 프로그램이다. 그러나 현장 실무에서는 많은 수량의 가공 및 공차를 맞추고 유지하기 위하여 다양한 가공 방식을 사용한다. 위의 예제에서는 엔드밀 가공에 대하여 황삭에서 최종 정삭까지 한 공구를 가지고 완성하였지만 현장 실무에서는 황삭, 중삭, 정삭을 위한 별도의 공구를 사용하며, 정삭 여유(Stock)도 공차를 유지하기 위하여 측벽 및 바닥에 대한 여유값을 다르게 가져가곤 한다. 본 챕터에서는 추가로 평면 밀링 가공에 대한 오퍼레이션을 소개하고자 한다.

(2) Profile 윤곽가공

- 외곽 포켓 가공 오퍼레이션을 ③ 복사하여 가장 아래에 ⑥ 붙여넣기 하고, 오퍼레이션 이름을 ⑦ T01_10F_OUT_POCKET_YUN 으로 수정한다.

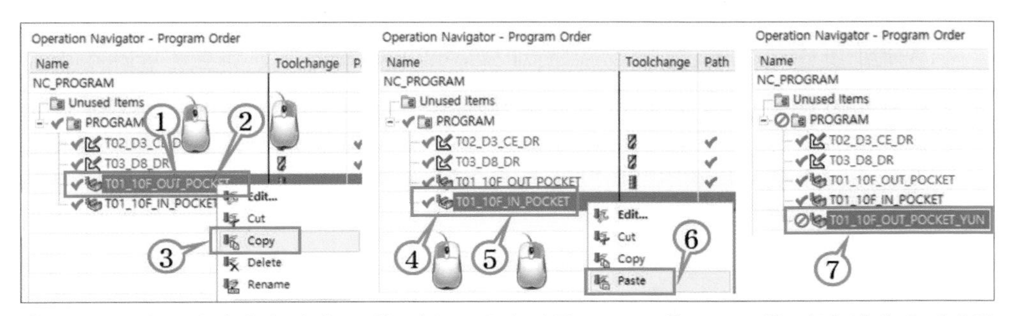

① 외곽 포켓 오퍼레이션 선택 → ② 마우스 우측버튼(MB3) → ③ Copy ④ 가장 아래 오퍼레이션 선택 → ⑤ 마우스 우측버튼(MB3) → ⑥ Paste → ⑦ 붙여넣기 → 두 번클릭 → 이름 변경

• 복사된 오퍼레이션을 더블 클릭하여 Profile 윤곽 가공 데이터를 작성하기 위한 Path Settings 값을 수정한다.

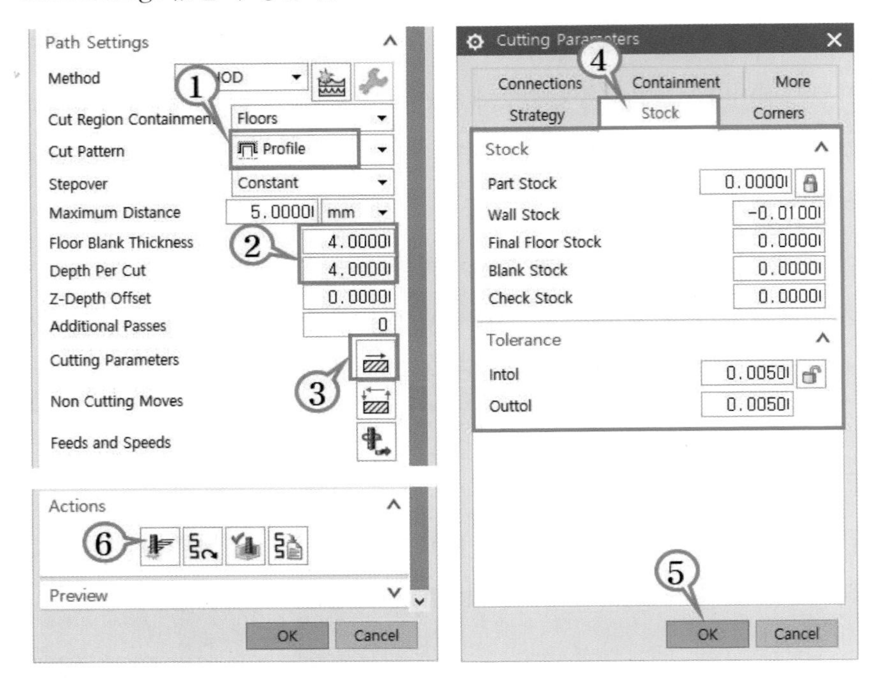

포켓의 정삭 여유량(Stock)은 가공 소재 및 공차 등에 따라 기본적으로 달라지며, 부품의 조립성에 대해서도 폭 치수가 중요한지, 깊이 치수가 중요한지, 혹은 폭, 깊이 모든 치수가 중요한지 여부에 따라 각 부분 여유량을 달리 가져간다.

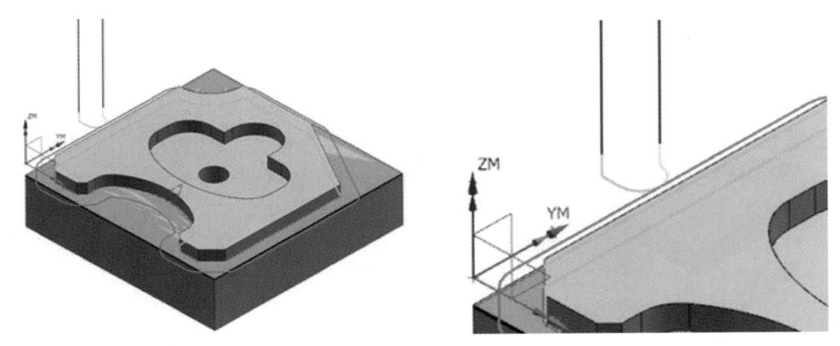

위의 생성된 Profile 윤곽 가공 데이터도 나쁜 것은 아니나 가급적 윤곽 정삭 시 작업자가 보기 편한 위치에서 가공을 시작해 주는 것이 좋으며, 같은 포인트에서 공구 진입/진출이 이뤄지는 것보단 오버랩 거리를 주는 방법이 가공 품질면에서 유리하다.

- 생성된 오퍼레이션의 진입 위치와 윤곽 오버랩 거리를 수정하기 위하여 ① 생성된 오퍼레션을 더블 클릭하여 Path Settings 조건을 수정한다.

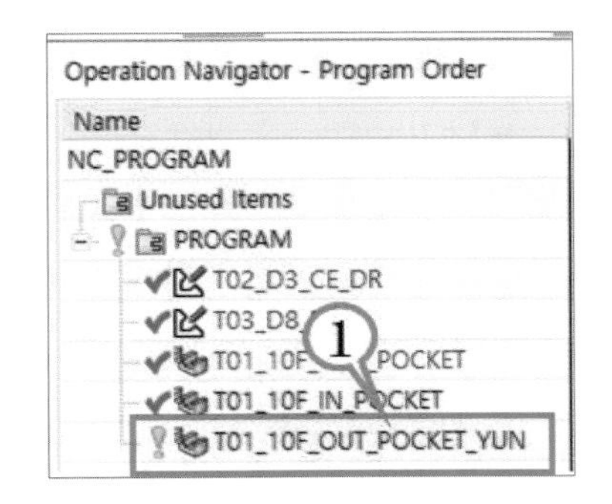

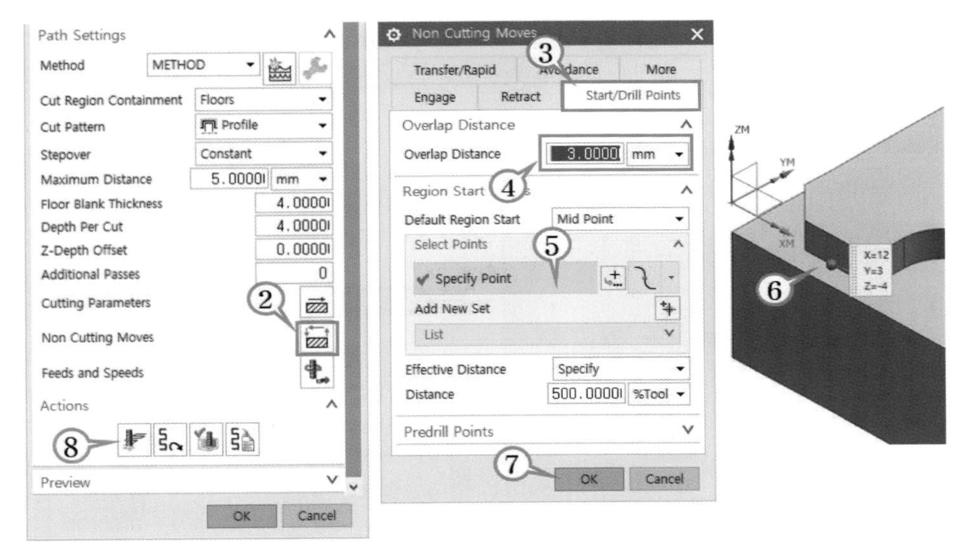

- 최종 생성된 Profile 윤곽 가공 데이터를 확인한다.

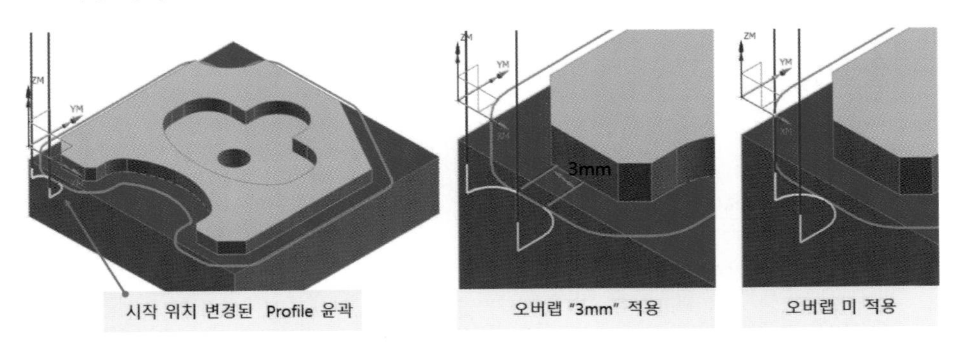

시작 위치 변경된 Profile 윤곽 | 오버랩 "3mm" 적용 | 오버랩 미 적용

CAM의 작은 옵션 수정을 통해 작업성 및 가공 품질 향상을 가져올 수 있음을 명심한다.

• 같은 방식으로 내측 포켓 윤곽 가공 데이터를 작성하기 위하여 외측 포켓 가공 오퍼레이션을 복사하여 가장 아래에 붙여넣기 하고, 오퍼레이션 이름을 T01_10F_IN_POCKET_YUN 으로 수정한다.

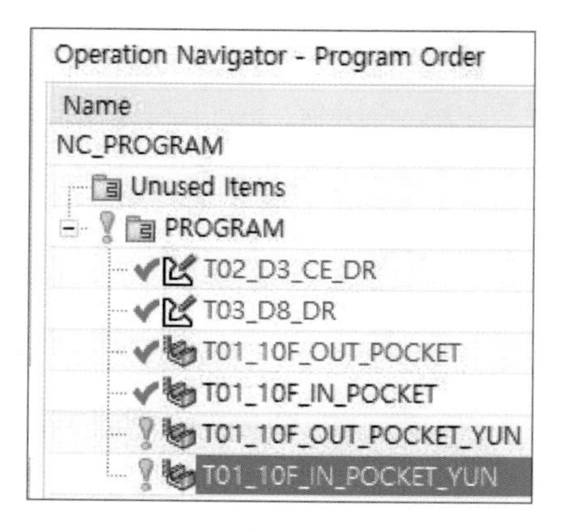

• 복사된 오퍼레이션을 더블 클릭하여 Profile 윤곽 가공 데이터를 작성하기 위한 Path Settings 값을 수정하고 계산한다.

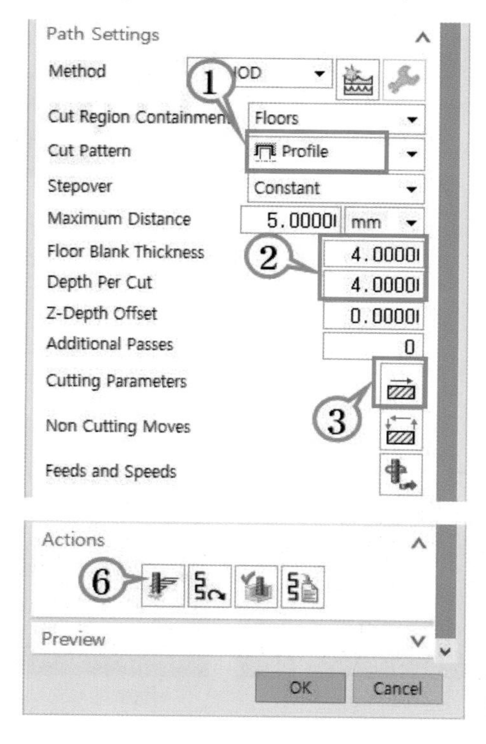

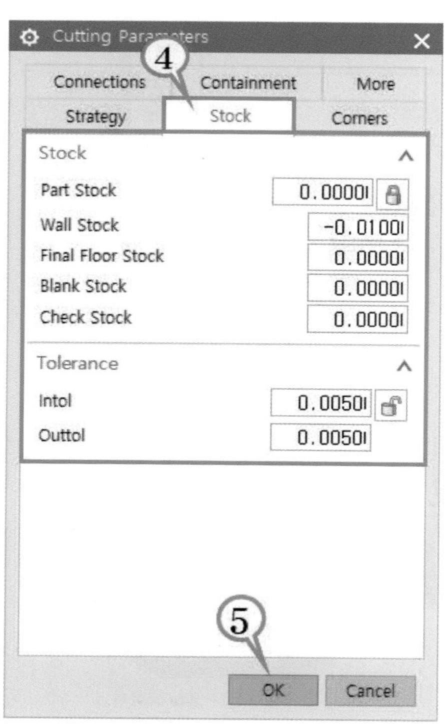

- 생성된 툴패스를 확인해보면 문제점을 가지고 있음을 확인할 수 있다. 기존의 조건을 복사하였기 때문에 공구의 진입은 윤곽 정삭 위치에서 수직(Plunge) 방식으로 진입하면서 공구가 가공 시작 위치로 내려가면서 절삭이 되는 문제가 발생된다. 이는 공구의 부하 및 가공 여유가 많이 남아 있을 경우엔 공구 파손의 문제도 발생될 수 있다. 따라서 공구 진입 조건에 대한 수정이 필요하다.

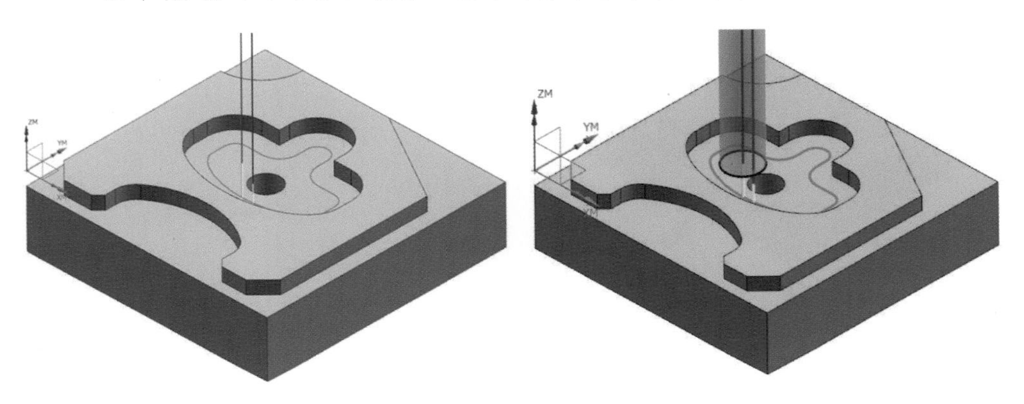

- 생성된 오퍼레이션을 더블 클릭하여 Path Settings의 Non Cutting Moves의 세부 조건을 수정하고 제너레이트한다.

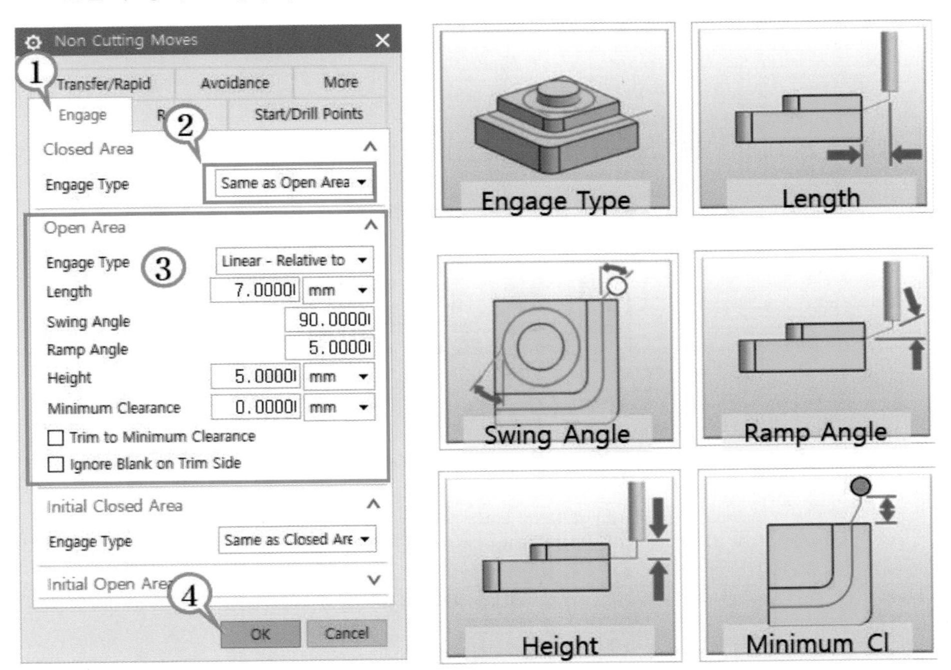

- 수정 생성된 오퍼레이션을 확인하며, 공구 진입이 홀 위치에서 포켓 깊이보다 높은 5mm 위치까지 수직 접근(Approach)하며, 윤곽 라인 접근 시 가공된 바닥면을 재가공하지 않고 공구의 반경보다 많은 7mm 거리에서 5° 각도로 진입하여 윤곽 가공을 실시함을 확인할 수 있다.

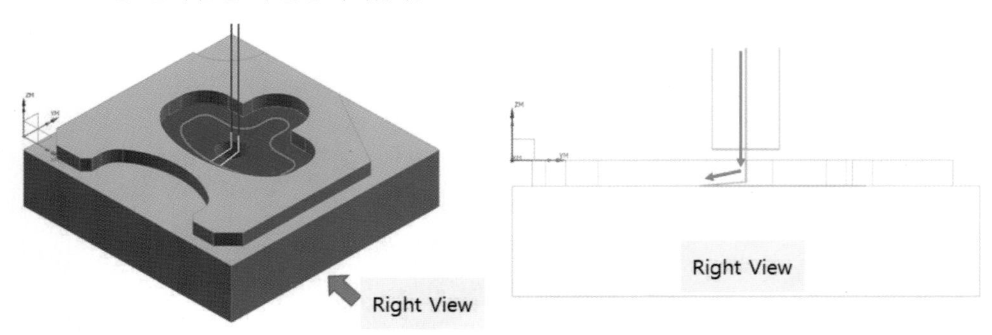

(3) Tapping

- 기능사 시험에서는 태핑 가공까지는 하지 않지만 실무에서 많이 사용하는 태핑 오퍼레이션을 생성해보도록 한다.

- M8*1.25 태핑 가공 공구 생성을 위해 ① 머신 툴 뷰 상태 → ② Create Tool 클릭

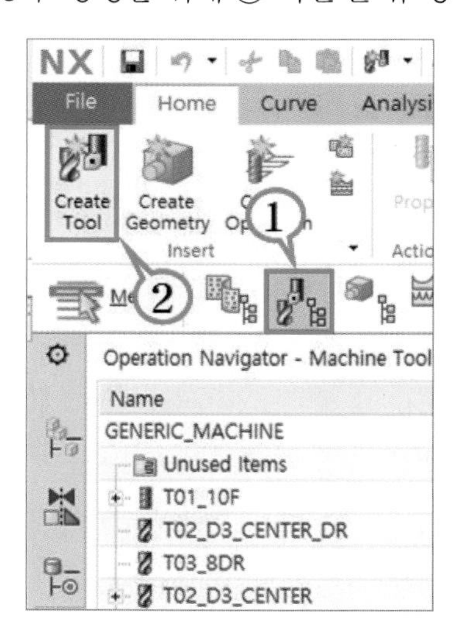

- Create Tool → ③ 타입을 hole making 선택 → ④ TAP 선택 → ⑤ 공구 이름 T04_M8_1.25 → ⑥ OK → ⑦ 공구 스펙 및 번호 기입 → ⑧ OK → ⑨ 공구 생성 확인

  (※ 기존 드릴 및 센터드릴 가공에서 드릴 타입의 공구를 만들어 보았으니 이번에 hole making 타입에서 만들어 보았다.)

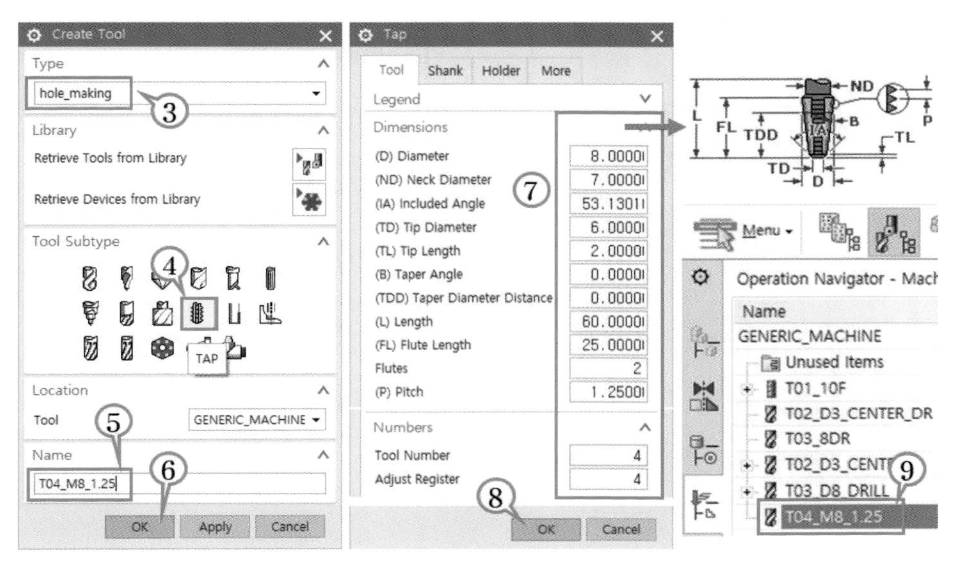

- 태핑 가공 오퍼레이션 생성을 위해 프로그램 오더 뷰 상태에서 Create Operation을 클릭한다.

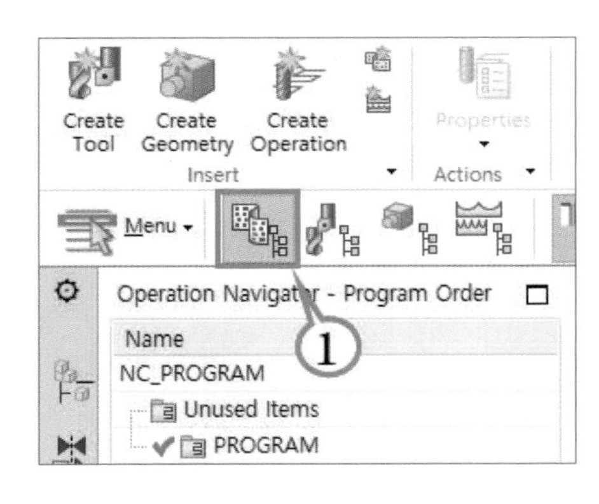

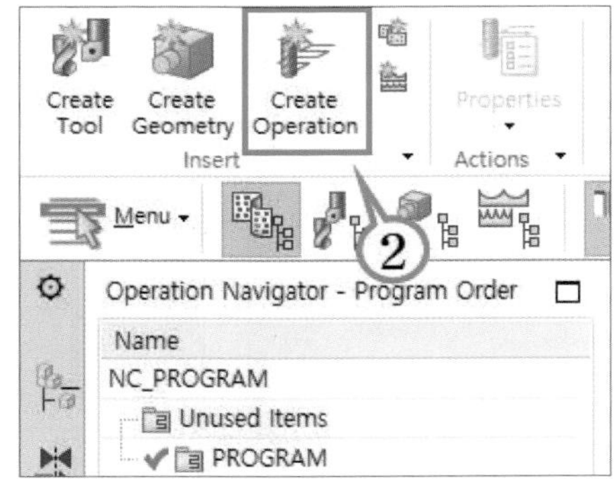

• Type(타입)을 drill로 선택하고 세부 조건을 설정한다.

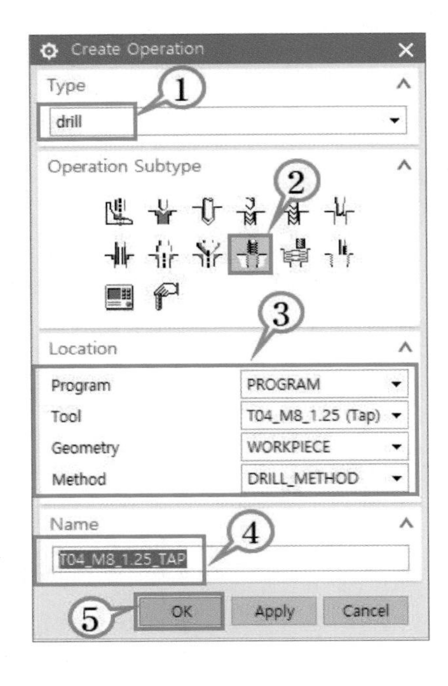

- Type: “drill”
- Operation Subtype: “TAP”
- Program: “PROGRAM”
- Tool: “T04_M8_1.25”
- Geometry: WORKPIECE
- Method: METHOD (DRILL)
- Name: T04_M8_1.28_TAP

• 드릴링 오퍼레이션의 세부 가공 조건을 설정한다.

가공 홀, 상면, 바닥면 선택은 드릴/ 센터 드릴과 동일한 방법으로 진행한다.

• Specify Hole (가공 홀 선택)

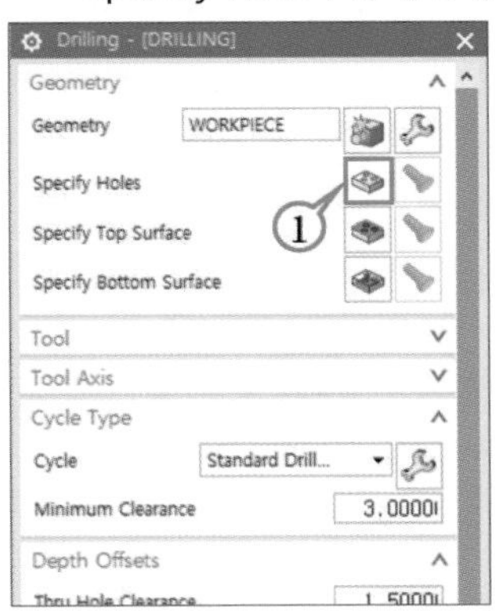

Specify Hole 선택

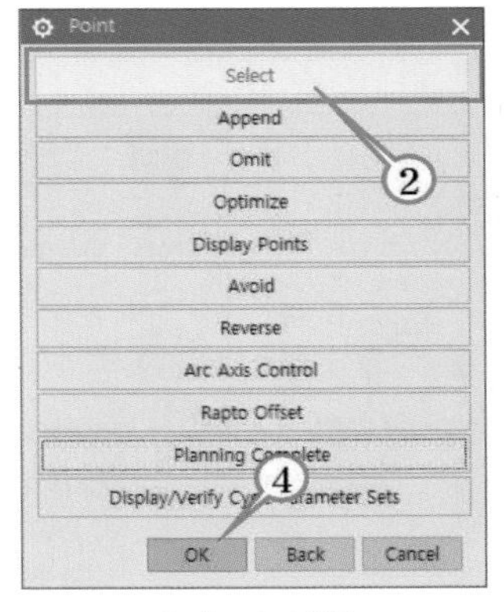

Select 선택

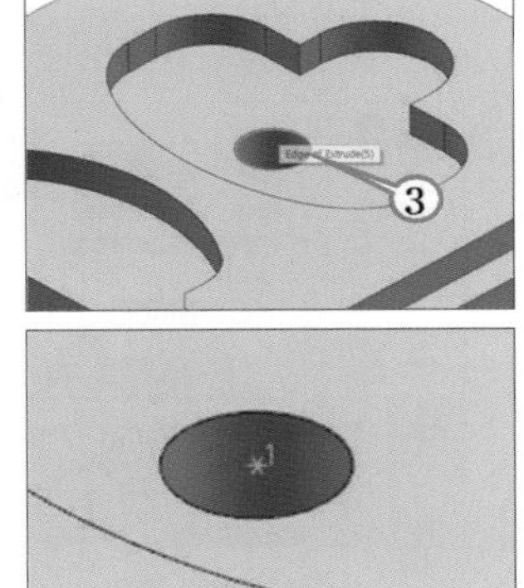

Hole의 Edge 선택

• Specify Top Surface

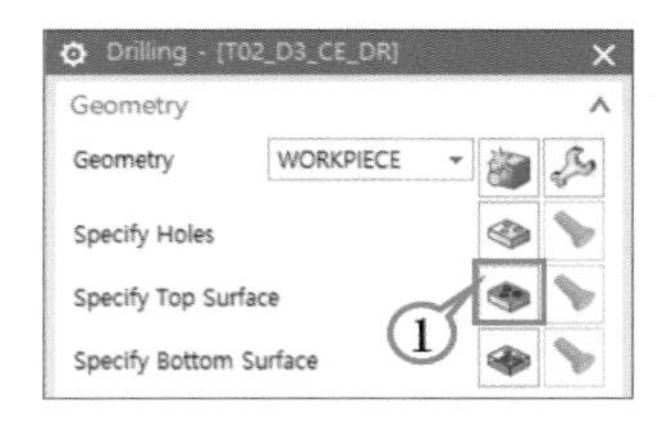

Specify Top Surface선택

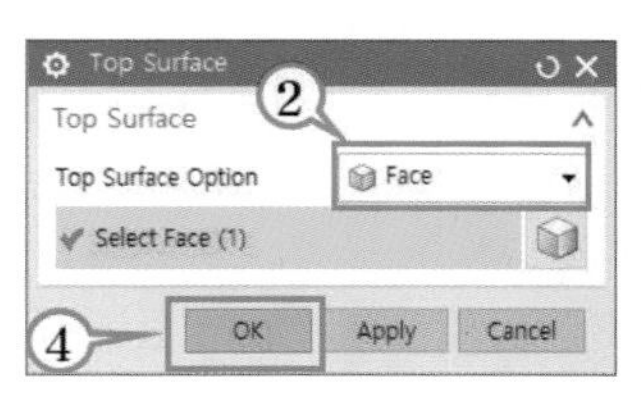

Face 선택

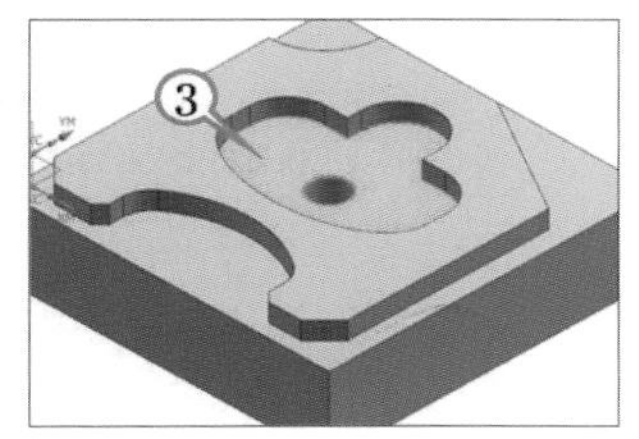

포켓 바닥면 선택

(※ 포켓 가공 이후에 탭 가공 시 위와 같이 포켓 바닥면을 선택하고, 포켓 가공 전 탭 가공 시에는 모델링 상면을 선택한다.)

• Specify Bottom Surface

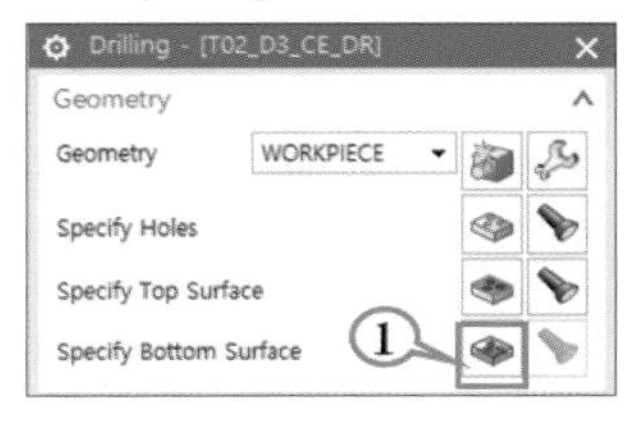

Specify Bottom Surface 선택

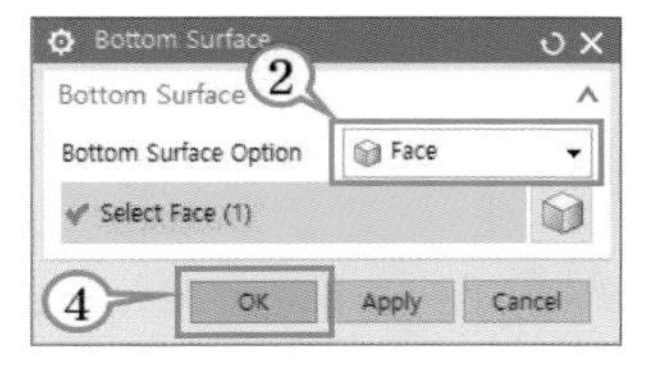

Face 선택

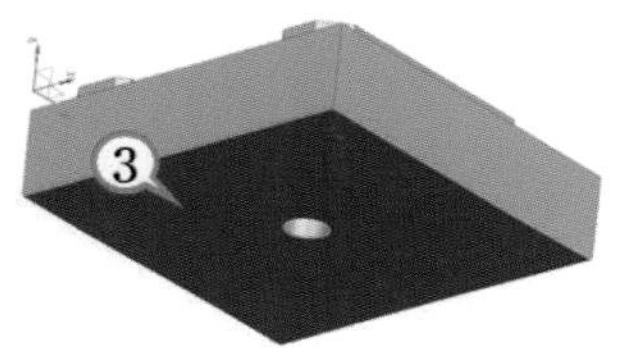

모델링 바닥면 선택

• 태핑 오퍼레이션의 세부 가공 조건을 설정한다.

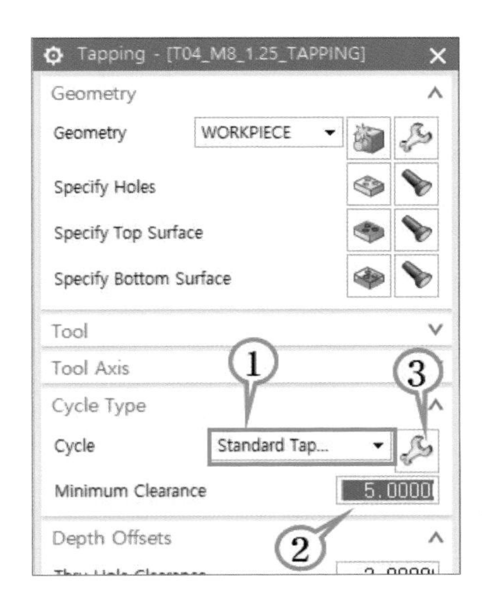

- ① Cycle Type: Standard Tap 선택
  - 태핑 사이클(G84)
    공구가 절입량(Z) 만큼 태핑 가공하는 사이클
- ② Minimum Clearance : R 포인트 " 5 "

• ③ Edit : 세부 조건 설정

• Path Setting

- ②항에서 절삭 속도로 Spindle Speed(rpm) "100", Feed "125" 선택
- ②,③항의 조건 설정 후 ⑤ Generate 클릭하여 경로를 계산한다.

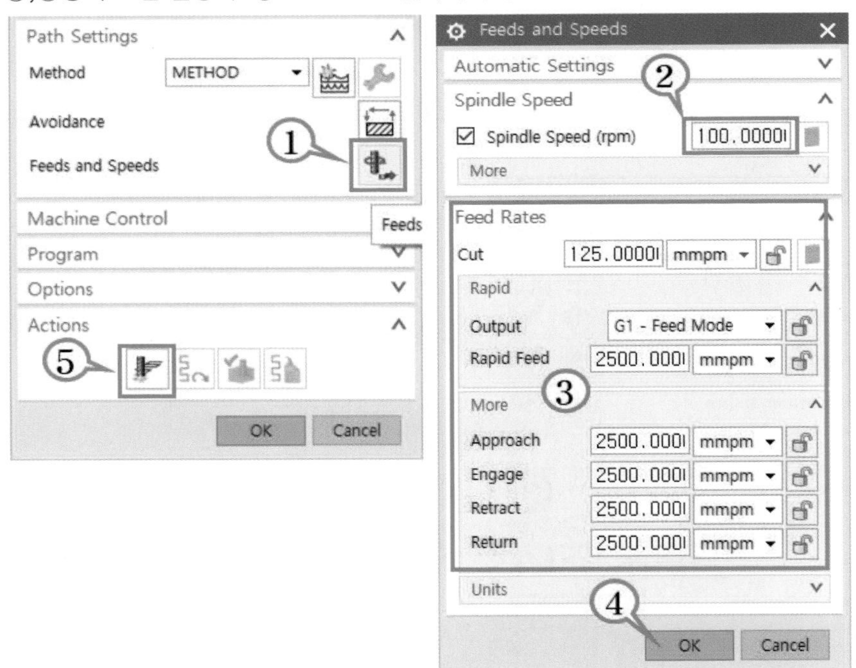

탭 가공을 위한 회전수와 이송 속도의 관계는 아래의 식 (2)와 같다.

$$F = f_r \times N = 1.25 \times 100 = 125 \qquad (2)$$

여기서 F는 분당 이송 속도(mm/min)(③)이고, N은 회전수(②)이며, f_r은 회전당 이송량으로 나사의 피치($M8 \times 1.25$)에 해당한다.

• 툴 패스 생성

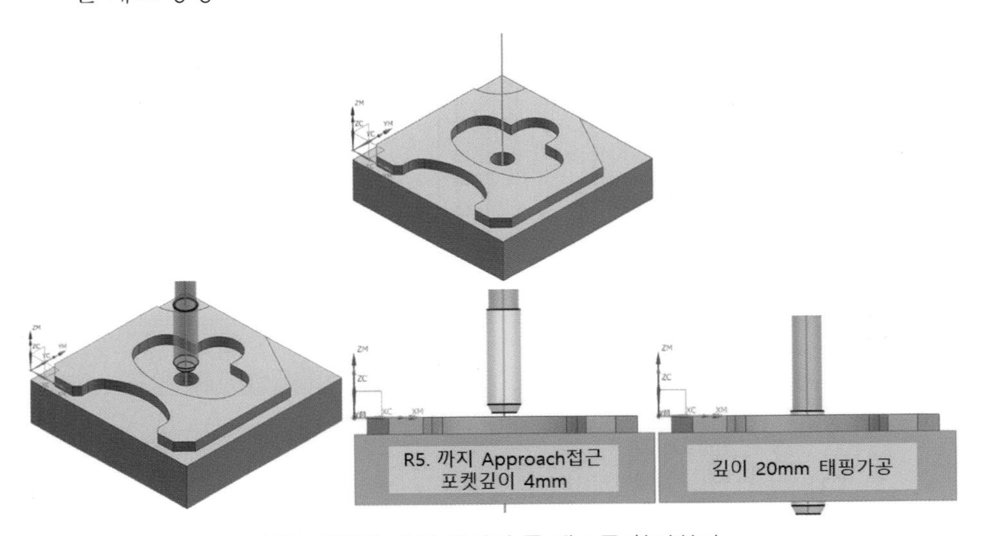

경로 계산을 통해 생선된 툴 패스를 확인한다.

• Post Process 작업 후 생성된 데이터에 대한 검증을 실시한다.

T04 태핑 가공

```
%
N0010 G40 G49 G80
N0020 G91 G30 Z0.0 M19
N0030 T04 M06
N0040 S100 M03
N0050 G01 G90 G54 X35. Y35. F2500.
N0060 G43 Z100. H04
N0070 G84 X35. Y35. Z-24. R1. F125.
N0080 G80
N0090 G01 Z100. F2500.
N0100 M05
N0110 M02
%
```

(4) V-CNC를 이용한 모의 가공

- O3210.NC 파일을 입력하여 모의 가공한 후 치수 검사를 수행한다.

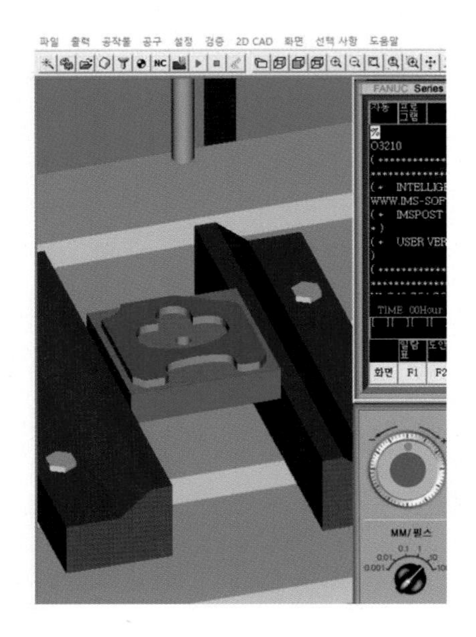

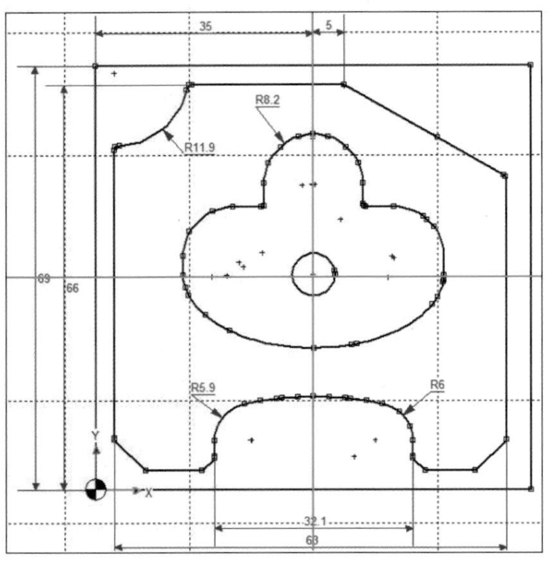

(5) CNC 절삭 가공

- 아래와 같이 작성한 CAM P/G 및 MCT를 이용하여 CNC 절삭 가공을 완성한다. 가공결과 탭도 양호하고 정밀 공차 이내로 가공되었는지 확인한다.

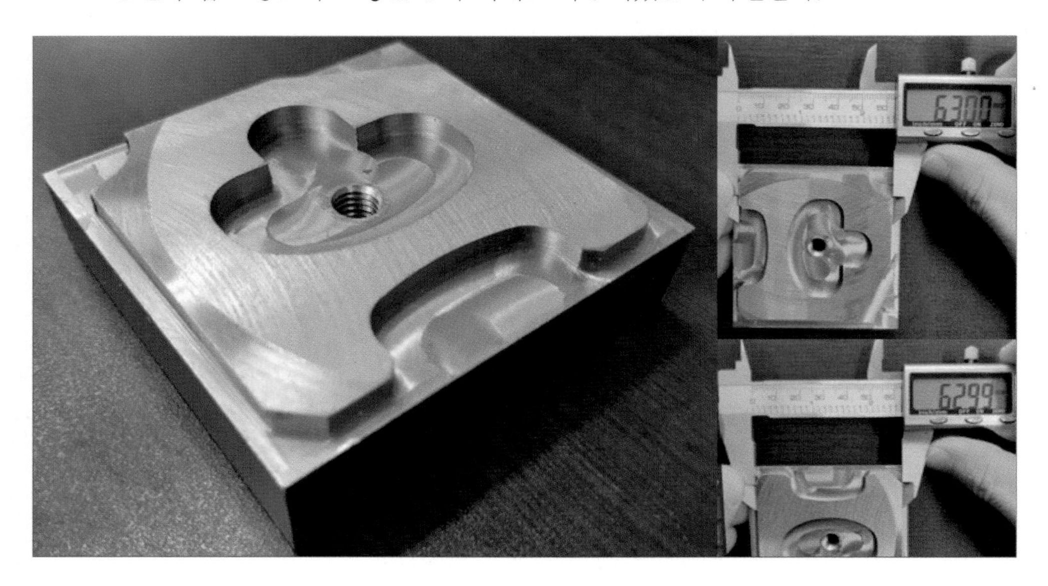

04

3축 가공 (곡면 밀링)

CHAPTER 04

3축 가공 (곡면 밀링)

4.1 컴퓨터응용가공 산업기사, 기계가공 기능장 실기

1) 컴퓨터응용가공 산업기사, 기계가공 기능장 실기 예제

과제 모델링	CAM 작업 과제	3D 모델링 및 NC 프로그래밍	2시간 30분

1. 요구사항
   가. ①번 파일은 컴퓨터응용가공 산업기사, 기계가공 기능장 실기 예제임
   나. ②번 파일은 곡면 밀링 CAM 실무 예제임
   다. 각 과제별로 예제를 학습한 뒤 ③번 모델링으로 복습

No.	파일 경로
①	D:\NX-CAM-Examples\3X_EX01
②	D:\NX-CAM-Examples\3X_EX02
③	D:\NX-CAM-Examples\3X_EX02

예제 도면	3X_EX01	3D 모델링 및 NC 프로그래밍	2시간 30분

1. 요구사항
   가. 제출 항목 ① : 도면의 정면도, 평면도, 우측면도, 입체도를 실척으로 출력(치수 제외)
   나. 제출 항목 ② : CAM 작업 후 황삭, 정삭, 잔삭의 CAM 작업 형상(경로) 출력
   다. 제출 항목 ③ : 황삭, 정삭, 잔삭의 NC CODE(전반부 30블럭) 출력

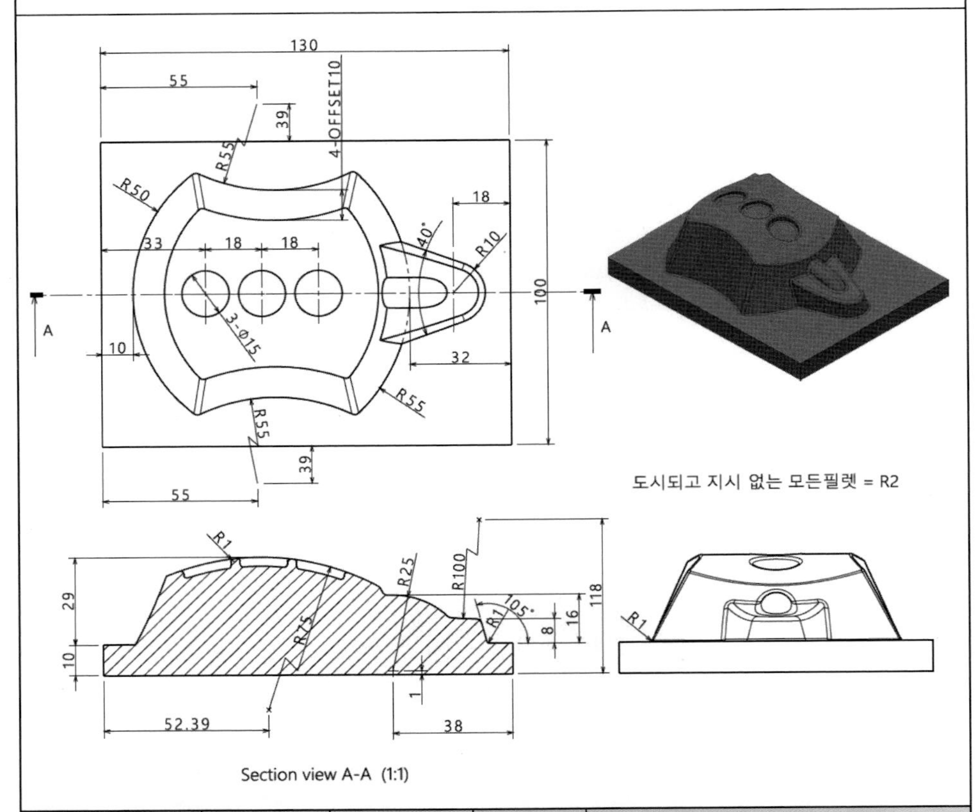

NO (공구 번호)	작업 내용	파일명 (비번호가 2번 일 경우)	공구 조건		경로간격 (mm)	절삭 조건			
			종류	직경		회전수 (rpm)	이 송 (min/min)	절입량 (mm)	잔량 (mm)
1	황삭	02황삭.nc	평E/M	12	5	1400	100	6	0.5
2	정삭	02정삭.nc	볼E/M	4	2	1800	90		
3	잔삭	02잔삭.nc	볼E/M	2		3700	80		

2) 컴퓨터응용가공 산업기사, 기계가공 기능장 실기 예제의 CAM P/G 작성

(1) 예제 모델링의 도면 출력 과제

- 수검자 주의사항 예시 지시사항에 따를 것)
  ① 도면에 명시된 원점을 기준으로 Modeling 및 NC data를 생성하여야 한다.
  ② 황삭 가공에서 Z축 방향의 시작 높이는 공작물의 상면으로부터 10mm 높은 곳으로 정한다.
  ③ 공구 번호, 작업 내용, 공구 조건, 공구 경로 간격, 절삭 조건 등은 반드시 절삭 지시서에 준하여 작업한다.
  ④ 안전 높이는 원점에서 Z축 방향으로 100mm 높은 곳으로 한다.
  ⑤ 공작물을 고정하는 베이스(10mm) 부위는 제외하고, 윗부분만 Nc data를 생성한다.

- 직접 도면을 보고 모델링하거나 완성된 모델링(3X_EX1)을 OPEN하여 Manufacturing 모드로 전환한다.
- Manufacturing 모드를 실행하면 데이텀 원점에 XM, YM, ZM의 공작물 좌표계 원점(MCS)가 생성된 것을 확인할 수 있다.
- 내비게이터의 Geometry View에서 안전높이(Clearance)를 XY평면에서 100mm 거리로 설정하여 수검자 주의사항 ④번 항목을 해결한다.

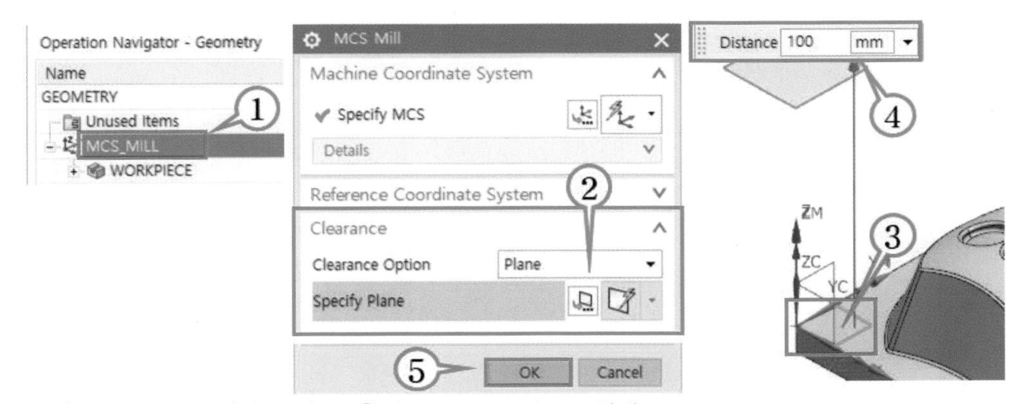

① MCS_MILL 더블 클릭 → ②Clearance→Plane 선택
③④ XY평면 or 모델 베이스 면 선택 → "100" 입력 →⑤ "OK"

• 내비게이터의 Geometry View에서 WORKPIECE를 더블 클릭하여 형상(Part) 및 소재(Blank)를 설정한다. Blank 설정 시 ZM+ 방향으로 10mm 추가하여 수검자 주의사항 ②번 항목을 해결한다.

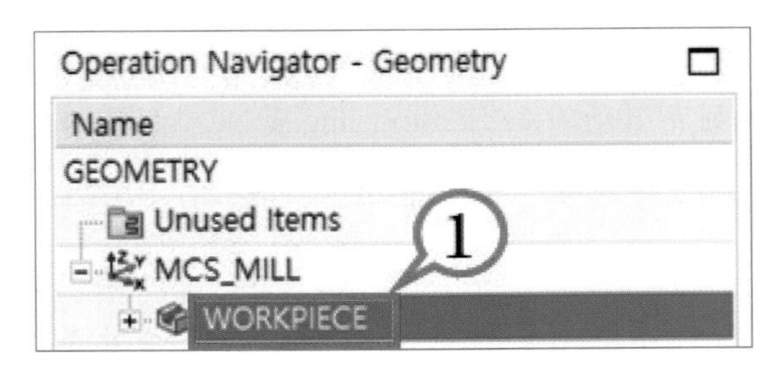

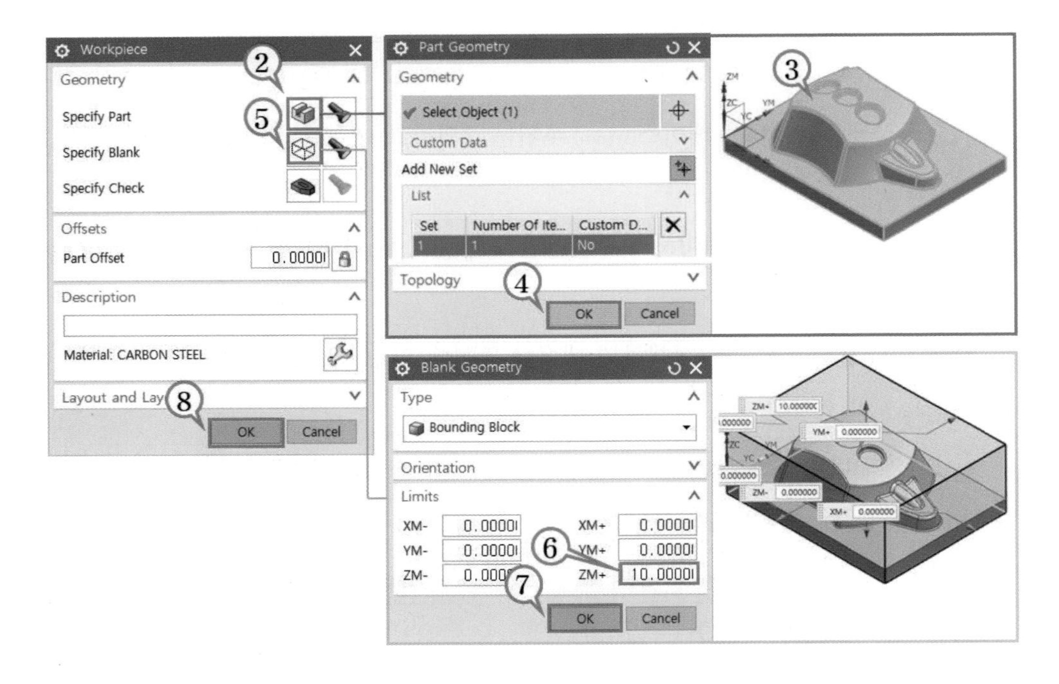

- 공구를 생성한다.

  내비게이터의 뷰를 ① Machine Tool View 상태로 전환 → ② Create Tool → ③ 가공 Type 선택 ④ 공구 Type 선택 → 공구 이름을 ⑤ 황삭 공구(T01_12F_ROUGH), 정삭(T02_4B_FINISH), 잔삭(T03_2B_PENCIL) → ⑥ OK(확인) → 생성된 공구의 ⑦, ⑧에서 지름 값 및 공구 번호를 지정 ⑨ OK(확인) → 공구 생성

- 황삭 공구(12Flat)

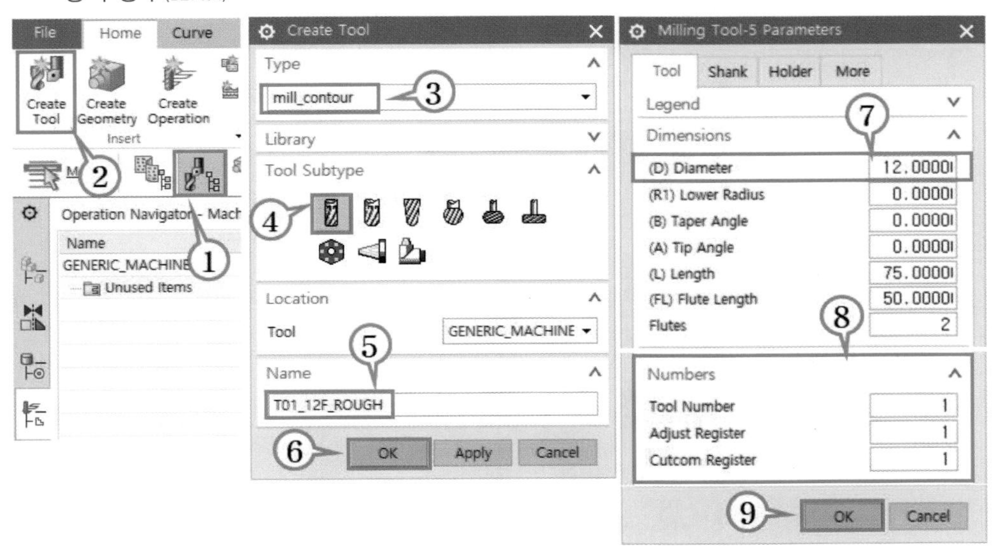

- 정삭 공구(4Ball)

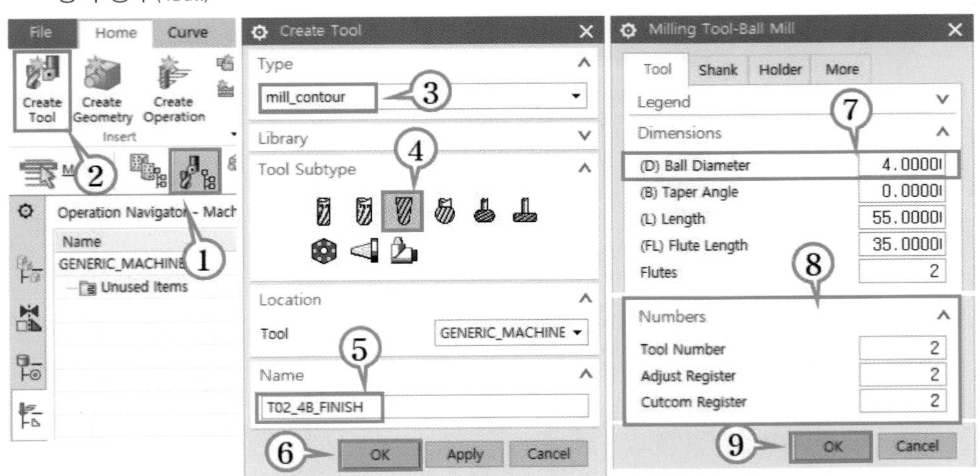

• 잔삭 공구(2Ball)

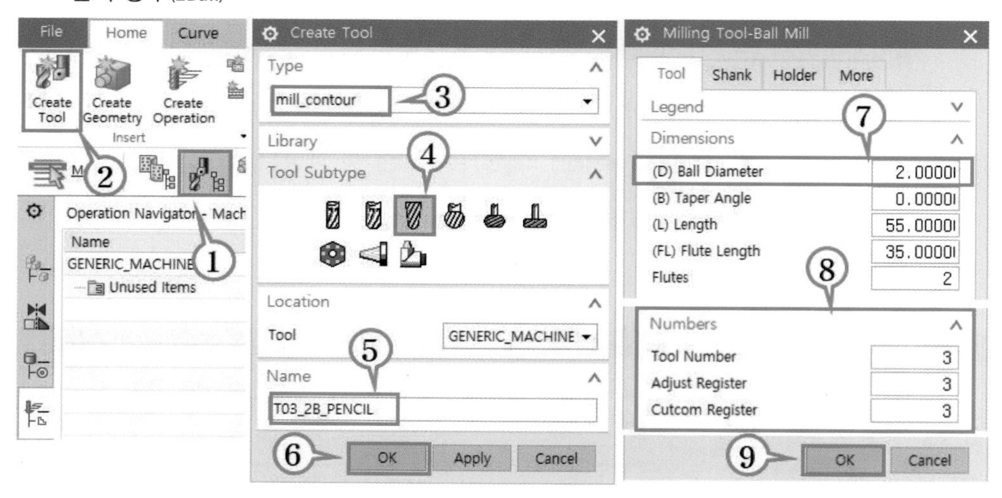

• 내비게이터의 머신 툴 뷰(Machine Tool View) 상태에서 공구 T01, T02, T03 공구가 생성 되었음을 확인한다.

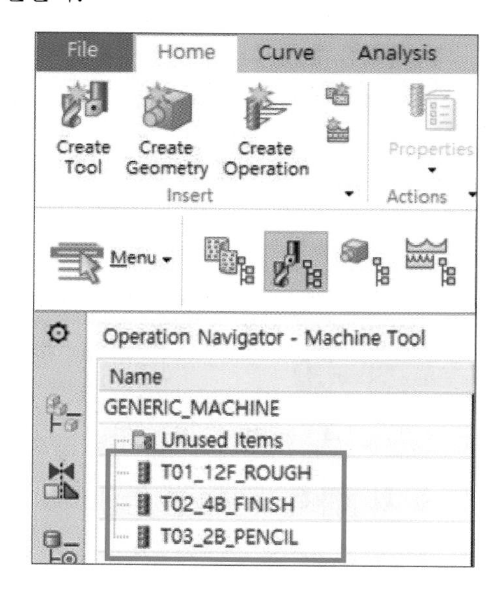

(a) Roughing (황삭가공)

- 황삭 가공 오퍼레이션을 생성하기 위해 내비게이터의 뷰 상태를 ①Program order View 상태로 전환 → ② Create Operation을 클릭한다.

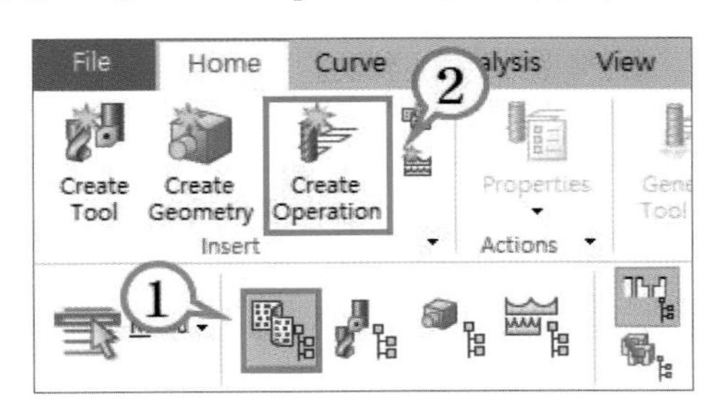

- 아래와 같은 방식으로 Cavity Mill의 세부 가공 조건을 설정한다.

  ①Type(Mill contour) → ② Cavity Mill → ③ Location 설정 → ④ 오퍼레이션 이름 지정(T01_12F_ROUGH) → ⑤ OK → ⑥ 절삭 지시서에 따른 경로 간격 및 절입량 설정 → ⑦ 절삭 매개변수 설정 → ⑧ 비절삭 공구 이동 설정 → ⑨ 절삭 지시서에 따른 Feed and Speeds 설정 → ⑩ Generate → ⑪ OK

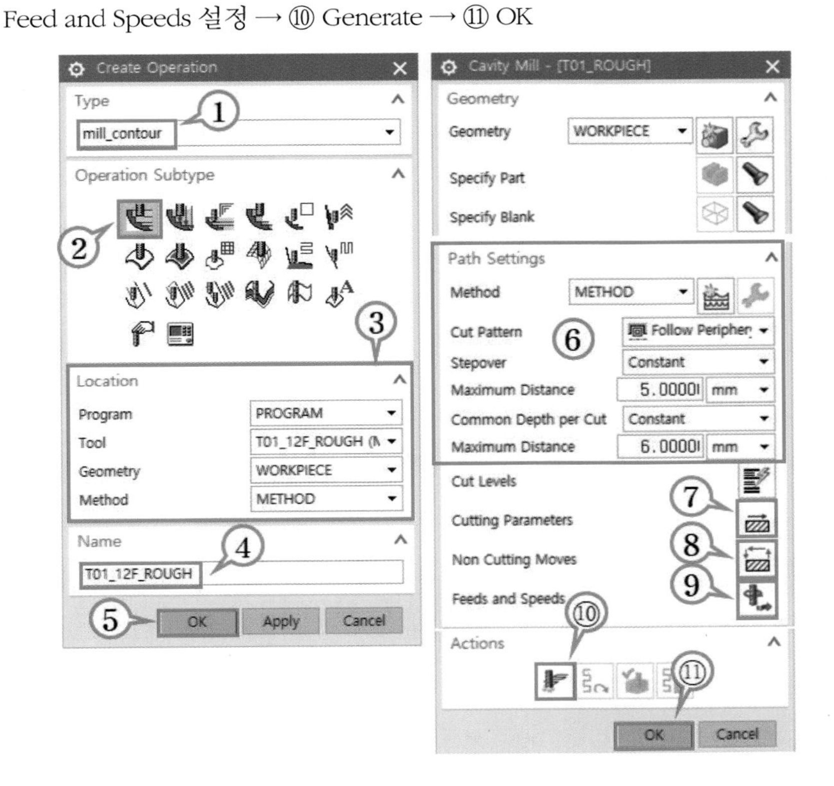

- Cavity Mill 가공 시 ⑦ 절삭 매개변수에 대한 주요 설정 항목은 다음과 같다.
  - Strategy의 Cut Direction은 Climb Cut(하향 절삭)으로 가공하는 것이 공구 마모, 표면 조도, 가공 부하 등에서 유리하며, Cut Order는 형상에 따라 다르나 일반적으로 Depth First(깊이 우선) 가공을 하는 것이 불필요한 공구에 들림을 줄여 주며, Pattern Direction은 Inward를 선택하여 공구가 외부에서 안쪽으로 향하게 가공시켜 주는 것이 공구 부하에 유리하다.
  - Stock은 절삭 지시서에 따라 측벽 및 바닥 동일하게 0.5mm를 남기었으며, Tolerance는 가공 정밀도로서 수치가 작아질수록 가공 표면 정밀도는 상승하나 NC data의 용량이 커지게 되므로 황삭 시 0.03, 정삭 시 0.005~0.0025 정도가 적당하다.

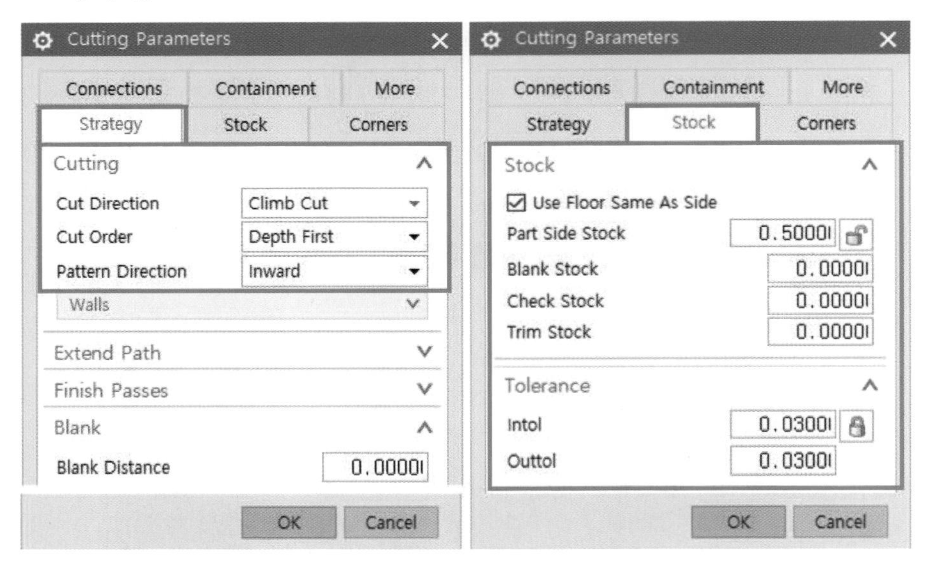

- Cavity Mill 가공 시 ⑧ 비절삭 공구 이동 설정 및 ⑨ Feed and Speeds에 대한 주요 설정 항목은 다음과 같다.
  - 공구의 Engage(진입)에서 Closed Area(닫힌 영역)의 기본 설정값인 Helical로 진입 시 포켓 형상 및 공구의 크기, 헬리컬 반경 등의 조건이 맞지 않을 시 알람이 발생하는 경우가 있어 Same as Open Area로 설정하였으나 Engage 및 Retract는 형상에 따라 달리 가져가야 하는 경우가 많다.

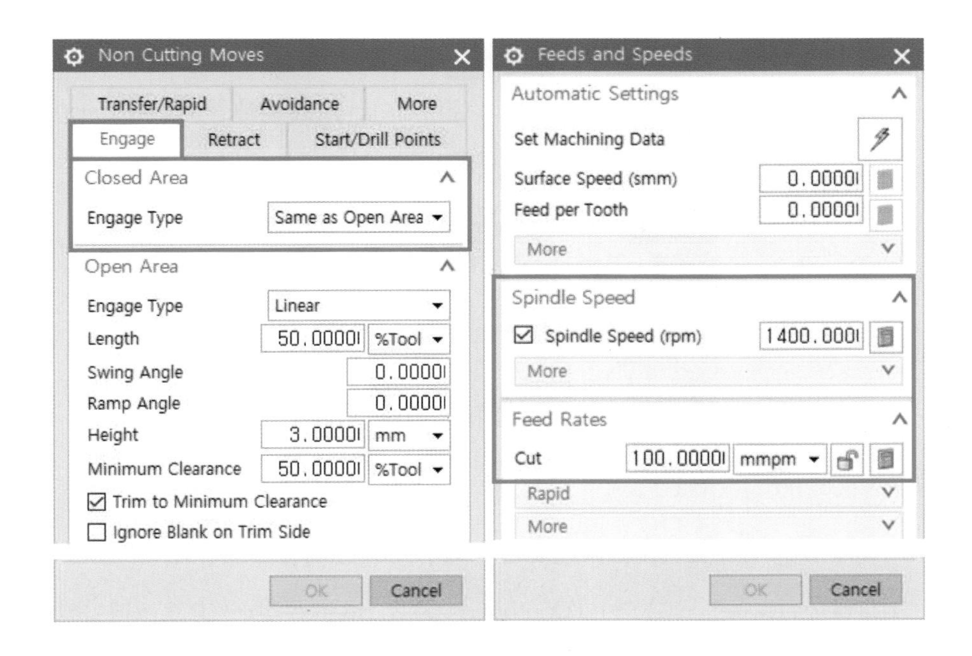

- Cavity Mill에 대한 조건 설정을 완료하고 Generate 및 Verify를 실시하여 황삭 가공을 완료한다.

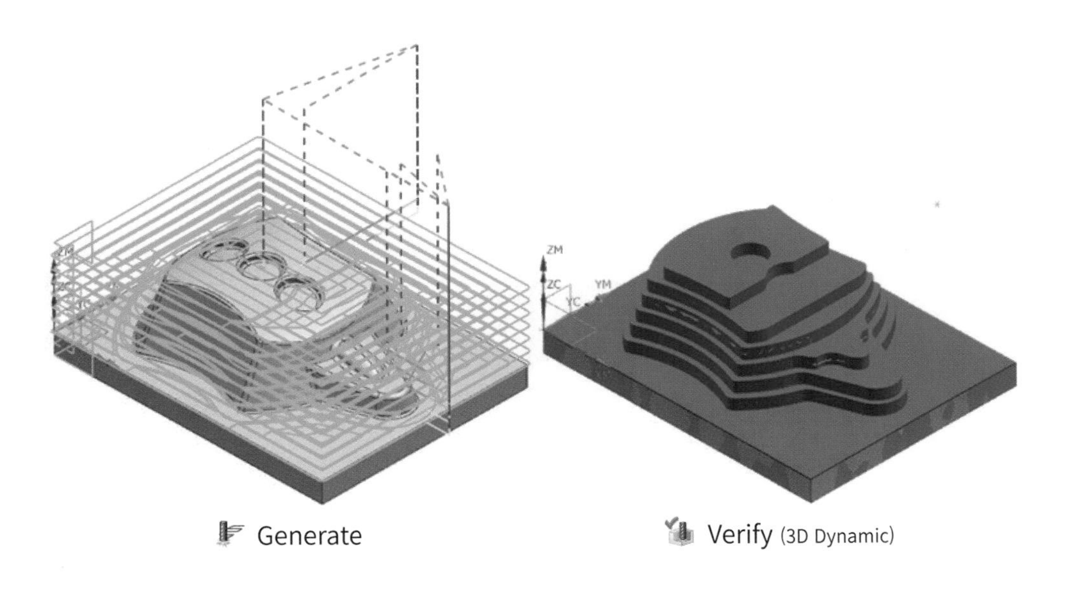

Generate　　　　Verify (3D Dynamic)

(b) Finishing (정삭 가공)

- 정삭 가공 오퍼레이션을 생성하기 위해 내비게이터의 뷰 상태를 ① Program order View상태에서 → ② Create Operation을 클릭한다.

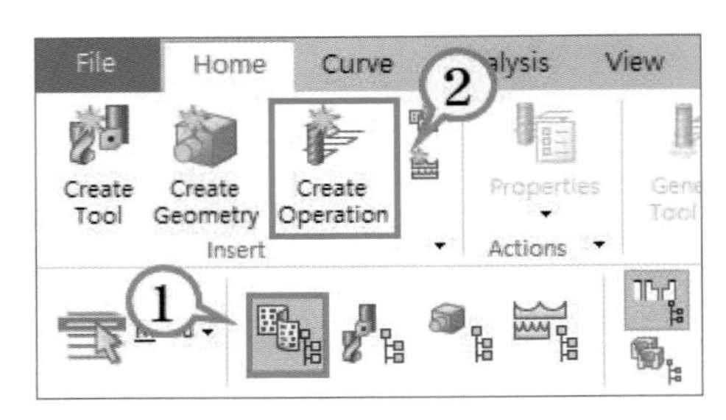

- 아래와 같은 방식으로 Fixed Contour의 세부 가공 조건을 설정한다.

①Type(Mill contour) → ② Fixed Contour → ③ Location 설정 → ④ 오퍼레이션 이름 지정(T02_4B_FINISH) → ⑤ OK → ⑥ 가공 면 지정 → ⑦ Area Milling → ⑧ Area Milling 조건 설정 → ⑨ 절삭 매개변수 설정 → ⑩ Feed and Speeds 설정 → ⑪ Generate → ⑫ OK

- ⑥ Specify Cut Area(가공영역 설정) 방법은 다음 2가지 방법을 주로 사용한다.
  - ① Specify Cut Area 선택 → ② 정면 뷰 상태 전환 → ③~④로 드래그하여 선택

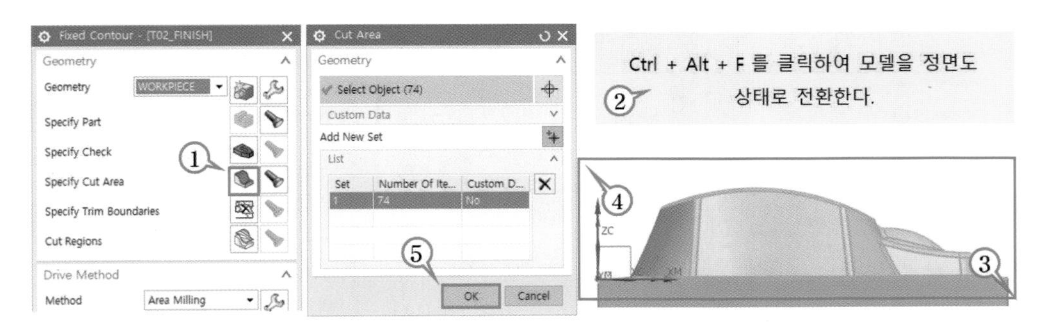

  - ① Specify Cut Area 선택 → ② Select filter를 Tangent Faces → ③ 모델 면 선택

※임의의 면 선택 시 Tangent 조건으로 연결되어 있는 면은 전체 선택되어짐.

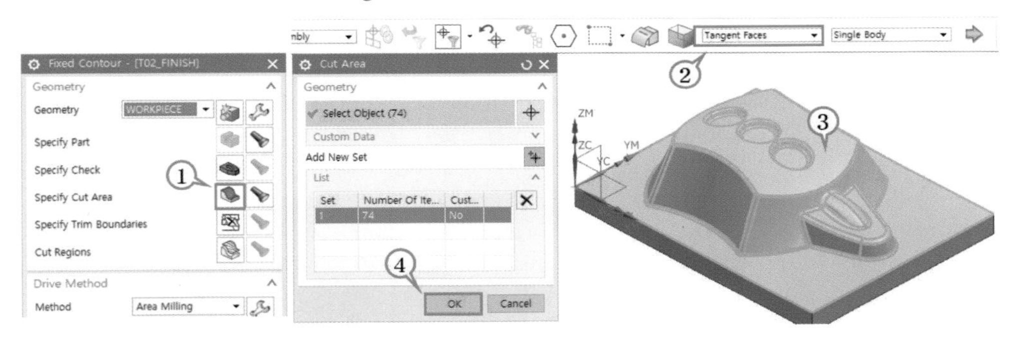

※ View 관련 단축키

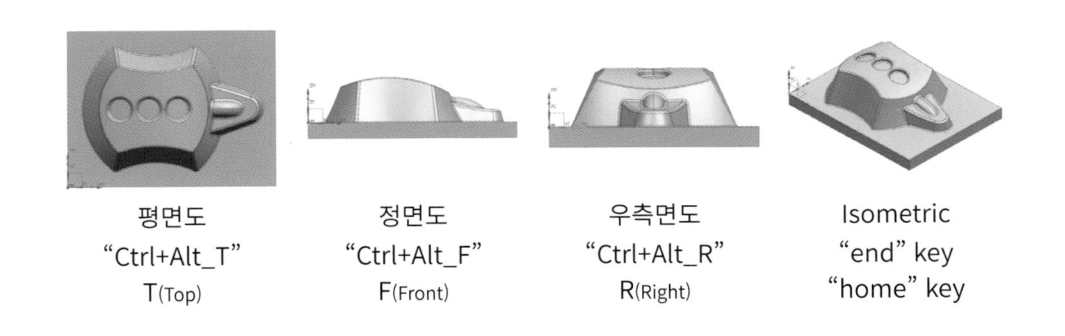

• 절삭 지시서를 기준으로 ⑧, ⑨, ⑩에 대한 주요 설정 항목은 다음과 같다.

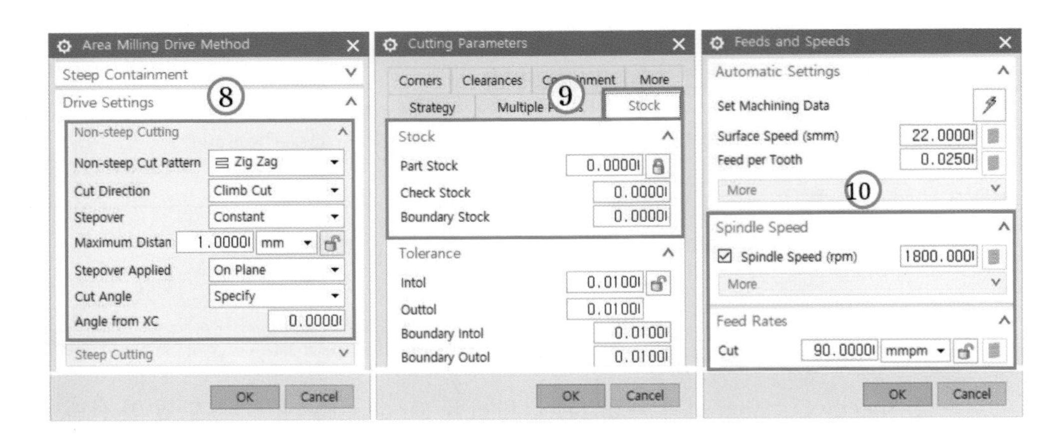

• 조건 설정을 완료하고 Generate 및 Verify를 실시하여 정삭 가공을 완료한다.

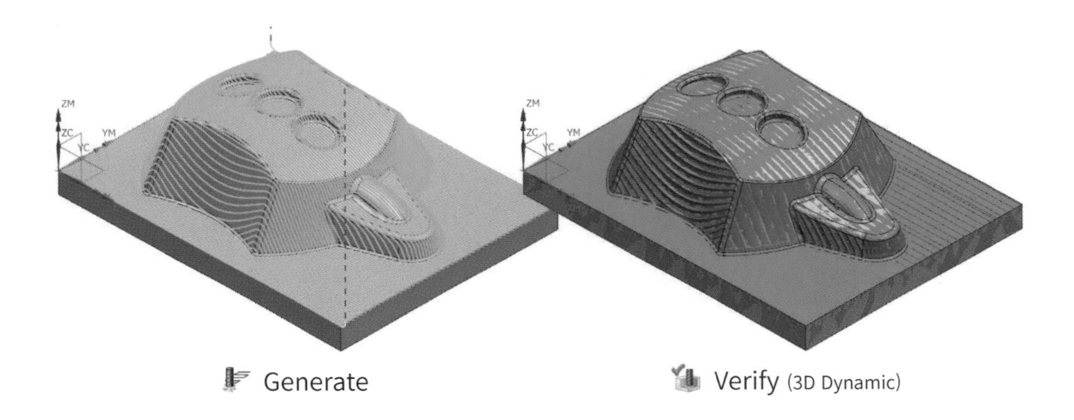

Generate Verify (3D Dynamic)

(c) Pencil Cutting

- 펜슬 가공 오퍼레이션을 생성하기 위해 내비게이터의 뷰 상태를 ①Program order View상태에서 → ② Create Operation을 클릭한다.

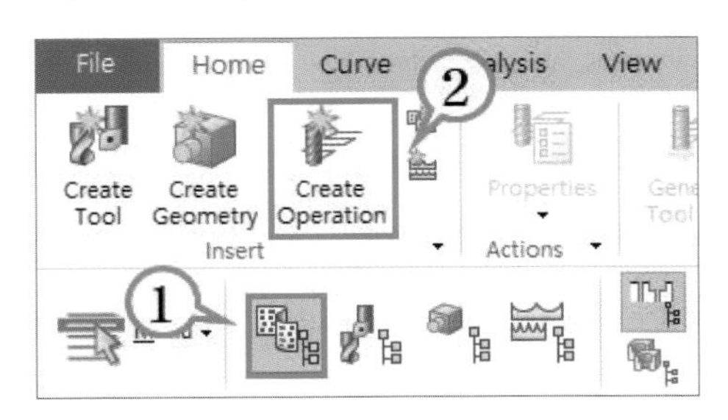

- 아래와 같은 방식으로 Flowcut의 세부 가공 조건을 설정한다.

  ① Type(Mill contour) → ② Flowcut → ③ Location 설정 → ④ 오퍼레이션 이름 지정 (T03_2B_PENCIL) → ⑤ OK → ⑥ 가공 면 지정 → ⑦ Flow Cut → ⑧ Flow Cut 조건 설정 → ⑨ 절삭 매개변수 설정 → ⑩ Feed and Speeds 설정 → ⑪ Generate → ⑫ OK

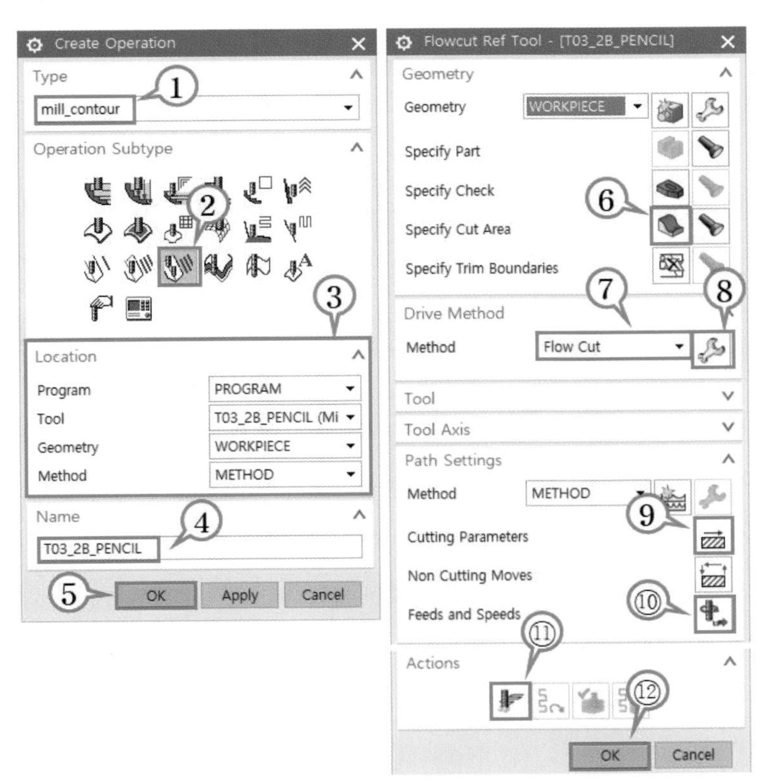

- 다음 방법으로 ⑥ Specify Cut Area(가공 영역 설정)를 설정한다.

① Specify Cut Area 선택 → ② 정면 뷰 상태 전환 → ③~④로 드래그하여 선택

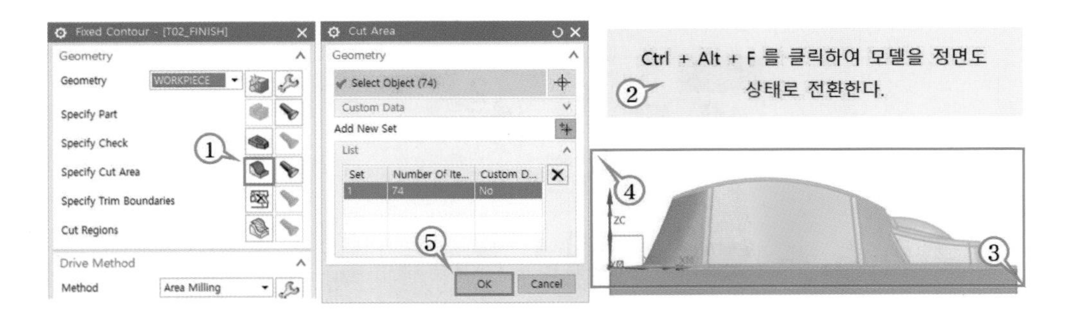

- 절삭 지시서를 기준으로 ⑧, ⑨, ⑩에 대한 주요 설정 항목은 다음과 같다.

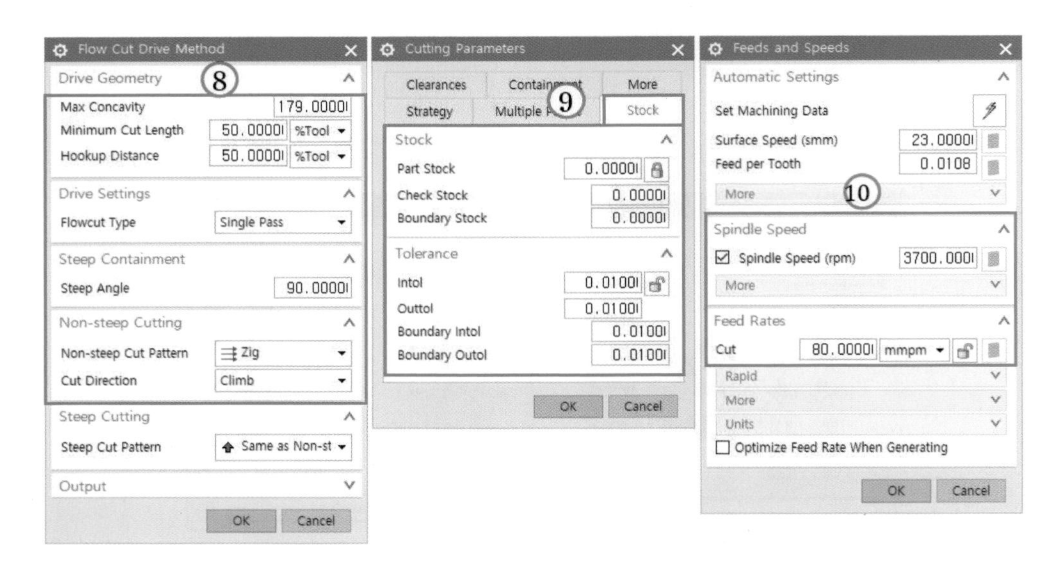

※ ⑧항목의 Max Concavity는 아래의 그림과 같이 Pencil 및 잔삭 Tool Path가 생길 수 있는 최대 오목 부위의 각도 범위를 나타내며, 179를 입력하게 되면 Pencil 및 잔삭 Path가 생성되지 않는 평면을 제외한 모든 오목부에 대한 생성을 의미한다.

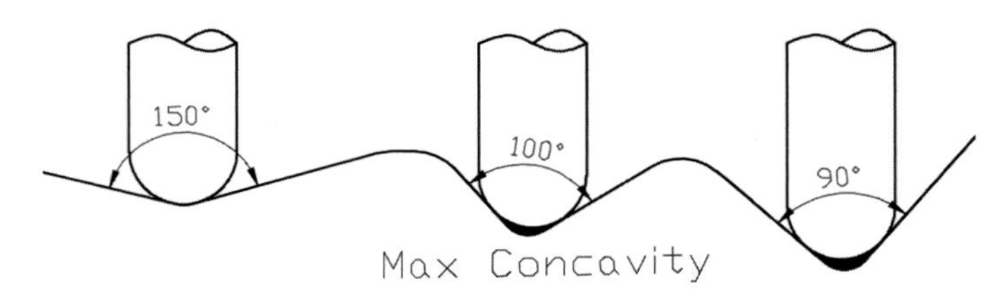

• 조건 설정을 완료하고 Generate 및 Verify를 실시하여 정삭 가공을 완료한다.

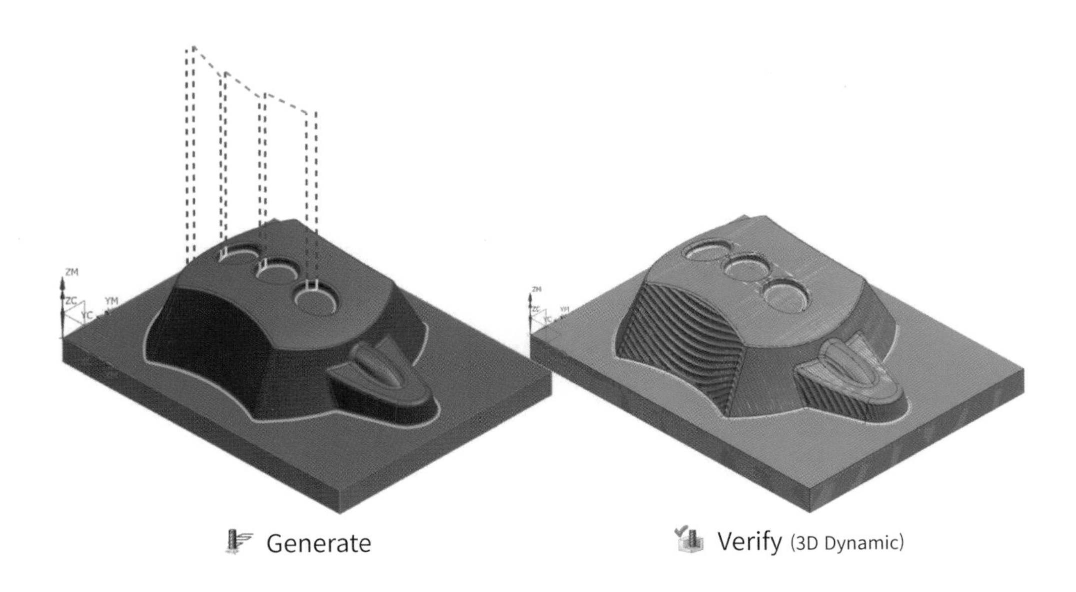

• Tool Path를 클릭하여 공구 경로를 생성한 후 캡처 도구(①) 등을 이용하여 ②, ③, ④와 같이 황삭, 정삭, 잔삭 툴 패스를 각각 그림파일로 저장한다. 이상의 작업으로 저장한 CAM 작업 형상 (공구경로 그림 파일)은 요구사항의 〈제출항목 ②〉이다.

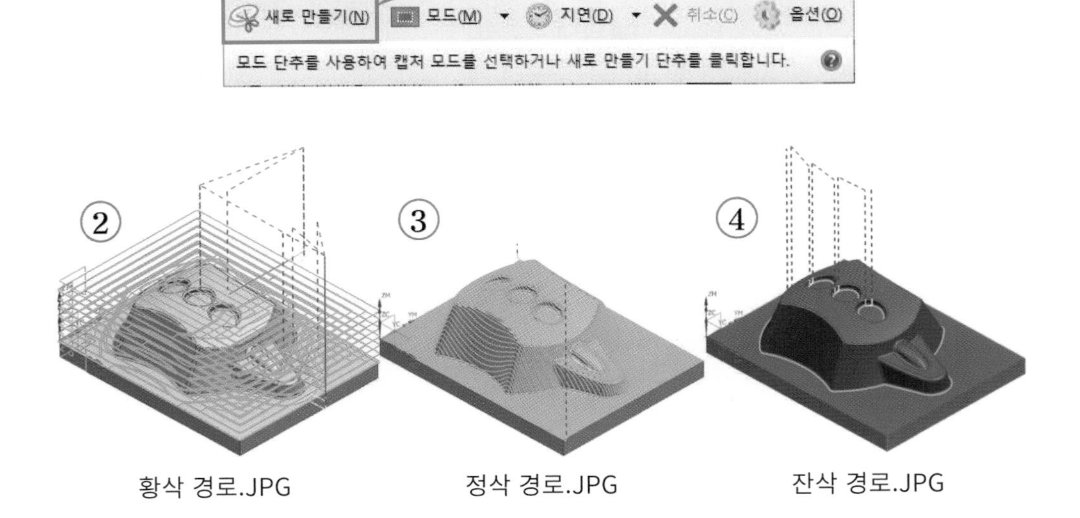

(d) NC 데이터 출력

- 황삭, 정삭, 잔삭 Tool Path에 대하여 각각의 NC DATA를 생성한다.

  ① 생성된 각 오퍼레이션에 마우스 오른쪽 버튼을 클릭 → ② Post Process → ③ 포스트 파일 지정 (Mill 3 Axis) → ④ 파일확장명 지정 " NC " → ⑤ NC DATA 저장경로 및 파일명 지정 → ⑥ 단위 지정 → ⑦ OK

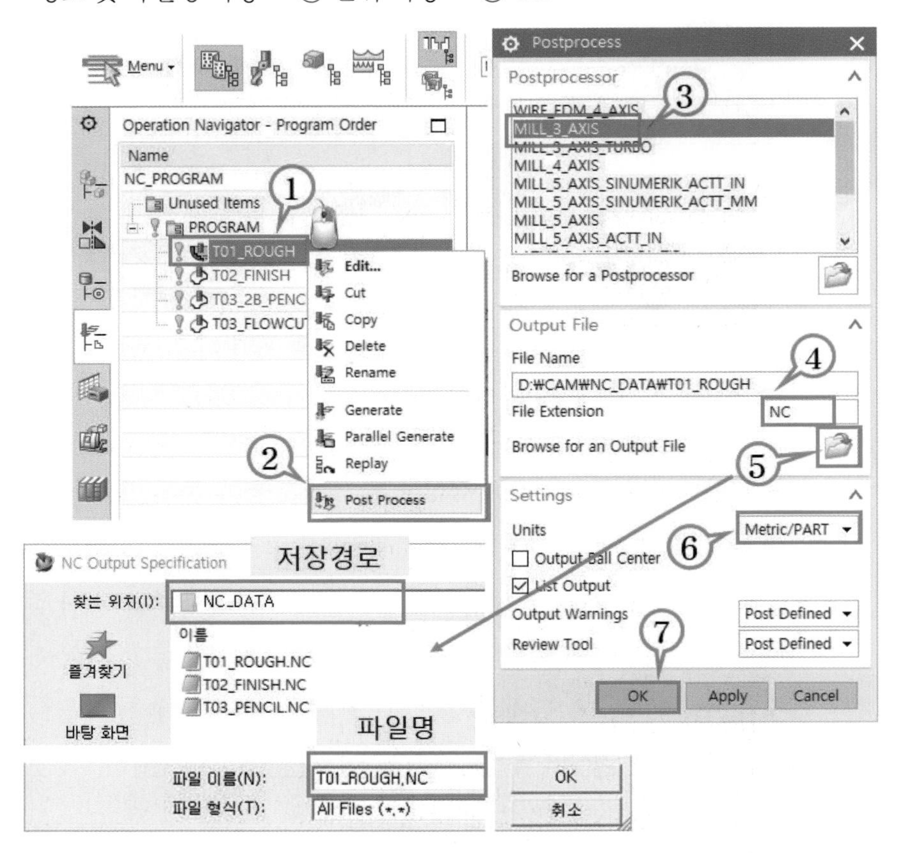

※ NC DATA는 영문으로 생성하고 작업지시서에 요구사항에 따라 한글명으로 교체한다. ex) 작업 비번 2번 기준 02황삭.NC, 02정삭.NC, 02잔삭.NC 로 변경한다. 이상의 작업으로 저장한 NC 파일들이 요구사항의 〈제출항목 ③〉이다.

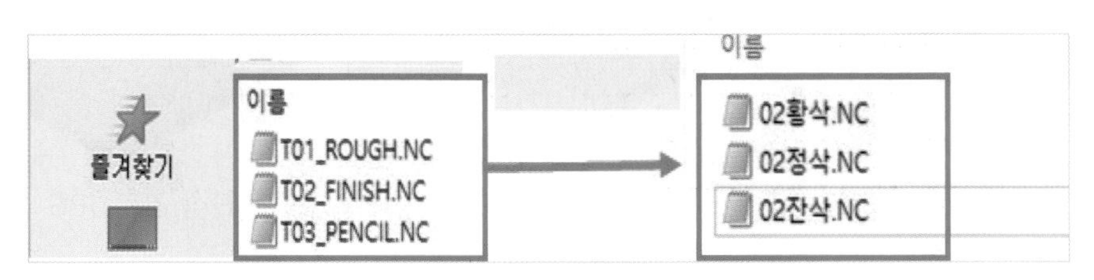

- 생성된 NC DATA를 메모장에서 열어 작업지시서에 따른 점검할 체크포인트는 아래와 같으며 30블럭만 남기어 우측 하단에 비번호와 내용을 기재한 후 출력한다.

02황삭.NC - 메모장

파일(F) 편집(E) 서식(O) 보기(V) 도움말(H)

```
%
N0010 G40 G17 G90 G71
N0020 G91 G28 Z0.0
N0030 T01 M06
N0040 G00 G90 X65. Y111.995 S1400 M03
N0050 G43 Z100. H01
N0060 Z36.5
N0070 G01 Z33.5 F100. M08
N0080 Y100.995
N0090 X130.0209
N0100 G02 X130.9968 Y100.0246 I-.0169 J-.9928

N0280 X9.0033 Y90.995
N0290 X65.
N0300 Y85.995
```

(2) 도면 생성 및 출력

- 도면 작업 전 아래와 같이 환경 설정을 한다.

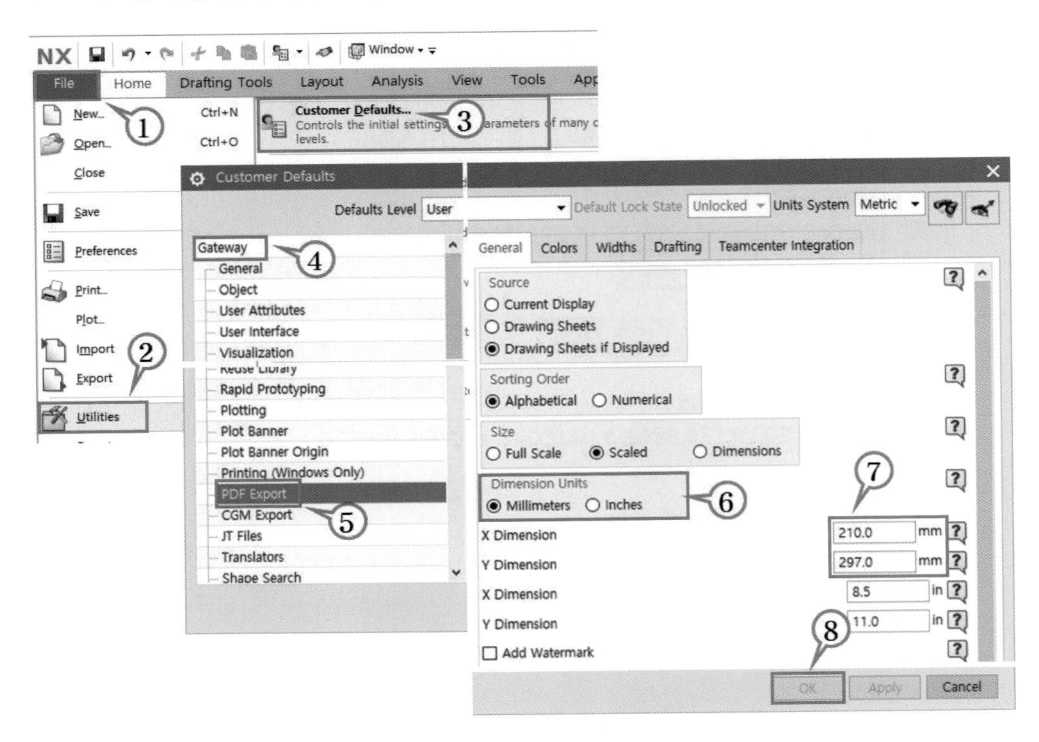

- 도면의 정면도, 평면도, 우측면도, 입체도를 실척으로 출력하기 위하여 ① 애플리케이션 선택 → ②드래프팅으로 전환 → ③, ④ 용지(Sheet) 설정 → OK

※ View Creation Wizard가 실행되면 Cancel(취소) 한다.

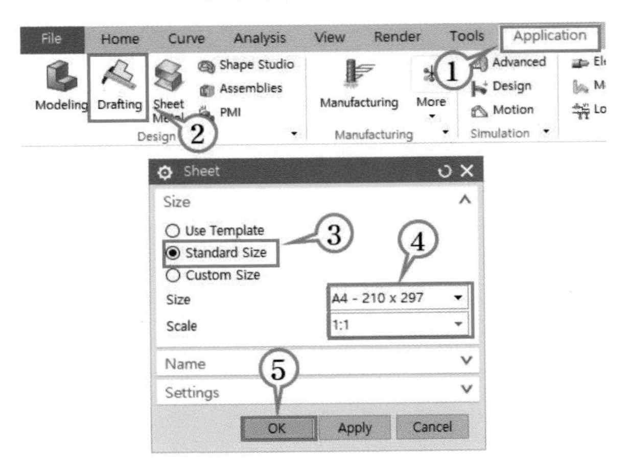

• 정면도, 평면도, 우측면도 투상을 위하여 ① Base View → ② Front → ③ 도면 좌측 하단에 Front View 위치 선정 후 (MB1)→ ④ 도면 좌측 상단에 Top View 위치 지정 후 (MB1) → ⑤ 도면 우측 하단에 Right View 위치 지정 후 (MB1) → ⑥ Close

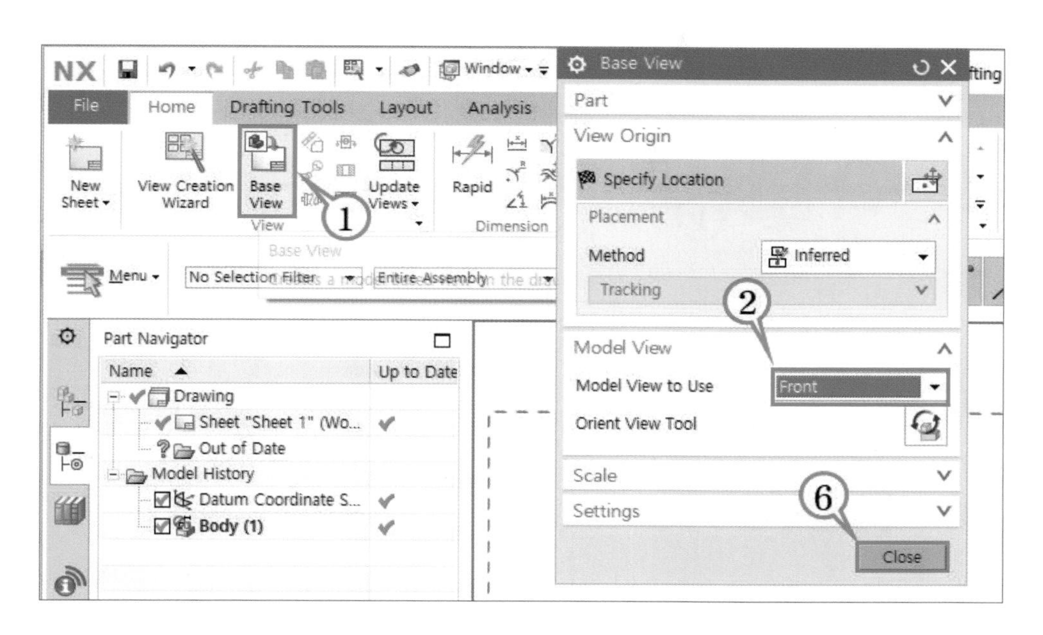

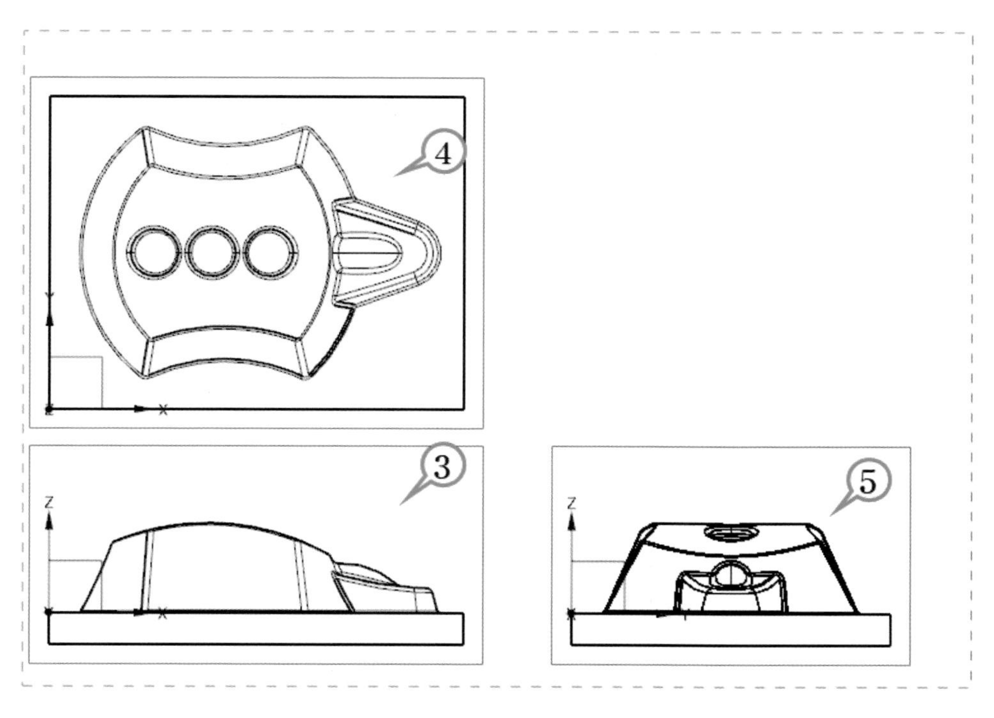

- 입체도 투상을 위하여 ① Base View → ② Isometric → ③ 도면 우측 상단에 마우스를 이동시켜 평면도에 수평하고, 우측면도에 수직으로 만들어지는 가상 점선 위치에 Isometric View 위치 선정 후 (MB1)→ ④ Close

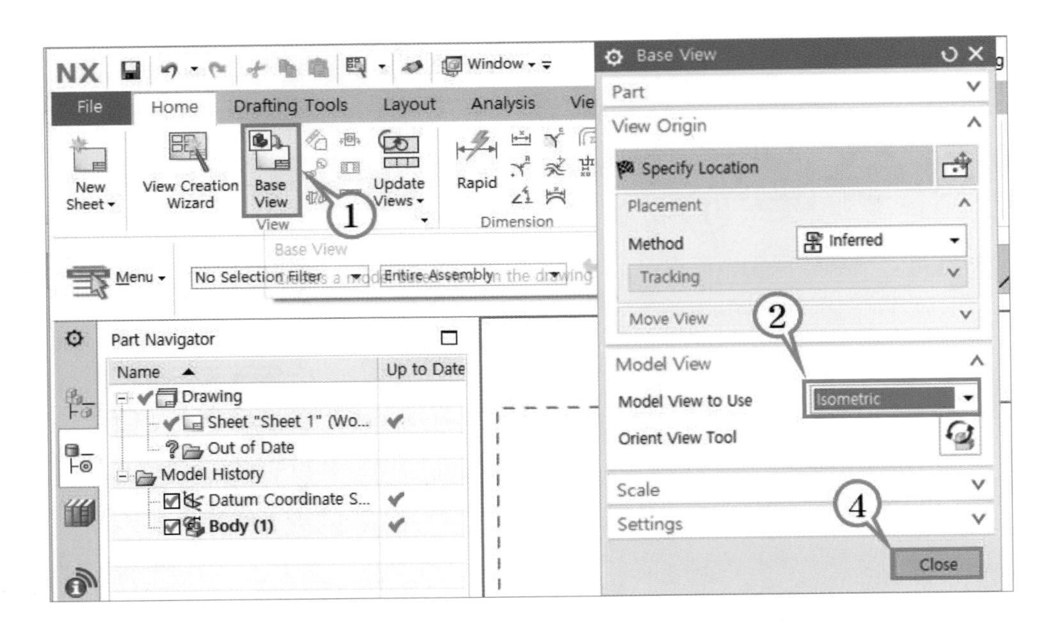

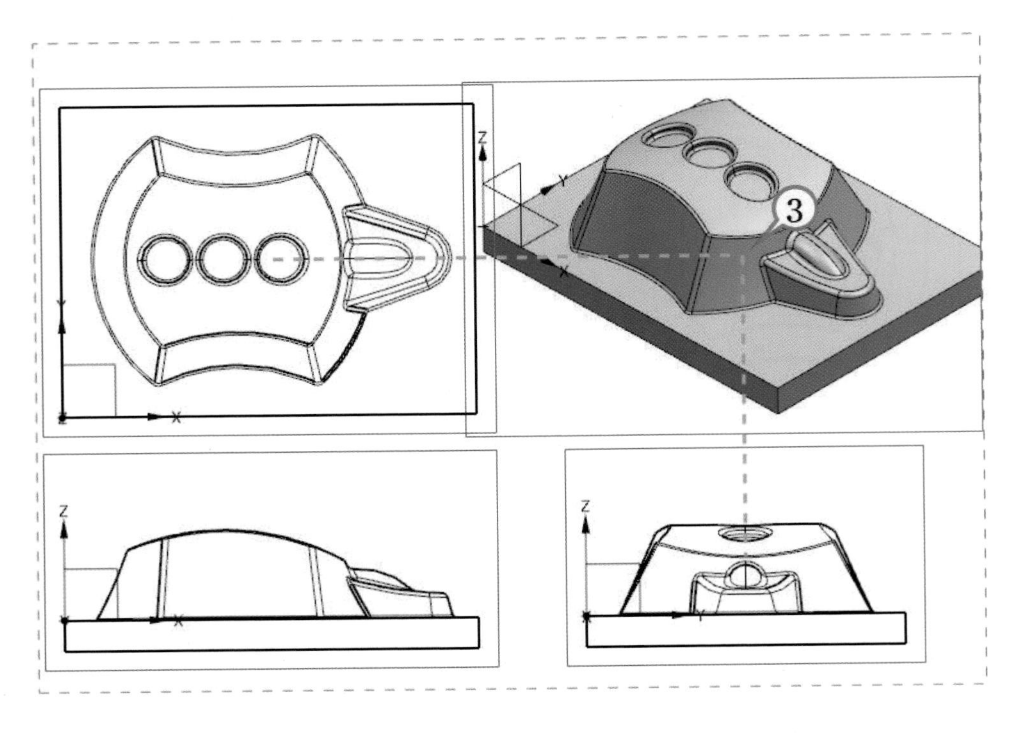

- 투상한 도면을 PDF 파일로 내보내기 위하여 ① File → ② Export → ③ PDF → ④ 도면 저장 경로 및 파일명 지정 → OK

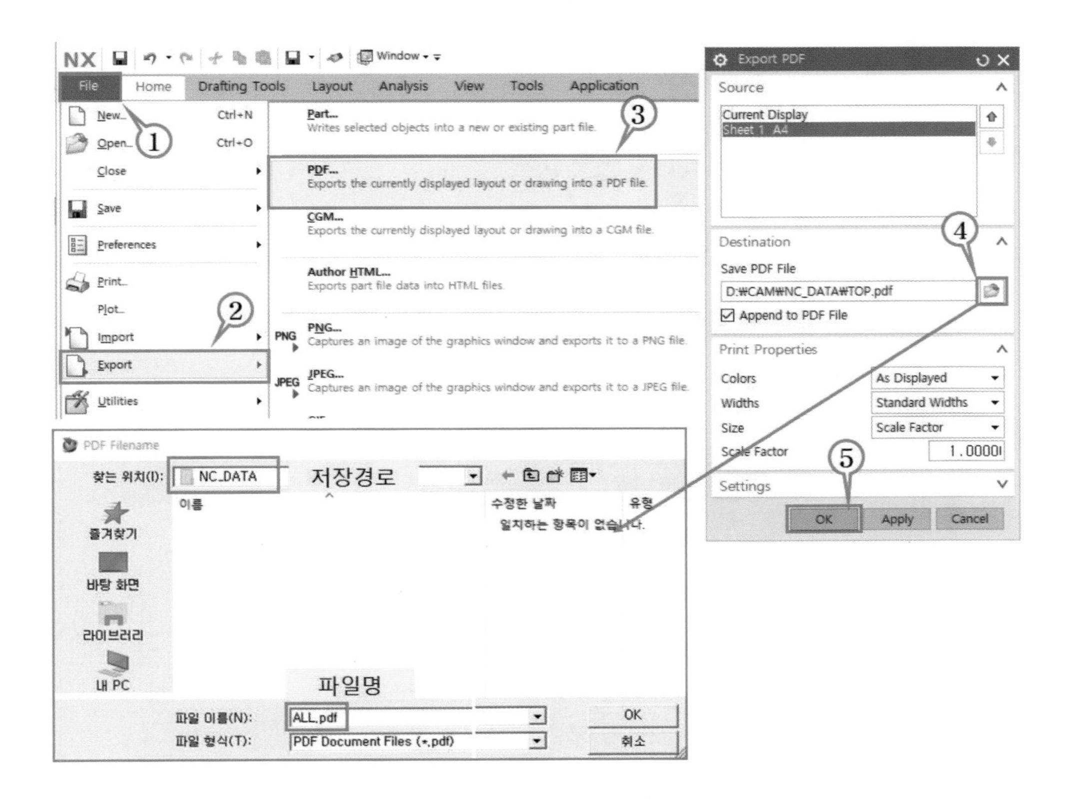

- 지정한 폴더에 생성된 PDF 파일에 대하여 확인한다.

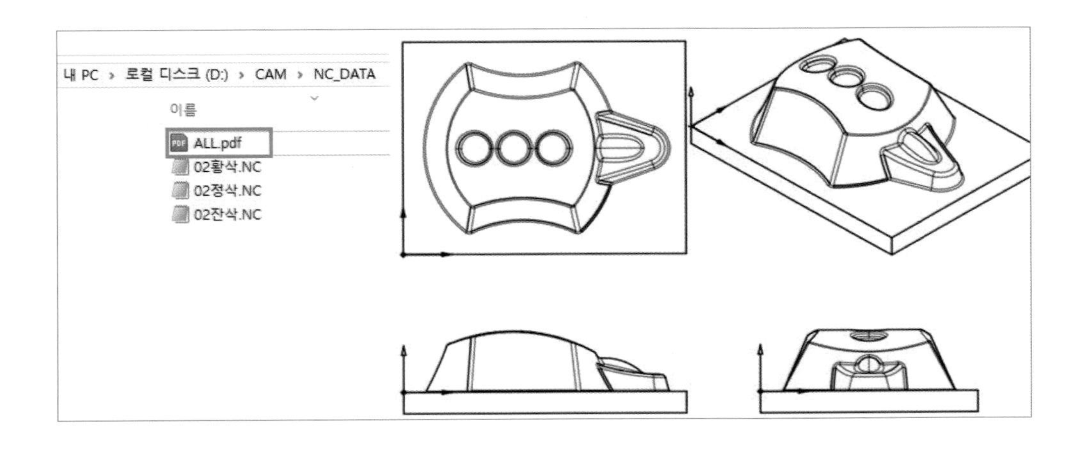

• 위의 방식은 한 장의 A4 도면에 정면도, 평면도, 우측면도, 입체도 전부를 출력해 보았으며 다음은 각 View에 대하여 Top, Front, Right, Isometric 이름으로 각각 출력한다.

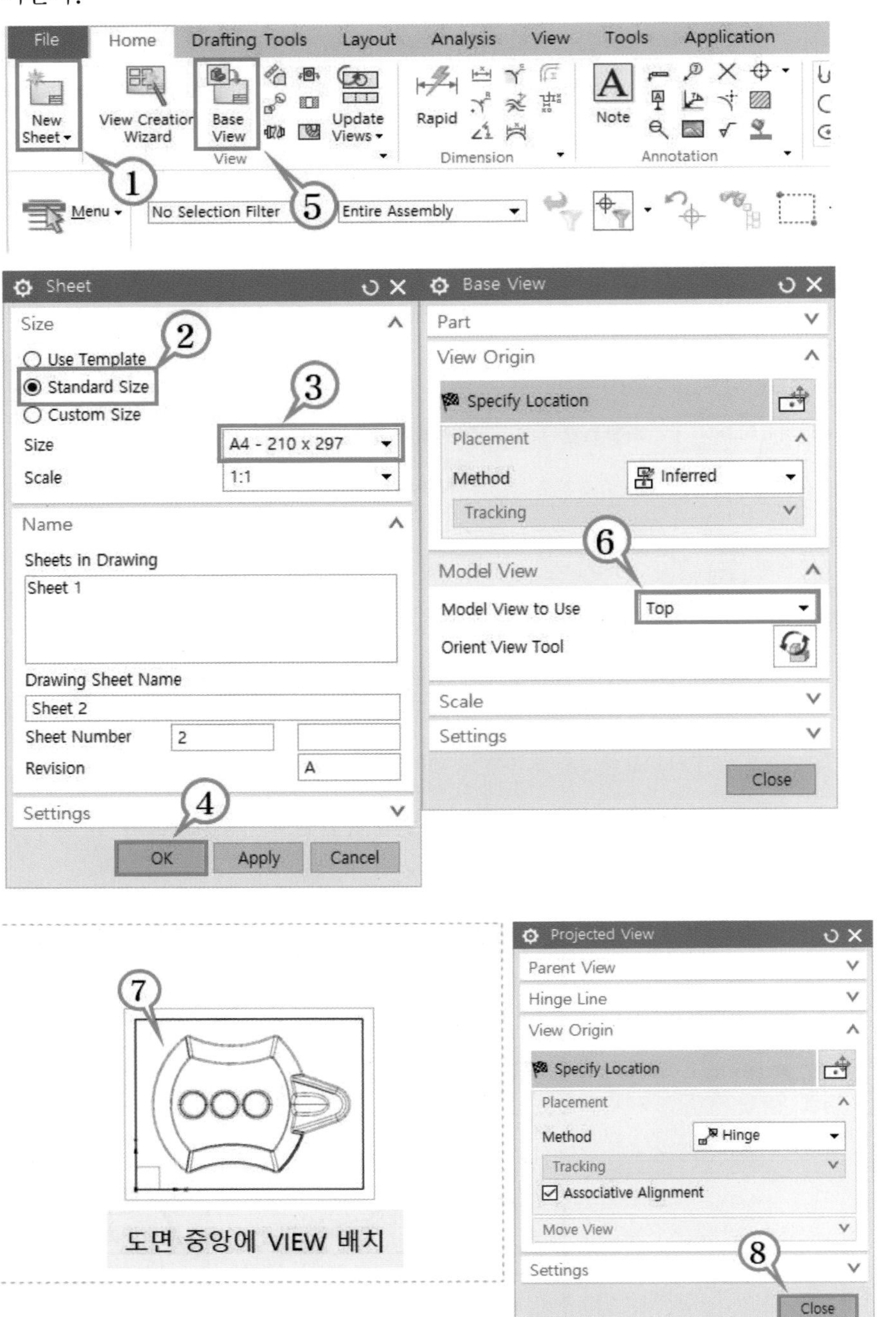

- 투상한 도면을 PDF 파일로 내보내기 위하여 ① File → ② Export → ③ PDF → ④ 도면 저장 경로 및 파일명 지정 " TOP " → OK

- 위와 같은 방식을 반복 수행하여 "FRONT(정면도)" "RIGHT(우측면도)" "ISOMETRIC(입체도)"에 대한 PDF 파일도 생성시켜 영문으로 생성된 파일명을 한글 파일로 변경시킨다.

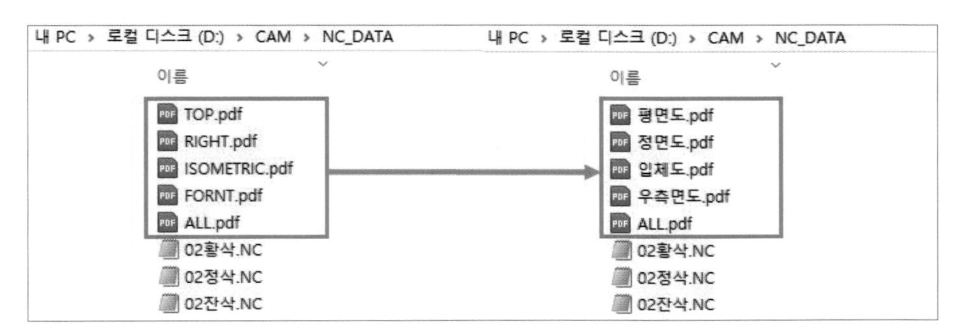

- 이렇게 생성한 pdf 파일들이 요구사항의 〈제출항목 ①〉이다. 도면의 pdf 파일 중 평면도는 반드시 프린팅하여 실척으로 출력되었는지 확인한다.

- pdf 파일 출력 시 비율은 100%로 조정하여 출력한다.

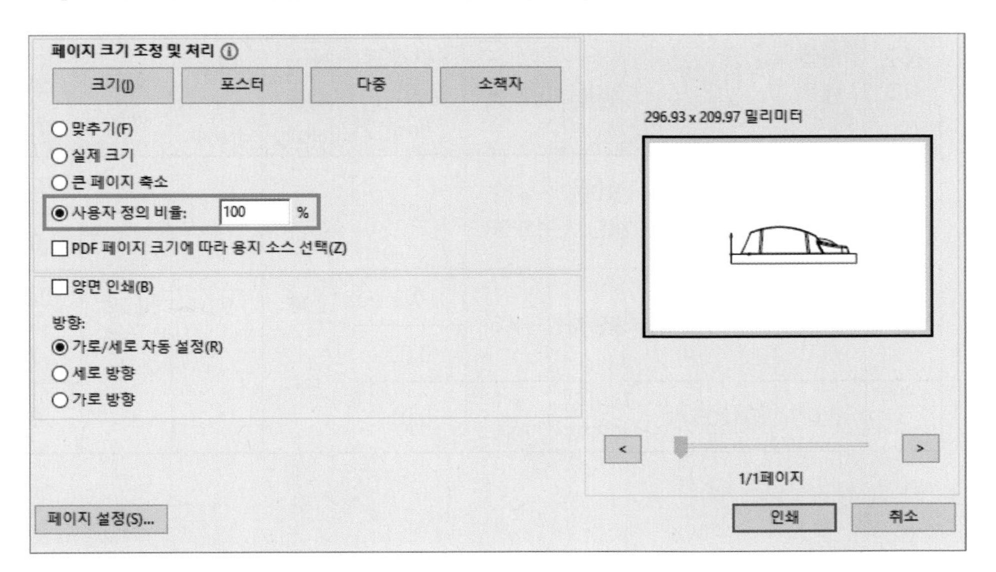

4.2 곡면 밀링 CAM 실무

<table>
<tr><td rowspan="2">예제 도면</td><td rowspan="2">3X_EX02</td><td>CAM 프로그래밍</td><td>1시간</td><td rowspan="2">5시간</td></tr>
<tr><td>MCT 가공</td><td>4시간</td></tr>
<tr><td colspan="5">1. 요구사항
가. 황삭, 정삭, 잔삭의 NC CODE를 저장하고 MCT에서 자동 운전하시오</td></tr>
</table>

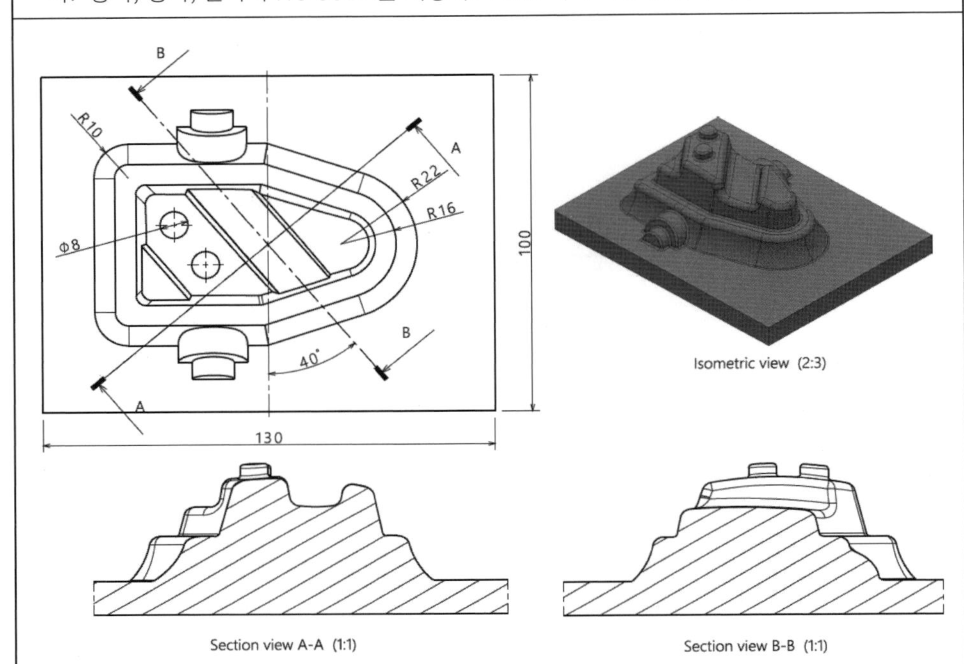

Isometric view (2:3)

Section view A-A (1:1)

Section view B-B (1:1)

<table>
<tr><th rowspan="2">공구 NO</th><th rowspan="2">작업 내용</th><th rowspan="2">파일명</th><th colspan="2">공구 조건</th><th rowspan="2">경로 간격, Scallop (mm)</th><th colspan="4">절삭 조건</th></tr>
<tr><th>종류</th><th>직경</th><th>절삭 속도 (m/min)</th><th>이송 (mm/ tooth)</th><th>절입 (mm)</th><th>잔량 (mm)</th></tr>
<tr><td rowspan="2">1</td><td rowspan="2">황삭, 바닥 정삭</td><td rowspan="2">O4201.nc</td><td rowspan="2">코너R 평E/M</td><td rowspan="2">ϕ6F-0.5R</td><td rowspan="2">50%</td><td rowspan="5">100</td><td rowspan="5">0.2</td><td rowspan="5">0.1D</td><td>0.5</td></tr>
<tr><td>0</td></tr>
<tr><td rowspan="2">2</td><td rowspan="2">중삭 정삭</td><td rowspan="2">O4202.nc</td><td rowspan="2">볼E/M</td><td rowspan="2">ϕ6</td><td>0.1</td><td>0.2</td></tr>
<tr><td>0.01</td><td>0</td></tr>
<tr><td>3</td><td>잔삭</td><td>O4203.nc</td><td>테이퍼 볼E/M</td><td>ϕ4-5°</td><td>0.01</td><td>0</td></tr>
</table>

1) 곡면 밀링 CAM 실무 예제의 P/G 작성

- 직접 도면을 보고 모델링하거나 완성된 모델링(3X_EX2)을 OPEN하여 Manufacturing 모드로 전환한다.

- Manufacturing 모드를 실행하면 데이텀 원점에 XM, YM, ZM의 공작물 좌표계 원점(MCS)가 생성된 것을 확인할 수 있다.

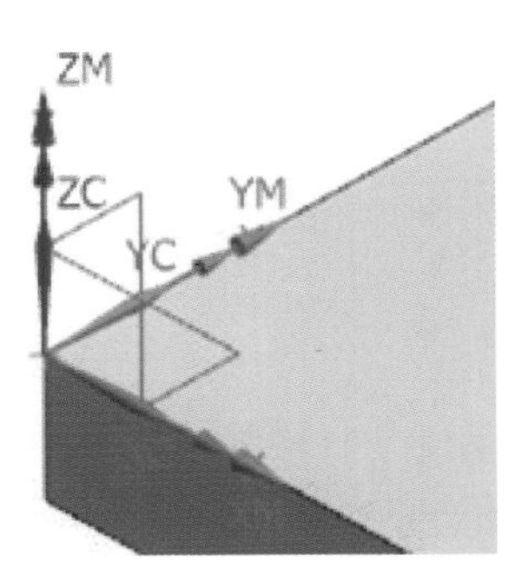

- 내비게이터의 Geometry View에서 MCS_MILL을 더블 클릭하여 안전높이(Clearance)를 XY평면에서 100mm 거리로 설정한다.

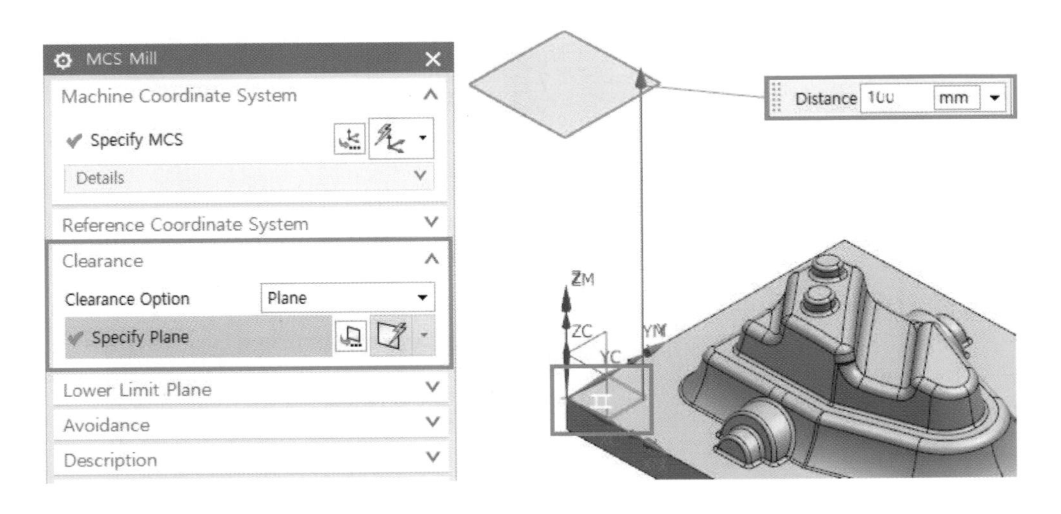

- 내비게이터의 Geometry View에서 WORKPIECE를 더블 클릭하여 형상(Part) 및 소재(Blank)를 설정한다. Blank 설정 시 ZM+ 방향으로 10mm 추가한다.

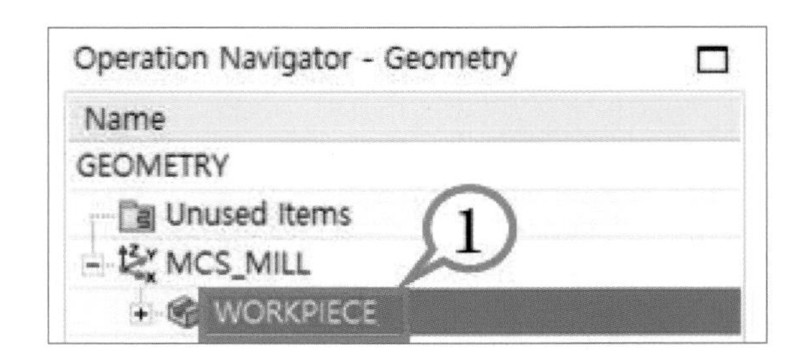

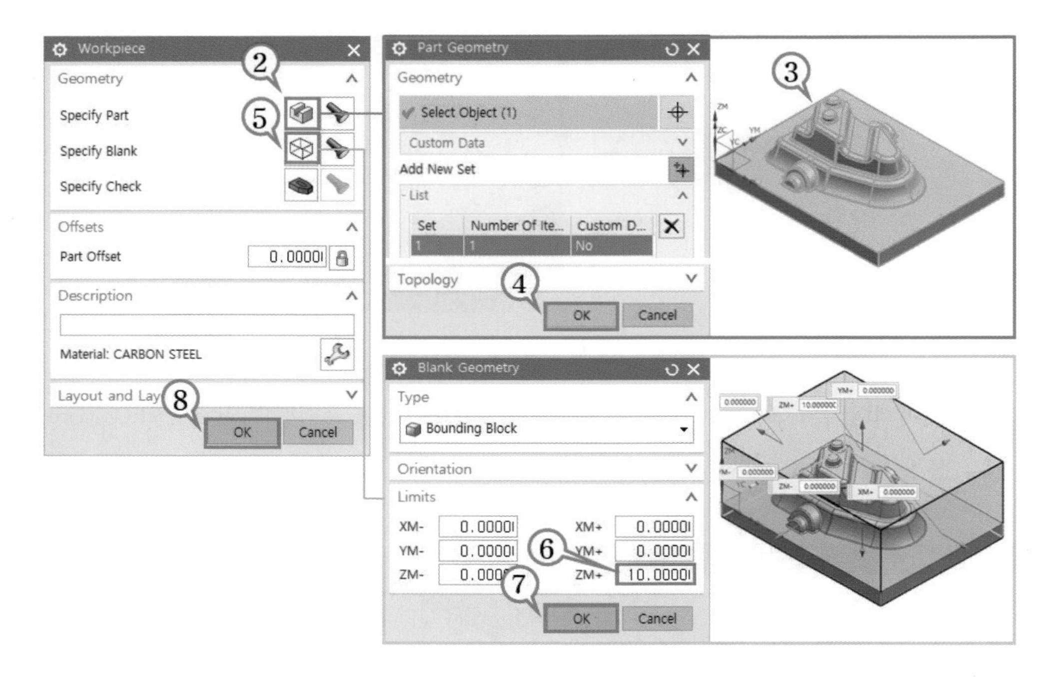

- 내비게이터의 뷰를 Machine Tool View 상태로 전환하고 작업지시서에 따라 공구를 아래의 조건으로 생성한다.

공구 NO	공구 이름	작업 내용	공구 조건	
			종류	직경
1	D6R0.5	황삭, 바닥정삭	코너R 평E/M	ϕ6F-0.5R
2	6B	중, 정삭	볼E/M	ϕ6
3	4B0.5TP	잔삭	테이퍼 볼E/M	ϕ4-5°

– T01 황삭 및 바닥 정삭 공구

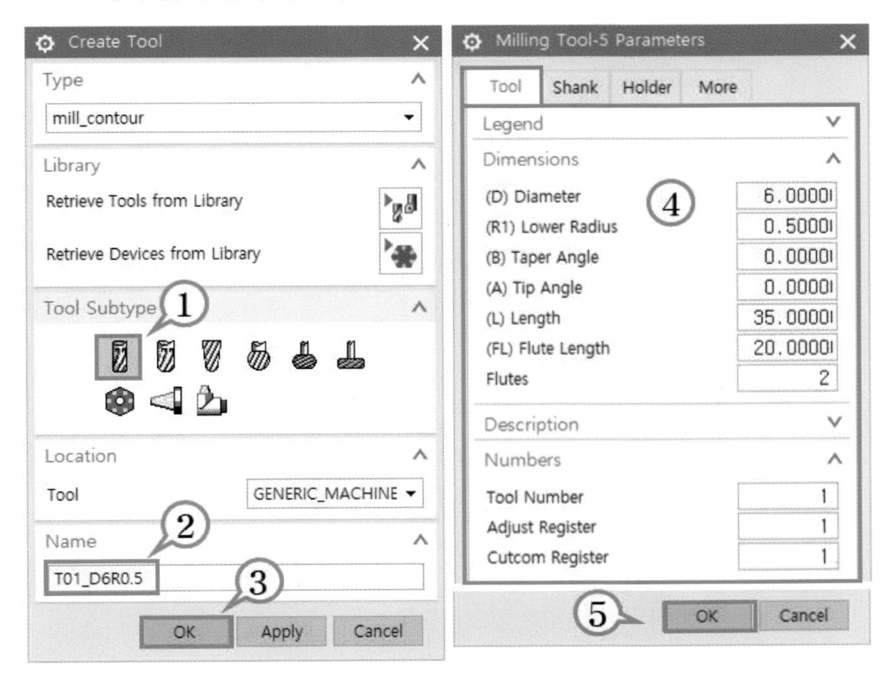

– T02 중, 정삭 공구

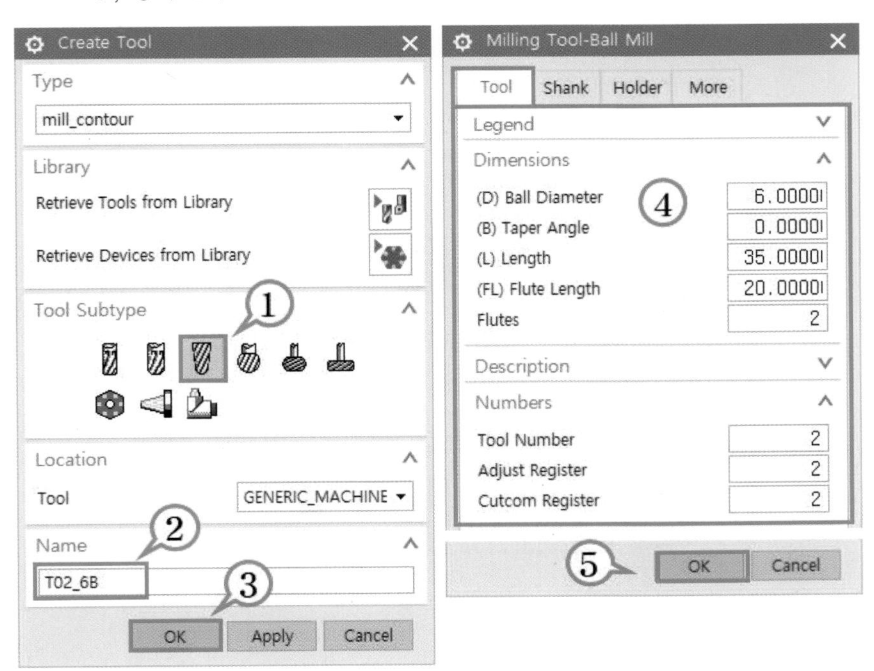

· T03 잔삭 공구

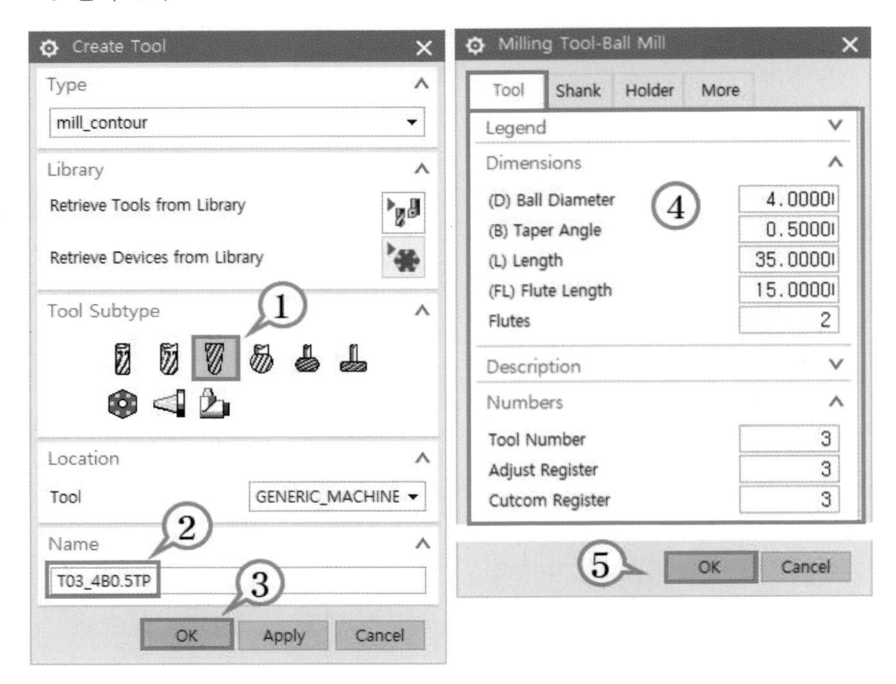

• 내비게이터의 머신 툴 뷰(Machine Tool View) 상태에서 공구 T01, T02, T03 공구가 생성 되었음을 확인한다.

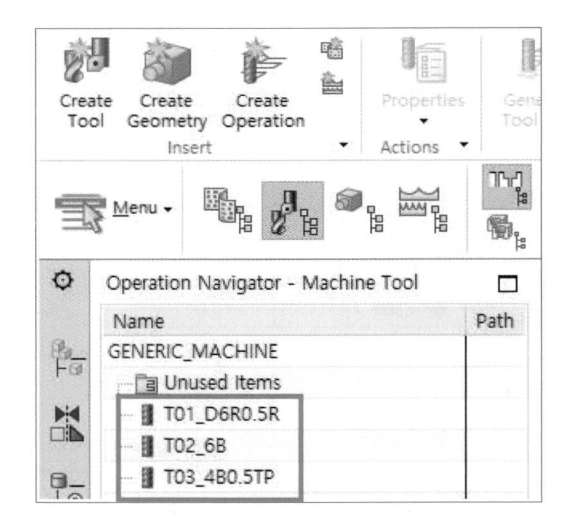

절삭 조건 선정

- 현장 실무에서는 회전수와 이송 속도를 절삭 지시서에 의해 제공하기도 하지만 많은 경우 CAM 프로그래머나 CNC 오퍼레이터가 결정해야 한다. 아래의 식 (1)과 같이 소재마다 추천 절삭 속도, v가 결정되면 공구 직경 D에 따라 회전수, N은 항상 변하는 값이므로 결국 소재에 따른 절삭 속도, v를 기억하는 것이 좋다.

  [표 3-1]과 같이 일반적으로 경강, 금형강, SUS와 같이 질기고 경한 소재의 절삭 속도는 50(m/min), 연강, 주철 등은 70(m/min), Al, Cu 등 연질의 비철금속은 100(m/min) 정도로 하고, 장비의 강성이나 치공구, 공구 마모 상태, 공구 돌출량(세장비), 실제 가공에서의 부하 정도 등을 종합적으로 고려하여 Spindle speed override를 수정한 후 피드백 받아 양산에 적용한다.

- 아래의 식 (2)와 같이 이송 속도, F 또한 회전수, N 및 날 수, Z에 따라 결정되므로, 날당 이송, f_z를 기억하는 것이 유리하며 [표 4-1]과 같이 일반적으로 경강, 금형강, SUS 등은 0.05(mm/tooth), 연강, 주철 등은 0.1(mm/tooth), Al, Cu 등 비철금속은 0.2(mm/tooth) 로 주고 가공 상황에 따라 Feedrate override 양을 조절하면서 피드백 받아 양산에 적용한다.

[표 4-1] 일반적인 절삭 속도 및 날당 이송량 테이블

소재	절삭 속도, v(m/min)	날당 이송량, f_r(mm/tooth)
경강, 금형강, SUS	50	0.05
연강, 주철	70	0.1
Al, Cu 등 비철금속	100	0.2

- 결국, 많은 현장 경험을 쌓으면서 피드백을 받고 정리하는 절삭 조건이야말로 공구사에서 추천하는 절삭 조건과 비교할 수 없는 효용 가치를 가지므로 늘 현장 실무 경험을 소중히 여기고 절삭 조건을 정리하며 데이터화하는 습관이 필요하다.

$$N = \frac{1000 \times v}{\pi \times D} = \frac{1000 \times 100}{\pi \times 6} = 5307.8 \approx 5300 \quad (1)$$

$$F = f_z \times Z \times N = f_r \times N = 0.2 \times 2 \times 5300 = 2123.1 \approx 2120 \quad (2)$$

여기서 N=회전수(RPM), v=절삭 속도(m/min), D=공구 직경(mm), F=이송 속도(mm/min), f_z=날당 이송량(mm/tooth), Z=날 수(개), f_r=회전당 이송량(mm/rev)

- 본 예제에서는 AL6061-T6 소재를 사용하므로 절삭 속도, v는 100m/min, 날당 이송, f_z는 0.2(mm/tooth), 날 수, Z는 2날인 엔드밀을 사용하므로 회전당 이송, f_r은 0.4(mm/rev)이 된다.

(1) Roughing

- 황삭 가공 오퍼레이션을 생성하기 위해 내비게이터의 뷰 상태를 ①Program order View상태로 전환 → ② Create Operation을 클릭한다.

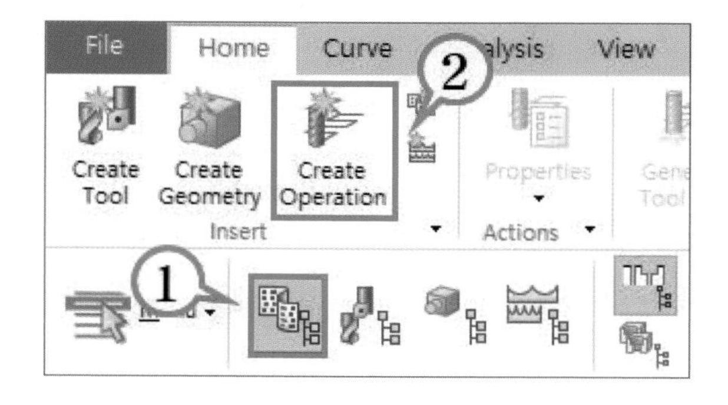

- 아래와 같은 방식으로 Cavity Mill의 세부 가공 조건을 설정한다.

  ①Type(Mill contour) → ② Cavity Mill → ③ Location 설정 → ④ 오퍼레이션 이름 지정(T01_D6R0.5_ROUGH) → ⑤ OK → ⑥ Stepover 및 Depth per Cut 지정 → ⑦ 절삭 매개변수 설정 → ⑧ Feed and Speeds 설정 → ⑨ Generate → ⑩ OK

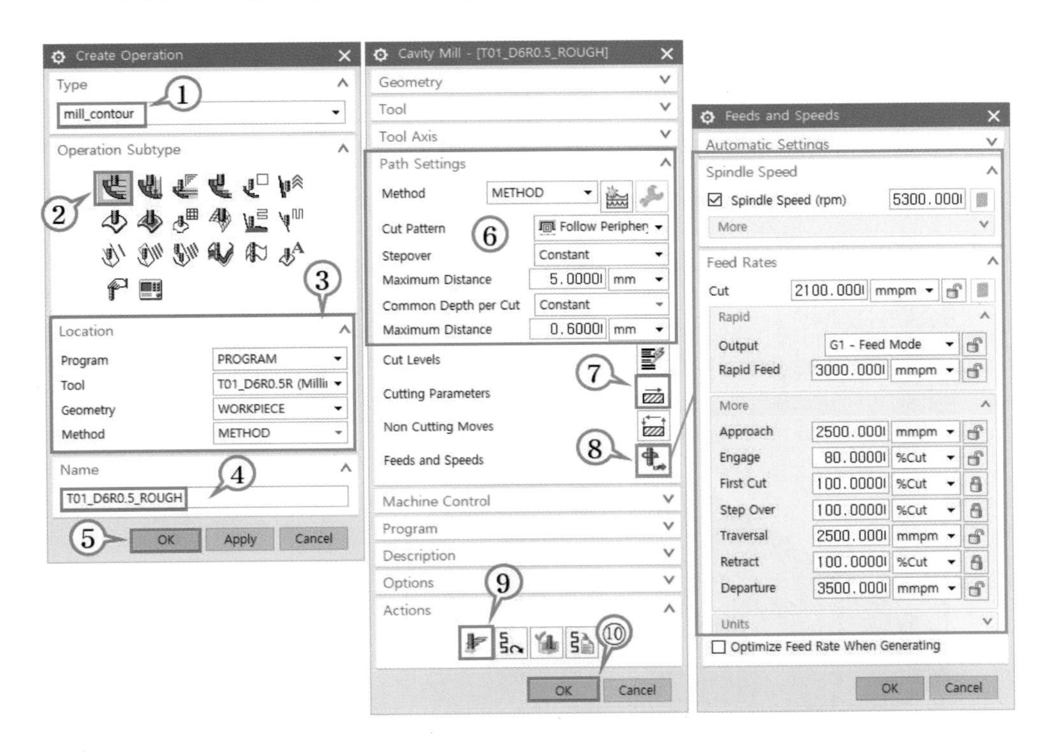

- ⑦ 절삭 매개변수에 대한 주요 설정은 아래와 같다.

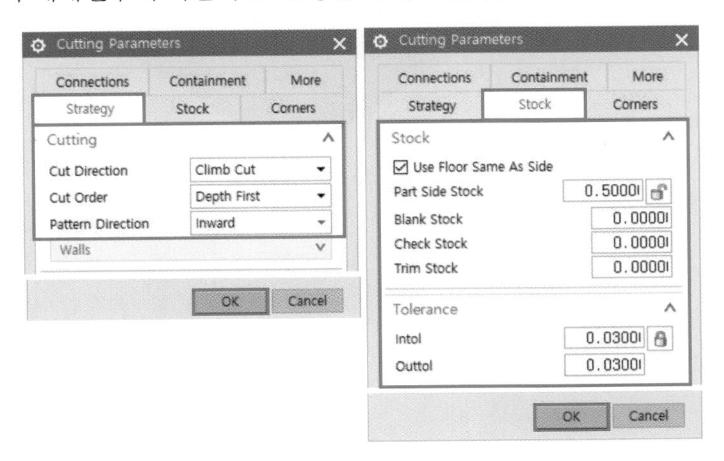

- 일반적으로 고속 가공에서는 최대 절입량(Maximum cut depth)을 공구 직경의 0.1배(0.1D)로 한다. 절입량을 작게 하고 회전수와 이송 속도를 빠르게 함으로써 절삭열이 공구나 소재로 전도되기 전에 이미 다음 부분을 가공함으로써 전도열에 의한 공구의 연화나 소재의 열 변형과 치수 변형을 사전에 방지하는 것이 고속 가공의 핵심이라 하겠다.

- Feed and Speed에서도 생산성 향상을 위해 Rapid에 G00을 Approach, Traversal, Departure 등 비절삭 이동 구간에서 더 빠른 속도로 이동시켜줄 수 있으나 본 예제에서는 안전을 위하여 이송 속도를 낮추었다.

- Verify를 통해 모의 가공을 실시한다.

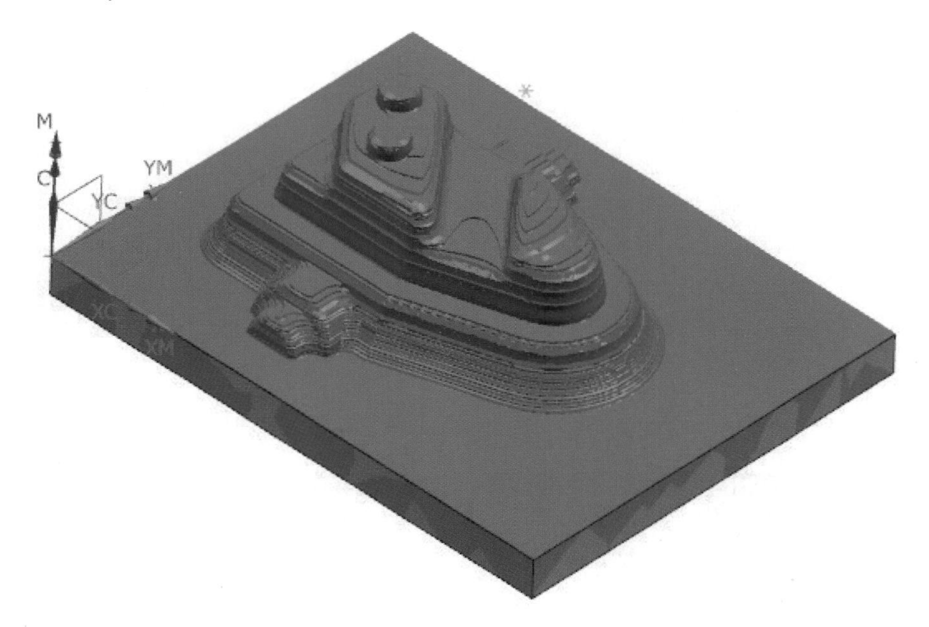

(2) 바닥 윤곽의 Pocketing 정삭

- 바닥 정삭 가공 오퍼레이션을 생성하기 위해 내비게이터의 뷰 상태를 ①Program order View 상태에서 → ② Create Operation을 클릭한다.

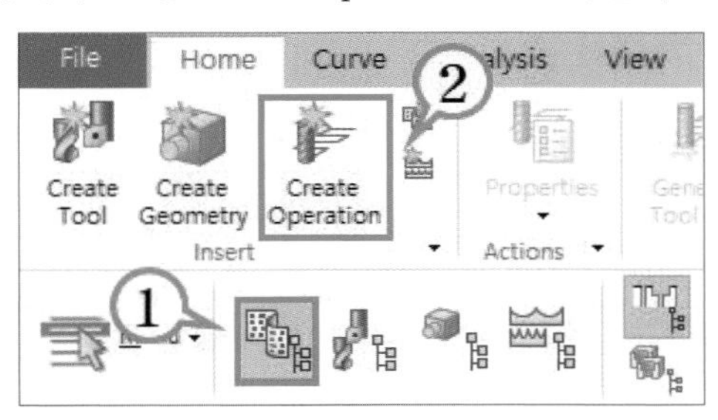

- 아래와 같은 방식으로 Floor and Wall의 세부 가공 조건을 설정한다.

※ 일반적으로 현장에서는 같은 스펙의 공구라 할지라도 황삭 및 정삭 공구를 분리하여 사용하나 본 예제에서는 황삭 및 정삭 공구를 공용으로 사용하였다.

① Type(Mill Planar) → ② Floor and Wall → ③ Location 설정 → ④ 오퍼레이션 이름 지정(T01_D6R0.5_PLANAR_FINISH) → ⑤ OK → ⑥, ⑦ 가공 면 지정 → ⑧ 가공 측벽 지정 → ⑨ 조건 설정 → ⑩ 절삭 매개변수 설정 → ⑪ Feed and Speeds 설정 → ⑫ Generate → ⑬ Verify → ⑭ OK

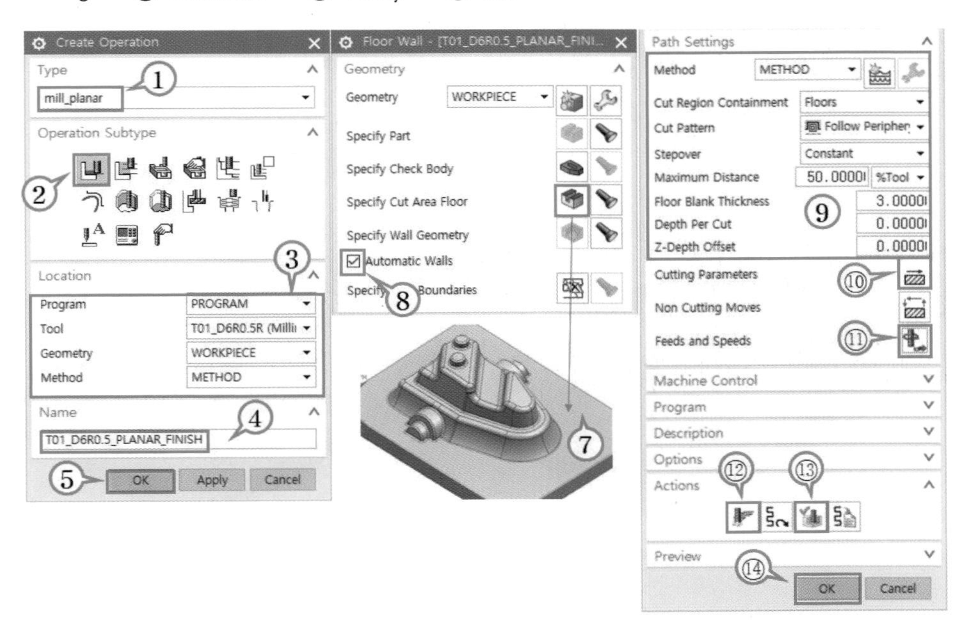

• ⑩ 절삭 매개변수 및 ⑪ Feed and Speeds에 대한 주요 설정 내용은 아래와 같다.

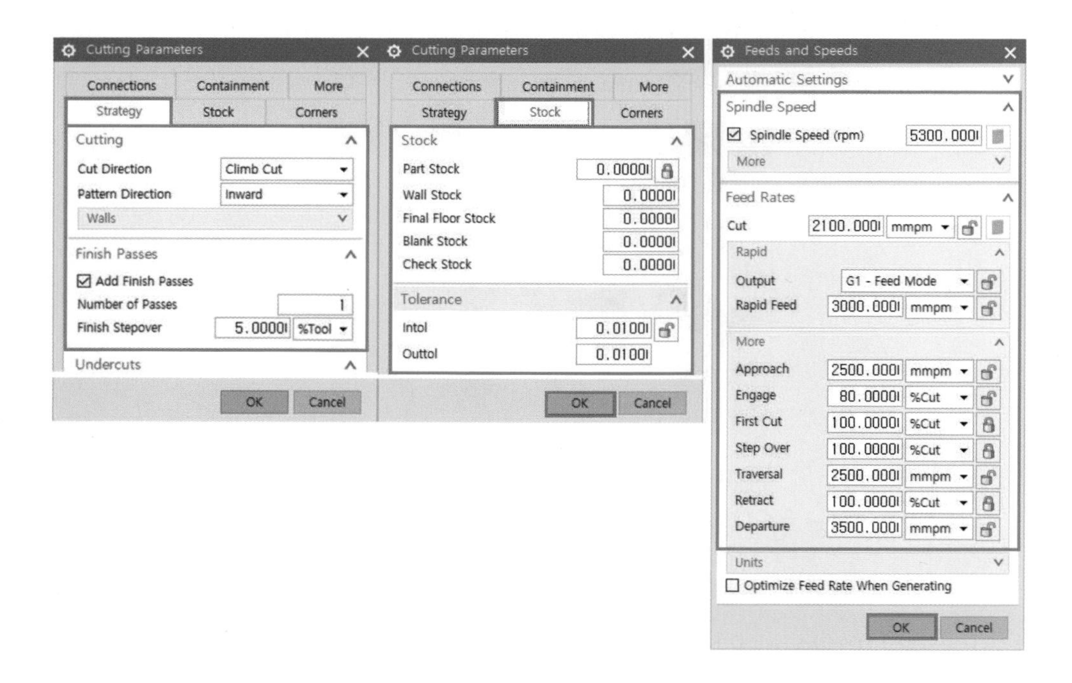

• 조건 설정을 완료하고 Generate 및 Verify를 실시하여 바닥 정삭 가공을 완료한다.

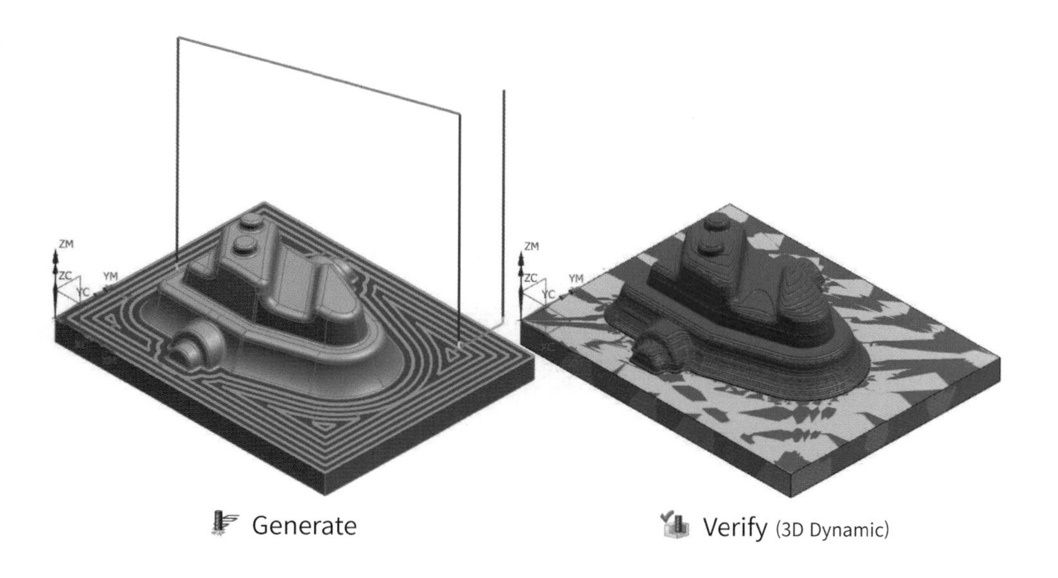

Generate　　　Verify (3D Dynamic)

(3) Semi Finishing (중삭)

- 중삭 가공 오퍼레이션을 생성하기 위해 내비게이터의 뷰 상태를 ①Program order View 상태에서 → ② Create Operation을 클릭한다.

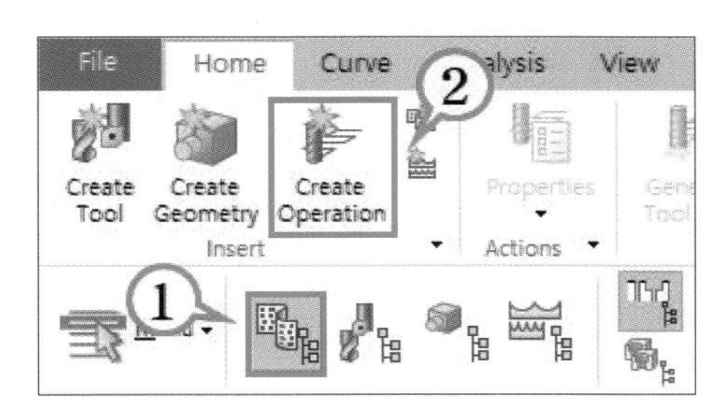

- 아래와 같은 방식으로 Zlevel Profile의 세부 가공 조건을 설정한다.

  ① Type(Mill contour) → ② Zlevel Profile → ③ Location 설정 → ④ 오퍼레이션 이름 지정(T02_6B_SEMI_FINISH) → ⑤ OK → ⑥, ⑦ 가공 면 지정 → ⑧ 가공 조건 설정 → ⑨ 절삭 매개변수 설정 → ⑩ Feed and Speeds 설정 → ⑫ Generate → ⑬ Verify → ⑭ OK

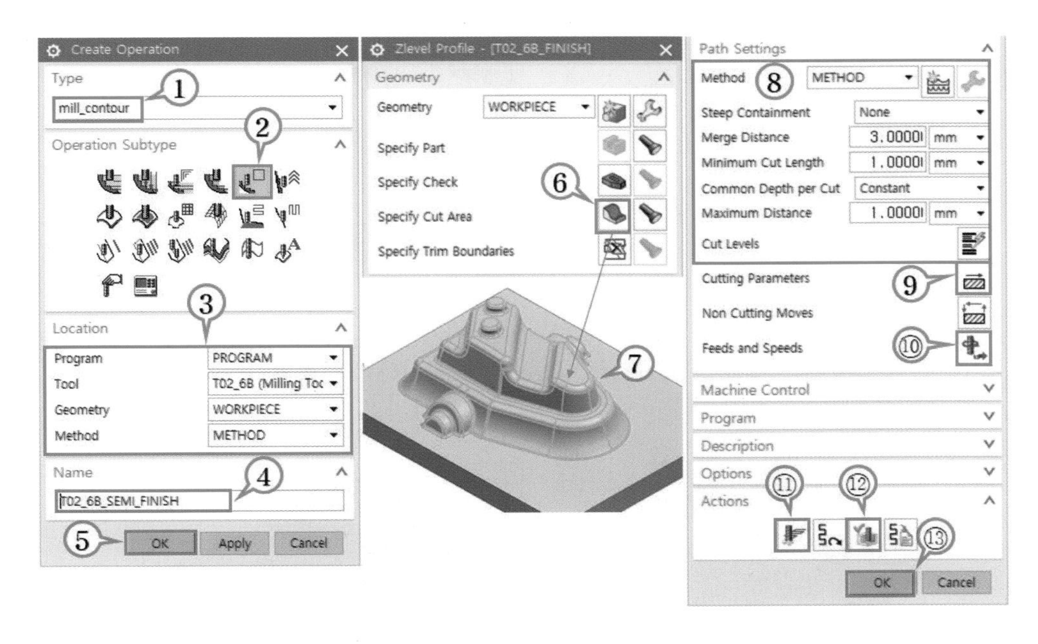

• ⑨ 절삭 매개변수에 대한 주요 설정 내용은 아래와 같다.

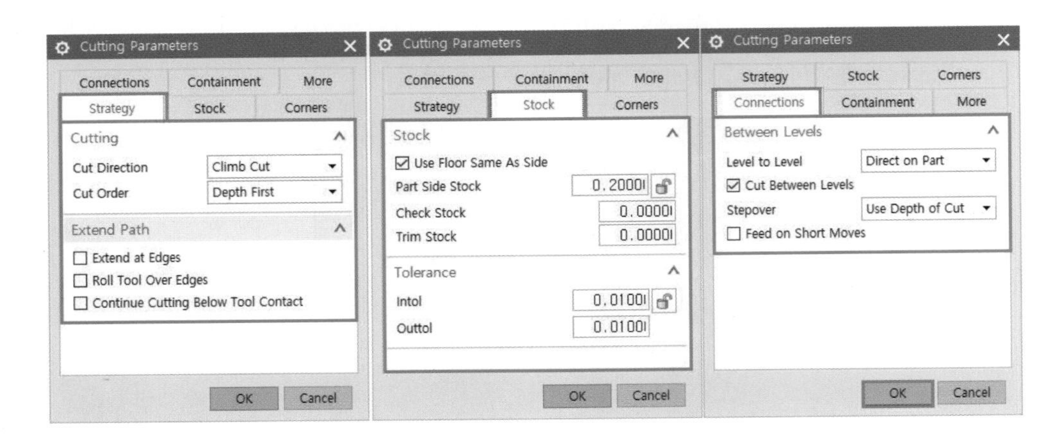

• ⑩ Feed and Speeds에 대한 주요 설정 내용은 아래와 같다.

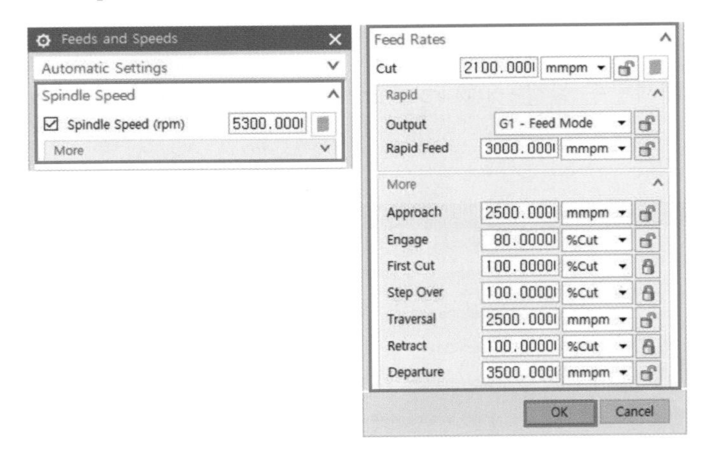

• 조건 설정을 완료하고 Generate 및 Verify를 실시하여 중삭 가공을 완료한다.

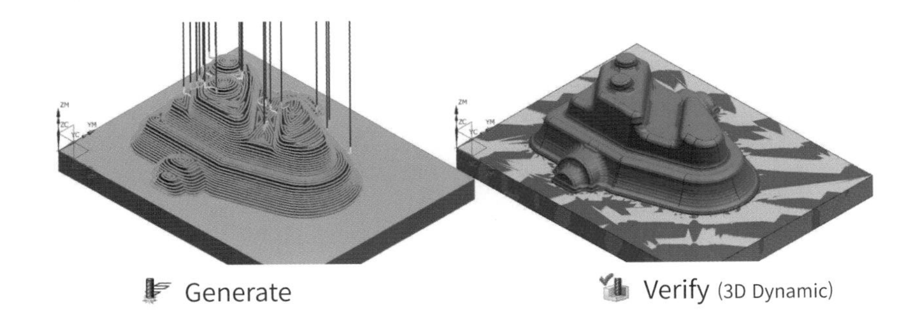

(4) Finishing (정삭)

- 정삭 가공 오퍼레이션을 생성하기 위해 앞 공정에서 생성한 중삭 오퍼레이션을 복사하여 오퍼레이션의 이름을 T02_6B_FINISH로 수정하고 정삭에 맞게 조건을 수정한다.

  ※ 다른 조건은 중삭 조건과 동일하게 적용하였으며 ① Z Stepover 값 0.4mm 및 ②절삭 매개변수의 Stock(가공여유) 값만 조정하였다.

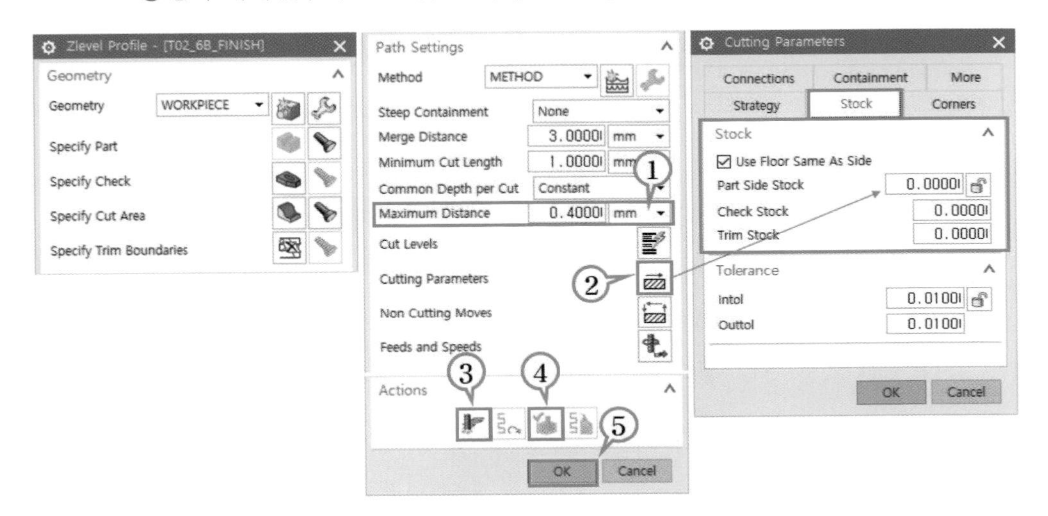

- 조건 설정을 완료하고 Generate 및 Verify를 실시하여 정삭 가공을 완료한다.

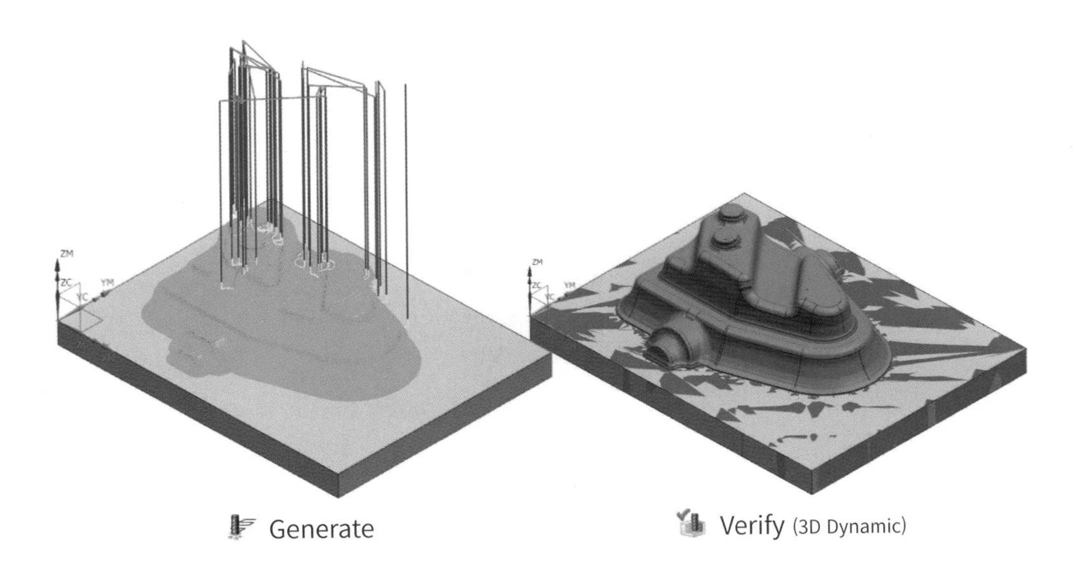

Generate　　　Verify (3D Dynamic)

(5) Flowcut Reference Tool (잔삭)

- 잔삭 가공 오퍼레이션을 생성하기 위해 내비게이터의 뷰 상태를 ①Program order View 상태에서 → ② Create Operation을 클릭한다.

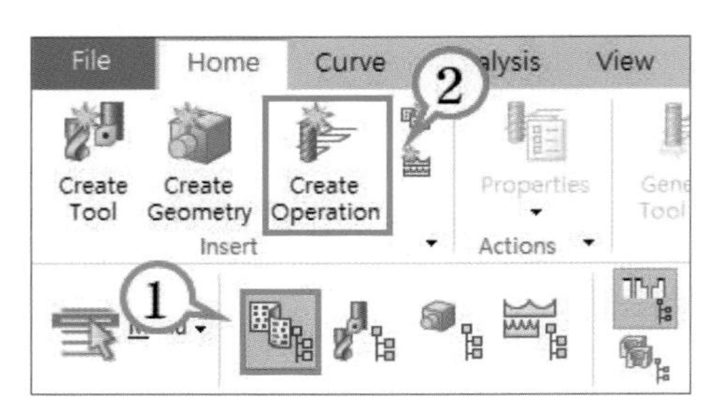

- 아래와 같은 방식으로 Flowcut Reference Tool의 세부 가공 조건을 설정한다.

  ① Type(Mill Contour) → ② Flowcut Reference Tool → ③ Location 설정 → ④ 오퍼레이션 이름 지정(T03_4B_FLOWCUT_REF_6B) → ⑤ OK → ⑥, ⑦ 가공 면 지정 → ⑧ 잔삭 조건 설정 → ⑨ 절삭 매개변수 설정 → ⑩ 비절삭 공구 이동 설정 → ⑪ Feed and Speeds 설정 → ⑫ Generate → ⑬ Verify → ⑭ OK

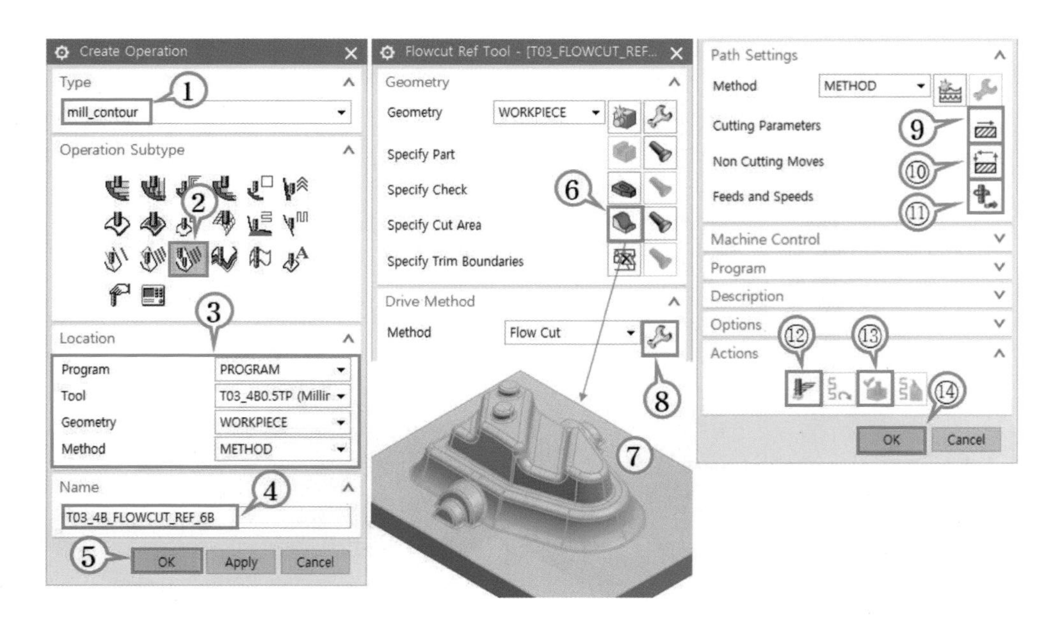

• ⑧ 잔삭 조건 및 ⑨ 절삭 매개변수에 대한 주요 설정 내용은 아래와 같다.

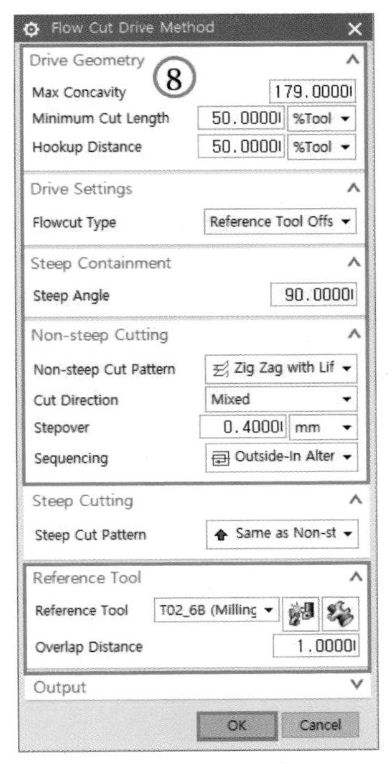

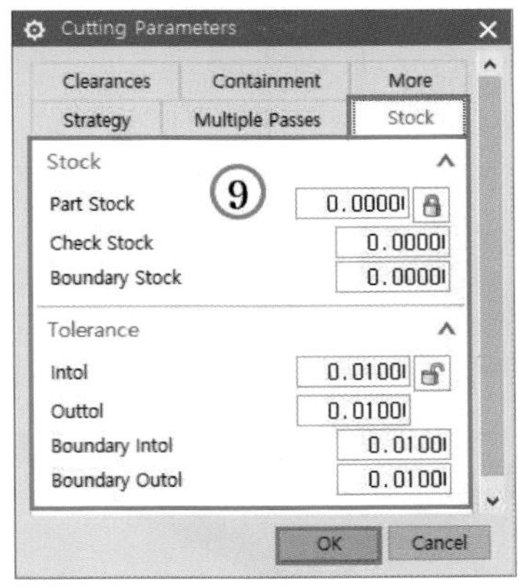

※ Reference Tool
참조 공구로 설정한 공구로 가공하지 못하는 영영을 찾아서 설정한 조건으로 잔삭 툴패스를 생성

• ⑩ 비 절삭 공구 이동 및 ⑪ Feed and Speeds에 대한 주요 설정 내용은 아래와 같다.

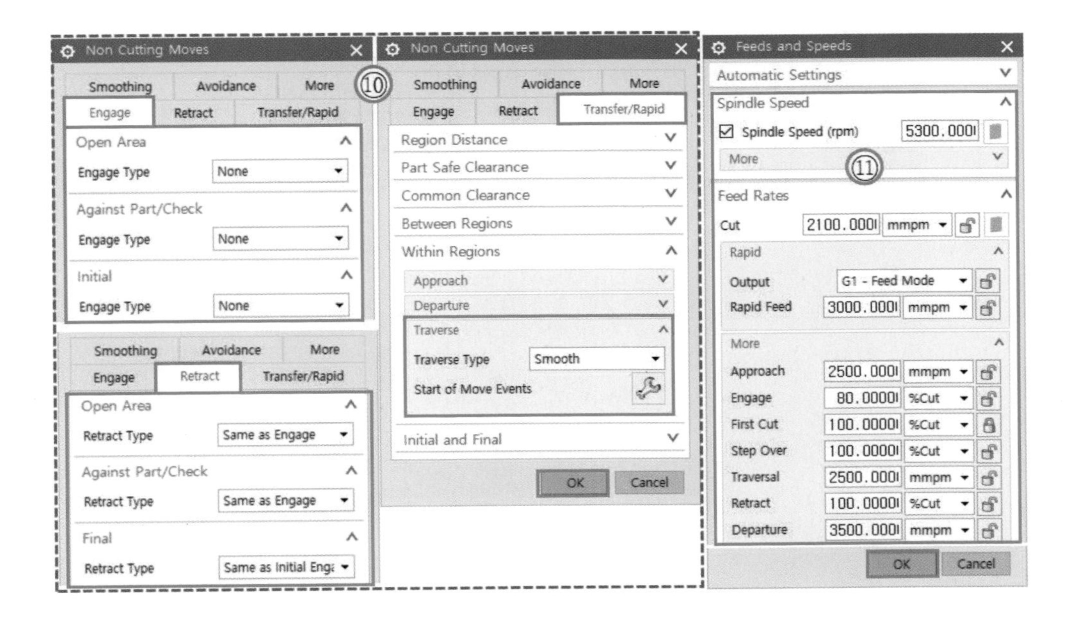

- 조건 설정을 완료하고 Generate 및 Verify를 실시하여 정삭 가공을 완료한다.

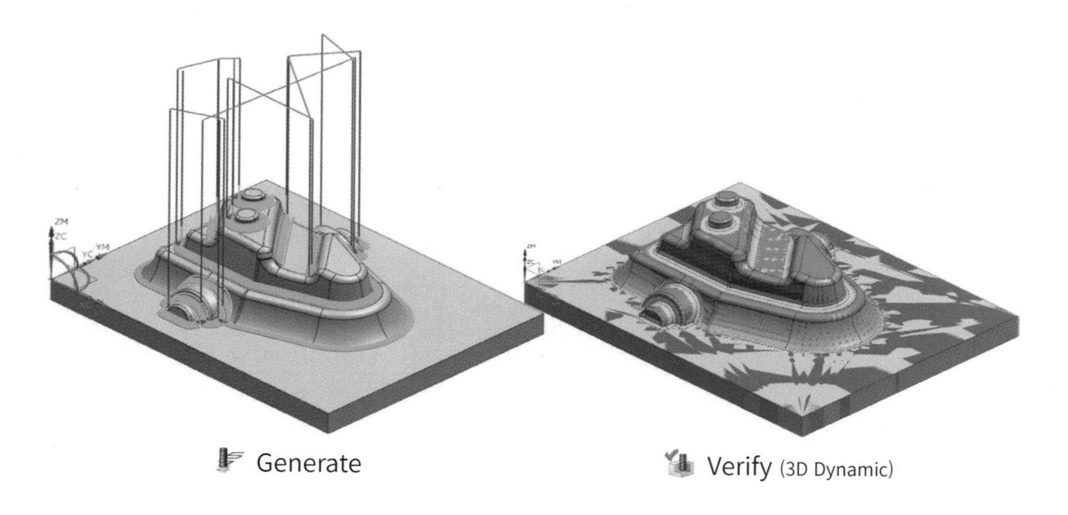

(a) NC 데이터 출력

- 아래와 같이 O4200.NC 파일을 출력한다.

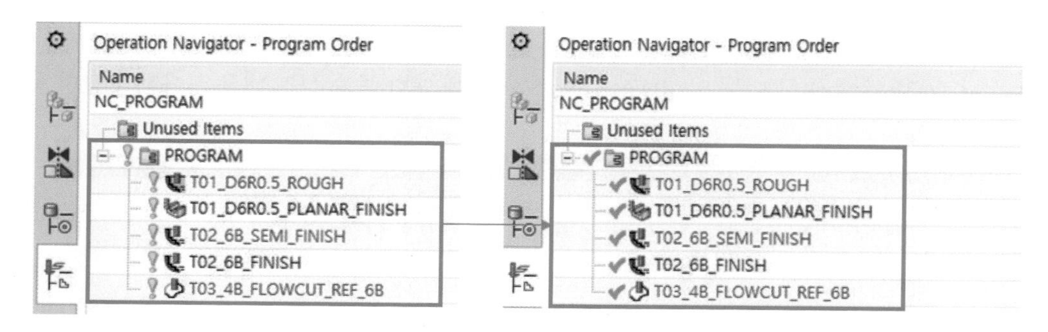

(b) V-CNC를 이용한 모의 가공

- O4200.NC 파일을 입력하여 모의 가공을 실행한다.

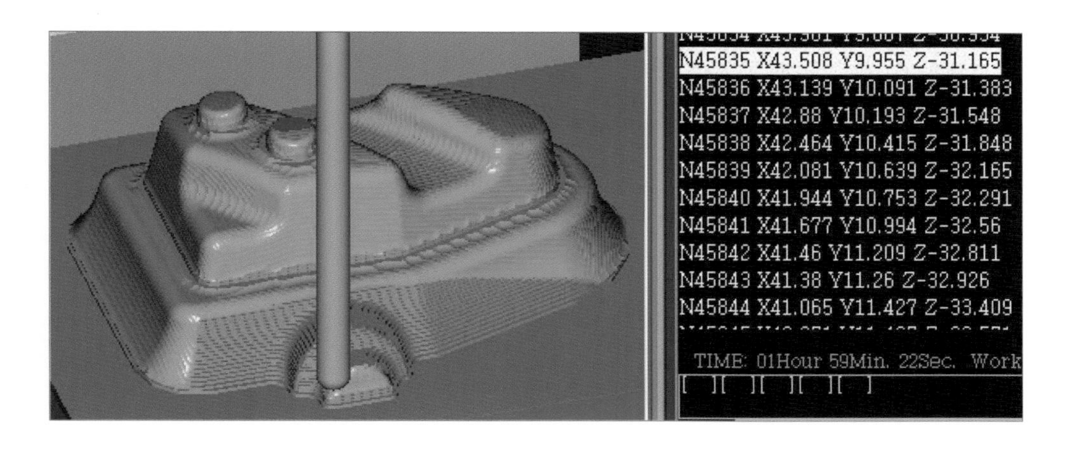

(c) CNC 절삭 가공

- 아래와 같이 작성한 CAM P/G 및 MCT를 이용하여 CNC 절삭 가공을 완성한다.

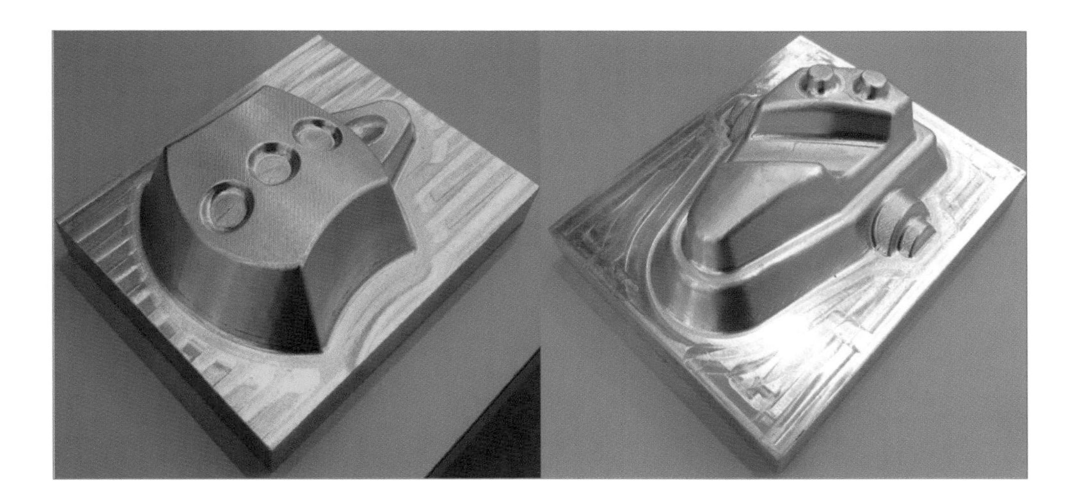

05

5축 가공 기술의 이해

CHAPTER 05

5축 가공 기술의 이해

5.1 다축 가공의 정의 및 구조

5.1.1 5축 가공의 정의

1) 이송 축수에 따른 다축 가공 개념

아래의 [그림 5-1]에서 공구가 장착된 스핀들의 회전, S(Spindle rotation)는 이송축에 포함되지 않으며, 스핀들 회전을 제외한 직선 이송축 및 회전 이송축의 개수 N에 따라 N축 가공이라 정의한다. [그림 5-1]은 직선 이송축 3개(X축, Y축, Z축)와 회전 이송축 2개(A축, C축)로 구성된 5축 가공기의 예시를 보여주는 것으로, 가공 시 5개의 이송축이 전부 이송한다면 5축 가공이 되고 X축과 A축 2개의 축만 이송한다면 2축 가공이 된다.

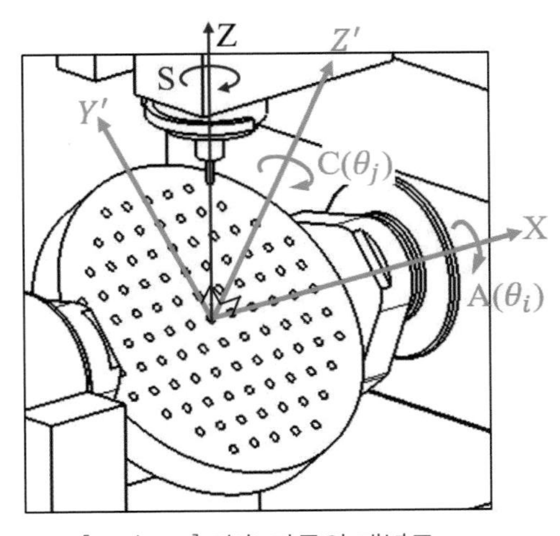

[그림 5-1] 다축 가공의 개념도

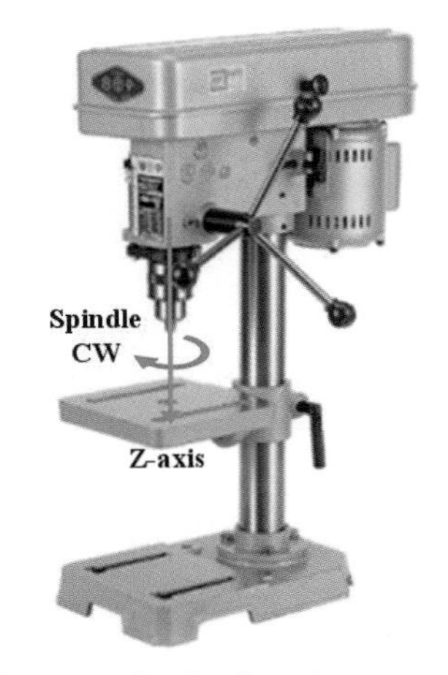

[그림 5-2] 1축 가공기(드릴링머신)

(1) 1축 가공기

[그림 5-2]와 같이 직선 이송축이 Z축으로만 구성된 드릴링, 태핑, 보링, 방전가공기와 같은 가공기를 1축 가공기라 한다. CNC 가공에서 1축 가공은 드릴, 탭, 사이클 등으로 사용되며 본 서에서는 2.5축 가공에서 함께 다룬다.

(2) 2축 가공기

[그림 5-3]과 같이 직선 이송축이 X축과 Z축으로 구성된 CNC 선반과 같은 가공기를 2축 가공기라 하며, [그림 5-4]와 같이 직선 이송축이 X축과 Y축으로 구성된 CNC 와이어 방전 가공기 또한 2축 가공기에 포함된다.

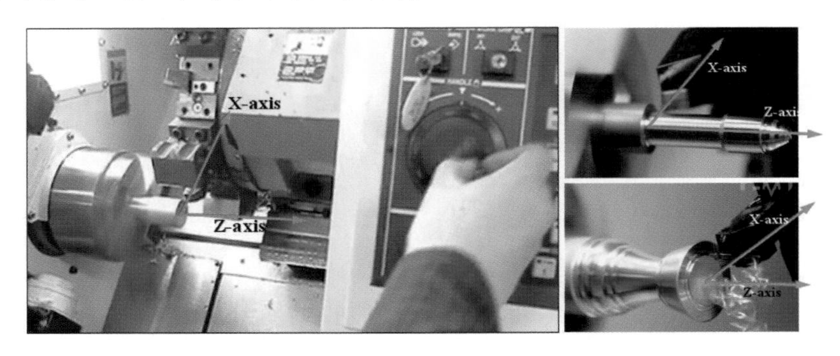

[그림 5-3] 2축 가공기(CNC선반)

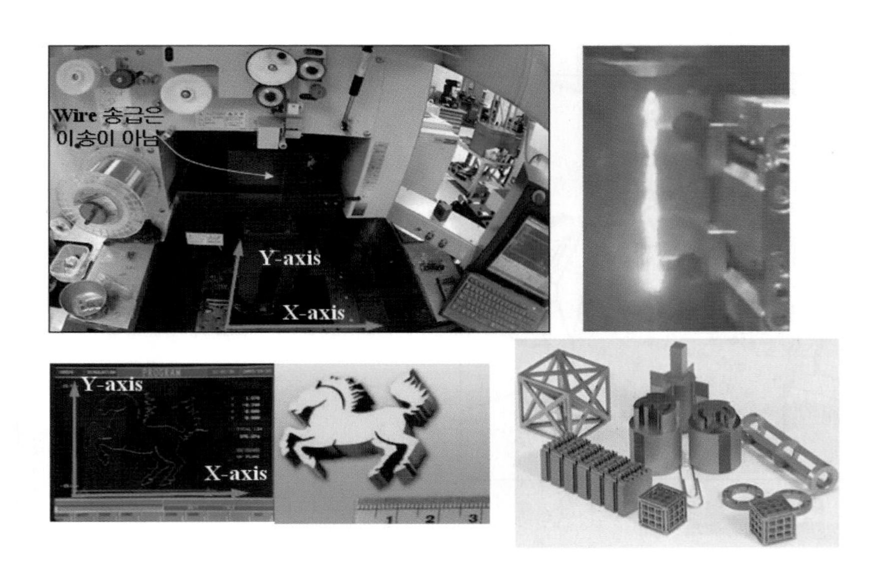

[그림 5-4] 2축 가공기(CNC WIRE-방전 가공기)

(3) 3축 가공기

[그림 5-5]와 같이 직선 이송축이 X축, Y축 및 Z축으로 구성된 머시닝센터와 같은 가공기를 3축 가공기라 한다.

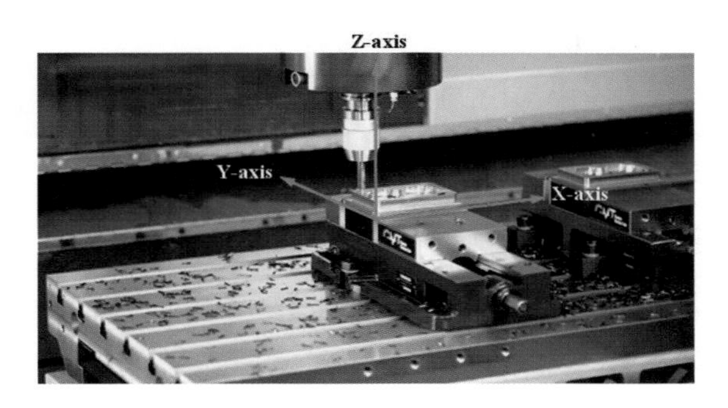

[그림 5-5] 3축 가공기(머시닝센터)

[그림 5-6]과 같이 3축 가공기를 이용한 가공 중에 Z축의 역할이 절입 깊이 방향의 위치 결정으로만 고정 제어되고(0.5축) 나머지 2개의 축(X, Y)이 동시 제어되면서 이송하여 가공하는 윤곽 가공 및 포켓 가공을 2.5축 가공이라 하며 평면 밀링이 이루어진다.

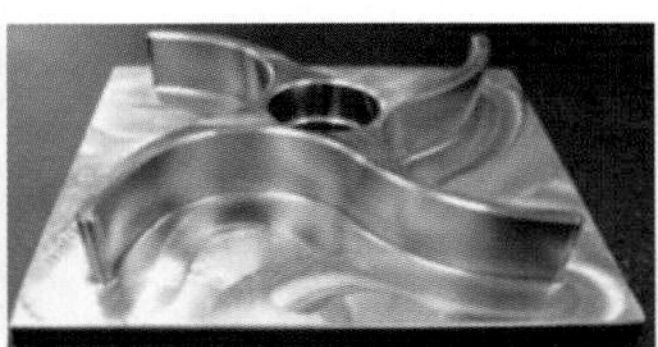

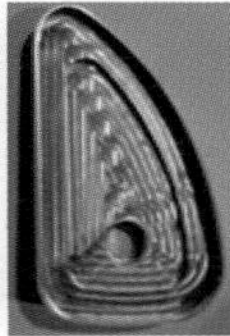

[그림 5-6] 머시닝센터를 이용한 2.5축 가공

[그림 5-7]과 같이 3축 가공기를 이용한 가공 중에 3개의 직선 이송축이 동시 제어되는 경우 3축 가공이라 하며 주로 볼엔드밀에 의한 곡면 가공이 이루어진다.

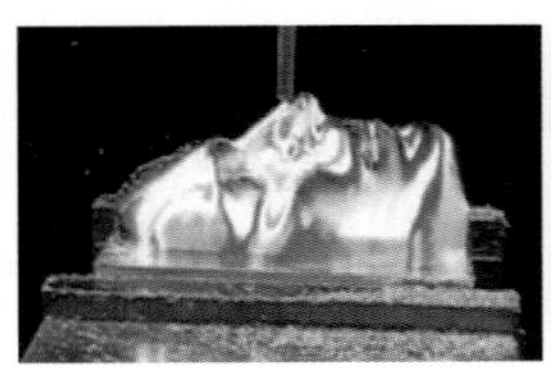

[그림 5-7] 머시닝센터를 이용한 3축 가공

(4) 4축 가공기

아래의 [그림 5-8]과 같이 직선 이송축 X, Y, Z와 함께 하나의 회전 이송축 A로 구성된 로터리(인덱스) 머시닝센터를 4축 가공기라 하며, 일반적으로 3축 머시닝센터에 로터리 테이블을 장착하여 사용한다. 여기서 X축을 중심으로 하여 회전 이송하는 축을 A축이라 한다. 마찬가지로 Y축을 중심으로 회전 이송하는 축을 B축이라 하고, Z축을 중심으로 회전이송하는 축을 C축이라 한다.

[그림 5-9]는 4축 가공기를 이용한 가공 예시를 보여주는 것으로 주로 원통캠, 캠샤프트, 압축기용 스크류 등과 같이 헬릭스(Helix) 형상 가공이 이루어진다.

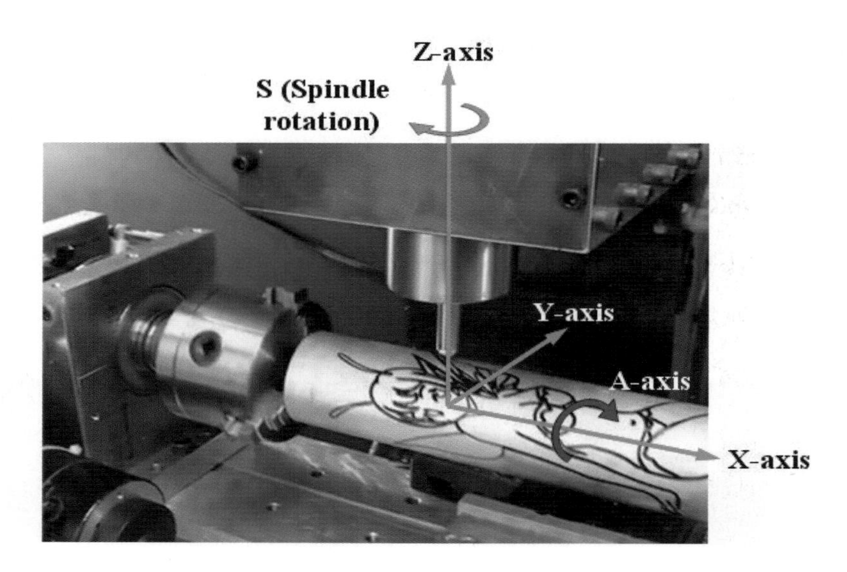

[그림 5-8] 4축 가공기

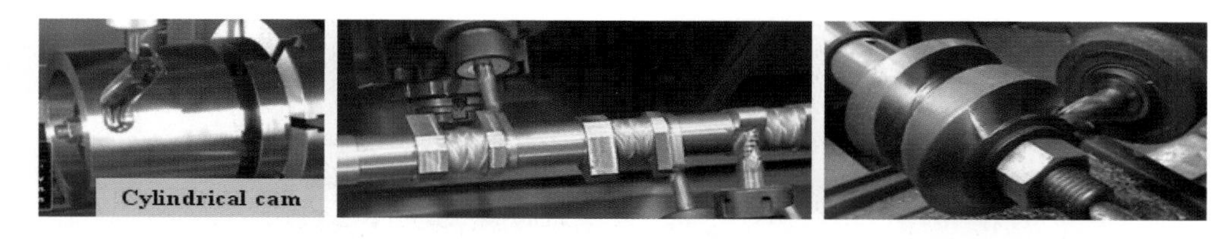

[그림 5-9] 4축 가공기를 이용한 가공(원통캠, 캠샤프트, 압축기용 스크류)

(5) 5축 가공기

[그림 5-10]과 같이 직선 이송축 X, Y, Z와 함께 두 개의 회전 이송축 (그림에서는 A, C)로 구성된 머시닝센터를 5축 가공기라 한다. 아래 그림은 X축을 중심으로 하여 회전 이송하는 A축과 Z축을 중심으로 회전 이송하는 C축으로 구성된 5축 가공기를 보여주며 [그림 5-11]과 같이 다양한 첨단부품 가공에 적용된다.

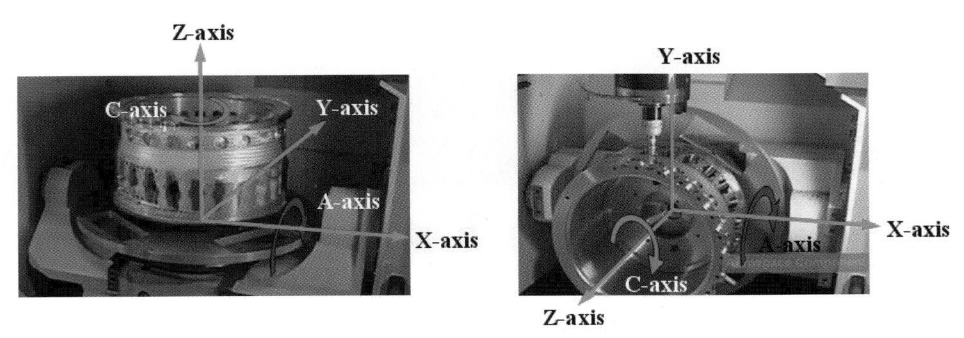

(a) A-axis : 0°, C-axis : 0° (b) A-axis : -90°, C-axis : 45°

[그림 5-10] AC 타입 5축 가공기

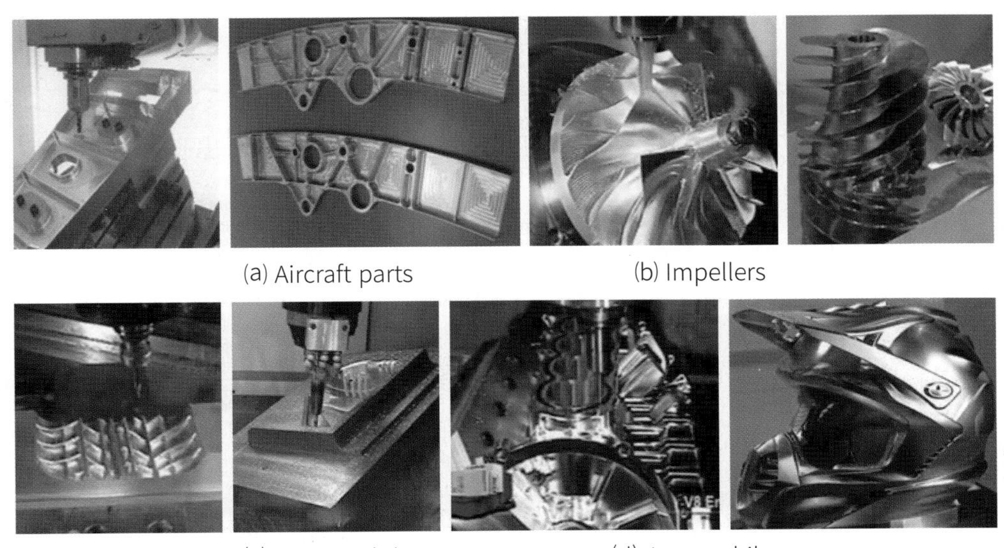

(a) Aircraft parts (b) Impellers

(c) Mold and dies (d) Automobile

[그림 5-11] 5축 가공기를 이용한 가공(항공기 부품, 임펠러, 금형, 자동차 부품)

(6) 복합 5축 가공기

- 복합 5축 가공기는 [그림 5-12]와 같이 하나의 장비에서 터닝, 드릴링, 밀링, 5축 밀링등을 제품 탈착 없이 1회 셋업으로 완가공할 수 있기 때문에 가공 시간 절감, 치수 정밀도 및 표면 품질 상승 효과가 있다.

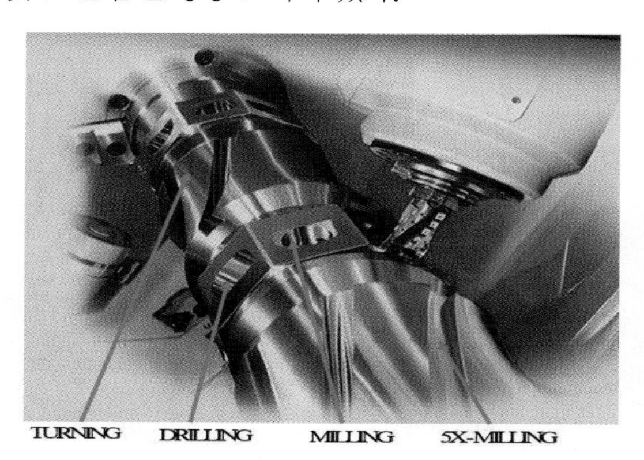

[그림 5-12] 복합 5축가공기(I-200, MAZAK)의 개념

- [그림 5-13]은 본 교재에서 적용한 복합 5축 가공기 시리즈의 장점을 도시한 것으로 일반적인 절삭 공정에 비해 장비, 인력, 셋업, 작업 공간의 측면에서 생산성과 효율성을 극대화한 개념을 나타낸다. 4차 산업혁명 시대, 스마트팩토리에서 무엇보다 중시하는 효율적인 생산의 대표적인 가공 기술이라 할 수 있다.

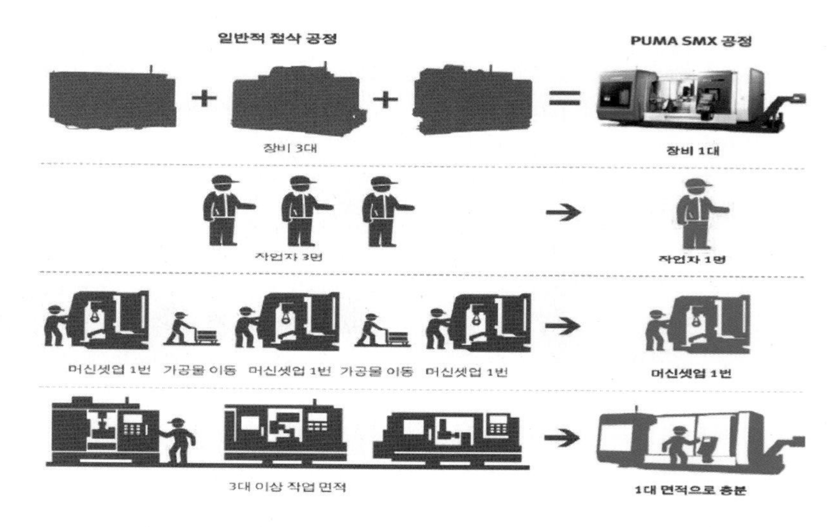

[그림 5-13] 복합 5축 가공기(PUMA, 두산공작기계)의 장점

5.1.2 5축 가공의 구조

1) 틸팅축과 로테이션축의 개념

아래 그림에서 X축을 중심으로 회전하는 A축은 −120° ~ +30° 사이의 유한한 범위에서 회전하는 축으로 이와 같이 유한한 회전각을 가지는 회전축을 틸팅(Tilting)축이라 하고 유한 회전각을 틸트(Tilt)각이라 한다. 반면 Z축을 중심으로 회전하는 C축은 무한 회전이 가능한 축으로 이와 같이 무한한 회전각을 가지는 회전축을 로테이션(Rotation)축이라 하고 무한 회전각을 로테이트(Rotate)각이라 한다. 틸트각은 대체로 −120° ~ +120° 사이이며 로테이트각은 −99999° ~ +99999° 의 범위를 가진다.

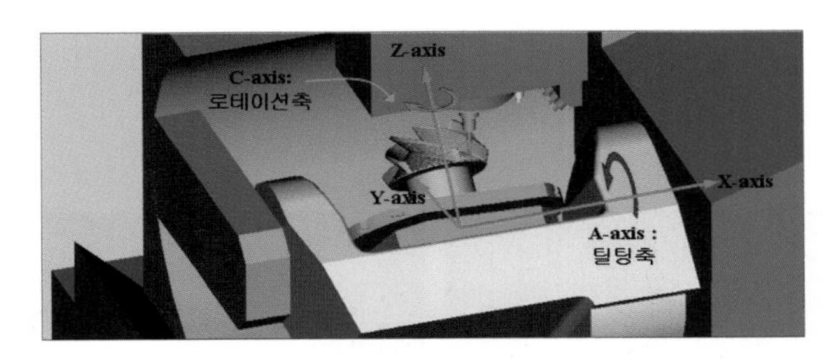

[그림 5-14] 5축 가공기 구조 (틸팅축과 로테이션축)

2) 테이블 회전과 헤드 회전의 개념

[그림 5-15]의 (a)는 테이블이 틸팅과 로테이션을 한 경우이고 (b)는 헤드(스핀들)가 틸팅과 로테이션을 한 경우이다. 이와 같이 5축 가공기는 틸팅과 로테이션을 테이블에서 하였는지 헤드에서 하였는지에 따라 크게 3가지 구조(Mechanism)를 가진다.

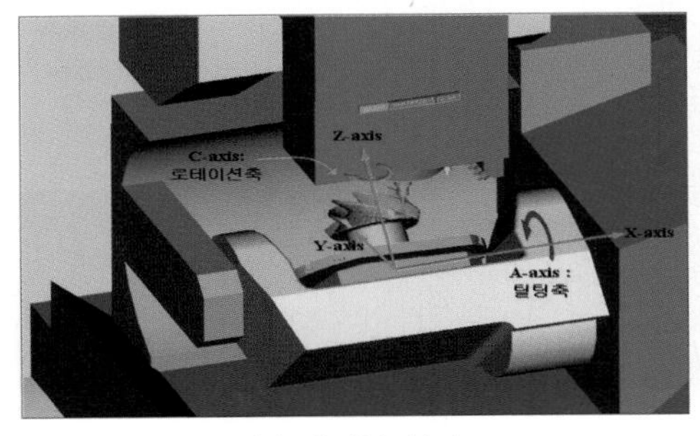

(a) 테이블 회전

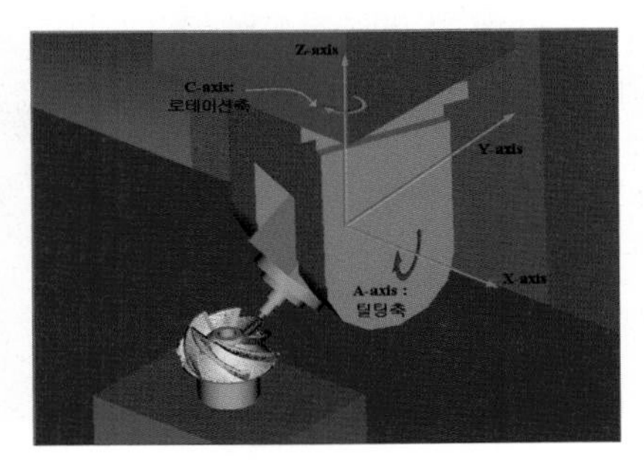

(b) 헤드 회전

[그림 5-15] 테이블 회전과 헤드 회전의 개념

(1) 테이블 틸팅-테이블 로테이션 (Table tilting-Table rotation, TT-TR)

아래 그림은 본 교재의 검증 가공에 사용된 5축 가공기로서 테이블이 틸팅과 로테이션한다. [그림 5-16]의 (a)는 AC 타입이고 (b)는 BC 타입을 나타낸다. 테이블 틸팅, 테이블 로테이션 타입의 5축 가공기는 대부분 소형이면서 정밀도가 매우 높고 가격이 저렴하므로 가장 널리 보급된 5축 가공기이다. 특히 BC 타입은 3축 가공기에 로터리 테이블을 부가적으로 장착한 경우로서 5축 가공기 중 가장 저렴하므로 각급 교육기관이나 5축 가공을 처음 접하는 업체에서 부담 없이 구입하고 있다. 그러나 FANUC 16i 이상의 컨트롤러에서만 5축 동시 제어가 되므로 장비 구입 이전에 컨트롤러 규격과 장비와의 연동성, 공구선단점제어(RTCP) 여부 등 기술적인 사항을 꼼꼼히 살펴야 할 것이다.

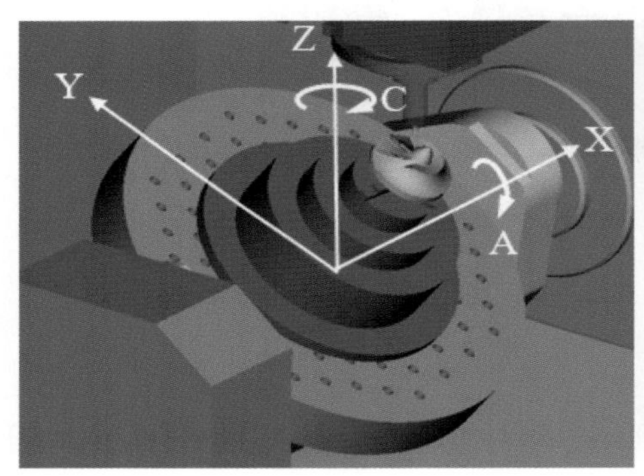

(a) TT-TR-AC(Mytrunnion-5, Kitamura)

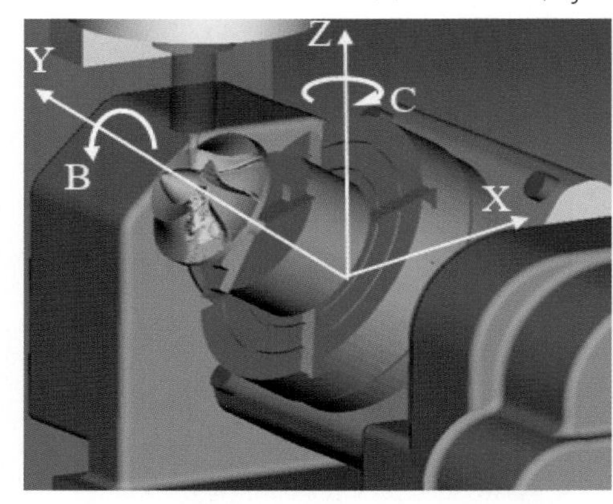

(b) TT-TR-BC(LCV550, SMEC)

[그림 5-16] TT-TR 타입 5축 가공기

(2) 헤드 틸팅-테이블 로테이션(Head tilting & Table rotation, HT-TR)

아래 그림은 헤드 틸팅과 테이블 로테이션을 하는 5축 가공기로서 [그림 5-17]의 (a)는 BC 타입을, (b)는 AB 타입을 나타낸다. 주로 중대형 공작물의 가공에 사용되며, 특히 BC 타입은 Turn-Mill 복합 5축 가공기에 사용되는 메커니즘으로 본 교재에서 검증 가공용으로 사용되었다. 바이트를 위한 선삭툴과 엔드밀을 위한 밀링툴이 헤드에 장착되므로 선삭 가공 후 제품 탈착 없이 5축 밀링을 수행할 수 있어, 탈부착에 의한 정밀도 저하 문제를 해소하였고, 탈부착에 필요한 치구나 탈부착 조작 시간 등이 절감되므로 향후 스마트공장 등 효율성과 생산성을 요구하는 자동화 가공 분야에 반드시 필요한 장비로 부각될 전망이다. 최근에는 밀링 베이스의 Mill-Turn 복합 5축 가공기도 개발되고 있다.

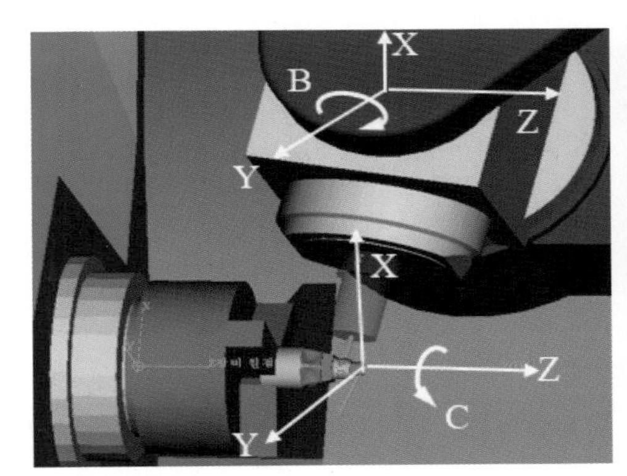

(a) HT-TR-BC(MX2100, DOOSAN)

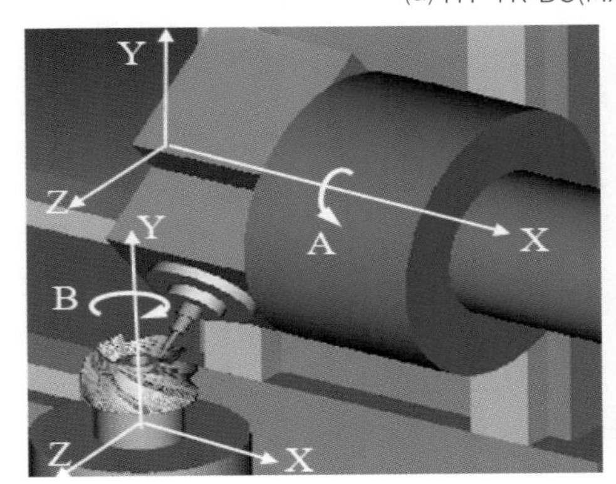

(b) HT-TR-AB(T-35, Cincinnati Millacron)

[그림 5-17] HT-TR 타입 5축 가공기

(3) 헤드 틸팅-헤드 로테이션(Head tilting & Head rotation, HT-HR)

아래의 [그림 5-18]은 헤드 틸팅과 헤드 로테이션(혹은 틸팅) 타입의 5축 가공기를 나타내며 그림의 (a)는 AC 타입을, (b)는 AB 타입을 보여 준다. 헤드 틸팅, 헤드 로테이션 타입의 5축 가공기는 테이블에서의 회전 이송이 없기 때문에 항공기 날개 부품 등 대형 공작물이나 길이가 긴 공작물의 가공에 주로 활용된다. 특히 AC 타입의 메커니즘은 3차원 측정기의 틸팅 및 로테이션 메커니즘과 동일한 특징이 있다.

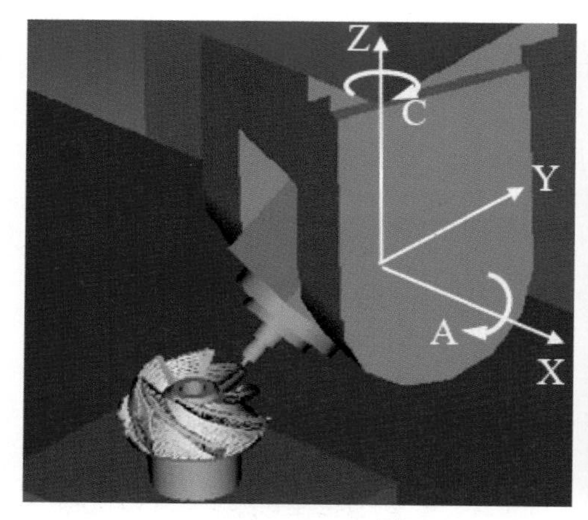

(a) HT-HR-AC(Gantry 5 Axis MCT, TARUS)

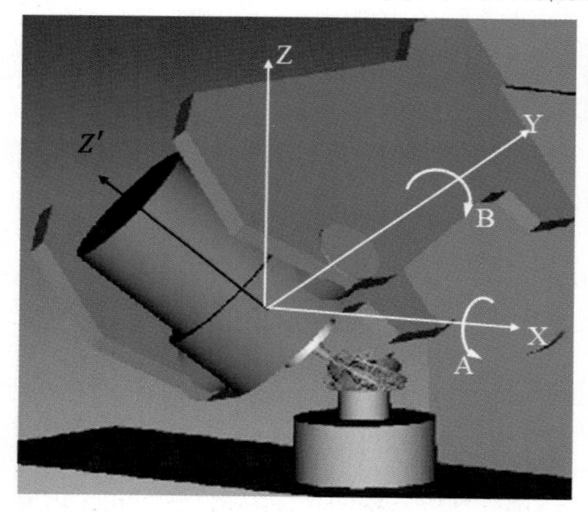

(b) HT-HR-AB

[그림 5-18] HT-HR 타입 5축 가공기(Numeryx Inc.)

(4) 비직교(Non-orthogonal)

앞서 제시한 직교형 5축 가공기와 달리 비직교 5축 가공기가 개발되어 국내에도 많이 보급되고 있다. 직교좌표계에 맞추어 회전 이송축이 부가되던 직교형 5축 가공기와 달리 비직교 5축 가공기는 직교좌표계의 임의 축이 임의 각도 경사진 상태로 회전 이송의 중심축이 되는 메커니즘이다. 주로 독일의 DMG사를 중심으로 컴팩트한 공간 내에서 보다 높은 강성과 효율적인 공간 활용을 도모하기 위한 목적으로 개발되고 있다. 아래 그림은 B축의 회전 중심축인 Y축이 X축을 중심으로 45도 회전한 경우를 보여 준다.

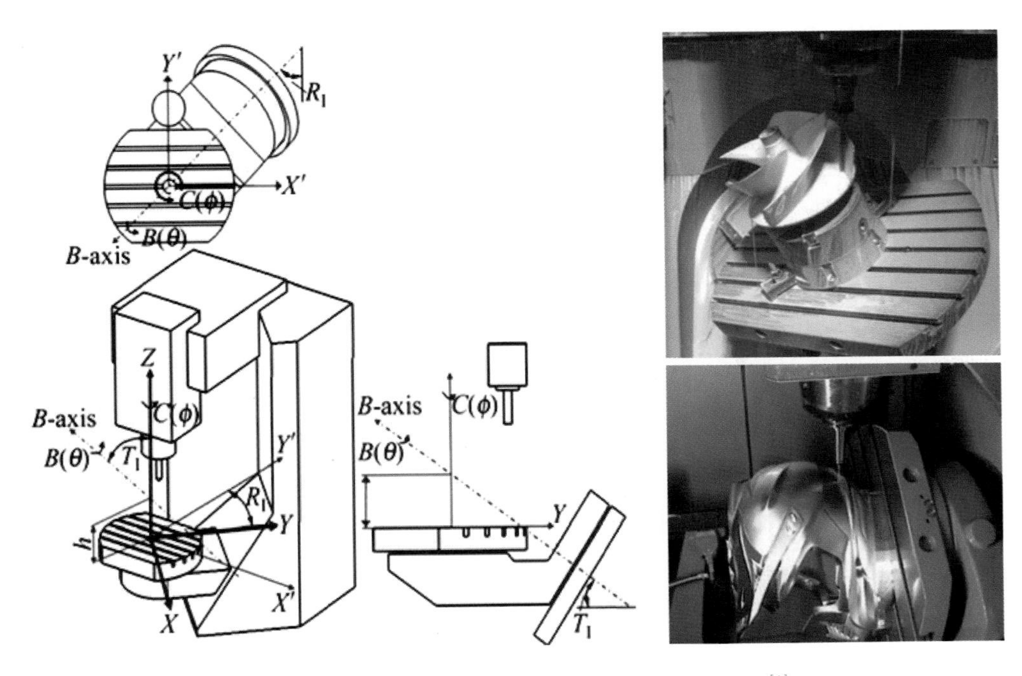

[그림 5-19] 비직교 타입 5축 가공기(DMU 70eV, DMG)[1]

5.2 5축 가공의 장점 및 시장

5.2.1 5축 가공의 장점

5축 가공은 아래의 [그림 5-20]과 같이 회전 이송축 2개가 추가됨으로써 자유도가 증가하여 복잡한 형상 부품 가공 시 접근성이 좋아지고 특수공구 및 치공구의 사용을 줄일 수 있으며 볼엔드밀이 아닌 평엔드밀의 옆날을 활용하여 Cusp을 줄일 수 있고 절삭 속도를 높일 수 있는 등 다양한 장점을 가진다.[2]

Properties	Accessibility	Cutter reduction	Fixture reduction	Flank cutting	Speed increasing
3-Axis					
5-Axis					

[그림 5-20] 5축 가공의 장점

1) 유연한 접근성(Flexible accessibility)

[그림 5-21]의 좌측 상단과 같이 3축 가공에서는 공구축 벡터가 언제나 Z축 방향(0,0,1)이므로 미절삭부가 발생하지만 그림의 좌측 하단과 같이 5축 가공에서는 자유로운 공구축 벡터를 활용하여 복잡한 형상의 부품을 가공할 수 있다. 이와 같이 유연한 접근성을 활용한 5축 동시 제어 가공품의 대표적인 아이템으로 임펠러, 프로펠러, 로우터, 스크류 등과 같은 터보 기계류 부품이 있다.

[그림 5-21] 유연한 접근성을 이용한 임펠러의 5축 동시제어가공

2) 총형 공구 및 치구 사용 감소(Form tool and fixture reduction)

[그림 5-22]의 (a)와 같은 경사면 가공 시 좌측의 3축 가공에서는 특수한 총형 공구를 사용해야 하지만 우측의 5축 가공에서는 회전 이송을 통하여 일반 평엔드밀의 옆날(Flank)로도 가공할 수 있다. 또한, 그림(b)와 같이 3축 가공에서는 치구를 따로 제작하여 가공하지만 5축 가공에서는 회전 이송축을 제어하여 치구 사용 없이 가공할 수 있다. 이러한 회전 이송 제어를 통한 5축 가공은 아래 그림과 같이 자동차 엔진 블럭이나 다양한 경사면 작업에 활용된다.

[그림 5-22] 5축 고정 제어 가공을 이용한 공구 및 치구 사용 감소 사례

3) 공구 옆날 가공(Flank edge cutting)

아래 그림과 같은 경사면 가공 시 좌측의 3축 가공에서는 볼엔드밀을 이용하여 다중 공구 경로(Multi-tool path)를 생성해야 하지만 우측의 5축 가공에서는 일반 평엔드밀의 옆날을 활용하여 경사면 가공이 가능하다. 볼엔드밀을 이용한 3축 가공은 다중 공구 경로 생성에 따른 가공 시간 증가 및 Cusp 잔류 등 다양한 문제가 발생하나 평엔드밀의 옆날을 활용한 5축 가공은 가공 시간의 감소와 함께 Cusp 제거를 통해 가공 품질을 향상하는 등 장점이 있다.

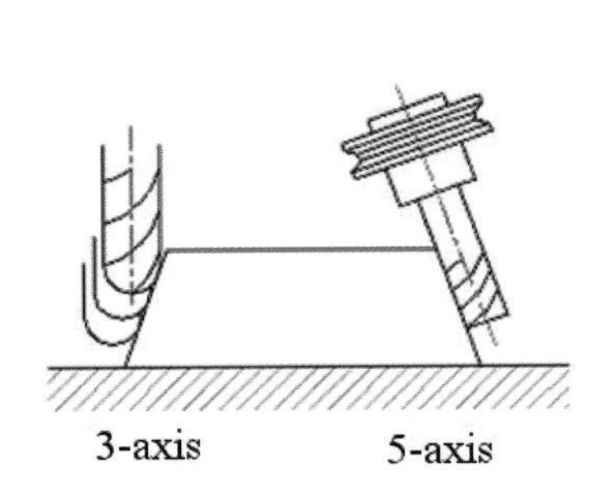

[그림 5-23] 공구 옆날 가공을 이용한 항공기 부품 가공

4) 공구 길이 감소 (Cutter length reduction)

아래의 [그림 5-24]와 같은 금형 가공 시 좌측의 3축 가공에서는 공구 돌출 길이가 길어지지만 우측의 5축 가공에서는 회전 이송축 제어를 통하여 돌출 길이가 감소된다. 깊은 홈을 가진 Cavity 금형 가공 시 돌출 길이가 길면 떨림(Chattering)에 의한 수명 감소, 가공 면 표면 조도 저하 등의 문제가 발생하고 공구 파손을 방지하기 위하여 저속 가공을 하여야 하나 5축 가공에서는 짧은 돌출 길이(세장비 감소)를 통한 강성 증가로 고속 가공이 가능하고 공구 떨림이 감소하며 가공 면 표면 조도가 양호하게 되어 Cavity 금형뿐만 아니라 타이어 금형과 같은 금형산업에 적극적으로 활용되고 있다.

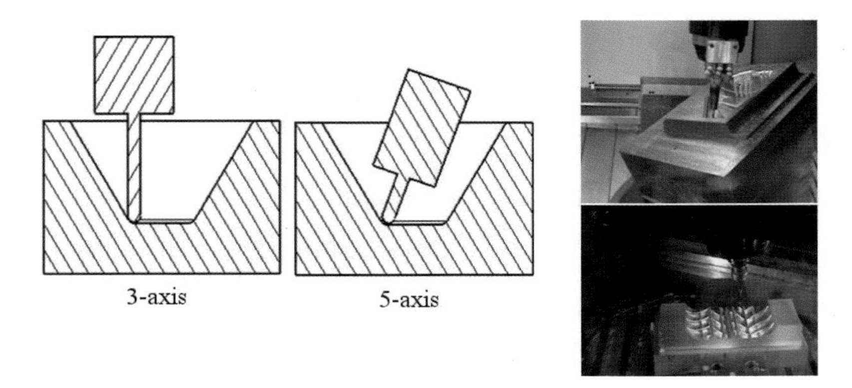

[그림 5-24] 공구 길이 감소를 통한 고강성 가공(금형가공 사례)

5) 절삭 속도 증가 (Increasing cutting speed)

[그림 5-25]와 같이 동일한 회전수의 경우 3축 가공에 비하여 5축 가공의 가공 접촉점에서의 회전 반경이 크므로 절삭 속도, V가 3축 가공보다 크게 되므로 표면 품질 향상 및 고속 가공 적용에 용이하다. 그뿐만 아니라 3축 가공의 경우 접촉점에서의 회전 반경(R)은 0에 가까우므로 절삭 속도 또한 0에 가깝게 되어 버핑(Buffing) 현상이 발생하는데 회전 이송축 제어를 통하여 이러한 문제를 해소할 수 있다.

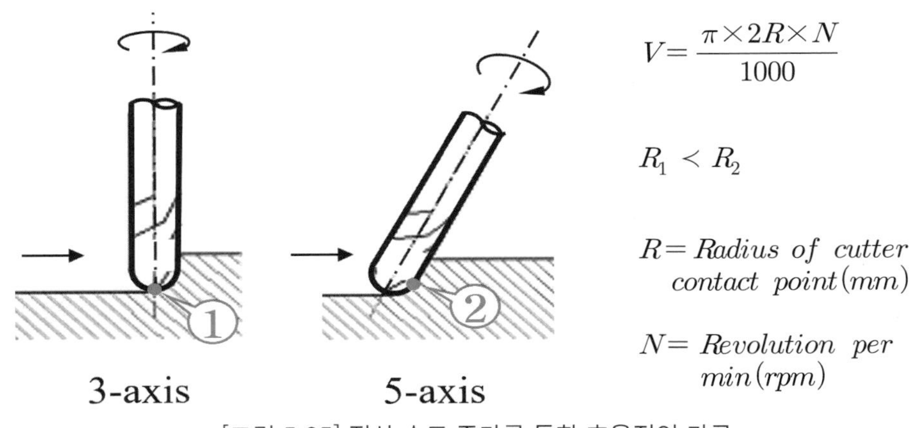

[그림 5-25] 절삭 속도 증가를 통한 효율적인 가공

5.2.2 5축 가공 시장

1) 5축 가공 적용 제품

아래 그림과 같이 항공기 부품, 터보 기계류 부품, 금형 및 자동차 산업에 이르기까지 다양한 산업 분야에 5축 가공이 적용되고 있으며 4차 산업혁명의 흐름 속에 효율적이고 경제적인 부품 생산을 위한 스마트공장의 보급에 따라 고효율, 고생산성을 실현할 수 있는 고속 가공, 5축 가공 및 복합 가공 시장은 더욱 급속히 증가할 것이다.

[그림 5-26] 5축 가공 적용 제품군

2) 5축 가공 방법에 따른 시장 점유율

5축 가공 방법에 따른 부품 가공 시장 점유율은 아래 [그림 5-27]과 같이 회전축 고정 제어 가공 시장이 약 70%로 가장 높은 비율을 점하고 있으며, 임펠러, 프로펠러와 같은 회전축 동시 제어 가공은 약 10% 정도이고 나머지 약 20% 정도가 5면 가공 시장으로 구성되어 있으나 정확한 통계 자료를 산출하기 어렵고, 산업 수요에 따라 늘 변할 수 있는 분포이므로 대략적인 시장 현황 참고용으로 활용하기 바란다.

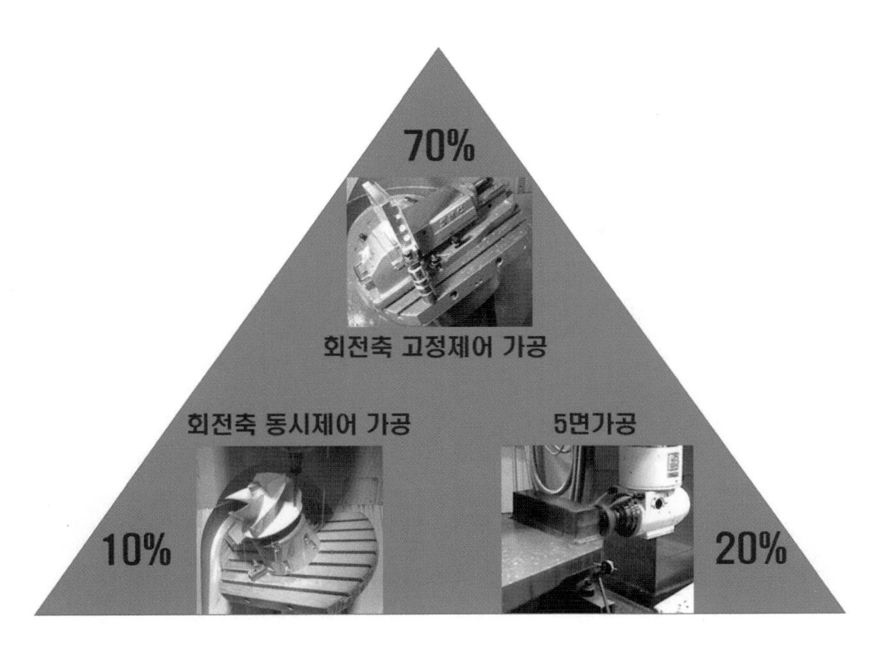

[그림 5-27] Market share of 5-axis machining method

3) 회전축 고정 제어 가공, 회전축 동시 제어 가공, 5면 가공

(1) 회전축 고정 제어 가공

[그림 5-28]과 같이 회전축 고정 제어 가공이란 회전 이송축을 임의 각도로 고정한 상태에서 직선 이송만 수행하는 가공을 뜻하며 현장에서는 3+2축 가공이라고도 한다. 이와 같은 회전축 고정 제어 가공은 치공구 사용 절감, 세팅 단계(Stage) 감소 및 고강성 가공 등 장점이 있고, 주물 제품을 비롯한 기계 부품 형상에서는 곡면보다 평면 가공 요소가 많기 때문에 전체 5축 가공 시장의 약 70%를 차지할 만큼 가장 널리 사용되는 5축 가공법이다.

(2) 회전축 동시 제어 가공

[그림 5-29]와 같이 회전축 동시 제어 가공이란 회전 이송축과 직선 이송축 5개가 동시에 연속적으로 이송하는 가공을 뜻한다. 전체 5축 가공 시장의 약 10%를 차지하며 시

장은 작으나 5축 CAM 프로그램이 다소 어려워 부가가치가 높고 공구축 벡터의 자유로운 접근성을 활용하여 복잡한 형상도 쉽게 가공할 수 있는 5축 가공법이다. 4차 산업혁명 시대에 제품 개발 주기가 급속히 단축될수록 곡면 형상이나 복잡한 형상의 설계 및 가공 요구가 늘어날 것이므로 회전축 동시 제어 가공의 기술적 진보가 요구되고 있다.

[그림 5-28] 회전축 고정 제어 가공 [그림 5-29] 회전축 동시 제어 가공

(3) 5면 가공

아래 그림과 같이 5면 가공기란 직육면체의 바닥을 제외한 5개 면에 대한 수직 가공을 각각 수행할 수 있도록 개발된 가공기로서 전체 5축 가공 시장의 약 20%를 차지하며 시장은 그리 크지 않으나 대형 공작물 가공에 많이 적용되고 있어 수익성과 부가가치가 높은 가공 시장이다.

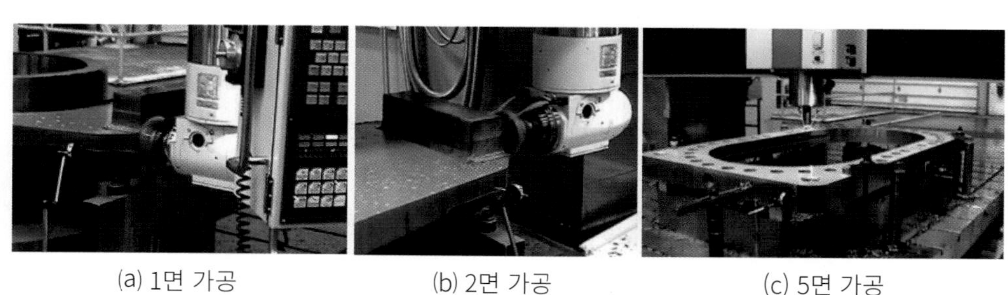

(a) 1면 가공 (b) 2면 가공 (c) 5면 가공

[그림 5-30] 5면 가공기

5.3 5축 가공 프로세스 및 포스트프로세서

5.3.1 5축 가공 프로세스

5축 가공 프로세스는 아래의 그림과 같이 모델링으로부터 공정 설계, 공구 경로 생성, 후처리, 모의 가공, 절삭 가공 후 측정 검사를 거쳐서 제품이 완성되는 과정이다.

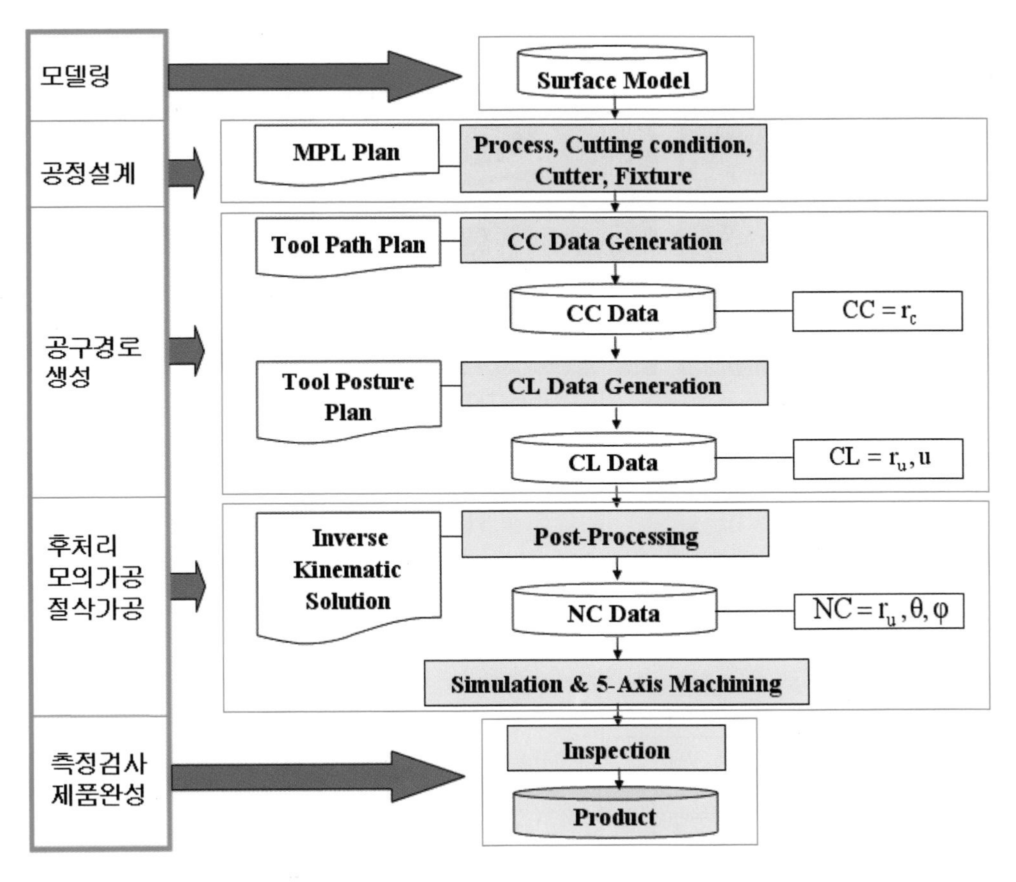

[그림 5-31] 5축 가공 프로세스

5.3.2 포스트프로세서

포스트프로세싱(Post-processing) 작업은 공구의 위치 벡터와 자세 벡터로 이루어진 CL(Cutter Location) 데이터를 기계가 인식할 수 있는 위치 데이터(X, Y, Z)와 회전 각도(A,C 등)로 구성된 NC(Numerical Control) 데이터로 변환하는 작업이다. [그림 5-32]의 (a)는 테이블 틸팅-테이블 로테이션 타입을, (b)는 헤드 틸팅-테이블 로테이션 타입을, (c)는 헤드 틸팅-헤드 로테이션 타입의 5축 가공기 구조를 나타낸다.

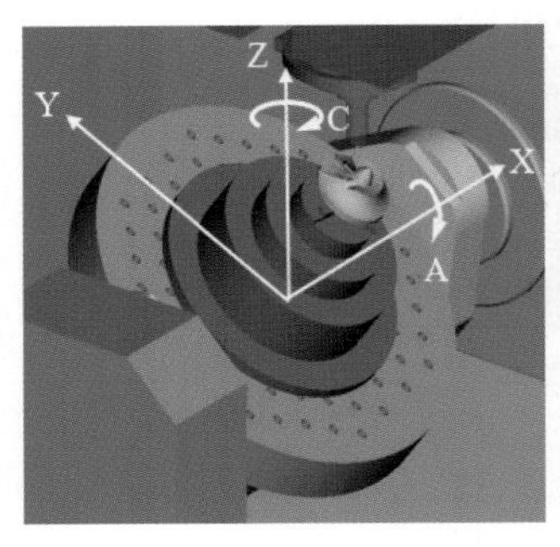

(a) TT-TR

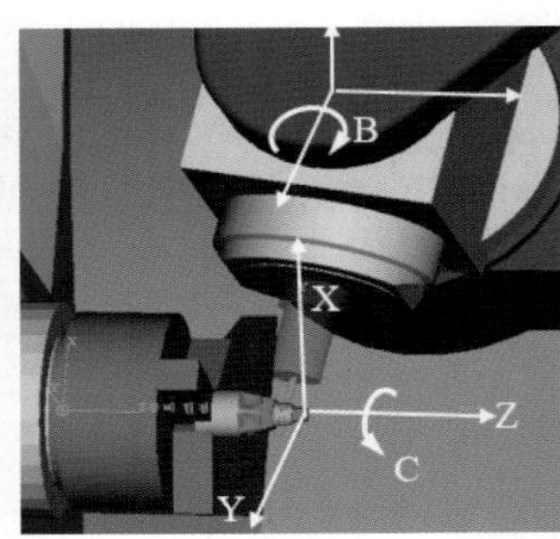

(b) HT-TR

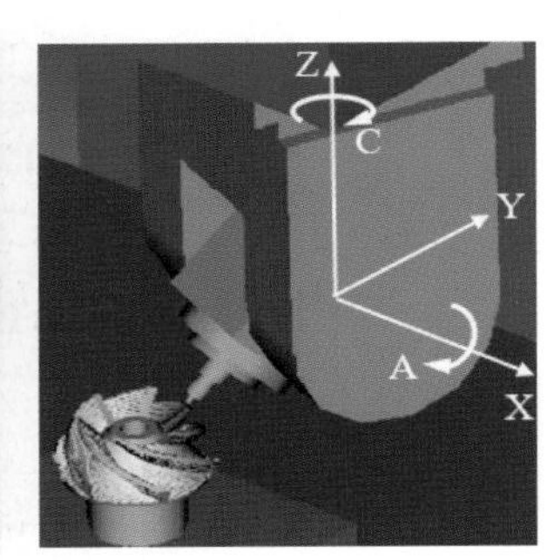

(c) HT-HR

[그림 5-32] 5축 가공기의 구조

일반적으로 직선 이송축이 직교하는 5축 가공기의 틸트각과 로테이트각은 다음의 식 (1) 및 식 (2)와 같이 역기구해로부터 구할 수 있다.

$$K_{ij} : \theta_i = \tan^{-1}\left(\frac{\sqrt{u_i^2 + u_k^2}}{u_j}\right) \quad (1)$$

$$K_{ij} : \theta_j = \cos^{-1}\left(\frac{u_k}{\sqrt{u_i^2 + u_k^2}}\right) \quad (2)$$

여기서, K_{ij}의 하첨자 i, j, k는 각각 회전 중심축 X, Y, Z를 의미하며 K_{ij}는 AB 타입을 K_{ik}는 AC 타입을, K_{jk}는 BC 타입의 메커니즘을 나타낸다. 또한, θ_i는 유한 회전각인 틸트각, θ_j는 무한 회전각인 로테이트각을 나타내며 u_i, u_j, u_k는 CL 데이터 공구축 벡터의 각 축 성분이다.

틸트각과 로테이트각이 구해지면 아래의 식 (3)을 이용하여 CL 데이터의 위치 벡터를 NC 데이터의 위치 벡터로 변환할 수 있으며 결과적으로 최종 NC 데이터는 식 (4)와 같이 구할 수 있다.

$$K_{ij} : P_{NC} = P_{CL}\ T_1 \quad \text{in HT-HR} \tag{3}$$
$$K_{ij} : P_{NC} = P_{CL}\ T_2\ T_1 \quad \text{in HT-TR}$$
$$K_{ij} : P_{NC} = P_{CL}\ T_2\ T_3 \quad \text{in TT-TR}$$

여기서, $T_1 = T\ (t_i, t_j, t_k)$, $T_2 = R_j(-\theta_j)$, $T_3 = R_i(-\theta_i)$, $T_3 = R_i(-\theta_i)$, P_{NC}은 NC 데이터의 위치 벡터이고 P_{CL}는 CL 데이터의 위치 벡터이다.

$$NC = P_{NC},\ \theta_i,\ \theta_j \tag{4}$$

1) 포스트프로세서의 구현

전술한 알고리즘을 바탕으로 Visual Basic 6.0을 이용하여 연구 및 학술용으로 포스트프로세서 프로그램인 H-POST(High Efficient Post-Processor)를 구현하였다. H-POST는 이전에 개발한 E-POST(Easy Post-Processor)의 특이점과 특수각 및 위상 반전 시의 문제점을 개선하였고, NX, 하이퍼밀(ISO CL 제공시) 등 타 S/W와의 호환성을 강화하였으며 비주얼 스튜디오에서 연동하여 구동할 수 있도록 하였고, 처리 속도가 개선되는 등 다양한 측면에서 효율성을 강화한 프로그램이다.[3~8]

Visual Basic 6.0은 Windows XP까지만 지원되므로 Windows 7부터는 Visual Studio.net을 설치한 후, 기 개발된 H-POST 실행 파일의 패키지 프로그램을 셋업하여 활용한다. 만약 Visual Basic 6.0을 보유하고 있는 사용자라면 Windows 7 이상에서는 Windows XP(서비스팩 3)와의 호환 모드로 Visual Basic 6.0을 재설치하여 사용하며 이 경우에도 마찬가지로 기 개발된 H-POST 실행 파일의 패키지 프로그램을 셋업하여 활용한다. 가급적이면 Visual Studio.net을 셋업하여 실행하길 권장한다.

(1) Visual Studio.net 셋업(Explorer에서 안 될 경우 Chrome 사용)

- 아래 사이트로 들어가서 마이크로소프트(①)에서 무료 사용(②)을 제공하는 Visual Studio Community(③)를 다운(④)받는다. *https://visualstudio.microsoft.com/ko/*

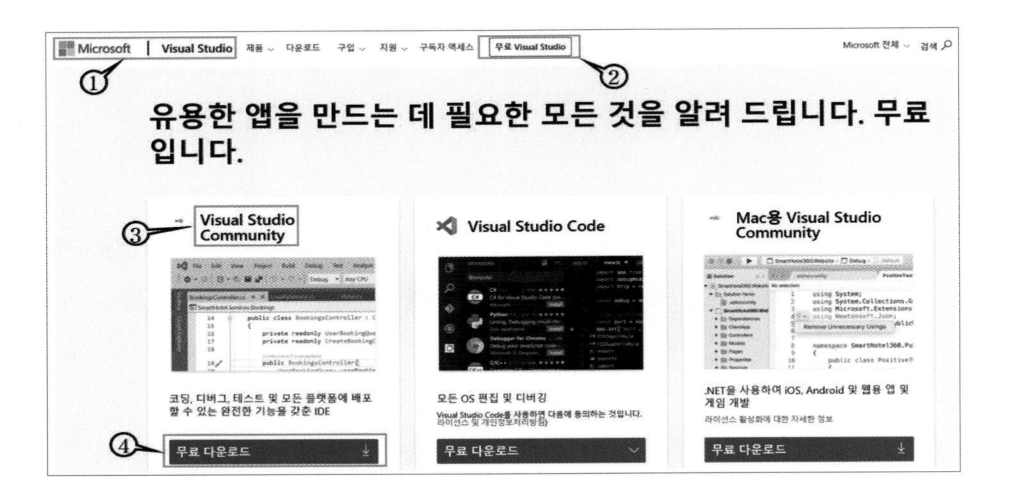

- 설치 중 아래와 같은 화면이 실행되면 Visual Studio.net 데스크톱 개발(①)을 체크하고 Install(②)한다. 셋업 후 "나중에 로그인" 선택하고 "Visual Studio 시작(S)' 클릭 후 새 프로젝트 만들기(N)까지 클릭하고 다음(N), 만들기(C)까지 수행 후 완료한다.

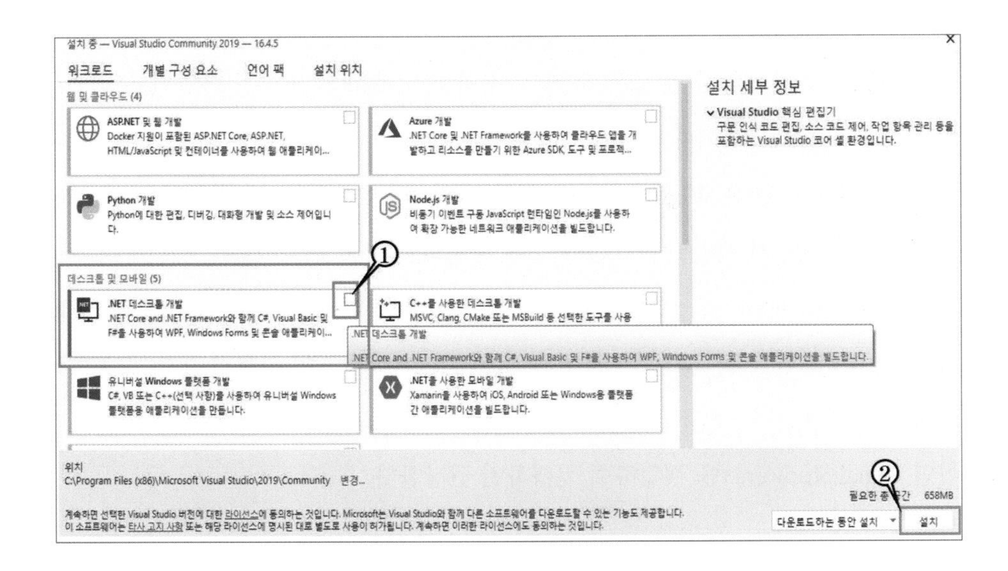

(2) Windows XP(서비스팩 3)와의 호환 모드로 Visual Basic 6.0 셋업

- 별도로 저장한 VB6 폴더의 SETUPWIZ.INI 파일(①)을 메모장에서 열고 VmPath의 우측 텍스트(②)를 삭제 후 저장한다.

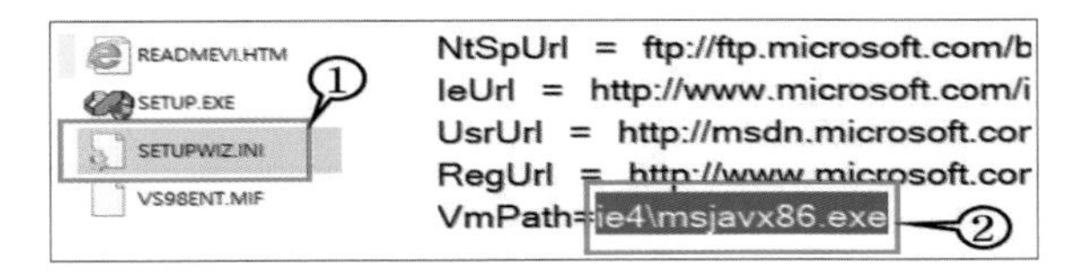

- SETUP.EXE를 우클릭하여 속성〉호환성〉호환 모드를 Windows XP(서비스팩 3)(①)로 설정하고 관리자 권한으로 이 프로그램 실행(②)을 체크한 후 관리자 권한으로 SETUP.EXE를 실행한다. 셋업이 시작되면 ③과 같이 사용자 정의를 체크한다.

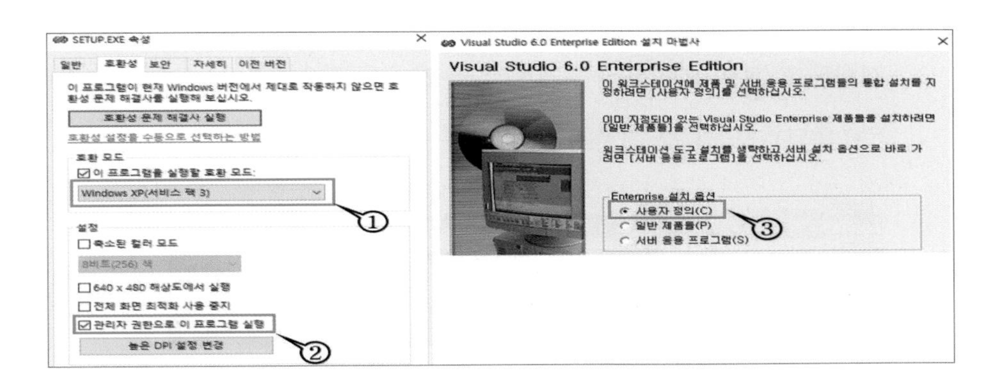

- 설치 구성요소 화면에서는 데이터 엑세스(①)를 체크 해제하고 Enterprise 도구들(②)을 클릭한 후 옵션 변경 탭(③)을 클릭 후 Visual Studio Analyzer(④)을 체크 해제한다.

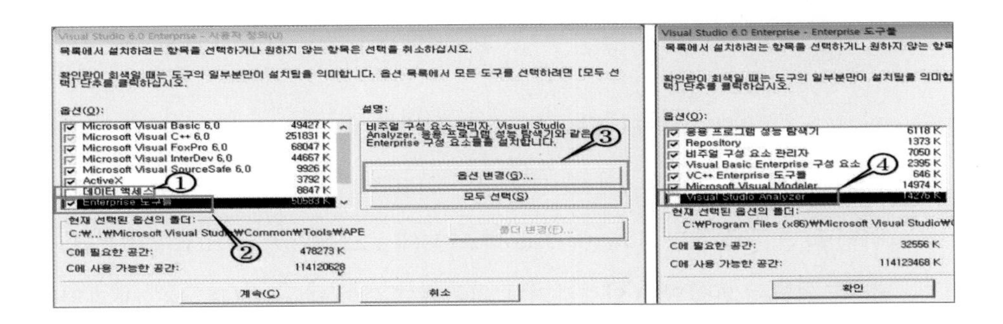

(3) H-POST 프로그램 셋업

- 광문각 자료실의 "CATIA-CAM-TECH" 압축 파일을 다운받은 후 D:\에 압축을 푼다. D〉CATIA-CAM-TECH〉H-POST 폴더를 C:\에 저장 후 C〉H-POST〉Package 폴더를 열어 setup.exe(①)를 실행하며, 실행 과정에서 단추(②)를 클릭한다.

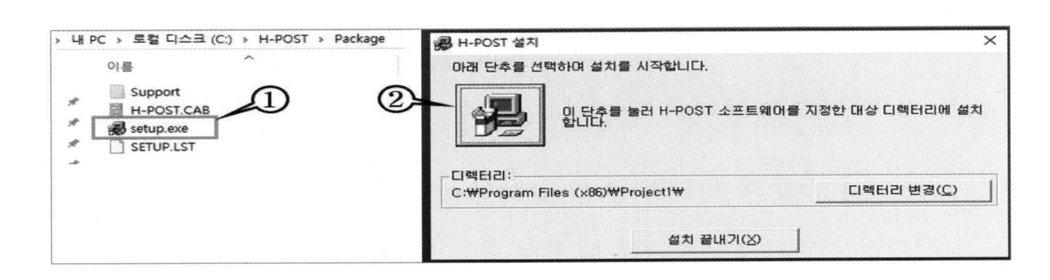

- 윈도우-시작에서 Windows 7은 (①)을 Windows10은 (②)를 클릭하여 H-POST를 실행한 후 프로그램 상단의 8개 탭(③)을 하나씩 클릭해 본다. 닫기(④)를 클릭한 후 이후부터는 C:\H-POST\(⑤)의 H-POST.exe(⑥)을 직접 클릭하여 실행한다.

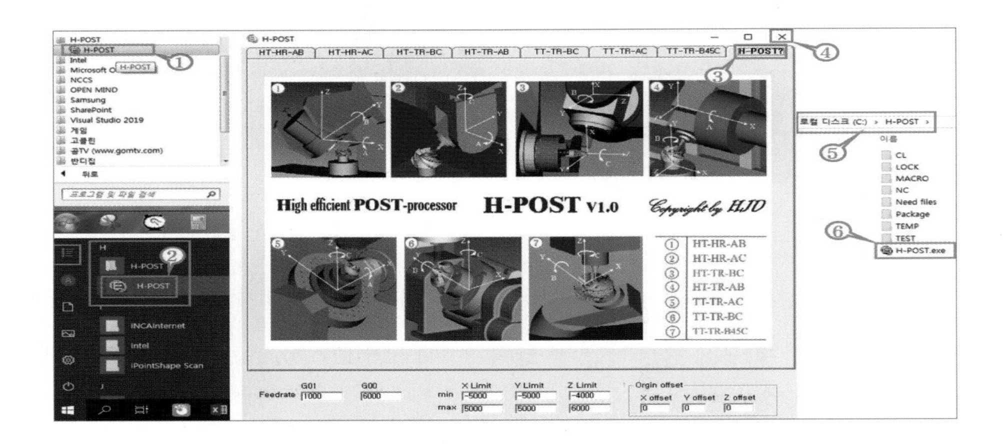

- H-POST의 HT-TR-BC 타입 탭(①)을 클릭하여 Data Input(②) 버튼을 클릭한 후 C〉H-POST〉TEST 폴더의 CL 데이터인 VERTICAL_MC.aptsource 파일(③)을 클릭하면 화면 우측 상단의 Input Data 박스(④)에 로드된다. CL-〉RTCP 버튼(⑤)을 클릭한 후 원하는 파일명을 입력하거나 기존에 출력한 HT-TR-BC.NC(⑥) 파일을 클릭

하여 덮어쓰기 하면 Output Data 박스(⑦)에 변환된 NC 데이터가 출력되고 파일로도 저장된다. ⑧, ⑨, ⑩, ⑪과 같이 수직형 머신(VERTICAL_MC)의 다른 메커니즘 타입 탭에서도 동일한 테스트를 수행한다. 수평형 머신(HORIZONTAL_MC)인 ⑫, ⑬에 대해서는 CL 데이터 로드 시 HORIZONTAL_MC.aptsource(⑭)를 클릭하여 실행한다.

- 현재 국내 업체나 교육기관에 가장 널리 보급된 5축 가공기 종류를 대상으로 본 교재에서 다루는 메커니즘 ①, ⑧, ⑨의 CL-RTCP(⑤) 명령(Command)은 공구 선단점 제어(RTCP, G43.4)가 가능한 FANUC 컨트롤러가 부착된 5축 가공기에서 가공하여 검증한 것이므로 유사 5축 가공기를 사용하고 있다면 적용상에 큰 무리가 없을 것으로 예상된다.
- 그러나 각 업체나 각급 교육기관에서 사용하는 5축 가공기의 문두, 문미 혹은 특이 코드 등에 대해서는 정확하게 이해하고, 제공하는 포스트프로세서의 표준 출력 포맷을 수정하여 사용해야 할 것이다. 장비 메이커마다 회전 이송축의 부호가 상반되기도 하고 공구 선단점이 완벽하게 제어되지 않을 수도 있기 때문에 본 교재에서 검증 가공을 수행하지 않은 여타의 메커니즘에 대해서는 충분한 검증 후 활용하기 바란다. 지멘스 컨트롤러를 사용한다면 P/G 문두와 문미의 %를 삭제하고, 문두에 G291 코드를 삽입하고, 하이덴하인 컨트롤러를 사용한다면 NC 데이터 파일의 확장자를 *.i로 수정하여 활용한다. 상업용이 아닌 교육, 연구용으로 개발하였으므로 5축 가공 학습이나 연구용으로만 사용하시길 바란다.

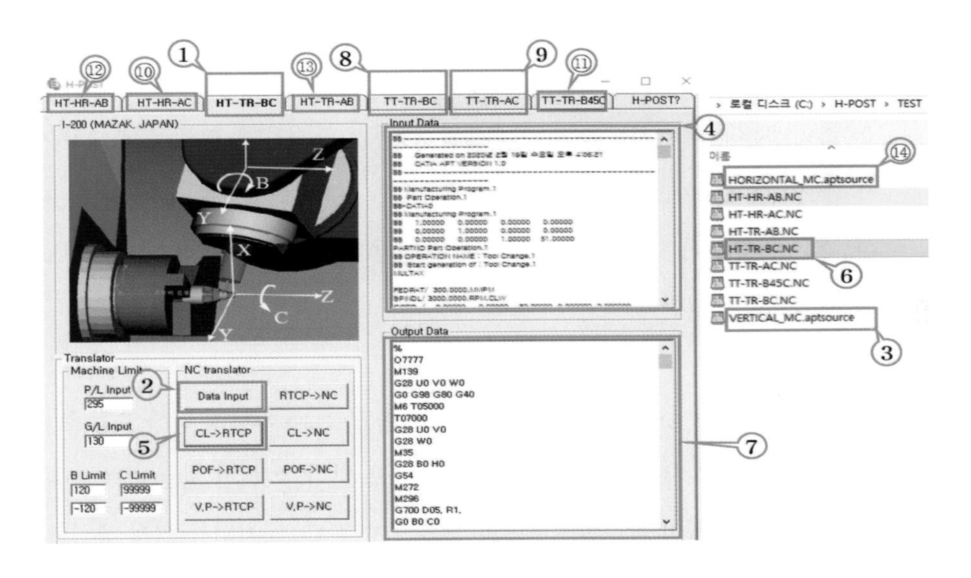

NX를 적용한 포스트프로세싱

- NX10을 이용하여 CL 데이터를 출력한 후 H-POST에서 NC 데이터로 포스트프로세싱하기 위하여 아래와 같이 작업한다. 먼저 NX10의 제조(①) 워크벤치에서 가변윤곽(②)의 경우 동작 출력 유형을 선(③)으로 하고, 더보기(④)의 드롭다운 버튼(역삼각형)을 클릭하여 CLSF 출력(⑤)을 클릭하며 ⑥과 같이 CLSF IDEAS MILL을 선택하고 ⑦과 같이 미터법/파트로 하고 확인을 클릭한다.

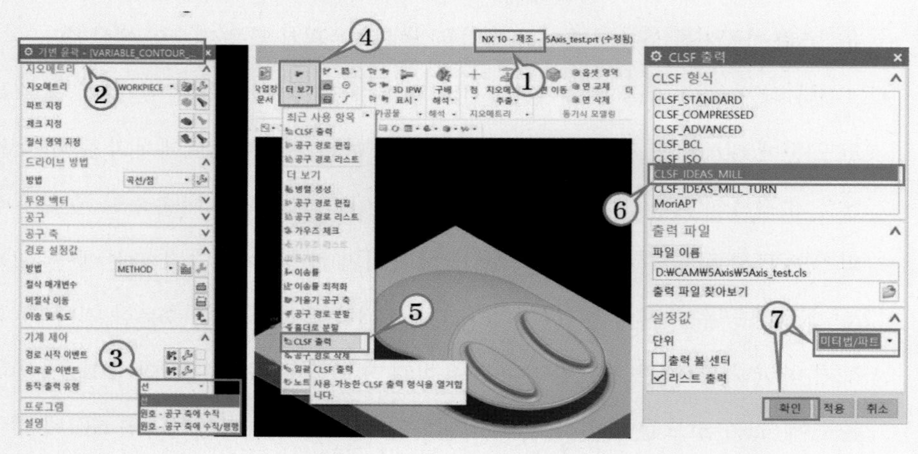

- H-POST의 HT-TR-BC 타입 탭(①)을 클릭하여 Data Input(②) 버튼을 클릭한 후 C:\H-POST\TEST\NX 폴더의 CL 데이터인 NX.CL 파일(③)을 클릭하면 화면 우측 상단의 Input Data 박스(④)에 로드된다. CL-〉RTCP 버튼(⑤)을 클릭한 후 원하는 파일명을 입력하거나 기존에 출력한 NX.NC(⑥) 파일을 클릭하여 덮어쓰기 하면 Output Data 박스(⑦)에 변환된 NC 데이터가 출력되고 파일로도 저장된다. ⑧, ⑨, ⑩, ⑪과 같이 수직형 머신(VERTICAL_MC)의 다른 메커니즘 타입 탭에서도 동일한 테스트를 수행한다.

- CATIA와 NX는 CAD/CAM, 구동 시뮬레이션, 구조 해석 등 다양한 모듈을 제공하는 범용 S/W로서 TOTAL SOLUTION이라고도 한다. 이러한 범용 S/W는 특정 모듈에 대한 폐쇄성이 작기 때문에 ISO 코드 기반의 CL 데이터를 쉽게 생성할 수 있

고, 전술한 바와 같이 H-POST를 사용하여 NC 데이터로 변환할 수 있다. HYPER MILL이나 POWER MILL과 같이 CAM 전용으로 특화된 S/W의 경우 공급사에서 USER사의 5축 가공기 메커니즘과 컨트롤러에 맞게 직접 포스트프로세서를 세팅해 주므로 사용자가 포스트프로세서 문제로 고민하지 않아도 된다. 그러나 S/W 가격이 고가이고 각급 교육기관에 이러한 전용 CAM S/W가 없는 경우 CATIA와 NX를 이용하여 좀 더 쉽고 용이하게 5축 가공 기술을 학습할 수 있도록 H-POST의 많은 활용을 바란다. 특히 전국 대학에 잠들어 있는 수많은 5축 가공기를 깨우는데 H-POST가 작으나마 기여하길 희망한다. 거대한 인구를 보유한 중국은 우리나라의 1등 상품 판매 시장이지만 기술적 우위를 유지하지 않는다면 순식간에 큰 부담을 주는 국가가 될 것이다. 중국을 비롯한 강대국과 당당히 맞설 수 있는 유일한 방법은 우리 공학도들이 높은 수준의 기술적 우위를 가지고 세계 시장을 주도해야 하며, 가공 기술 분야에서는 고효율, 고생산성을 가진 5축 가공 및 복합 가공 기술을 시급히 확대, 보급하고 스마트공장의 핵심 기술로 바로 세움으로써 독일과 같이 튼튼한 제조 기술 강국으로 거듭나야 할 것이다.

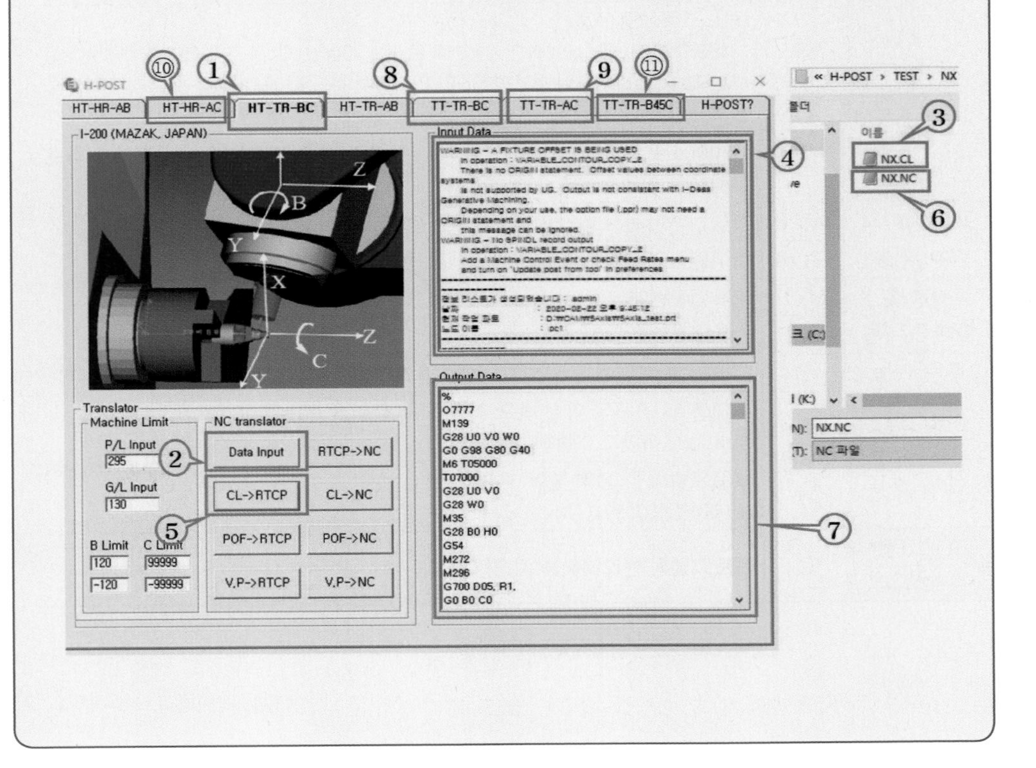

✷ NC-CODE 일람표

* 현장 실무에서 사용하는 상용 NC-CODE 및 국가기술자격 필기시험에 출제된 코드 일람표

▣ M-CODE : 보조 기능

<table>
<tr><th>구분</th><th>코드</th><th colspan="3">의미</th></tr>
<tr><td rowspan="4">프로그램
정지, 종료
보조 기능</td><td>M00</td><td colspan="3">프로그램 정지
: M00을 만나면 정지, 자동 개시(CS) 버튼을 누르면 다음 블럭부터 다시 실행)</td></tr>
<tr><td>M01</td><td colspan="3">선택적 정지(OPTIONAL STOP)
: OPTIONAL STOP 스위치 ON일 때 M01을 만나면 정지 OFF는 M01 무시</td></tr>
<tr><td>M02</td><td colspan="3">프로그램 종료</td></tr>
<tr><td>M30</td><td colspan="3">프로그램 종료 및 선두(첫 블럭)로 커서 복귀</td></tr>
<tr><td rowspan="5">주축
보조 기능</td><td>M03</td><td colspan="3">주축 정회전</td></tr>
<tr><td>M04</td><td colspan="3">주축 역회전</td></tr>
<tr><td>M05</td><td colspan="3">주축 정지</td></tr>
<tr><td>M19</td><td colspan="3">주축 정위치 정지 : “G91 G28 Z0 M19;” 에서와 같이 공구 교환 시 주축이 정위치로 회전 후 정지함으로써 공구 교환이 가능하게 함.</td></tr>
<tr><td>M29</td><td colspan="3">RIGID TAP 기능 (G84 앞 블록에 M29를 추가하면 탭척 없이 태핑이 가능한 RIGID TAP 실행)</td></tr>
<tr><td rowspan="2">절삭유
보조 기능</td><td>M08</td><td colspan="3">절삭유 공급</td></tr>
<tr><td>M09</td><td colspan="3">절삭유 정지</td></tr>
<tr><td rowspan="2">보조(부)
프로그램
호출</td><td>M98</td><td colspan="3">보조 프로그램 호출
: M98 P0001; 을 실행하면 CNC 메모리의 O0001 프로그램 호출
: M198 P0001; 을 실행하면 USB나 플래시 메모리에서 직접 호출</td></tr>
<tr><td>M99</td><td colspan="3">보조 프로그램 종료 및 주프로그램으로 복귀
: O0001 프로그램의 종료 블록에 사용하면 보조 프로그램이 종료되고 주프로그램으로 복귀됨</td></tr>
<tr><td rowspan="2">공구 선단점
제어 기능</td><td>M128</td><td colspan="3">하이덴하인 콘트롤러 사용 시 공구 선단점 제어 ON</td></tr>
<tr><td>M129</td><td colspan="3">하이덴하인 콘트롤러 사용 시 공구 선단점 제어 OFF</td></tr>
<tr><td rowspan="2">회전축
클램프 기능</td><td>M11</td><td>C축 언클램프</td><td rowspan="2">M10</td><td rowspan="2">B,C축 클램프</td></tr>
<tr><td>M21</td><td>B축 언클램프(M79)</td></tr>
<tr><td>주축 기능</td><td>S</td><td colspan="3">SPINDLE 회전수 지정 S700 M03은 700RPM으로 정회전</td></tr>
<tr><td>이송 기능</td><td>F</td><td colspan="3">테이블 및 공구의 이송 속도 지정 G01 X10. F500은 500mm/min의 이송 속도로 X10.mm까지 이송하라는 의미</td></tr>
<tr><td>전개 번호</td><td>N</td><td colspan="3">프로그램의 각 블록 앞에 지정
N1 G01 X10. Y10.</td></tr>
<tr><td>프로그램
번호</td><td>O</td><td colspan="3">프로그램의 번호(이름)를 지정: O0001</td></tr>
</table>

■ G-CODE : 준비 기능

	CNC TURNING		MCT	
위치 결정, 가공 방법	G00	급속 이송(위치 결정) : G00 X0. Z10. (절대지령) : G00 U0. W10. (증분지령)	G00	급속 이송(위치 결정) : G00 G90 X10. Y0. (절대지령) : G00 G91 X10. Y10. (증분지령)
	G01	직선보간 : G01 X0. Z0. F100	G01	직선보간 : G01 X10. Y0. F100
	G02	원호보간(CW) : G02 X0. Z10. R10.(I0. K10.)	G02	원호보간(CW) : G02 X20. Y0. R5.(I5. J0) F100
	G03	원호보간(CCW) : G03 X0. Z0. R10.(I0. K-10.)	G03	원호보간(CCW) : G03 X10. Y0. R5.(I-10. J0) F100
	G04	휴지 시간(DWELL), : G04 X4. / G04 U4. / G04 P4000	G04	휴지 시간(DWELL), : G04 X4. / G04 U4. / G04 P4000
원점 설정	G28	기계 원점으로 복귀: G28 U0 W0	G28	기계 원점으로 복귀: G28 G91 X0 Y0 Z0
	G30	제2원점(공구교환위치등)으로 복귀 : G30 U0 W0	G30	제2원점(공구교환위치등)으로 복귀 : G30 G91 Z0 (M19)
	G50	공작물좌표계 : G50 X0 Z0 : G50 X300. Z450. 최고 회전수 지정 : G50 S2000 *cf*, G17 : XY G18 : ZX *cf*, G20 : Inch G21 : mm G23 : 스트로크한계 OFF	G54 G59	공작물좌표계(공작물 원점의 기계좌표를 CTR에 입력) : G54 G00 X0 Y0 Z100.
			G92	절대좌표계 (기계원점에서 공작물 원점까지의 좌표를 NC 프로그램에 입력) : G92 X300. Y250. Z450
주축 속도, 회전수 이송 속도, 이송량 등	G96	주속(절삭속도) 일정 제어 (m/min) : G96 S150 M03	G94	분당 이송 속도 F(mm/min) *cf*, G68.2 : 좌표 회전 (경사면지령) G69 : 좌표 회전 (경사면지령)취소
	G97	회전수 일정 제어 (rpm) : G97 S1000 M03	G95	회전당이송량 fr(mm/rev)
	G98	분당 이송 속도, F(mm/min) : G98 G01 X10. F500	G98	드릴, 탭 사이클의 초기점 복귀
	G99	회전당 이송량, fr(mm/rev) : G99 G01 Z10. F0.5	G99	드릴, 탭 사이클의 R점 복귀
자동 CYCLE	G71	내, 외경 황삭 사이클 : G71 U2. R2. G71 P10 Q100 U0.4 W0.2 F0.2	G81	드릴 스폿(SPOT)드릴 사이클 : G81 G98 Z-25. F50 (초기점복귀) : G81 G99 Z-25. R3. F50 (R점복귀)
	G70	내, 외경 정삭사이클 : G70 P10 Q100 cf, G94 : 단면사이클	G83	저속 팩(PECK) 드릴사이클 (G73은 고속 팩 드릴) : G83 G98 Z-25. R3. Q3. F50 (초기점복귀)
	G92	나사사이클 (G32, G76) : G92 X10. Z-25. F1.5	G84	탭사이클 : G84 G99 Z-25. R3. F150 (R점복귀)
공구 직경 보정	G40	공구경 보정 취소	G40	공구경 보정 취소
	G41	공구경 보정 (좌측)	G41	공구경 보정 (좌측)
	G42	공구경 보정 (우측)	G42	공구경 보정 (우측)
공구 길이 보정	T101	공구 길이 보정 G01 X50. Z0 T0101(=T101)	G43	공구 길이 보정 : G43 G01 Z10. H01
			G43.4	공구 선단점 제어 (RTCP, 5축공구길이보정) G43.4 G01 Z10. H01
	T100	공구 길이 보정 취소 G01 X50. Z0 T0100	G49	공구 길이 보정 취소 : G49 G01 Z100.

5.4 공구선 단점 제어(G43.4) 및 회전 평면 지령(G68.2)

아래의 [표 5-1]과 같이 각 공작기계의 컨트롤러마다 공구선단점제어와 회전평면지령 코드가 상이하며 여기서는 가장 널리 사용되는 ISO코드(화낙코드) 위주로 설명한다.

[표 5-1] 공구 선단점 제어 및 회전 평면 지령 코드

컨트롤러	공구 선단점 제어		회전 평면 지령	
	ON	OFF	ON	OFF
화낙	G43.4	G49	G68.2	G69
지멘스	TRAORY	TRAOFF	CYCLE800	CYCLE800(0)
하이덴하인	M128	M129	PLANE SPATIAL	RESET

5.4.1 공구 선단점 제어(G43.4)

- 공구 선단점(RTCP : Rotational Tool Center Position) 제어를 사용하지 않는 경우 [그림 5-33]의 (a)와 같이 ①에서 ② 위치까지 ③과 같은 경로로 프로그램에서 지령하면 직선 이송 동작(④)과 회전 이송 동작(⑤)이 동기화되지 않고 각각 따로 실행되므로 ⑤와 같이 과절삭이 발생한다. 공구 선단점 제어가 되지 않는 5축 가공기에서 이러한 문제를 해결하려면 ①과 ② 사이의 직선보간 길이를 더욱 세분화해야 한다. 또한, 가공이 아닌 이동(위치결정) 중인 경우에도 직선 이송과 회전 이송의 불일치를 피하기 위해 충분한 거리의 안전 위치로 회피 경로를 만들어 주어야 한다.
  반면 공구 선단점 제어를 하는 경우 (b)와 같이 ③의 경로로 지령하면 직선 이송과 회전 이송의 미스 매치를 줄이기 위해 ⑥과 같이 직선 이송을 보정해 주고 ⑦과 같이 제어점의 동작을 곡선으로 만들며 결국 공구 선단점에서는 원하는 직선 경로인 ③을 가능하게 한다.
- [그림 5-34]와 같이 H-POST를 OPEN하여 ①번 타입을 선택하고 Data Input(②)을 클릭한 후 ③번 경로((D:\NX-CAM-Examples\NC_DATA)에서 RTCP-TEST.aptsource(④) 파일을 OPEN(⑤)하고 CL-〉RTCP 버튼(⑥)을 클릭하며 동일한 폴더의 ⑦을 클릭하여 저장(⑧)한다.

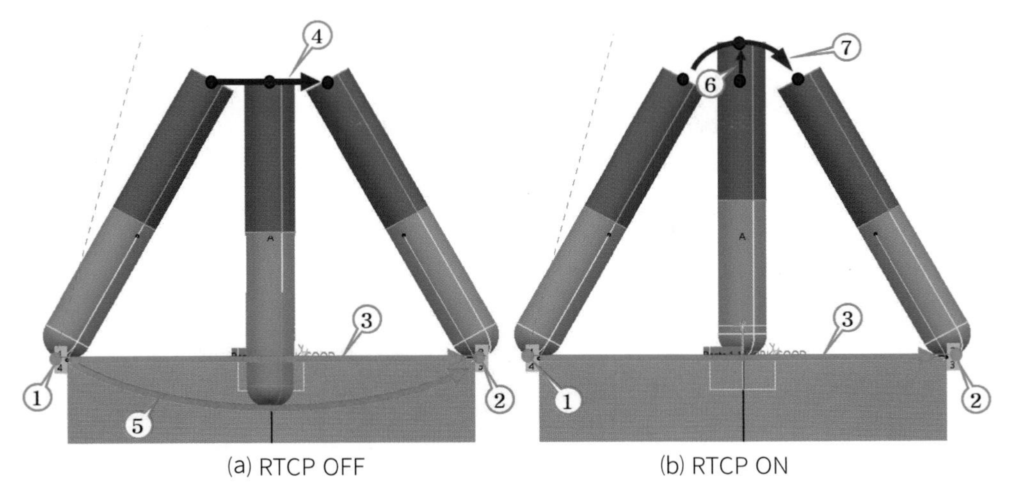

[그림 5-33] 공구 선단점 제어 원리

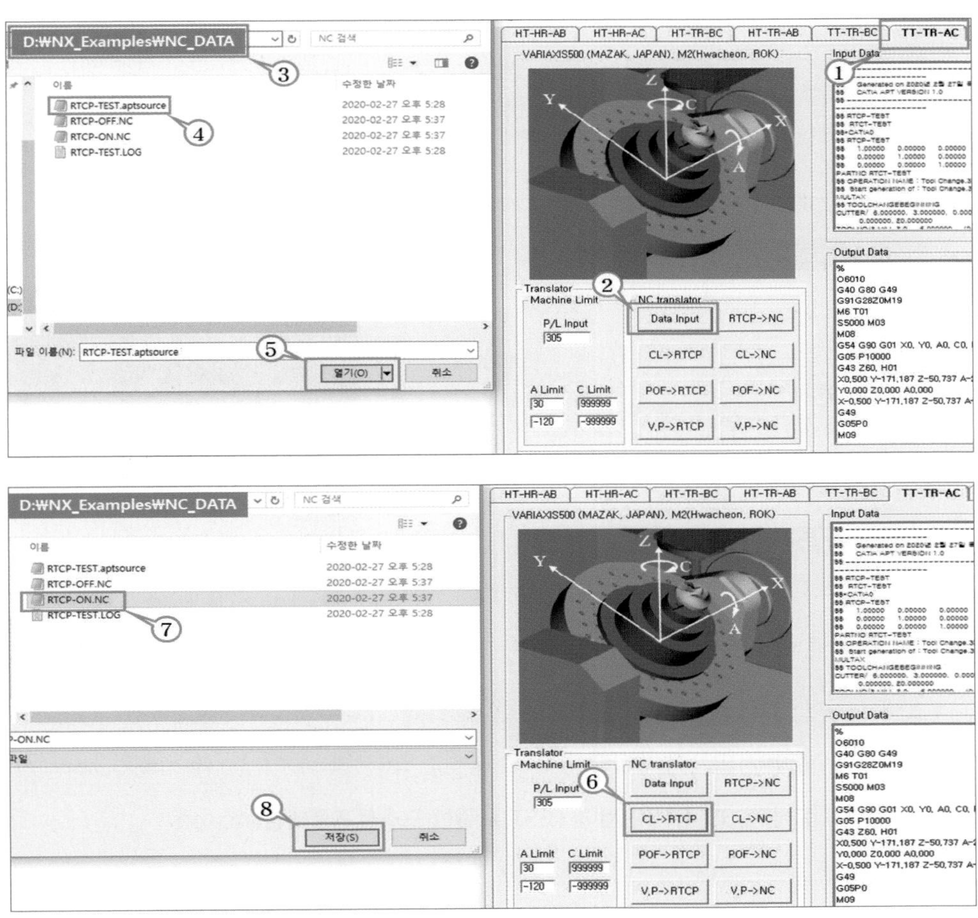

[그림 5-34] RTCP 제어 TEST를 위한 포스트프로세싱(RTCP-ON)

- [그림 5-35]와 같이 ①번 타입을 선택하고 Data Input(②)을 클릭한 후 ③번 경로(D:\NX-CAM-Examples\NC_DATA)에서 RTCP-TEST.aptsource (④) 파일을 OPEN(⑤)하고 P/L Input(Pivot Length Input, ⑥)에 305(로터리 테이블의 틸팅 중심축에서 공작물 좌표 원점까지의 Z거리)를 입력한 뒤 CL->NC(⑦)을 클릭하며 동일한 폴더의 ⑧을 클릭하여 저장한다.

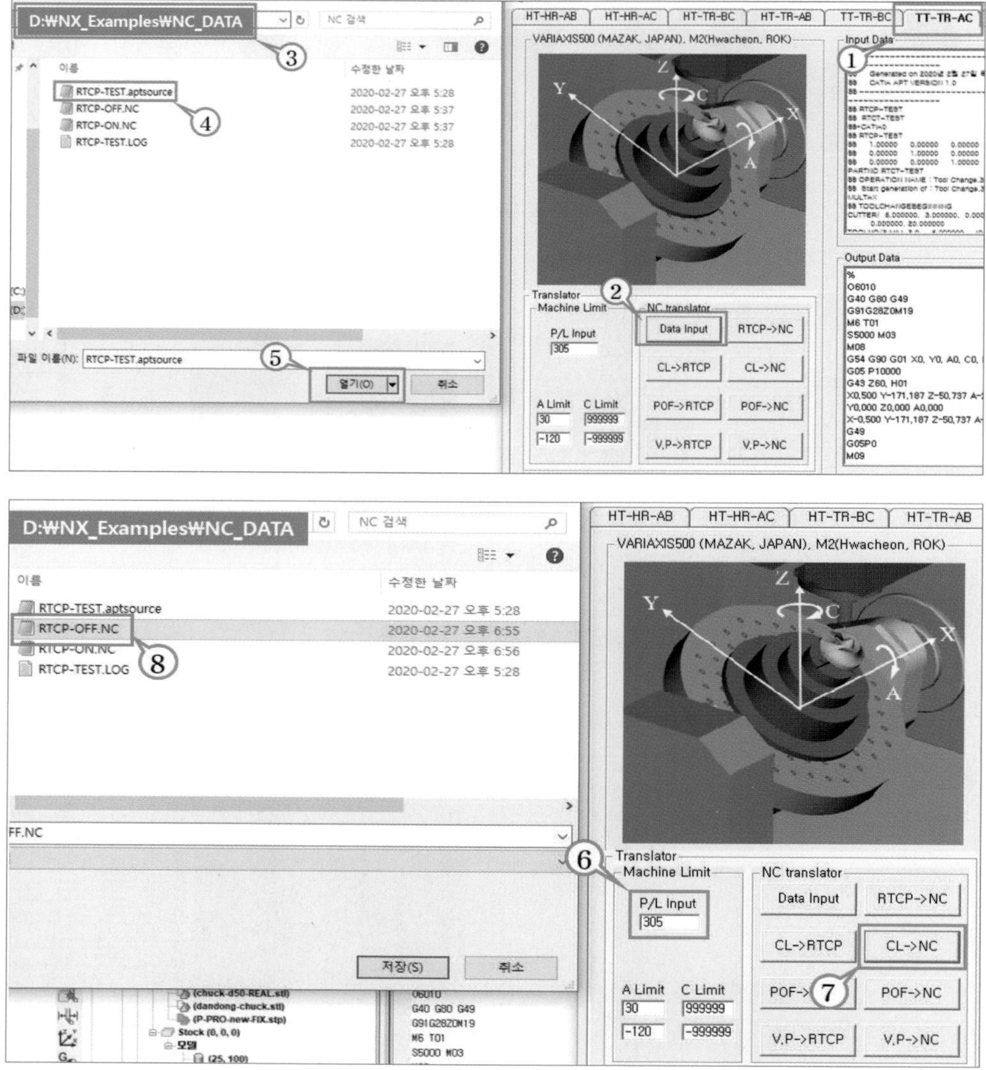

[그림 5-35] RTCP 제어 TEST를 위한 포스트프로세싱(RTCP-OFF)

• [그림 5-36]과 같이 VERICUT 8.2 S/W를 OPEN하고 메인 메뉴, 파일의 열기(①)를 클릭한 뒤 ②번 경로에서 ③번 파일을 더블 클릭한다. VERICUT 트리의 NC 프로그램(④)을 클릭하고 H-POST에서 포스트프로세싱한 파일을 OPEN(⑤)한다. 메인 메뉴 정보(⑥)에서 NC 프로그램(⑥)을 클릭하고 한 줄 가공 모드(⑦)로 절삭 시뮬레이션을 수행한다. 시뮬레이션 결과 [그림 5-37]의 (a)와 같이 RTCP-ON일 때는 정상적으로 가공하지만 (b)와 같이 RTCP-OFF일 때는 회전 이송에 의한 과절삭(①)이 발생한다.

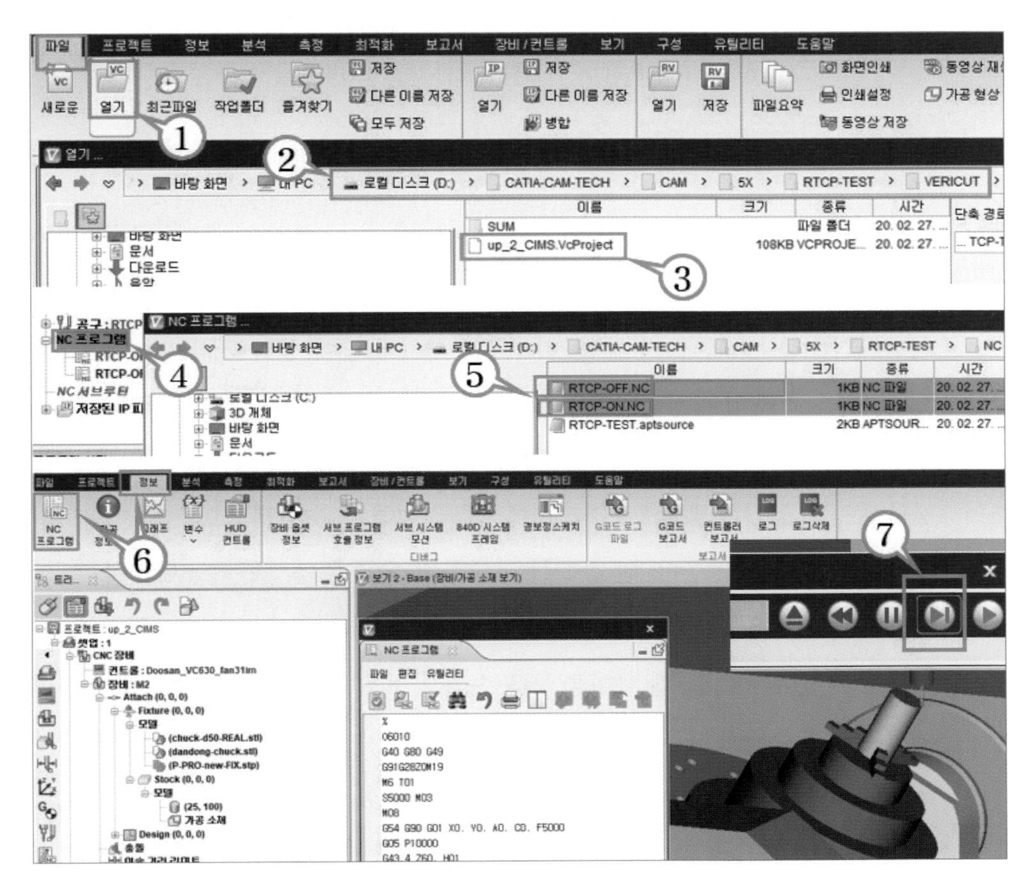

[그림 5-36] RTCP 제어 TEST를 위한 VERICUT 검증

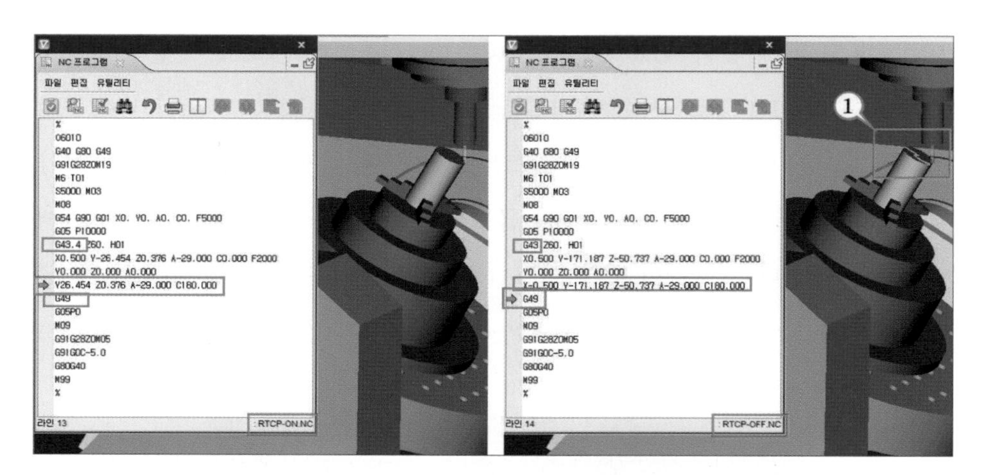

[그림 5-37] RTCP 제어 TEST를 위한 VERICUT 검증 결과

5.4.2 회전 평면 지령(G68.2)

- 회전 평면(Tilted Work Plane) 지령은 [그림 5-38]과 같이 공작물 좌표계(Workpiece Coordinate System)를 임의 평면에 수직(Normal)인 특성 좌표계(Feature Coordinate System)로 이동 및 회전 변환하고 변환한 특성 좌표계에서 회전 평면을 지령(G68.2)한 뒤에 2.5축 평면 밀링과 동일한 방식으로 NC 데이터를 작성하기 위한 명령으로 회전축 고정 제어 5축 가공에 적용된다. 현장에서는 3+2축 가공, 혹은 경사면 가공으로 불린다.
- 회전 평면 지령을 사용하면 회전축 고정 제어 가공(3+2축 가공)에서 수행할 수 있는 공구경 보정이나 드릴, 탭 사이클 등을 손쉽게 적용할 수 있다. 정의한 회전 평면에서 공구경 보정을 사용하면 공구 마모나 정밀 치수 보정 시에 NC 프로그래머가 NC 데이터를 수정하지 않고도 CNC 오퍼레이터가 공구 반경값을 임의 수정함으로써 공구 수명 기간 동안 정밀한 치수공차를 유지할 수 있으며, NC 데이터의 변경 및 수정 시간이 단축되는 등 생산성 향상에 도움을 준다. 또한, 2.5축 평면 밀링에서 사용할 수 있는 다양한 드릴, 탭, 보링, 백보링, 헬리컬보간 등 사이클을 적용함으로써 프로그램 작성이 용이하고 현장에서 오퍼레이터가 사이클의 파라미터를 수정할 수도 있어 작업자 친화적인 NC 운영 환경을 제공한다.

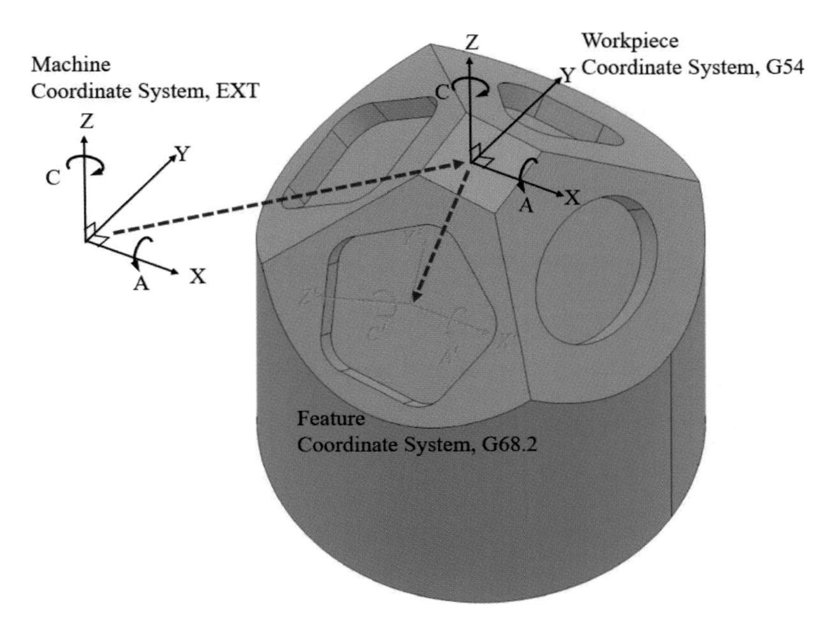

[그림 5-38] 회전 평면 지령을 위한 특성 좌표계

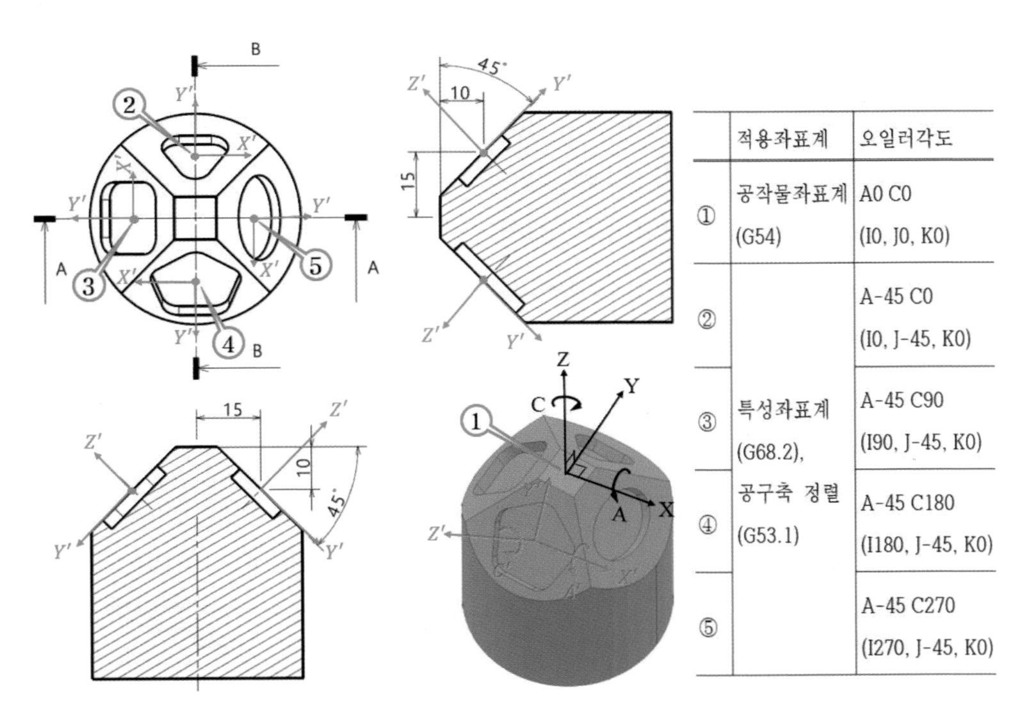

	적용좌표계	오일러각도
①	공작물좌표계 (G54)	A0 C0 (I0, J0, K0)
②	특성좌표계 (G68.2), 공구축 정렬 (G53.1)	A-45 C0 (I0, J-45, K0)
③		A-45 C90 (I90, J-45, K0)
④		A-45 C180 (I180, J-45, K0)
⑤		A-45 C270 (I270, J-45, K0)

[그림 5-39] 좌표계 적용을 위한 오일러 각도

• 회전 평면 지령(G68.2)을 사용하기 위한 오일러 각도

회전 평면 지령(G68.2)을 사용하기 위하여 [그림 5-39]와 같이 특성 좌표계 적용을 위한 오일러 각도를 미리 정의한다. 오일러 각도를 이해하기 위해 우수 좌표계와 5축 가공기의 틸팅 및 로테이션 개념을 사전에 파악해야 한다. 일반적으로 CAD 시스템은 우수 좌표계의 엄지손가락을 임의 축의 '+' 방향으로 한 상태에서 나머지 손가락을 안으로 감싸는 방향(반시계 방향)이 회전 각도, '+' 방향이다. 그러나 5축 가공기는 CAD 시스템에서 만들어진 모델링 형상을 가공하기 위하여 반대 방향으로 기계가 회전하여야 공구축 벡터가 일치하므로 CAD 시스템과 반대로 [그림 5-40]과 같이 엄지손가락을 임의 회전 중심축 '+' 방향으로 한 상태에서 나머지 손가락을 안으로 감싸는 방향(반시계)이 회전 각도, '–' 방향이다. 이러한 회전 각도 정의가 파악되면 A축과 C축의 방향 및 부호를 이해할 수 있다. 그러나 공작 기계 메이커마다 축 방향 부호를 반대로 설정하는 경우도 있기 때문에 해당 장비의 회전 방향을 사전에 충분히 숙지해야 한다.

본 예제에서, A축은 회전 중심축인 X축 '+' 방향을 엄지손가락으로 향한 상태에서 반시계 방향으로 45° 회전하므로 –45° 도가 되고, 이때 Y축이 회전하므로 오일러 각도에서는 J에 해당하여 J–45로 정의한다. 또한, 본 예제의 ②번 평면은 C축 회전이 없으므로 0° 이고 ③번 평면의 경우 C축의 회전 중심축인 Z축 '+' 방향을 엄지손가락으로 향한 상태에서 시계 방향으로 90° 회전하므로 +90° 도가 되고, 이때 X축이 회전하므로 오일러 각도에서는 I에 해당하여 I90으로 정의한다.

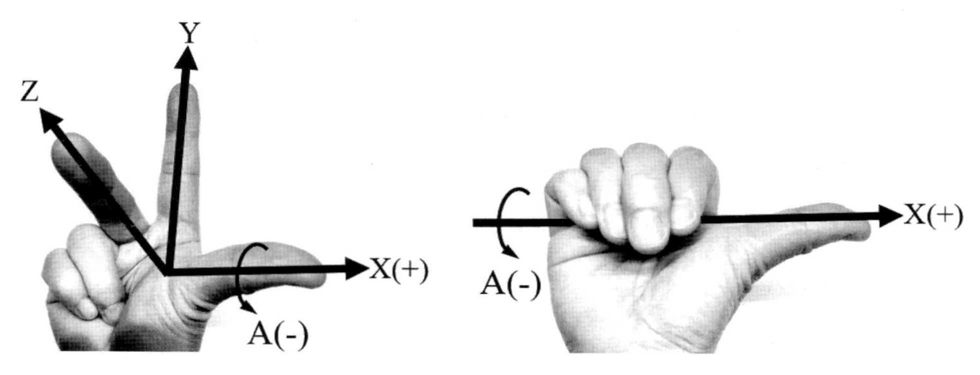

[그림 5-40] 우수 좌표계와 5축 가공기의 회전 이송축 부호 결정

- 회전 평면 지령을 사용하기 위한 공구축 방향 제어(G53.1)

오일러 각도를 사용하여 회전 평면 지령을 수행하면 기계에서는 가상 평면을 인식만 하고 대기 상태가 된다. 이때 공구축 벡터와 오일러 각도에 의한 가상 평면의 FEATURE 좌표계를 일치 시켜 주기 위한 코드가 G53.1이다. G53.1의 주요 특징은 아래와 같다.

- 공구축 방향 제어를 실시한다. (FEATURE 좌표계와 공구축 벡터의 ALIGN)
- G68.2의 다음 블럭에 단독으로 지령한다.

- 회전 평면 지령(G68.2)과 공구축 방향 제어(G53.1) 코드 포맷

회전 평면 지령(G68.2)과 공구축 방향 제어(G53.1) 코드 사용 포맷은 아래와 같다.

P/G	해설
G68.2 X(x_0) Y(y_0) Z(z_0) I(α) J(β) K(γ);	특성 좌표계 세팅
G53.1	특성 좌표계에 따른 공구축 방향 제어
G0 G43 Z(z) H(h)	공구 길이 보정
⋮	프로그램 입력
G49	공구 길이 보정 취소
G69;	특성 좌표계 세팅 취소
Where,	
X, Y, Z	공작물 좌표계 원점에서 특성 좌표계 원점까지 거리
I, J, K	특성 좌표계를 결정하기 위한 오일러 각도
예제) ③번 평면의 회전 평면 지령 코드	
G68.2 X-15. Y0. Z-10. I90. J-45. K0;	③번 평면의 특성 좌표계 세팅
G53.1	특성 좌표계에 따른 공구축 방향 제어
G0 G43 Z50. H1	공구 길이 보정
⋮	프로그램 입력
G49	공구 길이 보정 취소
G69;	특성 좌표계 세팅 취소

▣ 주어진 예제의 회전 평면 지령(G68.2) 가공 P/G은 아래와 같다.

②번 평면	④번 평면
%	%
O5402	O5402
T1 M6	T1 M6
S5000 M3	S5000 M3
G00 G54 G90 A-45. C0.	G00 G54 G90 A-45. C180.
G68.2 X0 Y15. Z-10. I0 J-45. K0.	G68.2 X0 Y-15. Z-10. I180. J-45. K0.
G53.1	G53.1
G0 X0 Y0	G0 X0 Y0
G0 G43 Z50. H1	G0 G43 Z50. H1
G1 Z10. F3000.	G1 Z10. F3000.
Z0 F200.	Z0 F200.
G41 X___. Y___ D01	G41 X___. Y___ D01
⋮	⋮
G40 X0 Y0	G40 X0 Y0
Z100. F5000.	Z100. F5000.
G49	G49
G69	G69
M02	M02
%	%

③번 평면	⑤번 평면
%	%
O5402	O5402
T1 M6	T1 M6
S5000 M3	S5000 M3
G00 G54 G90 A-45. C90.	G00 G54 G90 A-45. C270.
G68.2 X-15. Y0 Z-10. I90. J-45. K0.	G68.2 X15. Y0 Z-10. I270. J-45. K0.
G53.1	G53.1
G0 X0 Y0	G0 X0 Y0
G0 G43 Z50. H1	G0 G43 Z50. H1
G1 Z10. F3000.	G1 Z10. F3000.
Z0 F200.	Z0 F200.
G41 X___. Y___ D01	G41 X___. Y___ D01
⋮	⋮
G40 X0 Y0	G40 X0 Y0
Z100. F5000.	Z100. F5000.
G49	G49
G69	G69
M02	M02
%	%

06

4축, 5축, 복합 5축 가공

CHAPTER 06

4축, 5축, 복합 5축 가공

6.1 4축 가공 테스트피스(헬릭스 밀링)

<table>
<tr><td rowspan="2">과제 모델링</td><td rowspan="2">4축 가공 테스트피스</td><td>NC 프로그래밍</td><td>2시간</td></tr>
<tr><td>4축 가공</td><td>2시간</td></tr>
<tr><td colspan="4">1. 요구사항
가. 4축 가공을 위한 테스트피스 모델링을 열어 CAM 프로그램을 작성하고 포스트프로세싱과 가공 시뮬레이션을 수행한다.
나. TT-TR-AC 타입 5축 가공기에서 틸팅축은 고정되고 로테이션축이 회전되도록 4축 가공을 수행한다.</td></tr>
<tr><td colspan="4">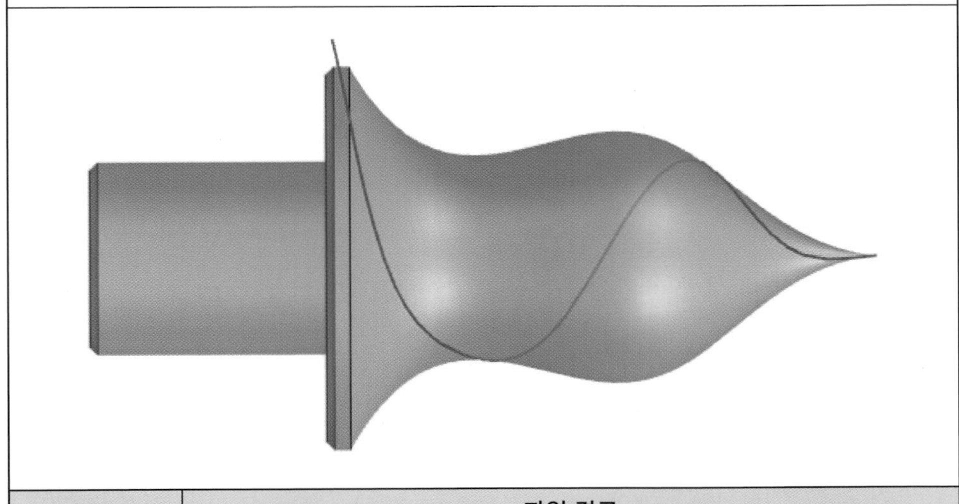</td></tr>
</table>

No.	파일 경로
①	4X_HELIX_CAM

- 예제 폴더에서 4X_HELIX_CAM 파일을 OPEN한다.

1) 4축 가공 테스트피스의 P/G 작성

(1) CAM 작업 기본 환경 세팅

- 아래의 순서로 예제 파일을 오픈한다. NX 실행 → ① 저장 위치 및 파일명 지정(4X_HELIX_CAM) → 파일 → Import → 예제 파일(4X_HELIX_CAM.stp)

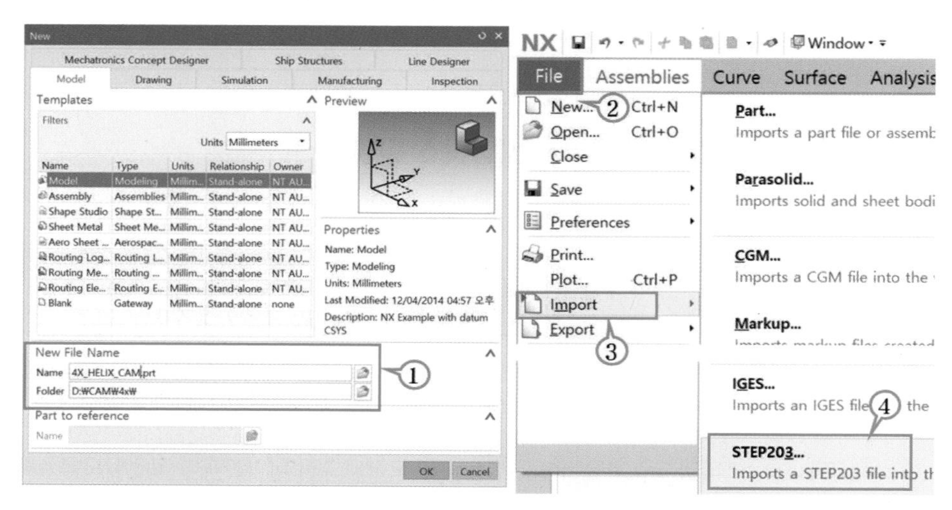

- Manufacturing (Ctrl + Alt + M) 모드로 전환한다.
  - NX 8.5 : Menu → Start → Manufacturing
  - NX 10.0 : Menu → Application → Manufacturing

- CAM 환경에 대한 기본값을 다음과 같이 설정한다. ① cam general → ② mill multi axis → ③ OK

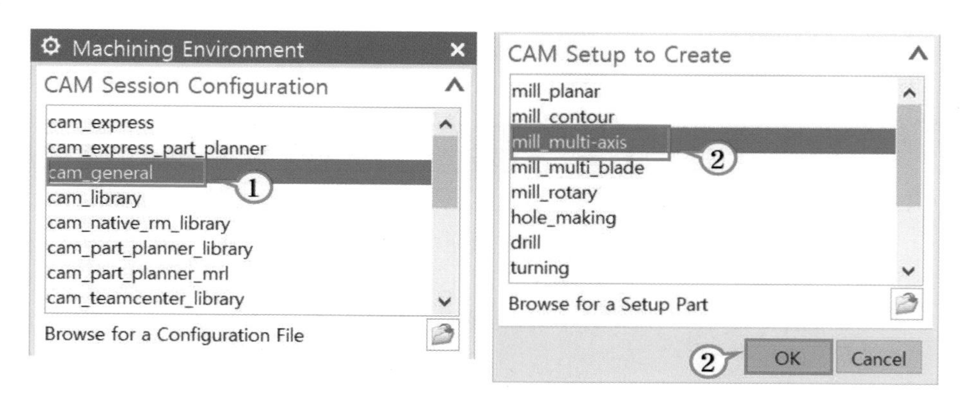

• CAM 내비게이터의 Geometry(지오메트리) 뷰에서 가장 먼저 공작물 좌표계 원점을 지정한다. 본 예제에서 사용한 모델 형상 끝점의 MCS를 그대로 사용한다. 다음으로 안전높이(Clearance)를 다음과 같이 지정한다. ① Clearance Option 탭의 Plane 선택 → ② XY 평면 선택 후 거리 값(Distance) 0 입력 → ③ OK

※ 실제 안전 높이는 공작물 위쪽으로 일정 거리 값 이상으로 설정해야 하나 본 예제에서는 XY 평면, 즉 Z0.을 설정 하였다. 이유에 대해서는 뒤에서 추가로 설명한다.

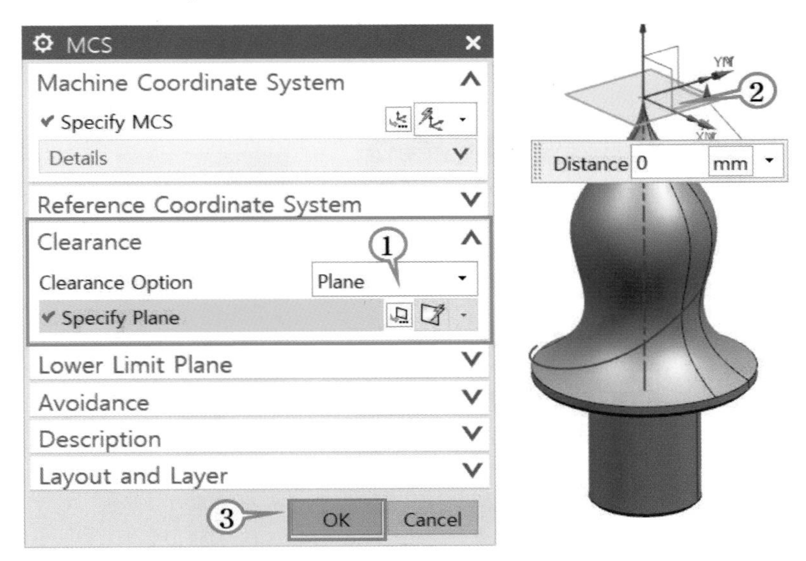

• 지오메트리 뷰에서 Workpiece를 더블 클릭하여 ① Part Geometry 및 ② Blank Geometry 둘 다 ③ Helix 예제 모델을 선택한다.

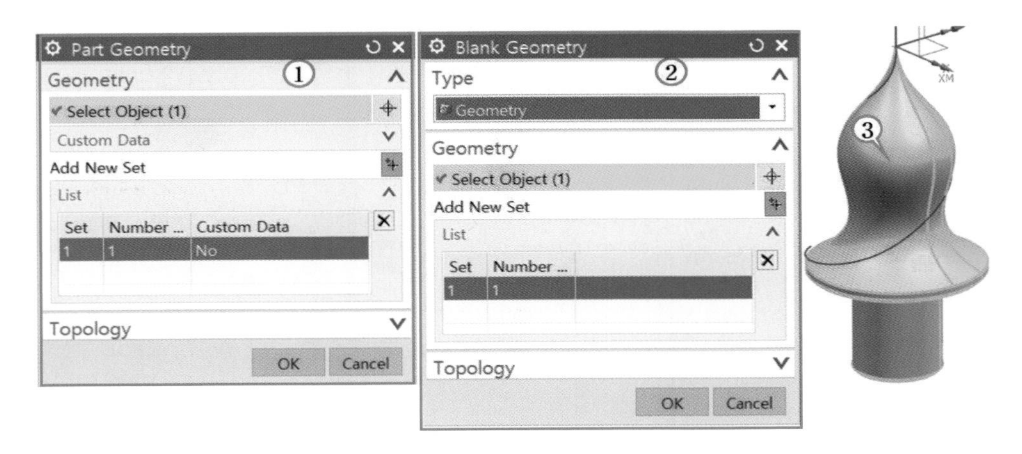

- 내비게이터의 뷰 상태를 머신 툴 뷰(Machine Tool View) 상태로 변경하고 Create Tool(공구 생성)을 클릭하여 사용할 공구를 생성한다. 4축, 5축 가공 시 툴이 회전하다가 기계 구조부 및 공작물 등에 충돌을 할 수 있기 때문에 Tool, Shank, Holder 전체를 실제 치수로 만들어 주도록 한다.

  ① Ball Endmill → ② 공구 이름 T03_4B_5D_10S_35FL (ϕ4 테이퍼 볼엔드밀 – 테이퍼 각, 5° – 생크경 ϕ10 – 테이퍼 길이 35mm) → ③ OK → ④ Tool → ⑤ 공구 스펙 입력 → ⑥ Shank → ⑦ Define Shank 체크 → ⑧ Shank 스펙 입력 → ⑨ Holder → ⑩ Holder 스펙 입력 → ⑪ OK → ⑫ 공구 생성

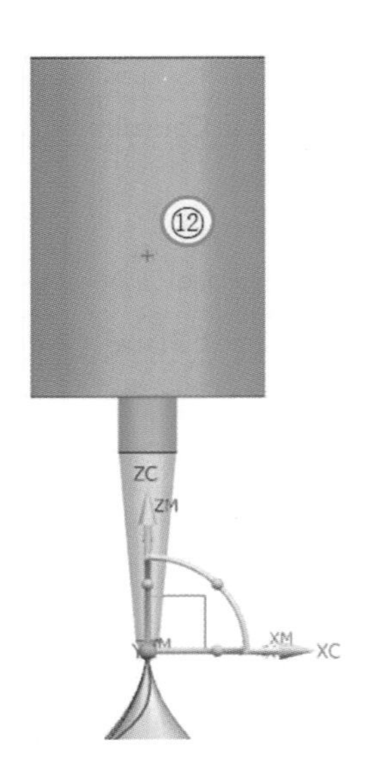

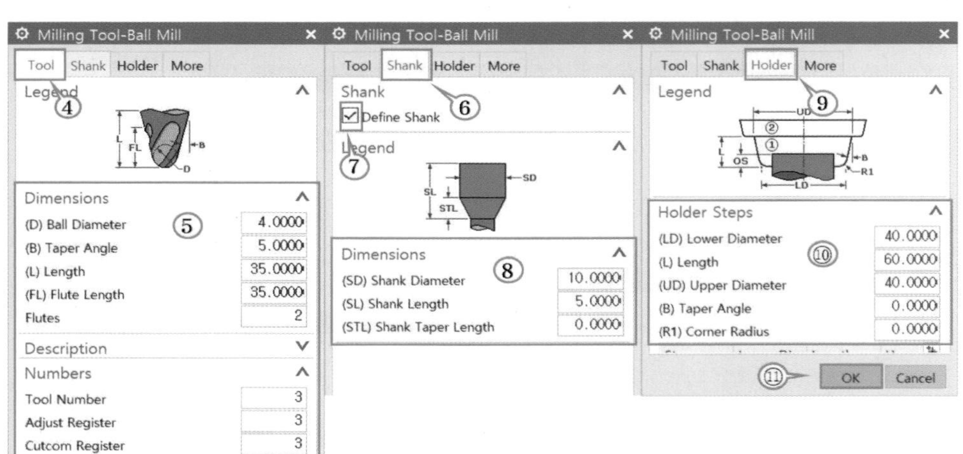

(2) Variable Contour

- 본격적인 오퍼레이션 생성에 앞서 내비게이터는 프로그램 오더 뷰(Program Order View) 상태로 변경하고, 오퍼레이션 생성을 위해 Create Operation을 클릭하여 ① Variable Contour 선택 → ② Location 및 Name 입력 → ③ OK 한다.

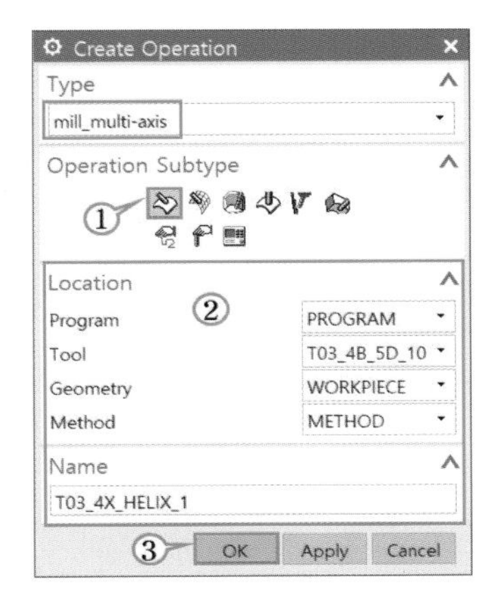

① Variable Contour

② PROGRAM	: PROGRAM
Tool	: T03_4B_5D_10S_35FL
Geometry	: WORKPIECE
NAME	: T03_4X_HELIX_1

- Variable Contour의 세부 조건을 순서대로 설정한다. (1)

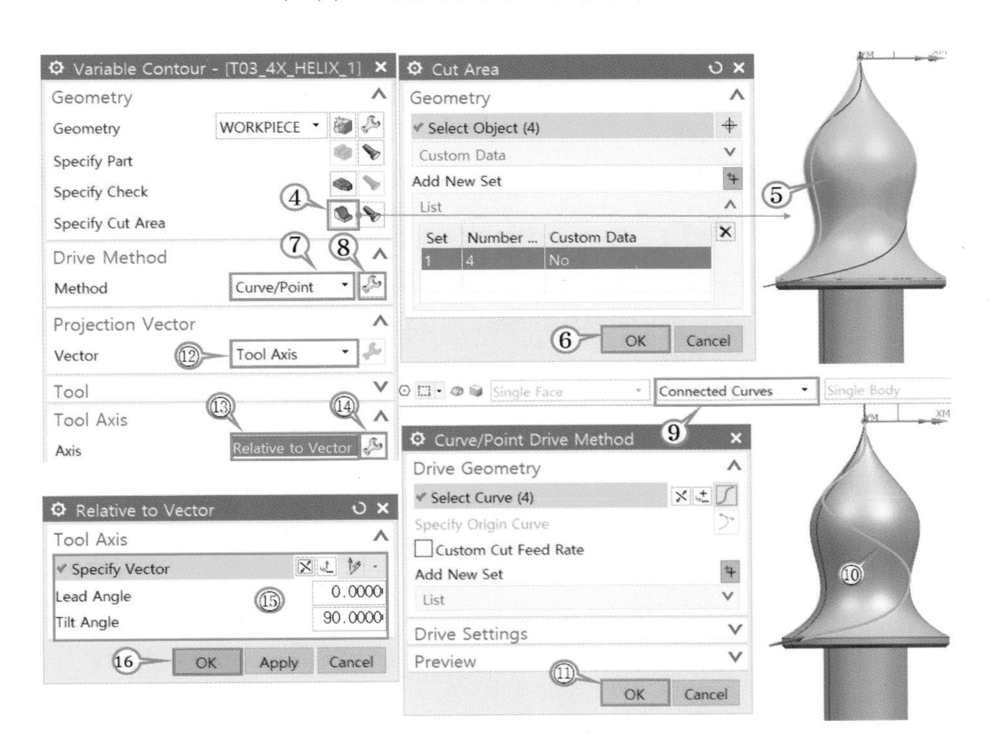

• Variable Contour의 ① Cutting Parameter 세부 조건을 설정한다. (2)

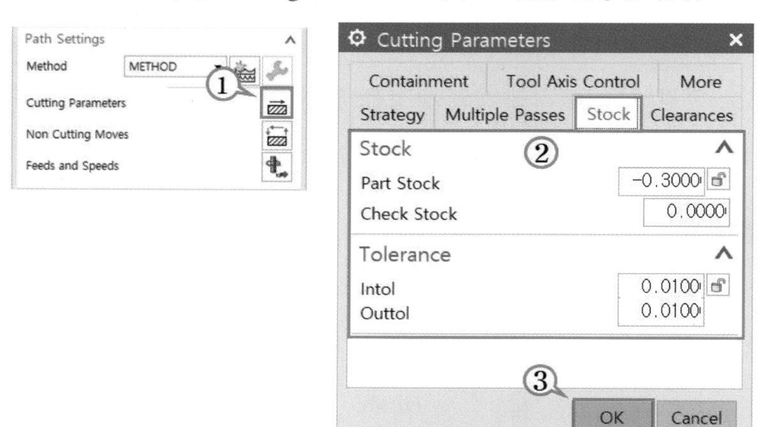

• Variable Contour의 Non Cutting Moves의 세부 조건을 설정한다. (3)

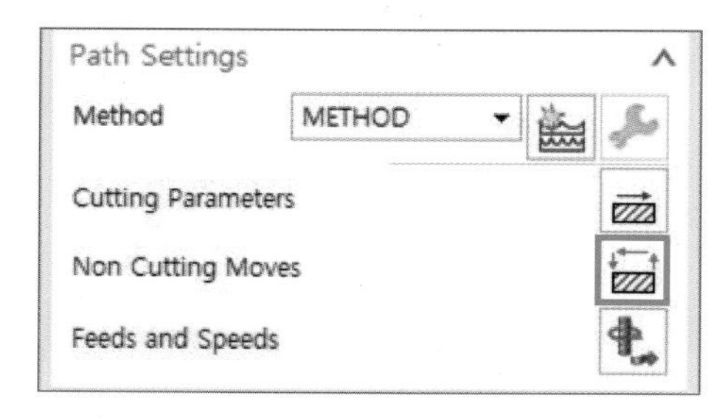

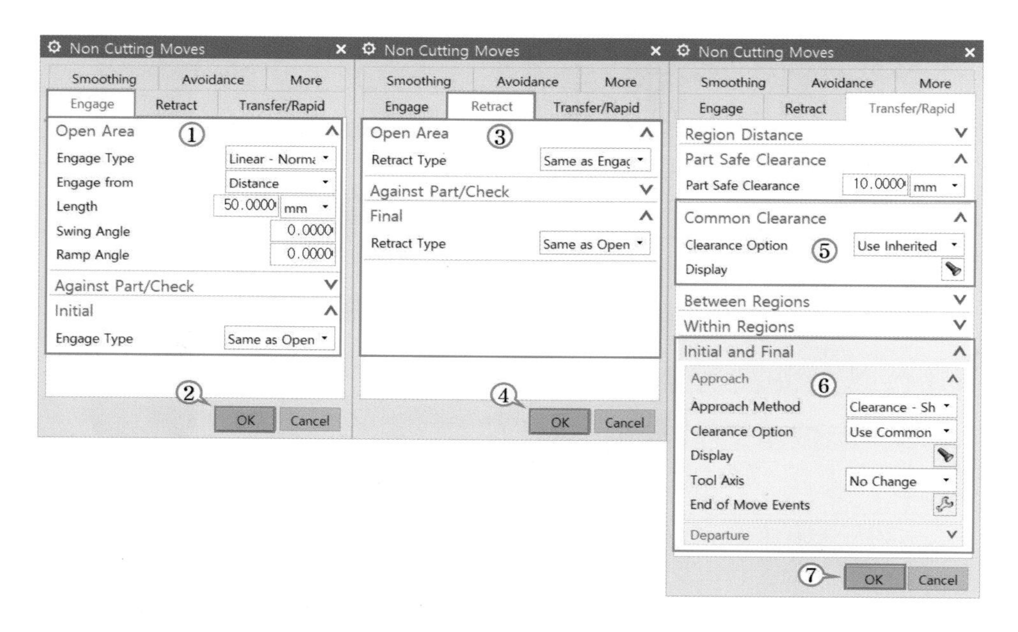

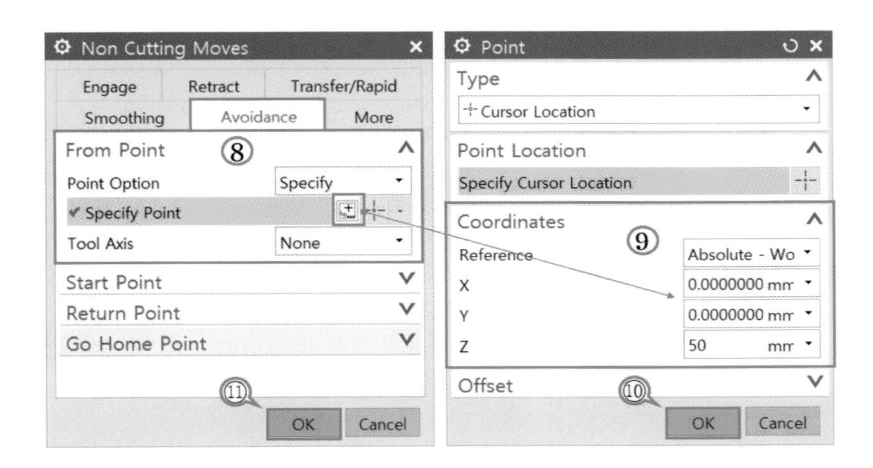

- Variable Contour의 Feed and Speeds의 세부 조건을 설정한다. (4)

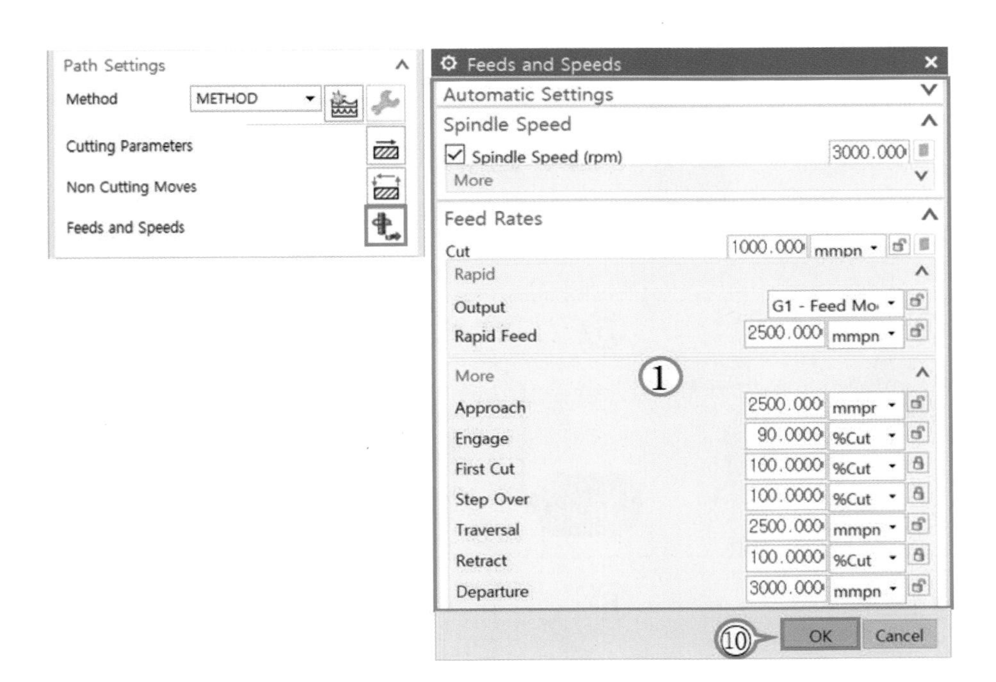

• 조건 설정을 완료하고 Generate 및 Verify를 실시하여 가공을 완료한다.

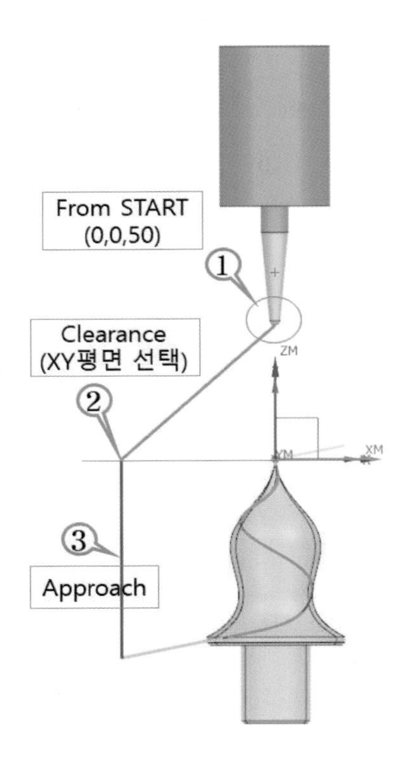

① Non Cutting Moves 의 Avoidance 탭의 Form Start에서 지정한 위치에서 가공 시작하여 → ② 지점으로 이동하면서 틸트 각도를 변화하면서 이동 → ③ 구간에서 Approach(접근) 하면서 공구축 벡터가 회전하지 않고 고정(Fix) 제어된 상태로 안전하게 직선 이송하게 된다.
④ 틸트각 고정, ⑤ Approach, ⑥ 가공 진입
⑦ 4X 가공 1, ⑧ 4X 가공 2 ⑨ 후퇴이다.

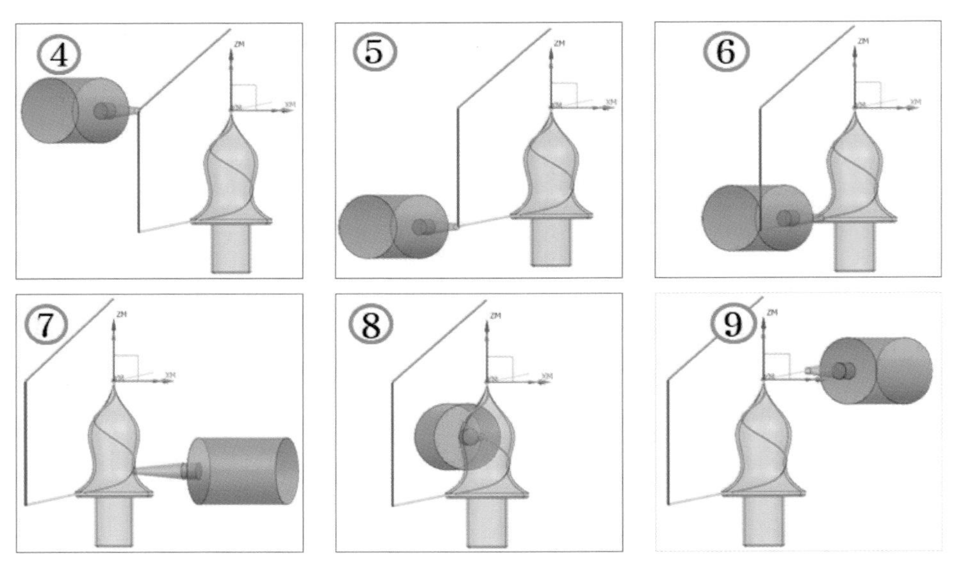

(3) Transform Object (개체 변환하기)

- Variable Contour로 만든 캠 데이터에 대하여 Transform Object 기능을 이용하여 각도를 분할 복사하여 사용할 수 있다.

  ① HOME → ② 변환 할 오퍼레이션 선택 ③ Transform Object → ④ Rotate About a Point → ⑤, ⑥, ⑦ 회전 중심 선택 → ⑧ 분할 각도 선택 → ⑨ 수량 선택 → ⑩ OK → ⑪ 복사 확인 → ⑫ 이름 변경

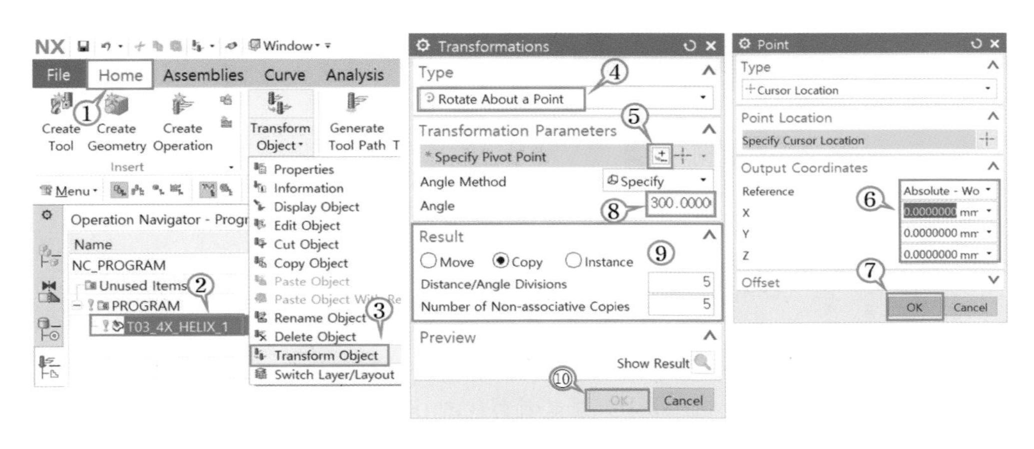

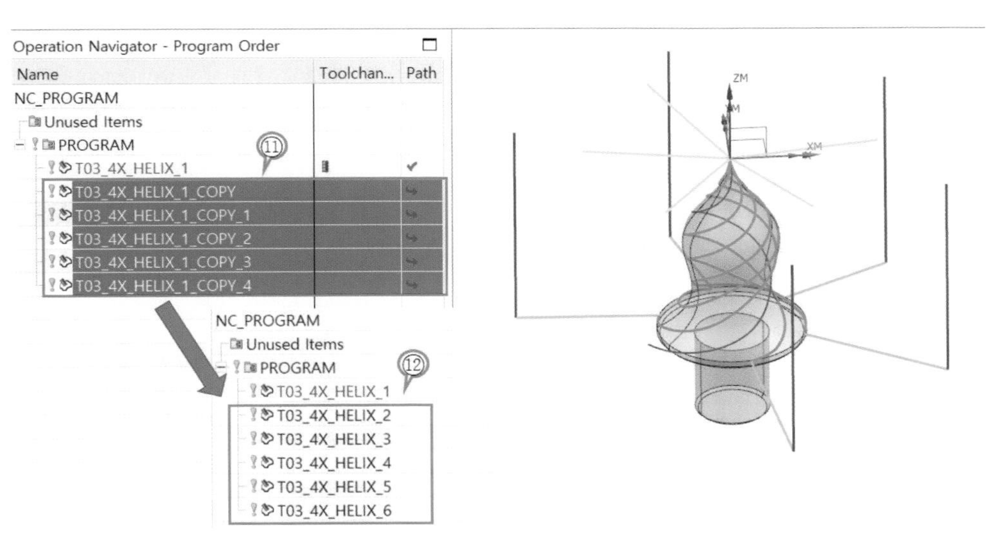

• 개체 변환을 완료하고 Generate 및 Verify를 실시하여 가공을 완료한다.

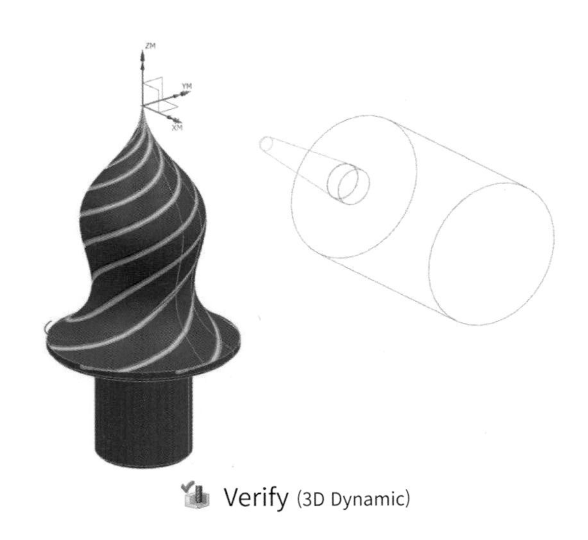

Verify (3D Dynamic)

2) CL 데이터 출력

• 아래와 같은 순서로 ⑥ 지정한 경로에 ⑦ O5100.cls 파일을 출력한다. 6개의 오퍼레이션에 대하여 통합 .cls 파일을 출력하기 위해 오퍼레이션이 속한 ① 프로그램 폴더를 선택하고 ③ Output CLSF를 클릭하도록 한다. (CLS 출력 시 Motion Output Type는 Line으로 선택한다.)

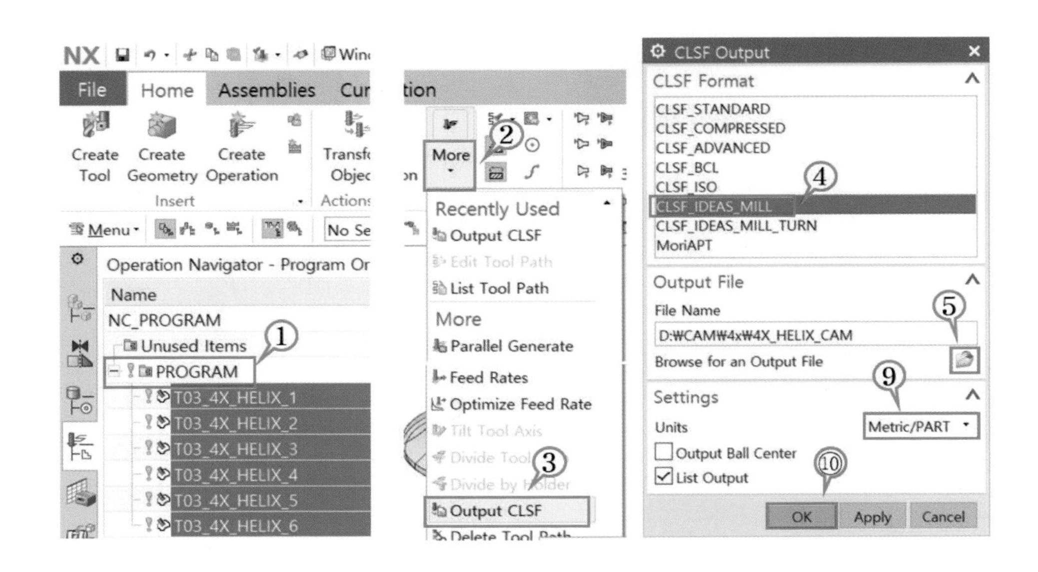

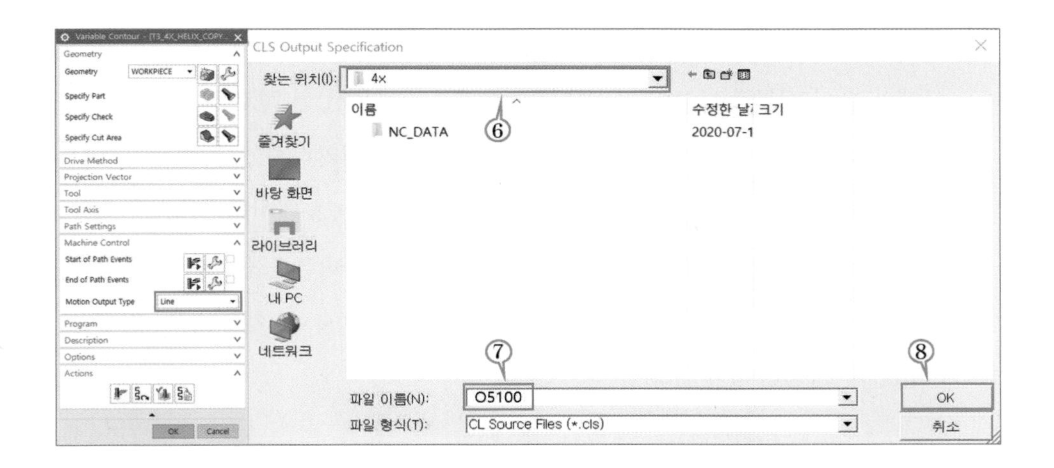

- 출력된 O5100.cls 파일을 메모장에서 열어보면 아래 그림과 같이 가공 시작점에 공구 위치 시 CL 좌표가 X, Y, Z의 좌표인 0, 0, 50만 출력되고 I, j, k 좌표는 출력되지 않음을 알수 있다. H-POST를 사용하기 위해서는 공구 각도의 변화가 없더라도 X, Y, Z, I, j, k 전체 좌표 출력이 필요하다. 따라서 메모장에서 i, j, k 좌표에 대응하는 0, 0, 0을 기입하고 저장해준다.

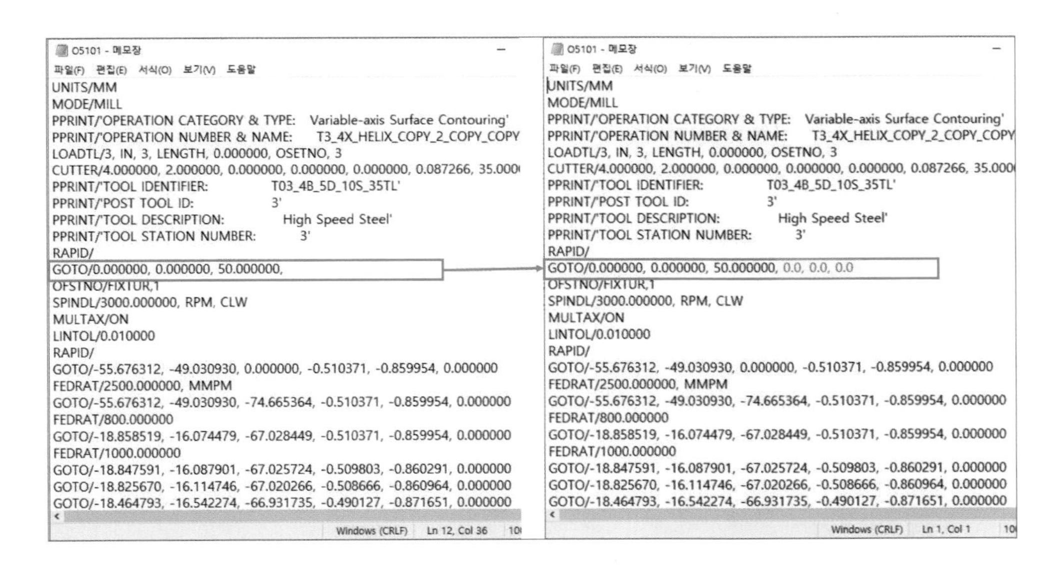

3) NC 데이터 출력

- 아래와 같이 제공한 H-POST 실행 파일(H-POST.exe)을 ①번 경로의 폴더에서 더블 클릭하여 OPEN한 뒤 메인 메뉴의 TT-TR-AC 타입 메커니즘(②)을 클릭하고 Data Input(③) 버튼을 클릭하여 ④번의 경로 폴더에 있는 CL 데이터(O5100.cls or O5100.aptsource)를 클릭한다. 마지막으로 출력을 위하여 ⑥번 버튼을 클릭하고 ④번과 동일한 ⑦번 경로 폴더를 선택한 후 O5100을 입력(확장자삭제)하면 지정한 폴더에 O5100.nc 파일이 생성된다.

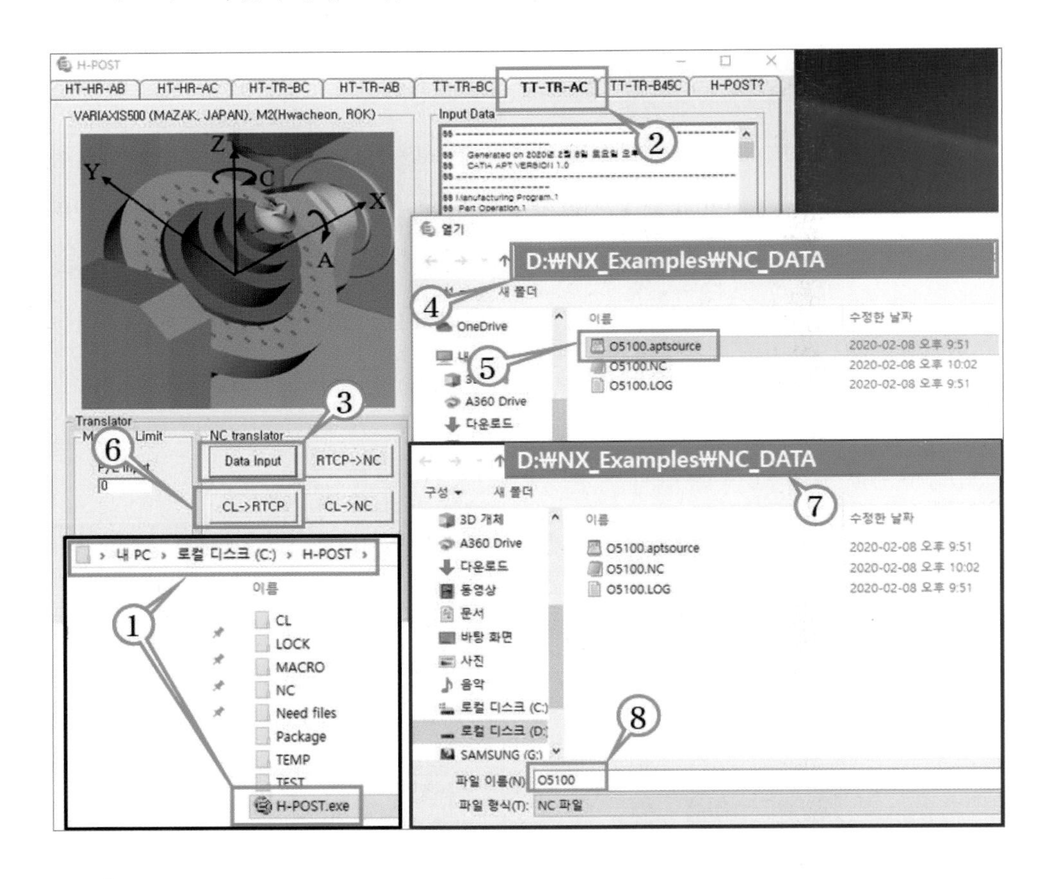

• 아래와 같이 Input Data 윈도우에 CL 데이터가 로드되고 Output Data 윈도우에 NC 데이터가 출력되며 해당 폴더에 NC 데이터 파일이 생성된다.

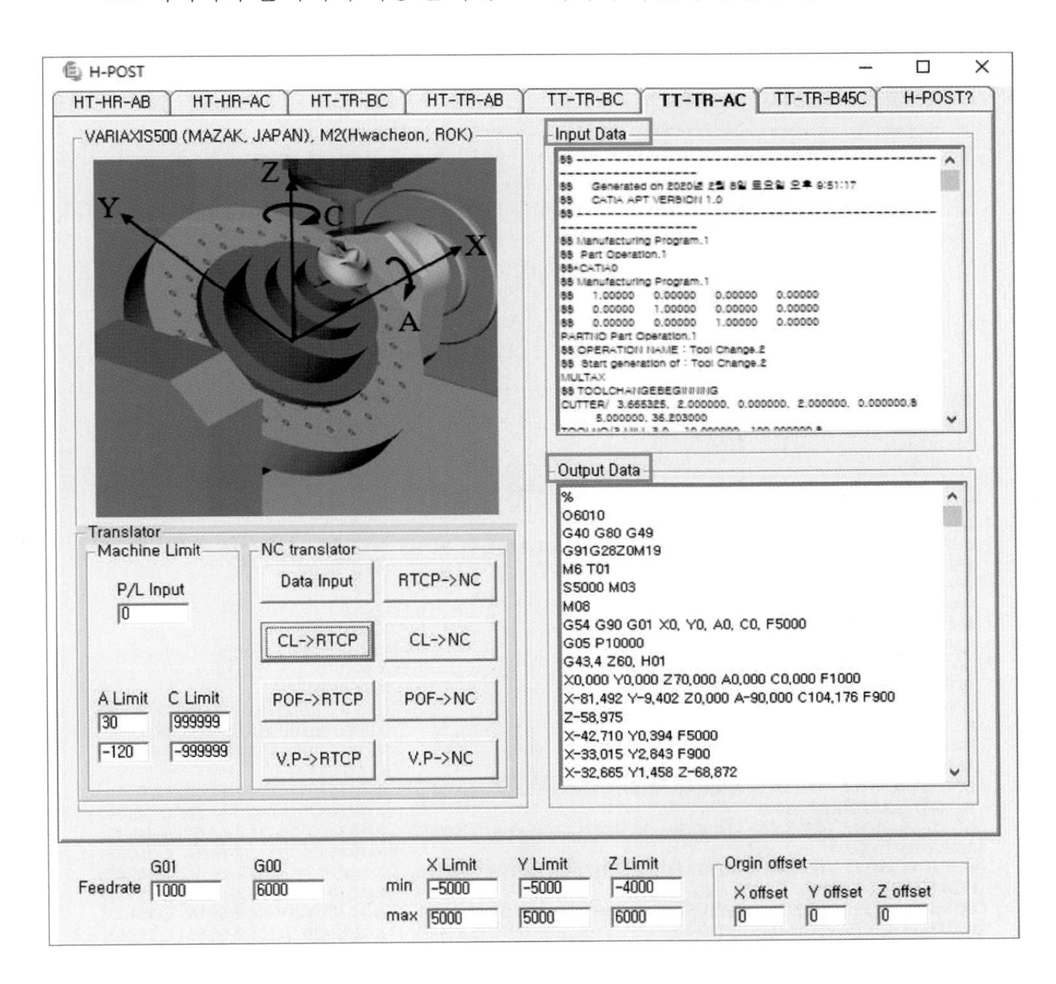

- 아래의 좌측은 CL 데이터이고 우측은 포스트프로세싱 후 변환된 NC 데이터이다. 출력한 CL 데이터(O5100.cls)에서 보듯이 위치 좌표 X, Y, Z와 공구축 벡터, i, j, k로 구성되어 있으며 4축 가공은 공구축 벡터 중 어느 하나가 연속하여 고정되어 있는 경우이다. 여기서는 k 벡터가 0으로 고정되어 있음을 알 수 있다. 따라서 우측의 NC 데이터(O5100.NC)에서는 A축이 －90도로 고정된 상태에서 X, Y, Z, C의 4개 축이 직선 및 회전 이송한다. 우측 NC 데이터의 ①번과 같이 파일명을 수정하고 ②번, ③번의 공구번호 및 보정번호는 실제 사용하는 공구번호와 보정번호로 바꾸어야 한다.

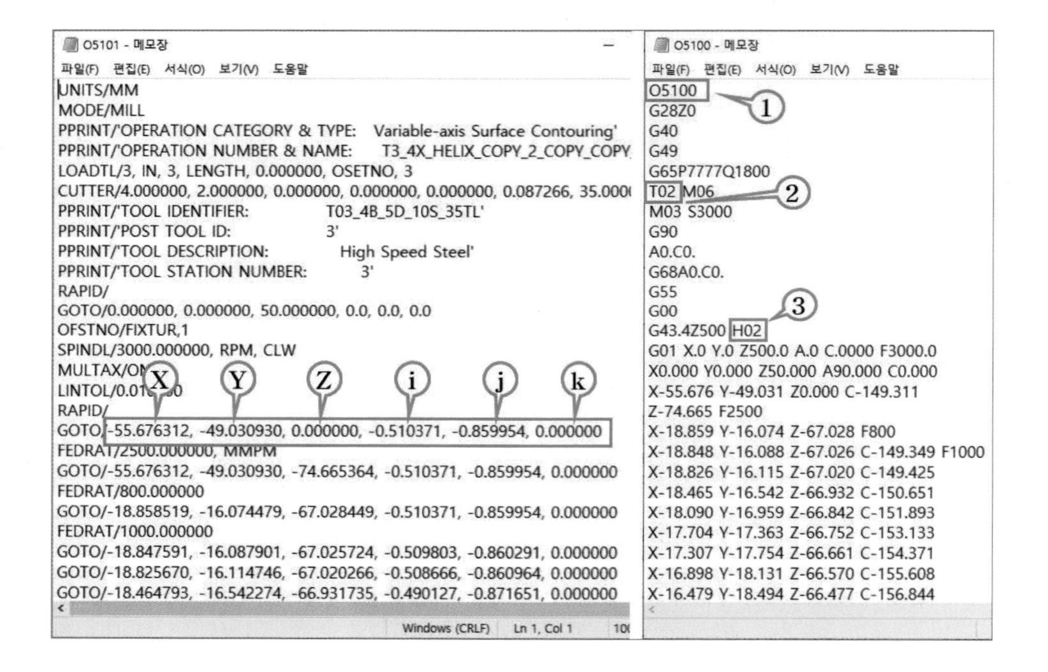

4) VERICUT을 이용한 모의 가공

- VERICUT V8.2를 OPEN하여 ①과 같이 파일 열기를 하고 ②의 경로에서 ③번 파일을 더블 클릭하면 사전에 제공한 VERICUT 작업 파일이 열린다. VERICUT 트리에서 NC 프로그램(④)을 더블 클릭하여 ⑤번 경로의 O5100.nc 파일(⑥)을 입력한 후 ⑦을 클릭하여 모의 가공을 실행한다.

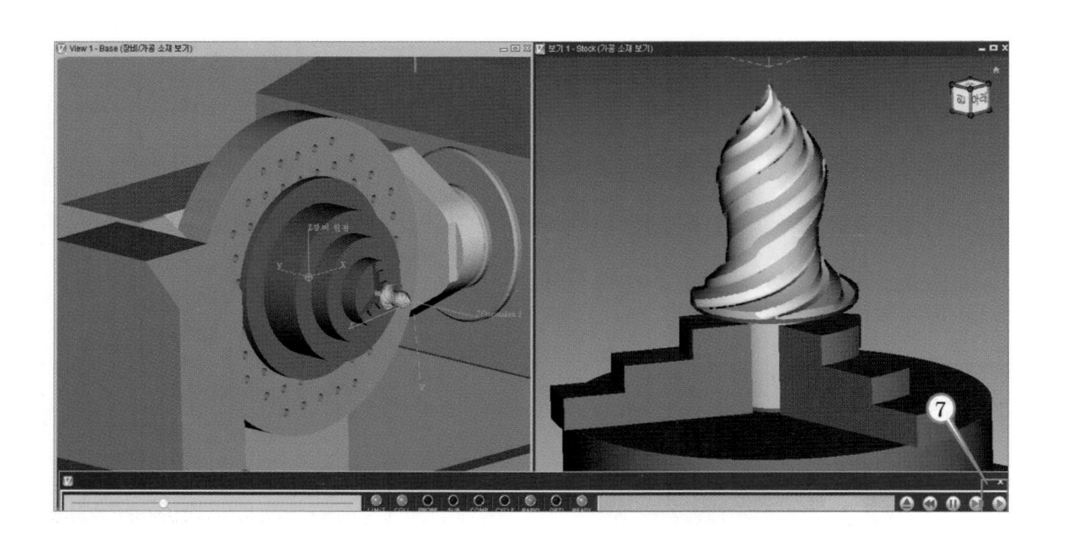

5) CNC 절삭 가공

- 아래와 같이 작성한 CAM P/G 및 5축 가공기를 이용하여 테스트피스에 대한 4축 CNC 절삭 가공을 실행한다.

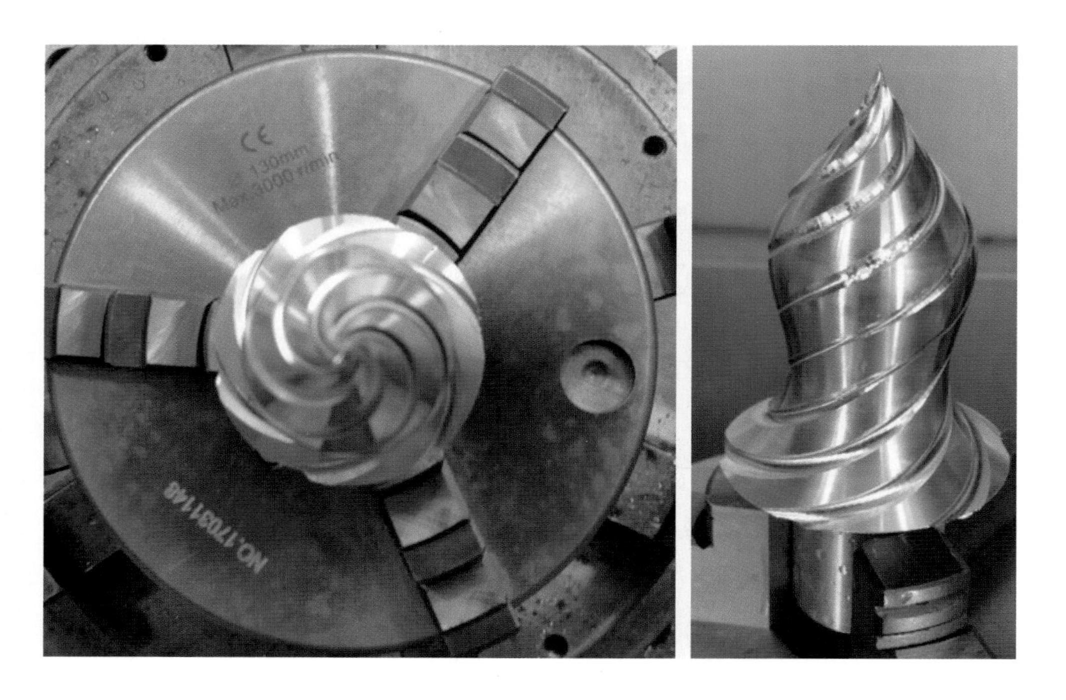

6.2 5축 가공 테스트피스

<table>
<tr><th rowspan="2">과제 모델링</th><th rowspan="2">5축 가공 테스트피스</th><th>NC 프로그래밍</th><th>2시간</th></tr>
<tr><th>5축 가공</th><th>3시간</th></tr>
</table>

1. 요구사항
   가. 5축 가공을 위한 테스트피스 모델링을 열어 CAM 프로그램을 작성하고 포스트프로세싱과 가공 시뮬레이션을 수행한다.
   나. TT-TR-AC 타입 5축 가공기에서 2.5축 평면 밀링(①), 회전축 고정 제어 5축 밀링(②), 회전축 동시 제어 5축 밀링(③)과 3축 곡면 밀링 및 헬릭스 가공(④)을 수행한다.

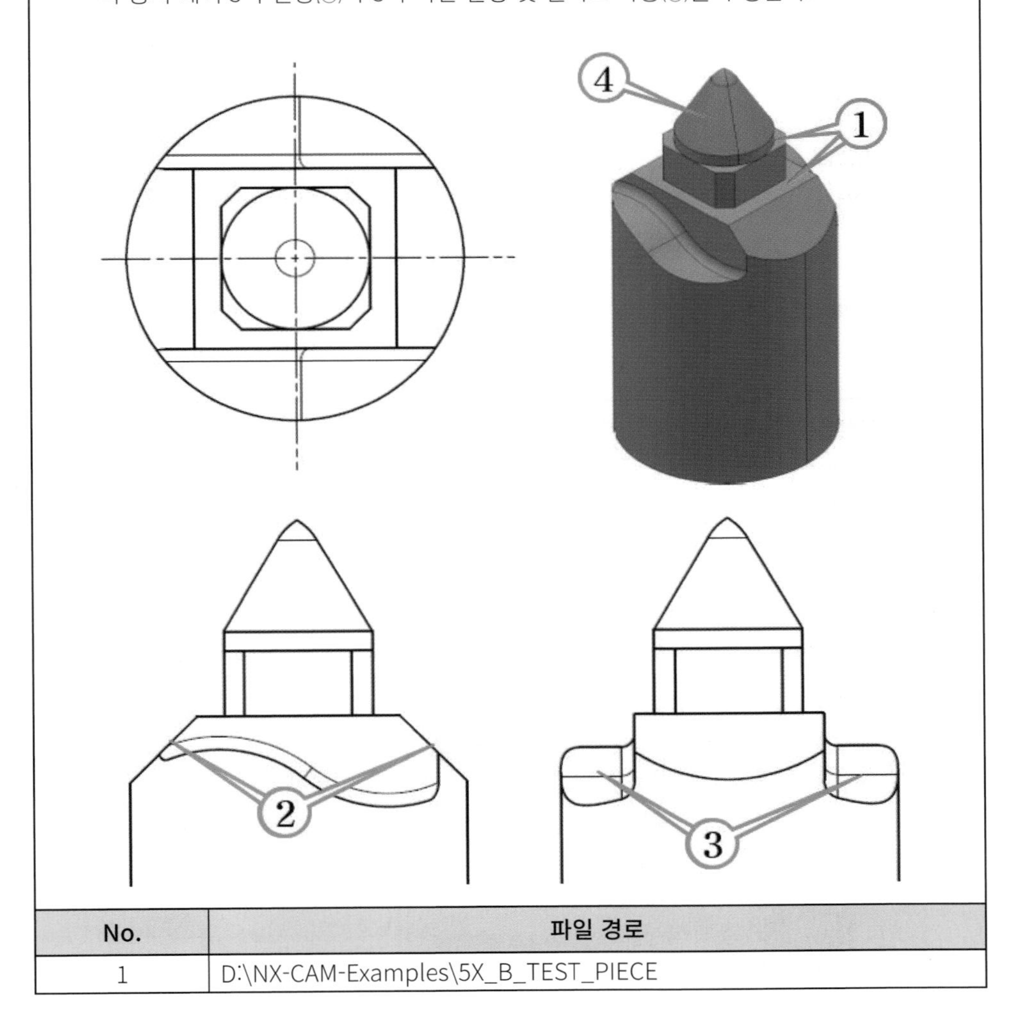

No.	파일 경로
1	D:\NX-CAM-Examples\5X_B_TEST_PIECE

과제 모델링	PROCESS SHEET	NC 프로그래밍	2시간
		5축 가공	3시간

1. 요구사항
   가. 아래의 작업 절차서에 준하여 프로그램 및 5축 가공을 수행한다.

CATIA CAM 5축가공기술	TEST PIECE (5X-MILL)							
가공장비	MYTRUNNION-5 5축가공기							
소프트웨어	CATIA, H-POST							
소재	Ø50 – 100L							
원점	소재 상면							
제품명	TEST-PIECE							
목적	5축가공기 정밀도 검증, 회전축고정제어, 회전축동시제어 가공 특성							
PROJECT	PROCESS	P/G NO.	TOOL	TOOL NO.	E/L	HOLDER	SPINDLE (RPM)	FEED (mm/min)
TEST-PIECE	황삭, 면삭	O0101	8F	1	40	D28 -42	5000	1600
	곡면가공	O0102	4B	2	40	D28 -42	5000	2400
	문자가공	O0103	ENGRAVING	3	25	D28 -42	3000	150

No.	PROCESS SHEET 파일 경로
2	D:\NX-CAM-Examples\5X_B_TEST_PIECE

- 예제 폴더에서 ① 5X_B_TEST_PIECE 파일을 OPEN한다.
- Manufacturing (Ctrl + Alt + M) 모드로 전환하여 ②, ③, ④순서로 CAM 기본 환경을 설정하고, ④지오메트리 뷰에서 ⑤ Part 및 ⑥ 블랭크를 지정한다.

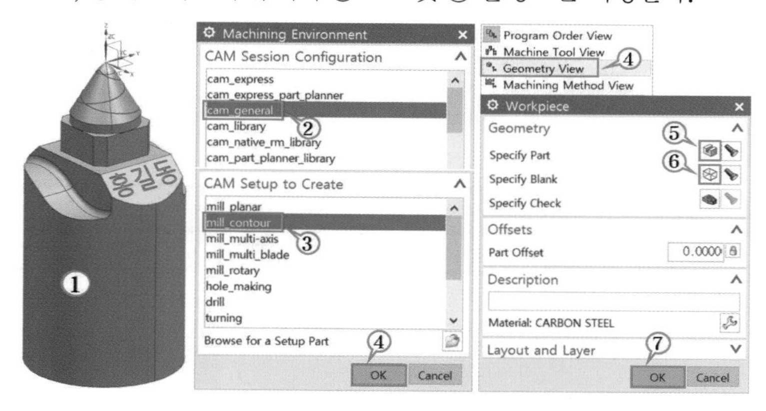

• ⑤ Part 및 ⑥ 블랭크에 대한 설정은 아래와 같으며 ⑥ 블랭크 타입은 Bounding Cylinder을 선택한다. ⑦ MCS Mill을 더블 클릭하여 Clearance(안전높이)를 XY 평면에서 20mm 거리로 설정한다.

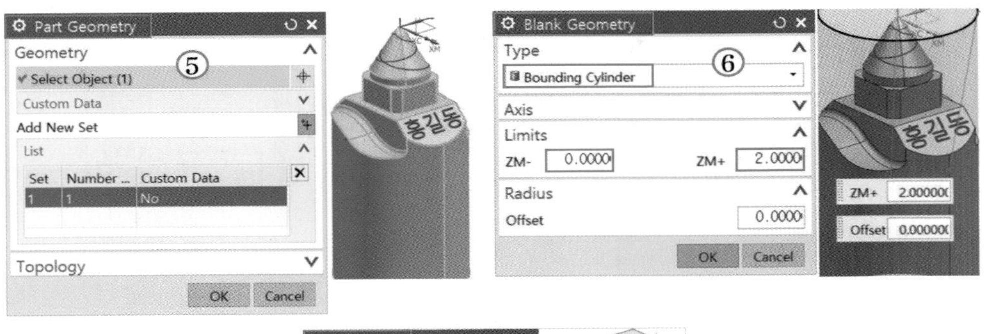

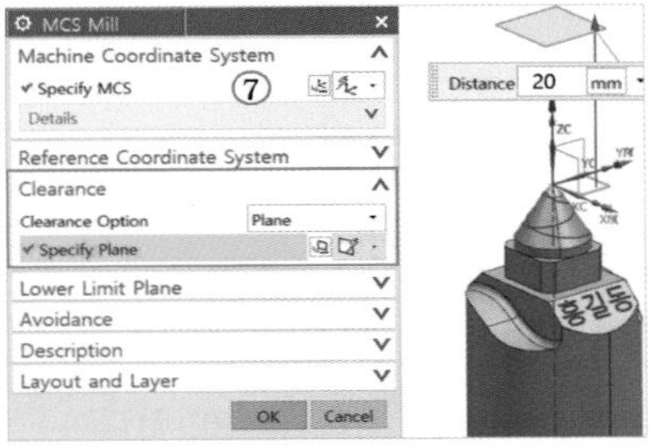

• 네이게이터의 뷰 상태를 머신 툴 뷰(Machine Tool View) 상태로 변경하고 Create Tool(공구 생성)을 클릭하여 작업 사양서에 맞게 사용할 공구를 생성한다.

(5축 가공 시 기계 구조부 및 공작물 등에 충돌을 검증하기 위하여 Tool, Shank, Holder 전체를 실제 치수로 만들어 주도록 한다.)

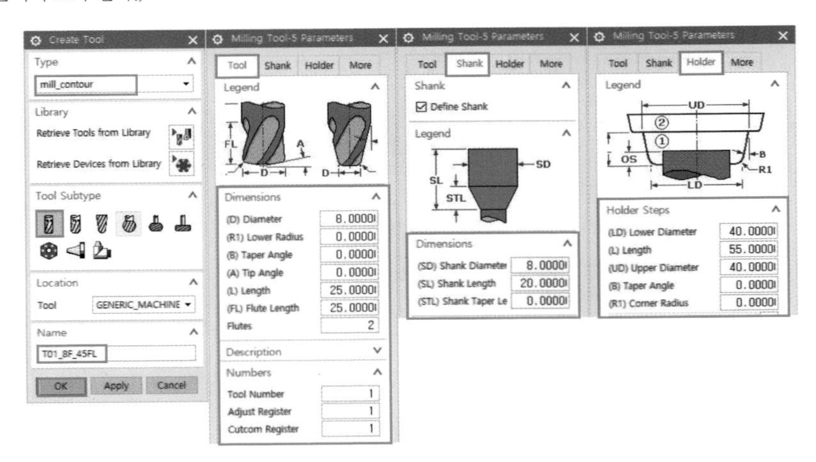

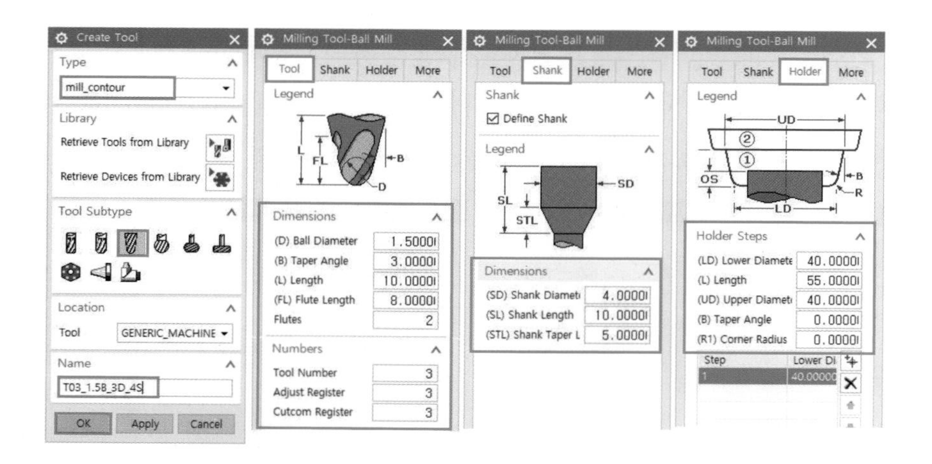

1) 5축 가공 테스트피스의 P/G 작성

(1) Cavity Mill을 이용한 황삭 가공

- 내비게이터의 프로그램 오더 뷰에서 ① NC PROGRAM을 클릭하고 마우스 우클릭하여 ② Insert → ③ Program Group → ④ 8F 입력 → ⑤ OK, ① ~ ⑤을 반복하여 ⑥ 4B, ⑦ 1.5B 폴더를 추가로 생성한다.

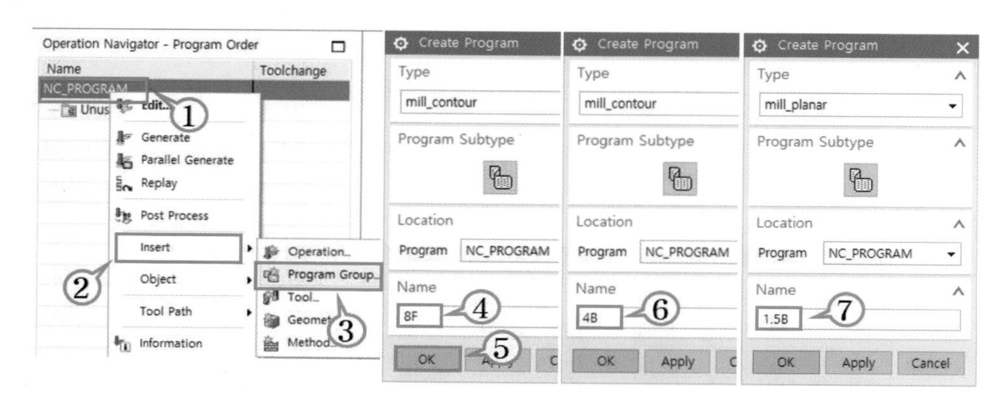

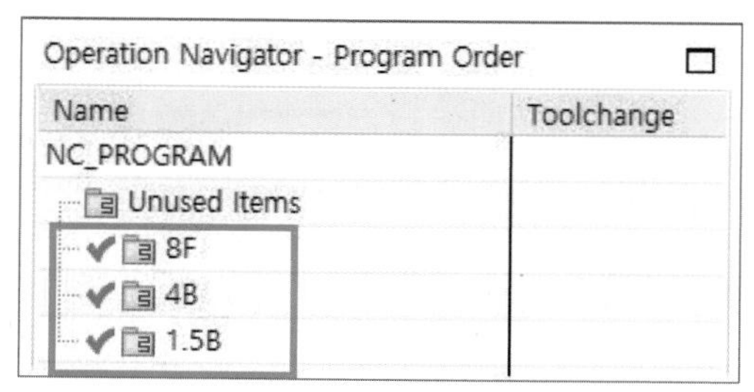

- 내비게이터를 프로그램 오더 뷰(Program Order View)상태로 변경하고, 오퍼레이션 생성을 위해 Create Operation을 클릭하여 ① Mill Contour → ② Cavity Mill → ③ Location 및 Name(T01_8F_ROUGH_CAVITY_0.5)입력 → ④ OK → ⑤ Path Setting 입력 (Step over는 공구 반경인 50%, Z 절입 깊이는 0.8mm) → ⑥ Cutting Parameter (하향 절삭, 깊이 우선 가공, 밖→안으로 가공, 가공 여유 0.5 , 공차 0.03) → ⑦ Feed and Speeds 입력

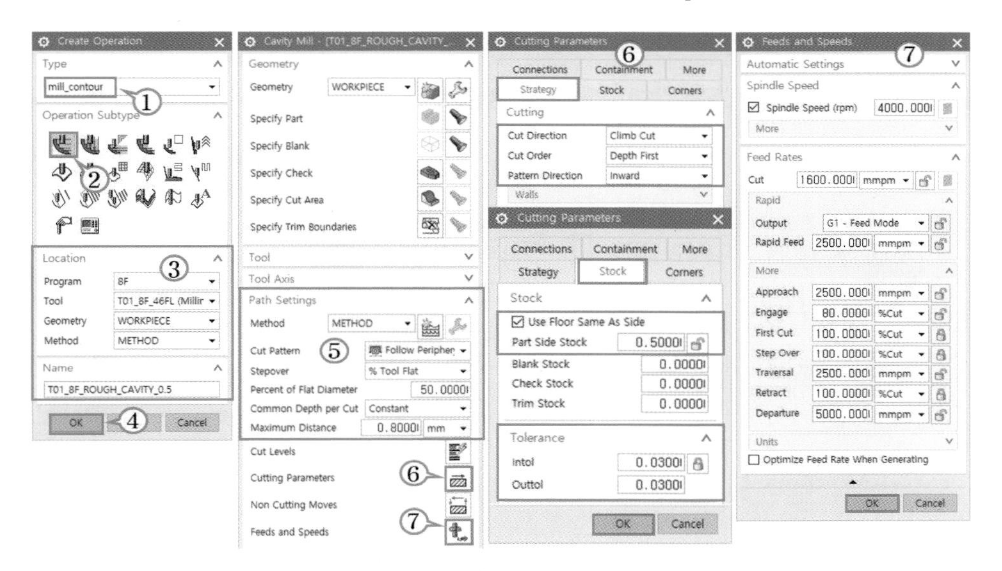

- 이밖에 Non Cutting Moves의 조건 설정을 완료하고 Generate 및 Verify를 실시하여 황삭 가공을 완료한다.

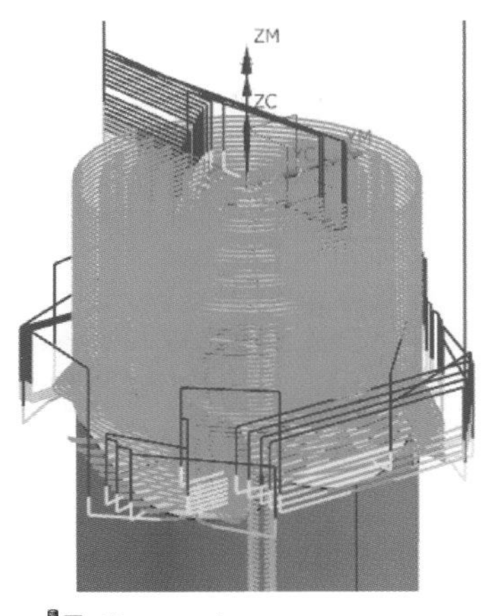

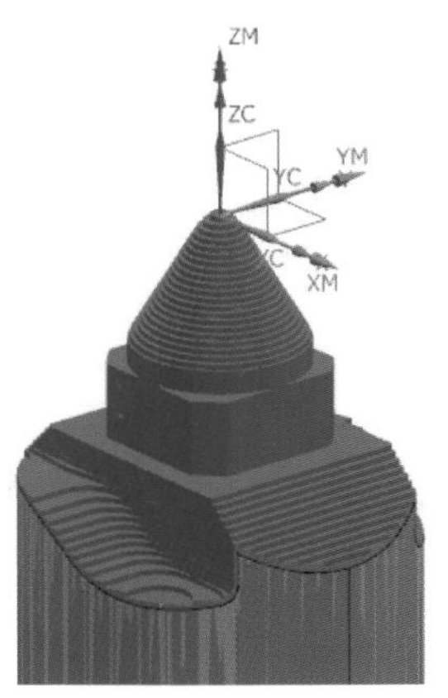

Generate

Verify (3D Dynamic)

(a) Floor and Wall을 이용한 평면 프로파일 가공

- Create Operation을 클릭하여 ① Mill Planar → ② Floor and Wall → ③ Location 및 Name(T01_8F_FINISH_Z-20._PROFILE) 입력 → ④ OK → ⑤ Z-20. 평면 선택 → ⑥ Automatic Wall선택 → ⑦ Path Setting 입력 (가공 여유 0.5, 추가 패스 0) → ⑧ Cutting Parameter (하향 절삭, 깊이 우선 가공, 밖→안으로 가공, 가공 여유 0.5, 공차 0.03) → ⑨ Non Cutting Moves → ⑩ Feed and Speeds 입력

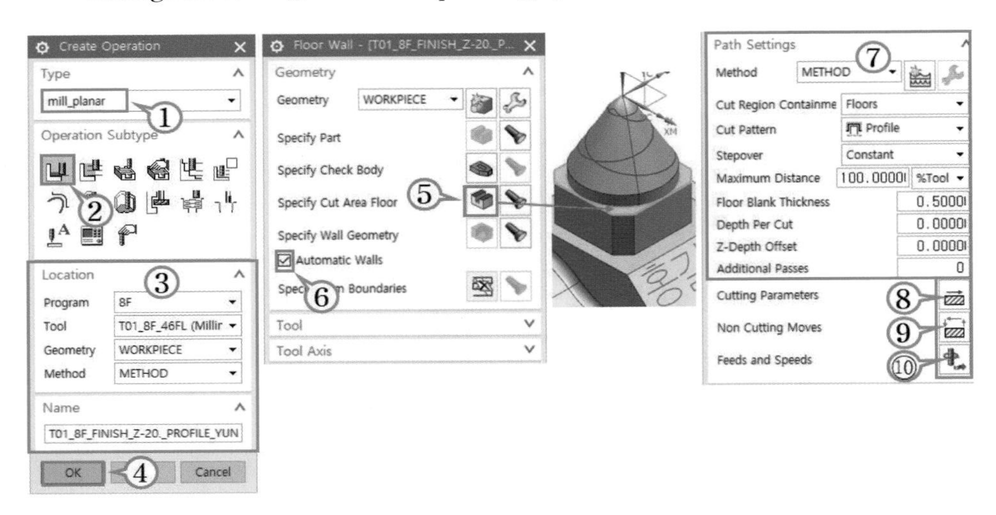

- ⑧ Cutting Parameters에 관한 주요 설정 내용은 다음과 같으며 Z-20. 평면의 좁은 구간으로 인하여 윤곽의 끊김을 해결하기 위하여 Cut Regions의 Extend Floor to를 Part Outline으로 선택하였다.

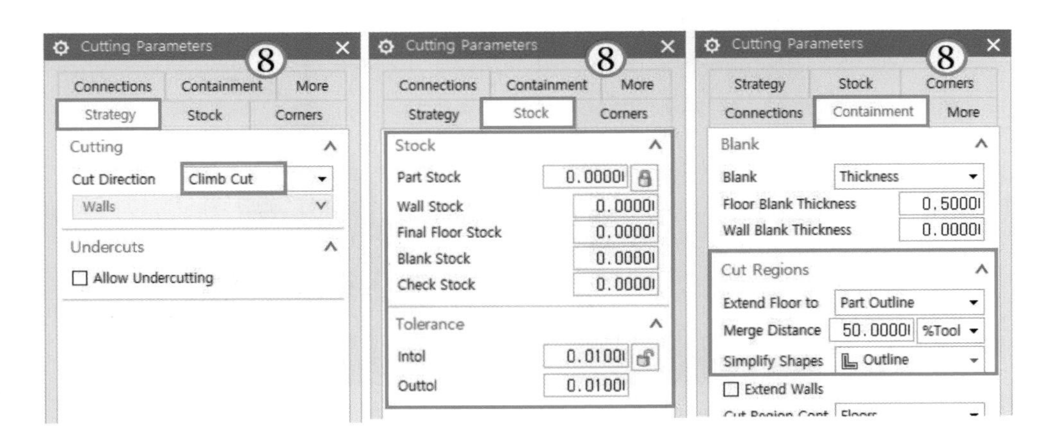

- ⑨, ⑩ Non Cutting Moves 및 Feeds and Speeds에 관한 주요 설정 내용은 다음과 같으며 윤각 가공 시작 위치에서 매끄러운 가공을 위하여 Overlap Distance(중첩 거리) 값을 5mm를, 가공 시작 지점(Start Point)를 작업자 정면 방향으로 지정하여 작업 시야를 확보하였다.

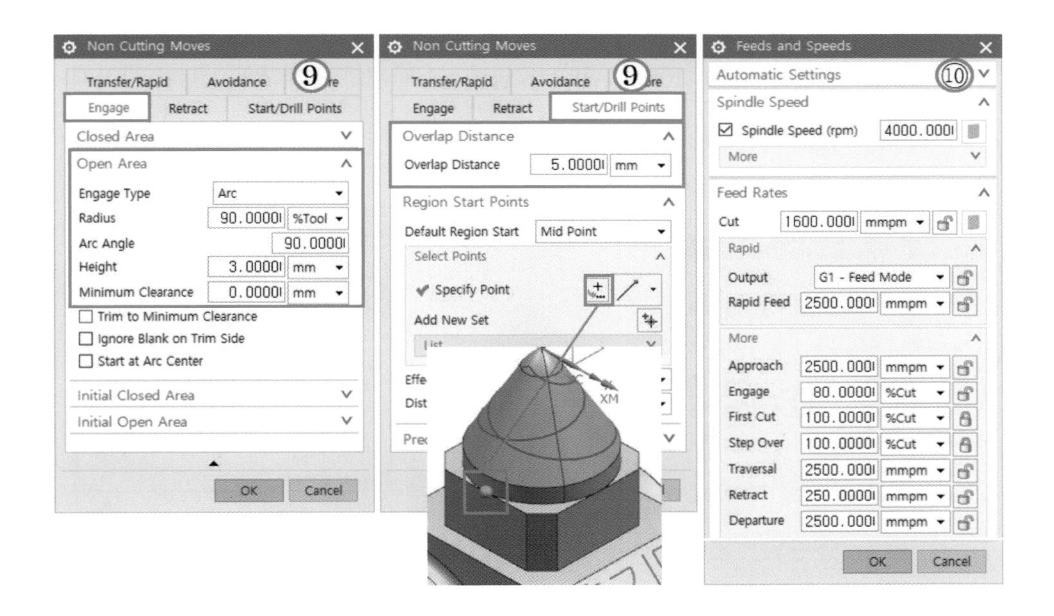

- 조건 설정을 완료하고 Generate 및 Verify를 실시하여 Z-20. 평면 가공을 완료한다.

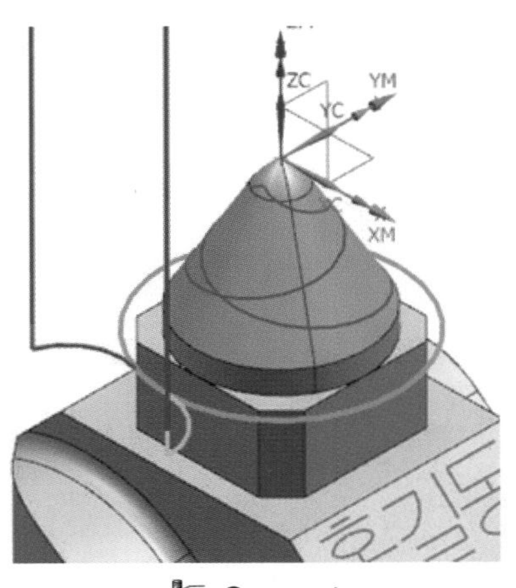

Generate

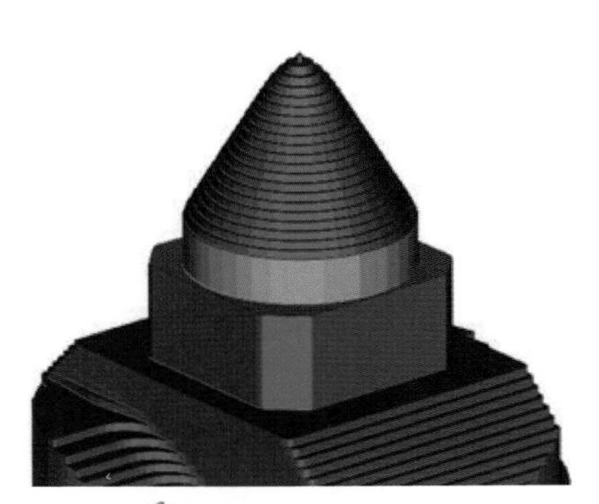

Verify (3D Dynamic)

- 동일한 방법으로 Z-30. 평면에대한 프로파일 정삭 가공을 실시한다. 다만 Z-20. 평면에 비해 바닥 및 측벽 면에 대한 가공량이 많으므로 Pass를 추가하여 바닥 및 측벽 정삭을 분리하여 가공하도록 한다. 먼저 Z-20. 평면에 대한 오퍼레이션을 복사하여 이름을 T01_8F_FINISH_Z-30._PROFILE 로 수정한다. 가공 영역은 ①과 같이 교체하고 ② Path Setting에서는 황삭 가공 여유를 0.5mm 남겨 두었기 때문에 Stepover 값을 0.6mm, Additional Passes를 1로 설정하면 총 2개 Pass가 생기게 되어 첫 번째는 바닥면을 두 번째 Pass는 측벽면을 차례로 정삭 가공하게 된다. 나머지 조건은 기존과 동일하다.

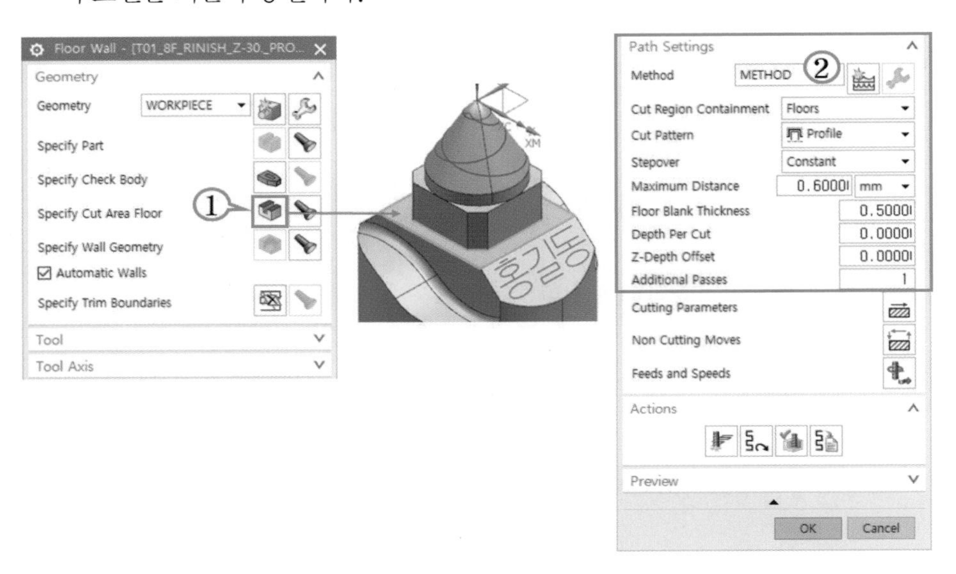

- 조건 설정을 완료하고 Generate 및 Verify를 실시하여 Z-30. 평면 가공을 완료한다.

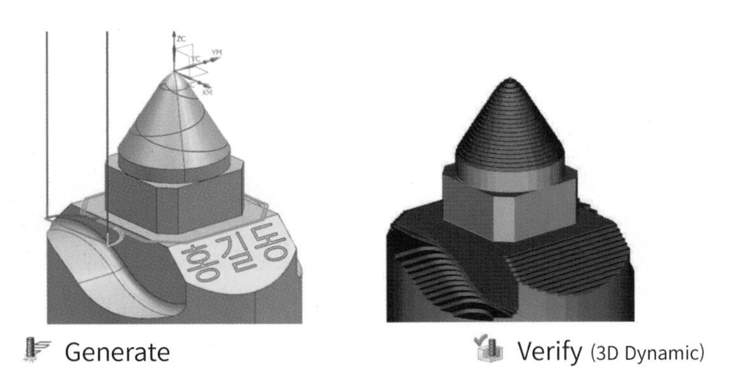

Generate　　Verify (3D Dynamic)

(b) Fixed Contour 을 이용한 경사면 5Axis 가공

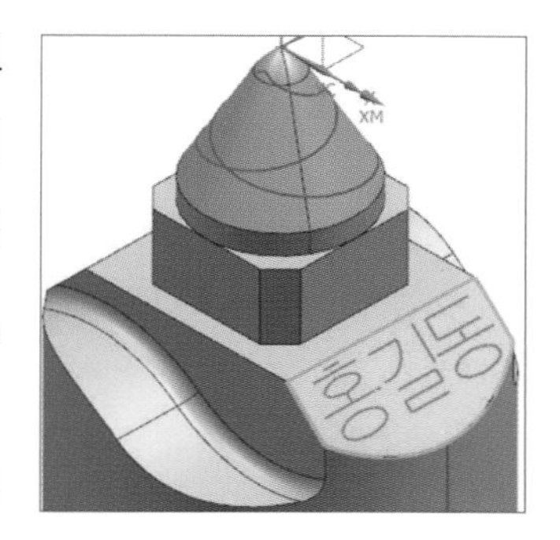

- 다음 그림과 같은 경사 평면을 3축 가공하려면 평엔드밀의 밑날을 사용할 수 없고 볼엔드밀을 사용하거나, 동일한 경사각을 가진 치구를 제작하여 가공해야 하므로 가공 시간이나, Cusp에 의한 품질 저하, 치공구 제작 비용 및 세팅 비용 상승이 불가피하다. 반면 5축 가공에서는 테이블이나 스핀들을 해당 경사면에 수직하게 회전함으로써 표준 평엔드밀의 밑날을 이용하여 Cusp이 없고, 가공 시간을 단축하는 등 효율적인 가공을 할 수 있다. 그림과 같은 5축 평면 밀링은 경사면에 수직인 임의 공구축 벡터 값을 가진다.

- Create Operation을 클릭하여 ① Mill Multi Axis → ② Fixed Contour → ③ Location 및 Name(T01_8F_FINISH_5X_X_R) 입력 → ④ OK → ⑤ 경사 평면 선택 → ⑥ Area Milling → ⑦ 세부 가공 조건 설정 → ⑧ 가공 벡터 지정(경사 평면 선택 시 경사면에 수직인 공구축 벡터 자동 생성) → ⑨ Cutting Parameters → ⑩ Non Cutting Moves → ⑪ Feed and Speeds 입력

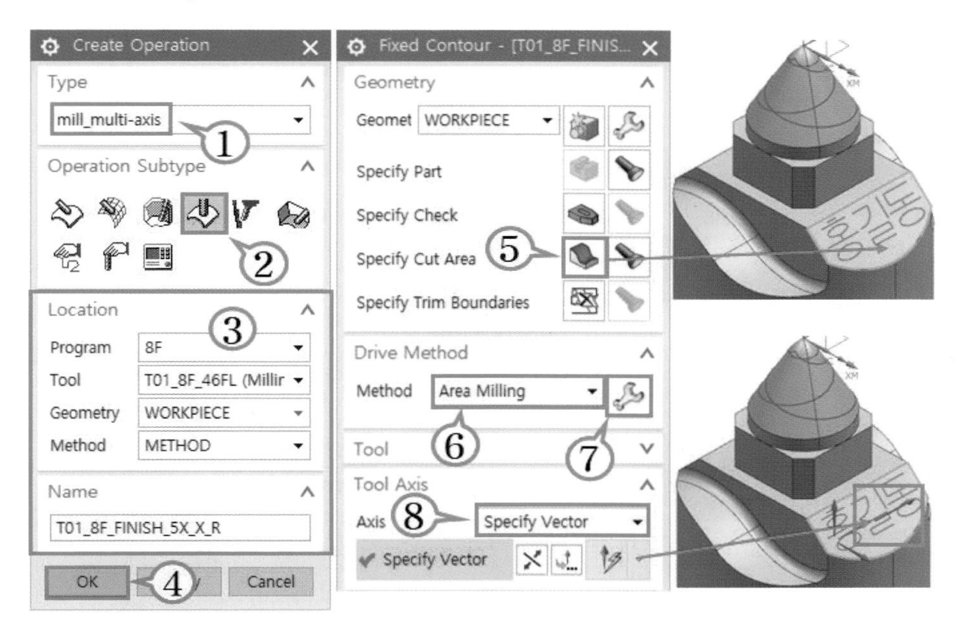

• ⑨ Cutting Parameters, ⑩ Non Cutting Moves의 세부 조건은 아래와 같으며 ⑪ Feed and Speeds는 앞 공정의 평면 프로파일 윤곽 정삭 조건을 적용한다.

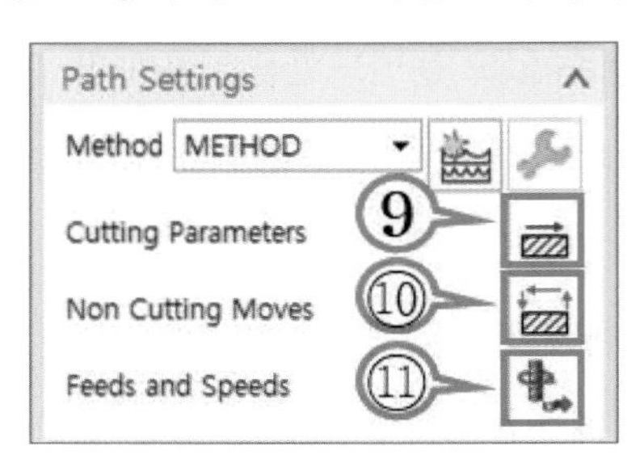

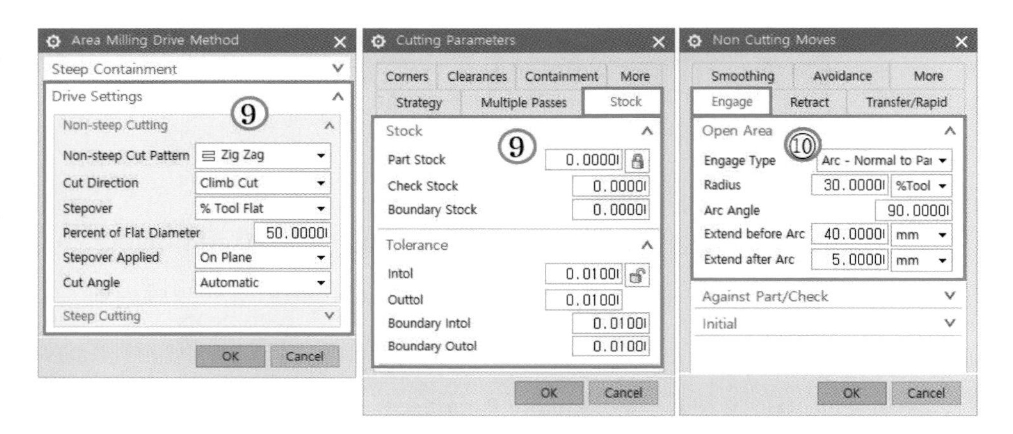

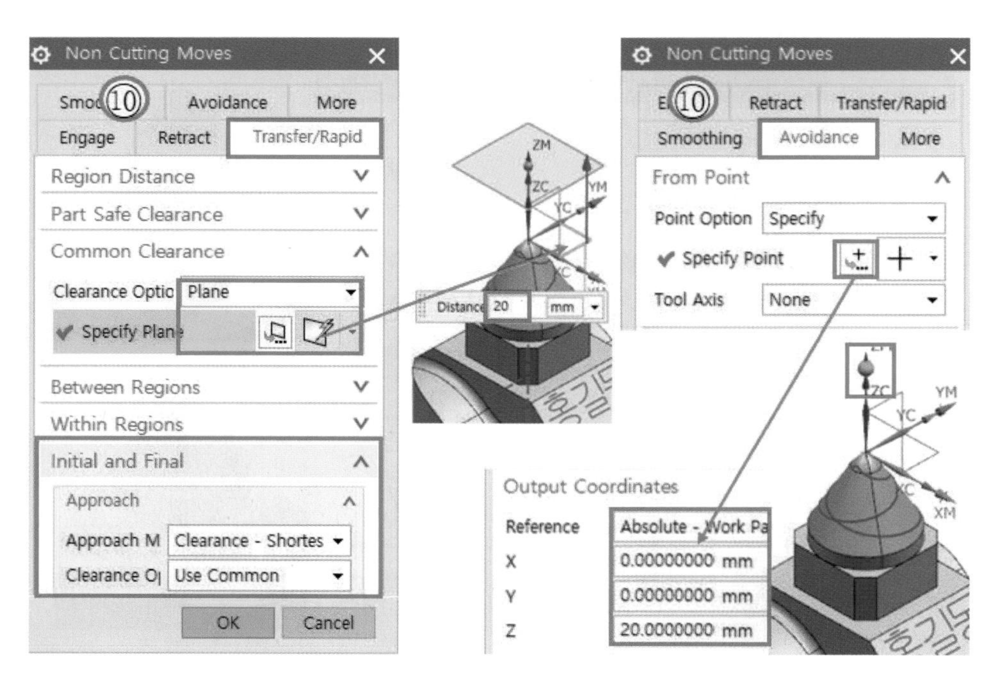

• 조건 설정을 완료하고 Generate 및 Verify를 실시하여 가공을 완료한다.

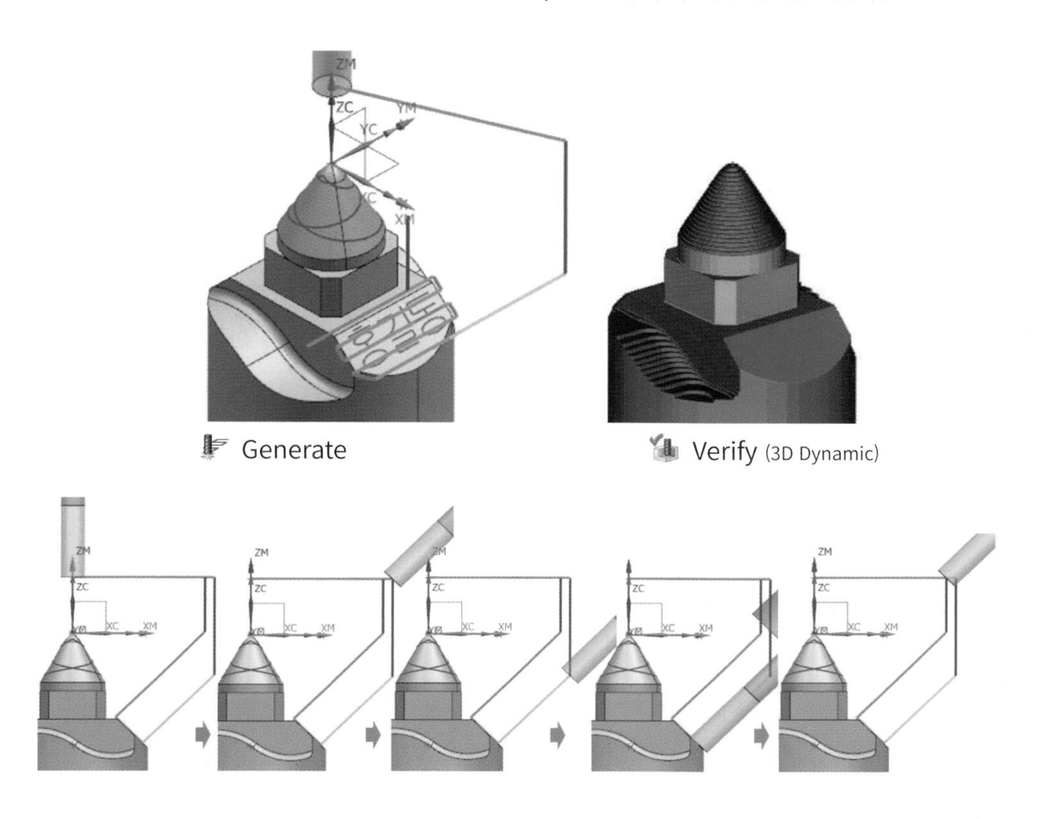

• 반대쪽 면에 대해서도 같은 조건 설정을 완료하고 Generate 및 Verify를 실시하여 가공을 완료한다.

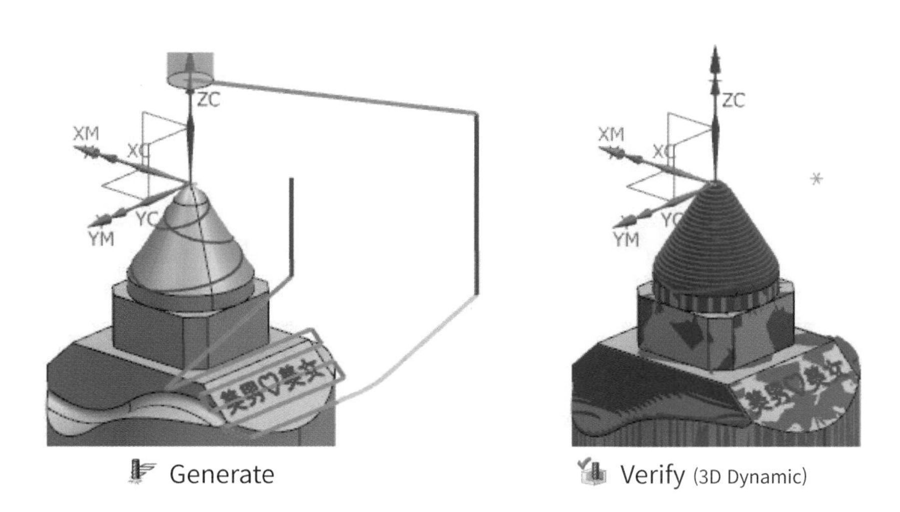

• 경사면 가공 오퍼레이션을 복사하여 ①이름을 T01_8f_FINISH_5X_Y_DOWN으로 수정 → ② 가공면 교체 → ③ Area Milling 밀링 세부 가공 조건 설정 → ④ 가공 벡터 지정(선택 면에 수직인 공구축 벡터 자동 생성) → 나머지 조건은 복사된 조건 사용

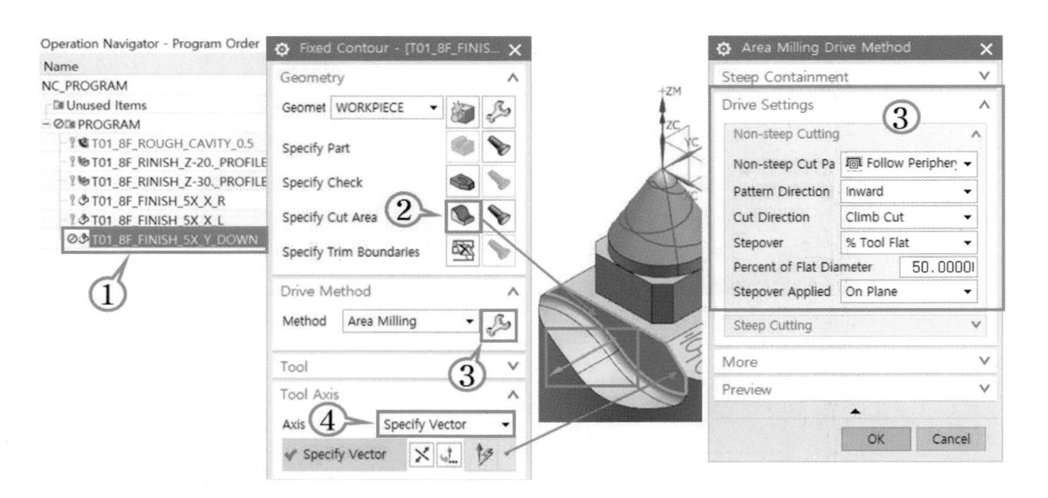

• 조건 설정을 완료하고 Generate 및 Verify를 실시하여 가공을 완료한다.

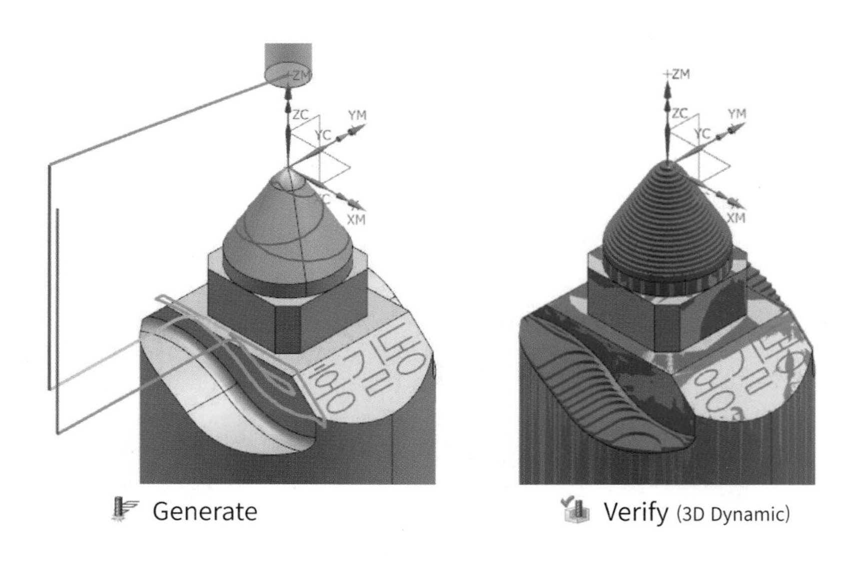

• 반대쪽 면에 대해서도 같은 조건 설정을 완료하고 Generate 및 Verify를 실시하여 가공을 완료한다.

(c) Z Level Profile을 이용한 곡면 가공 (중삭)

- 황삭과 평면 밀링이 끝나면 ϕ4 볼엔드밀을 사용하여 곡면 가공을 수행한다. 먼저 원뿔 형상에 대하여 Z Level Profile 기능을 활용하여 중/정삭을 진행한다.
  Create Operation → ① Mill Contour → ② Z Level Profile → ③ Location 및 Name(T02_4B_SEMI_FINISH_CONE) 입력 → ④ OK → ⑤ 원뿔 형상 선택 → ⑥ 절입 깊이 지정 (Scallop 0.05) → ⑦ Cutting Parameters → ⑧ Non Cutting Moves → ⑨ Feed and Speeds 입력

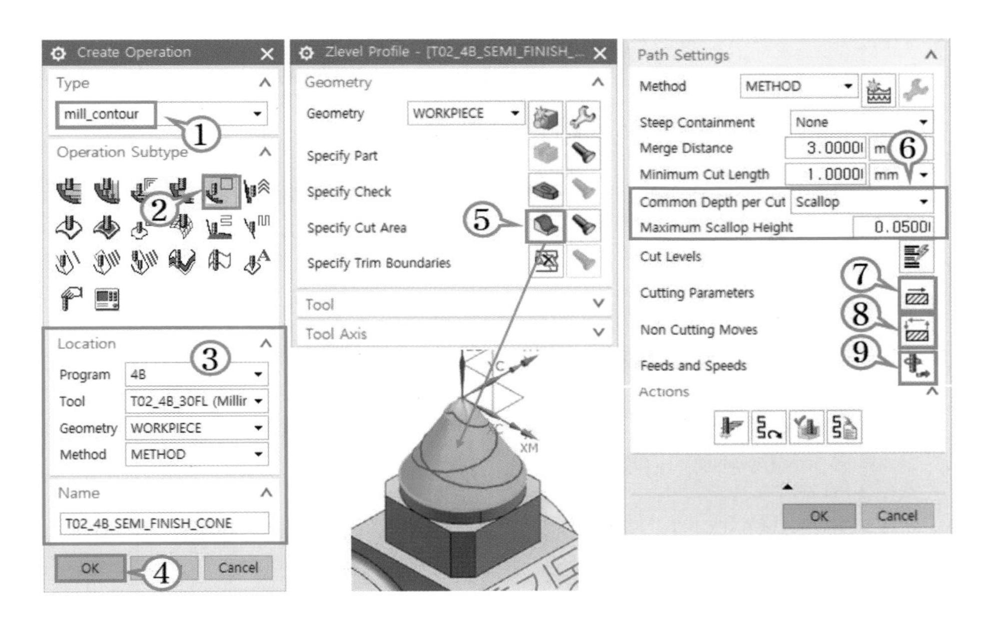

- ⑦ Cutting Parameters의 세부 조건은 아래와 같이 적용한다.

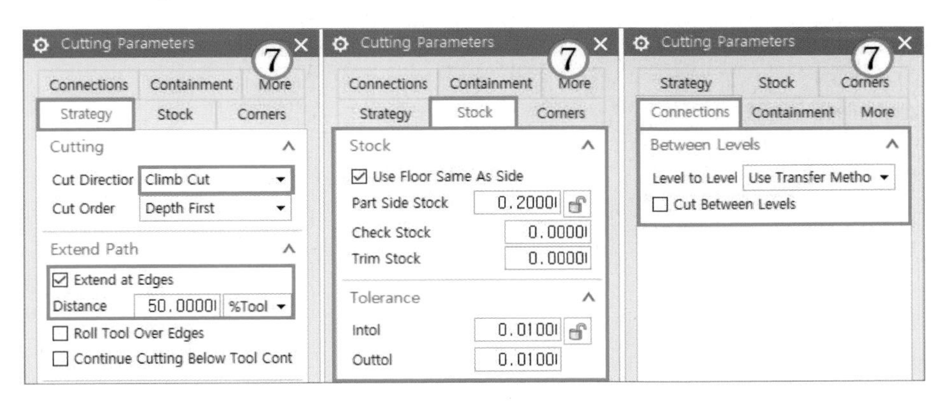

- ⑧ Non Cutting Moves의 세부 조건은 아래와 같이 적용한다.

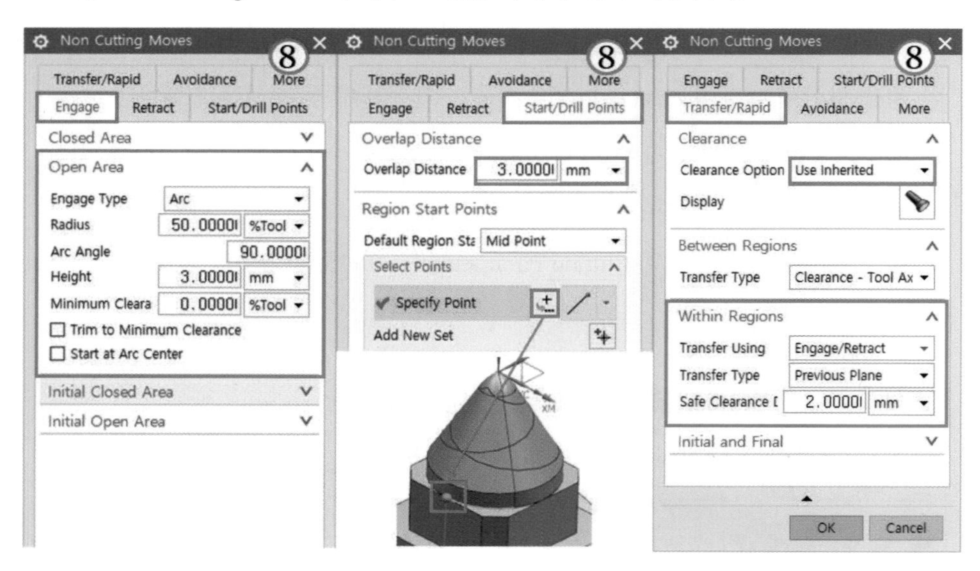

- ⑨ Feeds and Speeds의 세부 조건은 아래와 같이 적용한다.

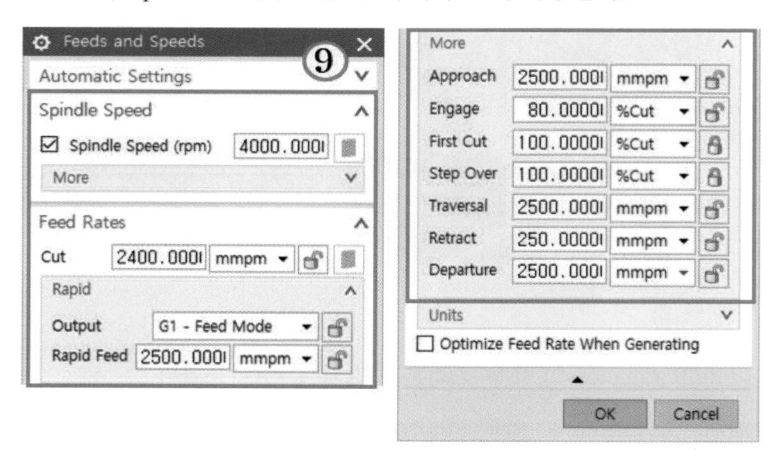

• 조건 설정을 완료하고 Generate 및 Verify를 실시하여 가공을 완료한다.

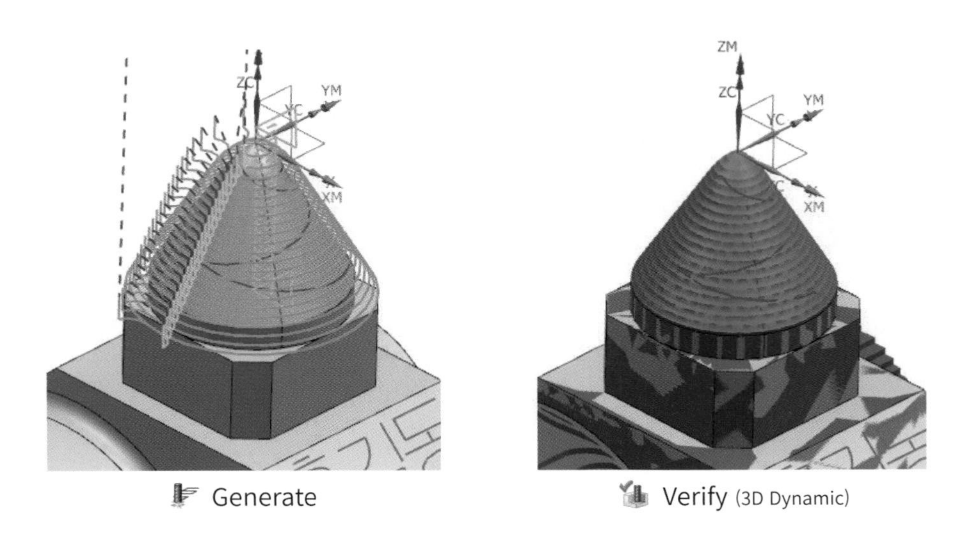

(d) Z Level Profile 을 이용한 곡면 가공 (정삭)

• 원뿔의 중삭 가공 오퍼레이션을 복사하여 이름을 T02_4B_FINISH_CONE 으로 수정 → ② 절입 깊이 수정 (Scallop 0.008) → ③ Cutting Parameters 수정

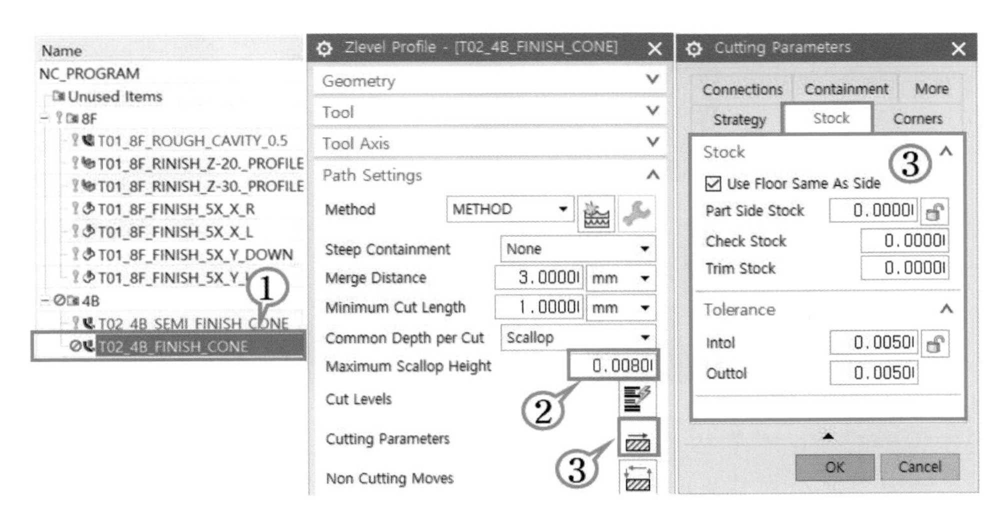

• 조건 설정을 완료하고 Generate 및 Verify를 실시하여 가공을 완료한다.

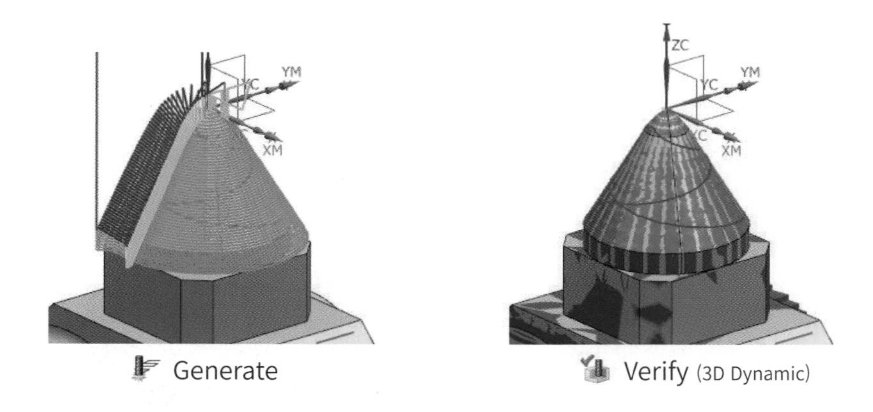

(e) Fixed Contour 을 이용한 곡면 5Axis 가공

• 경사면 5Axis 가공과 같은 방식으로 곡면에 대해서도 5Axis 가공 데이터를 생성할 수 있다. 다른 점이 있다면 경사면에 대해서는 면에 수직인 임의 공구축 벡터를 설정하였다면, 곡면에서는 면 각각의 지점에서 파트에 수직인 벡터를 생성하거나 임의의 각도를 설정하여 오퍼레이션을 생성할 수 있다.

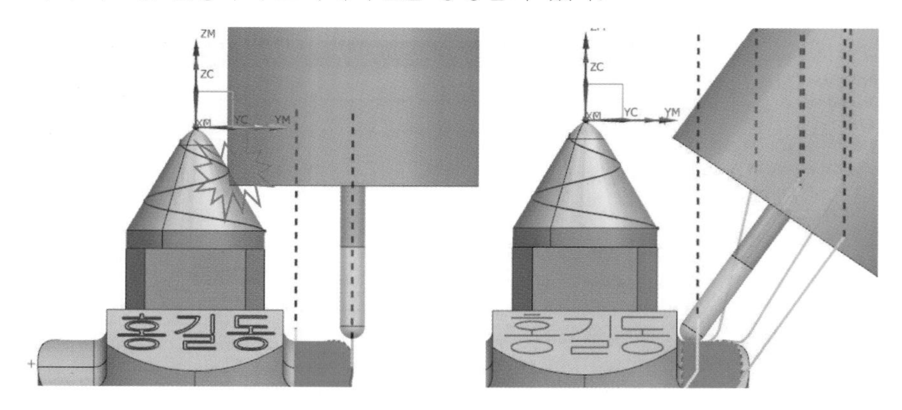

곡면 형상 가공 시 ϕ4 볼엔드밀의 홀더와 모델링 간 간섭이 예상되므로 Tool Axis를 홀더가 공작물과 충분히 멀어지도록 회전시킨다. 여기서는 35°까지 입력하여 충분히 간섭을 회피하였다. 이와 같이 공구와 모델링 간 간섭이나 충돌을 피하는 등 공구축 벡터 및 공구 자세를 컨트롤하는 것을 Axis control이라 한다.

- Fixed Contour을 이용한 곡면 5Axis 가공 시 각도 지정 및 수정 내용은 아래와 같다.
  Create Operation → Mill Multi Axis → Fixed Contour → Location 및 Name(T01_4B_FINISH_5X_1) 입력 → OK → ① 곡면 선택 → Area Milling → ② 세부 가공 조건 설정 → ③ 가공 벡터 지정(Dynamic 벡터) → Cutting Parameters → Non Cutting Moves → Feed and Speeds 설정

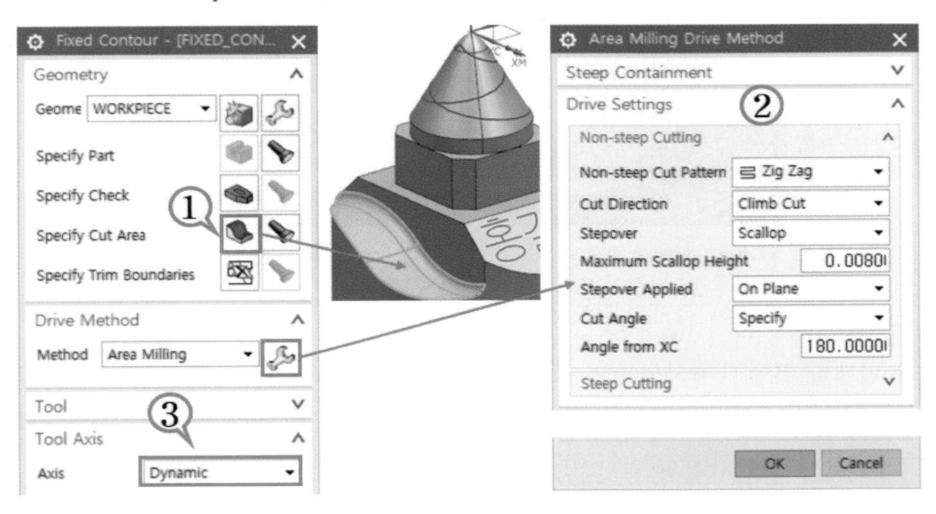

- ③ Dynamic 가공 벡터 지정 순서 → ③ Dynamic → ④ 회전하려는 Dynamic Axis 회전 볼 선택 → ⑤ 회전 각도(Angle) 지정 → ⑥ 중심 볼을 드래그하여 간섭 여부 확인

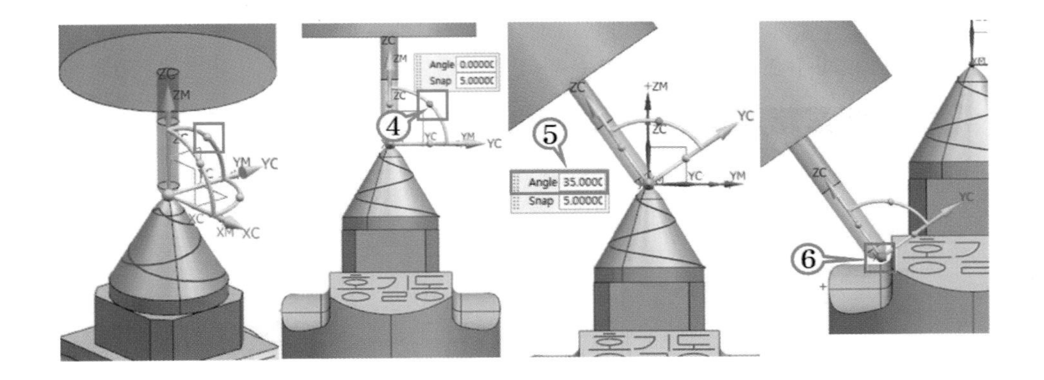

- Cutting Parameters, Non Cutting Moves , Feed and Speeds는 앞 오퍼레이션을 참고하여 각자가 설정해 보도록 한다.

• 조건 설정을 완료하고 Generate 및 Verify를 실시하여 가공을 완료한다.

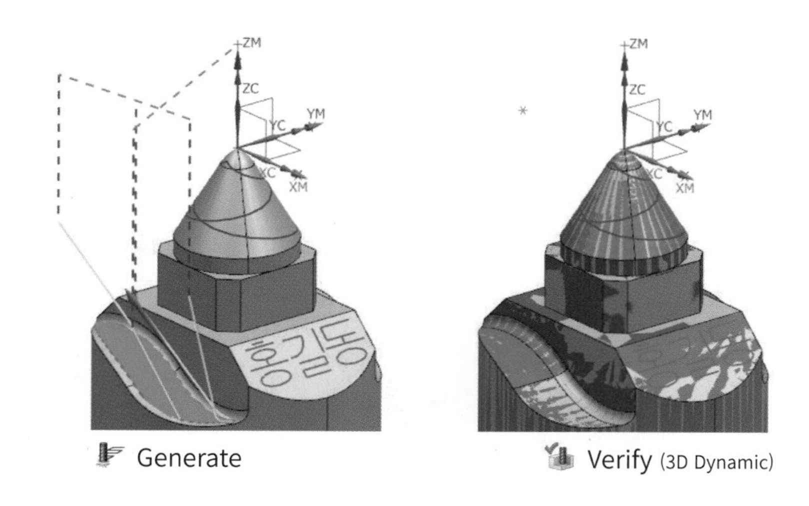

• 반대쪽 면에 대해서도 같은 조건 설정을 완료하고 Generate 및 Verify를 실시하여 가공을 완료한다.

(f) Variable Contour을 이용한 곡면 5Axis Helix 가공

• 4축 Helix 테스트 피스 가공과 같은 방식으로 오퍼레이션을 생성하면 되나 다른 점이 있다면 4축 Helix는 틸트각을 90도로 고정시킨 상태에서 가공했다면 이번 예제에서는 공구축 벡터를 모델에 수직(Normal to Part)으로 설정을 해줘야 한다. Variable Contour의 주요 설정 내용은 다음과 같다.

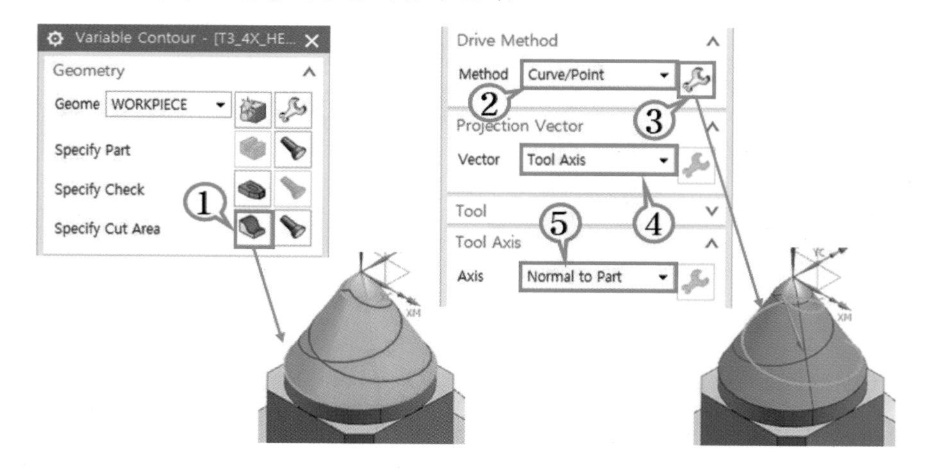

• 조건 설정을 완료하고 Generate 및 Verify, Transform Object을 실시하여 가공을 완료한다.

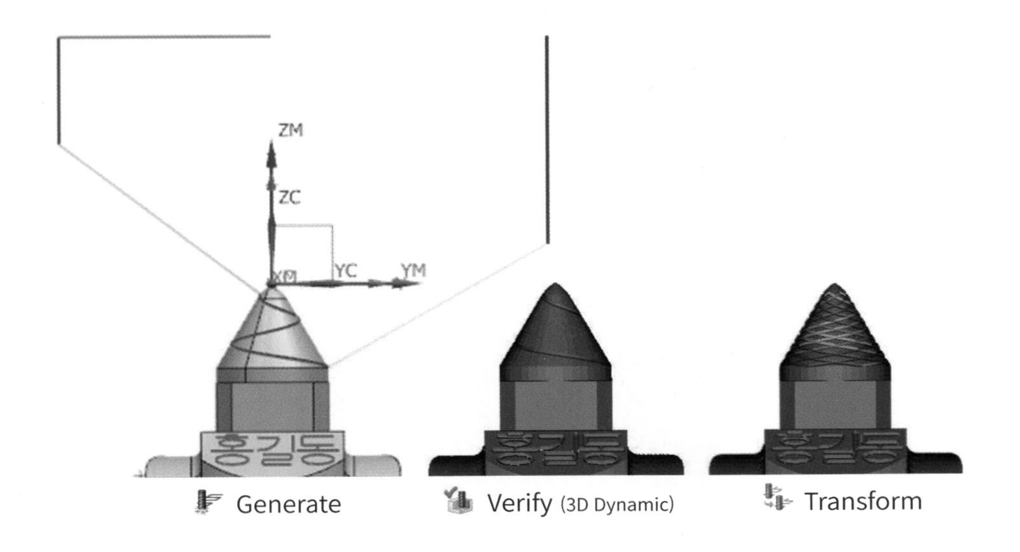

Axis control

• 위에서 작업한 예제의 경우 임의 각도로 회전한 후 회전축은 고정이 되는 Fixed axis(고정축제어)였다. Fixed axis로도 가공이 된다면, 직선 이송만으로 가공하는 회전축 고정 제어 5축 가공이 되므로 강성이 좋고 정밀도가 우수한 결과를 얻을 수 있다. 그러나 모델링 형상에 따라 회전축을 고정할 경우 접근성이 저하되어 미가공이 발생하거나, 가공 자체가 불가능한 경우도 있다. 따라서 모델링 형상에 따라 적합한 회전 이송을 위한 공구축 벡터 제어, 즉 Axis control을 수행한다.

• Lead and tilt

아래의 ①과 같이 Lead and tilt 각을 둘 다 0°로 하면 곡면에 Normal 하게 된다. Lead 각은 그림의 Feed direction과 같이 공구 진행 방향으로 기울어지는 각도를 의미한다. ②번과 같이 Lead 각을 30°로 하면 정면 View에서 볼 때 공구 진행 방향으로 앞으로 30° 기울인 채 이송함을 알 수 있다.

Tilt 각은 Feed direction 방향과 직각을 이루는 Pick feed direction의 경사 각도이다. ③번과 같이 Tilt 각을 30°로 하면 우측 View에서 볼 때 Pick feed 방향으로 30° 경사진 자세를 유지하면서 Feed 방향으로 이송함을 알 수 있다.

볼엔드밀 공구 선단점(R값이 0이 되는 끝점)에서의 이론 절삭 속도는 0이므로 가공이 아니라 문지르는 식의 버핑 현상이 발생하는데 리드각과 틸트각을 적당히 제어함으로써 이러한 문제를 해결하고 고품질의 가공면을 얻을 수 있다.

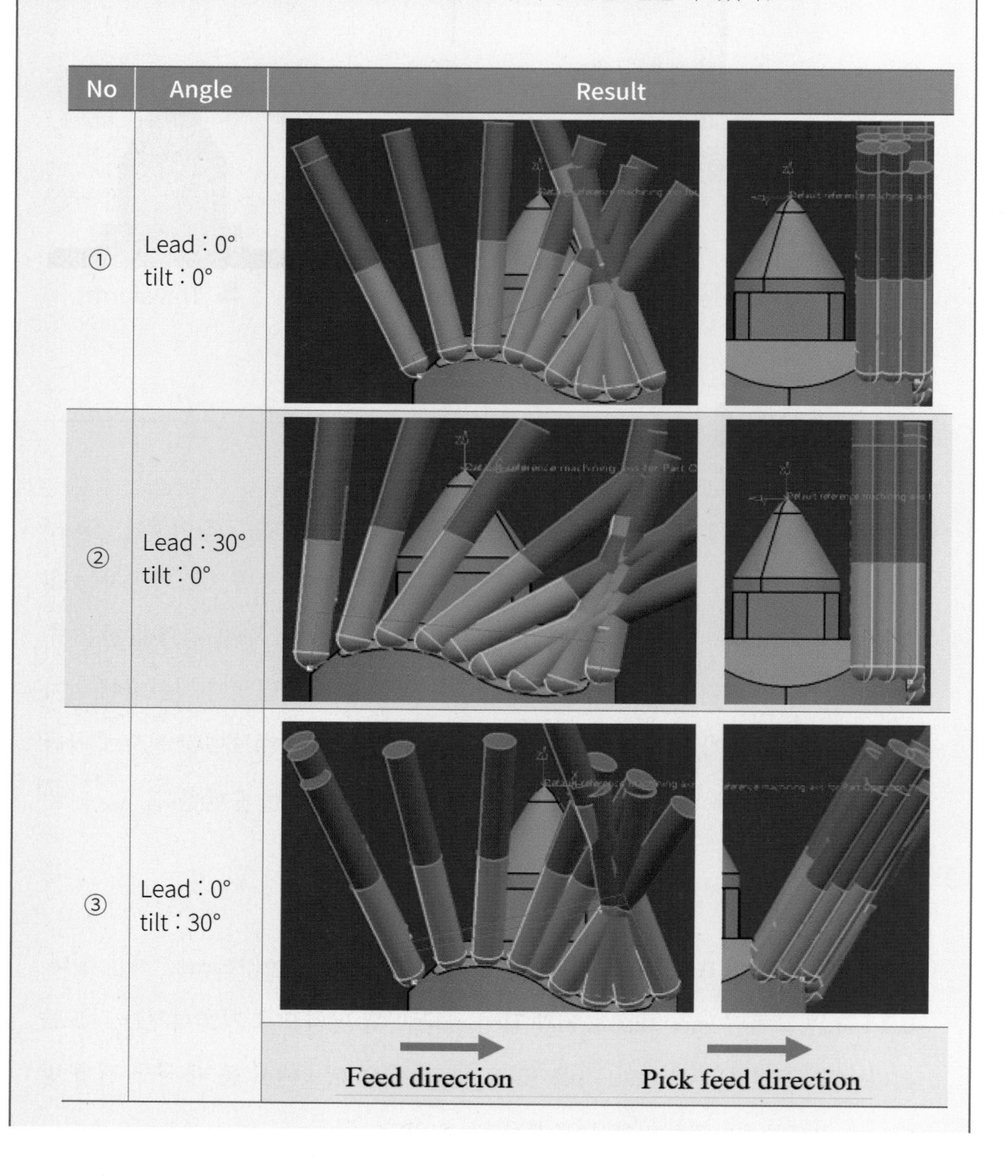

No	Angle	Result
①	Lead : 0° tilt : 0°	
②	Lead : 30° tilt : 0°	
③	Lead : 0° tilt : 30°	

- Toward a point

아래와 같이 공구 자세가 한 점을 향하는 Axis control로서 포켓 형상의 간섭을 피하기 위하여 주로 사용된다.

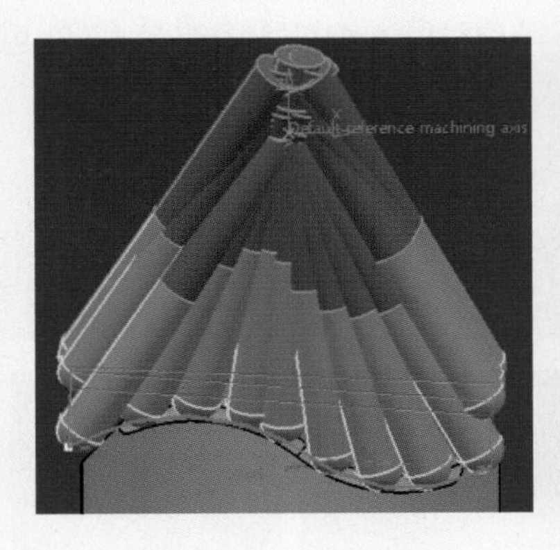

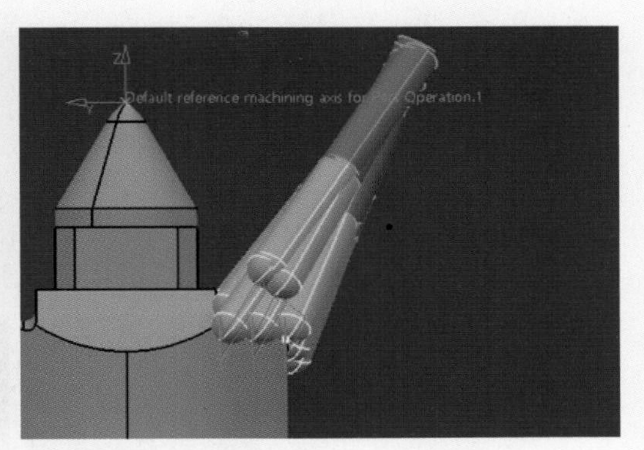

- Toward to line

아래와 같이 공구 자세가 직선을 향하는 Axis control이다.

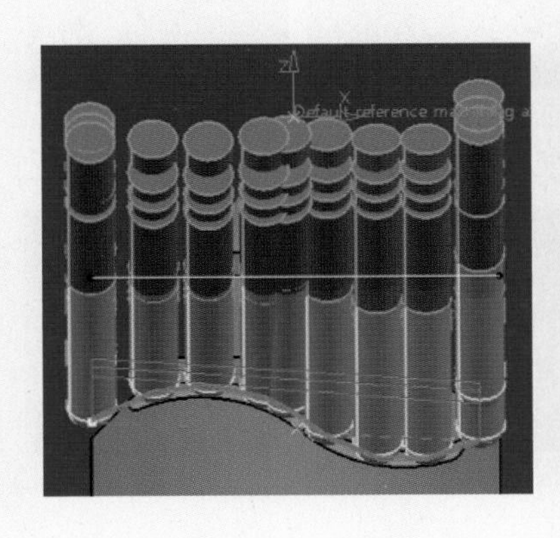

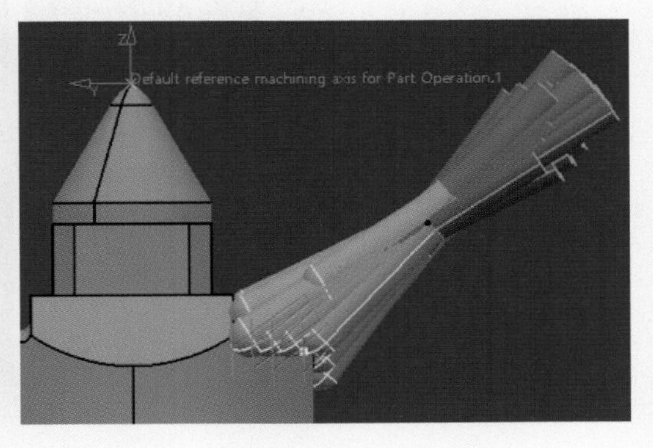

- Thru a guide와 Interpolation

Thru a guide는 공구축 벡터가 임의 곡선을 향하는 Axis control이며 Interpolation은 간섭을 피할 수 있는 다수의 공구축 벡터를 미리 정의하고 공구 경로 생성 시에 미리 정의한 공구축 벡터를 연속적으로 지나면서 보간하는 Axis control이다.

아래와 같이 Thru a guide와 Interpolation은 유사한 Axis control이나 공구 경로의 연속성 측면에서 Iso–Parametric Machining의 Interpolation이 복잡한 형상의 공구 자세 제어에 가장 우수하다. 따라서 임펠러와 프로펠러의 Axis control에는 Iso–Parametric Machining의 Interpolation을 채택하며 상세한 사용법은 6.3의 임펠러 공구 자세 제어에서 다룬다.

Tool path command	Axis control	Result
Multi Axis Sweeping	Thru a guide 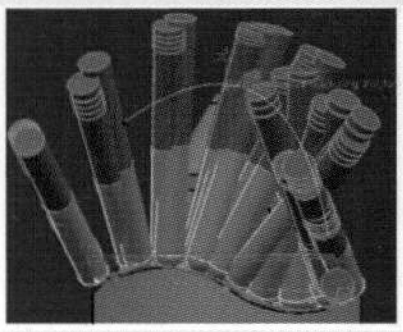 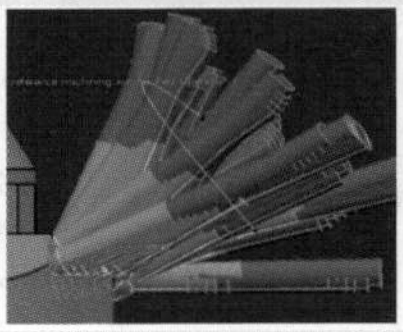 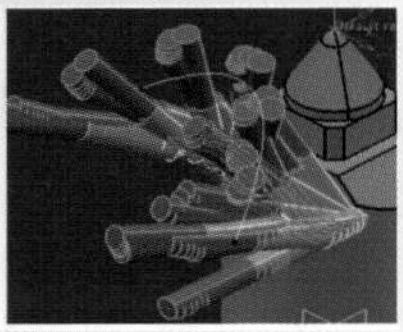	
Iso-Parametric Machining	Thru a guide 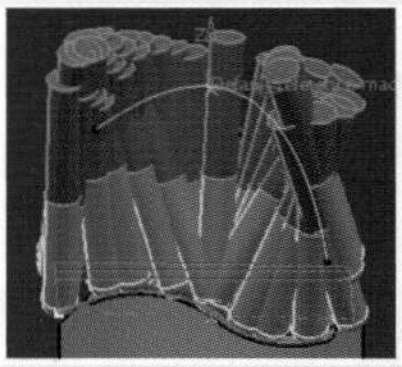 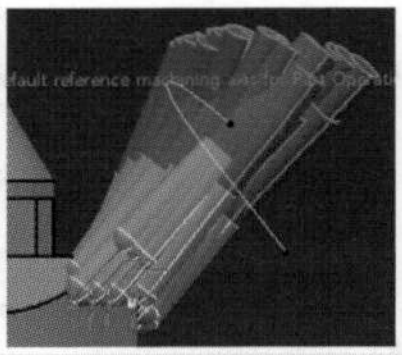 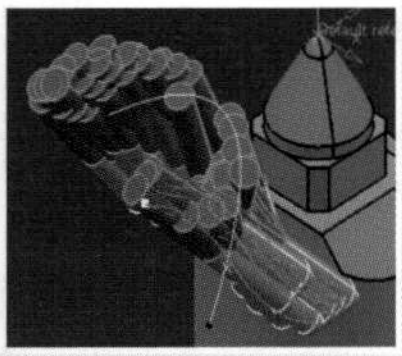	
Iso-Parametric Machining	Interpol-ation 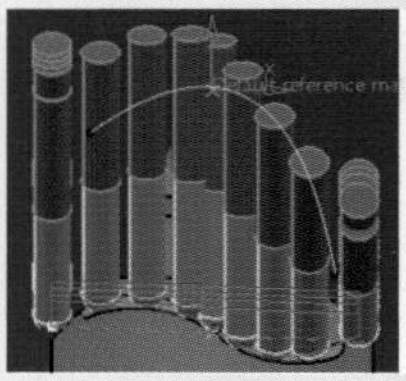 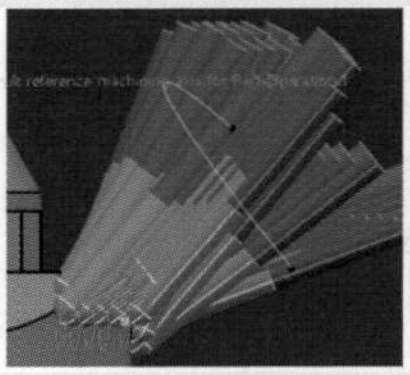 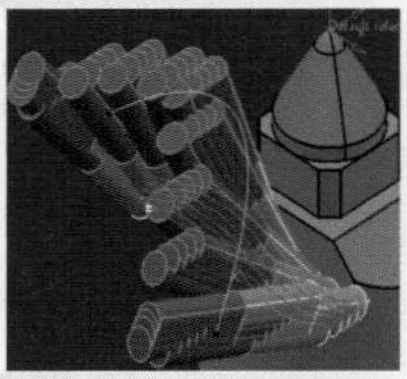	

(g) Contour Text를 이용한 조각(Engraving) 가공,

- 경사면 5Axis 가공과 같은 방식으로 Contour Text를 이용하여 경사면이나 곡면에 Text 등의 조각 가공을 할 수 있다. Contour Text의 주요 설정 내용은 다음과 같다. Create Operation → Mill Contour → Contour Text → Location 및 Name(T03_TEXT_HONG)입력 → OK → ① 각인을 새길 곡면 선택 → ② Text 선택 → ③ Text → ④ Tool Axis → ⑤ 면 선택(가공벡터 지정) → ⑥ Cutting Parameters 설정 → ⑦ Non Cutting Moves 설정 → Feed and Speeds 설정

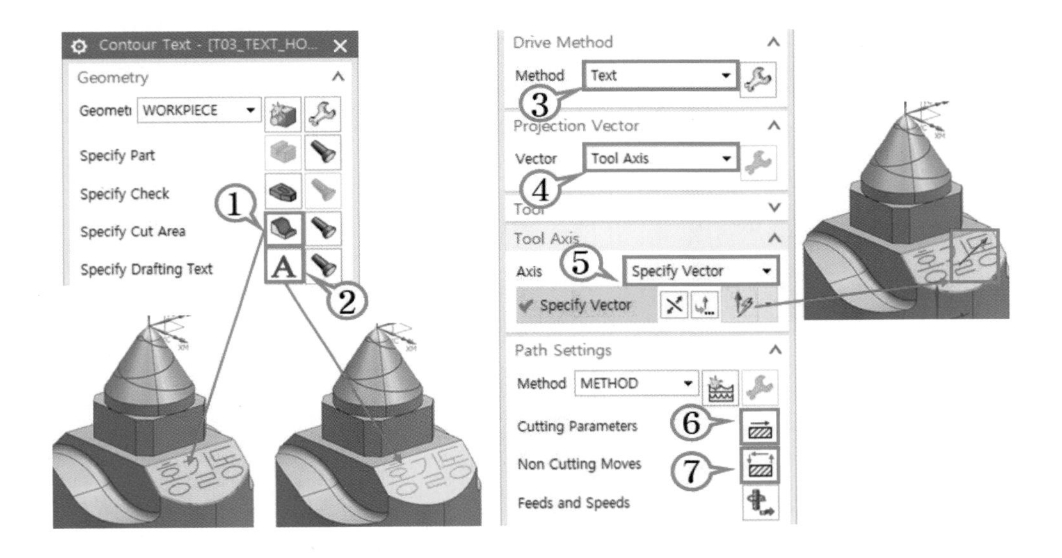

- ⑥ Cutting Parameters의 주요 설정 내용은 그림과 같으며 Part Stock Offset에서 지정한 0.3mm 에 대하여 Incremental 값 0.05mm씩 총 6 step을 가공하게 된다.

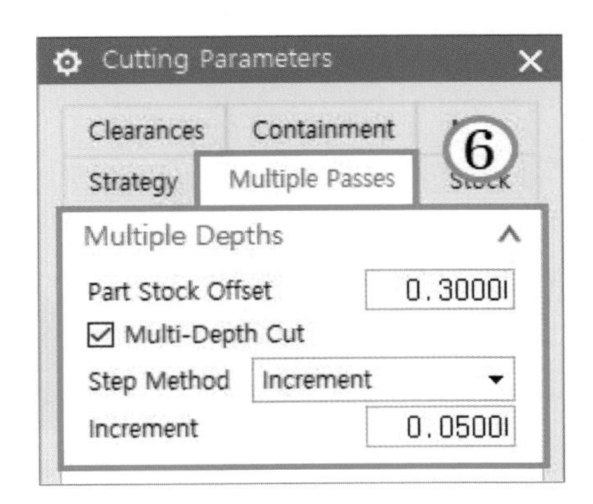

- ⑦ Non Cutting Moves의 주요 설정 내용은 아래와 같으며 각인 가공 특성상 공구의 들림이 많이 발생되기 때문에 세부적 조건 설정이 최적화되지 않으면 공구의 비가공(Air cut) 시간이 늘어나게 되어 가공이 비효율 적이게 된다. 조건 하나하나에 대한 설명보다는 학습자 스스로가 조건을 변경해가며 툴 패스가 생성되는 모습을 보며 각각의 조건에 대한 이해도를 높이는 방식을 추천한다. 5축 가공은 3축 가공과 다르게 비절삭 시 공구의 자세가 매우 중요하므로 Non Cutting Moves에 대한 정확한 이해가 요구된다.

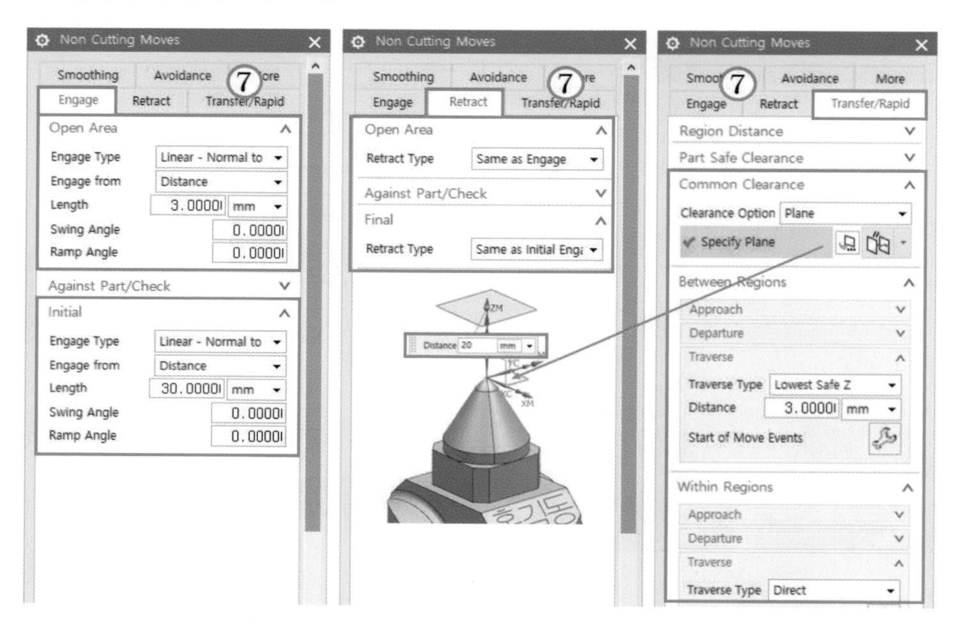

- 조건 설정을 완료하고 Generate 및 Verify를 실시하여 가공을 완료한다.

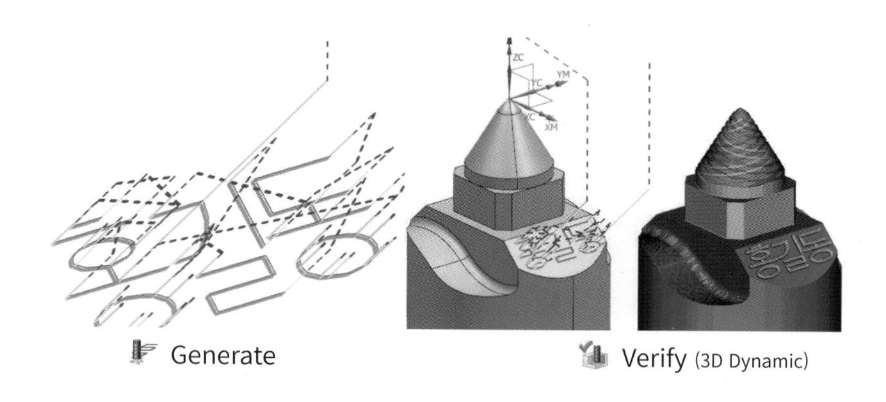

2) CL 데이터 및 NC 데이터의 출력

- 생성한 오퍼레이션에 대하여 CL 데이터를 출력한 후 이전 장과 동일한 방법으로 H-POST를 이용하여 포스트포로세싱 처리하고 프로그램명, 공구번호, 보정번호를 해당 공구에 맞게 수정한다.

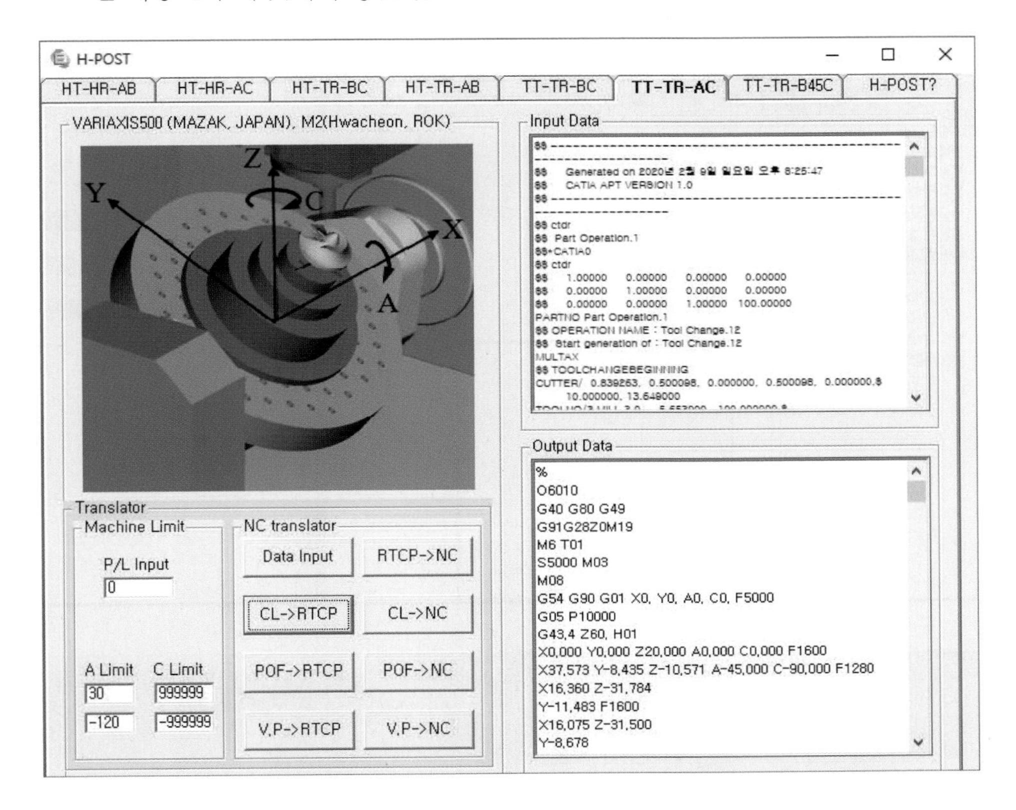

3) VERICUT을 이용한 모의 가공

- VERICUT V8.2를 OPEN하여 ①과 같이 파일 열기를 하고 ②의 경로에서 ③번 파일을 클릭하면 사전에 제공한 VERICUT 작업 파일이 열린다. VERICUT 트리에서 NC 프로그램(④)을 더블 클릭하여 ⑤번 경로의 O0101.nc, O0102.nc, O0103.nc 파일(⑥)을 함께 선택하여 입력한 후 모의 가공을 실행한다.

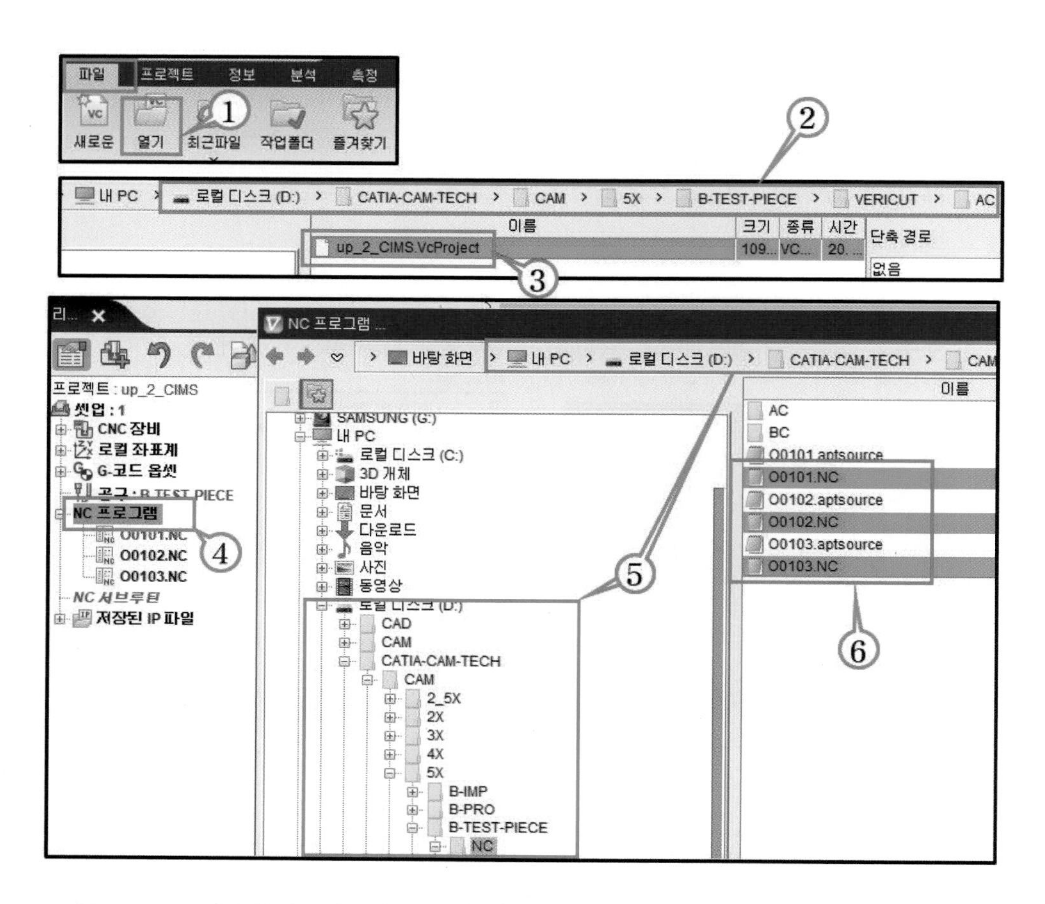
파일
프로젝트
정보
분석
측정
새로운
열기
최근파일
작업폴더
즐겨찾기
내 PC
로컬 디스크 (D:)
CATIA-CAM-TECH
CAM
5X
B-TEST-PIECE
VERICUT
AC
이름
크기
종류
시간
단축 경로
up_2_CIMS.VcProject
없음
NC 프로그램 ...
바탕 화면
프로젝트 : up_2_CIMS
셋업 : 1
CNC 장비
로컬 좌표계
G-코드 옵셋
NC 프로그램
O0102.NC
O0103.NC
NC 서브루틴
저장된 IP 파일
SAMSUNG (G:)
로컬 디스크 (C:)
3D 개체
문서
다운로드
음악
사진
동영상
CAD
2_5X
2X
3X
4X
B-IMP
B-PRO
NC
BC
O0101.NC
O0102.aptsource
O0102.NC
O0103.aptsource
O0103.NC

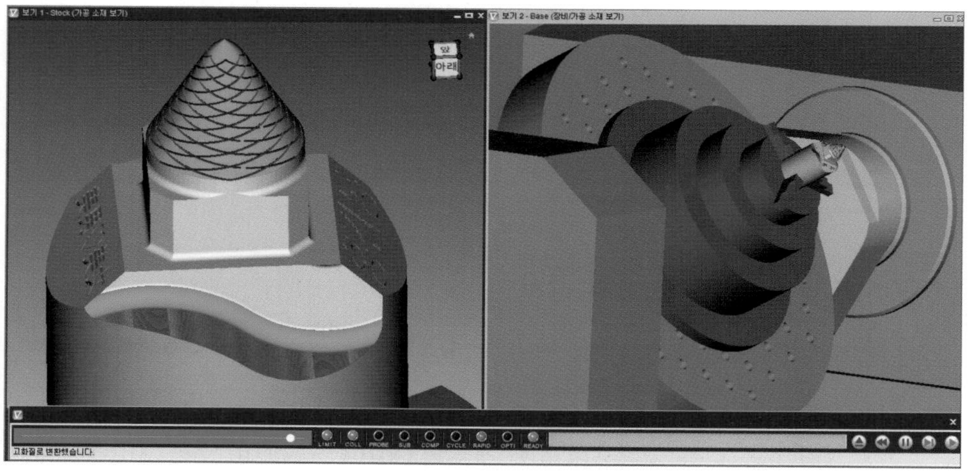

4) CNC 절삭 가공

(1) 공작물 좌표계 세팅 및 공구 길이 보정

⇒ 테스트 인디케이터로 Y축을 전후 이동하면서 A축 오차량을 기록한다. 교재에서 적용한 Mytrunnion-5 5축 가공기(FANUC)는 -0.543° 오차가 있으므로 G54 공작물 좌표계 A값에 0.543을 입력한다.

⇒ 이후부터 항상 G54 G90 A0;를 해주어야 A축 오차가 보정됨.

⇒ 테스트 인디케이터를 테스트피스 가공용 소재에 접촉한 뒤 핸들 모드로 C축을 회전하면서 C축 중심과 소재 중심을 일치시킴.

⇒ C축을 회전하면서 인디케이터 눈금이 가장 커질 때의 반대편 조를 살짝 풀고 커지는 방향의 조를 오차의 절반만큼 조여서 바늘이 1/100 이내로 될 때까지 반복함.

⇒ Accu-center를 이용하여 Y축 앞쪽을 접촉한 뒤틀어질 때 상대 좌표, Y-origin 입력하고 뒤쪽 접촉 후 상대 좌표 Y값을 기록하며, 안전하게 Z 방향으로 이송하고 절반만큼 다시 Y 반대 방향으로 이동하여 Y-origin 입력.

⇒ X 방향도 동일하게 수행하여 원통 소재 중심점에서의 기계 좌표를 구함.

⇒ Accu-center로 구한 공작물 중심에서의 X, Y값을 X0 측정, Y0 측정하여 G54 공작물 좌표계에 입력. 여기서는 X-407.3, Y-355.093이 측정되었다.

NO.		DATA
01	X	-407.3000
(G54)	Y	-355.0930
	Z	-312.2100
	C	0.0000
	A	0.5430

⇒ G54 공작물 좌표계에 입력한 값과 로터리테이블의 회전 중심점(Pivot 중심점) 파라미터값인 19700(ROTARY TABLE POS X), 19701(ROTARY TABLE POS Y), 19702(ROTARY TABLE POS Z) 값을 비교한다. 비교 결과 X, Y값은 거의 유사함을 알 수 있다. 결과적으로 Accu-center로 공작물 좌표계 X, Y값을 구할 필요가 없다는 의미이다. 정기적으로 몇 개월에 한 번씩 점검만 하면 될 것이다.

⇒ 19702(ROTARY TABLE POS Z) 값은 로터리테이블 회전 중심점의 Z 좌표이므로 공작물 좌표계 G54의 Z값(공작물 상면)과 다르므로 매번 스핀들의 게이지라인 면을 공작물 상면에 접촉하여 구해야 한다. 로터리테이블의 Pivot 중심을 구하여 파라미터에 입력하기 위한 CAM 작업과 NC 데이터를 아래 경로의 폴더에 수록하였다. Pivot CAM 프로그램의 NC 데이터를 활용하여 정기적으로 5축 가공기의 Pivot 중심을 보정한다.

⇒ Pivot CAM 파일 경로 : D:\CATIA-CAM-TECH\CAM\pivot-cam\pivot

PARAMETER(5-AXIS FUNCTION)

19699 TILT ANGLE RB	0
19700 ROTARY TABLE POS X	-4073010
19701 ROTARY TABLE POS Y	-3550930
19702 ROTARY TABLE POS Z	-5992100

⇒ 좌측 그림과 같이 공작물 상면에 10mm 블럭이 들어갈 때까지 스핀들 단면(Gage line)을 위로 올리면서 접촉하여 G54 공작물 좌표계에 Z10. 측정, 입력 후 상대 좌표 Z-origin 입력

⇒ 우측 그림과 같이 공구들을 블럭에 접촉하였을 때 상대 좌표값을 공구 길이 보정값에 입력(Z-C-입력)

⇒ 반자동 모드에서 우측과 같이 입력하여 Z45로 공구가 이동하였을 때 45mm 블럭을 삽입하여 공작물 좌표계 및 공구 길이 보정값 검증, 10mm 블럭인 경우 Z10.으로 입력, 공구마다 공구번호와 보정번호 수정

```
PROGRAM (MDI)
O0000 T1 M6 ;
N0 G54 G90 G1 X0 Y0 A0 F5000 ;
N0 G43 Z70. F2000 H1 ;
N0 Z45. ;
N0 Z70. F5000 ;
N0
%
```

⇒ 본 장비와 같이 공구 길이 자동 측정 장치(Q-SETTER)가 장착된 장비의 경우 반자동 모드에서 G65 P9100 H4 ; (해당 공구 보정번호로 수정)를 입력, 실행하면 공구 길이 보정값이 자동으로 컨트롤러의 길이 보정값에 입력됨.

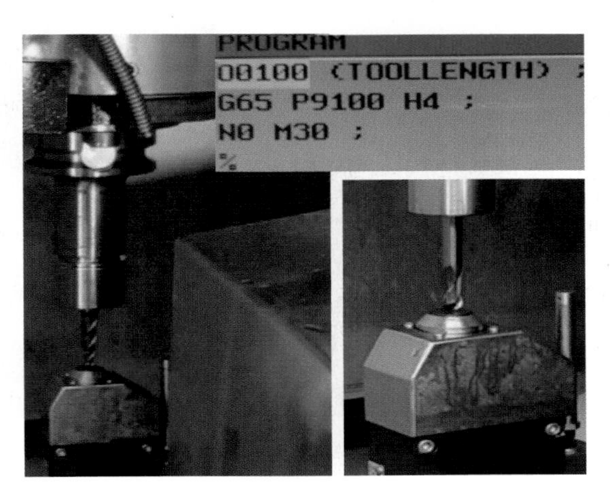

(2) 5축 CNC 절삭 가공

- 아래와 같이 작성한 CAM P/G 및 5축 가공기를 이용하여 테스트피스에 대한 5축 CNC 절삭 가공을 수행한다.

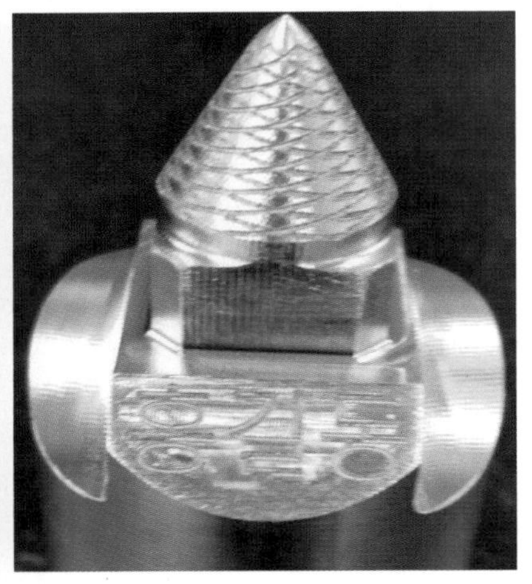

6.3 임펠러

<table>
<tr><td rowspan="2">과제 모델링</td><td rowspan="2">임펠러</td><td>NC 프로그래밍</td><td>5시간</td></tr>
<tr><td>5축 가공</td><td>7시간</td></tr>
<tr><td colspan="4">1. 요구사항.
가. 임펠러 모델링을 열어 CAM 프로그램을 작성하고 포스트프로세싱과 가공 시뮬레이션을 수행한다.
나. 범용 선반과 CNC 선반을 이용하여 범용 선삭(①), CNC 선삭(②)을 수행하고 TT-TR-AC 타입 5축 가공기에서 5축 가공(③)을 수행한다.</td></tr>
</table>

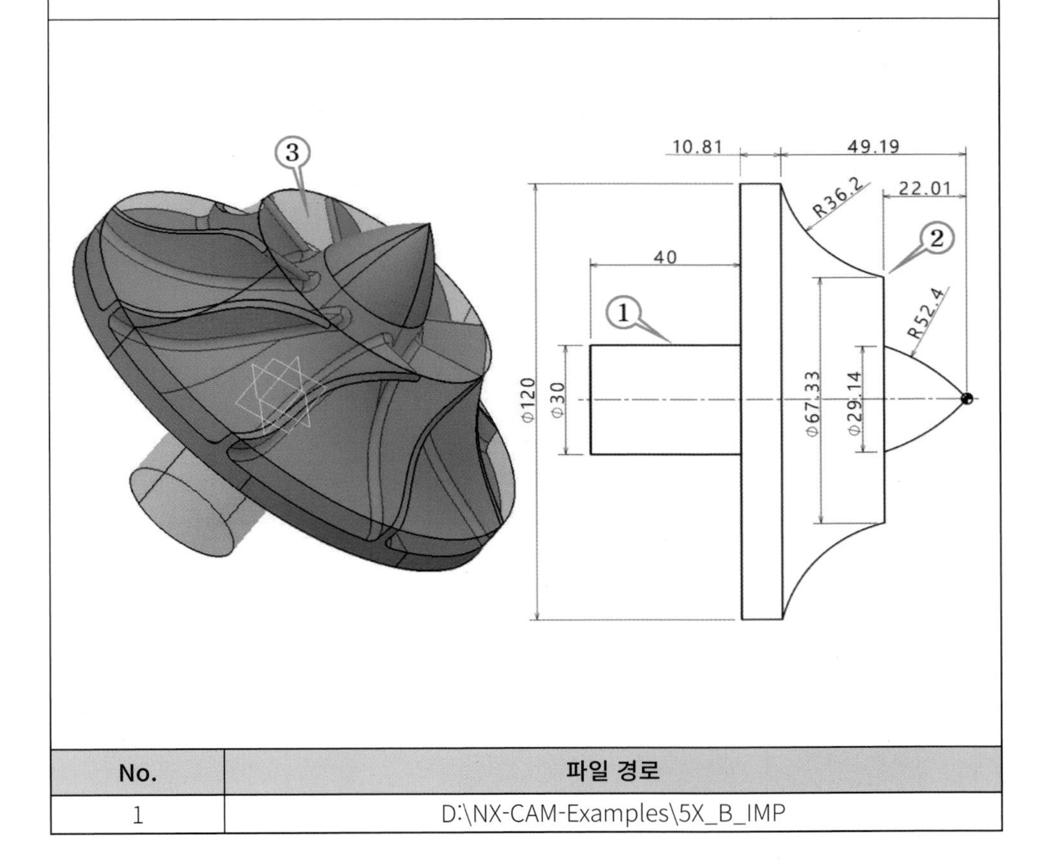

No.	파일 경로
1	D:\NX-CAM-Examples\5X_B_IMP

과제 모델링	PROCESS SHEET	NC 프로그래밍	5시간
		5축가공	7시간

1. 요구사항.
   가. 아래의 작업 절차서에 준하여 프로그램 및 5축 가공을 수행한다.

CATIA CAM 5축가공기술	IMPELLER
가공장비	MYTRUNNION-5 5축가공기
소프트웨어	CATIA, H-POST
소재	Ø120 – 100L
원점	리딩엣지상면
비고	① : 범용선삭, ② : CNC선삭(O2120.NC)

PROJECT	PROCESS	O5000	P/G NO.	TOOL	TOOL NO.	E/L	HOLDER	SPINDLE (RPM)	FEED (mm/min)	D.O.C (mm)	SCALLOP (mm)	CLEARANCE (mm)
선삭	선삭		**O2120**	외경바이트	1							
리딩엣지	리딩황삭		**O6003**	6F_0.5R	1	30		5300	2000/2120/5000			
	리딩정삭		**O6004**	4B-5D-10S-35TL	2	36		5300	2000/2120/5000			
블레이드, 허브	블레이드황삭	O5010	**O6010**	6F_0.5R	1	30	**D63-26-D35-75L**	5300	2000/2120/5000	**1**	**50%**	**0.3**
	필렛잔삭, 리딩에지	O5020	**O6020**	4B-5D-10S-35TL	2	36		5300	2000/2120/5000		**0.1**	**0.2**
	블레이드중삭							5300	2000/2120/5000			
	허브중삭							5300	2000/2120/5000			
	블레이드,리딩 정삭	O5030	**O6030**	4B-5D-10S-35TL	3	36		5300	2600/3180/5000 (500/700/5000)		**0.01**	**0**
	허브정삭											

No.	파일 경로
2	D:\NX-CAM-Examples\5X_B_IMP

- 임펠러는 아래의 [그림 6-1]과 같이 공기압축기, 터보블로워, 터보차저, 수력 펌프, 발전기용 터빈, 가정용 진공청소기에 이르기까지 유체 에너지와 회전 운동 에너지를 상호 변환하는 부품으로 다양한 유체 기계의 핵심 부품으로 사용된다.

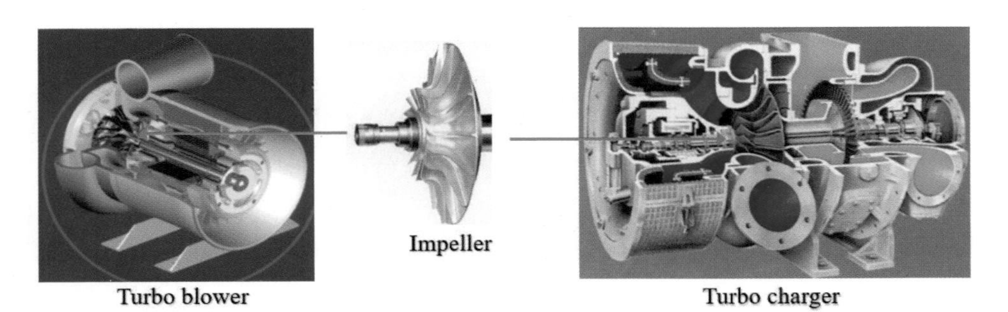

[그림 6-1] 터보 기계용 임펠러

- 임펠러의 5축 가공을 위하여 임펠러 각부의 구성요소를 이해한다. [그림 6-2]와 같이 임펠러의 몸통 부를 Hub라 하고 허브 위에 블레이드가 부착되어 있으며 블레이드는 유체의 압축 역할을 하는 Pressure blade와 흡입 역할을 하는 Suction blade로 구성된다. 유체가 유입되는 곳의 Edge를 Leading edge, 유출되는 곳을 Trailing edge라 한다.

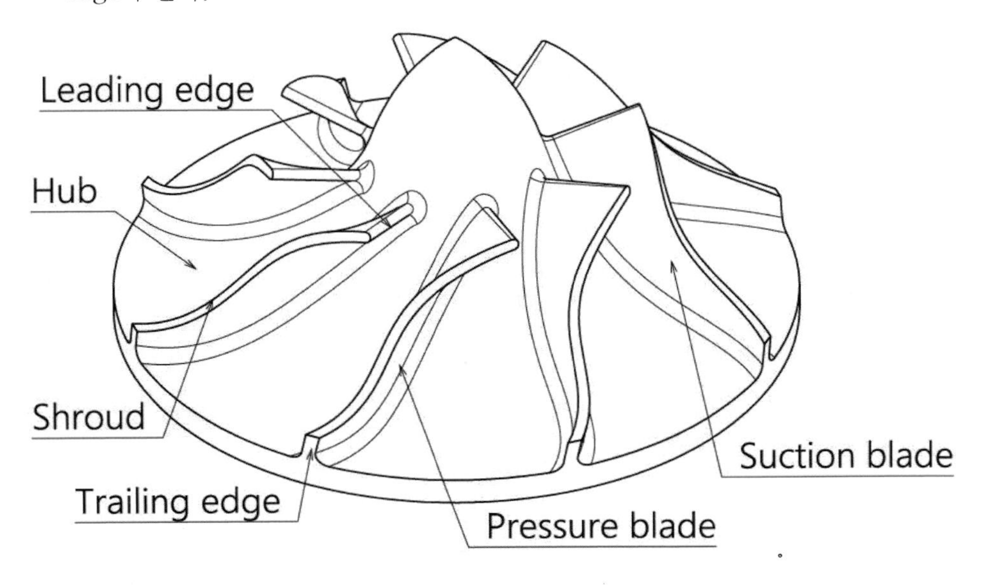

[그림 6-2] 임펠러의 구성요소

- 전통적으로 정형화된 룰드 곡면 임펠러나 곡률 변화가 일반적인 경우는 하이퍼밀, 파워밀 등 임펠러 가공 전용 모듈로 쉽게 가공할 수 있다. 그러나 임펠러의 종류는 사용 목적과 역할에 따라 그 형태가 매우 다양하므로 전용 모듈로도 가공할 수 없는 경우가 많다. [그림 6-3]은 다양한 형상의 임펠러 가공 사례를 보여준다.

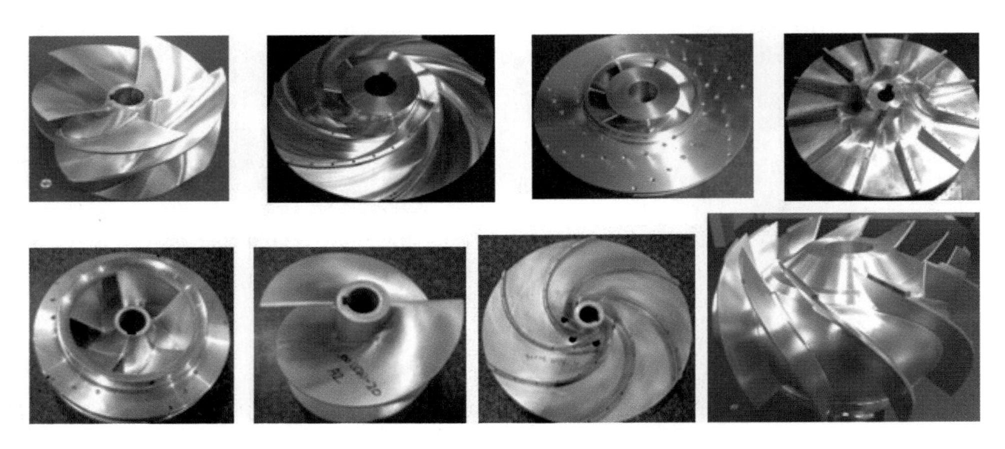

[그림 6-3] 다양한 형상의 임펠러 5축 가공

- 임펠러 가공을 위하여 NX에서 제공하는 Blade 전용 모듈을 활용한 방법으로 CAM 오퍼레이션을 작성해보도록 한다.

- 예제 5X_B_IMPELLER.stp 파일을 Import하여 OPEN한다. OPEN한 파일은 3개의 솔리드 파일을 확인할 수 있다. 각각의 용도는 아래와 같다.

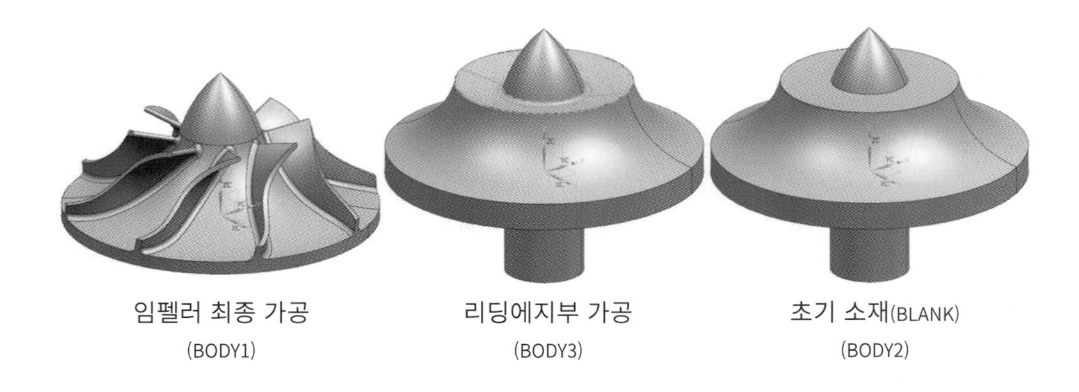

임펠러 최종 가공 (BODY1) | 리딩에지부 가공 (BODY3) | 초기 소재(BLANK) (BODY2)

- 효과적인 작업을 위하여 모델의 레이어를 정리한다.
  - ① BODY2 블랭크를 마우스 좌측 버튼으로 선택 → ② Ctrl + J → ③ Layer 3번 입력 → ④ OK → ⑤Ctrl + L (레이어 보기) → ⑥ 3번 레이어 클릭 해제(감추기) → Close : 3번 레이어로 이동된 BLANK 모델

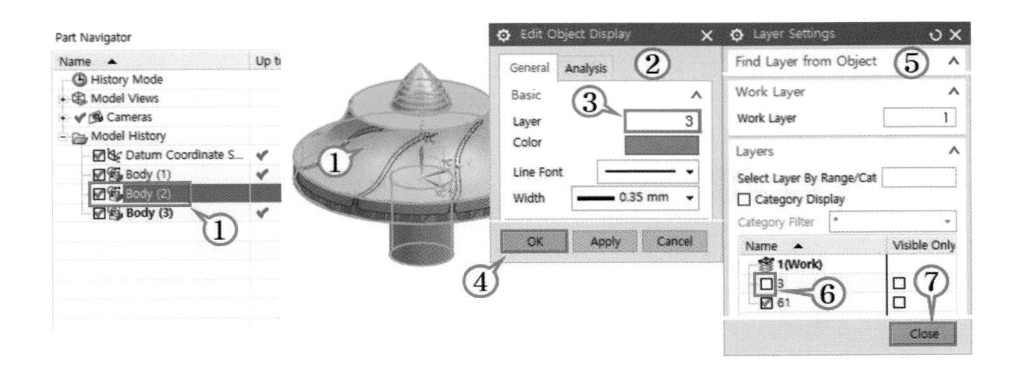

  - 같은 방식으로 BODY3를 리딩에지부 가공 모델을 마우스 좌측 버튼으로 선택 → Ctrl + J → Layer 2번으로 이동 → Ctrl + L (레이어) → 2번 레이어 클릭 해제(감추기) 한다.
  - 이러한 방식으로 ① 1번 레이어에는 임펠러 최종 가공 모델이 2번 레이어에는 리딩 에지부 가공 모델이 3번 레이어 에는 초기 소재인 BLANK 모델을 이동 정리하였다. Ctrl + L 은 레이어를 보여주며 레이어 숫자 옆의 (Work)는 현재 활성화되어 있는 작업 레이어를 말하며 레이어 숫자 앞의 체크 박스를 체크하면 레이어의 물체를 보여준다. (※ ② 레이어를 활성화(Work) 시키기 위해서는 레이어 클릭 후 → 마우스 우클릭 → WORK 설정)

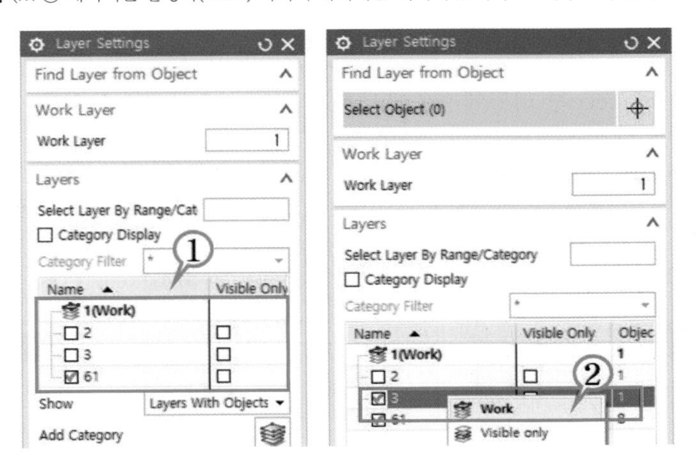

(a) CAM 작업 기본 환경 세팅

- Manufacturing (Ctrl + Alt + M) 모드로 전환한다.
  - NX 8.5 : Menu → Start → Manufacturing
  - NX 10.0 : Menu → Application → Manufacturing

- CAM 환경에 대한 기본값을 다음과 같이 설정한다. ① cam general → ② mill_contour→ ③ OK

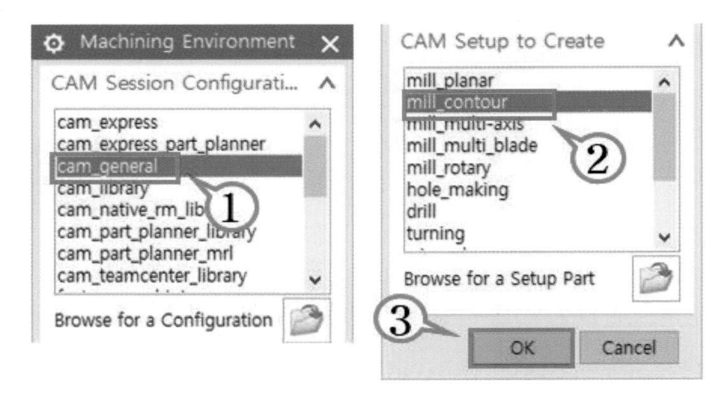

- CAM 내비게이터의 Geometry(지오메트리) 뷰에서 가장 먼저 공작물 좌표계 원점을 지정한다. 본 예제에서 사용한 모델 형상 끝점의 MCS를 그대로 사용한다.

- 지오메트리 뷰로 전환하여 기본 Workpiece의 이름을 ① LEADING_EDGE로 변경하고 LEADING EDGE Workpiece 대하여 Part 및 Blank를 설정한다. LEADING EDGE Workpiece는 리딩에지부에 대한 3축 가공에 사용할 모델을 정의한다.

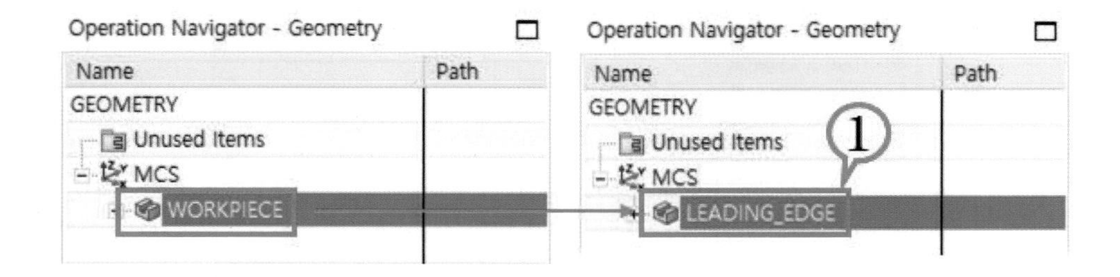

- LEADING EDGE Workpiece에 대한 Part의 설정은 아래와 같다.
  ① Specify Part → ② Ctrl + L → ③ 2번 레이어 체크 → ④ Close → ⑤ 리딩에지부 가공 모델 선택 → ⑥ OK

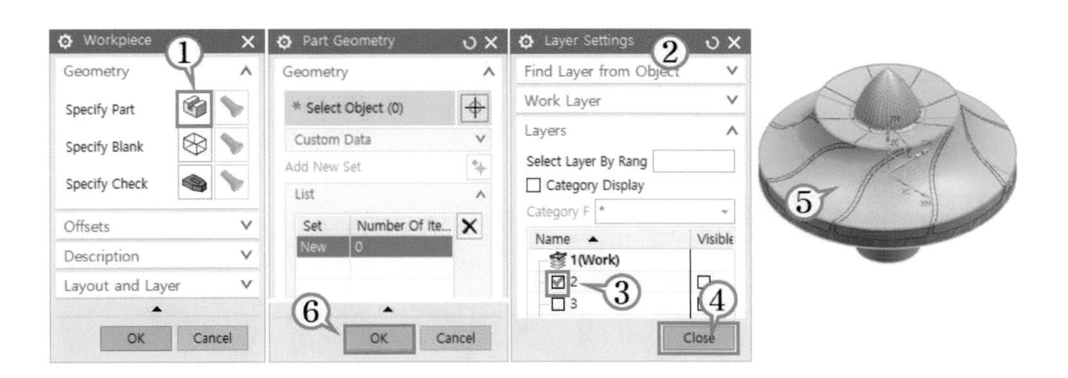

- LEADING EDGE Workpiece에 대한 Blank에 대한 설정은 Part 설정과 같은 방식으로 Specify Blank 선택 → Ctrl + L → 2번 레이어 체크 해제 → 3번 레이어 체크 → Close → BLANK 모델 선택 → OK(※ Part 및 Blank 설정이 완료되면 2, 3번 레이어는 체크 해제한다.)

- 임펠러 5축 가공을 위한 Workpiece를 추가한다. ① MCS 클릭하여 마우스 우클릭 → ② Insert → ③ Geometry → ④ mill_multi_blade → ⑤ Workpiece → ⑥ 위치 지정 → ⑦ 지오메트리 이름 입력(BLADE) → ⑧ OK → ⑨ BLADE 지오메트리 생성

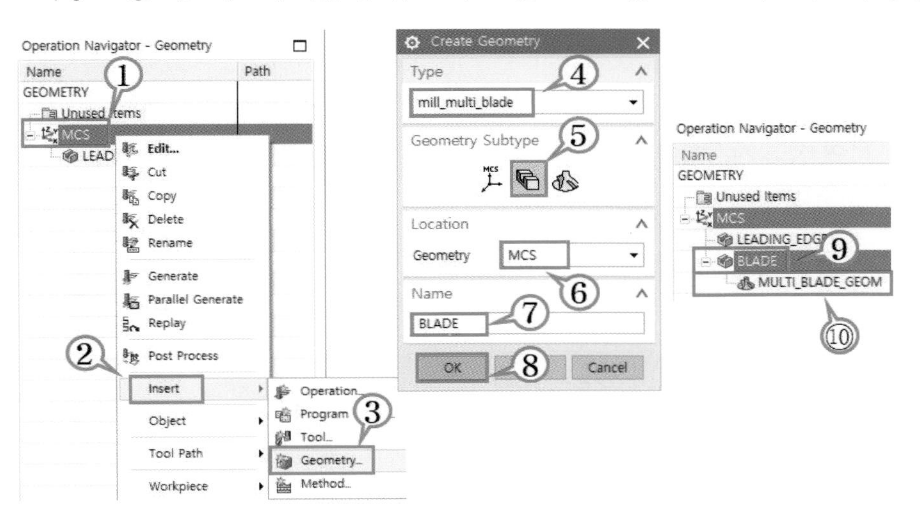

• 생성된 ⑨ BLADE Workpiece를 더블 클릭하여 대한 LEADING EDGE와 같은 방식으로 Part 및 Blank를 설정한다. Part는 레이어 1번의 임펠러 최종 모델을, Blank는 레이어 2번의 리딩에지부 가공 모델을 선택한다.

• BLADE Workpiece 하위에 자동 생성된 ⑩ Multi Blade Geom를 더블 클릭하여 Blade에 대한 세부 모델을 설정한다.

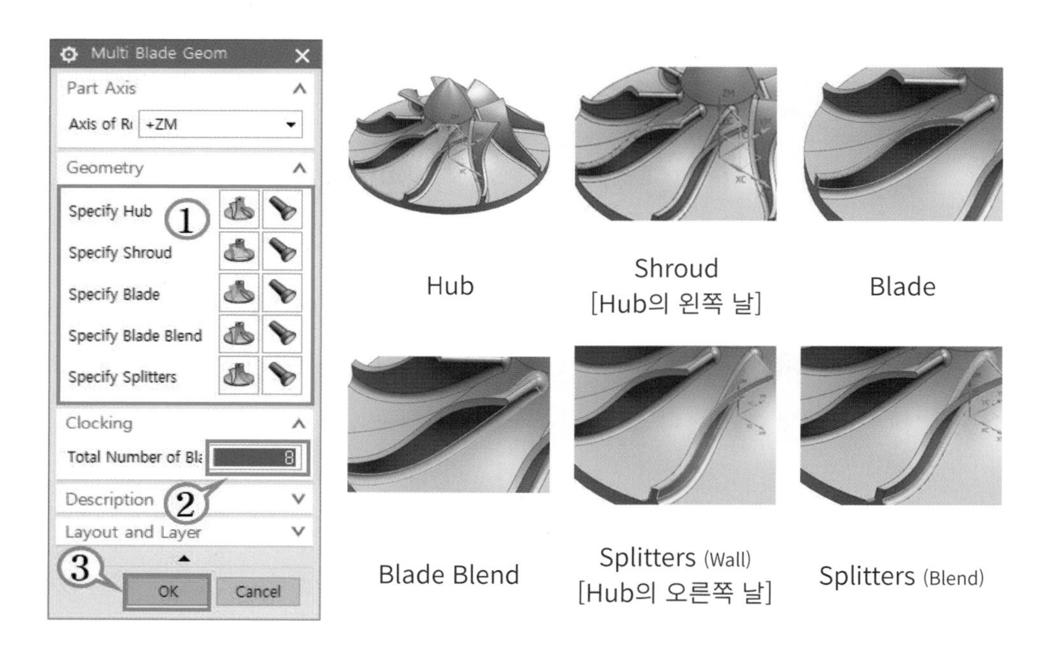

• 내비게이터의 뷰 상태를 Machine Tool View 상태로 변경하고 Create Tool을 클릭하여 작업 지시서에 따라 1번 6flat0.5r 황삭, 2번 4ball 테이퍼 중삭, 3번 4ball 테이퍼 정삭 공구를 생성한다. (5축 가공 시 기계 구조부 및 공작물 등에 충돌을 검증하기 위하여 Tool, Shank, Holder 전체를 실제 치수로 만들어 주도록 한다.)

(1) 5축 가공 임펠라의 P/G 작성

(a) Cavity Mill을 이용한 리딩에지부 황삭 가공

- 내비게이터를 프로그램 오더뷰(Program Order View)로 변경하여 PROGRAM 폴더명을 LEADING_EDGE_3AXIS 로 변경한다.

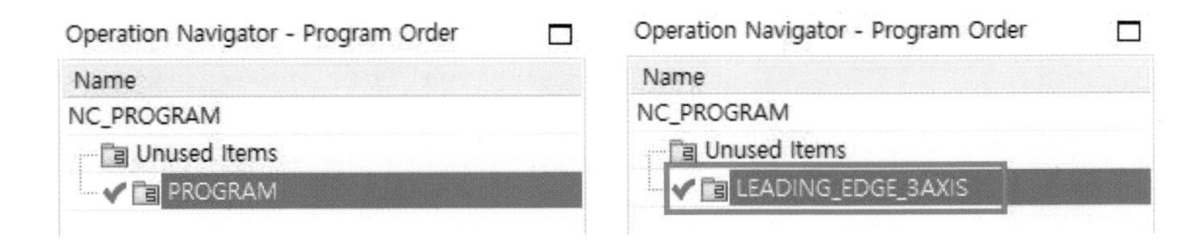

- 레이어 보기 Ctrl + L을 실행하여 2번 레이어를 Work 레이어로 변경하고 1번 레이어는 클릭을 해제한다.

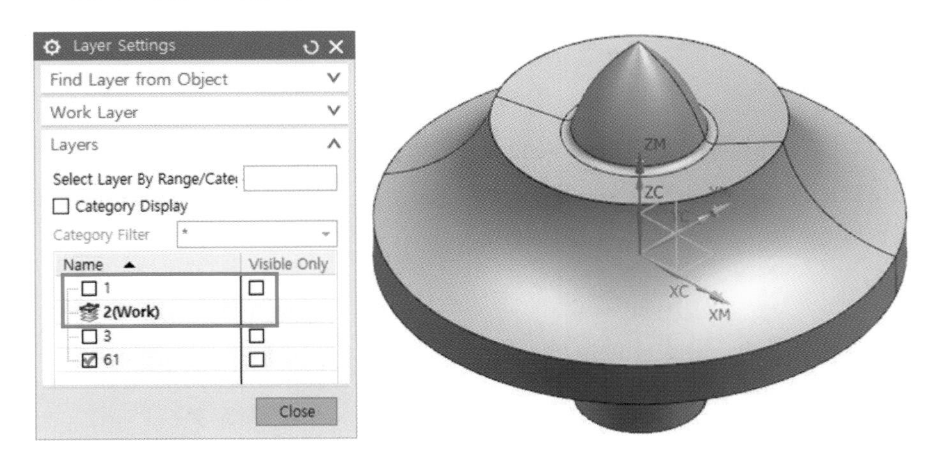

- 앞에서 다루었던 예제들을 참고로 Create Operation을 클릭하여 Mill Contour → Cavity Mill을 이용하여 Leading Edge부에 대한 황삭 가공 오퍼레이션을 생성한다. Location에서 Program 생성 위치 및 Geometry에 대한 설정을 주의하여 설정하며, 오퍼레이션에 대한 이름(T01_6F0.5R_ROUGH_CAVITY_0.5) 및 주요 설정 내용은 아래와 같다.

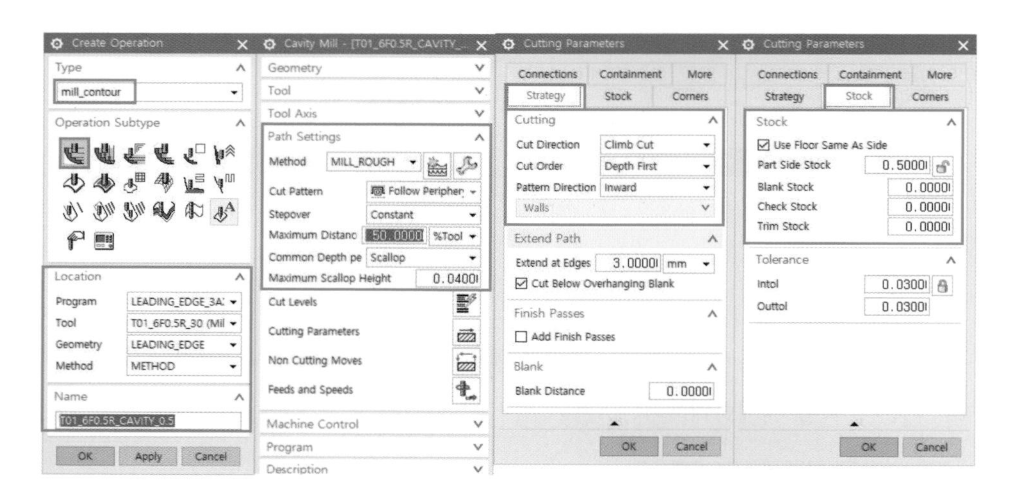

- 이밖에 조건 설정을 완료하고 Generate 및 Verify를 실시하여 황삭 가공을 완료한다.

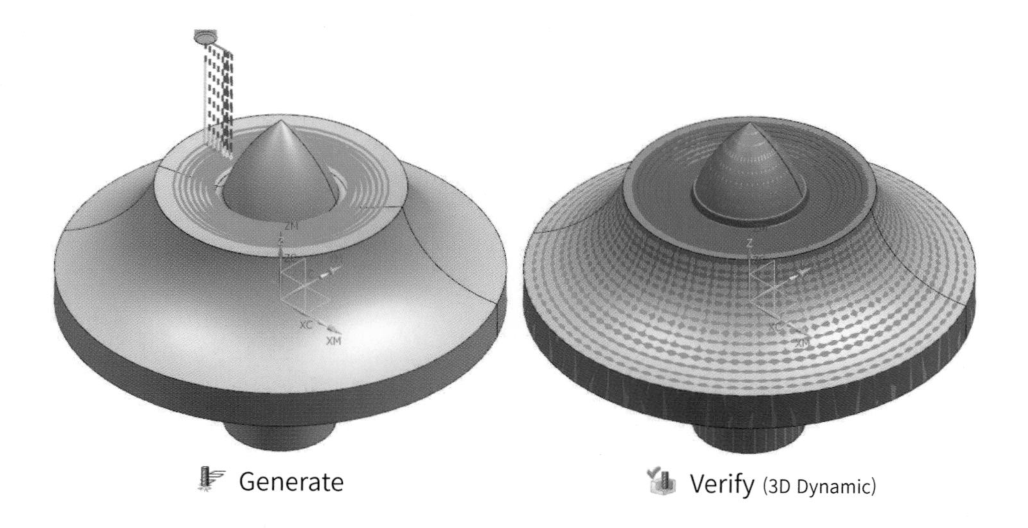

Generate　　　　Verify (3D Dynamic)

(b) Fixed Contour를 이용한 리딩에지부 중/정삭 가공

- Create Operation을 클릭하여 Mill Contour → Fixed Contour의 Area milling을 이용하여 Leading Edge부에 대한 중/정삭 가공 오퍼레이션을 생성한다. Location에서 Program 생성 위치 및 Geometry에 대한 설정은 황삭과 같으며, 중삭 오퍼레이션에 대한 이름(T02_4B_SEMI_FINISH_LE) 및 주요 설정 내용은 아래와 같다.

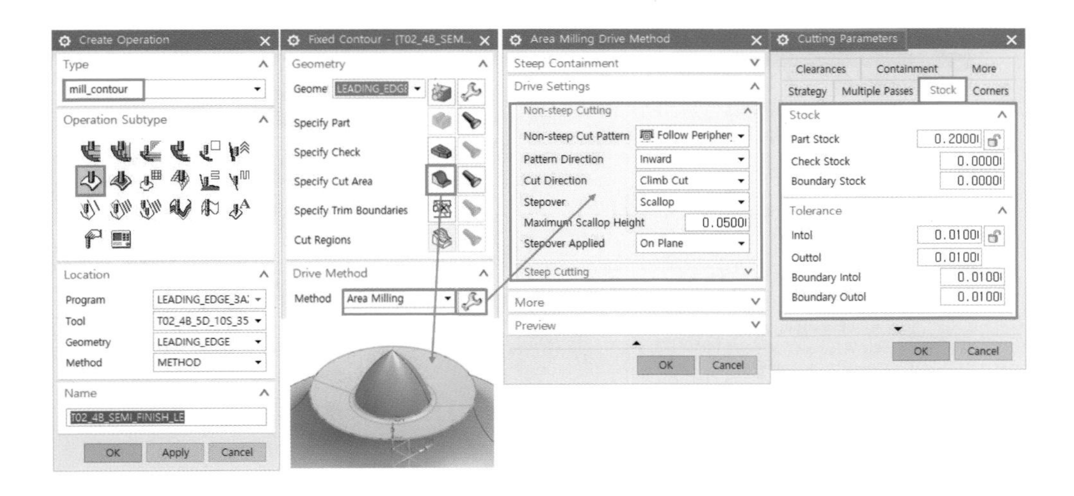

- 중삭 가공 오퍼레이션에 이어 T03_4B_FINISH_LE 이름으로 Step over, Stock, Tolerance 등을 정삭 조건에 맞게 수정하여 정삭 가공 오퍼레이션을 생성한다.

- 조건 설정을 완료하고 Generate 및 Verify를 실시하여 리딩에지부 중/정삭 가공을 완료한다.

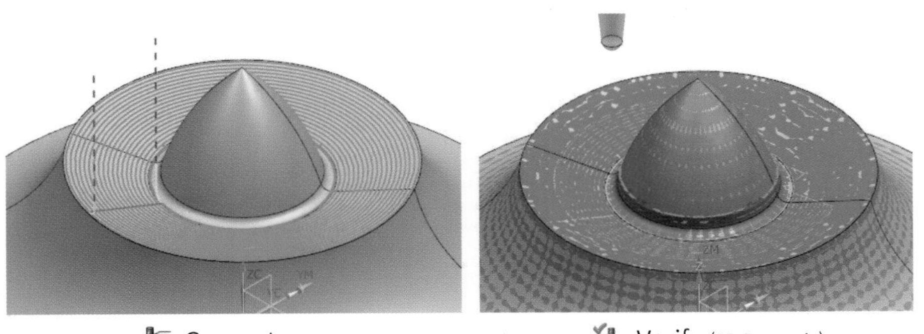

Generate　　　Verify (3D Dynamic)

(c) Multi Blade Rough을 이용한 Blade 황삭 가공

- 임펠라의 Blade에 대한 5축 가공 황삭 오퍼레이션을 독립적으로 관리하기 위하여 Blade Rough 폴더를 생성한다. ① NC_PROGRAM 선택 → 마우스 우클릭 ② Insert → ③ Program Group → ④ 폴더 이름(Blade Rough)입력 → ⑤ OK → ⑥ 레이어 보기 Ctrl + L 실행하여 → ⑦ 1번 레이어를 Work 레이어로 활성화 → ⑨ 임펠라 형상 확인

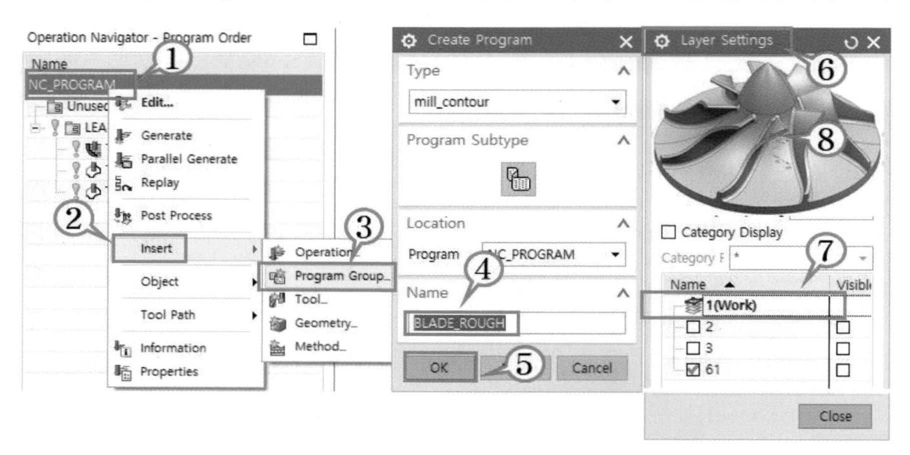

- Create Operation을 클릭하여 ① mill multi blade → ② Multi blade Rough → ③ Location 및 Name(T01_6F0.5R_BLADE_ROUGH)입력 → ④ Geometry에 대한 설정은 Geometry View에서 미리 설정해둔 모델 자동 지정됨 → ⑤ 황삭 세부 조건 설정 → ⑥ Cutting Parameter 주요 조건 설정

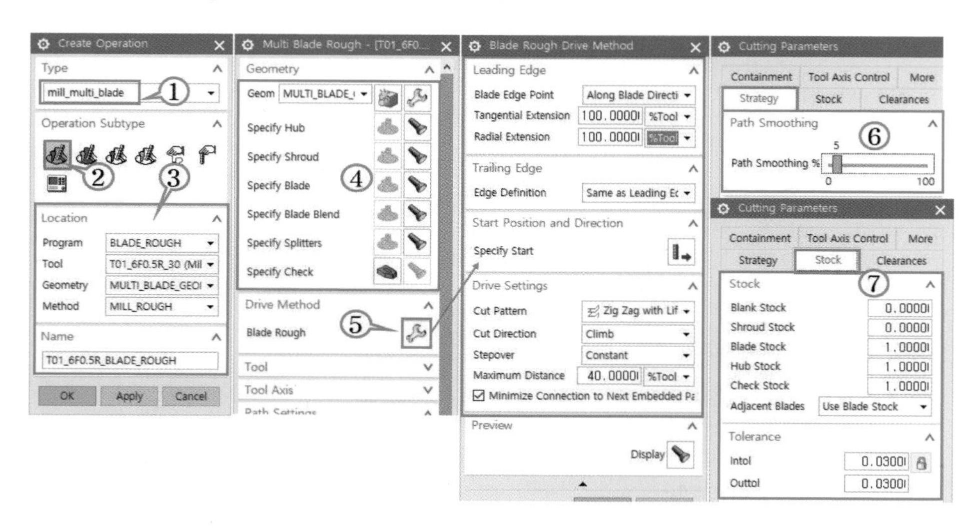

- Non Cutting Moves 및 Feeds and Speeds에 관한 주요 설정 내용은 작업 지시서에 내용을 기준으로 스스로 입력한다.

- 조건 설정을 완료하고 Generate 및 Verify를 실시하여 Blade부 황삭 가공을 완료한다.

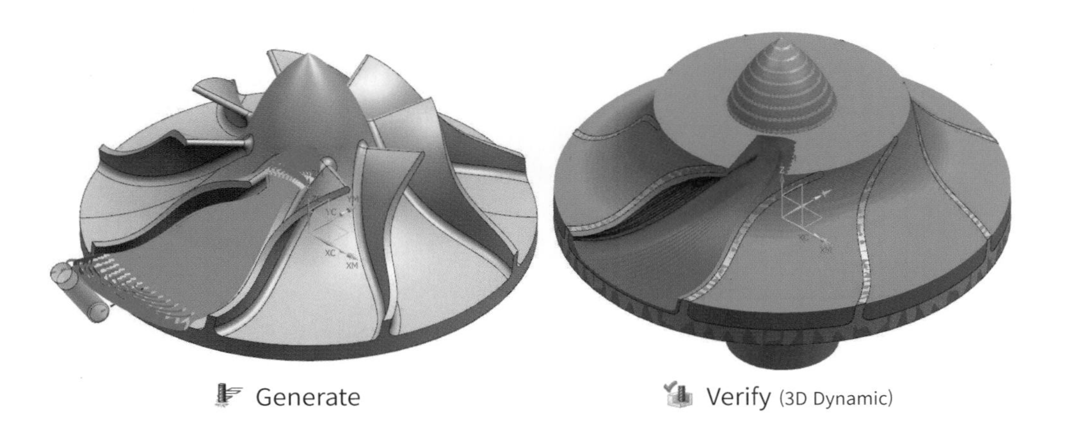

Generate　　　　Verify (3D Dynamic)

- Transform Object를 활용하여 나머지 7개 Blade에 대한 황삭 오퍼레이션을 개체 회전 복사하여 생성한다. Transform Object는 아래 순서로 진행한다.

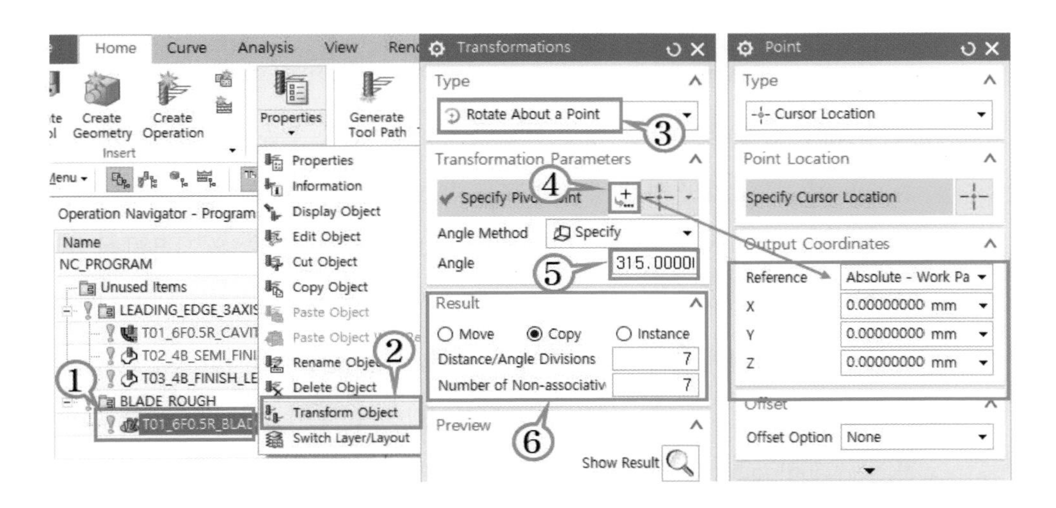

- Transform Object를 통해 생성된 7개의 오퍼레이션의 이름을 아래와 같이 변경하고 황삭 오퍼레이션을 전체 클릭하여 확인한다.

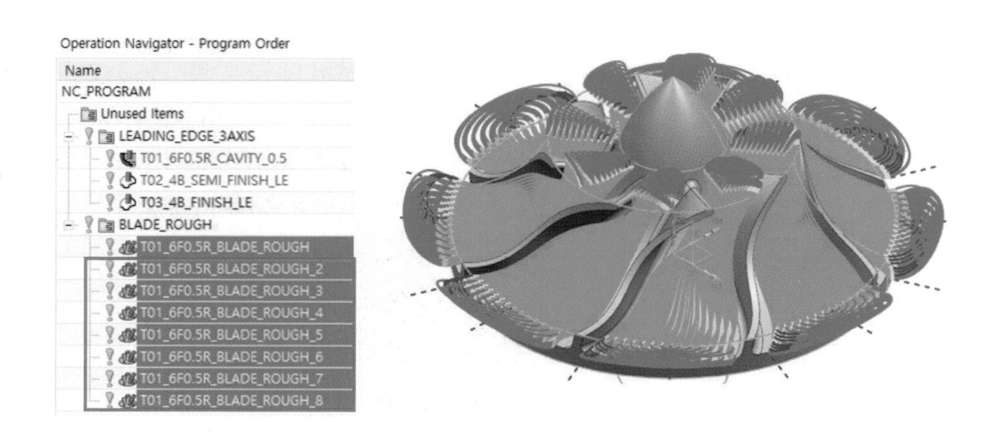

※ 하지만 위와 같은 작업 방식은 많은 메모리를 차지 하는 방식으로 일반적으로 NX를 포함한 다른 CAM 전용 S/W에서 Impeller 전용 툴을 사용하더라도 모든 Blade에 대하여 오퍼레이션을 생성할 경우 메모리 용량 과다로 인하여 다른 오퍼레이션을 생성하는 데 많은 불편함이 따른다. 가공 시에도 데이터 용량 문제로 어려움이 있다. 따라서 Impeller 가공의 경우 한 Blade 영역에 대한 가공 데이터만을 작성하여 Blade 각도만큼 C축을 회전 시키는 방식을 주로 사용하며, 본 예제에서는 C축 각도만 45° 씩 회전하면서 Sub P/G을 호출하여 날개마다 동일한 Sub P/G으로 가공 하는 방식이 효율적일 것이다. 혹은 1개 Blade 영역에 대한 오퍼레이션 생성을 모두 완료한 후 Transform Object 기능을 사용하여 개체 복사 시키는 방법이 효과적일 것이다. 따라서 다음 정삭 오퍼레이션 생성을 위하여 생성한 황삭에 대하여 1개의 오퍼레이션만을 남기고 삭제하도록 한다.

※ 5축 가공에서는 Cutting Parameter 뿐만 아니라 비절삭 시 공구의 자세를 설정하는 Non Cutting Moves에 대한 설정도 매우 중요하다. 이는 3축 가공과 다르게 5축에서는 비절삭 구간에서의 공구의 이동이 각도 변화로 인한 가감속이 적용되어 가공 시간에 큰 영향을 미치기 때문에 비절삭 구간에 대한 공구의 자세에 대한 많은 연구가 필요하다.

(d) Blade Finish를 이용한 Blade 중삭 가공

- 임펠라의 Blade에 대한 5축 가공 중삭 오퍼레이션을 독립적으로 관리하기 위하여 BLADE_SEMI_FINISH 폴더를 생성한다.

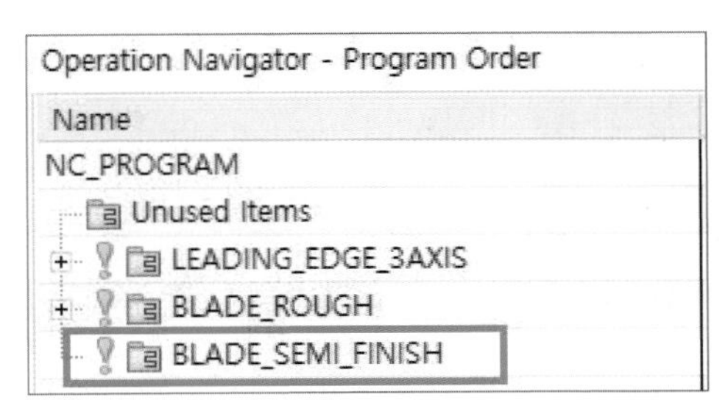

- Create Operation을 클릭하여 ① mill multi blade → ② blade Finish → ③ Location 및 Name(T02_4B_BLADE_SEMI_FINISH) 입력 → ④ 중삭 세부 조건 설정 → ⑤ Cutting Parameter 주요 조건 설정

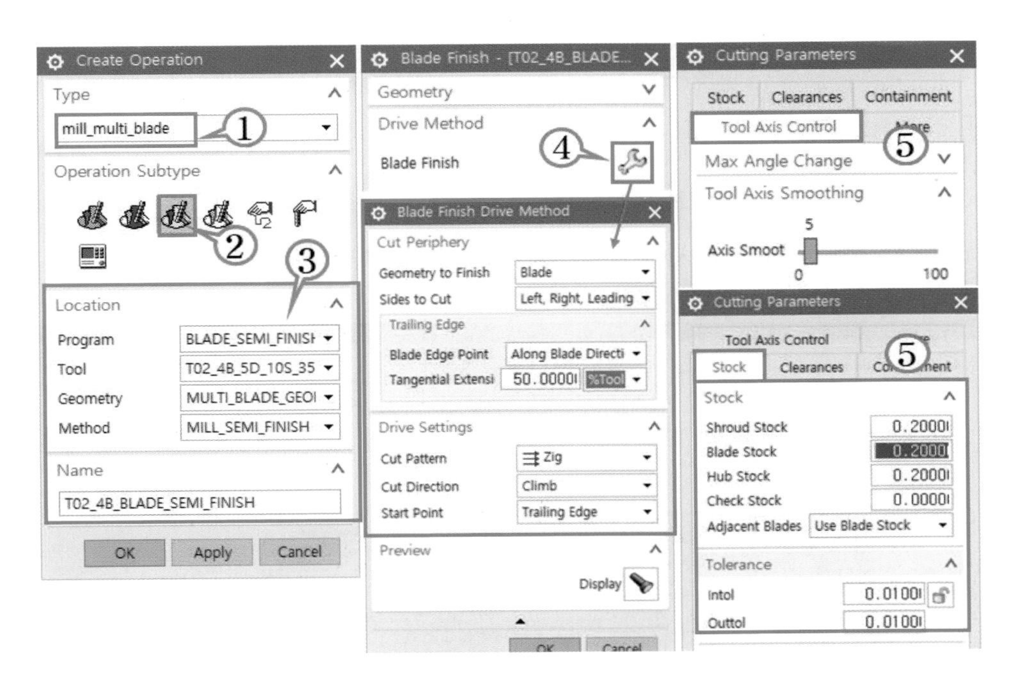

• 그밖의 조건은 작업 지시서 등을 참고하여 적용하며 Generate 및 Verify를 실시하여 blade 중삭 가공을 완료한다.

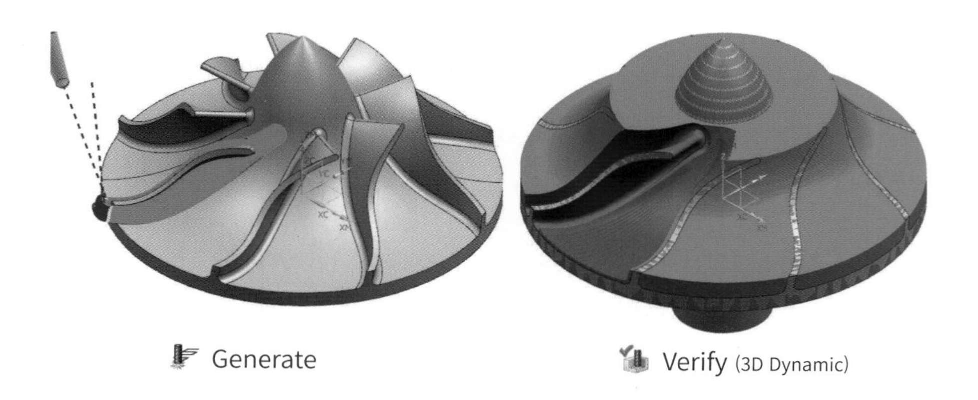

(e) Blend Finish를 이용한 blend 중삭 가공

• 임펠라 Blade blend에 대한 중삭 가공 오퍼레이션을 BLADE SEMI FINISH 폴더에 생성한다.

• Create Operation을 클릭하여 ① mill multi blade → ② blend Finish → ③ Location 및 Name(T02_4B_BLEND_SEMI_FINISH)입력 → ④ 중삭 세부 조건 설정 → ⑤ Cutting Parameter 주요 조건 설정 → 그밖의 조건은 작업 지시서 및 기존 예제를 참고하여 설정

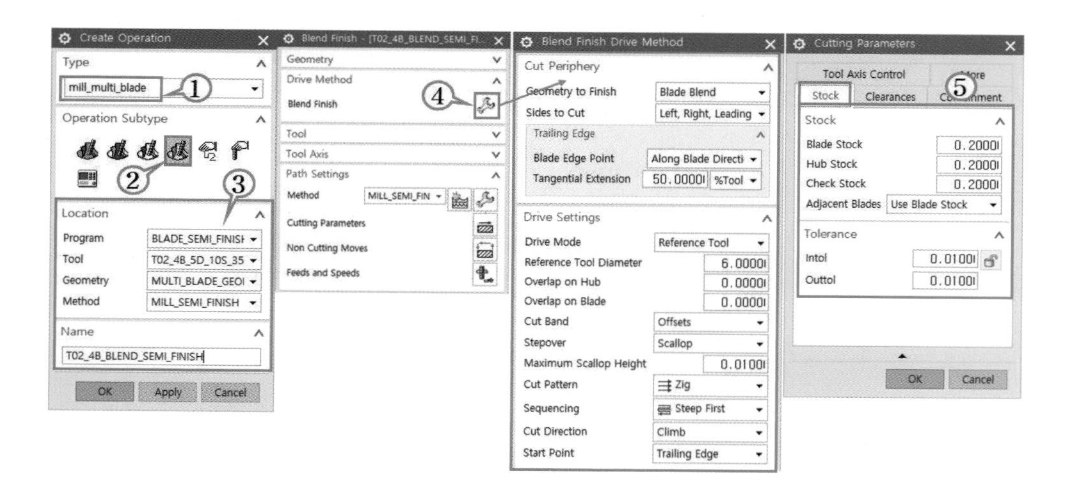

• 조건 설정을 완료하고 Generate 및 Verify를 실시하여 blend 중삭 가공을 완료한다.

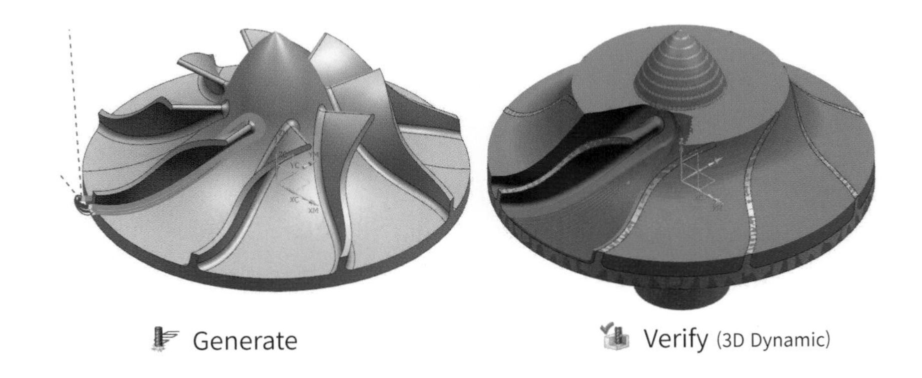

(f) Blade Finish를 이용한 splitter 중삭 가공

• 임펠라의 Blade가 모두 같은 형태인 경우는 위의 blade, blend 오퍼레이션만을 통하여 나머지 날개에 대한 가공이 가능하지만 다른 형상의 Pressure blade, Suction blade가 있을 경우 spliter 가공 오퍼레이션을 사용하거나 Suction blade에 대하여 신규 Geometry를 설정해주어야 한다. 여기에서는 splitter 오퍼레이션을 이용해 보도록 한다.

• Create Operation을 클릭하여 ① mill multi blade → ② blade Finish → ③ Location 및 Name(T02_4B_SPLITTER_SEMI_FINISH) 입력 → ④ 중삭 세부 조건 설정 → 그 밖의 주요 설정은 blade 중삭 설정을 참고한다.

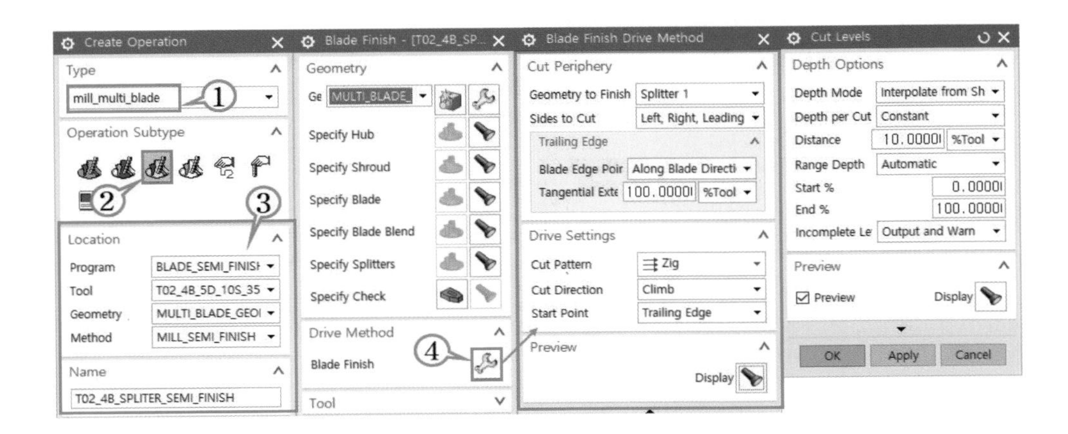

- 조건 설정을 완료하고 Generate 및 Verify를 실시하여 splitter 중삭 가공을 완료한다.

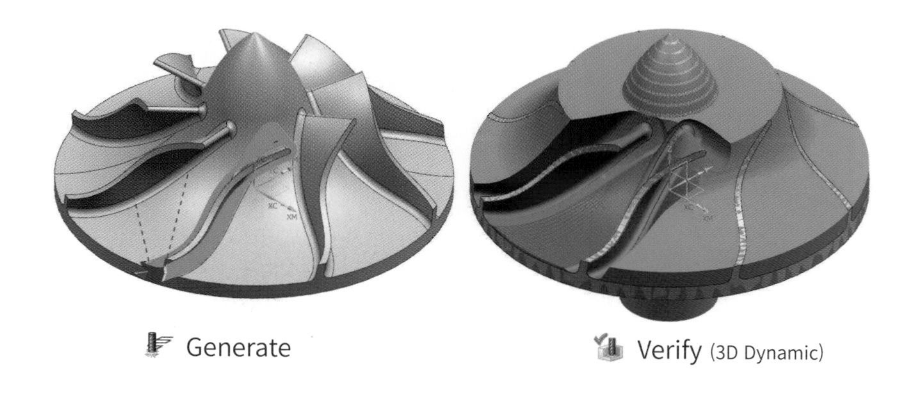

(g) Hub Finish를 이용한 Hub 중삭 가공

- 임펠라 Hub에 대한 중삭 가공 오퍼레이션을 BLADE SEMI FINISH 폴더에 생성한다.

- Create Operation을 클릭하여 ① mill multi blade → ② Hub Finish → ③ Location 및 Name(T02_4B_HUB_SEMI_FINISH) 입력 → ④ 중삭 세부 조건 설정 → ⑤ Cutting Parameter 주요 조건 설정 → ⑥ Non Cutting Moves 주요 조건 설정 → 그밖에 조건은 작업 지시서 및 기존 예제를 참고하여 설정

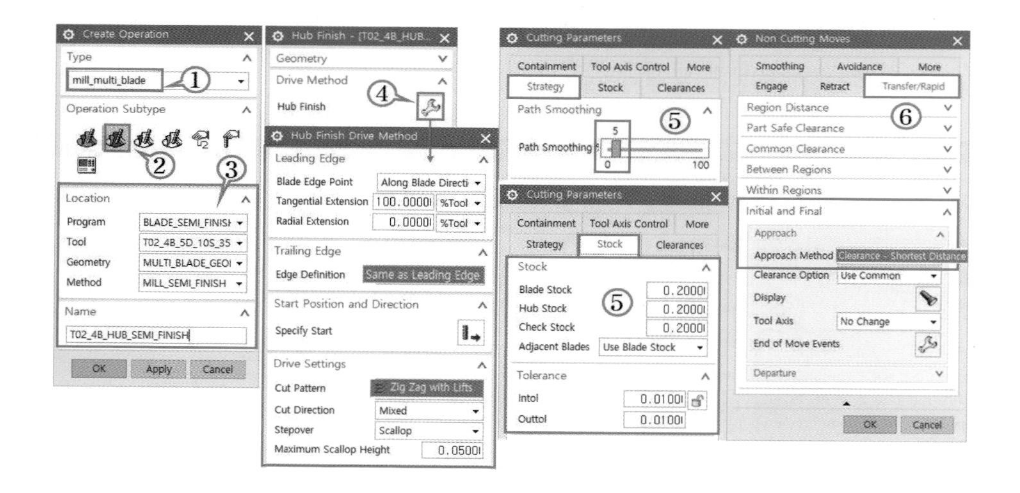

• 조건 설정을 완료하고 Generate 및 Verify를 실시하여 hub 중삭 가공을 완료한다.

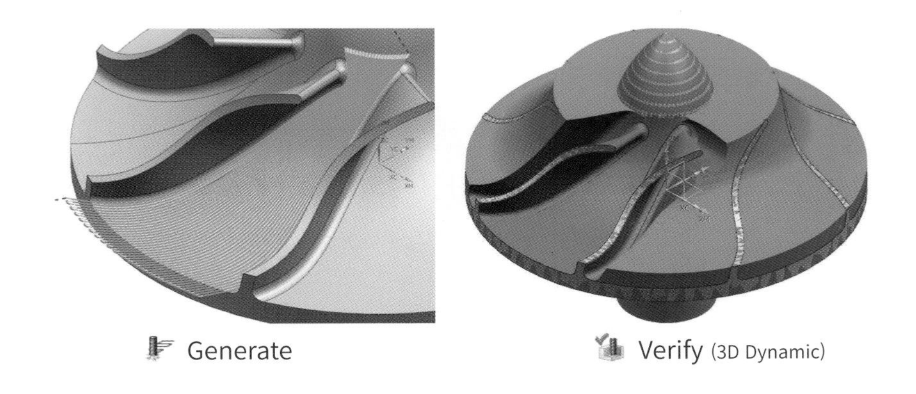
Generate　　　　Verify (3D Dynamic)

• 정삭 가공을 위하여 BLADE_FINISH 폴더를 생성하고 중삭 가공한 Blade, Blend, Splitter, Hub 오퍼레이션을 복사 붙여넣기 한 다음 Cutting parameter 탭에서 Stock(정삭 여유량)를 '0'으로, Stepover에서 Scallop height를 정삭을 위한 '0.01'로 수정하여 Generate 한다.

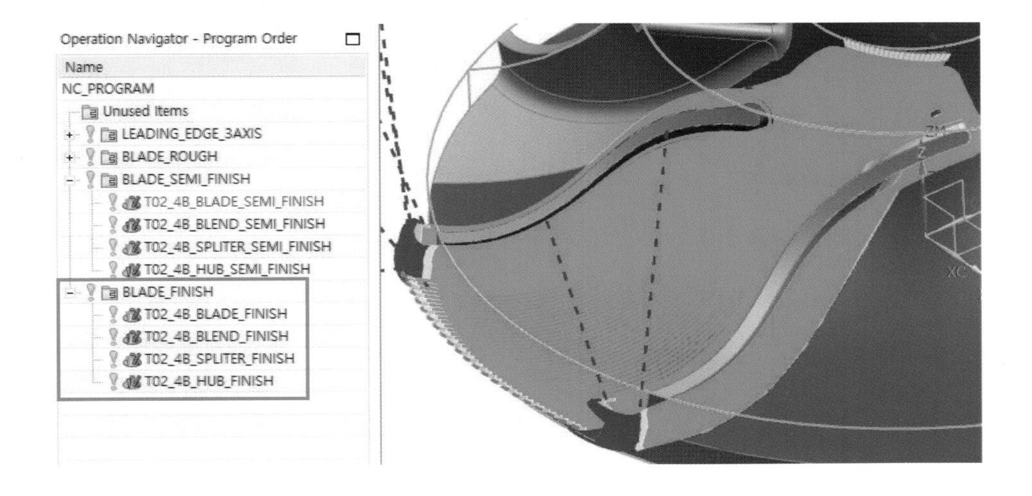

(h) 그 밖의 가공 방식 소개

- 위에서 설명한 방식은 NX의 전용 Blade 모듈을 활용한 가공을 살펴보았다. 위와 같은 방식을 통해 Blade를 가공하기 위해서는 1차적으로 전구간의 황삭 가공을 완료하고 개별 Blade별 중/정삭 가공을 해야하며 이는 각도별 공작물 좌표계를 세팅하여 황삭 가공 후 중·정삭 가공 시 다시 각도별 공작물 좌표계를 세팅해 주어야 방식이다. 이는 세팅의 공수는 번거롭긴 각 Blade에 대하여 한방향 정삭 가공을 할 수 있다는 장점이 있다.

  다음 소개할 방식은 각 구간에 대하여 좌표계를 세팅하고 황삭부터 정삭까지의 가공을 완료하고 다음 Blade에 대하여 좌표 세팅후 가공을 완료해 나가는 방식이다. 이는 세팅 공수를 첫 번째 방식에 비해 절반으로 줄일 수 있지만 Blade 가공 시 한쪽면만을 지그재그 가공해주는 방식이라 공구의 마모나 표면 조도면에서는 불리한 조건일 수 있다. 하지만 중삭 및 가공 조건을 잘 적용한다면 가공 시간 및 품질 모두를 만족하는 효율적인 가공이 될 수 있을 것이다.

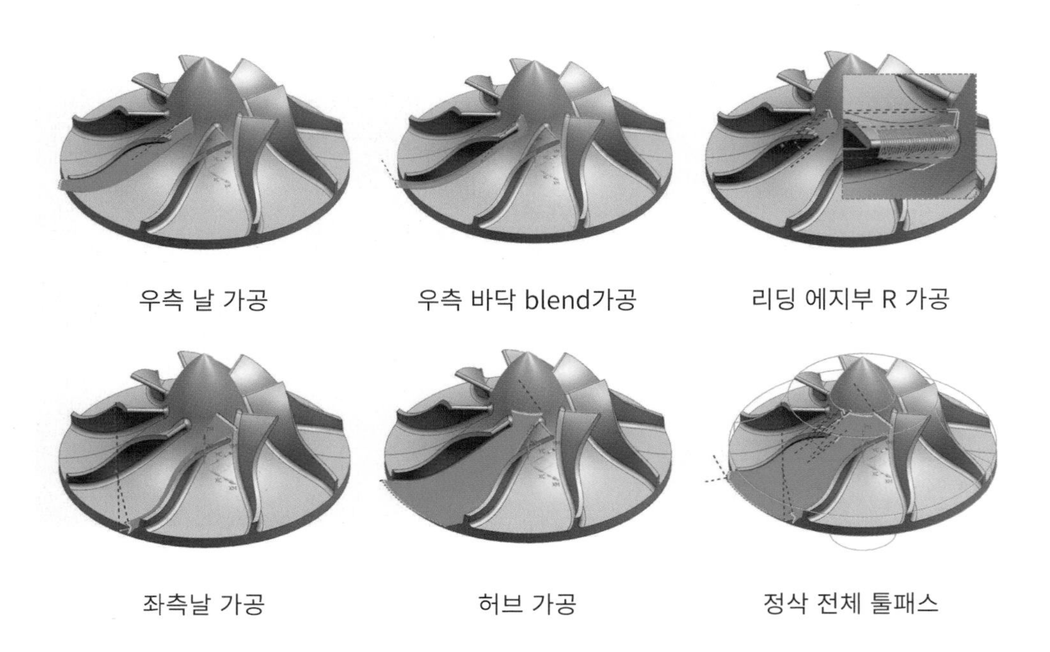

우측 날 가공 | 우측 바닥 blend가공 | 리딩 에지부 R 가공

좌측날 가공 | 허브 가공 | 정삭 전체 툴패스

(2) CL 데이터 및 NC 데이터의 출력

- 생성한 오퍼레이션에 대하여 CL 데이터를 출력한 후 4축 헬릭스 가공과 동일한 방법으로 H-POST를 이용하여 포스트포로세싱 처리하고 프로그램명, 공구번호, 보정번호를 해당 공구에 맞게 수정한다.

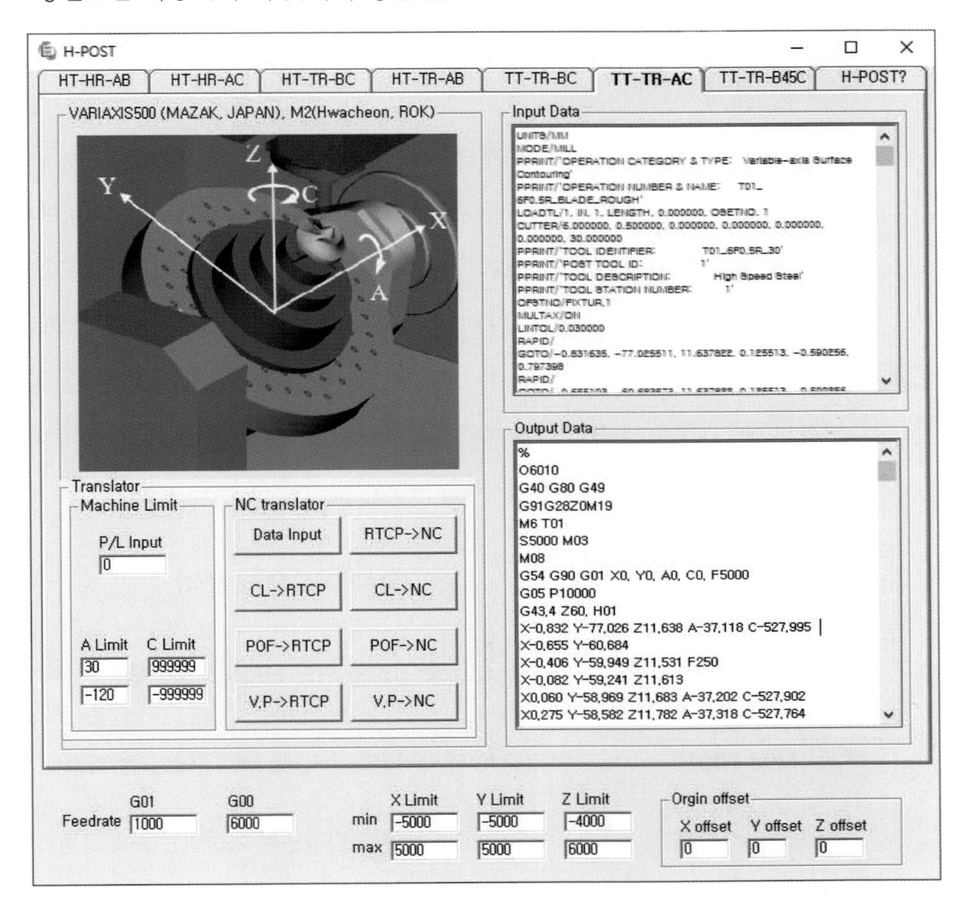

- 지금까지 임펠러 날개 사이의 허브 하나에 대해서만 Sub P/G을 생성하였으므로 8개의 날개를 모두 가공하려면, 공작물 좌표계의 C축을 45° 씩 회전하면서 각 각도마다 Sub P/G을 호출하는 방법을 사용한다. 이러한 방법은 프로그램 용량을 줄이고 날개 하나의 가공 종료 후 다음 날개로 넘어갈 때 발생할 수 있는 충돌이나 간섭을 사전에 방지하며 Optional stop(M01)을 한 날개 가공 종료마다 삽입할 수 있는 등 유용한 점이 많다. 그림과 같이 Main P/G, Mid P/G, Sub P/G의 폴더를 생성하여 관리한다.

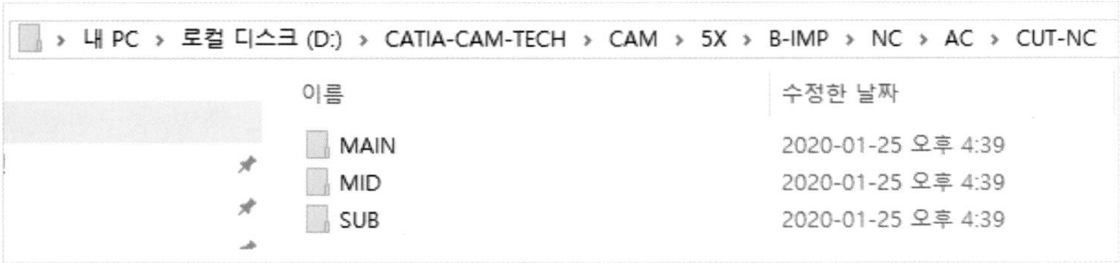

> 내 PC > 로컬 디스크 (D:) > CATIA-CAM-TECH > CAM > 5X > B-IMP > NC > AC > CUT-NC

이름	수정한 날짜
MAIN	2020-01-25 오후 4:39
MID	2020-01-25 오후 4:39
SUB	2020-01-25 오후 4:39

- O5000로 Main P/G을 작성 → M98 P5010으로 Mid P/G인 O5010을 호출 → O5010에서 M198 P6010으로 Sub P/G인 O6010을 호출한다. Mid P/G인 O5010에서는 C축 각도만 45°씩 회전하면서 Sub P/G인 O6010~6030을 호출하여 날개마다 동일한 Sub P/G으로 가공한다. Mid P/G과 Sub P/G의 문미에는 M99를 삽입함으로써 이전 P/G으로 복귀할 수 있도록 한다.

  * M98 : CNC 메모리에 저장된 프로그램을 호출,

  * M198 : USB나 플래쉬 메모리 등 외장 메모리에 저장된 프로그램을 호출

Leding Edge부 3축 가공	(황삭 → 중삭 → 정삭)
↓	
O5000	(5축 가공을 위한 MAIN 프로그램)
↓	
M98 P5010	(CNC 메모리상의 O5010 MID 프로그램 호출)
↓	
O5010 수행	O5010: C축 각도만 45°씩 회전하는 프로그램
↓	
M198 P6010	O6010: Blade 황삭 가공 프로그램
↓	
M198 P6020	O6020: Blade 중삭 가공 프로그램
↓	
M198 P6030	O6030: Blade 정삭 가공 프로그램

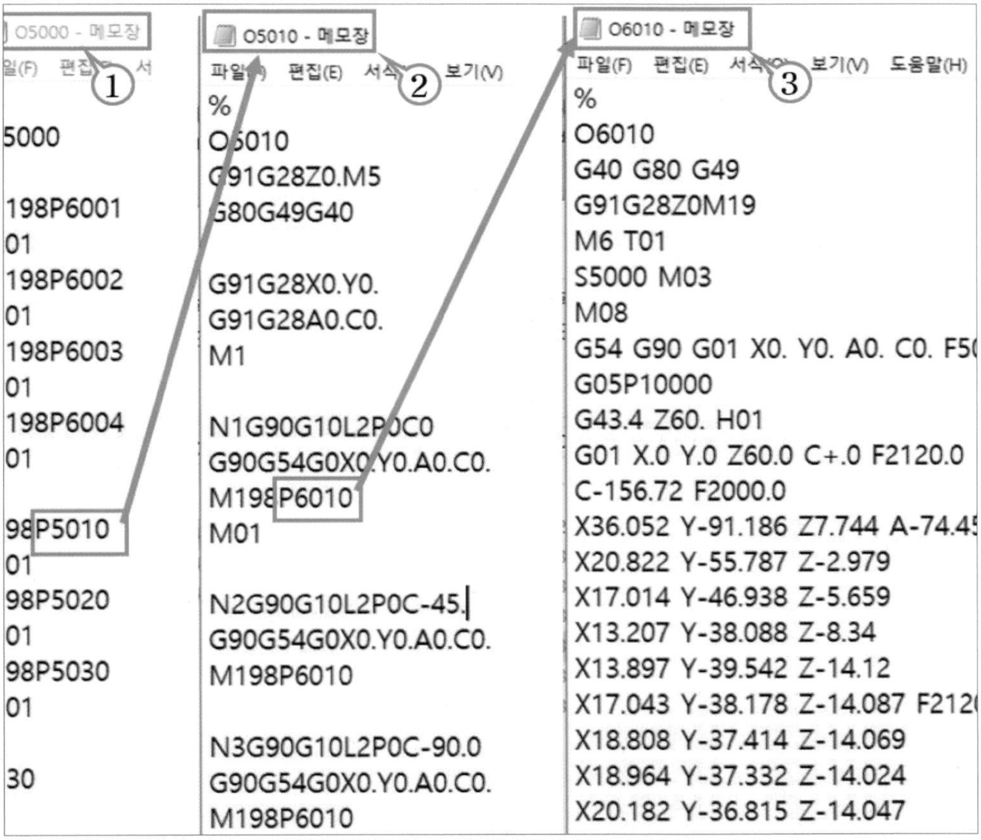

① O5000 - 메모장

일(F) 편집 서

```
5000

198P6001
01
198P6002
01
198P6003
01
198P6004
01

98P5010
01
98P5020
01
98P5030
01

30
```

② O5010 - 메모장

파일 편집(E) 서식 보기(V)

```
%
O5010
G91G28Z0.M5
G80G49G40

G91G28X0.Y0.
G91G28A0.C0.
M1

N1G90G10L2P0C0
G90G54G0X0.Y0.A0.C0.
M198P6010
M01

N2G90G10L2P0C-45.
G90G54G0X0.Y0.A0.C0.
M198P6010

N3G90G10L2P0C-90.0
G90G54G0X0.Y0.A0.C0.
M198P6010
```

③ O6010 - 메모장

파일(F) 편집(E) 서식 보기(V) 도움말(H)

```
%
O6010
G40 G80 G49
G91G28Z0M19
M6 T01
S5000 M03
M08
G54 G90 G01 X0. Y0. A0. C0. F5
G05P10000
G43.4 Z60. H01
G01 X.0 Y.0 Z60.0 C+.0 F2120.0
C-156.72 F2000.0
X36.052 Y-91.186 Z7.744 A-74.4
X20.822 Y-55.787 Z-2.979
X17.014 Y-46.938 Z-5.659
X13.207 Y-38.088 Z-8.34
X13.897 Y-39.542 Z-14.12
X17.043 Y-38.178 Z-14.087 F212
X18.808 Y-37.414 Z-14.069
X18.964 Y-37.332 Z-14.024
X20.182 Y-36.815 Z-14.047
```

(3) VERICUT을 이용한 모의 가공

- VERICUT V8.2를 OPEN하여 아래와 같이 파일 열기를 하고 VERICUT 트리에서 NC 프로그램을 더블 클릭하여 저장한 경로의 O6010.nc, O6020.nc, O6030.nc 파일을 함께 선택하여 입력한 후 모의 가공을 실행한다.

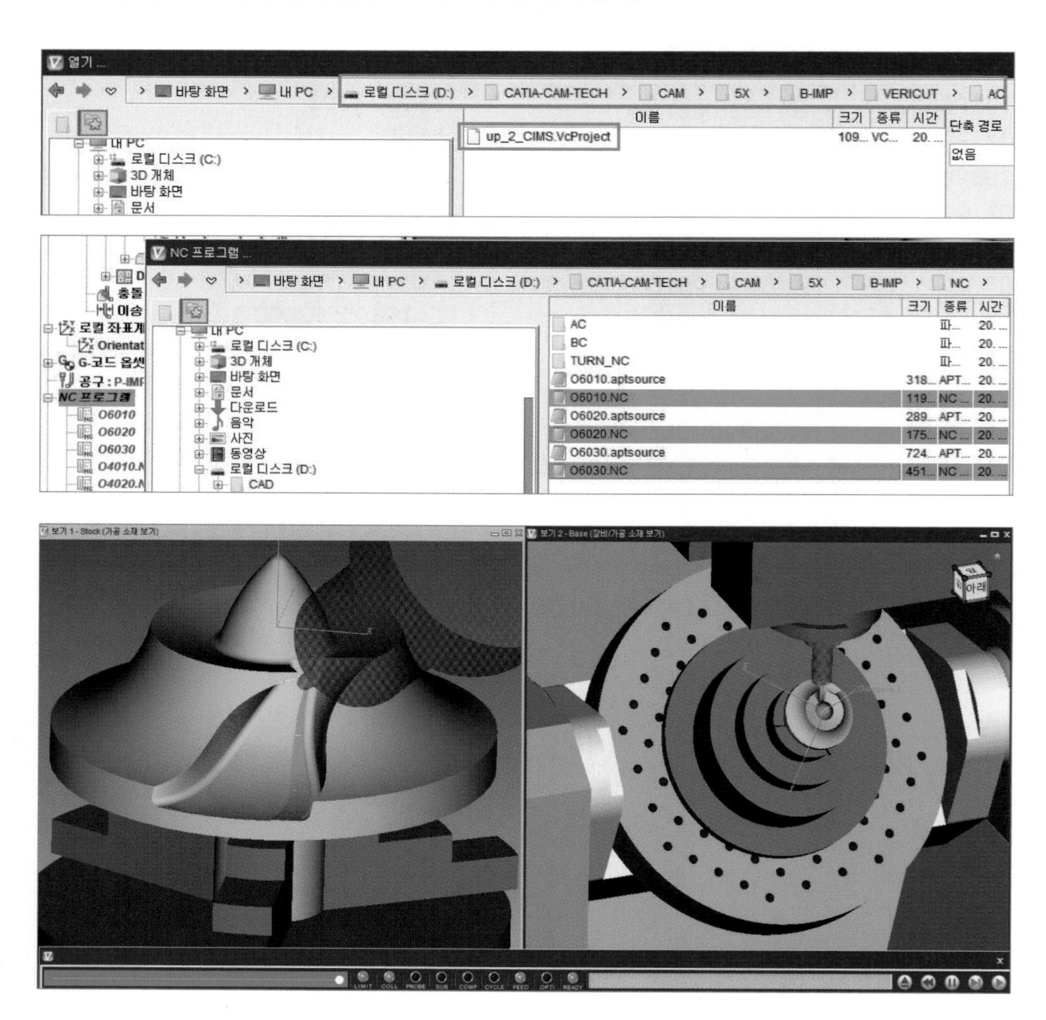

(4) 5축 CNC 절삭 가공과 3차원 측정

- 아래와 같이 작성한 CAM P/G 및 5축 가공기를 이용하여 임펠러에 대한 5축 CNC 절삭 가공을 수행한다. 테스트 인디케이터를 이용한 회전 중심잡기부터 Accu-Center를 이용한 공작물 중심잡기에 이르기까지 상기한 테스트피스와 동일한 순서로 진행하고 정밀도 검증을 위한 3차원 측정을 수행한다.

6.4 회전 평면 지령(G68.2) 가공

<table>
<tr><td rowspan="2">과제 모델링</td><td rowspan="2">회전 평면 지령(G68.2)</td><td>NC 프로그래밍</td><td>2시간</td></tr>
<tr><td>5축 가공</td><td>1시간</td></tr>
<tr><td colspan="4">1. 요구사항
가. 회전 평면 지령(G68.2)에 의한 특성 좌표계를 이용하여 CAM 프로그램을 작성하고 포스트 프로세싱과 가공 시뮬레이션을 수행한다.
나. ①은 공작물 좌표계를 이용한 공구 선단점 제어(G43.4)로 가공하고, ②의 바닥면 정삭은 공구 선단점 제어로, 윤곽 정삭은 특성 좌표계를 이용한 회전 평면 지령과 공구 경보정을 활용하여 정삭한다.</td></tr>
</table>

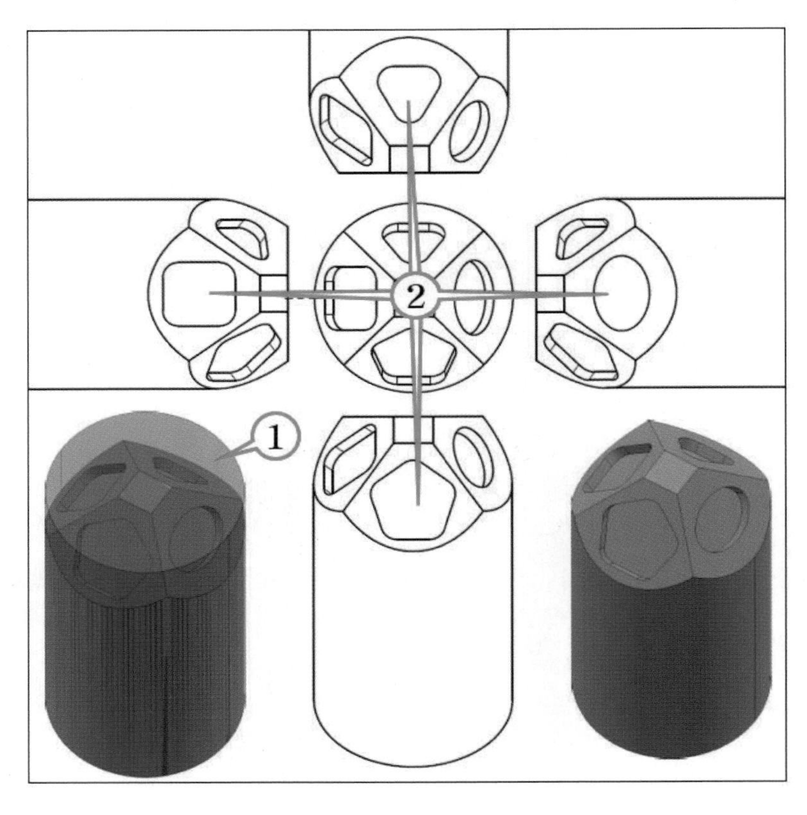

No.	파일 경로
1	D:\NX-CAM-Examples\5X_TILTING_PLANE

과제 모델링	회전 평면 지령(G68.2) 가공	NC 프로그래밍	2시간
		5축 가공	1시간

1. 요구사항

   가. 아래의 작업 절차서에 준하여 프로그램 및 5축 가공을 수행한다.

CATIA CAM 5축가공기술	회전평면지령(G68.2) 가공							
가공장비	MYTRUNNION-5 5축가공기			① : 공구선단점제어 (G43.4)				
소프트웨어	CATIA, H-POST							
소재	Ø50 – 100L			② : 회전평면지령 (G68.2)				
원점	소재 상면							
제품명	회전평면지령가공 TEST-PIECE							
목적	회전평면지령(G68.2) 가공 특성							
PROJECT	**PROCESS**	**P/G NO.**	**TOOL**	**TOOL NO.**	**E/L**	**HOLDER**	**SPINDLE (RPM)**	**FEED (mm/min)**
	MAIN	O5400						
TEST-PIECE	**황삭, 면삭**	O5401	6F-0.5R	1	35	D35 -42	5000	2000
	A-45, C0	O5402						
	A-45, C90	O5403						
	A-45, C180	O5404						
	A-45, C270	O5405						

No.	PROCESS SHEET 파일 경로
1	D:\NX-CAM-Examples\5X_TILTING_PLANE

(1) 회전 평면 지령(G68.2) 가공 P/G 분석

- 예제 폴더에서 ① 5X_TILTING_PLANE 파일을 OPEN한다.

- Manufacturing (Ctrl + Alt + M) 모드로 전환하여 ②,③,④순서로 CAM 기본 환경을 설정하고, ⑤지오메트리 뷰에서 ⑥ Part 및 ⑦ 블랭크를 지정한다.

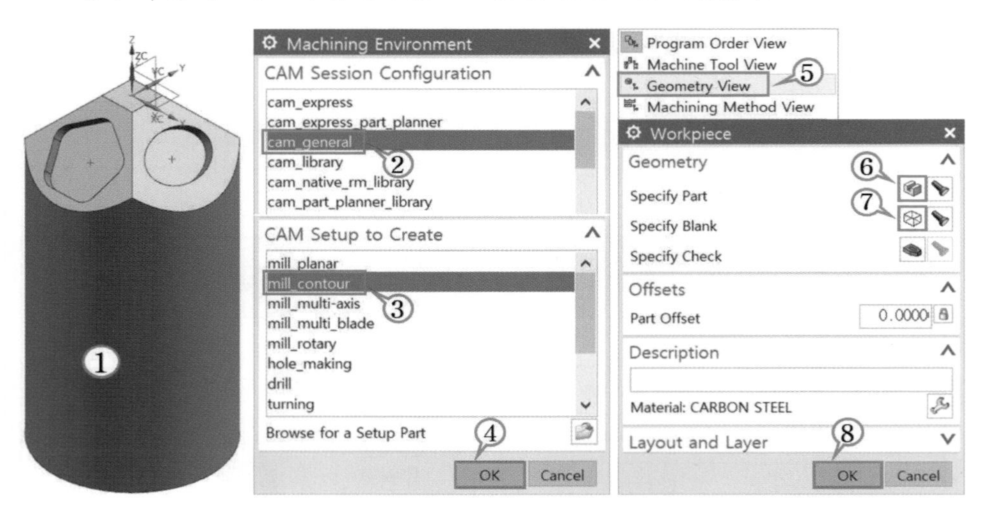

- ⑥ Part 및 ⑦ 블랭크에 대한 설정은 아래와 같으며 ⑥ 블랭크 타입은 Bounding Cylinder을 선택한다. ⑦ MCS Mill을 더블 클릭하여 Clearance(안전높이)를 XY 평면에서 30mm 거리로 설정한다.

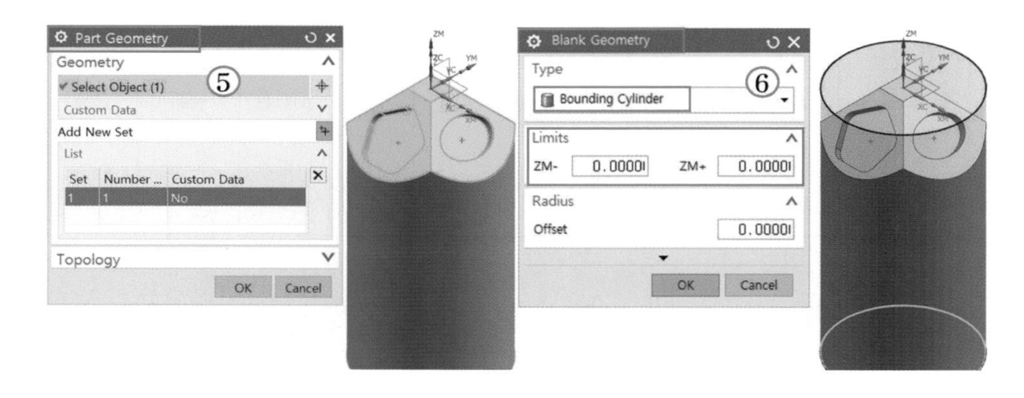

- 내비게이터의 뷰 상태를 머신 툴 뷰(Machine Tool View) 상태로 변경하고 Create Tool(공구 생성)을 클릭하여 작업 사양서에 맞게 T01_6F0.5R 공구를 생성한다.

- 프로그램 오더 뷰에서 5401 / 5402 / 5403 / 5404 / 5405 폴더를 생성한다.

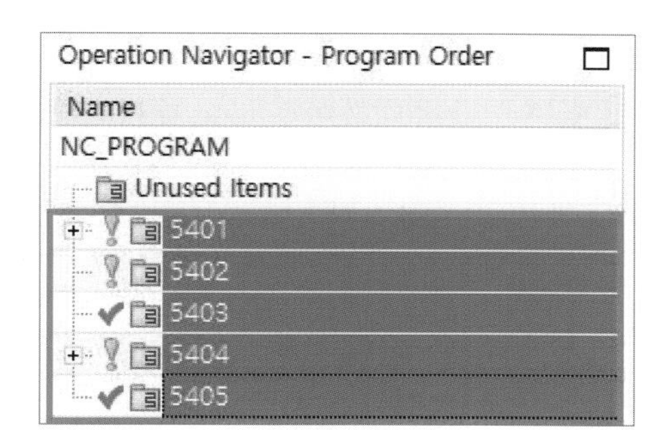

(a) Cavity Mill을 이용한 황삭 가공

- 내비게이터를 프로그램 오더 뷰(Program Order View) 상태로 변경하고, Mill Contour / Cavity Mill 오퍼레이션을 생성한다. 오퍼레이션 이름은 T01_6F0.5R_ROUGH_CAVITY_0.5 로 생성하며, 그 밖의 조건은 작업 지시서 및 기타 예제를 참조한다.

- 조건 설정을 완료하고 Generate 및 Verify를 실시하여 황삭 가공을 완료한다.

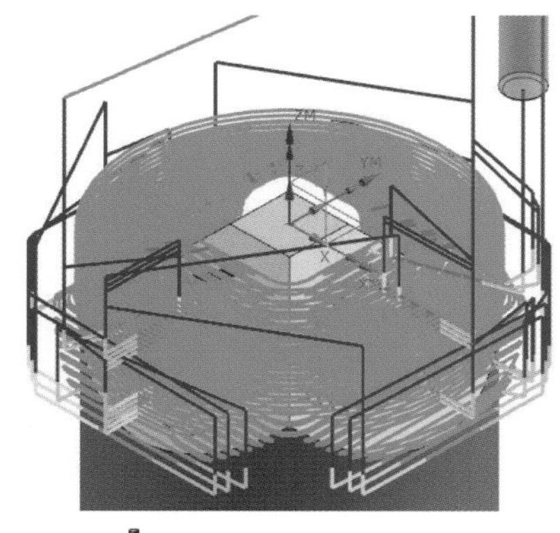

Generate

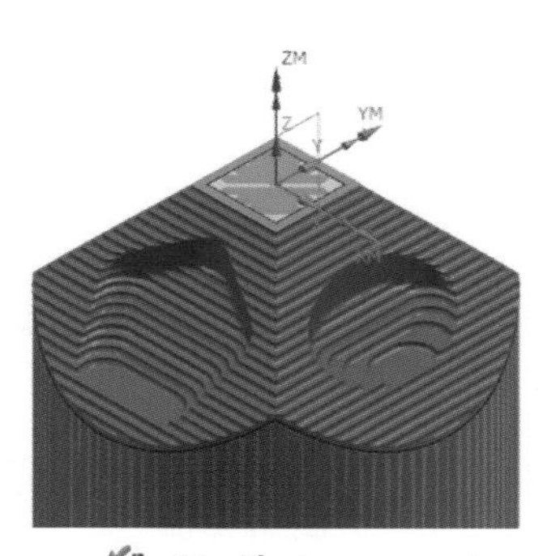

Verify (3D Dynamic)

(b) Floor and Wall을 이용한 경사면 정삭 가공

- ① Mill Planar의 ② Floor and Wall을 이용하여 X+ 방향 경사면에 대한 정삭 오퍼레이션을 작성한다. ③ Location 및 Name 그리고 나머지 주요 설정값은 아래 체크와 같다.

  Across Voids의 Motion을 Cut으로 설정하면 선택한 가공면이 포켓 형상으로 중앙부가 비어 있어도 비어 있는 구간에 대하여 Cutting 데이터를 출력하여 연결시킨다.

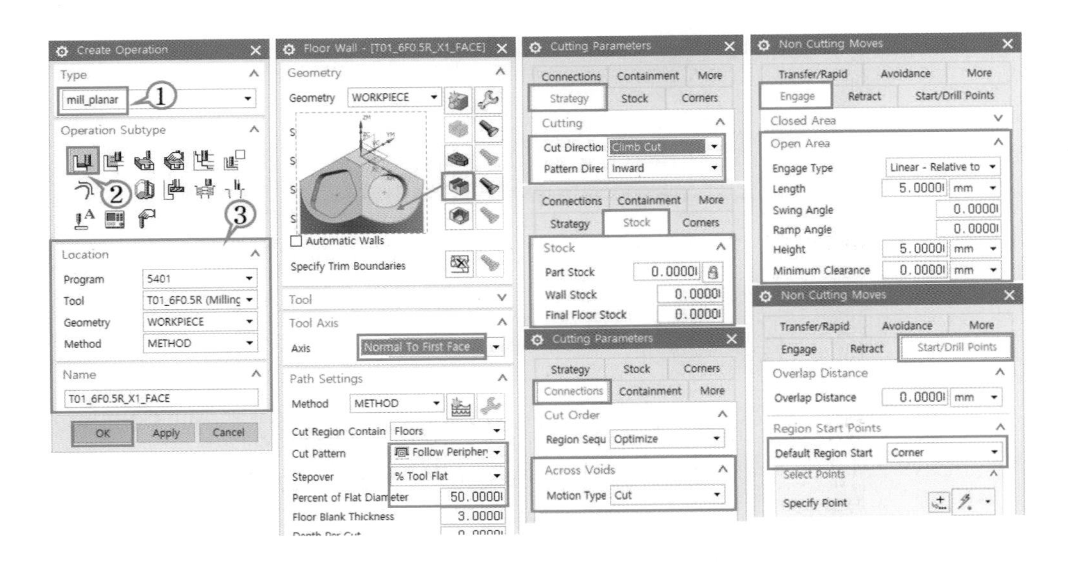

- 조건 설정을 완료하고 Generate 및 Verify를 실시하여 가공을 완료한다.

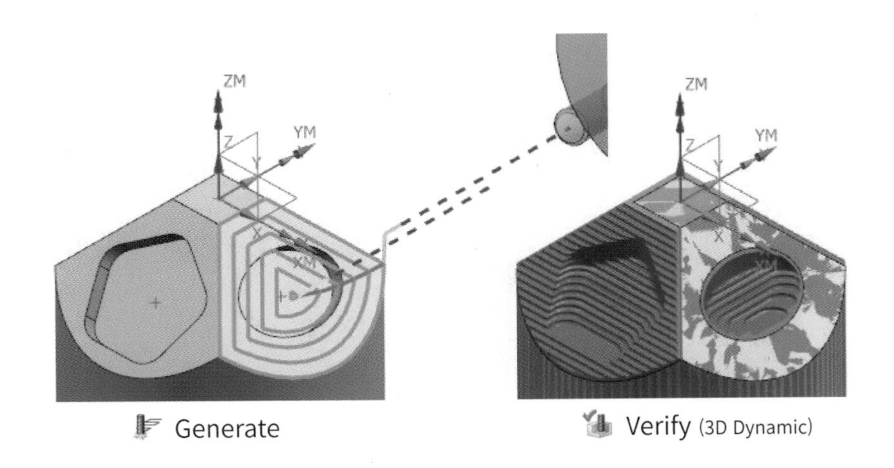

Generate Verify (3D Dynamic)

(c) Floor and Wall을 이용한 경사면 포켓 중삭 가공

- ① Mill Planar의 ② Floor and Wall을 이용하여 X+ 방향 경사면 포켓에 대한 중삭 오퍼레이션을 작성한다. ③ Location 및 Name 그리고 나머지 주요 설정값은 아래 체크와 같다. 공구가 안에서 진입해야 하는 Closed Area에 해당하므로 진입 조건에 더욱 세밀한 설정이 필요하다.

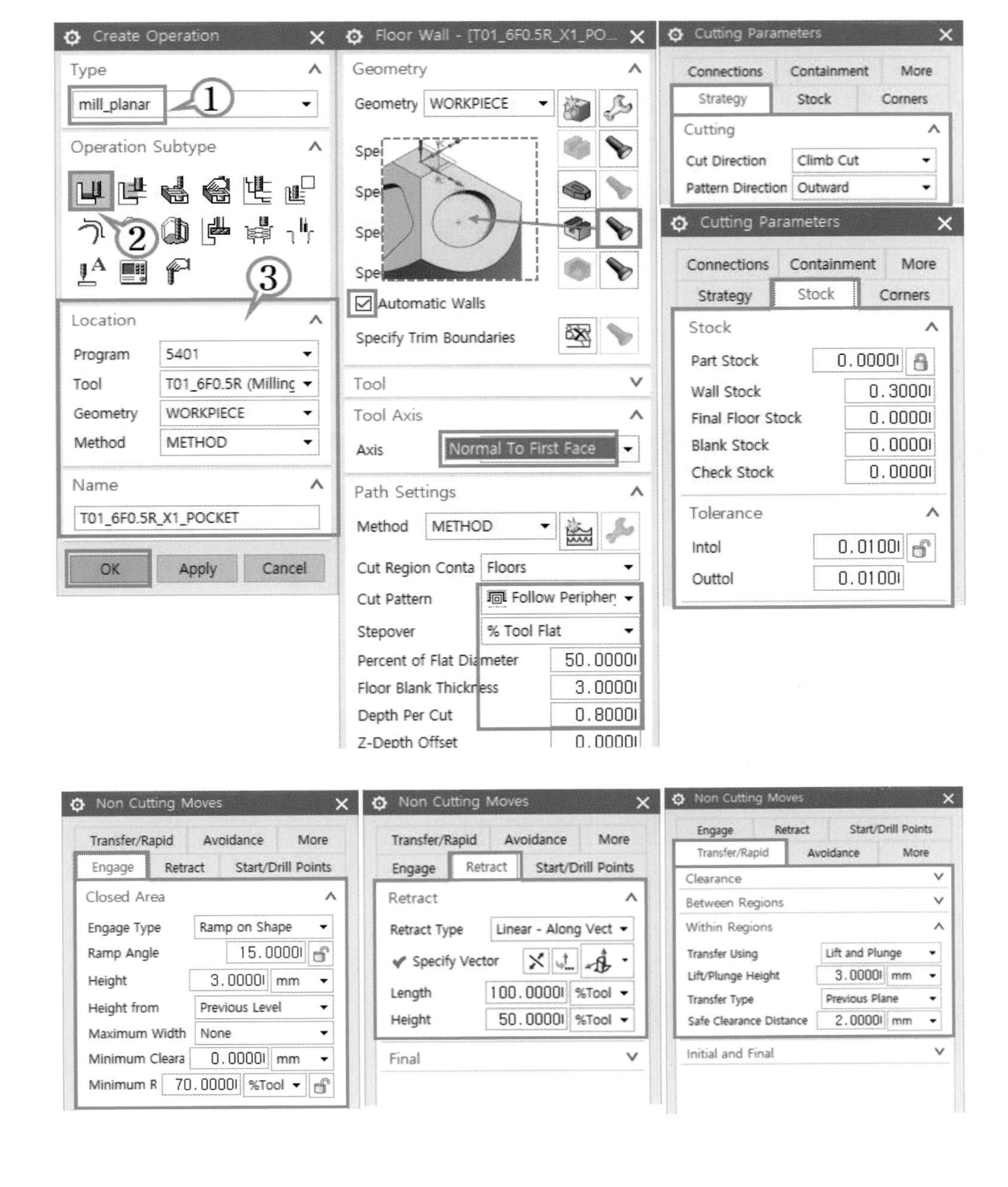

• 조건 설정을 완료하고 Generate 및 Verify를 실시하여 포켓 가공을 완료한다.

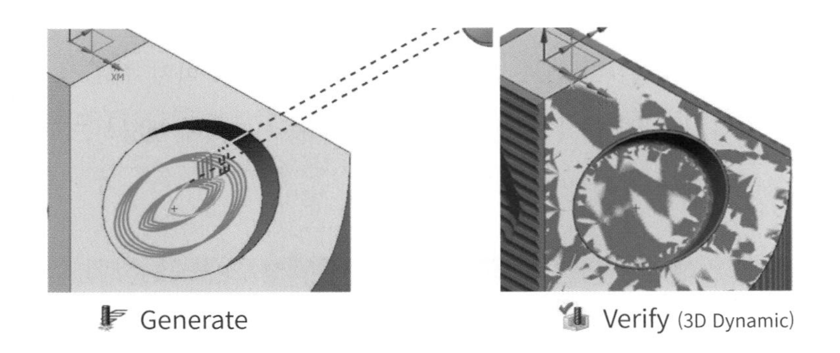

• X+ 방향의 경사면 정삭 및 포켓 중삭 오퍼레이션을 복사하여 ① 이름을 아래 그림과 같이 수정하고, 같은 방식으로 X−, Y+, Y− 방향에도 ② 오퍼레이션을 생성한다.

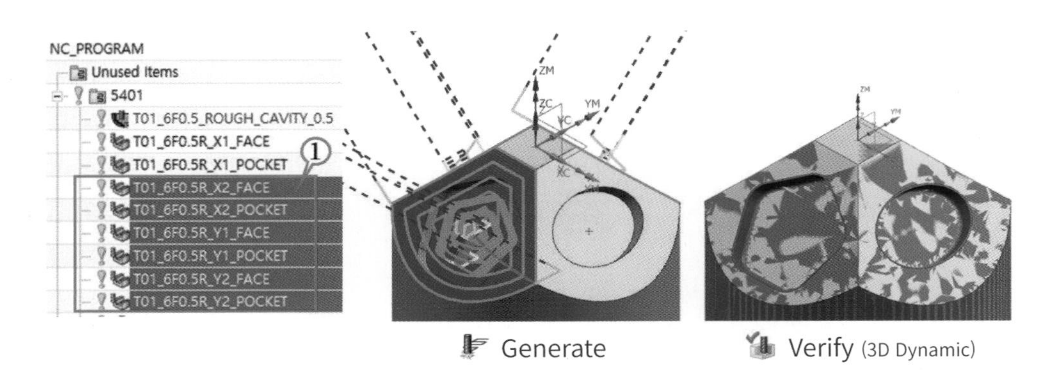

• 여기까지 G43.4 공구 선단점 제어를 활용한 O5401 가공 오퍼레이션을 작성하였다.

	적용 P/G	적용 좌표계	오일러 각도	공구 길이 보정
①	O5401.NC	공작물 좌표계(G54)	A0 C0 (I0, J0, K0)	공구 선단점 제어 (G43.4)

- 여기서부터는 각 작업 평면에 대한 특성 좌표계를 설정하고, 설정한 좌표계 Z축과 동일한 축 선상에 공구축을 정렬(G53.1)시켜 마치 3축 가공과 같은 방식으로 작업이 가능한 회전 평면 지령(G68.2)에 대하여 실습한다.

	적용 P/G	적용 좌표계	오일러 각도	공구 길이 보정
①	O5401.NC	공작물 좌표계(G54)	A0 C0 (I0, J0, K0)	공구 선단점 제어 (G43.4)
②	O5402.NC	특성 좌표계(G68.2), 공구축 정렬 (G53.1)	A-45. C0 (I0, J-45, K0)	일반 길이 보정 (G43)
③	O5403.NC		A-45 C90 (I90, J-45, K0)	
④	O5404.NC		A-45 C180 (I180, J-45, K0)	
⑤	O5405.NC		A-45 C270 (I270, J-45, K0)	

- 회전 평면 지령에 대한 예제는 정면에 위치한 O5404 평면을 대상으로 구성하였다.

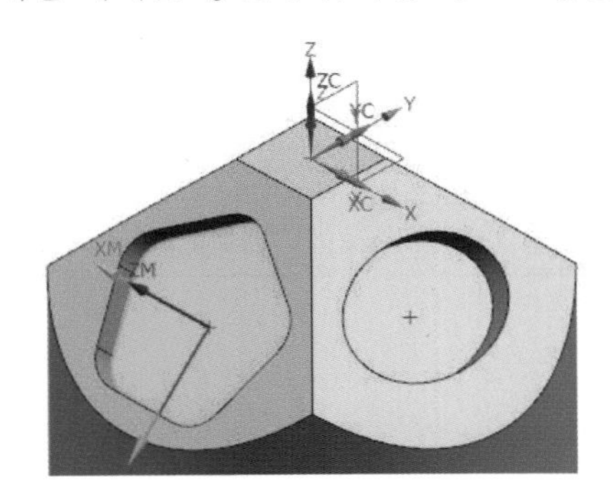

(d) Planar Mill을 이용한 경사면 포켓 정삭 가공 (회전평면지령)

- ① Mill Planar의 ② Planar Mill을 이용하여 Y- 방향 경사면 포켓에 대한 정삭 오퍼레이션을 작성한다. ③ Location 및 Name 그리고 나머지 주요 설정값은 아래 체크와 같다.
  ※ Planar Mill은 3차원 형상을 인식하여 툴 패스가 생성되는 것이 아니라 Curve나 Boundary 윤곽 등을 기준으로 툴 패스가 생성됨으로 과삭 등에 특히 유념할 필요가 있다. 하지만 현업에서 3D 모델링을 하지 않고 2D 도면상에서 바로 프로파일 윤곽 가공 데이터등을 작성할 수 있어 매우 유용하게 쓰임으로 잘 익혀두도록 한다.

• 내비게이터의 뷰 상태를 지오메트리 뷰(Geometry View) 상태로 변경하고 작업하려고 하는 정면의 경사면 가공에 사용할 공작물 좌표계(MCS) MCS_5404를 추가한다.

① MCS_MILL을 선택하고 마우스를 우클릭 → ② Insert → ③ Geomerty 추가

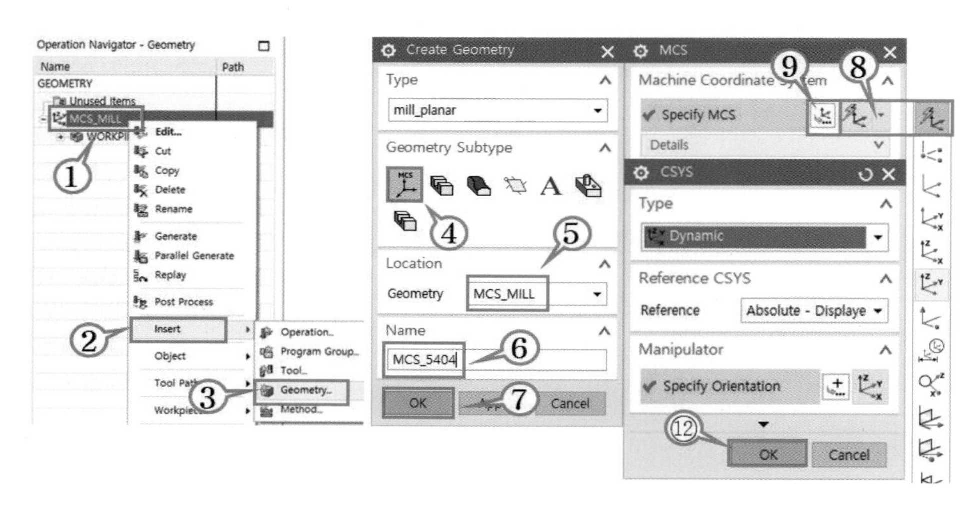

⑨ CSYS Dialog 클릭 → ⑩ 0,0,0 위치에 Dynamic CSYS 생성 → 원점에 볼을 클릭 → 포인트 위치로 드래그 → ⑪ O5404 오일러 각도 회전 → ⑫ OK → ⑬ MCS 생성

	적용 P/G	적용 좌표계	오일러 각도	공구 길이 보정
④	O5404.NC	특성 좌표계 (G68.2), 공구축 정렬 (G53.1)	A-45 C180 (I180, J-45, K0)	일반 길이 보정 (G43)

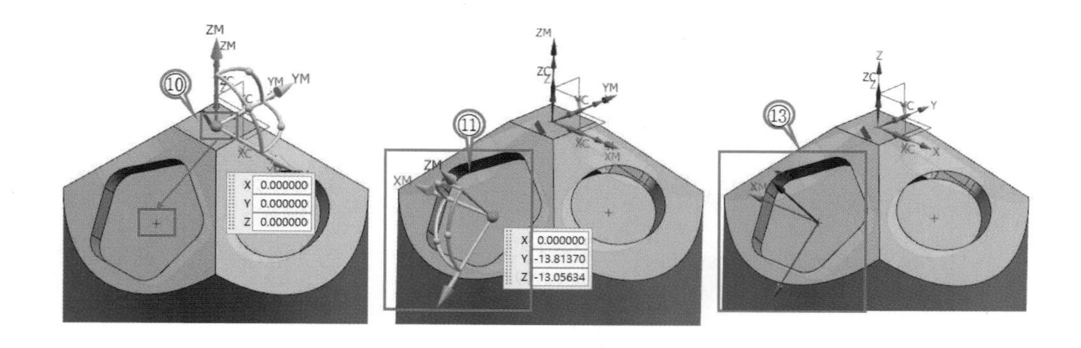

- ① Mill Planar의 ② Planar Mill을 이용하여 회전 평면지령 오퍼레이션을 생성한다. ③ Location 및 Name 그리고 나머지 주요 설정값은 아래 체크와 같다. ⑤ Specify Part Bound aries의 설정은 아래 따로 설명한다. ⑦ Tool Axis는 회전 평면 지령을 위해 생성한 MCS의 Z축 방향으로 고정한다.

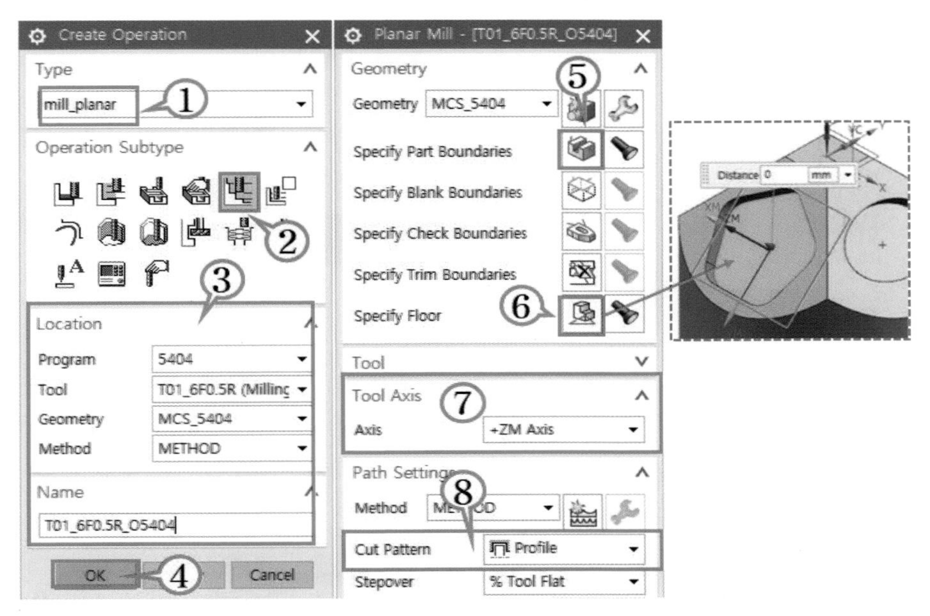

- 위 그림에서 ⑤ Boundaries의 설정 순서는 다음과 같다.

  ① Type는 Closed를 선택하여 닫힌 폐 곡선을 가공, Material Side는 선택할 바운더리 외곽에 재료가 위치하므로 Outside 선택, Tool Position은 공구 경보정 기능을 사용하여 정삭 가공할 예정이므로 On을 선택하였다.

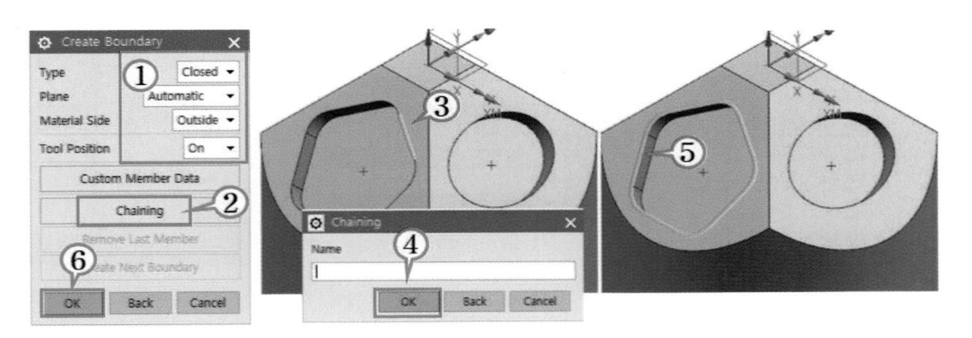

- 그 밖에 Stock, Engage(진입), Retract(진출), Transfer/Rapid 등의 조건 설정을 완료하고 Generate 및 Verify를 실시하여 가공을 완료한다.

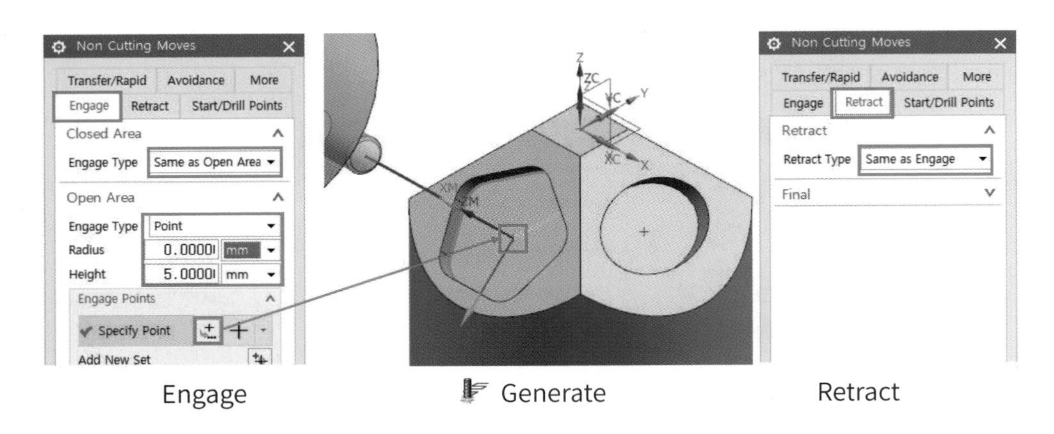

Engage　　Generate　　Retract

- 같은 방식으로 5402 / 5403 / 5405 작업을 위한 지오메트리의 MCS를 추가하고 오퍼레이션을 생성한다.

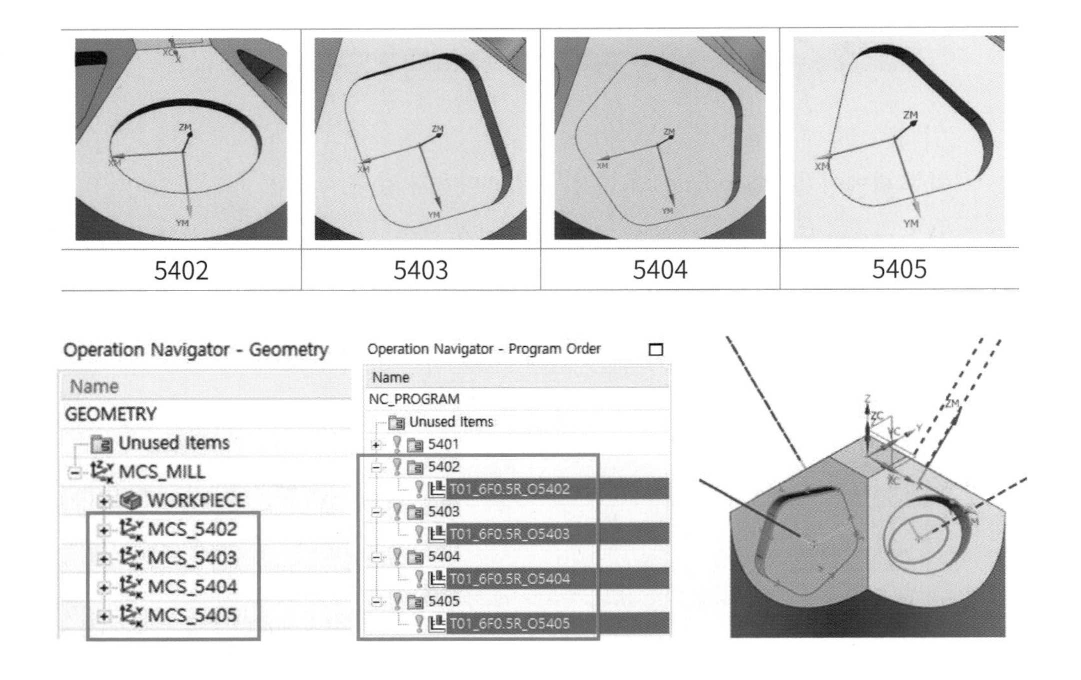

(e) CL 데이터 출력 및 NC 데이터 출력

- 5401 오퍼레이션은 공구 선단점 제어를 통한 5축 가공을 위하여 CL 데이터를 출력하고 H-Post를 통해 O5401.nc 데이터로 변환하여 Vericut 검증을 실시한다.

- O5402.NC~O5405.NC는 공구 선단점 제어(G43.4)를 사용하지 않고 회전 평면 지령(G68.2)에 의해 평면을 지령한 뒤 2.5축 가공과 동일하게 가공하므로 H-POST를 사용할 필요 없이 NX에서 직접 3축 NC데이터를 생성한다. 데이터 생성전 오퍼레이션의 Motion Output Type를 Line으로 변경하여 출력하도록 한다. O5402.NC~O5405.NC도 동일한 방법으로 생성한다. ③에서 학습자가 사용하는 3축 Post를 선택 → ④ NC → ⑤ 저장 위치 → ⑥ 단위를 지정한다.

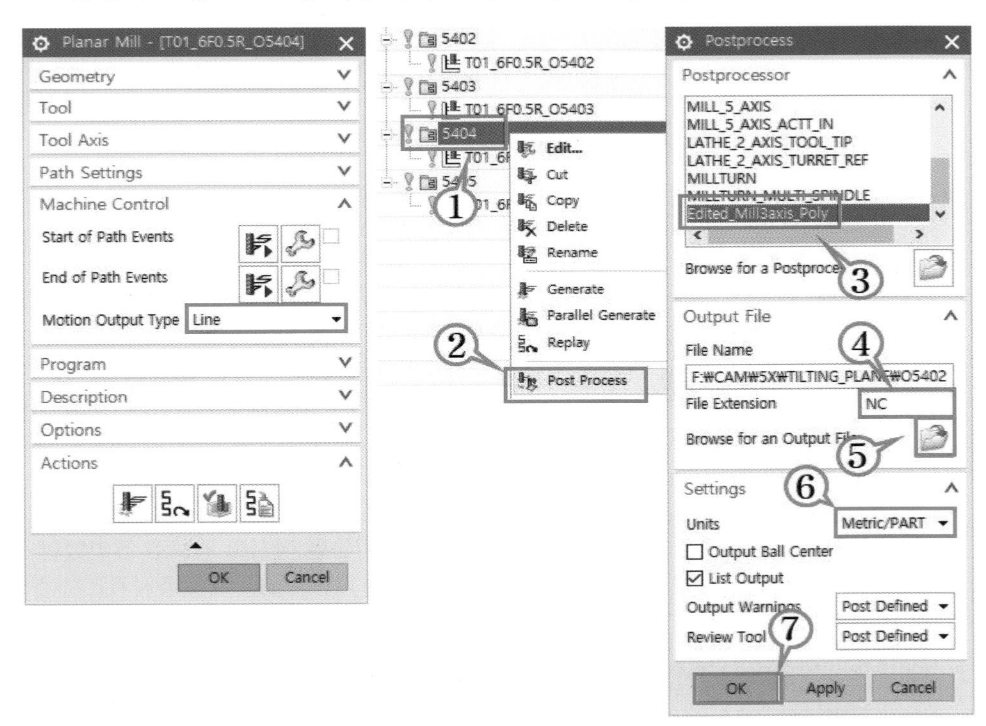

• O5404.NC를 OPEN하여 아래와 같이 수정하고 나머지 프로그램도 수정한 후 특성 좌표계값을 서로 비교한다. G68.2의 공작물 좌표계에서 특성 좌표계까지의 거리값(①)을 파악하는 가장 간단한 방법으로 Crtl+M 모델링 영역에서 ① Datum → ② Dynamic → ③ Point 클릭 → ④ 좌표 확인하고 Cancel하는 방법을 추천하며, 이밖에 Analisis의 Measure Distance, Local Radius를 통해서도 확인 가능하다.

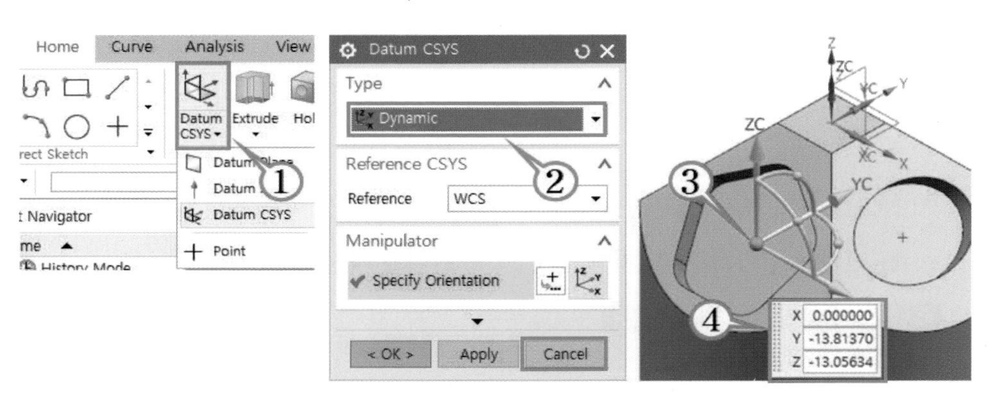

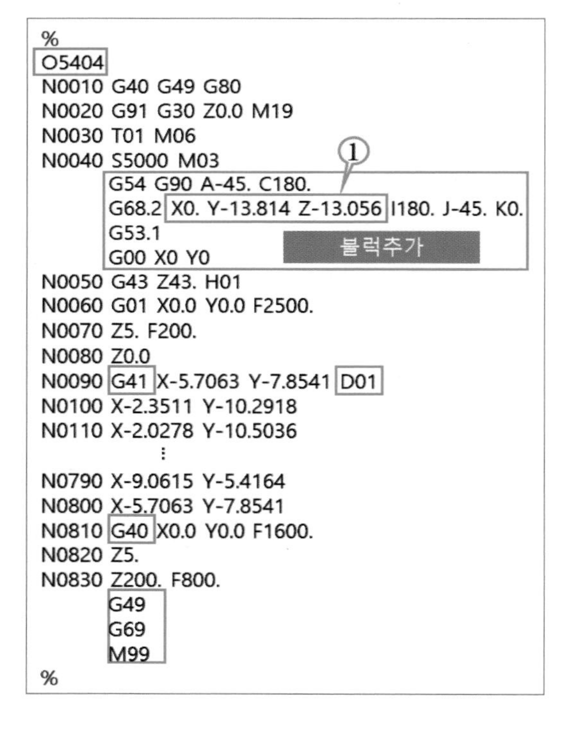

```
%
O5404
N0010 G40 G49 G80
N0020 G91 G30 Z0.0 M19
N0030 T01 M06
N0040 S5000 M03
      G54 G90 A-45. C180.
      G68.2 X0. Y-13.814 Z-13.056 I180. J-45. K0.
      G53.1
      G00 X0 Y0                     블럭추가
N0050 G43 Z43. H01
N0060 G01 X0.0 Y0.0 F2500.
N0070 Z5. F200.
N0080 Z0.0
N0090 G41 X-5.7063 Y-7.8541 D01
N0100 X-2.3511 Y-10.2918
N0110 X-2.0278 Y-10.5036
          ⋮
N0790 X-9.0615 Y-5.4164
N0800 X-5.7063 Y-7.8541
N0810 G40 X0.0 Y0.0 F1600.
N0820 Z5.
N0830 Z200. F800.
      G49
      G69
      M99
%
```

※ 출력된 데이터에서 체크박스 되어 있는 코드를 추가 입력한다.

→ 공구 진입 후 X,Y 방향으로 처음 G01 이동 시 공구경 좌측 보정(G41) 및 사용할 공구의 보정 번호(D01)를 입력한다. 좌측 보정을 하는 이유는 하향 절삭으로 포켓 프로파일 정삭 가공을 하기 위함이다.

→ 가공을 마치고 경보정 진입했던 중심 포인트로 공구를 진출시키면서 경보정 취소(G40)한다.

→ 가공을 마치고 안전높이로 공구가 이동하면 길이 보정 취소(G49), 회전 평면지령 취소(G69)하고 메인 프로그램으로 복귀(M99) 한다.

• 나머지 P/G도 OPEN하여 위와 같은 방식으로 수정한다.

(f) VERICUT을 이용한 모의 가공

- VERICUT V8.2를 OPEN하여 동일한 경로의 VERICUT 폴더에서 vcproject 파일을 클릭하여 기 작업한 가공 시뮬레이션을 OPEN한다. 파일 열기를 하여 아래와 같이 작업할 P/G 파일을 선택하고 모의 가공을 수행한다.

D (D:) › CATIA-CAM-TECH › CAM › 5X › TILTING-PLANE › NC ›

이름	수정한 날짜	유형
HYPER	2020-02-27 오전 4:31	파일 폴더
RTCP-TEST	2020-02-27 오전 4:31	파일 폴더
O5400.nc	2020-02-26 오후 6:00	NC 파일
O5401.aptsource	2020-02-26 오후 6:23	APTSOURCE 파일
O5401.NC	2020-02-26 오후 6:25	NC 파일
O5402.nc	2020-02-26 오후 6:38	NC 파일
O5403.nc	2020-02-26 오후 6:39	NC 파일
O5404.nc	2020-02-26 오후 6:39	NC 파일
O5405.nc	2020-02-26 오후 6:39	NC 파일

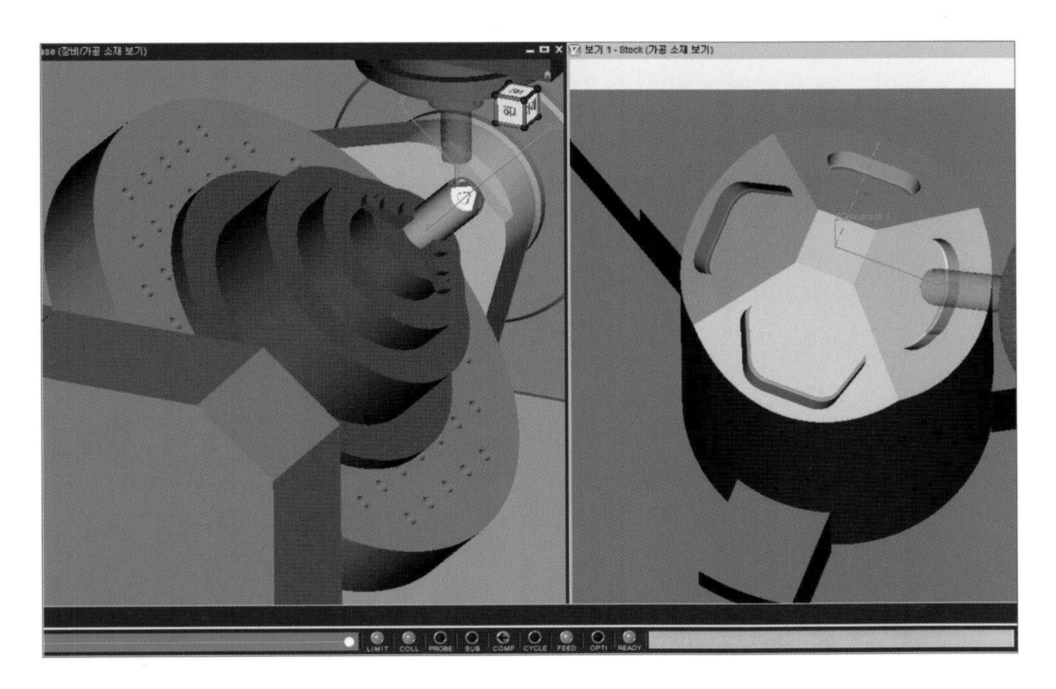

(g) CNC 절삭 가공

- O5401.NC 프로그램으로 황삭 및 면삭을 수행한다.

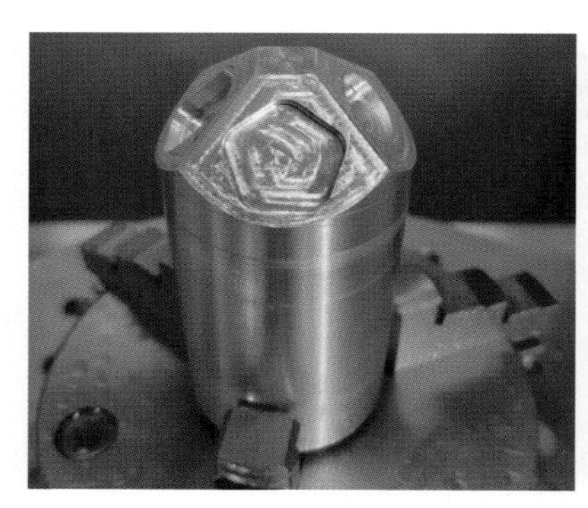

- 1번 공구의 길이 보정값과 반경 보정값이 제대로 입력되었는지 확인한다.

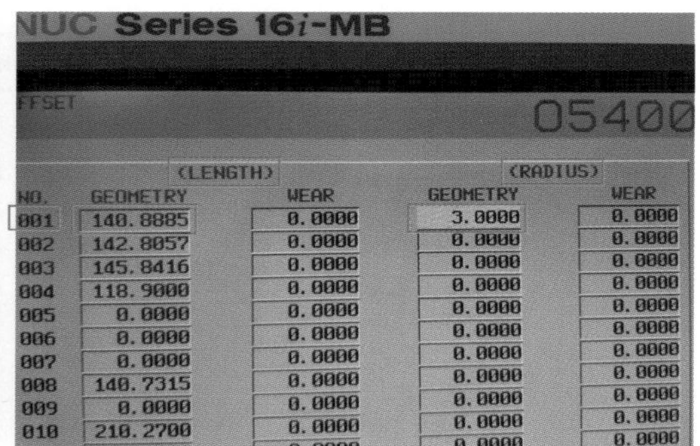

- 나머지 회전 평면 지령 프로그램으로 윤곽 가공을 수행한다

- 4각형 포켓의 가로 폭을 측정한 결과 미절삭되었다.

- 미가공 값을 계산하여 공구반경 보정값에 반영한다.

FFSET

NO.	(LENGTH) GEOMETRY	WEAR	GEOMETRY
001	140.8885	0.0000	2.9800
002	142.8057	0.0000	0.0000
003	145.8416	0.0000	0.0000
004	118.9000	0.0000	0.0000
005	0.0000	0.0000	0.0000
006	0.0000	0.0000	0.0000
007	0.0000	0.0000	0.0000
008	140.7315	0.0000	0.0000
009	0.0000	0.0000	0.0000

- 변경된 반경 보정값을 적용하여 회전평면지령 프로그램으로 윤곽 가공을 재수행한다.

- 재가공한 결과를 다시 측정한 결과 공차 이내에 들었음을 확인한다. 이와 같이 현장에서는 정삭 공구의 마모량을 보정하여 작업한다.

- 각 회전 평면에서의 최종 가공 형상을 확인한다.

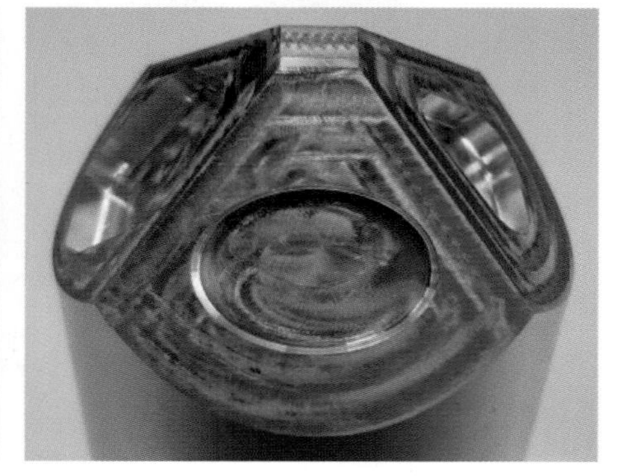

6.5 복합 5축 가공(5축 턴밀)

- 복합 5축 가공기는 [그림 6-9]와 같이 하나의 장비에서 터닝, 드릴링, 밀링, 5축밀링을 제품 탈착 없이 완가공할 수 있으므로 가공 시간 절감, 치수 정밀도 및 표면 품질 상승 효과가 있다.

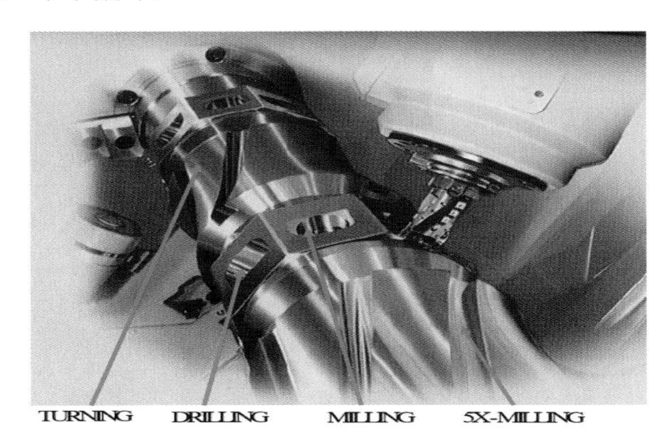

[그림 6-4] 복합 5축 가공기의 개념

- [그림 6-10]은 본 예제를 가공한 복합 5축 가공기 시리즈의 장점을 도시한 것으로 일반적인 절삭 공정에 비해 장비, 인력, 셋업, 작업 공간의 측면에서 생산성과 효율성을 극대화한 개념을 나타낸다. 4차 산업혁명 시대, 스마트팩토리에서 무엇보다 중시하는 효율적인 생산의 대표적인 가공 기술이라 할 수 있다.

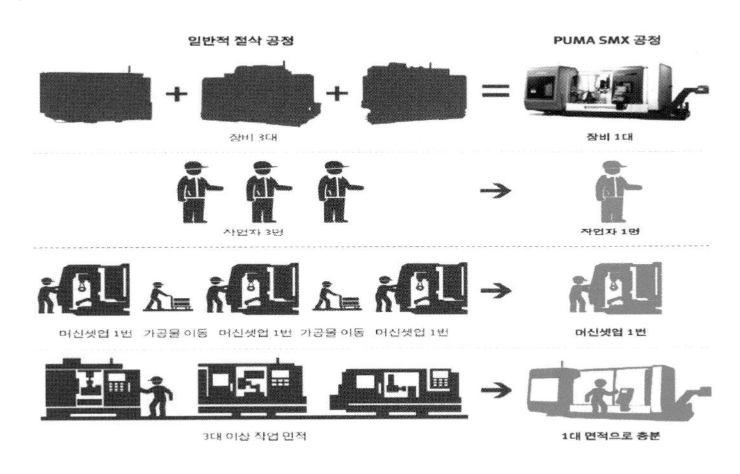

[그림 6-5] 복합 5축 가공기의 장점

참고문헌

1. www.disn.co.jp
2. 최병규 외, "CAD/CAM 시스템과 CNC 절삭가공", 희중당, pp. 345-360, 1997.
3. Jung, H. C, Hwang, J. D., Kim, S. M. and Jung, Y. G., "The Postprocessor Technology for 5-axis Control Machining", J. of KSMPE, Vol. 10, No. 2, pp. 9-15, 2011.
4. Jung, H. C, Hwang, J. D., Park, K. B. and Jung, Y. G., "Development of practical postprocessor for 5-axis machine tool with non-orthogonal rotary axes", J. Cent. South. Technol., Vol. 18, pp. 159-164, 2011.
5. 특허 제 10-0676626호 "5축가공용 범용 이-포스트 시스템", 2007
6. 특허 제 10-1077448호 "일정 이송률을 제어한 5축가공기", 2011
7. 특허 제 10-1338656호 "공구의 제어장치 및 제어방법", 2013
8. 특허 제 10-1791073호 "앵글헤드 스핀들을 이용한 5축가공용 포스트프로세서", 2017
9. 황종대, CATIA CAM 5축 가공기술(2축부터 복합 5축까지), 광문각, 2020.

■ 저자

윤일우 (한국폴리텍대학, 교수)
황종대 (한국폴리텍대학, 교수)

■ 감수자

김영주 (삼성전자, 정밀금형센터 책임연구원)
서무철 (삼성전자, 정밀금형센터 과장)
주　권 (화천기공, 가공서비스팀 계장)
소순권 (기공시스템, 이사)
김태운 (한국델캠, 수석컨설턴트)
김영일 (신영하이테크, 기술연구소 부장)
고종인 (세원정공, 금형기술팀 차장)
정한별 (한국폴리텍대학, 교수)

NX(UG) CAD/CAM
5축 가공기술
2축부터 5축까지

2020년 8월 24일 1판 1쇄 인 쇄
2020년 8월 28일 1판 1쇄 발 행

지 은 이 : 윤 일 우, 황 종 대

펴 낸 이 : 박 정 태
펴 낸 곳 : 광 문 각

10881
파주시 파주출판문화도시 광인사길 161
광문각 B/D 4층
등　　록 : 1991. 5. 31 제12 - 484호
전 화(代): 031-955-8787
팩　　스 : 031-955-3730
E - mail : kwangmk7@hanmail.net
홈페이지 : www.kwangmoonkag.co.kr

ISBN : 978-89-7093-377-1 93550

값 : 28,000원

※ 교재와 관련된 자료는 광문각 홈페이지(www.kwangmoonkag.co.kr) 자료실에서 다운로드 할 수 있습니다.